国际电气工程先进技术译丛

永磁无刷电机及其驱动技术

（美）R. Krishnan 著

柴　凤　裴宇龙　于艳君

陈　磊　程丹松　倪荣刚　包敬超　译

U0190887

机械工业出版社

本书共分 14 章，全面阐述了现代永磁交流电机系统的设计及驱动控制思想。本书从永磁材料的基本特性讲起，详细介绍了永磁交流电机的常规结构和近年来兴起的特殊结构及其设计分析方法；对正弦波永磁同步电机和方波无刷直流电机的驱动控制策略都进行了详尽描述，总结了功率器件的开关特性和损耗，整流器及逆变器的拓扑；并且从控制器的成本和可靠性的角度给予了具体设计指导。

本书构思继承了国外高水平著作的一贯特色，内容由浅入深，理论翔实，分析透彻，并且引用大量高水平参考文献，能够最大程度地反映近 20 年国际上永磁交流电机的发展和最新成果。

本书适宜于从事电机及其控制、电力电子技术和机电一体化的工程技术人员阅读，也可作为大专院校相关教师、研究生和高年级本科学生的参考书。

Permanent Magnet Synchronous and Brushless DC Motor Drives/by R. Krishnan /ISBN：978-0-8247-5384-9

Authorized translation from English language edition published by CRC Press, part of Taylor & Francis Group LLC; All rights reserved.

China machine Press is authorized to publish and distribute exclusively the Chinese (Simplified Characters) language edition. No part of the publication may be reproduced or distributed by any means, or stored in a database or retrieval system, without the prior written permission of the publisher.

本书中文简体翻译版授权由机械工业出版社独家出版，未经出版者书面许可，不得以任何方式复制或发行本书的任何部分。

本书版权登记号：图字 01-2010-3604 号。

图书在版编目（CIP）数据

永磁无刷电机及其驱动技术/（美）克里斯南（Krishnan，R.）著；柴凤等译．—北京：机械工业出版社，2012.11（2023.10 重印）
（国际电气工程先进技术译丛）
书名原文：Permanent Magnet Synchronous and Brushless DC Motor Drives
ISBN 978-7-111-40054-7

Ⅰ.①永…　Ⅱ.①克…②柴…　Ⅲ.①永磁电动机-无刷电机-电力传动　Ⅳ.①TM345

中国版本图书馆 CIP 数据核字（2012）第 243031 号

机械工业出版社（北京市百万庄大街22号　邮政编码100037）
策划编辑：刘星宁　责任编辑：刘星宁
版式设计：霍永明　责任校对：申春香
封面设计：马精明　责任印制：常天培
北京机工印刷厂有限公司印刷
2023 年 10 月第 1 版第 11 次印刷
169mm×239mm · 31.25 印张·642 千字
标准书号：ISBN 978-7-111-40054-7
定价：118.00 元

电话服务
客服电话：010-88361066
　　　　　010-88379833
　　　　　010-68326294
封底无防伪标均为盗版

网络服务
机　工　官　网：www.cmpbook.com
机　工　官　博：weibo.com/cmp1952
金　书　网：www.golden-book.com
机工教育服务网：www.cmpedu.com

译 者 序

由于稀土钕铁硼永磁材料的问世，使得永磁电机成为高功率密度和高效率电机的代表。永磁电机结构简单，控制灵活，转子形式多样易于实现最优化设计，因此在过去的20年，围绕永磁电机的本体设计，控制算法的研究、开发和应用一直是业界和高校师生关注的热点。在21世纪迈入的第二个10年里，永磁电机已经不可避免地在许多高精度应用场合取代了传统交流感应电机。唯一的制约因素就是其略高的电机和控制器制造成本。近年来，人们也在考虑如何采用新的电能变换器拓扑结构来降低驱动器的成本。已有的关于永磁交流电机传动方面的书籍主要集中在介绍电机本体设计方法，同时涵盖一些与之相匹配的基本控制变流装置。因此，出版一本专门阐述永磁交流电机，并着重讨论其控制器及低成本变流装置拓扑结构的图书就显得十分必要。

本书作者 R. Krishnan 是美国弗吉尼亚州弗吉尼亚理工大学的电气与计算机工程系的教授，同时他也担任快速传输系统研究中心（CRTS）主任，该中心是全世界直线和旋转电机驱动领域的专业研究中心。

R. Krishnan 教授在电机和工业电子应用领域具有非常高的知名度。他的论文多次获得过 IEEE 工业应用协会的最佳论文，他的专著《电机驱动》（Electric Motor Drives）一书，在多个国家出版发行，销量非常大，成为电机驱动领域科研工作者的必备书籍。本书延续了他著作的一贯特色，内容由浅入深，理论翔实，分析透彻，并且引用大量高水平参考文献，能够最大程度地反映近20年国际上永磁交流电机的发展和最新成果，非常值得深入研究和体会。

本书共分为三部分，第一部分讲述电机的基本原理、逆变器及其控制（第1、2章）；第二部分和第三部分分别阐述永磁同步电机（第3~8章）和无刷直流电机驱动（第9~14章）。

本书的主要翻译工作由哈尔滨工业大学柴凤教授统稿，柴凤教授、博士生倪荣刚和包敬超负责本书的第一部分翻译工作，裴宇龙博士和于艳君博士负责本书的第二部分翻译工作，陈磊博士和程丹松博士负责本书的第三部分翻译工作。顾磊同学协助整理文稿。

译者所在的科研小组从事永磁电机研究多年，对国内外永磁电机的研究进展非常关注，也一直有将国外的研究成果引入国内的愿望。感谢机械工业出版社给了译者一次翻译国外高水平著作的机会，使我们能在进行该项翻译工作的同时，对永磁交流电机驱动和控制技术有了更加深刻的认知。也希望我们的工作能给国内的科技工作者带来方便，共同发展我国的高性能电机设计和控制技术。

由于译者学识和能力有限，书中翻译内容难免会出现不能准确反映作者思想之处，敬请有关专家和读者给予批评指正。

译者

前　言

已有的关于永磁（PM）交流电机传动方面的书籍主要集中在介绍电机本体设计方法，同时涵盖一些与之相匹配的基本控制变流装置。在过去20年间，对于控制算法的研究、开发及其应用的文献在杂志和各类会议中逐渐涌现。如今，由这些杂志和会议论文集提供的资料足以整合成书，以飨业界及高校读者。多年来，作为电力电子技术在这些驱动系统中的应用，三相桥式逆变器已成经典。但对其的理解和控制仍发生了巨大变化。成本最小化已成为当今批量化生产所关注的主要问题，这就迫使人们重新考虑子系统的成本。由于控制器成本已根据其用途标准化，显然如何降低变流装置和电机的成本就成了问题的关键。最近，人们还考虑如何采用新的电能变换器拓扑结构来降低驱动系统的成本。这样，能够出版一本专门阐述永磁交流电机，并着重探讨其控制及低成本变流装置拓扑结构的图书就显得十分必要。以此为出发点，本书已构思多年。书中内容曾广泛用于弗吉尼亚理工大学的博士生教学，并得到丹麦奥尔堡大学、美国及其他国家的业界读者的肯定。

本书分为三部分，第一部分讲述电机的基本原理、电力设备、逆变器及其控制（第1~2章）；第二部分和第三部分分别阐述永磁同步电机（第3~8章）和无刷直流电机驱动（第9~14章）。

要想了解永磁交流电机的驱动，必须从这类电机的基础知识开始进行。第1章主要介绍了永磁材料的特性及其工作点，介绍了永磁同步电机转子结构，永磁同步电机与无刷直流电机的区别，绕组、齿部、轭部磁通密度分布，电机相关尺寸的表达式，输出转矩、功率与永磁体及定子励磁的关系，电感等相关的基本知识，而后介绍了铁心损耗的计算与测量方法以便建立电机的模型及控制策略。由于正弦波永磁同步电机无论在运行原理、控制及功能上都比方波永磁同步电机更接近其他的交流电机，因此以介绍正弦波永磁同步电机为主。同时既向读者介绍了永磁体位于转子上不同磁路结构的传统永磁电机，又介绍了新结构的永磁电机，如永磁体位于定子上的特殊结构电机以及Halbach阵列布置的电机等。

第2章简要介绍了功率器件和它们的开关特性与损耗，整流器及逆变器。逆变器主要介绍了其模型、开关方案及其优缺点。同时介绍了四象限运行常用的学术用语及其在永磁交流电机中的应用。

第3章系统地介绍了转子dq轴坐标系和空间矢量变换下的永磁同步电机的动态模型。本章忽略了一些基本的推导过程，认为读者对基本的电路定理和简单的坐标投影关系有所了解。本章数学模型的建立和分析通过MATLAB软件进行。永磁同步电机的动态模型在随后的研究中还会用到。

永磁同步电机最基本的控制方式是矢量控制，这需要对电机的转矩和磁通进行解耦。诸多种需要实现的控制特性，如功率角、功率因数、恒磁链、最大单位电流转矩、功率和磁通的相位角、恒功率损耗以及最大效率都需要通过矢量控制器得以实现，因此相应地出现了多种控制策略。所有的这些控制策略以及它们的特点在第4章中都进行了详细阐述。

弱磁控制是永磁同步电机控制中扩大转速范围的重要方法。第5章中详细介绍了许多弱磁控制的方法。重点介绍了六拍逆变器在弱磁状态下的运行，并且与其他基于参数和非参数模型的控制器中的弱磁控制方法进行了比较。

比较并讨论了参数相同的表面式和内置式永磁电机在弱磁控制和恒功率区域运行时的特性。

为了实现转矩控制，驱动电路中设置有不变的内置电流环，因此在控制器的设计中，电流控制器的设计是极为必要的。电流控制器的设计可以从传递函数中推导得到，传递函数可以用框图还原法获得。这种方法建立起了自励直流电机和永磁同步电机驱动之间的相似性，使读者更易理解。速度控制由外部的速度反馈环实现。速度控制器的设计方法可以通过对称最优法得到。第6章通过一个例子具体讲述了控制器的设计过程。

几乎所有的控制策略都依赖于电机参数的给定，电机中的定子电阻和转子磁链的敏感性都受到温度的影响，而 q 轴电感则受到饱和度的影响，第7章分析了这些因素对永磁同步电机驱动性能造成的影响，并给出了消除这些影响的方法。

转子位置信息在永磁同步电机的控制中十分重要。从控制器的成本和可靠性的角度来看，无位置传感器控制方法的研究是很有意义的。第8章介绍了一些无位置传感器的控制方法。

第9~14章讲述永磁无刷直流电机驱动的相关内容。第9章详尽阐述了驱动系统的模型及仿真，并介绍了一种广泛应用的控制策略。

第10章研究了换相转矩脉动及其计算的重要问题。利用傅里叶级数分析了转矩产生的机理，利用该机理介绍了电机的弱磁方法。

半波逆变器拓扑结构是低成本、高性能、大容量设备的首要选择，第11章分析了4种用于永磁无刷直流电机驱动系统的半波逆变器拓扑结构。

利用与永磁同步电机驱动系统相似的分析方法，第12章详细分析了电流和转速控制器的设计方法。第13章探讨了永磁无刷直流电机的无电流传感器及无位置传感器控制的各种方法。第14章概述了驱动系统中转矩平滑、参数敏感性等相关问题。

本书为电气工程专业的工程技术人员编写。本书的内容也应用于弗吉尼亚理工大学电子与通信工程系一学期电机驱动领域的高级课程教学。

R. Krishnan

致　谢

在此，我非常感谢下列组织机构允许我在本书中引用它们出版的如下资料。

（1）普伦蒂斯·霍尔（Prentice Hall）出版社，上鞍河（Upper Saddle River）出版社，新泽西（New Jersey）出版社，允许使用它们出版的图书：

R. Krishnan，《电机驱动》，2001 年。尤其是书中第 9 章的材料分布在本书的许多章节，被引用。

（2）IEEE 允许使用我作为作者或合作者共同撰写的下列论文：

1）R. Krishnan, Control and operation o f PM synchronous motor drives in the field – weakening region, *IEEE IES*, *IECON Proceedings*（*Industrial Electronics Conference*），pp. 745 – 750, 1993.

2）R. Krishnan and P. Vijayraghavan, Parameter compensation of Permanent magnet synchronous machines through airgap power feedback, *IEEE IES*, *IECON Proceedings*（*Industrial Electronics Conference*），pp. 411 – 416, 1995.

3）R. Krishnan, S. Lee, and R. Monajemy, Modeling, dynamic simulation and analysis of a C – dump brushless dc motor drive, *IEEE Applied Power Electronics Conference and Exposition*（*APEC*），*Conference Proceedings*（*Cat. No. 96 CH35871*），pp. 745 – 750, 1996.

4）R. Krishnan, Novel single – switch – per – phase converter topology for four – quadrant PM brushless dc motor drive, *IEEE Transactions on Industry Applications*，33（5），pp. 1154 – 1161, 1997.

5）R. Krishnan and S. Lee, PM brushless dc motor drive with a new power – converter topology, *IEEE Transactions on Industry Applications*，33（4），pp. 973 – 982, 1997.

6）R. Krishnan and P. Vijayraghavan, New power converter topology for PM brushless dc motor drives, *IEEE IE*, *IECON Proceedings*（*Industrial Electronics Conference*），pp. 709 – 714, 1998.

7）R. Krishnan and P. Vijayraghavan, Fast estimation and compensation of rotor flux linkage in permanent magnet synchronous machines, *IEEE IES International Symposium on Industrial Electronics*，vol. 2，pp. 661 – 666, 1999.

8）B. S. Lee and R. Krishnan, A variable voltage converter topology for permanent – magnet brushless dc motor drives using buck – boost front – end power stage, *Proceedings* of the IEEE International Symposium on Industrial Electronics（Cat. No. 99 TH8465），pp. 689 – 694，1999.

9）R. Monajemy and R. Krishnan，Performance comparison for six – step voltage and constant back EMF control strategies for PMSM，*Conference Record*，*IEEE Industry Applications Society Annual Meeting*，vol. 1，pp. 165 – 172，1999.

10）R. Monajemy and R. Krishnan，Control and dynamics of constant – power – loss – based operation of permanent – magnet synchronous motor drive system，*IEEE Transactions on Industrial Electronics*，48（4），pp. 839 – 844，2001.

11）K. Sitapati and R. Krishnan，Performance comparisons of radial and axial field，permanent – magnet，brushless machines，*IEEE Transactions on Industry Applications*，37（5），pp. 1219 – 1226，2001.

作者简介

克里斯南·拉姆（R. Krishnan）是《电机驱动》（Electric Motor Drives）一书的作者。这本书在 2001 年 2 月由普伦蒂斯·霍尔（Prentice Hall）出版社出版发行；此书的中文译本和印度地区版本在 2002 年分别由中国台湾培生教育（Pearson Education）出版社和印度普伦蒂斯·霍尔出版社出版发行，该书的国际版本在 2001 年由普伦蒂斯·霍尔出版社出版发行。他也是《开关磁阻电机驱动》（Switched Reluctance Motor Drives）（CRC 出版社，2001 年 6 月，第 1 版；2003 年，第 2 版）一书的作者以及《电力电子控制》（Control in Power Electronics）（科学出版社，2002 年 8 月）一书的合编者和合著者。

Krishnan 被授予 7 项美国专利，并且好多项仍在向美国、欧洲以及其他国家申请当中。他的发明登上过各大媒体的重要版面，包括广播、电视以及像华尔街日报这样的报纸媒体。至今为止，他做过 18 家美国公司的企业顾问。他也曾为工业界和学术界讲授过许多关于矢量控制的感应电机，永磁同步电机和无刷直流电机，开关磁阻电机，以及直线电机等电机的驱动系统的课程。

Krishnan 曾获得过 IEEE 工业应用协会工业驱动委员会的最佳论文奖（共 5 篇获奖论文）和电机委员会的最佳论文奖（共 1 篇获奖论文）。此外，他的论文获得过 IEEE 工业应用汇刊一等奖以及 2007 年 IEEE 工业电子杂志最佳论文奖。由他合著的图书——《电力电子控制》（Control in Power Electronics），获得过 2003 年波兰政府教育和体育部最佳图书奖。在 2003 年，由于在工业电子学领域杰出的技术贡献，他被授予 IEEE 工业电子协会尤金·米特尔曼（Eugene Mittelmann）博士成就奖。

Krishnan 是 IEEE 会士、IEEE 工业电子协会的杰出讲师。他被推选为 IEEE 工业电子协会管理委员会的高级会员，在 2002~2005 年期间担任审稿委员会副主席。他担任了在弗吉尼亚州罗诺克市召开的 2003 年 IEEE 工业电子学会议的大会主席，以及在印度孟买召开的 2006 年 IEEE 工业技术会议的共同大会主席（共 3 个）。他也在很多 IEEE 会议上做过大会主题演讲。

Krishnan 和他的学生们的发明为 3 个电机驱动公司的成立奠定了技术基石。他在 2002 年成立了帕纳菲斯技术有限责任公司（Panaphase Technologies, LLC），这家公司在 2007 年被合并收购，随即他在 2008 年成立了拉姆股份有限公司（Ramu Inc.），专注于为家用电器、空调器、手持工具、风力发电以及汽车等应用场合做大容量电机调速驱动系统。他也是跨动力有限责任公司（TransNetics, LLC）的共同创始人之一，这家公司专注于做直线电机驱动的知识产权业务。

Krishnan 是弗吉尼亚理工大学的电气与计算机工程系的教授，该学校坐落于美国弗吉尼亚州布莱克斯堡市。同时，他也担任快速传输系统研究中心（CRTS）的主任，该中心是全世界直线和旋转电机驱动领域的专业研究中心。

目　　录

第二部分　永磁同步电机及其控制

符 号 表

A	状态转移矩阵
a_c	电枢导体截面积，m^2
A_c	每极磁通截面积，m^2
A_g	气隙截面积，m^2
A_m	永磁体截面积，m
A_{sl}	定子线电流密度，Amp-conductor/m
B_1	摩擦系数，N·m/(rad/s)
B_d	最大磁能密度的永磁体最佳工作点磁通密度，T
	直轴磁通密度，T
B_g	气隙磁通密度，T
B_i	内禀磁通密度，T
B_l	负载常数，N·m/(rad/s)
B_m	永磁体工作点磁通密度，T
B_{ml}	磁通密度基波幅值，T
B_{mr}	磁通密度基波有效值，T
B_n	摩擦系数标幺值，p.u.
B_0	无外部励磁永磁体励磁磁通密度，T
B_p	永磁体接近退磁曲线拐点处最大磁通密度，T
	铁心损耗部分中定子铁心冲片磁通密度幅值，T
B_{pk}	气隙磁通密度最大值，T
B_r	剩余磁通密度，T
B_{rr}	磁体回复线的剩磁，T
B_t	总摩擦系数，N·m/(rad/s)
B_{tm}	齿磁通密度最大值，T
B_y	轭磁通密度，T
B_{ym}	轭（护铁）磁通密度最大值，T
b_y	定子轭部厚度，m
C_f	滤波电容，F
C_o	C-dump电容的值，F
D	定子内孔直径或内径，m
d	占空比
d^r, d^r	转子坐标系下直轴和交轴
e	瞬时感应电动势，V

	在第 8 章中也表示平均电压相量，V
E	感应电动势有效值，V
	也表示 C – dump 电容两端电压，V
e_{as}	a 相瞬时感应电动势，V
E_{as}	a 相感应电动势有效值，V
e_{bs}	b 相瞬时感应电动势，V
e_{cs}	c 相瞬时感应电动势，V
e_{hd}，e_{hq}	直轴和交轴感应电动势非基波谐波分量，V
E_m	永磁体能量密度最大值，J/m^3
E_m	弱磁区感应电动势最大值，V
e_n	瞬时感应电动势标幺值，p. u.
E_n	感应电动势有效值标幺值，p. u.
E_p	感应电动势幅值，V
E_p	永磁无刷直流电机中定子相电压幅值，V
F，F^*	校正无功功率及其给定，VAR
F	电机中产生的力，N
F_{as}，F_{bs}，F_{cs}	a、b、c 相瞬时磁动势，AT
$f_{as}(\theta_r)$	以转子位置为变量的 a 相瞬时感应电动势函数
$f_{bs}(\theta_r)$	以转子位置为变量的 b 相瞬时感应电动势函数
f_c	控制频率或 PWM 载波频率，Hz
$f_{cs}(\theta_r)$	以转子位置为变量的 c 相瞬时感应电动势函数
F_d	电机中产生的单位面积的力，压强，N/m^2
	也表示绕组每极直轴磁动势，AT
F_e	外部磁势源，AT
F_m	主极磁动势，AT
f_n	自然频率，Hz
f_s	供电电源频率或定子输入频率，Hz
F_s	定子每极合成磁动势幅值，AT
F_{sp}	安全工作定子每极磁动势幅值（不使永磁体退磁），AT
f_{sn}	定子频率标幺值，p. u.
f_r	旋转频率，Hz
g_d	气隙有效长度，m
g_d，g_q	直轴气隙有效长度和交轴气隙有效长度，m
h	半波整流电路拓扑中换相时平均占空比
H	惯性常数标幺值，p. u.
H	磁场强度，A/m
H_c	电流互感器的增益，V/A
H_c	磁体的矫顽力或正常磁通密度下的矫顽力，A/m

H_{ch}	最大安全磁场强度，不使磁体退磁，A/m
H_{ci}	永磁体的内禀矫顽力（当内禀磁通密度为零时），A/m
H_{cl}	不使低级永磁体永久退磁的最大磁场强度，A/m
H_{cr}	对应于低级永磁体剩磁的虚拟矫顽力，A/m
H_{cs}	对应于低级永磁体回复线的剩磁的虚拟矫顽力，A/m
H_e	外部磁场强度，A/m
H_g	气隙磁场强度，A/m
H_m	主极磁场强度，A/m
H_o	没有外部励磁或空载时的主极磁场强度，A/m
H_p	不使永磁体退磁的磁场强度最大值，A/m
H_ω	速度滤波器的增益，V/(rad/s)
i_α，i_β	$\alpha\beta$ 坐标系下的电流，A
i_{abc}	三相电流矢量，A
i_{as}	定子 a 相瞬时电流，A
i_{asn}	定子 a 相瞬时电流标幺值，p.u.
I_{avn}	电枢平均电流标幺值，p.u.
I_b	两相系统中的电流基值或电流基值，A
I_{b3}	三相系统中电流基值，A
i_{bs}，i_{cs}	定子 b 相和 c 相瞬时电流，A
I_{cn}	n 次谐波电容电流，A
I_d	转子坐标系下流入动生电动势的稳态直轴电流，A
I_{dc}	稳态直流母线电流或逆变器输入电流，A
i_{ds}，i_{qs}	定子坐标系下定子直轴和交轴电流，A
i_{dsi}，i_{qsi}	定子坐标系下由注入的高频电压信号引起的定子直轴和交轴电流，A
i_{dsi}^s，i_{qsi}^s	定子坐标系下由注入的高频电压信号引起的定子直轴和交轴电流，A
i_{dsi}^r，i_{qsi}^r	转子坐标系下由注入的高频电压信号引起的定子直轴和交轴电流，A
I_f	稳态励磁电流或定子电流相量的励磁分量，A
i_f	瞬时励磁电流或瞬时定子电流相量的励磁分量，A
i_{hk}	谐波电流矢量，A
i_{ip}，i_{in}	由注入信号产生的正序电流和负序电流分量，A
I_{me}	每相等效磁体电流有效值，A
I_{mep}	每相等效磁体电流幅值，A
I_n	n 次谐波电流，A
i_o	定子零序电流，A
I_p	永磁无刷直流电机中定子相电流幅值，A
I_{ph}	基波相电流，A
I_{ps}	永磁同步电机中定子相电流幅值，A
I_q	转子坐标系下流入动生电动势的稳态交轴电流，A

I_{qc}，I_{dc}	定子中铁心损耗电流交轴和直轴分量，A
i_{qdo}	定子坐标系下交直轴电流矢量，A
i_{qdo}^r	转子坐标系下交直轴电流矢量，A
i_{qds}	定子坐标系下定子交直轴电流矢量，A
i_{qds}^r	转子坐标系下定子交直轴电流矢量，A
I_{qs}，I_{ds}	定子坐标系下稳态定子交轴和直轴电流，A
I_{qs}^r，I_{ds}^r	转子坐标系下稳态定子交轴和直轴电流，A
I_s	源电流，A
I_{sm}	最大安全定子电流，不使磁体退磁，A
	也表示在六步电压控制策略下基波定子电流相量，A
I_{sp}	定子相电流正弦波幅值，A
I_{sy}	同步电机相电流有效值，A
i_T	定子电流相量产生转矩分量，A
i_f^*	励磁电流给定，A
i_T	定子电流相量的转矩产生分量，A
i_T^*	定子电流相量转矩产生分量的给定，A
i_s^r	转子坐标系下定子电流相量，A
i_{sip}^s，i_{sin}^s	由注入信号引起的正序电流相量和负序电流相量，A
i_{as}^*，i_{bs}^*，i_{cs}^*	a、b、c 相电流给定，A
i_{xsn}^r	转子坐标系下电流，下标 x 表示是交轴或者直轴，s 表示是定子，n 表示是标幺值。没有 n 表示变量是以国际单位制为单位，A
J	总转动惯量，$kg \cdot m^2$
J_c	电枢导体中电流密度，A/m^2
J_l	负载转动惯量，$kg \cdot m^2$
J_m	电机转动惯量，$kg \cdot m^2$
k	漏磁系数
K_b	感应电动势常数，$V/(rad/s)$
K_c	电流控制器的增益，V/A
k_d	基波绕组分布因数
k_{dn}	n 次谐波绕组分布因数
k_e	涡流损耗常数
k_h	磁滞损耗常数
K_i	电流环传递函数增益
K_{is}	速度控制器积分增益
k_m	永磁无刷直流电机中，每相互感和自感的比值
k_p	基波绕组节距因数
k_{pn}	n 次谐波绕组节距因数
K_i	功率反馈控制中，PI 控制器的积分增益

K_p	功率反馈控制中，PI 控制器的比例增益
K_{ps}	速度控制器比例增益
K_r	逆变器增益，V/V
K_s	速度控制器增益
k_s	槽齿宽比
k_{sk}	斜槽因数
K_t	转矩常数，N·m/A
K_{vf}	定子相电压和频率比值，V/Hz
k_ω	基波绕组因数
K_ω	速度反馈滤波器增益，V/(rad/s)
$k_{\omega n}$	n 次谐波绕组因数
L	堆叠厚度，m
L, M	永磁无刷电机中，定子自感和互感，H
L_a	永磁无刷电机中，表示 $(L-M)$，H
L_{aa}	a 相绕组自感，H
L_{ab}	a 相和 b 相之间的互感，H
L_{ac}	a 相和 c 相之间的互感，H
L_b	电感基值，H
L_f	滤波电感，H
L_{ma}	每相励磁电感，H
l_c	定子绕组导体平均长度，m
l_g	气隙长度，m
l_m	永磁体长度，m
L_o	在 C－dump 拓扑中，能量恢复斩波器中电感的值，H
	也表示电机中零序电感，H
L_q, L_d	转子坐标系下定子交直轴自感，H
L_{dq}	交轴在直轴中的互感，H
L_{qd}	直轴在交轴中的互感，H
L_{ql}, L_{dl}	转子坐标系下定子交直轴漏电感，H
L_{qn}, L_{dn}	转子坐标系下定子交直轴自感标幺值，p.u.
L_{qq}, L_{dd}	定子坐标系下定子绕组交轴自感和定子绕组直轴自感，H
L_s	电源输入电感，H
L_{xy}	绕组交直轴间互感，下标 x 和 y 表示 d 轴或者 q 轴，H
m	调节比例，也表示槽数和极数的比值
N_1	半波整流控制时，每相匝数
N_{co}	每机械周期定位周期数
N_{ph}	每相有效匝数
n_r	转子转速，r/min

n_s	定子磁场转速或同步转速，r/min
N_{sp}	每极槽数（在第 2 章里也表示以 r/min 为单位的转速）
o	以 o 为结尾的变量表示是其稳态工作点的值
p	微分算子，d/dt
P	极数
P_1	半波整流时的电磁功率，W
P_{1n}	主要的谐波铜损，W
P_a	电磁功率，W
P_{an}	电磁功率标幺值，p.u.
P_{av}	平均输入功率，W
P_b	功率基值，W
P_c	电枢铜损，W
P_{c1}	半波整流时电机的铜损，W
P_{co}	铁心损耗，W
P_{cd}	铁心损耗密度（$P_{ed} + P_{hd}$），W/单位质量
P_{ed}	涡流损耗密度，W/单位质量
P_{et}	磁通密度梯形波分布时的齿部涡流损耗，W
P_{ets}	磁通密度正弦波分布时的齿部涡流损耗，W
P_{ey}	磁通密度梯形波分布时的轭部涡流损耗，W
P_{eys}	磁通密度梯形波分布时的轭部涡流损耗，W
P_{eyn}	P_{ey} 和 P_{eys} 的比值
P_{hd}	磁滞损耗密度，W/单位质量
P_{hs}	定子磁滞损耗，W
P_i	输入功率，W
P_p	极对数
p_i	瞬时输入功率，W
P_l	总功率损耗，W
P_{lm}	功率损耗最大值，W
P_m	输出机械功率，W
P_o	输出功率，W
P_{on}	输出功率标幺值，p.u.
P_{sc}	三相电机定子铜损，W
	也表示晶体管导通损耗，W
P_{scn}	三相电机定子铜损标幺值，p.u.
P_{sw}	器件的开关损耗，W
P_{VA}	视在功率，VA
P_a^*	电磁功率参考值，W
q	每极每相槽数

Q，Q_i	无功功率，VAR
Q_f	滤波后的无功功率，VAR
Q_n，Q_{fn}	无功功率标幺值和滤波后的无功功率标幺值，p. u.
r	定子内径，m
R_1	半波整流时定子每相电阻，Ω
R_a	永磁无刷直流电机中每相电阻的两倍，Ω
R_c	铁心损耗电阻，Ω
R_d，R_q	定子绕组直轴和交轴电阻，Ω
R_s	定子每相电阻，Ω
R_{sn}	定子每相电阻标幺值，p. u.
s	拉普拉斯运算符
S	定子槽数
S_a，S_b，S_c	逆变器 a、b、c 相器件开关状态
T	载波周期，s
	也表示定子每相绕组有效匝数
t	时间，s
t_d	逆变器死区时间，s
t_t	齿磁通密度从零上升到最大值所需时间，s
t_y	轭磁通密度从零上升到最大值所需时间，s
T_1，T_2	电机电气时间常数，s
T_{abc}	转子坐标系下从 abc 变量到 dqo 变量的变换矩阵
T_{av}	平均转矩，N·m
T_b	转矩基值，N·m
T_c	电流控制器的时间常数，s
T_{co}	以傅里叶级数表示的一周期内的齿槽转矩，N·m
T_e	电磁转矩，N·m
T_{ec}	解析计算的齿槽转矩，N·m
T_{e1}	基波电磁转矩，N·m
T_{e6}	6 次谐波电磁转矩，N·m
T_{e6n}	6 次谐波电磁转矩标幺值，p. u.
T_{ec}	消除转速误差所需转矩给定，N·m
T_{ef}	电压和电流限制所产生的最大电磁转矩，N·m
T_{em}	永磁同步电机中 m 次谐波转矩，N·m
T_{emn}	永磁同步电机中 m 次谐波转矩标幺值，p. u.
T_{en}	电磁转矩标幺值，p. u.
T_{er}	额定电磁转矩，N·m
T_{er}	磁阻转矩，N·m
T_{es}	永磁转矩，N·m

T_i	电流控制环的时间延迟，s
T_l	负载转矩，N·m
T_{ln}	负载转矩标幺值，p.u.
T_s	机械时间常数，s
T_{max}	最大转矩限制，N·m
T_n	齿槽转矩 n 次谐波幅值，N·m
t_{on}	器件在一个开关周期的导通时间，s
t_{off}	器件在一个开关周期的关断时间，s
T_p	一个周期的齿槽转矩的幅值，N·m
T_{ph}	每相有效匝数
T_r	变换器时间延迟，s
$[T^r]$	从转子坐标系到静止坐标系的交直轴变量变换
T_s	速度控制器的时间常数，s
t_s	器件总的开关周期，s
T_ω	速度滤波器的时间常数，s
T_{abc}^s	静止坐标系下从 abc 变量到 dqo 变量的变换矩阵
T_e^*	转矩给定，N·m
T_{en}^*	转矩给定标幺值，p.u.
$\boldsymbol{u}$	输入矢量
V	输入线电压有效值，V
v_α，v_β	$\alpha\beta$ 坐标系下的电压，V
v_{as}，v_{bs}，v_{cs}	永磁无刷直流电机中 a、b、c 相的输入电压，V
v_{ab}	a 相和 b 相间瞬时线电压，V
V_{ab}，V_{bc}，V_{ca}	a 相和 b 相间，b 相和 c 相间，c 相和 a 相间线电压有效值，V
v_{ab}，v_{bc}，v_{ca}	a 相和 b 相间，b 相和 c 相间，c 相和 a 相间瞬时线电压，V
$\boldsymbol{v}_{abc}$	abc 三相电压矢量，V
v_{abi}	变换器 a 相和 b 相间瞬时输入线电压，V
v_{am}，v_{bm}，v_{cm}	逆变器 a 相、b 相、c 相桥臂中点和直流侧电源中点间的瞬时电压，V
v_{an}	理想逆变器 a 相桥臂中点的输入电压，V
v_{an}'	死区时间引入后逆变器 a 相桥臂中点的输入电压，V
v_{anc}	死区时间补偿后逆变器 a 相桥臂中点的输入电压，V
v_{ao}，v_{bo}，v_{co}	逆变器 a 相、b 相、c 相桥臂中点电压，V
V_{as}	定子每相输入电压有效值，也表示 a 相电压有效值，V
V_{asn}	定子 a 相电压有效值的标幺值，p.u.
V_b	电压基值，V
V_{b3}	三相系统中的电压基值，V
v_c	控制电压，V
V_c	电容两端电压，V

V_{cn}	晶体管导通电压标幺值，p. u.
V_{cm}	最大控制电压，V
V_d	二极管反向承受电压峰值，V
V_{dc}	稳态直流母线电压，V
v_{dc}	瞬时直流母线电压，V
v_{ds}，v_{qs}	定子坐标系下定子直轴电压和交轴电压，V
v_{dsi}，v_{dsi}	转子坐标系下注入的直轴电压和交轴电压，V
V_g	气隙体积，m^3
v_{g1}，v_{g4}	逆变器 a 相门极控制电压，V
v'_{g1}，v'_{g4}	死区时间引入后逆变器 a 相门极控制电压，V
v'_{g1c}，v'_{g4c}	死区时间补偿后逆变器 a 相门极控制电压，V
$\boldsymbol{v}_{hk}$	谐波电压矢量，V
V_i	逆变器输入电压，V
V_m	输入电压幅值，V
	磁体体积，m^3
v_{mn}	直流侧电源中点和三相负载中性点间的电压，V
v_o	定子零序电压，V
V_{on}	晶体管导通压降，V
V_{ph}	逆变器输出相电压有效值的最大值，V
v^r_{qds}	转子坐标系下定子电压矢量，V
v_r	变换器瞬时输入相电压，V
v_{re}	整流器瞬时输出电压，V
v_s	每相电源瞬时电压，V
$\boldsymbol{v}^a_{si}$	在各向异性或估算的转子坐标系下注入的电压矢量，V
$\boldsymbol{v}^s_{si}$	变换到定子坐标系下的注入电压矢量，V
$\boldsymbol{v}^r_{si}$	变换到转子坐标系下的注入电压矢量，V
V_s	平均电源电压，V
V_t	定子齿部体积，m^3
V_{ts}	电力开关电压最大值，m^3
V_y	定子轭部体积，m^3
V_{vs}	传感器输出电压，V
v^*_a	相电压给定幅值，V
$\boldsymbol{v}^r_s$	转子坐标系下的定子电压矢量，V
$\boldsymbol{v}^r_{sn}$	转子坐标系下的定子电压矢量标幺值，p. u.
v^r_{xsn}	转子坐标系下电压，下标 x 表示是交轴或者直轴，s 表示是定子，n 表示是标幺值。没有 n 表示变量是以国际单位制为单位，V
v_{zs}	零序电压，V
W_c	磁共能，J

W_m	器件中存储的能量，J
W_s	定子槽宽，m
W_t	定子齿宽，m
$\boldsymbol{X}$	状态变量矢量
$\boldsymbol{X}(0)$	稳态初值矢量
$\boldsymbol{X}(s)$	输入矢量的拉普拉斯变换
$\boldsymbol{y}(s)$	输出变量的拉普拉斯变换
Δi	电流滞环控制器的滞环带，T
α	定子电压相量和转子直轴间夹角，rad
β	永磁体极弧的一半
δ	在一个变量前表示小信号的变化量
δ	同步电机中的转矩角（气隙合成磁场与定子磁动势间的夹角），rad
δ^*	同步电机中的转矩角给定，rad
$\delta\theta$	转子位置误差，rad
$\delta\omega_n$	转子转速变化量，rad/s
ΔQ	无功功率变化量，VAR
ϕ	电机功率因数角，rad
ϕ_i	输入功率因数角，rad
ϕ_g	气隙磁通，Wb
ϕ_m	合成共磁通幅值或永磁体磁通，Wb
γ	槽距或槽距角，rad
ξ	线圈节距，rad
λ	磁链，V·s
λ_{aa}	相绕组的磁链，V·s
λ_{af}	永磁体产生电枢磁链，V·s
λ_{af}^*	室温时永磁体产生的电枢磁链，V·s
λ_{afhd}，λ_{afhq}	直轴和交轴谐波磁链，V·s
λ_{afn}	主磁链标幺值，p. u.
λ_{as}，λ_{bs}，λ_{cs}	a、b、c 相各自磁链，V·s
λ_b	磁链基值，V·s
λ_m	气隙合成磁链，V·s
λ_m^*	气隙合成磁链给定，V·s
λ_{ma}	由于磁阻磁动势产生的磁链，V·s
λ_{mn}	气隙合成磁链标幺值，p. u.
λ_o	定子零序磁链，V·s
λ_p	（永磁无刷直流电机中）合成共磁链幅值，V·s
λ_{qs}，λ_{ds}	定子交轴和直轴磁链，V·s

λ_{qsi}，λ_{dsi}	由高频注入电流产生的定子交轴和直轴磁链，V·s
λ_s^r	转子坐标系下的定子磁链相量，V·s
λ_{sn}^r	转子坐标系下的定子磁链相量标幺值，p.u.
θ	空间位置，rad
θ_a	永磁无刷直流电机中电流超前角，rad
θ_{ms}	主磁链和定子电流相量间夹角，rad
θ_λ	定子磁链相量和转子磁链相量间夹角，rad
θ_r	转子位置，rad
θ_s	定子电压相量和最近逆变器开关电压矢量间夹角，rad
	也表示定子电流相量与给定间夹角，rad
θ_s^*	定子电流相角给定，rad
θ_{sk}	斜槽角，rad
θ_{re}	估算的转子位置，rad
$\mathscr{R}$	磁阻
$\mathscr{R}_d$，$\mathscr{R}_q$	直轴磁阻和交轴磁阻
ρ	凸极率，交轴自感和直轴自感的比值
	也用来表示绕组材料具体的电阻率
ρ_i	铁心冲片密度，kg/m³
τ_{fw}	全波整流时定子电气时间常数，s
τ_{hw}	半波整流时定子电气时间常数，s
τ_d，τ_q	定子交轴和直轴时间常数，s
τ_s	表贴式永磁同步电机定子时间常数，s
ω_l	半波整流时转速，rad/s
ω_a	估算转子角频率或各向异性角频率，rad/s
ω_b	角频率基值，rad/s
ω_c	载波角频率，rad/s
	任意参考系下感应电机转速，rad/s
ω_i	定子绕组注入信号的角频率，rad/s
ω_m	转子机械转速，rad/s
ω_{rn}	转子转速标幺值，p.u.
ω_{mr}	从速度滤波器输出的速度信号，V
ω_r	转子电角速度，rad/s
ω_r^*	转速给定，rad/s
ω_{rm}	转子估算模型转速，rad/s
ω_{rn}	定子转速标幺值，p.u.
ω_s	电源角频率，rad/s

μ_0	空气磁导率
μ_c	永磁体磁导率系数
μ_{rm}	永磁体相对磁导率
μ_r, μ_{rec}	永磁体回复磁导率
$\mu_{re}(H_m)$	第 1 章中定义的永磁体外部磁导率

第一部分　永磁材料、永磁电机、逆变器及其控制的基本知识

第1章 永磁材料与永磁电机

本章简要介绍永磁（PM）材料及其种类、性能（如退磁曲线、磁能积）及其在永磁电机中的应用。永磁体在转子中不同的安装方式决定了电机特有的工作特性，本章将对这样的一些转子结构进行介绍。近年来出现了永磁体置于定子中的永磁同步电机（PMSM）结构，本书将其归类为混合式电机。

在推导具有正弦波感应电动势的永磁同步电机诸如磁动势（mmf）、感应电动势（亦称反电动势）和转矩之间基本关系的过程中，我们对转子装有永磁体的永磁同步电机的工作原理已有了一定的了解；而对于具有梯形波感应电动势的无刷直流电机，这些关系也可以同理得到。为了得到这些关系，首先需要了解定子绕组及其不同的匝数和在定子中的排布方式对感应电动势的影响。影响绕组的因素有节距因数、分布因数以及斜槽因数。本章给出这些因数的计算方法及几种常用的绕组形式。

从磁路的基尔霍夫第一定律出发得到电机的基本关系，并建立起电机的几何尺寸和电磁负荷与输出特性（如电磁转矩和气隙功率）之间的关系[1-8]。其中，首先介绍电机参数与控制参数之间的关系，指出电机设计和控制工程师们在优化电机驱动系统时的可行着手点。之后，明确强调了对电机驱动系统进行集成设计的必要性，以便对工程应用中提出的一整套具体的性能指标进行优化。此外，给出电机尺寸的预估及电机参数（如电感）的计算方法，它们是对电机进行优化的基础。通常借助有限元分析软件对电机进行优化，这一部分内容超出了本书的范围，因此不会提及。

铁心和电阻损耗直接影响电机的功率密度、输出转矩和功率，本章将给出它们的详细计算公式。

齿槽转矩是永磁同步电机特有的一个问题，它是由永磁体和定子齿相互作用产生的。本章在详细分析齿槽转矩的同时，也介绍了一些削弱齿槽转矩的方法。

1.1 永磁材料

20 世纪 50 年代，具有永久磁性的材料被引入到电机的研究中[9-14]。从此，这类材料便得到了突飞猛进的发展。永磁体的磁通密度可认为由两部分组成。一部分是固有的，其根据材料特性的不同，取决于磁化过程中晶畴在外加磁场作用下的排列方式。这部分磁通密度称为永磁体的内禀磁通密度。这个被称为内禀磁通密度的磁通密度分量 B_i，当磁场强度达到一定程度时趋于饱和，并且不再随着外加磁场强度的增加而增加。永磁体磁通密度的另一分量是由其自身的磁场强度产生的，就像该材料不存在于外加磁场中一样；或者换言之，是由真空中线圈磁场强度产生的一个很小的分量 B_h。因此，磁性材料的磁通密度可以写为

$$B_m = B_h + B_i \tag{1.1}$$

励磁分量 B_h 正比于磁场强度 H，即

$$B_h = \mu_0 H \tag{1.2}$$

式中，H 为磁场强度。在所有的磁性材料中，该分量与内禀磁通密度相比要小得多。结合式（1.1）和式（1.2），永磁体磁通密度可写为

$$B_m = B_i + \mu_0 H \tag{1.3}$$

式中，B_i 为内禀磁通密度；H 为磁场强度；B_m 为永磁体磁通密度，也称作永磁体的法向磁通密度。

烧结永磁体在第二象限的典型内禀退磁曲线和退磁曲线如图 1.1 所示。第二象限的退磁曲线为直线，它的一般表达式为

$$B_m = B_r + \mu_0 \mu_{rm} H \tag{1.4}$$

式中，μ_{rm} 为永磁体的相对磁导率。由图可见，在 $H = 0$ 处，内禀退磁曲线和退磁曲线通过同一点，这一点的磁通密度称作剩余磁通密度 B_r。第二象限的内禀磁通密度可由永磁体的退磁曲线得到，即

$$B_i = B_m - \mu_0 H = B_r + \mu_0 H(\mu_{rm} - 1) \tag{1.5}$$

对于退磁曲线为直线的硬磁性材料，内禀磁通密度在第二象限为常值，即它能保持"永久的磁性"，因此被称为高级永磁体。如果退磁曲线在第二象限不为直线，则内禀磁通密度就不是常值，也就是其"磁性的持久性"不及高级永磁体，因此这类永磁体称作低级永磁体。永磁体内禀磁通密度为零时对应的矫顽力称为内禀矫顽力 H_{ci}；而对应于退磁曲线的则称为矫顽力 H_c，如图 1.1 所示。

电机中绕组激励的存在会产生变化的外加磁场，因此在电机分析和设计过程中需要用到退磁曲线。更多关于这部分的内容将在后面章节中介绍。

具有永久磁性的材料也被称作硬磁材料。在金属钴、铁和镍中人们发现了它们的维持永久磁性的能力，它们又被称为铁磁性材料。此外，如铝镍钴-5、

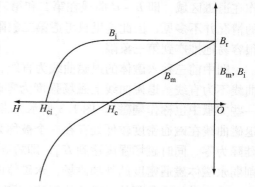

图 1.1　典型烧结永磁体的内禀
退磁曲线和退磁曲线

铁氧体（烧结）、钐钴以及钕铁硼等材料也可用作电机中的永磁材料，其中又以钐钴和钕铁硼最为常用。

1.1.1　退磁曲线

永磁材料的典型退磁曲线如图 1.2 所示，图中只给出了第二象限的 $B-H$ 曲

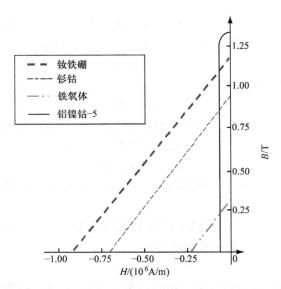

图 1.2　永磁体在第二象限的 $B-H$ 曲线（摘自 R. Krishnan 的《Electric Motor Drives》
图 9.1，Prentice Hall，Upper Saddle River，NJ，2001，版权许可）

线[6]。对于已经产品化的永磁材料，读者可以查阅生产商提供的产品数据手册，其中会提供磁通密度关于磁场强度在四个象限的完整 $B-H$ 曲线。之所以分析第二象限，是因为永磁体一旦被磁化后就不再需要外加励磁。而外加磁场（例如由电机中的线圈产生）通常被设计为削弱永磁体的磁通密度，使得电机和永磁体都工作在退磁区域，即 $B-H$ 曲线在第二和第三象限的部分。实际上，工作在第三象限的情况并不多见，因此这里只考虑第二象限。如有必要，此处的分析和讨论也可以很容易地推广到第三象限。

　　图中前三种永磁体的退磁曲线为直线，AlNiCo-5 的剩余磁通密度最大但退磁曲线不为直线。退磁曲线上磁场强度为零时的磁通密度称作剩余磁通密度 B_r（在一些文献中也称作剩磁）。图 1.3 所示为常见硬磁材料的退磁曲线。低级永磁体的退磁曲线在磁通密度较低处存在一个被称为膝点的拐点。低于这点时，磁通密度值陡降为零，同时磁场强度达到 H_{cl}，即矫顽力。膝点的磁场强度记为 H_k。如果撤去削弱永磁体磁通密度的外加磁场，永磁体的磁通密度将沿着一条平行于原退磁曲线的直线回升。这条新的退磁曲线对应的剩余磁通密度为 B_{rr}，其值小于永磁体的原剩磁。之后，永磁体的剩磁将减少（B_r-B_{rr}），且无法复原。虽然图示的回复线是一条直线，但是实际上通常为环形，只是用直线来近似表示其平均值。高级永磁体的 $B-H$ 曲线是一条直线，其矫顽力用 H_{ch} 表示。这条永磁体被反复磁化和退磁的曲线称为回复线。这条线的斜率由磁通密度和磁场强度决定，其值为 $\mu_0\mu_{rm}$，其中 μ_{rm} 为相对回复磁导率。对于钐钴和钕铁硼，相对回复磁导率 μ_{rm} 为 1.03 ~ 1.1。更多关于回复线和退磁曲线的内容将通过实例在后续几节中介绍。

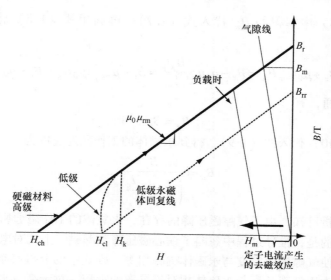

图 1.3　永磁体的工作点（摘自 R. Krishnan 的《Electric Motor Drives》
图 9.2，Prentice Hall，Upper Saddle River，NJ，2001，版权许可）

1.1.2　工作点和气隙线

为了找到永磁体在退磁曲线上的工作点，需要分析电机的磁路[6]。磁通从转子永磁体的 N 极出发，穿过气隙到达定子，之后又从定子穿过气隙返回转子 S 极形成闭合回路。在这个过程中，磁通两次穿过永磁体，也两次穿过气隙，如图 1.4所示。忽略定、转子的磁压降，则气隙磁压降等于永磁体提供的磁动势，即

$$H_m l_m + H_g l_g = 0 \tag{1.6}$$

式中，H_m 和 H_g 分别为永磁体和气隙的磁场强度；l_m 和 l_g 分别为永磁体和气隙长度。

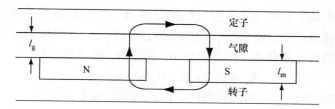

图 1.4　电机定、转子示意图（摘自 R. Krishnan 的《Electric Motor Drives》
图 9.3，Prentice Hall，Upper Saddle River，NJ，2001，版权许可）

若永磁体的退磁曲线为直线，则永磁体在退磁曲线上的工作磁通密度可写为

$$B_m = B_r + \mu_0 \mu_{rm} H_m \tag{1.7}$$

由气隙的磁场强度可得气隙磁通密度为

$$B_g = \mu_0 H_g \tag{1.8}$$

将式 (1.6) 中解得的 H_m 代入式 (1.7)，再利用式 (1.8) 将 H_g 用 B_g 表示，得

$$B_m = B_r + \mu_0\mu_{rm}H_m = B_r - \mu_0\mu_{rm}\frac{H_gl_g}{l_m} = B_r - \mu_{rm}\frac{l_g}{l_m}\mu_0H_g = B_r - \mu_{rm}\frac{l_g}{l_m}B_g \quad (1.9)$$

忽略漏磁通，有

$$B_g = B_m \quad (1.10)$$

将式 (1.10) 代入式 (1.9)，得到永磁体的工作磁通密度为

$$B_m = \frac{B_r}{\left(1 + \dfrac{\mu_{rm}l_g}{l_m}\right)} \quad (1.11)$$

由以上分析可知，由于气隙磁压降的存在，永磁体的工作磁通密度总是小于剩磁。需要注意的是，推导过程中忽略了铁心磁压降和漏磁。上式对电机设计具有指导意义。若要使气隙磁通密度与永磁体剩磁相等，则式中的分母必须为1，即永磁体的厚度要远大于气隙长度与永磁体相对磁导率的乘积。对于高级永磁体，假设其相对磁导率近似为1，则需要使永磁体厚度远大于气隙长度才能使气隙磁通密度与永磁体剩磁相等。这意味着永磁体的用量会很大，而这无论从成本还是转子以至电机的结构考虑都是不可行的。另外，漏磁通的存在也证明这一想法不切实际。这部分磁通经相邻永磁体发出后通过气隙，却没有进入电机定子。当气隙长度相对于永磁体厚度较小时，漏磁通所占比重很大。因此，实际中永磁体厚度与气隙长度的比值通常为 1~20。比值越小，永磁体的体积和成本就越小，同时电机的输出功率和功率密度也越小。比值越大，如前所述，电机的性能就越好。考虑到漏磁和转子体积、重量的增加，增大比值并不能成比例地增大输出功率。当比值过大时，电机的功率密度反而下降。因此设计过程中需要反复优化寻得最优值。

由式 (1.11) 得到的工作点示于图 1.3 中。通过原点和工作点的直线称为气隙线或气隙磁阻线，其斜率等于空气的磁导率与一个虚拟磁导率系数 μ_c 之积的负数。如果定子通电产生去磁磁场，则负载线向左平移，永磁体工作点也随之降低，如图中所示。磁导率系数由工作点处的 B_m 值和 H_m 值得到，即

$$B_m = B_r + \mu_0\mu_{rm}H_m = -\mu_0\mu_cH_m \quad (1.12)$$

式中，H_m 为定子电流产生的磁场强度。由此得到磁导率系数为

$$\mu_c = -\frac{B_r}{\mu_0H_m} - \mu_{rm} \quad (1.13)$$

而剩磁 B_r 又可表示为关于工作点处磁场强度 H_m 的函数，即

$$B_r = -\mu_0\mu_{re}(H_m)H_m \quad (1.14)$$

式中，$\mu_{re}(H_m)$ 可认为是与 H_m 有关的外磁路的磁导率。将式 (1.14) 代入式 (1.13)，得到磁导率系数为

$$\mu_c = \mu_{re}(H_m) - \mu_{rm} \quad (1.15)$$

由 μ_c 的表达式可知，温度和外加磁场强度等外部工况的变化均会改变剩磁。当外加磁场为去磁磁场时，外磁路的磁导率下降至相应的工作点，使得磁导率系数也相应减小。对于硬磁材料，外磁路磁导率的标幺值为 1 ~ 10。现以剩磁为 1.2T，矫顽力为 $-9 \times 10^6 \text{A/m}$ 的高级永磁体为例给出其求解过程。令由气隙线产生的磁通密度为 0.8T。为了得到磁导率系数，首先计算永磁体的相对磁导率

$$\mu_{rm} = -\frac{B_r}{\mu_0 H_c} = -\frac{1.2}{4\pi \times 10^{-7}(-0.9 \times 10^6)} = 1.058$$

对应于 0.8T 的工作磁场强度，由式

$$B_m = B_r + \mu_0 \mu_{rm} H_m = 0.8 = 1.2 + (4\pi \times 10^{-7})1.058 H_m$$

得到

$$H_m = -0.3 \times 10^6 \text{A/m}$$

由此得到磁导率系数为

$$\mu_c = -\frac{B_r}{\mu_0 H_m} - \mu_{rm} = 2.13$$

同理，当工作点磁通密度为 1T 时，磁导率系数为 5.32。当磁通密度降为零时，磁导率系数也趋于零；当磁通密度增大时，磁导率系数也增大。当工作点磁通密度达到理想的 1.1T（接近剩磁的 92%）时，磁导率系数将达到 $10^\ominus$。对于高级永磁体，磁导率系数较高，通常在 1 ~ 10 之间，因此可用其估算永磁体的工作磁通密度。

1.1.3　磁能积

衡量永磁体性能的另一个指标是磁能积，其定义为永磁体的工作磁场强度和工作磁通密度的乘积。具有较高磁能积的永磁体更适于高功率密度电机。从提高永磁体利用率的角度出发，需要知道其产生最大磁能积时的工作点。对于高级硬磁性材料，其最大磁能积 E_{max} 如图 1.5 所示。首先由永磁体的磁通密度 B_m 和磁场强度 H_m 得到磁能积 E_m，再将 E_m 关于磁场强度求导，导数值为零时对应的磁能积即为最大磁能积。具体过程为

$$E_m = B_m H_m = (B_r + \mu_0 \mu_{rm} H_m) H_m \tag{1.16}$$

对磁能积求微分有

$$\frac{dE_m}{dH_m} = 0 = B_r + 2\mu_0 \mu_{rm} H_m \tag{1.17}$$

进而得到磁场强度为

$$H_m = -\frac{B_r}{2\mu_0 \mu_{rm}} \tag{1.18}$$

将式（1.18）代入式（1.16），得最大磁能积为

$\ominus$ 原书有误：经计算，此时为 11.638。——译者注

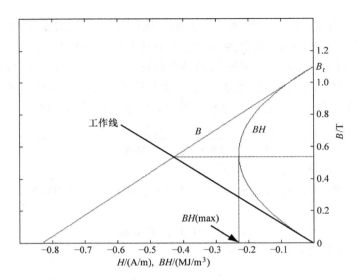

图 1.5   磁能积和首选的工作线（摘自 R. Krishnan 的《Electric Motor Drives》图 9.4，Prentice Hall，Upper Saddle River，NJ，2001，版权许可）

$$E_{\max} = -\frac{B_r^2}{4\mu_0\mu_{rm}} \qquad (1.19)$$

将式（1.18）代入式（1.16），可知当磁能积达到最大值时，永磁体的磁通密度为剩磁的一半，即 $0.5B_r$。对应该磁通密度的工作线及此时的磁场强度如图中所示。为了使永磁体工作在磁能积最大的工作点，电机定子需提供较大的去磁磁场。另外，在需要变速运行的电机驱动系统中，定子电流会在整个转矩转速区域内产生较大变化，因此要使工作点始终保持不变并不实际。在图 1.5 中，我们认为 $B-H$ 曲线在 H 轴的投影即为磁能积，只不过取为负值。为了避免混淆，有些文献把它画在第三象限，但这里我们把它画在第二象限以使图形简洁紧凑。

对于低级永磁体，如铝镍钴，其磁通密度和磁能积曲线如图 1.6 所示。与高级永磁体不同，其最大磁能积对应的磁通密度大于剩磁的 1/2。可以看出，其最大磁能积约为高级永磁体的 1/10。因此，当对电机功率密度要求较高时，一般不采用这类永磁体。

1.1.4   永磁体存储的能量

由磁能积可知如何让电机中的永磁体工作在最佳的工作点，但它不能表示永磁体内存储的能量。由电机学的基本知识可知，电机中存储的能量为

$$W_m = (\text{Volume}) \int H \mathrm{d}B \qquad (1.20)$$

或写成单位体积储存的能量，即

$$\frac{W_m}{\text{Volume}} = \int H \mathrm{d}B \qquad (1.21)$$

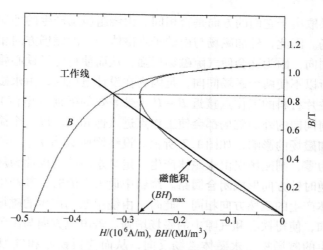

图 1.6　铝镍钴永磁体的磁能积

例如，对于退磁曲线为直线的高级永磁体，其单位体积内储存的能量为

$$\frac{W_{\mathrm{m}}}{\text{Volume}} = \int_0^{B_{\mathrm{r}}} H \mathrm{d}B = \int_0^{B_{\mathrm{r}}} \left(\frac{B - B_{\mathrm{r}}}{\mu_0 \mu_{\mathrm{rm}}}\right) \mathrm{d}B = -\frac{B_{\mathrm{r}}^2}{2\mu_0 \mu_{\mathrm{rm}}} = 2\left[(BH)_{\max}\right] = 2E_{\max}(\mathrm{J/m^3})$$

(1.22)

式中，$(BH)_{\max}$ 正是由式（1.19）得到的最大磁能积 $E_{\max}$。

1.1.5　永磁体体积

转子上永磁体的用量是永磁电机，尤其是高功率密度永磁电机成本中最重要的一项。在所有的电机设计过程中，尽可能减少永磁体用量对于削减电机成本以及转子的体积和重量都至关重要。永磁体的体积可由工作点的磁能积和气隙体积得到。将式（1.6）中的 H_{g} 用 B_{g} 表示，有

$$B_{\mathrm{g}} l_{\mathrm{g}} = -\mu_0 H_{\mathrm{m}} l_{\mathrm{m}} \tag{1.23}$$

$$B_{\mathrm{m}} A_{\mathrm{m}} = B_{\mathrm{g}} A_{\mathrm{g}} \tag{1.24}$$

由这些近似的关系式可得永磁体体积为

$$V_{\mathrm{m}} = A_{\mathrm{m}} l_{\mathrm{m}} = -\left(\frac{B_{\mathrm{g}} A_{\mathrm{g}}}{B_{\mathrm{m}}}\right)\left(\frac{B_{\mathrm{g}} l_{\mathrm{g}}}{\mu_0 H_{\mathrm{m}}}\right) = \frac{B_{\mathrm{g}}^2 (A_{\mathrm{g}} l_{\mathrm{g}})}{\mu_0 \mid B_{\mathrm{m}} H_{\mathrm{m}} \mid} = \frac{B_{\mathrm{g}}^2 V_{\mathrm{g}}}{\mu_0 \mid E_{\mathrm{m}} \mid} \tag{1.25}$$

式中，V_{g} 为气隙体积；E_{m} 为永磁体工作点的磁能积；A_{m} 和 A_{g} 为永磁体和气隙的面积。

注意到式中规定 $-H_{\mathrm{m}}$ 为正，因此对磁能积取绝对值。从上式可知，永磁体的体积和成本与其最大磁能积有关。由于未考虑永磁体间的漏磁，因此这只是一个简化的关系式。即便如此，在电机的初步设计时，其结果与实际值相差不大。

1.1.6　外加磁场的影响

永磁同步电机内的磁场由定子电枢绕组和转子上的永磁体共同产生。这些磁场

相互作用的结果取决于它们的方向是否相同。由绕组激励产生的外加磁场总被设计为削弱气隙磁场。因此，外加磁场与由转子永磁体产生的磁场方向相反。通常不会使这两个磁场同向，因为这会使气隙磁场增强，从而使得定子铁心叠片饱和，导致铁损增加。之所以不使两个磁场同向，是因为在设计电机时，由永磁体单独产生的磁场已经使得叠片材料的工作点接近 $B-H$（或等效的磁通－电流）曲线的膝点，这时再叠加任何同向的外加磁场都会使工作点进入饱和区。以一个简单的永磁磁路为例来说明外加磁场的影响，如图 1.7 所示。设线圈匝数为 T_{ph}，流过的电流为 I。假设外加电流为零，则磁场仅由永磁体产生。定义永磁体的极性为从左向右，则磁场在铁心内按逆时针方向形成闭合回路。绕组中通入电流时，其产生的磁场将通过铁心且与永磁体产生的磁场方向相同。此时，由绕组激励产生的磁场和永磁体产生的磁场相互叠加，使得铁心和气隙中的磁场增强。若电流方向与图示方向相反，则由绕组激励产生的磁场将与永磁体磁场反向，从而使得铁心和气隙中的磁通量减少。下面介绍当永磁磁路中存在外加磁场时，确定永磁体负载工作磁通密度的两种方法，即解析法和图解法。

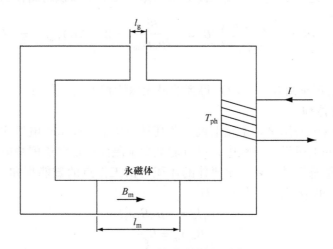

图 1.7 开有气隙的永磁磁路

1.1.6.1 解析法

永磁体的工作磁通密度可表示为

$$B_m = B_r + \mu_0 \mu_{rm} H \tag{1.26}$$

且外加磁动势与气隙和永磁体的磁压降相等。忽略铁心磁压降，则整个磁路的磁动势可写为

$$H_m l_m + H_g l_g = T_{ph} I \tag{1.27}$$

式中，l 代表长度，下标 m 和 g 分别代表永磁体和气隙。则磁场强度

$$H_m = \frac{T_{ph} I - H_g l_g}{l_m} \tag{1.28}$$

又气隙磁场强度与气隙磁通密度的关系为

$$B_g = \mu_0 H_g \tag{1.29}$$

由接下来的分析可知，气隙磁通密度和永磁体磁通密度存在一个明确的关系。由于有效磁通，即气隙磁通，恒为永磁体磁通的一部分，因此引入比例常数 $1/k^\ominus$，亦称为漏磁系数，有

$$\phi_g = \frac{\phi_m}{k} \tag{1.30}$$

而气隙磁通和永磁体磁通都可表示为磁通密度和截面积的乘积，即

$$\phi_g = B_g A_g ; \quad \phi_m = B_m A_m \tag{1.31}$$

式中，A_g 和 A_m 分别为气隙和永磁体的截面积。结合式（1.27）~式（1.31），将气隙磁通密度表示为永磁体磁通密度的函数，再代入永磁体的磁通密度方程 [式（1.26）]，有

$$B_m = \frac{1}{1 + \mu_{rm} \dfrac{l_g}{l_m} \dfrac{A_m}{A_g} \dfrac{1}{k}} \left[B_r + \mu_0 \mu_{rm} \frac{T_{ph} I}{l_m} \right] \tag{1.32}$$

对于高级永磁体，因为退磁曲线为直线，所以剩磁与矫顽力成正比，即

$$B_r = -\mu_0 \mu_{rm} H_c q \text{ 或写为 } q B_r = \mu_0 \mu_{rm} |H_c| \tag{1.33}^\ominus$$

对于如铝镍钴这样的低级永磁体，上述关系仍然成立，只不过此时所用的矫顽力不是实际的矫顽力，而是为了建模方便采用的虚拟矫顽力。它由如下方法得到：延长工作线$^\ominus$与磁场强度坐标轴相交，交点即为对应于工作磁通密度 B_m 的磁场强度 H_{cs}，如图 1.8 所示。

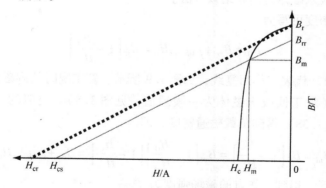

图 1.8　铝镍钴永磁体的虚拟矫顽力

注意到外加磁动势，即绕组匝数和电流的乘积，除以永磁体长度即为外加场强度 H_e，于是得到磁通密度关系式

$\ominus$ $1/k$ 应为 k。——译者注

$\ominus$ 式（1.33）中的两个公式均应没有 q。——译者注

$\ominus$ 应该是延长退磁曲线。——译者注

$$B_m = \frac{B_r}{1 + \mu_{rm} \dfrac{l_g A_m}{l_m A_g} \dfrac{1}{k}} \left[1 + \mu_0 \mu_{rm} \frac{H_e}{B_r} \right] \tag{1.34}$$

式中

$$H_e = \frac{T_{ph} I}{l_m} \tag{1.35}$$

将剩磁表示成矫顽力（高级永磁体用实际的矫顽力，低级永磁体用虚拟矫顽力）的形式，如式（1.33）所示，代入磁通密度等式［式（1.34）］，有

$$B_m = \frac{B_r}{1 + \mu_{rm} \dfrac{l_g A_m}{l_m A_g} \dfrac{1}{k}} \left[1 - \frac{H_e}{H_c} \right] = B_0 \left[1 + \frac{H_e}{|H_c|} \right] \tag{1.36}$$

式中

$$B_0 = \frac{B_r}{1 + \mu_{rm} \dfrac{l_g A_m}{l_m A_g} \dfrac{1}{k}} \tag{1.37}$$

式中，B_0 为空载磁通密度，即无外加磁场作用时的磁通密度。由式（1.36）可知，若外加磁场与永磁体磁通反向，则磁通密度被削弱。反之，会使磁通增大，但总会引起铁心饱和，因此在实际中要予以避免。

1.1.6.2　图解法

除了解析法，负载磁通密度也可通过图解法得到。这里通过前面得到的解析表达式，并以低级永磁体为例介绍该方法。

空载磁通密度可写为

$$B_0 = B_{rr} + \mu_0 \mu_{rm} H_0 = B_{rr} \left[1 - \frac{H_0}{H_{cs}} \right] \tag{1.38}$$

式中，下标"0"代表工作回复线，如图 1.9 所示。新工况时的剩磁为 B_{rr}，相应的矫顽力为 H_{cs}（对于低级永磁体为一假想值，见图 1.8）。类似的，将式（1.37）的 B_0 代入式（1.38）得到负载磁通密度，即

$$B_m = B_0 \left[1 - \frac{H_e}{H_{cs}} \right] = B_{rr} \left[1 - \frac{H_0}{H_{cs}} \right] \left[1 - \frac{H_e}{H_{cs}} \right] = B_{rr} + \mu_0 \mu_{rm} H_m \tag{1.39}$$

对上式变形，得到工作点的磁场强度为

$$H_m = \frac{B_{rr}}{\mu_0 \mu_{rm}} \left[-\frac{H_0 + H_e}{H_{cs}} + \frac{H_0 H_e}{H_{cs}^2} \right] = -H_{cs} \left[-\frac{H_0 + H_e}{H_{cs}} + \frac{H_0 H_e}{H_{cs}^2} \right] = H_0 + H_e - \frac{H_e}{H_{cs}} H_0$$

$$= H_0 + H_e + \left[\frac{B_m}{B_0} - 1 \right] H_0 = H_e + \left[\frac{B_m}{B_0} \right] H_0 \tag{1.40}$$

为了表明气隙线和负载线在外加磁场强度 H_e 作用下的等价性，对式（1.40）变形，得

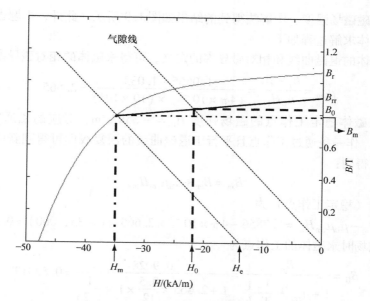

图 1.9　永磁体的空载和负载工作点

$$\frac{H_{\mathrm{m}} - H_{\mathrm{e}}}{B_{\mathrm{m}}} = \left[\frac{H_0}{B_0}\right] \tag{1.41}$$

这表明工作磁通密度 B_{m} 由平行于气隙线的直线给出，该直线由于线圈激励产生的外加磁场的作用而偏离了原点，如图 1.9 所示。

【例 1.1】　如图 1.6[⊖] 所示的永磁磁路，其中永磁体特性如图 1.9 所示。永磁体在某一剩磁下稳定在 $-35\mathrm{kA/m}$。为了简化计算，认为铁心的相对磁导率很大，因此铁心的磁阻为零。试求线圈中电流为多大时，永磁体可稳定在此工作点上。该磁路的参数如下：

$l_{\mathrm{g}} = 0.5\mathrm{mm}$

$l_{\mathrm{m}} = 12\mathrm{mm}$

漏磁系数 $k = 1.25$

永磁体面积 = 气隙面积

线圈匝数 $T_{\mathrm{ph}} = 1000$

解：

求解本问题的思路是首先通过已知的退磁曲线求得永磁体的磁导率，然后求得新的剩磁，之后便可得到无外加磁场时的永磁体磁通密度，进而得到气隙线。采用图解法，具体的步骤如下：首先作一条平行于气隙线的直线，其相对于原稳定工作点向左平移一个等于外加磁场强度的量。从该直线与磁场强度坐标轴的交点可知所

⊖ 应为图 1.7。——译者注

需的外加去磁磁场强度。图解法得到的结果如图 1.9 所示。此外，本题也可用解析法求解。具体求解过程如下：

由永磁体的退磁曲线和相对磁导率的定义，可得永磁体的相对磁导率为

$$\mu_{rm} = \frac{B_r - B_1}{\mu_0 H_1} = \frac{1.0665 - 1.033}{(4\pi \times 10^{-7}) \times (10 \times 10^3)} = 2.665$$

已知永磁体稳定工作点的磁场强度 $H_d = -35\text{kA/m}$，对应的磁通密度为 B_m（0.7856T），作一条通过工作点且平行于退磁曲线的回复线即可得到新的剩磁，或也可由下式得到：

$$B_m = B_{rr} + \mu_0 \mu_{rm} H_m$$

则新的剩磁（稳定工作点）为

$$B_{rr} = B_m - \mu_0 \mu_{rm} H_m = 0.7856 - 4\pi \times 10^{-7} \times 2.665 \times (-35,000) = 0.9028\text{T}$$

则无外加磁场时永磁体的工作点为

$$B_0 = \frac{B_{rr}}{1 + \mu_{rm}\frac{l_g}{l_m}\frac{A_m}{A_g}\frac{1}{k}} = \frac{0.9028}{1 + 2.665 \times \frac{0.5}{12} \times 1 \times \frac{1}{1.25}} = 0.8291\text{T}$$

低级永磁体的虚拟矫顽力为

$$H_{ce} = \frac{B_{rr}}{\mu_0 \mu_{rm}} = 269.5\text{kA/m}$$

由于外加磁场的作用，磁通密度降低

$$\Delta B = \frac{B_m - B_0}{B_0} = \frac{0.7856 - 0.8291}{0.8291} = -0.05246\text{T}$$

则需要的去磁磁场强度为

$$H_e = -\Delta B |H_{ce}| = -0.5246^{\ominus} \times 269.5 \times 10^3 = -14.14 \times 10^3 \text{A/m}$$

对应的磁动势为

$$F_e = H_e l_m = -14.14 \times 10^3 \times 0.012 = -169.68\text{AT}$$

则去磁电流为

$$I = \frac{F_e}{T_{ph}} = \frac{-169.68}{1000} = -0.16968\text{A}$$

【例 1.2】 永磁磁路如图 1.6$^{\ominus}$所示。采用钕铁硼永磁体，剩磁为 1.1T，矫顽力为 $0.86 \times 10^6 \text{A/m}$，且退磁曲线为直线。试求当线圈中电流为 10A 时的气隙磁通密度。磁路的参数与例 1.1 相同。

解：

本题解法与例 1.1 相似。图解法如图 1.10 所示。

亦可采用解析法，如下：

⊖ 应为 −0.05246。——译者注

⊜ 应为图 1.7。——译者注

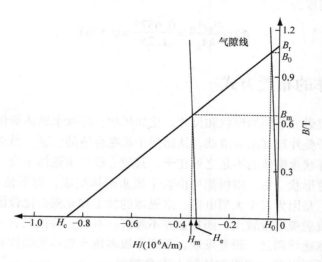

图 1.10 例 1.2 负载工作点的确定

$$B = B_r + \mu_0 \mu_{rm} H$$

令 $B = 0$，$H = H_c = -0.86 \times 10^6 A/m$，代入上式，得到永磁体的相对磁导率为

$$\mu_{rm} = \frac{B_r}{-\mu_0 H_c} = \frac{1.1}{4\pi \times 10^{-7} \times 0.87 \times 10^6} = 1.0062$$

则空载工作磁通密度 B_0 为

$$B_0 = \frac{B_r}{1 + \mu_{rm} \frac{l_g}{l_m} \frac{A_m}{A_g} \frac{1}{k}} = \frac{1.1}{1 + 1.0062 \times \frac{0.0005}{0.012} \times 1 \times \frac{1}{1.25}} = 1.0643T$$

连接原点和空载工作点得到气隙线或空载线。为了计算负载工作磁通密度，将气隙线向左平移外加磁场强度 H_e，使之与永磁体的退磁曲线相交。外加磁场强度可由下式得到：

外加磁动势 $F_e = T_{ph} I = -1000 \times 4 = -4000AT$

外加磁场强度

$$H_e = \frac{F_e}{l_m} = -\frac{4000}{0.012} = -0.333 \times 10^6 A/m$$

过 H_e 作平行于气隙线的负载线与永磁体退磁曲线相交，得到磁通密度 B_m 为 0.6575T。用解析法计算永磁体负载磁通密度为

$$B_m = \frac{1}{1 + \mu_{rm} \frac{l_g}{l_m} \frac{A_m}{A_g} \frac{1}{k}} \left[B_r + \mu_0 \mu_{rm} \frac{T_{ph} I}{l_m} \right] = 0.6575T$$

得到气隙磁通密度为

$$B_{\mathrm{g}} = \frac{B_{\mathrm{m}} A_{\mathrm{m}}}{k A_{\mathrm{g}}} = \frac{0.6575}{1.25} = 0.526\mathrm{T}$$

1.2　永磁体的布置方式

　　永磁体可以做成不同的形状和尺寸，比如环状。环状永磁体最便于安装，因为它们可以在转子叠片顶部来回滑动，从而便于放在合适的位置。另外它们可以按任意方向磁化。环状永磁体的不足之处在于，其较分段的永磁体昂贵。分段的永磁体可以组合成任意形状。每一磁极都可由若干段永磁体组成，而不是一整块永磁体。之所以这么做，是因为对于大型电机，永磁体的加工和充磁都比较困难，用一块或一段永磁体组成磁极难度较大，而且也并不经济。有时，每极只含一块永磁体的结构不适于实现宽速域弱磁。研究发现，采用每极多段永磁体的结构有助于提高弱磁

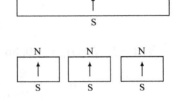

能力。此外，还可以在一块永磁体的上方叠放另一块等宽或不等宽的永磁体以便得到需要的气隙磁场分布，比如在永磁同步电机中得到正弦的气隙磁场分布，而在永磁无刷直流电机中得到梯形的气隙磁场分布。这三种磁极形式如图 1.11 所示。永磁体的厚度和宽度可以根据需要改变，但同极下永磁体的极性必须一致。

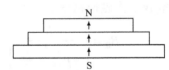

　　所有排布方式都有其各自的优点和应用场合。单段结构适于小电机。大功率电机则多采用多段和堆叠的结构。实际应用中，单段和多段结构较为常见。

图 1.11　磁极的单段和多段结构

　　此外，永磁体的形状也是多种多样，比如矩形、瓦片形和弓形，如图 1.12 所示。瓦片形和弓形适于表贴式永磁同步电机。对于瓦片形永磁体，若永磁体完全暴露在转子表面，可认为转子表面的气隙均匀，从而气隙磁通密度处处相同。瓦片形永磁体的两个侧边既可以沿径向，也可以相互平行，分别称为径向瓦片形永磁体和平行瓦片形永磁体，如图 1.13 所示。对于弓形

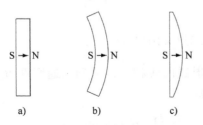

图 1.12　永磁体形状
a) 矩形　b) 瓦片形　c) 弓形

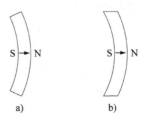

图 1.13　瓦片形永磁体
a) 径向瓦片形永磁体　b) 平行瓦片形永磁体

永磁体，其气隙是不均匀的，因此气隙磁通密度也不一致。这使得设计者可以通过调整永磁体形状来优化气隙磁通密度波形，使之不再是方波或常值。这部分内容详见 1.3 节。

矩形永磁体常见于内置式永磁转子结构。近年来，为了得到较宽的弱磁范围，对于内置式结构的永磁体，越来越多地采用多段结构。然而这种结构不适于表贴式电机，因为采用多段永磁体后很难保证气隙均匀。设计者还可想象出各种形状的永磁体，但受到成本和工艺的限制，未必所有设想都切合实际。永磁体的形状受限于以下几个因素：

每极的材料用量；

加工制造的难易度；

气隙磁通密度分布，比如是矩形波还是正弦波。

考虑了这些因素后，很多形状就自然而然被淘汰了。

1.3　永磁体的充磁方式

永磁体按某一特定方向磁化[56-59]，如径向、平行或其他方向。磁化方向在很大程度上影响着气隙磁通密度的分布。当电机中永磁体的布置方式不变时，磁化方向还会间接影响电机的功率密度。气隙磁通密度的分布又影响到电机转矩谐波分量的大小，而转矩谐波的存在会危害到电机的输出转矩质量，尤其对高性能电机驱动系统更为严重。径向和平行充磁在实际应用中较为常见，而其他充磁方式虽然在某些场合有其独特的优势，但是却鲜为人知。

1.3.1　径向和平行充磁

径向和平行充磁如图 1.14 所示。永磁体表面的法线方向用矢量 **n** 表示，磁化强度矢量用 **M** 表示。径向充磁的磁场沿着半径方向，而平行充磁的磁场则平行于图示中永磁体的平行边。但对于其他形状的永磁体则未必。关键是要使磁场沿水平

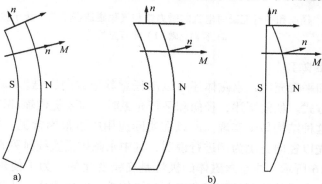

图 1.14　永磁体的充磁方向

a）径向充磁　b）平行充磁

方向，如图中所示。借助有限元软件，对于一台 2 极 24 槽电机，得到两种充磁方式下电机的磁场分布和气隙磁通密度关于转子位置的波形如图 1.15 所示。径向充磁时得到的气隙磁通密度为方波，而平行充磁时为正弦波。其原因可作如下解释：磁通离开永磁体，并沿定子表面的法线方向进入定子。径向充磁时，永磁体的磁通密度矢量沿径向与其自身垂直，使得气隙磁通和磁通密度沿径向各个位置均为最大，且在同一极距内保持恒定。对于平行充磁，进入定子的法向磁通密度分量可认为与该点永磁体的磁化强度矢量 *M* 与 *x* 轴夹角的正弦成比例，所以气隙磁通密度为正弦分布。永磁体平行充磁时还存在切向分量的磁通密度，而径向充磁时则不存在。

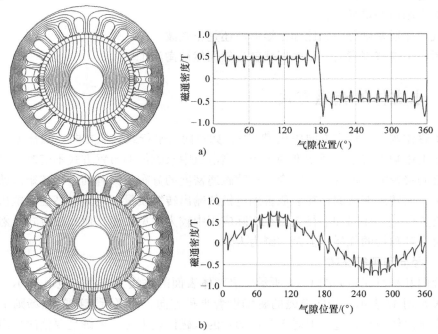

图 1.15 径向和平行充磁时电机的磁力线和气隙磁通密度关于转子位置波形
a）径向充磁 b）平行充磁

1.3.2 Halbach 阵列

除了径向和平行充磁，永磁体还可以沿任意其他方向充磁。Halbach 阵列就是一种新的充磁方式。如前所述，径向和平行充磁时，需要提供轭部以便更好地利用永磁体。由于这种结构易于实现，所以在实际应用中也最为常见。在介绍 Halbach 阵列之前，首先以径向充磁为例进行说明，其中永磁体沿直线排列在空气中，其磁场分布如图 1.16 所示。注意永磁体的极性是交错变化的。为了使永磁体的利用率最大化，需要在永磁体阵列的顶部和底部放置软铁。在电机中，永磁体阵列的一侧通过气隙和定子正对，另一侧紧贴转子表面，定、转子均由硅钢片叠压而成。

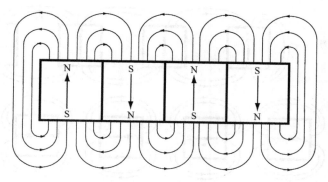

图 1.16 径向充磁的永磁体阵列

Halbach 阵列[60-69]（有时也称为 Halbach 排布）如图 1.17 所示，它由两个永磁体阵列组成：一个径向永磁体阵列和一个与之正交的永磁体阵列。在这个称为 Halbach 的阵列中，永磁体的充磁方向要么沿顺时针方向磁化，要么沿逆时针方向磁化。将两个永磁体阵列的磁场叠加得到合成磁场，如图 1.18 所示。对于由 7 段永磁体组成的 Halbach 阵列，借助有限元方法得到的磁场分布如图 1.19 所示，图中所示的磁力线与实际情况一致。可以发现，永磁体列顶部存在一些磁力线，但与底部相比微乎其微，因此可忽略顶部的磁力线而认为几乎所有的磁场都集中在阵列底部。从该阵列的磁场分布可以得到如下结论：

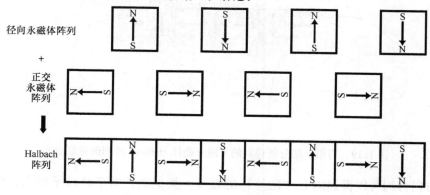

图 1.17 Halbach 阵列

1）永磁体顶部几乎不存在磁场，可见理想的 Halbach 阵列不需要轭部。

2）磁场相对于径向充磁的永磁体阵列更为集中，并且根据永磁体的充磁方向和段数的不同，可以集中在任意一侧。

3）根据 Halbach 阵列中永磁体充磁方向的不同，磁通方向既可以向下（向内），也可以向上（向外）。对于传统的外转子电机⊖，将永磁体的 N 极和 S 极按顺

⊖ 应为内转子电机。——译者注

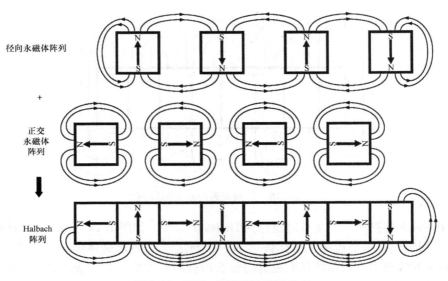

径向永磁体阵列

＋

正交
永磁体
阵列

Halbach
阵列

图 1.18　Halbach 阵列的磁场分布

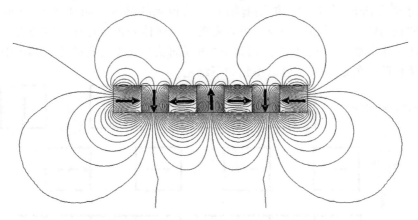

图 1.19　有限元法分析得到的 7 段永磁体 Halbach 阵列的磁场分布

时针方向排列可以得到向上（向外）的磁场。类似地，对于外转子电机，将磁极按逆时针方向排列得到向内的磁场。

对应于结论 3 的 Halbach 阵列如图 1.20 和图 1.21 所示。图中只有永磁转子和空气，以便观察磁场分布。在永磁体阵列的外部或内部几乎没有磁力线分布，而几乎所有磁通都集中在了转子内部（见图 1.21）或外部（见图 1.20）。此外，可以发现仍存在少量漏磁通，但与永磁体阵列产生的主磁通相比通常可以忽略。采用这两种转子组成的内定子和外定子同步电机分别如图 1.22 和图 1.23 所示，并给出其气隙磁通密度关于转子位置的分布波形。从图中可以明显看出，Halbach 转子非工作侧的漏磁很少，几乎所有磁通都集中在了面向定子的一侧。即便漏磁已经很少，

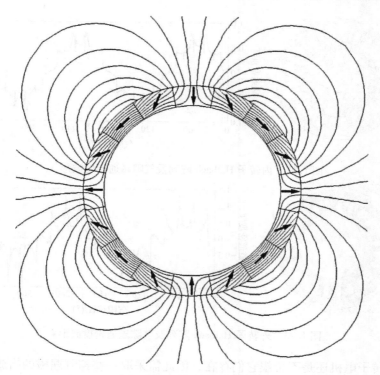

图 1.20　磁场向外的 Halbach 阵列

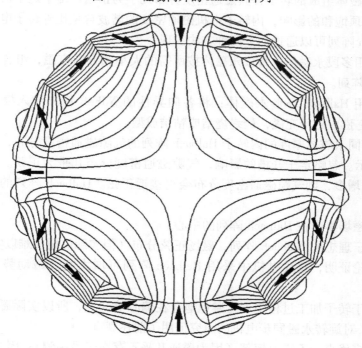

图 1.21　磁场向内的 Halbach 阵列

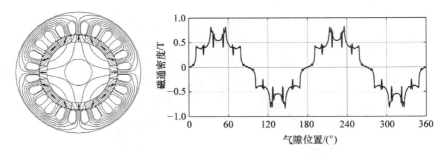

图 1.22 内转子 Halbach 阵列及气隙磁通密度波形

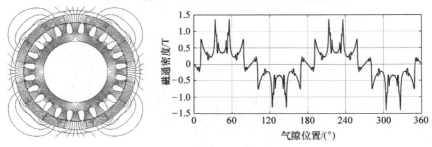

图 1.23 外转子 Halbach 阵列及气隙磁通密度波形

但对于外转子电机还是不希望它们存在，因此需采取一些抑制漏磁的措施。对于每极由 4 段永磁体组成的转子，其磁通密度分布几乎为正弦。由于定子槽开口以及饱和尤其是齿顶饱和的影响，内转子电机磁通密度的谐波含量比外转子电机的少。

Halbach 阵列可以通过如下两种方法实现：

1）采用多段永磁体：每段永磁体按所需的大小和方向充磁，组合后得到近似的 Halbach 阵列。

2）采用 Halbach 环形永磁体：将各向异性的 NdFeB 粉末注入模具，同时用 Halbach（正弦）磁场充磁，最终烧结或粘结成型。

计算不同永磁体厚度的内转子 Halbach 阵列的气隙磁通密度分布，得到结果如图 1.24 所示。忽略定子开槽的影响，气隙磁通密度分布几乎为正弦。若每极下永磁体的段数增多，则气隙磁通密度分布会更接近正弦。Halbach 阵列的特点可总结如下：

1）将磁场集中在 Halbach 阵列的中心。

2）对于理想的 Halbach 阵列，磁场正弦分布（但实际应用中难以实现）。

3）理论证明，直线电机中采用 Halbach 阵列可增大基波磁动势（为常规的 1.414 倍）。

4）由于转子加工过程中不可避免地存在偏心等问题，所以实际磁通并没有增大 41.4%；对旋转永磁同步电机的研究证明了前述观点。

5）更多优点：不需要轭部（因为磁通几乎不存在于另一侧）；因此 Halbach 阵

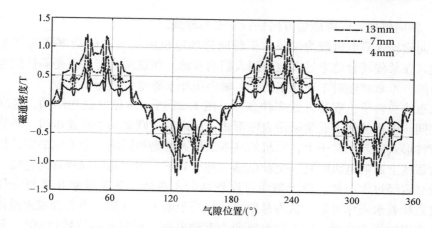

图 1.24　不同永磁体厚度时的气隙磁通密度波形

列可以直接固定在非导磁材料上，如铝或者其他结构强度较好的材料。

6）由于磁场正弦分布，因此没有转矩脉动。

7）避免了定子斜槽或转子斜极，在很大程度上减少了加工量。

8）因其几乎不存在齿槽转矩，Halbach 阵列可用于对定位精度要求较高的场合；研究发现采用 Halbach 阵列后，电机的齿槽转矩相对于常规电机可减少 20%。

9）即便有这么多突出的优点，但由于其复杂的结构和充磁方式，Halbach 阵列永磁电机还没有实现产品化。

1.4　永磁交流电机

20 世纪 50 年代，随着高磁能积永磁体的出现，以永磁体作为励磁源的直流电机得到了快速发展。用永磁体代替电励磁磁极使得直流电机的体积大大减小。同样的，在同步电机中，转子上传统的电励磁磁极也被永磁体取代，从而省却了集电环和电刷。在 20 世纪 50 年代后期，随着功率变换器件和晶闸管整流器件的出现，机械式换流器被电子换流器取代。这两大进步促进了永磁同步电机和无刷直流电机的发展。采用电子换流器后，直流电机的电枢不必安装在转子上。因此，电机的电枢可以固定在定子上，这样既便于冷却，又由于定子可以提供更多的空间用于绝缘，从而提高了电压等级。过去由定子提供的励磁磁场如今由转子永磁体提供。实际上，与电励磁直流电机相比，永磁直流电机只是将电枢和励磁磁极对调，原先的定子变为转子，原先的转子变为定子，而原理上是一样的，并无特别之处。

1.4.1　电机结构

永磁同步电机根据气隙磁场方向大体分为如下两类：

1）径向磁场：气隙磁场方向沿着电机的径向[15-35]。

2）轴向磁场：气隙磁场方向平行于电机轴线。

径向磁场永磁电机较为常见，但轴向磁场电机因其较高的功率密度和加速能力，使其在某些场合越来越多地受到人们的青睐，而这两个特点正是高性能电机必须具备的。本章结尾对不同功率的径、轴向磁场永磁电机进行了比较。

永磁体在转子上安装方式多种多样。图 1.25 所示为径向磁场结构。高功率密度永磁同步电机的转子通常采用表贴形式，而内置式则多用于高速电机。不管永磁体以何种形式安装在转子上，电机的基本工作原理是相同的。但不同的安装形式会在很大程度上影响电机的直、交轴电感。解释如下：转子磁极轴线称为直轴，并且主磁通必定经过永磁体。对于磁通密度较高的永磁体，其磁导率几乎与空气的相同。这意味着永磁体可近似认为是空气，相当于增大了气隙。当直轴或永磁体轴线与定子绕组轴线重合时，定子的电感即为直轴电感。再将永磁体转过 90°，此时定子磁场与转子极间轴线正对，即磁路中不存在永磁体。在此位置下测得的电感称为交轴电感。电感的大小与电机尺寸、气隙长度和绕组匝数有关，即

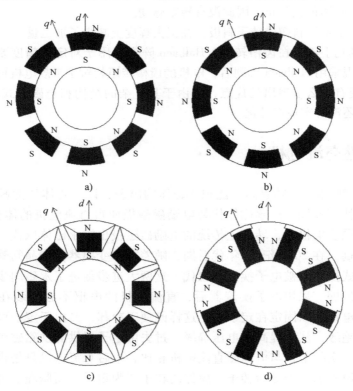

图 1.25　表贴式永磁（SPM）同步电机（图 a）、表面嵌入式永磁（SIPM）同步电机（图 b）、内置式永磁（IPM）同步电机（图 c）、切向磁场内置式永磁同步电机（图 d）
（摘自 R. Krishnan 的《Electric Motor Drives》
图 9.5，Prentice Hall, Upper Saddle River, NJ, 2001, 版权许可）

$$L = \frac{\lambda}{I} = \frac{T_{ph}\phi}{I} = \frac{T_{ph}F}{I\mathscr{R}} = \frac{T_{ph}T_{ph}I}{I\mathscr{R}} = \frac{T_{ph}^2}{\mathscr{R}} \tag{1.42}$$

式中，T_{ph} 为绕组匝数；ϕ 为磁通量；F 为磁动势；I 为线圈中电流；$\mathscr{R}$ 为磁阻。

$$\mathscr{R} = \frac{l}{\mu_0 \mu_r A} \tag{1.43}$$

式中，l 为磁路长度；A 为截面积；μ_r 为铁心的相对磁导率。

　　只考虑气隙和永磁体的磁阻（因为空气的相对磁导率为 1，而高级永磁体的相对磁导率近似为 1），忽略铁心磁阻（因其相对磁导率很高，数量级为 10^3，因此与气隙相比其磁阻可忽略不计），则直、交轴磁阻之比为

$$\frac{\mathscr{R}_d}{\mathscr{R}_q} = \frac{l_g + l_m}{l_g} \tag{1.44}$$

式中，l_g 为气隙长度；l_m 为永磁体厚度；$\mathscr{R}_d$ 为直轴磁路磁阻；$\mathscr{R}_q$ 为交轴磁路磁阻。

　　从式（1.44）可知，由于永磁体厚度远大于气隙长度，所以直轴磁阻要远大于交轴磁阻。换言之，可以认为直轴的等效气隙远大于交轴的等效气隙。磁阻的差异造成电感的差异。由于电感与磁阻成反比，由式（1.44）可知交、直轴电感的关系为

$$L_q > L_d \tag{1.45}$$

式中，L_d 为永磁体轴线（即直轴）上的电感，通常称为直轴电感；L_q 为滞后永磁体轴线 90° 电角度（或正交）的轴线上的电感，称为交轴电感。

　　在永磁同步电机中，交轴电感总是大于直轴电感。这与电励磁凸极同步电机正好相反。这是因为对于电励磁凸极同步电机，其直轴上存在励磁线圈，且通常嵌在转子槽内，使得凸极表面（即直轴）的气隙均匀且较小，而交轴的气隙则要大得多。这一结构上的差异，即交轴气隙远大于直轴气隙，使得电励磁凸极同步电机的交轴电感远小于直轴电感。电感的差异直接影响电机的工作特性，使得电机除了具有同步转矩外，还存在磁阻转矩。磁阻转矩与同步转矩的相互作用增大了电机的电磁转矩。更多关于这方面的内容将在后续章节中介绍。

1.4.2　永磁转子结构

　　永磁体在转子上的不同安装方式产生了结构各异的永磁同步电机和无刷直流电机。本节介绍一些常见的和新颖的安装方式及其对气隙磁通密度、绕组电感和磁阻转矩的影响。

　　关于永磁同步电机[36-41]以及无刷电机[42-56]的控制和驱动将在以后的章节中介绍。

1.4.2.1　表贴式永磁同步电机

　　如图 1.25a 所示，永磁体装在转子铁心外圆表面。这种方式可以提供最大的气隙磁通密度，因为永磁体产生的磁通不经任何介质（如转子铁心）而直接进入气

隙。其缺点是结构的整体性和鲁棒性较差，因为永磁体沿径向方向没有得到固定。实际上，常常将永磁体嵌入一定的深度，并用凯夫拉尔纤维捆绑在转子上，以增强永磁体和转子的结构强度。这种转子结构的电机称为表贴式永磁同步电机。这类电机的转速一般较低，通常在 3000r/min 以下，但当转子直径较小时可以达到 50000r/min。从其结构可以看出，这类电机直、交轴磁阻的差异很小。相应的，其直、交轴电感的差异也很小（小于10%）。这使得表贴式永磁同步电机在控制和驱动方面有其独特之处。详细内容将在后续章节中介绍。

1.4.2.2　表面嵌入式永磁同步电机

如图 1.25b 所示，永磁体放在转子铁心外表面的凹槽中，使得整个转子为圆柱形。此外，与表贴式结构相比，这种安装方式的结构鲁棒性更强，因为永磁体不像表贴式结构那样延伸到转子铁心外部，而是完全嵌入转子中，从而提高了机械强度，防止永磁体在高速旋转时飞出。在表贴式结构中，虽然将永磁体用磁带固定在了转子上，但是相邻永磁体之间还是存在空隙，所以并不能有效地保证结构强度。而在表面嵌入式永磁同步电机中则不需要用凯夫拉尔纤维固定。即便采用这种方式固定，由于转子铁心表面和永磁体表面在同一圆周上，所以缠绕起来也比表贴式容易。这类电机的交、直轴电感之比可高达 2～2.5。采用这类转子结构的电机称为表面嵌入式永磁同步电机。

1.4.2.3　内置式永磁同步电机

如图 1.25c、d 所示，永磁体分别沿径向和周向安装在转子铁心内部。这样结构的电机通常称为内置式永磁同步电机。内置式永磁转子结构的机械结构可靠，因此适于高速运行。这种安装方式的工艺较表贴式或表面嵌入式复杂。与表面嵌入式结构相比，该结构的交、直轴电感之比更大，通常可以达到 3 倍，有时甚至更高。如图 1.25c 所示，去掉永磁体之间的一部分铁心，使得相邻永磁体之间的气隙增大。这么做的目的是削弱相邻永磁体间经转子内表面闭合的磁通。没有这些称为隔磁槽的空气隙，将有很大一部分磁通不经过定子而直接在转子内部从一块永磁体流向相邻的永磁体，导致共磁链减少。因此在这种结构中采用隔磁槽是十分必要的。此外，采用隔磁槽还可减轻转子重量，从而降低转子的转动惯量，提高电机的加速能力，使其更适于伺服系统。奇怪的是，即便有如此多的优点，这类电机却很少用于这类场合。

图 1.25d 所示为周向排布的内置式转子结构。可以看出该结构对永磁体的用量需求似乎较大，因此从成本角度考虑，不建议采用高磁能积的永磁体。相应地，该结构只能采用低磁能积和低成本的永磁体，比如铁氧体。该结构的特别之处在于可以产生比永磁体磁通密度更高的气隙磁通密度，因为永磁体的截面积远大于转子的表面积。由于该结构可以提供比表贴式铁氧体永磁同步电机更高的气隙磁通密度，因此输出功率相同时，其具有更高的效率，且所需的定子电流更小。但需要注意的是，与采用高磁能积的永磁体相比，较高的气隙磁通密度是以较大的转子体积为代

价的。

内置永磁体结构的优势在于较强的结构鲁棒性以及较大的交、直轴电感比。除图示结构外，还有很多其他的内置式转子结构，但由于它们在工业应用中比较少见，因此本书不再介绍。

表贴式永磁电机的磁场分布和气隙磁通密度径向分量关于转子位置的波形分别如图 1.26 和图 1.27 所示[6]。磁通密度波形中的几处凹陷是由定子开槽引起的。定子开槽后，相应位置的磁阻增大，从而使得磁场减弱，磁通密度下降。

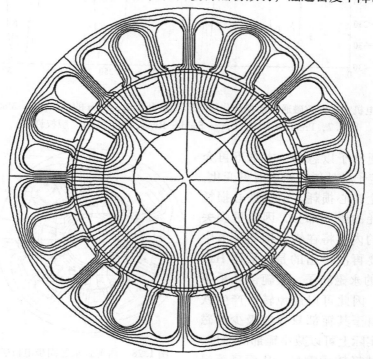

图 1.26 电机空载磁场分布（摘自 R. Krishnan 的《Electric Motor Drives》图 9.6, Prentice Hall, Upper Saddle River, NJ, 2001, 版权许可）

内置式永磁同步电机的磁场分布如图 1.28 所示。永磁体两侧的隔磁槽使得该处的磁阻增大，从而减少了磁力线通过。如果没有这些隔磁槽，永磁体之间将存在很大的漏磁。这些漏磁的磁力线不会进入定子磁路，因此这些漏磁通不产生转矩，是一种浪费。

可以发现，无论是表面式结构还是内置式结构，转子轭部的磁通是不变的，这一点很重要。除了槽口区域外，定子表面为均匀的圆柱面。如果忽略定子开槽，则转子轭部的磁通密度变化率为零，因此不存在涡流损耗和磁滞损耗。实际情况是，由于定子开槽造成的磁阻变化，永磁体在齿部和槽口处产生的磁场不同。这会使得转子轭部的磁场和磁通密度发生变化，进而产生损耗；但这些损耗在对电机进行初

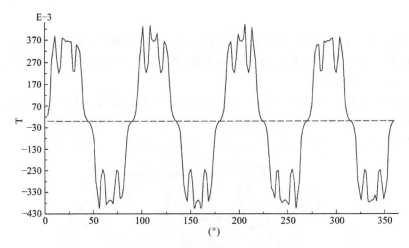

图 1.27　电机空载气隙磁通密度径向分量波形（摘自 R. Krishnan 的《Electric Motor Drives》图 9.7，Prentice Hall，Upper Saddle River，NJ，2001，版权许可）

步设计时通常予以忽略，本书不再介绍。但是定子各处磁通密度时刻变化，因此会产生铁心损耗。定子铁心损耗占铁心损耗的绝大部分，因此更多关于这部分的内容将在铁心损耗一节中介绍。需要再次指出的是，采用 Halbach 阵列的永磁转子，其轭部几乎不存在磁场，因此可以避免转子产生铁心损耗。由于其轭部只存在极少的磁场，所以实际上可以减小轭部的厚度，这样可以减轻转子重量，从而显著提

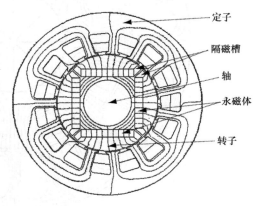

图 1.28　内置式永磁同步电机磁场分布

高电机的功率密度，降低电机的转动惯量。但其代价是转子制造工艺相对于传统表贴式永磁转子要复杂得多。

1.4.2.4　异步起动永磁同步电机

　　一些永磁同步电机是为了恒速应用场合设计的，以便比感应电机和电励磁同步电机具有更高的效率和功率因数。这类电机通过笼型绕组提供转矩，使之从静止加速到同步转速。此外，笼型绕组还可以抑制转子振动。一旦电机牵入同步，笼型绕组不再感生出电动势，也就不再流过电流，从而不再产生电磁转矩。

　　需要变速工作的永磁同步电机不需要阻尼绕组来抑制摆动和振荡。对其的抑制是通过正确控制逆变器的电流实现的。这使得该类电机的转子比采用阻尼绕组的更小、更紧凑。在永磁同步电机中采用和不采用阻尼绕组来实现抑制的方法值得一提。采用阻尼绕组的电机在运行过程中不需要外反馈就能抑制振荡。所需要的反馈

由电机本身提供，即笼型绕组通过转差产生的感生电动势。而在由逆变器控制的永磁电机中，需要借助外部信号或反馈参数进行控制来抑制振荡。由于其依赖于外部反馈，所以可靠性降低。当最关心的是电机运行的可靠性而不是转矩和位置的控制精度时，选用具有阻尼绕组的同步电机是个明智的选择。例如，对于恒速负载，一旦逆变器发生故障，可以不经逆变器，而将具有阻尼绕组的永磁同步电机直接接入固定频率的电源。之后电机将以类似于感应电机的方式起动，最后牵入同步并按同步转速运行。注意这时的电机转速由定子频率（即电源频率）决定，并只能在此固定频率下运行。这在某些场合比让电机因为逆变器故障而停止工作要好得多，比如对动力系统的可靠性要求很高的核电站或舰船中。在 20 世纪 80 年代，具有笼型绕组的异步起动永磁同步电机[71-73]广泛用作风扇和泵类的驱动部件，以便提高这类单一转速工作系统的效率。相比于感应电机，由于不存在转差损耗，所以永磁同步电机具有更高的效率，这也使得永磁电机在当时得到了大力发展。但人们发现在很多低成本的应用场合，逆变器的成本就是一个大问题。由于 20 世纪最后 20 年间美国能源成本的降低，对此问题的研究逐渐消失。

1.4.3　混合励磁电机

　　单极电机是一类定子上同时存在交、直流励磁绕组的电机。转子仅有由铁心形成的凸极，而没有绕组或永磁体。同步单极电机，作为单极电机的一种，通常作为发电机使用。之所以介绍单极电机，是为了说明在定、转子双凸极电机中采用永磁体的结构是可行的。由于励磁磁场由定子上的一套同心绕组产生（直流励磁），转子得以省去绕组和集电环。由此得到了一类永磁同步电机。将绕组和永磁体装在定子上的优点是结构简单，并且无需在转子上安装固定永磁体的套筒就可以实现高速运行。省略套筒降低了涡流损耗，同时又保留了传统永磁同步电机的诸多优点。在过去的 10 年间，出现了三类这种结构的电机。永磁体安装方式的不同使得混合励磁永磁电机有别于彼此。但这些电机本质上都是永磁同步电机[73-81]，其控制原理也是相同的。定、转子均存在凸极，且极数不同。定子采用集中绕组，转子上既没有绕组也没有永磁体。熟悉此类结构的读者知道它们被称为变磁阻电机或开关磁阻电机（SRM）。这类电机的转矩由磁阻的变化亦即相电感的变化产生。关于这部分内容，感兴趣的读者可以参阅参考文献［7］。永磁体在开关磁阻电机定子中安装方式的不同决定了混合式电机的种类，主要有以下三种：

　　1）永磁体在轭部：这类电机称为双凸极永磁（DSPM）电机[76]。

　　2）永磁体在定子极或极靴表面：这类电机称为磁通反向电机（FRM）[75]。永磁体沿径向放置。

　　3）永磁体在定子极内：永磁体沿周向夹在各定子极中间。这类电机称为开关磁链电机（FSM）[78]。

　　这些电机将在下节中介绍。这里只介绍它们的工作原理和优缺点；有关它们的详细分析和设计方法，感兴趣的读者可以参阅本章后面列出的相关参考文献。需要注意的是这类电机还处于理论研究阶段，目前未有产品出现。由于永磁体安装在定子上，并且不存在电刷，所以这类电机在高速发电机领域颇具前景。

1.4.3.1 磁通反向永磁同步电机

工作原理：以二–三极开关磁阻电机为例，定子两极间隔180°，转子三极间隔120°，每个定子极表面都粘有两块永磁体，永磁体极性如图1.29所示。同一定子极下的两块永磁体极性相反。径向正对的两块永磁体极性相同。定子极上的线圈集中缠绕，且相互串联形成单相绕组，如图所示构成单相电机。需要说明的是，在该模型下介绍的磁通反向电机的工作原理并不局限于单相电机，对多相电机同样适用。

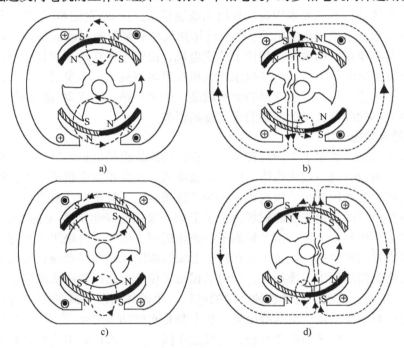

图1.29 磁通反向电机及其工作原理

a) 零磁链位置 b) 最大正磁链位置 c) 零磁链位置 d) 最大负磁链位置

电机绕组不通电时，令转子逆时针旋转。对于如图1.29a所示的转子位置，某一转子极处于上方定子极的两块永磁体之间，而下方定子极的永磁体横跨转子极的两侧。这时存在两条磁路：一条由上方定子极永磁体和上方转子极组成，磁路经由定子极轭、永磁体、气隙和转子极闭合；另一条磁路由下方定子极永磁体和其余的两个转子极组成，磁路经由永磁体、定子极轭、气隙、转子极和转子极轭闭合。在这个位置下，磁通被限制在定、转子极内部而不与定子线圈匝链，因此定子磁链为零。

改变转子位置，使得上方转子极不再处于两块永磁体之间，而是与左侧永磁体正对。大部分由上方永磁体产生的磁通经由上方气隙、上方转子极、下方转子极、下方气隙、下方定子极、定子轭和上方定子极轭闭合。磁通沿定子两侧分两路穿过定子轭部，如图 1.29b 所示。此外还可看出，在上下两侧存在少量漏磁。可以发现，两个转子位置之间磁链的变化只由每极下的一块永磁体产生。在这两个位置之间，可以假设磁通和定子磁链线性增大。同样的，当转子极中心偏离永磁体时，假设磁通和定子磁链线性减小。从图 1.29a 所示的没有磁链的位置到如图 1.29b 所示永磁体中心和转子极中心正对的最大磁链的位置，磁链从零变化到正最大值。规定磁通自上而下时的磁链为正。当转子离开上方左侧永磁体时，磁链减小，当两个转子极转到上方定子极下且分别与两个永磁体正对时，磁链为零，如图 1.29c 所示。此时磁通只经定、转子极闭合而不匝链定子线圈。

当两个转子极转到上方时，另一个极就转到了下方定子极的两个永磁体之间，如图 1.29c 所示。随着转子的转动，下方转子极逐渐靠近下方定子极右侧的永磁体，使得磁通自下而上经由下方永磁体、下方转子极、转子轭、右上方转子极、气隙、右上方永磁体和一部分定子轭部后回到下方定子极，如图 1.29d 所示。于是产生定子磁链（方向为负），并随转子位置的变化而变化，当下方转子极与下方定子极右侧永磁体正对时达到最大值。当转子极离开右下方永磁体时，磁链减小；当下方定子极与两个转子极正对时，磁链减为零，如图 1.29a 所示。因此，转子每旋转一周，定子线圈的磁链变化三个周期，且每个周期中都经历由零变到正最大值、正最大值变到零、零变到负最大值、负最大值变到零这四个过程。这类电机的独特之处在于仅用定子极上的永磁体就产生了双极性的磁通。而在传统的永磁同步电机中，定子磁通的反复变化是由转子上的永磁体实现的。由于定子轭部和定子极的磁通随转子位置的变化而变化，这类永磁体在定子上的电机称为磁通反向电机（FRM）。

控制：随着定子磁链的交替变化，定子绕组的感应电动势也在变化；且当磁链线性变化时，感应电动势为矩形波。当定子绕组中通入同极性的电流时，电机气隙中产生的功率为正，即产生电动转矩。当定子绕组电流与感应电动势极性相反时，电机工作在发电状态，输入机械功率，输出电功率。因此，电机在适当的功率变换器和控制方式下可以工作在转矩－转速平面的全部 4 个象限。

作为补充，图 1.30 给出了 6 ~ 8 极三相磁通反向电机的结构图。A1 和 A2 成 A 相，同理剩下的线圈构成其余两相。其工作原理与前面介绍的单相磁通反向电机类似。

磁通反向电机的特点总结如下：

1) 其磁通双向变化，因此具有交流电机的特点。磁链关于电流具有四象限特性，而开关磁阻电机只有一个象限。

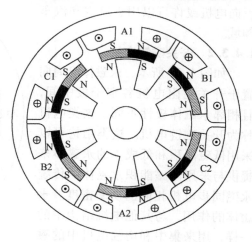

图 1.30 三相磁通反向电机

2）永磁体在定子上，因此该类电机更易于制造。与永磁体在转子上的电机不同，磁通反向电机转子结构的鲁棒性使其适于高速运行。

3）定、转子均为凸极结构，叠片较易冲制。

4）线圈集中缠绕，便于制造和下线。

5）将永磁体放在开关磁阻电机的定子极表面，得到与永磁无刷直流电机特性完全相同的电机结构，不同之处在于不采用分布绕组且转子没有永磁体，因此节约了制造成本。

6）由于磁路中含有永磁体，而永磁体的相对磁导率接近空气，使得磁路的磁阻很大，因此绕组的电感和时间常数均较小。这使得电机的转矩响应很快，适于高性能的应用场合。

7）与开关磁阻电机相比，由于永磁磁链在转子铁心中的变化以及电机叠片中双极性磁通的存在，该电机铁心损耗较大。

8）永磁体会受到定子极温升的影响，使得其剩磁降低，从而影响电机的输出能力。为了防止定子极中的永磁体失效，需要控制温升在永磁体的允许温升范围内，这会降低电机的输出能力。

9）这类电机的转矩谐波相当大，使得其不适于作为高性能的伺服电机。

一些学者研究了该类电机的功率密度并与其他电机进行比较，发现其无法实现与永磁体在转子上的永磁无刷直流电机或是传统开关磁阻电机相同的功率密度。原因在于，与永磁无刷直流电机相比，磁通反向电机在任意时刻只有一半永磁体发挥作用。至于开关磁阻电机，换流器需要换成双极，所以各种结构的开关磁阻电机的功率密度都比磁通反向电机的高。这类电机或许可以用作高速发电机。与开关磁阻电机不同，磁通反向电机不需要外加励磁装置，工作时不需要换流器，因此作发电机使用时，其功率密度较高。磁通反向电机或许可以用于航空和汽车领域。

1.4.3.2 开关磁链电机

如图 1.31 所示，永磁体沿周向置于开关磁阻电机各定子极中间，且相邻永磁体极性不同。这类电机称为开关磁链电机。这类结构可以采用低磁能积和低成本的永磁体来提供与采用高磁能积永磁体的传统永磁同步电机相同的功率密度。永磁体的作用，与其他电机结构中的一样，用来集中和增强电机中的磁场。线圈集中缠绕，使得其与采用

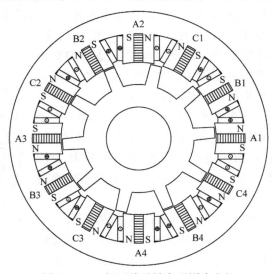

图 1.31 三相开关磁链永磁同步电机

分布绕组的永磁同步电机相比具有较短的端部、较低的制造成本、较少的绕组材料用量以及较小的电阻损耗。该电机的工作原理与之前提到的磁通反向电机相同。绕组和永磁体在磁路上是并联的，使得由电枢电流产生的电枢反应几乎不会影响永磁体的工作点。然而在传统的永磁同步电机中，实际情况正好相反：永磁体磁场和绕组产生的磁场串联。这一区别使得开关磁链电机与传统永磁电机相比具有更大的单位电感。这对于弱磁极为有利，具体原理见 1.4.4 节。此外，其交、直轴电感相差很小，因此可以忽略开关磁链电机中的磁阻转矩。1.4.3.3 节会介绍开关磁链电机与双凸极永磁电机之间的一些微小差别。开关磁链电机可以在磁链-电流平面的四个象限中工作，磁场为双向正弦分布，因此当通以对称正弦电流时，转矩脉动很小甚至可以忽略。由于其具有四象限的工作特性，因此功率密度较高。

1.4.3.3 永磁开关磁阻电机或双凸极永磁电机

将永磁体安装在开关磁阻电机中的方式多种多样，比如前面介绍的开关磁链电机。另一种结构如图 1.32a 所示，其只能工作在磁链-电流平面中的两个象限。该结构中，永磁体安装在定子轭部，使得其只能产生单极磁通。为了便于理解其工作原理，首先考虑空载时定子绕组磁链关于转子位置的关系。这时的磁场仅由永磁体产生。定子磁链的波形受定、转子极形状的影响，并随转子位置的变化而变化。当转子极与定 A 相成 30°时，如图 1.32a 所示，由于永磁体磁通全部经由转子另外两极和 C 相定子极闭合，所以此时进入 A 相定子极的磁通可认为是零，即 A 相的磁链为零。当转子按顺时针⊖方向旋转，使得转子极离开 A、B 两相定子极之间的位置时，A 相定子极中的磁通和磁链逐渐增大。这时磁通路径由 C 相定子极转到 A 相定子极。当转子极与 A 相定子极正对时，此时流过的磁通最大。类似地，当转子极离开定子极时，磁通逐渐减小。为了方便起见，假设磁链的增大和减小均按线性变化。当转子极偏离定子极 30°时，另一对转子极与 B 相定子极正对。此时，永磁体磁通全部经过 B 相定子极，而 A 相定子极中的磁通为零。从以上分析可以看出，定子磁链在前 30°内从零变到最大，又经 30°后从最大变为零。再过 30°，定子 A 相磁链为零，因为这时磁通全部经过 B 相，转子极与 A 相定子极相对于其他定子极较远。因此，磁链从零变到最大、再从最大变到零、最后维持在零所经历的周期为 90°，正好是一个转子极距。转子每旋转一周，各相磁链变化四个周期。图 1.32b 所示为转子恒速旋转时的各参数波形。

每相磁链的变化产生感应电动势。当定子绕组中通入与感应电动势同极性的电流时，就成为一台永磁无刷直流电机。感应电动势和电流波形如图 1.32b 所示。从电流和电压波形可以看出，气隙功率为各相电压与电流乘积之和。当电动势和电流为理想波形时，气隙功率和转矩为恒值。

⊖ 应为逆时针。——译者注

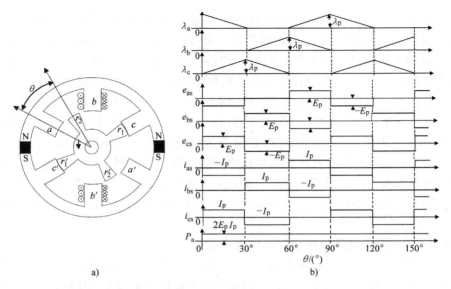

图 1.32 双凸极永磁开关磁阻电机（图 a）以及 6 - 4 极永磁开关
磁阻电机的磁链、感应电动势、电流以及气隙功率（图 b）

虽然该电机的工作原理与永磁无刷直流电机很像，但还是存在一些显著的区别：

1）在永磁无刷直流（PMBDC）电机中，电流波形在正负半周之间不存在电流为零的区域，而是在正半周之后紧接负半周。这对于电机的平稳运行和提高功率密度都十分重要。相绕组电流在运行过程中反向会损失大量的电荷，即电流关于时间的积分。某一极性的相电流需在该相产生另一极性的电流之前变为零，这两个过程均由相绕组的时间常数决定。该电机的时间常数可能比开关磁阻电机小，但却不能忽略而是一个有限的数值。电流换向时，假设电流线性变化，则此时的功率几乎是满载时的一半。在此期间，输出功率总会降低。

2）感应电动势波形并不是理想的方波，而是梯形波，因此会增大伏秒损耗，使得电机的功率密度降低。

3）在理想方波驱动下，通常电机的磁阻转矩并未得到利用。磁阻转矩在半个周期内与同步转矩叠加，使得电磁转矩增大，而在另半个周期的作用则相反。虽然磁阻转矩的平均值为零，但它确实是转矩脉动的一个主要来源，造成电机驱动系统性能的下降。

4）由于永磁体的磁阻较大，定子电流产生的磁通并没有经过永磁体，而是经由通电的相邻定子极闭合。这使得负载时定子轭部的磁通密度增大，因此设计过程中需要适当增大定子轭部的厚度。

考虑上述因素，关于其功率密度是开关磁阻电机（或感应电机）1.414 ~ 2.828 倍的说法或许不切实际。讨论到现在，有必要给出该电机与磁通反向电机和开关磁链电机相比的几点区别，如下：

1）磁通 - 电流平面：双凸极永磁电机工作在两个象限，而磁通反向电机和开关磁链电机为四象限。

2）感应电动势：双凸极永磁电机为梯形波，而磁通反向电机和开关磁链电机为正弦波。

3）转矩脉动：与永磁无刷直流电机类似，双凸极永磁电机存在较大的换向转矩脉动，而磁通反向电机和开关磁链电机则不存在。有关换向转矩脉动的问题将在下一章中介绍。

4）功率密度：由区别 1 可知，双凸极永磁电机的功率密度小于磁通反向电机和开关磁链电机。

1.4.4　集中绕组永磁同步电机

学者们对定子装有永磁体的开关磁阻电机进行了大量的实验研究，包括双凸极、磁通反向和开关磁链电机。令人吃惊的是，学者们进一步发现可以将这些电机的定子与传统的表贴式永磁转子组合使用。这一组合既具有前者定子绕组成本低和制造简单的优点，又具有后者由于转子永磁体的存在使得气隙磁通密度较大的优点，因此具有很大的研究价值。这类电机融入了许多开关磁阻电机的特点，如下：

1）更简单的结构。

2）各相之间没有互感，使得其具有较高的容错能力，适用于国防和重要场合。

3）由于每个机械周期的齿槽周期较多，因此齿槽转矩较小。

4）由于采用了集中绕组，因此端部较短，节约了用铜量并降低了损耗。

5）直轴自感较大，使得削弱永磁体磁场所需的电流较小，便于实现较宽的弱磁范围；这在电动车领域是一个很大的优点。参考文献 [80] 举例比较了 12 槽 14 极集中绕组电机与 36 槽 14 极分布绕组电机，并指出当两者永磁磁链相等时，集中绕组电机的直轴电感是分布绕组电机的 6.56 倍。

图 1.33 所示为一台 12 槽 10 极的三相永磁同步电机及其绕组展开图。此外，

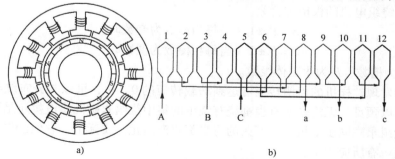

a)　　　　　　　　　　　　　　b)

图 1.33　12 槽 10 极集中绕组电机

a）电机结构图　b）绕组展开图

绕组还可以隔齿缠绕，其绕组展开图如图 1.34 所示。这种绕线方式似乎比不上所有齿均绕上绕组的结构。但参考文献［81］中的例子表明，其仍有一些优点：

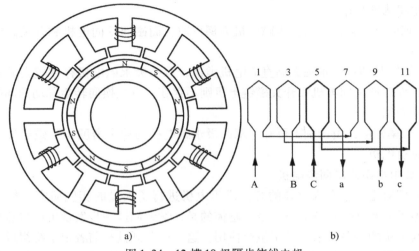

a)   b)

图 1.34   12 槽 10 极隔齿绕线电机

a）电机结构图   b）绕组展开图

1）假设齿宽相同，则与所有齿都绕有绕组的结构相比，后者的绕组因数更高。例如所有齿都绕有绕组的 10 极 12 槽电机基波绕组因数为 0.933，而后者的基波绕组因数为 0.966。

2）对于所有齿都绕有绕组的电机，其感应电动势更接近梯形波，且齿槽转矩小于 2%。而齿宽相同的隔齿绕线电机，其感应电动势是一个较好的梯形波，且面积更大。但其齿槽转矩略大，在 5% 左右。

3）与所有齿都绕有绕组的电机相比，若采用不等宽齿，隔齿绕线电机的功率因数可以为 1，且感应电动势中的恒压范围更大，但齿槽转矩也较大。

总体来说，组合电机具有更高的绕组因数、梯形度更好的感应电动势、便于制造、较大的转矩和更小的齿槽转矩（因为每个机械周期的齿槽周期较多）等特点。

集中绕组电机的极槽配合为

$$S = P \pm 1 \quad （当每相槽数为奇数时）$$

$$S = P \pm 2 \quad （当每相槽数为偶数时）$$

式中，S 为槽数；P 为永磁体极数。

实验发现，样机的齿槽转矩可达到满载转矩的 0.1%，可以与分布绕组电机相媲美。可以预见，无论是所有齿都绕有绕组的集中绕组永磁同步电机还是隔齿绕线的集中绕组永磁同步电机，在不久的将来都将产品化。实际上，它们已作为永磁无刷直流电机有所应用了。

1.4.5   永磁同步电机的分类

永磁同步电机可按其感应电动势的波形分类：正弦波时称为永磁同步电机，梯形波时称为永磁无刷直流电机。

即便梯形波感应电动势在正负半周均存在 120° 的恒值区域，如图 1.35 所示，当转子⊖绕组通以宽度为 120° 电角度的电流时，其输出功率仍为恒值[41-55]。实际上，由于电机绕组中的电流不能突变，因此当电流在各自半周期内开通和关断时，输出功率会产生脉动。然而这种脉动在感应电动势为正弦波的电机中并不存在，因为其电流为正弦，所以不存在阶梯变化。

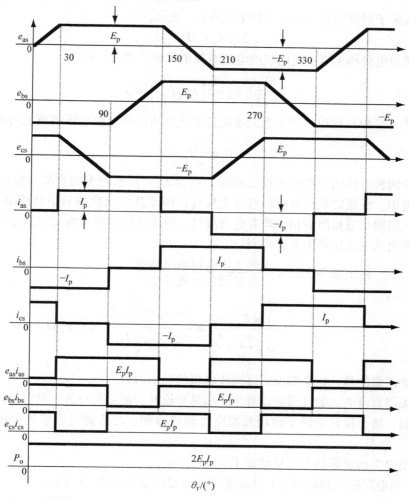

图 1.35　永磁无刷直流电机波形（摘自 R. Krishnan 的《Electric Motor Drives》图 9.8，Prentice Hall，Upper Saddle River，NJ，2001，版权许可）

永磁无刷直流电机的功率密度比永磁同步电机大 15%[6]，这是因为永磁无刷直流电机磁通密度的有效值与幅值之比比正弦波永磁电机的大。假设定子铜损相同，

⊖ 应为定子。——译者注

则这两种电机输出功率之比可由如下推导得到。令 I_{ps} 和 I_p 分别为同步电机和无刷直流电机的定子电流幅值，则其有效值为

$$I_{sy} = \frac{I_{ps}}{\sqrt{2}} \tag{1.46}$$

$$I_d = I_p \sqrt{\frac{2}{3}} \tag{1.47}$$

代入定子铜损的表达式，并用电流峰值[⊖]表示，有

$$3I_{sy}^2 R_a = 3I_d^2 R_a \tag{1.48}$$

将同步电机和无刷直流电机的电流有效值用幅值表示，有

$$3\left(\frac{I_{ps}}{\sqrt{2}}\right)^2 R_a = 3\left(I_p \sqrt{\frac{2}{3}}\right)^2 R_a \tag{1.49}$$

从式（1.49）可以得到永磁同步电机和无刷直流电机的电流幅值之间满足

$$I_p = \frac{\sqrt{3}}{2} I_{ps} \tag{1.50}$$

假设两种电机感应电动势幅值相等，记为 E_p。从永磁无刷直流电机的激励波形可以看出，任意时刻只有两相有电流流过，因此其输出功率只由两相绕组产生。相反，永磁同步电机所有相中均有电流流过，因此其输出功率由三相绕组产生。

其输出功率之比可由下式得到：

$$输出功率之比 = \frac{永磁无刷直流电机功率}{永磁同步电机功率}$$

$$= \frac{2 \times E_p \times I_p}{3 \times \frac{E_p}{\sqrt{2}} \times \frac{I_{ps}}{\sqrt{2}}} = \frac{2 \times E_p \times \frac{\sqrt{3}}{2} \times I_{ps}}{3 \times \frac{E_p \times I_{ps}}{2}} = 1.1547 \tag{1.51}$$

需要注意的是，这里假设永磁同步电机的功率因数为1。

从无刷直流电机的波形可以看出，如果知道转子的绝对位置，就可以很容易地进行控制。转子位置由转子磁场和感应电动势得到，之后通过调整定子电流进行控制。

这类电机的显著特点可总结如下：

1）当电阻损耗相同时，其功率密度比永磁同步电机高15.4%。

2）相电流的工作周期只为永磁同步电机的2/3。这意味着驱动永磁无刷直流电机的逆变器只需要两个晶体管导通，而永磁同步电机中则需要三个。其功率器件的导通和开关损耗均比永磁同步电机的小。因此很容易对逆变器进行冷却，从而增强了逆变器的温度可靠性。

⊖ 应为有效值。——译者注

3）电流波形为矩形，因此谐波含量较高。但是，相比于不同频率的正弦电流，矩形电流的生产和控制都更容易。

4）电流幅值恒定，并且每 1/6 个周期需要换向一次，因此每个电周期内需要产生 6 个换向信号。换向信号由位置传感器提供，其分辨率只需为电机基频的 6 倍。然而，正弦波永磁同步电机驱动系统需要实时获取转子的位置信息才能产生需要的正弦电流，而电流的分辨率直接取决于位置传感器的分辨率。实际中，传感器的分辨率通常为每周期 8 位、10 位或 12 位。永磁同步电机的位置传感器比较昂贵，而永磁无刷直流电机的位置传感器则相对便宜。

5）对于永磁无刷直流电机，位置传感器（通常为霍尔传感器）的安装相对容易。永磁同步电机由于需要采用位置编码器，所以安装难度较大。

6）该类电机由换向电流产生的转矩脉动比正弦波永磁同步电机的大。当感应电动势不是理想的梯形波时，其与恒定电流作用时会产生较大的转矩脉动。低性能的应用场合几乎不考虑转矩脉动的问题，但在高性能场合则不然，对转矩脉动的要求往往十分苛刻。关于转矩脉动分析和抑制[114-121]将在介绍电流控制的章节中介绍。

1.5　同步电机的基本理论

对电机进行深入的分析和设计需要采用二维和三维的有限元方法或常规的二维解析方法[82-101]。这些方法不是本书的重点。通过假设磁场分布来估算永磁电机的性能，这一方法长期以来不断被检验并证明是合理的。估算时忽略了一些不重要的因素，如由于加工造成的气隙不对称、饱和、杂散磁通、各永磁体磁场强度不一致等。该方法是基于第一定律得到的，其精度比不上二维和三维场分析。但它的确给出了电机尺寸、材料特性、激励、电机性能和等效参数之间的关系。根据这些关系，工程师们发明了各种控制算法，并对电机驱动系统进行优化。下面介绍这种方法。

1.5.1　工作原理

为了产生电磁转矩，一般地，需要同时存在转子磁通和定子磁动势，两者相对静止但存在相位差。在永磁同步电机中，转子磁通由转子永磁体产生。定子绕组中的电流产生定子磁动势。当定子磁动势和转子磁通（即转子）同向同速旋转时，两者相对静止。当空间互差一定角度的多相绕组通入时间互差同样角度的多相电流时，即产生旋转的定子磁动势。例如，对于三相电机，当空间互差 120° 电角度的三相绕组中通入时间互差 120° 电角度的三相电流时，即产生恒定幅值的旋转磁场，转速为电流频率，这将在后文中详细介绍。本节介绍磁动势的基本概念，产生正弦磁动势的绕组分布以及多相电机中的旋转磁场。

1.5.2　单匝线圈的磁动势

为了介绍绕组磁动势的概念，假设定子线圈为 1 匝，其与气隙和转子如图 1.36 所示。线圈产生的磁通形成一定的磁场分布，并产生 N 极和 S 极。磁动势轴

线超前线圈轴线 aa' 90°电角度。假设定子和转子铁心磁导率无穷大，容易发现线圈产生的磁动势全部消耗在磁路里两个气隙的磁阻上。若线圈有 T_{ph} 匝，则总磁动势为 $T_{ph}I$（单位为安匝），其中 I 为线圈中的电流。按惯例，产生 N 极的磁动势为正，产生 S 极的磁动势为负，由此可得到磁动势关于转子位置的关系。线圈产生的磁动势中，只有一半用来产生一个磁极。由此得到线圈磁动势关于定子空间角位置的关系如图 1.37 所示。

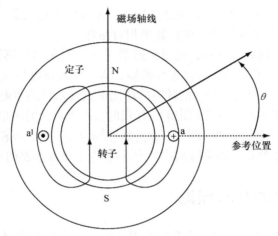

图 1.36　电机及其磁路示意图

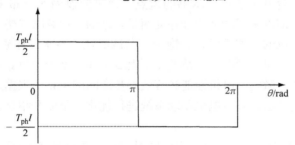

图 1.37　一组线圈磁动势关于气隙位置关系

1.5.3　正弦磁动势分布

一匝线圈产生的磁动势成方波分布，其中存在起主要作用的基波成分。除基波外，其仍富含各次谐波。谐波不能产生恒定转矩，相反只能产生损耗。因此削弱定子磁动势中的谐波变得十分重要。消除谐波的方法有两种，介绍如下。

1.5.3.1　同心绕组

将各槽中的绕组正弦分布，同时在一个极距内采用不同节距，可以得到正弦分布的磁动势。这种线圈排布方式称为同心绕组，同心绕组及其磁动势如图 1.38 所示。线圈 $11'$、$22'$ 和 $33'$ 产生的磁动势并没有除以 2，因为通常情况下这些线圈仅产生一个极，因此其产生的磁通只经过一个气隙。各磁动势间的相位关系与线圈的空间关系一致。相磁动势为各线圈磁动势之和。合成的磁动势是阶梯形的，近似为正弦。调整匝数可以使得磁动势波形更接近正弦。各线圈节距均小于极距，并且越靠近内侧的线圈节距越小。同心绕组的优点是易于下线，并且能产生接近正弦的磁动势分布。其缺点是绕组的有效匝数略小于各线圈匝数之和。因此与其他绕组形式相比，采用这种绕组的电机的用铜量、体积和电阻损耗均较大。

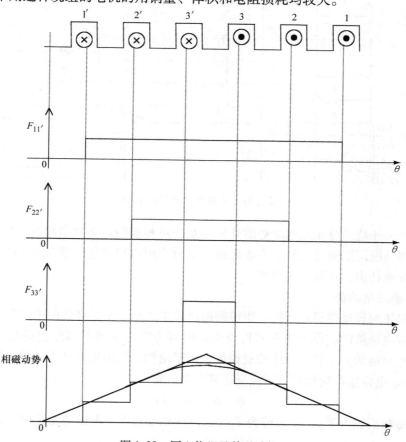

图 1.38　同心绕组及其磁动势

1.5.3.2　分布绕组

对于这种绕组形式，各槽中的导体数相同，并且所有线圈的节距也相同。这两个特点均与同心绕组有显著不同。分布绕组示意图如图 1.39 所示。每极每相槽数为 5，其线圈在一极下通以正电流 I，在相邻极下通以负电流 $-I$。每一对相连的槽中的线圈产生的磁动势为方波，其幅值在前 $180°$ 电角度为 $0.5TI$，在后 $180°$ 电角度为 $-0.5TI$。

一相线圈的合成磁动势为各线圈磁动势之和。分布绕组的优点是能更好地利用槽空间，且绕组的有效匝数增多。其缺点是线圈端部较长，导致铜的利用率低、电阻损耗大。

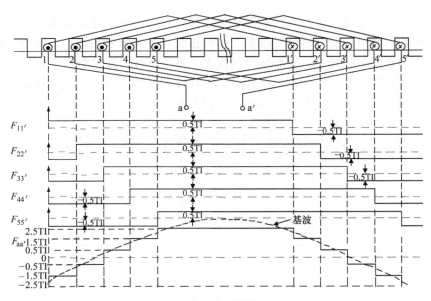

图 1.39 分布绕组及其磁动势

以上关于绕组分布和磁动势的分析均基于单相绕组。下一节将介绍三相绕组。其余多相情况可以通过类似的方法得到。本节介绍电机中绕组感应电动势的概念，以便更好地认识和理解三相绕组。

1.5.4 感应电动势

永磁体的运动使得定子绕组匝链的磁通发生变化，于是在绕组中产生感应电动势。感应电动势的波形取决于磁链波形。磁链为气隙磁通与其经过的绕组匝数之积。气隙磁通的大小受永磁体磁通密度、定子结构、气隙以及转子结构的影响。若转子以 ω_r 电角速度旋转且气隙磁场正弦分布，则

$$\phi = \phi_m \sin(\omega_r t) \tag{1.52}$$

若每相匝数为 T_{ph}，则磁链为 $T_{ph}\phi$。感应电动势等于磁链的变化率，即

$$e = -\frac{d\lambda}{dt} = -T_{ph}\frac{d\phi}{dt} = -T_{ph}\phi_m\omega_r\cos(\omega_r t) = -2\pi T_{ph}\phi_m f_r\cos(\omega_r t) \tag{1.53}$$

感应电动势有效值为

$$E = \frac{2\pi T_{ph}\phi_m f_r}{\sqrt{2}} = 4.44 T_{ph}\phi_m f_r \tag{1.54}$$

式中，f_r 为电动势频率或旋转频率。由感应电动势公式可以得到如下结论：

1）匝数不变时，电动势正比于旋转频率和气隙磁通（若假设气隙磁通全部与定子匝链，则为互磁通）之积。这一公式是电机控制的基础。假设气隙磁通恒定，则电动势只与同步电机的旋转频率有关。因此，激励电压的频率直接决定电机的转速。由于定子的激励频率可以控制得十分精确，所以电机的转速也可以控制得很精

确。当电机转速超过称为基速的特定转速时，若继续增大定子频率，则所需电压会超过供电能力。此时，保持电压恒定并增大激励频率减小气隙磁通，这样才能使得电机转速继续升高并超过基速。这一过程称为弱磁。

2）为了得到正弦电动势，很重要的一点是使气隙磁场正弦分布。这可通过优化转子磁极形状实现。当气隙磁通含有谐波成分时，例如由定子开槽引起，气隙磁通将发生畸变而不再按正弦分布，感应电动势波形也将变差。

在上面的推导中，每相匝数为 T_{ph}。但在最后的表达式中，考虑到导体在不同槽中的分布效应，线圈导体跨过一定的节距而不是一个极距或采用斜槽用以减少气隙磁动势的谐波等因素，需要对实际匝数予以修正。在实际匝数上乘以修正系数得到有效匝数，这个修正系数称为绕组因数。本节后面会给出绕组因数的详细推导过程。

以图 1.40a 所示的三相电机为例说明感应电动势的机理。电机每相匝数为 1，转子为 2 极，三相绕组在空间互差 120°。如果当前位置的互磁通，即不考虑漏磁

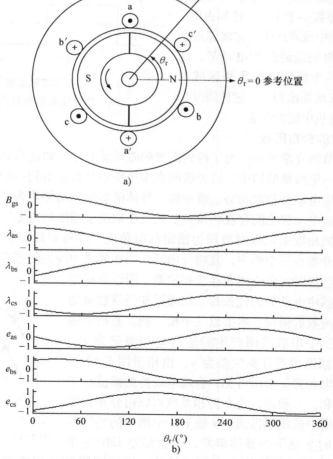

图 1.40 具有正弦磁通密度的三相电机（图 a）以及各参量波形（图 b）

通的气隙磁通如图所示，则其在 A 相绕组中产生的磁链最大。假设互磁通为正弦，则气隙磁通密度 B_{gs} 和三相互磁链如图所示。注意各磁链的相位差与绕组的相位差相同。对互磁链求微分即可得到感应电动势，其波形如图 1.40b 所示。它们是一系列三相平衡的正弦电压，对应永磁同步电机。假设互磁通密度为方波，类似地，得到电机各参量的波形如图 1.41 所示。此时对应的是永磁无刷直流电机。

当互磁链为三角波时，感应电动势为方波，类似于磁通密度的波形。当相绕组每极下占据的槽数多于 1 时，比如占据 2 个槽，则相邻槽中线圈产生的方波感应电动势相互串联得到最终的相电动势。这时，电动势在一个槽距内的重叠区域为零，而在其他区域幅值翻倍。这种绕组在永磁无刷直流电机中颇为常见。

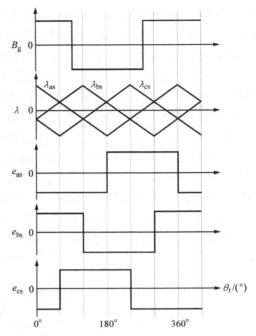

图 1.41　具有方波磁通密度分布的三相电机感应电动势和磁链波形

1.5.4.1　绕组的分布因数

由前面章节的介绍可知，为了得到需要的磁动势分布，如正弦分布，绕组需要摆放或分布于一定数量的槽中。这种线圈在多个槽中分布以得到一相绕组的方式会直接影响到感应电动势和磁动势。槽中每个导体的感应电动势均为正弦，但各相邻槽中导体的感应电动势之间存在相位差，其大小取决于槽距的电角度。两个相邻槽之间槽距的机械角度乘以极对数即为槽距的电角度。以每对极下三个槽的结构为例，三个线圈分布在三个槽中，且相互串联。当相邻槽中线圈的感应电动势相互叠加得到合成电动势时，由于两者存在相位差，所以合成电动势小于两者感应电动势的代数和。同理可知任意数量的线圈跨过一定槽数的情况，本书以三个槽为例。若槽距的电角度为 γ，三个串联线圈产生的感应电动势记为 E_1、E_2、E_3，三者幅值相等且相位差为 γ。由相量图 1.42 可得三者的合成电动势。由图可见，合成电动势的幅值小于各分量的代数和。一般地，这个折扣系数可以由分布在每极每相下 q 个槽中的线圈得到。N 极下一个槽中的导体与相距一个极距的 S 极下的导体串联，两者相差 180°电角度并组成一匝线圈。如果槽中有多根导体，则线圈匝数也相应增大，再将相距

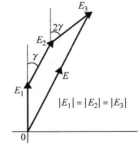

图 1.42　绕组分布效应

180°电角度的两个极下的感应电动势叠加，得到最终的合成电动势为各匝电动势的代数和。令第一个槽中线圈的感应电动势为 E_1，第二个槽为 E_2，第三个槽为 E_3。相邻槽之间的线圈串联成一相绕组。则感应电动势的向量和相对于代数和所打的折扣，即绕组的分布因数为

$$k_d = \frac{\sin\left(\dfrac{q\gamma}{2}\right)}{q\sin\left(\dfrac{\gamma}{2}\right)} \qquad (1.55)$$

式中，q 为每极每相槽数；乘积 $q\gamma$ 为每极每相线圈的分布宽度之和，在本例中，$q = 3$。

磁动势和感应电动势的谐波分量同样受绕组分布的影响。不同的是，谐波的跨距为基波跨距的谐波次数倍。相应地，类似于基波的分布因数，n 次谐波的分布因数为

$$k_{dn} = \frac{\sin\left(n\,\dfrac{q\gamma}{2}\right)}{q\sin\left(n\,\dfrac{\gamma}{2}\right)} \qquad (1.56)$$

表 1.1 所示为几种每极每相槽数的分布因数，并列出了若干次谐波的分布因数。每极每相槽数越少，谐波的分布因数越高，相应的谐波幅值所打的折扣越小。尽量选取较多的每极每相槽数是得到正弦磁动势波形和感应电动势波形的关键。但对于给定尺寸的电机，实际设计时还需要考虑其他方面的限制，如绕组及嵌线的成本。

表 1.1 几种每极每相槽数的分布因数

谐波次数	每极每相槽数			
	1	2	3	4
1	1	0.9659	0.9598	0.9577
3	1	0.7071	0.6677	0.6533
5	1	0.2588	0.2176	0.2053
7	1	−0.2588	−0.1774	−0.1576
9	1	−0.7071	−0.3333	−0.2706
11	1	−0.9659	−0.1774	−0.1261

1.5.4.2 绕组的节距因数

在前面的讨论中，假设线圈串联并在空间上互差 180°电角度，即一个极距。这种分布方式的目的是使得线圈在相差 180°电角度的 N 极和 S 极下的两条边分别产生的电动势串联起来后，合成电动势为单根导体电动势的 2 倍。如果因为某种原因，串联的导体空间上未相差一个极距，如图 1.43 所示，则感应电动势的相位差不再是一个极距，使得合成电动势小于各自的代数和。这样的折扣用节距因数表示。其推导过程如下。

如果线圈的两条边相差的电角度不是180°，而是ξ，则S极下线圈边感应电动势将会产生（$180° - \xi$）的相位差，即线圈相对于180°电角度的短距角度。图1.44所示为一匝线圈，其两条边分别在N极和S极下，但节距小于极距，则节距因数为

$$k_p = \sin\left(\frac{\xi}{2}\right) \tag{1.57}$$

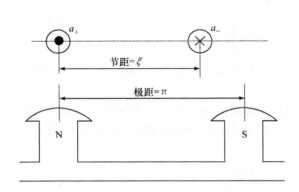

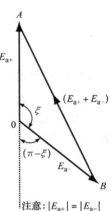

注意：$|E_{a+}| = |E_{a-}|$

图1.43 线圈的短距   图1.44 上图所示短距线圈的合成电动势

这里介绍的绕组形式称为分数节距绕组。短距用来减小或消除感应电动势中的谐波，另外也缩短了连接N极和S极所需的绕组端部的长度。绕组端部长度的缩短还有利于减小用铜量和绕组电阻损耗。

n次谐波的节距等于n倍的实际节距，因此，n次谐波的节距因数为

$$k_{pn} = \sin\left(n\,\frac{\xi}{2}\right) \tag{1.58}$$

通过选择适当的节距可以使特定次数的谐波的节距因数为零，从而消除该次谐波。例如，对于节距为120°线圈，即2/3的极距或认为是2/3的节距，可消除所有3的倍数次谐波，如3、6、9、12等。但此时基波的节距因数只有86.6%，并且5次、7次和11次谐波的节距与基波相同。同样的，节距为4/5时可以消除5及其倍数次谐波，为6/7时可以消除7及其倍数次谐波，为10/11时可以消除11及其倍数次谐波，如表1.2所示。当绕组采用星形联结时，不必在意3及其倍数次谐波，因为它们会在线电压中消除。

表1.2 不同节距时的节距因数

谐波次数	节距			
	$\dfrac{2}{3}$	$\dfrac{4}{5}$	$\dfrac{6}{7}$	$\dfrac{10}{11}$
1	0.866	0.951	0.974	0.989
3	0.000	−0.587	−0.781	−0.909
5	−0.866	0.000	0.433	0.755

（续）

谐波次数	节　　距			
	$\dfrac{2}{3}$	$\dfrac{4}{5}$	$\dfrac{6}{7}$	$\dfrac{10}{11}$
7	0.866	0.5878	0.000	-0.541
9	0.000	-0.951	-0.433	0.282
11	-0.866	0.951	0.781	0.000

1.5.4.3　绕组的斜槽因数

定子绕组嵌于槽中，并在轴向长度上斜过半个或一个槽距。为了实现定子斜槽，在定子叠片叠压时，每一片相对于前一片均向前斜过一个很小的角度，这样第一片叠片的槽和最后一片叠片的槽沿轴向错开斜槽角 θ_{sk}，如图 1.45 所示。这样，绕组也是斜的，从而消除感应电动势中的某些谐波，并减小了电机中由于开槽引起的齿槽转矩。斜槽后，合成电动势的基波和谐波分量的幅值有所减小。虽然定子斜槽在永磁同步电机中并不常见，但还是有所应用。线圈沿轴向的斜槽效应可按如下方法得到。假设线圈沿其长度方向分成若干小段，则每段的感应电动势之间均存在一个很小的相位差，该相位差为斜槽角度和所分段数之商。线圈中各段的感应电动势向量组成一个弧形，其弦长即为合成电动势 E_r，如图 1.46 所示。因此斜槽因数为

$$k_{sk} = \frac{2\sin\left(\dfrac{\theta_{sk}}{2}\right)}{\theta_{sk}} = \frac{\sin\left(\dfrac{\theta_{sk}}{2}\right)}{\dfrac{\theta_{sk}}{2}} \tag{1.59}$$

谐波的斜槽因数可类比于分布因数和节距因数的方式推导。

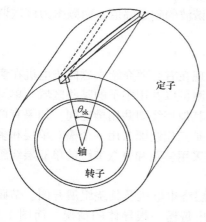

图 1.45　定子斜槽

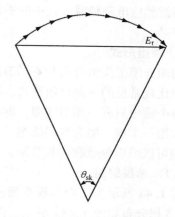

图 1.46　定子斜槽一个线圈边
的合成电压

1.5.4.4 绕组因数

分布因数、节距因数和斜槽因数均会削弱相绕组的感应电动势。分布效应是在假定线圈节距等于极距的基础上得到的，而节距效应则考虑到了线圈节距不等于极距的情况，最后引入斜槽因数来考虑绕组的斜槽效应。当分布、短距和斜槽同时存在时，磁动势和感应电动势会减小。总之，其对感应电动势和磁动势的影响如图1.47所示。考虑斜槽、节距和分布同时存在时的影响用三个因数的乘积表示，称为绕组因数，即

$$k_\omega = k_d k_p k_{sk} \tag{1.60}$$

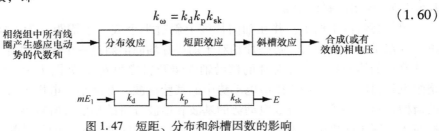

图1.47 短距、分布和斜槽因数的影响

同样地，相绕组的有效匝数可认为是经过绕组因数修正后的数值，再将有效匝数代入电动势方程，得到实际匝数为 T_{ph} 时的感应电动势为

$$E = 4.44 k_\omega T_{ph} \phi_m f_s = (4.44T) \phi_m f_s \tag{1.61}$$

式中，每相有效匝数 T 为

$$T = k_\omega T_{ph} \tag{1.62}$$

只考虑基波时，并且不采用斜槽，首先计算节距因数和分布因数，之后得到基波绕组因数。各次谐波的感应电动势通过代入各次谐波的绕组因数得到，即

$$k_{\omega n} = k_{dn} k_{pn} \tag{1.63}$$

类似地，各次谐波的有效匝数可由实际每相匝数与谐波绕组因数的乘积得到。计算谐波感应电动势时，式中的磁通应为该次谐波的磁通幅值，而频率为该次谐波的频率。

1.5.5 绕组形式

前面介绍了绕组分布和不同节距的概念，现在有必要介绍永磁同步电机在实际应用中比较常见的一些绕组形式。不同相的线圈可以共用定子的某些区域。单层绕组在每个槽中只有一相的线圈，即各线圈不与其他相线圈共用槽空间。如果有两相线圈共用一个槽，则为双层绕组。三层绕组则是三相线圈共用一个槽。单层和多层绕组均可以采用分数和整数节距。下面就介绍采用整距和分数节距的单双层绕组。

1.5.5.1 单层绕组

图1.48所示为一个2极6槽三相整距单层绕组电机及其绕组展开图。节距为60°，各相分布如图1.48a所示。图1.48b给出每槽一根导体的情况，而图1.48c则给出每槽多根导体的情况及其连接方式。其中角标 s 表示每相始端，角标 f 表示每相末端。箭头表示感应电动势的方向。该绕组各次谐波的分布因数均为1。这是

这类电机的缺点，因此在永磁同步电机中很少采用；但在低成本永磁无刷直流电机中则具有优势，因其能产生梯形波的感应电动势。

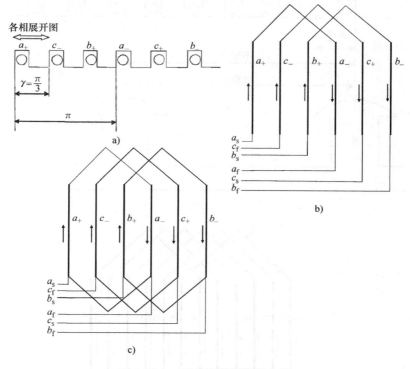

图 1.48　三相单层整距绕组电机

a）各相分布示意图　b）每槽一根导体的绕组展开图　c）每槽多根导体的绕组展开图

图 1.49a 所示为 2 极 12 槽三相整距电机的定、转子示意图，其绕组展开图如图 1.49b 所示。电机采用 60°相带，槽距为 30°。由于每相线圈的两边分布在不同的槽中，因此存在分布效应，使得感应电动势减小。其基波的分布因数可以很容易地求得，为 0.966，亦可通过表 1.1 求得。

1.5.5.2　双层绕组

借用单层绕组的例子，即 2 极 6 槽三相整距电机，其定子叠片中的线圈和绕组展开图分别如图 1.50a、b 所示。粗实线代表线圈的上层边，双划线代表线圈的下层边，并假设每一线圈边由多根导体组成。绕组为 120°相带，槽距为 60°。该电机绕组的分布因数为 0.866，且三次谐波的分布因数为零。

现在假设该电机采用分数节距绕组，节距与相带相同，即 120°。其各相分布和绕组展开图分别如图 1.51a、b 所示。分布因数和节距因数均为 0.866，因此绕组因数为 0.75；而双层整距绕组的绕组因数为 0.866。谐波绕组因数与之不同，由之前的例子可知，其幅值均有很大程度的降低。在同步电机中，如图中所示的每极每相槽数较少的情况并不常见（对于无刷直流电机则不然），但这里介绍的基本原

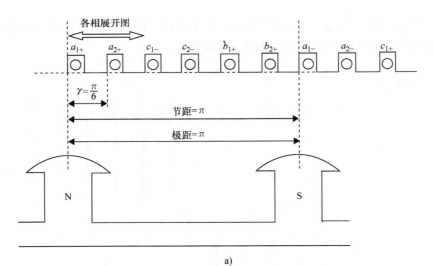

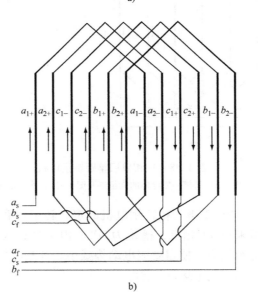

图 1.49   单层分布绕组

a）定、转子示意图   b）绕组展开图

理对于每极每相槽数较多的情况是相同的。感兴趣的读者可以参考文献中列出的关于绕组形式及其在电机中应用方面的书籍，作为扩展阅读。

1.5.6   旋转磁场

当电机中的对称多相绕组通以对称多相电流时便形成旋转磁场。对称多相电流是指其和为零，且彼此间存在相同的相位差，该相位差也是各相绕组在空间上彼此相距的角度。本节以一台三相电机为例进行证明。之所以选择三相电机，是因为其在实际应用中最为常见，但证明过程对任意对称多相电机通以对称多相电流的情况

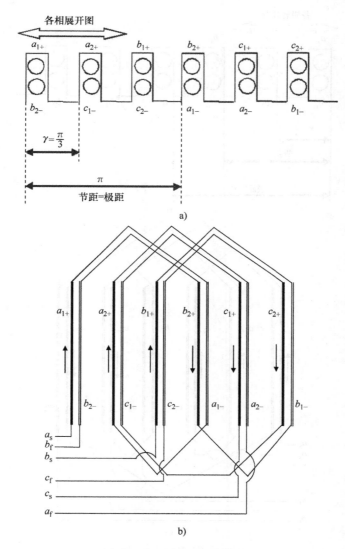

图 1.50 双层整距三相绕组

a）各相分布示意图 b）绕组展开图

都适用。在证明过程中，可以得到旋转磁场的幅值和相位，它们对于得到电机的基本关系极为重要。下面以两种相磁动势分布为例进行证明，即在永磁电机中最为常见的正弦波和方波。

1.5.6.1 正弦磁动势分布

对于空间正弦分布的对称三相绕组，各相具有相同的匝数且空间互差 120° 电角度。令相电流也对称，即其幅值相同，均为 I_m，角频率相同，均为 ω_s 且相位互差 120° 电角度。则定子各相电流可写为

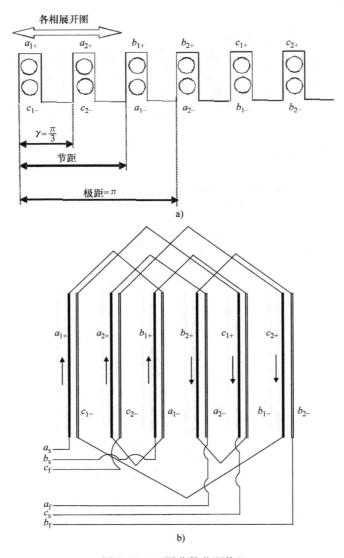

图 1.51　双层分数节距绕组

a) 各相分布示意图　b) 绕组展开图

$$i_{as} = I_m \sin(\omega_s t)$$

$$i_{bs} = I_m \sin\left(\omega_s t - \frac{2\pi}{3}\right)$$

$$i_{cs} = I_m \sin\left(\omega_s t + \frac{2\pi}{3}\right)$$

(1.64)

考虑节距、分布和斜槽因数后，假设每相绕组有效匝数为 T_{ph}，则每极下各相磁动势关于空间角位置 θ 的关系为

$$F_{as} = \frac{T_{ph}I_m}{P}\sin(\theta)\sin(\omega_s t)$$

$$F_{bs} = \frac{T_{ph}I_m}{P}\sin\left(\theta - \frac{2\pi}{3}\right)\sin\left(\omega_s t - \frac{2\pi}{3}\right) \qquad (1.65)$$

$$F_{cs} = \frac{T_{ph}I_m}{P}\sin\left(\theta + \frac{2\pi}{3}\right)\sin\left(\omega_s t + \frac{2\pi}{3}\right)$$

若电机为两极，并假设定、转子铁心磁导率无穷大，则磁动势 $T_{ph}I_m$ 只作用在两个气隙的磁阻上，每个气隙各对应一极，由此得到磁路内的磁通量。因此在每个气隙上，磁通只由一半的磁动势，即每极磁动势产生。类似地，若电机极数为 P，则每极磁动势幅值为 $T_{ph}I_m/P$。相磁动势如图 1.52 所示，其方向为各相磁场轴线方向。各相磁场轴线方向与线圈中的电流方向有关，并由此得到包括磁场轴线和磁动势方向在内的磁场分布。其基本原理可参见 1.5.2 节提到的单匝线圈产生的磁动势。

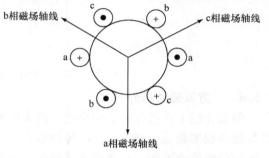

图 1.52　三相绕组及其磁场轴线

定子合成磁动势为各相磁动势之和。在这之前，各相磁动势均可分解为正转和反转的两个分量，即

$$F_{as} = \frac{T_{ph}I_m}{P}\sin(\theta)\sin(\omega_s t) = \frac{1}{2}\frac{T_{ph}I_m}{P}\left[\cos(\theta - \omega_s t) - \cos(\theta + \omega_s t)\right]$$

$$F_{bs} = \frac{T_{ph}I_m}{P}\sin\left(\theta - \frac{2\pi}{3}\right)\sin\left(\omega_s t - \frac{2\pi}{3}\right) = \frac{1}{2}\frac{T_{ph}I_m}{P}\left[\cos(\theta - \omega_s t) - \cos\left(\theta + \omega_s t - \frac{4\pi}{3}\right)\right]$$

$$F_{cs} = \frac{T_{ph}I_m}{P}\sin\left(\theta + \frac{2\pi}{3}\right)\sin\left(\omega_s t + \frac{2\pi}{3}\right) = \frac{1}{2}\frac{T_{ph}I_m}{P}\left[\cos(\theta - \omega_s t) - \cos\left(\theta + \omega_s t - \frac{2\pi}{3}\right)\right]$$

$$(1.66)$$

将各相磁动势相加，其反转分量之和为零，因此总的合成结果为

$$F_s = F_{as} + F_{bs} + F_{cs} = \frac{3}{2}\frac{T_{ph}I_m}{P}\cos(\theta - \omega_s t) \qquad (1.67)$$

定子合成磁动势幅值恒定并按余弦变化。当定子位置与电流相量角位置重合时达到最大值。也就是说，合成磁场的转速与定子电流角速度相同。当转子也以定子磁场的角速度旋转时，则定子磁动势和转子磁场的相对速度为零。这是产生电磁转矩的必要条件。图 1.53 所示为旋转磁场的示意图，其中磁动势为所有极产生的磁动势，不是一个极。若要从图中得到一个极产生的磁动势，可将合成磁动势除以极数 P。从图中也可发现，将定子电流相量旋转 90° 会使得定子磁动势沿顺时针方向旋转相同的角度。电流相量的相序为 abc，按方程中对电流的定义，电流相量的旋

转方向为顺时针。由于合成磁动势的旋转速度与输入电流的角频率相同，因此这个磁场称为旋转磁场。

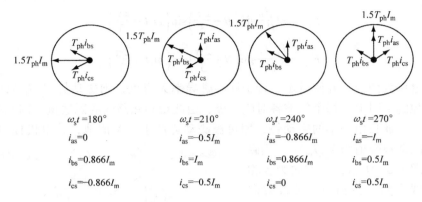

$\omega_s t = 180°$	$\omega_s t = 210°$	$\omega_s t = 240°$	$\omega_s t = 270°$
$i_{as} = 0$	$i_{as} = -0.5I_m$	$i_{as} = -0.866I_m$	$i_{as} = -I_m$
$i_{bs} = 0.866I_m$	$i_{bs} = I_m$	$i_{bs} = 0.866I_m$	$i_{bs} = 0.5I_m$
$i_{cs} = -0.866I_m$	$i_{cs} = -0.5I_m$	$i_{cs} = 0$	$i_{cs} = 0.5I_m$

图 1.53　三相电机的旋转磁场

1.5.6.2　方波磁动势分布

前面介绍了正弦分布的相绕组。但永磁无刷直流电机的绕组排布并非如此，而是每极每相槽数为 1 或 2，使得每相磁动势为方波，如图 1.54 所示。相应地，旋转磁场的幅值也不同。只考虑基波磁场，若方波磁动势幅值为 $T_{ph}I_m/P$，则由傅里叶分解可知，其每相基波分量为（$4/\pi$）（$T_{ph}I_m/P$）。把其代入按正弦分布绕组推导的合成磁动势表达式中，可知每极合成磁动势幅值为 $1.909 T_{ph} I_m/P$。将其与幅值为 $1.5 T_{ph} I_m/P$ 的正弦分布磁场进行比较，发现当匝数和电流相同时，方波磁动势的磁场强度要高出 27%。也就是说，正弦分布绕组需要额外 27% 的有效匝数才能与方波磁动势分布绕组或集中绕组相当。

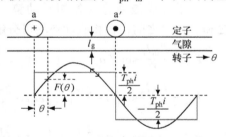

图 1.54　T_{ph} 匝绕组通以电流
i 时的基波磁动势

推导任意绕组分布的合成磁动势时，首先根据 1.5.6.1 节计算出各相磁动势，之后对其进行傅里叶分解得到基波分量，最后得到合成磁动势。对于由逆变器驱动的变速运行的电机，上述推导十分重要，因为逆变器会产生大量谐波，使得电机的损耗和温升增大，从而不可避免地降低电机的输出能力。以上的讨论和推导只是针对集中绕组产生的基波磁动势。至于谐波磁动势则可由傅里叶分解得到，这里不作介绍。

1.6　同步电机的基本关系

从本节开始，介绍电机感应电动势、转矩、功率与永磁体尺寸、激励电流、磁通密度等之间的基本关系，以便读者加深对电机的理解。此外，推导了输出功率的表达式，以便确定电机的尺寸。推导了与转子永磁磁场等效的等效面电流模型，以便在永磁同步电机的等效电路中应用。基于永磁体的退磁曲线计算了安全工作时的定子电流阈值。采用等效电路法需要知道自感、励磁电感、同步电感以及直、交轴电感，本节给出了它们的解析计算方法。最后，介绍了定子激励对转子永磁体在气隙中产生的磁场的影响，从而有助于理解负载气隙磁场及其控制方法。

所有这些推导的关键是气隙磁通密度。受定子叠片开槽的影响，气隙并不均匀。因此，需要引入修正系数得到有效气隙。这一处理方法在接下来的几节中经常用到，下面就予以介绍。

1.6.1　有效气隙

有效气隙长度与实际气隙长度相比略有不同。有效气隙考虑了定子铁心开槽的影响。定子开槽后，与齿和槽正对的气隙并不相同。因此，与不开槽的圆柱表面相比，定子铁心开槽后，气隙磁通密度略有降低。相应地，反映到计算中时，引入卡特系数对实际的气隙进行修正。它表示定子铁心不开槽时的气隙磁通密度与定子铁心开槽时的气隙磁通密度之比。卡特系数与槽宽 W_s、齿宽 W_t 和气隙长度 l_g 有关。如图 1.55 所示，对于只有一侧开槽的情况，即只有定子铁心开槽时，有效气隙为

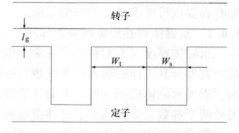

图 1.55　电机定子开槽示意图

$$g_d = Cl_g \qquad (1.68)$$

式中，卡特系数 C 为

$$C = \frac{W_s + W_t}{W_s(1-\sigma) + W_t} = \frac{1}{1 - \sigma \dfrac{W_s}{W_s + W_t}} \qquad (1.69)$$

$$\sigma = \frac{2}{\pi}\left\{\tan^{-1}\left(\frac{W_s}{2l_g}\right) - \frac{l_g}{W_s}\ln\left[1 + \left(\frac{W_s}{2l_g}\right)^2\right]\right\} \qquad (1.70)$$

式中，ln 为自然对数。

在这两个式子中，注意槽宽与气隙之比和槽宽与槽距之比为无量纲的量，因此将其绘于卡特系数曲线图 1.56 中。槽宽与气隙之比与中间变量 σ 的关系绘于图 1.57 中。随着槽宽与气隙之比的增大，中间变量 σ 逐渐饱和并接近0.9，使得对于一系列的槽宽与槽距之比，卡特系数也趋于饱和。槽宽与槽距之比的最优值为 0.5，实际中也多取在 0.5 附近。

这里忽略了永磁转子的开槽效应，因为气隙磁通密度主要取决于永磁体，而大部分磁通必然穿过永磁体，而不是穿过隔离永磁体的可认为转子齿的铁心部分。然而当转子极数较多或对于内置式永磁电机而言则未必如此。类似于定子开槽效应，

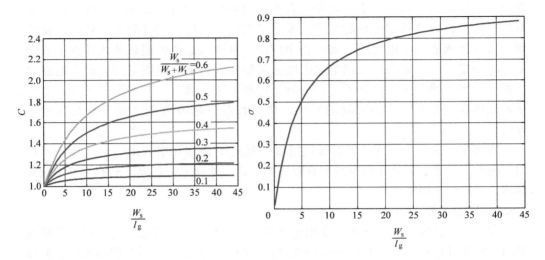

图 1.56　定子开槽永磁电机的卡特系数　　图 1.57　槽宽与气隙之比对中间变量 σ 的影响

如有必要也可考虑转子的开槽效应。

1.6.2　永磁体对感应电动势的作用

永磁体厚度（有时称作"永磁体长度"，此时的"长度"不再是叠片长）、极弧或宽度及其工作磁通密度等参数直接决定了气隙磁通密度和感应电动势的大小。为了求得永磁体磁通密度，前面几节讨论了永磁体厚度对工作点的影响。本节介绍另外两个参数，即极弧和永磁体磁通密度，对感应电动势的影响。

假设电机中永磁体极弧为 2β。对于表贴式永磁转子，其磁通密度在正半周期的 2β 范围内幅值恒为 B_{m}，在负半周期的 2β 范围内幅值恒为 $-B_{\mathrm{m}}$，如图 1.58 所示。其基波，即正弦波幅值 B_{m1} 可由傅里叶分解得到

$$B_{\mathrm{m1}} = \frac{4}{\pi} B_{\mathrm{m}} \sin\beta \tag{1.71}$$

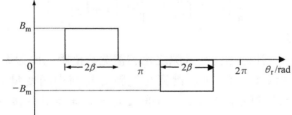

图 1.58　表贴式永磁电机气隙磁通密度

感应电动势幅值为

$$E_{\mathrm{m}} = 2\pi f_{\mathrm{s}}(T_{\mathrm{ph}} k_{\omega})\phi_{\mathrm{m1}} \tag{1.72}$$

式中，ϕ_{m1} 为电机中基波磁通幅值。在这一步中需要知道磁通幅值。具体过程会在

1.6.8 节中介绍，这里只引用其结论。假设磁通由永磁体提供，则基波磁通幅值为

$$\phi_{m1} = \frac{B_{m1}DL}{(P/2)} \tag{1.73}$$

式中，D 为定子内径；L 为定子叠片有效长度。

将永磁体磁通密度代入磁通表达式，再代入感应电动势表达式，有

$$E_m = \frac{4}{\pi}k_\omega T_{ph}DLB_m\omega_m\sin\beta \tag{1.74}$$

注意式中的角速度为机械角速度，而定子角频率除以极对数后得到的便是机械角速度。这个式子给出了感应电动势与电机尺寸参数、绕组匝数、永磁体磁通密度、极弧和转速之间的关系。下一步便是计算电机的输出功率。

1.6.3 电磁功率和电磁转矩

如果 E_m 超前转子磁场 90°，定子电流超前转子磁场 δ（称为转矩角），则从三相功率的实部可计算出实际的气隙功率或称电磁功率[87]。其中，每相功率为感应电动势有效值和电流有效值取共轭的乘积⊖，即

$$P_a = \mathrm{Re}\left[3\left\{\frac{E_m}{\sqrt{2}}\frac{(I_m)^*}{\sqrt{2}}\right\}\right]^{\ominus} = \mathrm{Re}\left[\frac{3}{2}E_m\angle 90° \cdot I_m\angle -\delta\right]$$

$$= \frac{3}{2}E_m I_m\sin\delta = \left(\frac{3}{2}\frac{4}{\pi}k_\omega T_{ph}DL\sin\beta\right)B_m I_m\omega_m\sin\delta \tag{1.75}$$

进一步得到转矩为

$$T_e = \frac{P_a}{\omega_m} = \frac{3}{2}\left(\frac{4}{\pi}k_\omega T_{ph}\right)(DL)(B_m\sin\beta)I_m\sin\delta$$

$$= \frac{3}{2}(DL)\left(\frac{4}{\pi}k_\omega T_{ph}I_m\right)(B_m\sin\beta)\sin\delta \tag{1.76}$$

注意匝数为 T_{ph} 的正弦分布的集中绕组的有效匝数可以写为 $\left(\frac{4}{\pi}k_\omega T_{ph}\right)$，记为每相 N_s 匝，则转矩写为

$$T_e = \frac{3}{2}(DL)(B_m\sin\beta)(N_s I_m)\sin\delta \tag{1.77}$$

这一公式表明，转矩由定子内径和叠片长度、磁动势、永磁体磁通密度以及永磁体极弧的乘积决定，并受转子磁场（亦即转子）与定子电流的夹角控制。设计电机时，需要合理选择气隙直径、叠片长度、永磁体磁通密度（通过选择合适的牌号和极弧）以及每相绕组匝数。选择匝数时，要综合考虑逆变器允许的相电压阈值和交流或直流输入。这些参数是设计逆变器的基础。最后，通过控制器控制电流幅值和转矩角 δ，从而在不同转速下得到需要的转矩。总之，这一表达式明确给

⊖ 应为感应电动势有效值相量和电流有效值相量取共轭的乘积。——译者注

⊜ 应为 $\mathrm{Re}\left[3\left\{\frac{\dot{E}_m (I_m)^*}{\sqrt{2}\sqrt{2}}\right\}\right]$。——译者注

出了电磁学、电力电子学和控制系统之间的关系，从而有助于电机设计并控制电机在不同转速下工作。

在不同文献中，该式的形式不尽相同，注意在应用该式进行设计之前需要理解各变量的含义。例如，转矩表达式的另一种形式[3]是

$$
\begin{aligned}
T_e &= \frac{3}{2}(DL)(B_m \sin\beta)(N_s I_m)\sin\delta \\
&= \frac{3}{2}(2rL)\left(B_{m1}\frac{\pi}{4}\right)(N_s I_s \sqrt{2})\sin\delta \\
&= \frac{3}{2}(I_s \sqrt{2})\left(\frac{\pi r L B_{m1} N_s}{2}\right)\sin\delta
\end{aligned}
\tag{1.78}
$$

式中，I_s 为定子相电流有效值，即 $I_m/\sqrt{2}$；r 为气隙半径。

1.6.4 电磁转矩的基本表达式

用定子和转子（即永磁体）磁动势表示的转矩比其他公式更具有代表性，下面就基于前面的讨论推导这个表达式。

永磁体磁通密度基波幅值可用永磁体磁动势表示为

$$
B_{m1} = \frac{\mu_0 F_m}{g_d}
\tag{1.79}
$$

式中，F_m 为永磁体磁动势；g_d 为永磁体轴线上的有效气隙长度。

磁通密度基波幅值可以表示成剩磁的形式，如式（1.10）[⊖]所示，因此需要知道永磁体的工作磁通密度，即

$$
B_m = \frac{B_r(l_m/\mu_{rm})}{Cl_g + l_m/\mu_{rm}} = \frac{B_r l_m}{g_d \mu_{rm}}
\tag{1.80}
$$

且

$$
g_d = \frac{l_m}{\mu_{rm}} + Cl_g
\tag{1.81}
$$

结合上述三个式子，可得永磁体磁动势为

$$
F_m = \frac{B_{m1} g_d}{\mu_0} = \left(\frac{4}{\pi} B_m \sin\beta\right)\frac{g_d}{\mu_0}
\tag{1.82}
$$

永磁体磁通密度及其基波的关系如图1.59所示。用永磁体磁动势代替永磁体磁通密度代入转矩表达式[161,162]得到

$$
\begin{aligned}
T_e &= \frac{3}{2}\left(\frac{4}{\pi}k_\omega T_{ph}\right)(DL)(B_m \sin\beta)I_m \sin\delta \\
&= 2(DL)\left(\frac{P}{2}\right)\left(\frac{3}{2}\frac{k_\omega T_{ph} I_m}{P}\right)\left(\frac{4}{\pi}B_m \sin\beta\right)\sin\delta \\
&= 2\mu_0\left(\frac{DL}{g_d}\right)\left(\frac{P}{2}\right)F_s F_m \sin\delta \ (N \cdot m)
\end{aligned}
\tag{1.83}
$$

式中，F_s 为每极合成磁动势幅值，由之前的推导可得

⊖ 应为式（1.11）。——译者注

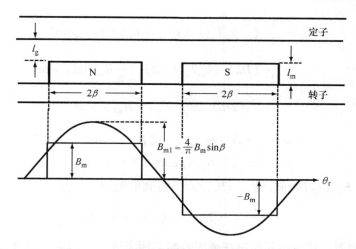

图 1.59 永磁体磁通密度及其基波之间的关系

$$F_s = \frac{3}{2} \frac{k_\omega T_{ph} I_m}{P} 1_q \quad (AT/P) \qquad (1.84)^{\ominus}$$

永磁体磁动势 F_m 由式（1.82）给出。上式给出的转矩为定、转子磁动势的叉积，同时包含了电机的主要尺寸，即气隙直径、叠片长度、气隙长度和极数。上式中极对数已与各参量解耦，这也有助于对电机的理解和设计。

1.6.5 电机输出方程

尽管得到了转矩的基本表达式，并清楚地给出了电磁转矩的产生机理，但该式在设计过程中使用起来并不方便，大多数设计者更希望把转矩写成电负荷以及由永磁体和电机气隙体积得到的气隙磁通密度的形式，这样在电机初步设计时可以通过很少的计算就得到电机的尺寸和输出功率的关系。接下来从原始转矩表达式进行推导。

电负荷定义为电枢圆周上单位长度内的安培导体数，其中电流为有效值。由于每匝线圈有两条边，所以三相电机的总导体数为 3（$2T_{ph}$）。这些导体分布在周长为 $2\pi r$ 的电枢圆周上，故电负荷的表达式为

$$A_s = \frac{3 \ (2T_{ph})}{2\pi r} I_s \quad (AT/m) \qquad (1.85)$$

考虑绕组因数，则电负荷的基波为

$$A_{s1} = k_\omega A_s = k_\omega \frac{3 \ (2T_{ph})}{2\pi r} I_s \quad (AT/m) \qquad (1.86)$$

将磁动势用电负荷表示，代入转矩表达式中，则式（1.76）变为

⊖ 式（1.84）中应去掉 1_q，即 $F_s = \frac{3}{2} \frac{k_\omega T_{ph} I_m}{P}$（AT/P）。——译者注

$$T_e = \frac{3}{2} \left(\frac{4}{\pi} k_\omega T_{ph} \right) (DL) (B_m \sin\beta) I_m \sin\delta$$

$$= \frac{3}{2} (DL)(k_\omega T_{ph} I_s \sqrt{2}) \left(\frac{4}{\pi} B_m \sin\beta \right) \sin\delta$$

$$= \frac{3}{2}\sqrt{2}\,(2rL) \left(\frac{2\pi r}{6} A_{s1} \right)(B_{m1})\sin\delta$$

$$= \sqrt{2}\,(rL)(\pi r A_{s1})(\sqrt{2} B_{mr})\sin\delta$$

$$= (2\pi r^2 L) B_{mr} A_{s1} \sin\delta \quad (\text{N} \cdot \text{m}) \tag{1.87}$$

式中，B_{mr} 为 B_{m1} 的有效值，$B_{mr} = B_{m1}/\sqrt{2}$。得到电磁力[164]为

$$F = \frac{T_e}{r} = (2\pi rL) B_{mr} A_{s1} \sin\delta \quad (\text{N}) \tag{1.88}$$

电磁力的表达式表明其作用在圆周表面。相应地，人们关心的力密度可由电磁力除以表面积得到，即

$$F_d = \frac{F}{\text{表面积}} = \frac{F}{2\pi rL} = B_{mr} A_{s1} \sin\delta \quad (\text{N/m}^2) \tag{1.89}$$

从式（1.89）给出的力密度表达式可知，其正比于 $\sin\delta$。当 $\sin\delta = 1$ 时，其达到最大值，为 $B_{mr} A_{s1}$（N/m^2）。关于这些参数和转矩表达式可以得出如下一些重要结论：

1）电磁转矩为电负荷、永磁体产生的气隙磁通密度以及转矩角正弦值的乘积。当电负荷和气隙磁通密度用有效值表示时，电磁转矩与气隙体积的 2 倍成正比；若用幅值表示，则不用乘 2 倍。

2）由表达式可知，当电负荷和气隙磁通密度不变时，电磁转矩仅与气隙体积有关。因此对于给定尺寸的电机，可以很容易地估算其转矩。

3）电负荷和气隙磁通密度的上限可由电机的冷却方式和永磁体参数确定。例如，通常定子齿磁通密度的最大值为 1.6T，当齿宽为槽距的一半时，气隙磁通密度仅为 0.8T。根据这些条件可以很容易地计算产生特定转矩所需要的气隙体积。

4）电磁力只在转子圆周表面上产生，并与转子表面积成正比。由此可知力密度为气隙磁通密度、电负荷和转矩角正弦值的乘积。电机能够产生的最大力密度为气隙磁通密度和电负荷的乘积。这一理论上的最大值对于确定电机尺寸十分重要，只需很少的计算就可估算出电机尺寸。当工程师从客户那里得知电机的功率密度后，利用这一关系可以十分方便地确定该永磁同步电机能否满足特定场合的需求。

5）实际的力密度和转矩需要根据冷却条件、电流密度、永磁体漏磁以及电机的加工误差等因素予以修正。虽然在推导这些式子之前作了一些假设，但是实际上，工程师们只有经过长期的积累和实践才能理解这些因素在电机设计过程中会产生多大影响。

用电机的主要尺寸、转速和电磁负荷给出的转矩公式可用于电机的尺寸估算和

初步设计。电机的电负荷受冷却方式的限制，因此需要首先确定电机的主要尺寸，即气隙直径和叠片长度。设计电机时，最关心的是在满足性能指标的前提下，叠片长度和气隙直径的最小值，由此可以得到电机的总体尺寸。这一过程称为尺寸设计。理解电机输出方程是进行电机设计的第一步，从中可以明白电磁负荷的作用机理，从而确定电机的尺寸。电磁转矩与转子机械角速度（单位为 rad/s）的乘积即为电机的电磁功率（称为气隙功率）。因此，气隙功率可写为

$$P_a = \omega_m T_e = (2\pi r^2 L)\ \omega_m B_{mr} A_{s1} \sin\delta \ (\text{W}) \tag{1.90}$$

若电磁负荷用峰值表示，则无需再乘系数 2。由此可见气隙功率正比于气隙体积。当气隙功率一定时，若其他参数不变，从该式可知气隙体积与转速成反比。由此可知，缩小电机尺寸和体积的关键因素是转速。转速越高，电机的尺寸和质量越小，反之亦然。在对电机质量和体积要求较严格的场合，如飞机致动器中，通常将电机转速设计在 15000 ~ 40000r/min 之间。

1.6.6　永磁体的面电流等效

在对永磁同步电机建模时，永磁体有时用等效电流源代替。这样就可以用传统电励磁同步电机的现有模型进行分析。另外，这也提供了计算永磁体退磁电流的一种方法。为了使这种建模方法更易理解，将永磁体用一个有效值为 I_{me} 的电流等效。永磁体磁通密度的基波幅值为

$$B_{m1} = \frac{4}{\pi} B_m \sin\beta \tag{1.91}$$

可以假设该磁通密度由等效的三相绕组产生，每相绕组的匝数为 T_{ph}。则类比定子磁动势表达式，产生该磁通密度所需的磁动势为

$$F_m = \frac{3}{2} \frac{T_{ph} I_{mep}}{P} \tag{1.92}$$

式中，I_{mep} 为电流幅值。于是可得永磁体磁通密度的基波幅值为

$$B_{m1} = \mu_0 \frac{F_m}{g_d} = \mu_0 \frac{3}{2} \frac{\sqrt{2} I_{me} T_{ph}}{g_d P} = \frac{4}{\pi} B_m \sin\beta \tag{1.93}$$

式中，B_m 为永磁体磁通密度；g_d 为有效气隙长度；永磁体等效电流的有效值 I_{me} 为

$$I_{me} = \frac{4\sqrt{2}}{3\pi} \frac{g_d P B_m}{\mu_0 T_{ph}} \sin\beta \tag{1.94}$$

永磁体的工作磁通密度可由 1.1.2 节和 1.6.4 节中介绍的第一定律，并由式（1.11）和式（1.80）得到，即

$$B_m = \frac{B_r (l_m/\mu_{rm})}{C l_g + l_m/\mu_{rm}} = \frac{B_r l_m}{g_d \mu_{rm}} \tag{1.95}$$

将永磁体轴线上的气隙长度 g_d 代入永磁体等效电流表达式，得到永磁体等效电流有效值关于剩磁、相绕组匝数、永磁体长度和极弧的关系为

$$I_{me} = \frac{4\sqrt{2}}{3\pi} \frac{P B_r l_m}{\mu_0 \mu_r T_{ph}} \sin\beta \tag{1.96}$$

1.6.7 定子电流阈值

定子电流阈值是指不使永磁体失磁，即不使永磁体的工作点降到退磁曲线的非线性段的最大电流值。如图 1.60 所示，图中给出了线性段和非线性段的分界点（H_p，B_p）。注意这一点对某些永磁材料而言在 $B-H$ 曲线的第三象限，因此 B_p 为负值。B_p 可表示为

$$B_p = \mu_0 \mu_r H_p + B_r \qquad (1.97)$$

假设此时的定子电流幅值为 I_{sp}，则产生的磁动势为

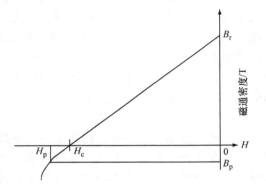

图 1.60　退磁曲线上最大电流时的工作点

$$F_{sp} = \frac{3}{2} \frac{T_{ph} I_{sp}}{P} \qquad (1.98)$$

磁通经过永磁体，定子铁心和两个气隙闭合，对应的各部分磁动势之和为零，即

$$2 \left[H_c l_m + F_{sp} + H_g \left(g_d + \frac{l_m}{\mu_r} \right) \right] = 0 \qquad (1.99)$$

永磁体工作在最大去磁点时，气隙磁场强度

$$H_g = \frac{B_p}{\mu_0} \qquad (1.100)$$

假设退磁曲线为直线，从式（1.97）可得永磁体不失磁所允许的最大磁通密度为

$$B_p = (H_p - H_c) \mu_0 \mu_r \qquad (1.101)$$

结合式（1.100）和式（1.101），气隙磁场强度为

$$H_g = (H_p - H_c) \mu_r \qquad (1.102)$$

从式（1.97）和式（1.98）得到的磁动势表达式，定子的磁动势阈值为

$$F_{sp} = (H_c - H_p) \mu_r \left(g_d + \frac{l_m}{\mu_r} \right) - H_c l_m = \frac{3 T_{ph}}{2P} I_{sp} \qquad (1.103)$$

则定子电流最大值的有效值为

$$I_{sm} = \frac{I_{sp}}{\sqrt{2}} = \frac{\sqrt{2} P}{3 T_{ph}} [g_d \mu_r (H_c - H_p) - H_c l_m] \qquad (1.104)$$

这一电流值是电机在所有工况下允许加载电流的最大值。需要注意的是，永磁体的性能与温度有关，温度升高会使矫顽力降低，导致定子最大电流与额定工况下的不同。因此设计时应对实际工作温度下的情况进行核算，而不能只考虑额定情况。此外，还需要采取一定的保护措施，当电机发生故障时，使得故障电流不超出

这个最大值，以便电机在故障清除后能继续工作。在重要的场合，为了保护电机，需要实时计算各工况允许的最大电流。计算过程中需要检测当前温度，并据此使用正确的退磁曲线，同时为气隙和永磁体长度留有一定的余量。若借助软件进行控制，除了价格便宜的温度传感器外，进行实时检测和保护几乎不需要成本。式（1.104）中忽略了绕组因数，计算过程中用的是实际匝数而非有效匝数。然而这样做可以得到比较保守的电流幅值，从设计角度看也是有利的。

1.6.8　电感

电机模型取决于相电感[102-113]，同样，也取决于直、交轴电感。从电机尺寸出发对各个电感进行解析计算对设计人员而言十分重要。他们需要把这些数据交给驱动和控制工程师，以便他们完成各自的工作。这些推导均以第一定律为基础，虽然为了方便起见作了很多假设，但是结果的准确性还是很惊人的。一方面受限于加工精度，另一方面也由于永磁体的磁导率接近空气，永磁电机的气隙和气隙磁阻较其他电机大得多，这也就不足为奇。与其他电机相比，永磁电机的气隙磁阻远大于铁心磁阻，而铁心磁阻计算起来并不简单。因此，永磁电机的电感可以获得更高精度地预测。在推导电感之前，为了便于理解，需要介绍些基本知识，包括正弦分布绕组的表达式、每匝绕组磁通以及气隙或永磁体磁通与绕组作用产生的互感磁链，分别叙述在（a）、（b）、（c）三个小节中。

（a）正弦绕组分布：图 1.61 所示为一对极下的正弦分布绕组。导体数按匝数的正弦权重分布，并令一相的总匝数为 T_{ph}。空间任意位置 θ 处的导体数为

$$N_s(\theta) = \frac{T_{ph}}{2}\cos(P_p\theta) \tag{1.105}$$

式中，P_p 为极对数。对上式进行定积分可得总的导体数为

$$每极导体数 = \int_{-(\pi/2P_p)}^{\pi/2P_p} N_s(\theta) = \int_{-(\pi/2P_p)}^{\pi/2P_p} \frac{T_{ph}}{2}\cos(P_p\theta) = \frac{T_{ph}}{P_p} \tag{1.106}$$

因此，每对极下的总匝数为其中导体数的一半，即每对极下的总匝数为 T_{ph}/P_p。

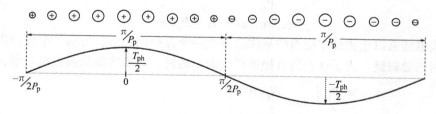

图 1.61　绕组的正弦分布

（b）每匝磁链：每匝磁链是指绕组中每匝线圈交链的磁通。其与磁通密度、叠片长和气隙半径的关系为

$$\lambda_t = \int_{\theta}^{\theta+\pi/P_p} B(\theta) Lr\mathrm{d}\theta \tag{1.107}$$

式中，λ_t 为每匝磁链；$B(\theta)$ 为给定电角度空间位置的磁通密度；L 为叠片长；r 为气隙半径。气隙磁通密度可以表示为

$$B(\theta) = B_{pk}\cos(\omega t + \alpha - P_p\theta) \tag{1.108}$$

式中，ω 为转子电角速度；α 为磁极中心线或称 d 轴与定子相绕组轴线的夹角。

将磁通密度代入积分表达式，在一个极距内积分可得每匝磁通（或称每匝磁链）为

$$\begin{aligned}
\lambda_t &= \int_{-(\pi/2P_p)}^{\pi/2P_p} B(\theta) Lr\mathrm{d}\theta \\
&= \int_{-(\pi/2P_p)}^{\pi/2P_p} B_{pk}\cos(\omega t + \alpha - P_p\theta) Lr\mathrm{d}\theta \\
&= 2\frac{B_{pk}Lr}{P_p}\sin(\omega t + \alpha - P_p\theta) \\
&= \phi_m\sin(\omega t + \alpha - P_p\theta)
\end{aligned} \tag{1.109}$$

观察发现，通过每匝的磁通（或称每匝交链的磁链）的幅值为

$$\phi_m = 2\frac{B_{pk}Lr}{P_p} = \frac{B_{pk}DL}{P_p} = \frac{B_{pk}DL}{\frac{P}{2}} = 2\frac{B_{pk}DL}{P} \tag{1.110}$$

式中，D 为气隙直径；P 为极数。

（c）转子或气隙磁通与定子绕组的互感磁链：前面推导的是特定位置下的每匝磁链。实际上，可以对任意位置进行推导，如下式所示。之后就可以计算定子相绕组中由永磁体磁通或其自身或定子合成磁动势产生的总磁链。在一个极下，任意空间位置的单匝磁链为

$$\begin{aligned}
\lambda_t &= \int_{\theta}^{\theta+\pi/P_p} B_{pk}\cos(\omega t + \alpha - P_p\theta) Lr\mathrm{d}\theta \\
&= -2\frac{B_{pk}Lr}{P_p}\sin(\omega t + \alpha - P_p\theta) \\
&= -\phi_m\sin(\omega t + \alpha - P_p\theta)
\end{aligned} \tag{1.111}$$

将单匝磁链乘以正弦分布绕组的导体数并在一个极距内积分，可得一个极距内定子相绕组的总磁链。为了计及所有磁极产生的总磁链，需要将结果乘以极对数，即

$$\begin{aligned}
\lambda_{ma} &= P_p \int_{-(\pi/2)}^{\pi/2} N_s(\theta)\lambda_t \\
&= P_p \int_{-(\pi/2)}^{\pi/2} \frac{T_{ph}}{2}\cos(P_p\theta)\{-\phi_m\sin(\omega t + \alpha - P_p\theta)\}\mathrm{d}\theta \\
&= \frac{\pi T_{ph}}{4}\phi_m\sin(\omega t + \alpha)
\end{aligned} \tag{1.112}$$

利用上面三个小节的结论，可以得到永磁同步电机的自感、励磁电感和直轴电

感。自感是指仅该相绕组通电、其余绕组均不通电时的电感。在推导中采用每相基波有效匝数 N_{ph}，而不是实际的每相绕组匝数 T_{ph}。对于分布绕组，每相有效匝数为

$$N_{ph} = k_{w1} T_{ph} \tag{1.113}$$

对于整距绕组，由于磁动势为方波，基波的有效匝数仅为

$$N_{ph} = \frac{4 k_{w1} T_{ph}}{\pi} \tag{1.114}$$

因此，需要注意根据绕组形式的不同选取正确的公式。

1.6.8.1 每相自感

绕组的自感磁链由其自身单独激励时产生。通过计算每匝气隙磁链，再利用小节（c）的结果得到每相磁链，即可求得自感磁链为

$$\lambda_{aa} = \frac{\pi N_{ph}}{4} \phi_g \tag{1.115}$$

式中，ϕ_g 为气隙磁通，类比 ϕ_m，可写为

$$\phi_g = 2 \frac{B_g D L}{P} \tag{1.116}$$

气隙磁通密度幅值由每相磁动势和气隙长度计算得到

$$B_g = \mu_0 H_g = \mu_0 \frac{N_{ph} I_m}{P l_g} \tag{1.117}$$

结合上述三式，得到 A 相自感磁链为

$$\lambda_{aa} = \frac{\pi}{4} \mu_0 \frac{Lr}{l_g} \left[\frac{N_{ph}}{P_p} \right]^2 I_m \tag{1.118}$$

从而得到每相自感为

$$L_{aa} = \frac{\lambda_{aa}}{I_m} = \frac{\pi}{4} \mu_0 \frac{Lr}{l_g} \left[\frac{N_{ph}}{P_p} \right]^2 \ (H) \tag{1.119}$$

1.6.8.2 励磁电感⊖

励磁电感是指电机所有相均通电时的合成磁动势对应的相电感。其与自感的唯一区别在于其磁动势为合成磁动势；对于三相电机，其值为每相磁动势的 1.5 倍。这使得磁通密度、磁通和磁链均变为 1.5 倍。因此励磁电感为每相自感的 1.5 倍，即

$$L_{ma} = L_{aa} = \frac{\lambda_{ma}}{I_m} = \frac{3\pi}{8} \mu_0 \frac{Lr}{l_g} \left[\frac{N_{ph}}{P_p} \right]^2 \ (H) \tag{1.120}^{\ominus}$$

⊖ 在同步电机中，通常称之为电枢反应电感。——译者注

⊖ 原书此式有误，未乘 1.5，应为 $L_{ma} = 1.5 L_{aa} = \frac{\lambda_{ma}}{I_m} = \frac{3\pi}{8} \mu_0 \frac{Lr}{l_g} \left[\frac{N_{ph}}{P_p} \right]^2$（H）。——译者注

1.6.8.3 同步电感

同步电感为每相的励磁电感和漏感之和。这里不介绍漏感的计算方法，请读者参阅相关教材。实际上，很多时候忽略漏感几乎不影响计算结果。在对电机进行初步设计时，通常不考虑漏感。

1.6.8.4 直、交轴电感

在第3章中建立的电机模型有两个轴，即直轴和交轴。相应的，电机的电感和各个参数都要换算到这两个轴上，这会在后面详细介绍。但为了使本节对电感的介绍具有连贯性，这里给出直、交轴电感的推导过程。d轴等效气隙如式（1.81）所示，其长度记为 g_d。d轴绕组正弦分布，匝数为 $(3/2) T_{ph}$，则电流为 i_{ds} 时产生的直轴磁动势为

$$F_d = \frac{3}{2} \frac{T_{ph}}{P} i_{ds} \sin \theta \tag{1.121}$$

可得d轴磁通密度为

$$B_d = \mu_0 \frac{F_d}{g_d} = \frac{\mu_0}{g_d} \frac{3}{2} \frac{T_{ph}}{P} i_{ds} \sin \theta \tag{1.122}$$

磁通为

$$\phi_d = B_d A_c \tag{1.123}$$

式中，A_c 为每极磁通的截面积，有

$$A_c = \frac{2LD}{P} \tag{1.124}$$

得到磁链为

$$\lambda_d = \frac{\pi}{4} \left(\frac{3}{2} T_{ph} \right) \phi_d \tag{1.125}$$

之所以出现系数 $\pi/4$，是因为磁场和导体分布为正弦，由小节（b）和（c）的结论可知，积分后得到 $\pi/4$ 倍的视在磁链。结合式（1.122）~式（1.125）可得直轴电感为

$$L_d = \frac{\lambda_d}{I_{ds}} = 1.125 \pi \mu_0 \left(\frac{T_{ph}}{P} \right)^2 \frac{DL}{g_d} \tag{1.126}$$

式（1.126）[102] 未作化简，以方便读者对比。将式（1.118）中d轴有效匝数由 N_{ph} 变为 $1.5 N_{ph}$ 可以得到同样的结果，即

$$L_d = \left(\frac{3}{2} \right)^2 L_{aa} = \left(\frac{3}{2} \right)^2 \frac{\pi}{4} \mu_0 \frac{Lr}{l_g} \left[\frac{T_{ph}}{P_p} \right]^2 \tag{1.127}$$

用极数代替极对数，并将半径变为直径，可以发现两个直轴电感的表达式完全相同。

类似地，q轴电感为

$$L_q = 1.125 \pi \mu_0 \left(\frac{T_{ph}}{P} \right)^2 \frac{DL}{g_q} \tag{1.128}$$

式中，g_q 为 q 轴气隙。因为交轴没有永磁体，所以 g_q 就等于气隙长度。由此可见，交轴气隙 g_q 比直轴气隙 g_d 小得多，这也使得永磁同步电机的交轴电感总是比直轴电感大。

　　建立电机的等效磁路需要诸如电感和转子磁链等参数。借助等效磁路可以计算出电机的性能。关于等效磁路的建立以及电机的稳态[157-160]和动态性能计算将在后续章节中介绍。

1.6.9　定子励磁对气隙磁通密度的影响

　　在计算铁心损耗时，通常忽略定子激励，只考虑转子永磁体产生的磁通密度。这在轻载时是可以的，此时定子电流较小。当定子电流为额定电流和更大时，定子各部分磁通密度与空载时相比差异较大。定、转子之间的有效气隙是由气隙、永磁体厚度及其相对磁导率计算得到的。将定子磁动势相量与转子磁场错开电角度 δ，可以得到由定子磁动势产生的气隙磁通密度。之后，气隙合成磁通密度由转子磁通密度和定子磁场产生的气隙磁通密度叠加得到。图 1.62a～c 所示为 δ 分别为 −90°、−120° 和 −180° 时的情况，其中极弧均为 120°。无论电机工作在电动状态还是发电状态，计算 δ 的方法是相同的。以下给出一些结论：

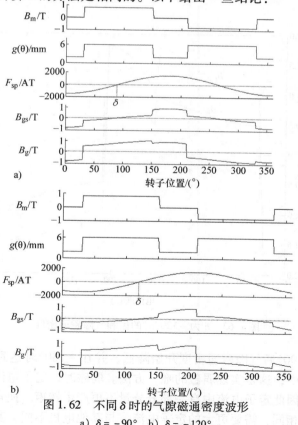

图 1.62　不同 δ 时的气隙磁通密度波形

a) $\delta = -90°$　b) $\delta = -120°$

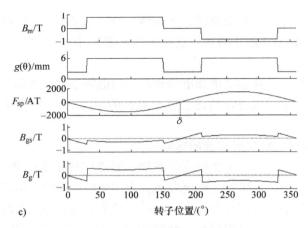

图 1.62 不同 δ 时的气隙磁通密度波形（续）

c）δ = -180°

1）气隙磁通密度不再是方波，而是在 150°和 330°时出现凹点，这在图 1.63 所示的 δ 为 -120°时的齿和气隙磁通密度图中十分明显。这些凹点使得电机的涡流损耗增大。

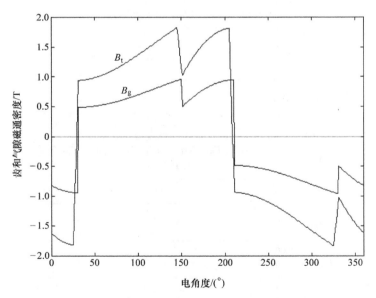

图 1.63 δ 为 -120°时的齿和气隙磁通密度

2）δ 超过 -90°后气隙磁通密度开始降低，并在 -180°时达到最小值。由此可见，在这类电机中，这是实现弱磁的唯一方法。弱磁时，定子电流会削弱转子永磁体产生的磁场，因此定子电流中有一部分分量不再产生转矩。换言之，为了使弱磁前后产生的转矩相同，需要更大的定子电流。与其他电机不同，其他电机在弱磁时保持转矩不变所需的定子电流可能更小或者不变。这是这类电机工作在弱磁区域时的一大缺点。

3）由气隙磁场和定子磁场相互作用产生的气隙转矩在一个电周期内很难保持恒定，因为气隙磁场分布既不是标准的正弦波也不是标准的方波，所以与定子产生的正弦磁场或方波磁场作用后总是存在转矩谐波。若能使气隙磁场为正弦波或方波，这些谐波转矩就很容易消除，但实际上是做不到的。为了产生恒定转矩，一种做法是优化定子磁场。由于定子磁场的作用，气隙磁场会产生畸变，因此不可避免地会使电磁转矩变差。当工作电流过大或者在某些转矩角下运行时，铁心会发生饱和。通常饱和会使转矩和电感减小，同时使得铁损增大[122-126]。饱和时转矩下降是指单位输入电流产生的转矩远小于不饱和的情况。实际工作时最好不要让电机工作在深度饱和状态。

1.7　铁心损耗

在永磁同步电机和无刷直流电机中，铁心损耗不能忽略。参考文献 [127-145] 中很少涉及这方面内容，而是建议工程师们另辟蹊径。铁心损耗既可以采用商业软件进行有限元分析，也可以解析计算。前者适合于电机结构尺寸已知的情况，并且只需一次计算即可得到铁心损耗。但其显著的缺点是计算时间较长，所以在对电机进行优化时，还是解析法更为有效。另外，设计过程中，计算铁心损耗需要知道几何尺寸和材料特性的详细参数，这样才能知道对电机的优化应从何入手。采用解析法，电机的优化变得更加容易，因为每次计算只需几秒钟，而二维有限元分析往往要数分钟，三维有限元则需要数小时。为了便于理解铁心损耗，本书主要介绍解析法，而且只考虑定子的铁心损耗。不考虑转子的铁心损耗是因为，理想情况下，转子轭部的磁场不发生交变，其产生的损耗可以忽略；此外，永磁体之间面向气隙的狭小齿面产生的损耗亦可忽略。需要注意的是，高速电机转子的铁心损耗不能忽略，且由于定子绕组高次谐波的存在，永磁体表面的涡流损耗较大。通常，对于低速少极电机，在电机初步设计阶段可以忽略这些损耗，而在最终设计过程中利用有限元或解析法对其进行综合考虑和优化。关于转子铁心损耗的计算，同样可以采用计算定子铁心损耗的方法。至于永磁体表面的涡流损耗，则是另外的话题，留待读者查阅相关文献并在电机设计中进行深入研究。

1.7.1　定子铁心损耗

电机中的铁心损耗由两部分组成，即磁滞损耗和涡流损耗。铁心中的磁通随时间交变产生铁心损耗。磁滞损耗是由材料固有的 $B-H$ 特性引起的，与频率和磁通密度 n 次方的乘积成正比，n 通常称为斯坦梅茨常数。当叠片铁心中的磁链发生变化时，其磁通即发生变化，进而引起磁通密度的变化。注意磁通等于磁通密度和铁心截面积的乘积。当磁链随时间变化时，铁心内部感应出电动势。感应电动势又在铁心中产生电流,其大小取决于铁心的电阻值,这时产生的损耗称为涡流损耗。为了计算涡流损耗,需要知道铁心中感应电动势的大小,因此需要计算铁心不同区域的磁通密度。涡流损耗与感应电动势的平方成正比,因此也与频率和磁通密度乘积的平方成正比,即

$$P_{ed} \propto (f_s B_p)^2 \propto (\omega_s B_p)^2 \qquad (1.129)$$

可以改写为

$$P_{ed} = k_e \omega_s^2 B_p^2 \; (W/kg) \qquad (1.130)$$

式中,k_e 为损耗比例常数,表征体积到质量的变换以及所有其他与磁性材料有关的系数;B 为磁通密度幅值,所加电压的基波角频率为 ω_s。

根据式(1.130),硅钢片厂商提供不同频率下单位质量的涡流损耗(单位为 W/kg)与磁通密度幅值的关系。从厂商的这些图表和曲线中可以计算出给定磁通密度和频率时的涡流损耗系数。

铁心材料每工作一个 $B-H$ 周期就会产生损耗,即磁滞损耗。由此可知,磁滞损耗与工作频率直接相关。但是从磁学基本原理可知,铁心材料 $B-H$ 回线包络的面积为单位体积的能量损耗密度,与工作磁通密度和频率成正比。因此通常磁滞损耗可以表示成单位质量的损耗,单位为 W/kg,以便与厂商提供的数据一致。磁滞损耗可写为

$$P_{hd} = k_h \omega_s B_p^n \; (W/kg) \qquad (1.131)$$

式中,k_h 为磁滞损耗密度常数;n 为斯坦梅茨常数,n 的值为 1.5 ~ 2.5,取决于磁通密度幅值和材料特性。

单位质量总损耗(即铁心损耗密度)为涡流损耗和磁滞损耗之和,即

$$P_{cd} = P_{hd} + P_{ed} \qquad (1.132)$$

一台表贴式的永磁同步电机如图 1.64 所示,图中只画出了一个极。其空载齿、轭磁通密度波形如图 1.65 所示,可见磁通密度不存在突变。从近似曲线中可以看出磁通密度并非不连续,而是在拐角处平滑过渡。转子磁通密度不发生变化,因此理想情况下转子不存在铁心损耗。因此,只有定子中存在铁心损耗。注意由于定子

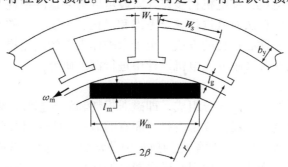

图 1.64 表贴式永磁同步电机

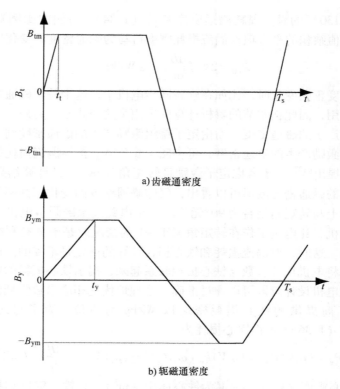

a) 齿磁通密度

b) 轭磁通密度

图 1.65　齿、轭磁通密度波形

激励产生的时变谐波磁场的作用，转子永磁体表面会产生损耗。但在本节中忽略这类损耗。

1.7.2　涡流损耗

涡流损耗在定子齿和轭中产生。到目前为止，由旋转磁通密度在齿根部产生的旋转损耗已经被完全了解并在文献中也可查证。因此，本节不介绍这部分内容。前人已经推导过磁通密度正弦分布时的涡流损耗公式。平均涡流损耗可按下面的方法计算[137]。令铁心某部分的瞬时磁通密度为

$$B = B_p \sin \omega_s t \tag{1.133}$$

其变化率为

$$\frac{dB}{dt} = \omega_s B_p \cos \omega_s t \tag{1.134}$$

则平均涡流损耗密度为

$$\left(\frac{dB}{dt}\right)_{av}^2 = \frac{1}{2\pi} \int_0^{2\pi} \left(\frac{dB}{dt}\right)^2 d(\omega_s t) = \frac{(\omega_s B_p)^2}{2\pi} \int_0^{2\pi} \cos^2(\omega_s t) d(\omega_s t) = \frac{(\omega_s B_p)^2}{2} (W/kg)$$

$$\tag{1.135}$$

用式（1.130）的涡流损耗磁通密度和式（1.34）[注1]右侧的比例常数代替频率和磁通密度幅值乘积的平方项，涡流损耗密度可写为磁通密度的变化率，即

$$P_{ed} = 2k_e \left(\frac{dB}{dt}\right)^2_{av} \quad (W/kg) \qquad (1.136)$$

当磁通密度正弦变化时，比如在永磁同步电机中，这个关于磁通密度变化率的表达式十分有用，因此在本节的解析计算中采用了这个式子。另外，本节推导中仅考虑由永磁体产生的磁通密度，而由定子绕组激励产生的磁通密度则予以忽略。若需要考虑定子激励产生的磁通密度，可参阅 1.6.9 节。推导涡流损耗的方法最早由 Slemon 和 Liu 提出[137]。不考虑定子激励且转矩角为 90°时，计算结果与实测数据一致。从之前的磁通密度波形可以看出，气隙磁通密度的变化率并不受转矩角的影响，因此实际上与转矩角是否为 90°无关。对于内置式永磁同步电机，甚至是表贴式永磁同步电机，让电机工作在转矩角大于 90°的情况时是十分有利的，这将在后续章节中介绍。这时，对涡流损耗和铁心损耗计算的简化是不妥的。即便如此，由于解析法能够将电机尺寸参数与铁心损耗联系起来，揭示铁心损耗的本质，所以仍具有优势。在电机设计阶段可以通过准确、合理地优化相应参数降低铁心损耗。

硅钢片厂商提供的铁心损耗密度以 W/kg 为单位。为了与之对应，由式（1.35）[注2]和式（1.36）[注3]可得铁心损耗为

$$P_e = (\rho_i V)P_{ed} = (\rho_i V)k_e(\omega_s B_p)^2 = (\rho_i V)2k_e\left(\frac{dB}{dt}\right)^2_{av} \quad (W) \qquad (1.137)$$

式中，ρ_i 为铁心密度（kg/m³）；V 为铁心体积（m³），与铁心密度相乘即为铁心质量（kg）。

在下面几节，首先分析定子齿轭部的涡流损耗，之后分析磁滞损耗。两者均需要计算齿、轭部的磁通密度幅值，这可由气隙磁通密度计算得到。借用参考文献[137]中的一个例子来给出详细的计算过程。此外，还简要介绍了损耗系数的计算过程。最后介绍铁心损耗的测量方法，从而有助于工程师们设计实验。

1.7.2.1 齿部涡流损耗

当转子永磁体（如 N 极）经过定子齿时，其磁通密度从零变化到幅值 B_{tm}，如图 1.65a 所示。当定子齿完全被永磁体覆盖时，其磁通密度不再变化并维持在 B_{tm}，直到永磁体后缘开始离开定子齿区域，其磁通密度由 B_{tm} 降为零。类似地，对相反极性的永磁体（如 S 极）亦是如此，其齿磁通密度波形与前者完全相同，只是极性相反。令齿磁通密度从零变化到 B_{tm} 所用的时间为 t_t，有

$$t_t = \frac{齿宽}{转子转速} = \frac{W_t}{r\omega_m} = \frac{W_t \frac{P}{2}}{r\omega_s} = \frac{PW_t}{2r\omega_s} \qquad (1.138)$$

○ 应为式（1.135）。——译者注

○ 应为式（1.130）。——译者注

○ 应为式（1.136）。——译者注

式中，r 为气隙半径；ω_m 和 ω_s 分别为转子的机械转速和定子的电角速度；W_t 为齿宽。

则磁通密度的变化率为

$$\frac{dB}{dt} = \frac{B_{tm}}{t_t} = \frac{2r\omega_s}{PW_t}B_{tm} \tag{1.139}$$

在一个电角度周期内，磁通密度如是变化 4 次，从而产生涡流损耗。定子齿的涡流损耗周期占电机基波周期的比值为

$$d_{et} = \frac{4t_t}{T_s} = 4\frac{PW_t}{2r\omega_s}\frac{1}{\dfrac{1}{f_s}} = 2\frac{PW_t}{r\omega_s}\frac{\omega_s}{2\pi} = \frac{PW_t}{\pi r} \tag{1.140}$$

因此，定子齿中的涡流损耗可写为

$$P_{et} = \rho_i V_t \left\{ 2k_e \left(\frac{dB}{dt}\right)^2_{av} \right\} d_{et} = \frac{8k_e\rho_i V_t}{\pi}\left(\frac{r}{PW_t}\right)(\omega_s B_{tm})^2 \ (\text{W}) \tag{1.141}$$

式中，ρ_i 为齿部铁心密度（kg/m³）；V_t 定子齿部体积（m³）。

注意在最终的式子中，磁通密度的变化率和工作周期均由电机的尺寸和参数表示。

可以看出，通过改变定子齿中磁通密度的变化率，可以很大程度上降低涡流损耗。具体办法有两种：

1）优化永磁体形状：从而使得磁通密度正弦分布，其变化率与梯形波齿磁通密度相比也有所减小。这时的涡流损耗可表示为

$$P_{ets} = k_e\rho_i V_t (\omega_s B_{tm})^2 (\text{W}) \tag{1.142}$$

2）优化槽数和槽宽：减少每极槽数并使槽宽等于齿宽可以降低涡流损耗，其效果与正弦分布的齿磁通密度相当。当槽数和极数相当时，齿磁通密度接近三角波，但其尖端平滑，类似正弦波。因此其变化率与梯形波相比得到很大程度的降低。

下面介绍优化槽数和槽宽的影响。令 N_{sp} 为每极槽数，槽宽为齿宽的 k_s 倍。则齿宽表示为气隙半径的式子为

$$2\pi r = N_{sp}P(W_t + W_s) = N_{sp}P(1 + k_s)W_t \tag{1.143}$$

代入涡流损耗公式，有

$$P_{et} = \left(\frac{4k_e\rho_i V_t}{\pi^2}\right)N_{sp}(1 + k_s)(\omega_s B_{tm})^2$$

$$= (k_e\rho_i V_t)(\omega_s B_{tm})^2\left[\frac{4}{\pi^2}N_{sp}(1 + k_s)\right]$$

$$= P_{ets}\left[\frac{4}{\pi^2}N_{sp}(1 + k_s)\right] \tag{1.144}$$

式中，P_{ets} 为正弦磁通密度时的涡流损耗。磁通密度为梯形波和正弦波时的涡流损

耗之比为

$$\frac{P_{\mathrm{et}}}{P_{\mathrm{ets}}} = \frac{4}{\pi^2} N_{\mathrm{sp}} (1 + k_{\mathrm{s}}) \tag{1.145}$$

可见，当每极槽数接近 1（但永远不会等于 1），亦或槽宽等于或略小于齿宽时，梯形波的齿部涡流损耗可以和正弦波的齿部涡流损耗相等。前者在许多永磁无刷直流电机中并不罕见，而后者在实际中也常常采用。每极槽数以及槽齿宽度之比对涡流损耗的影响如图 1.66 所示。当电机每极槽数较多且齿磁通密度为梯形波时，其齿部的涡流损耗数倍于齿磁通密度为正弦波的情况。每极槽数较多时，感应电动势波形的正弦度较好，但齿部涡流损耗较大。

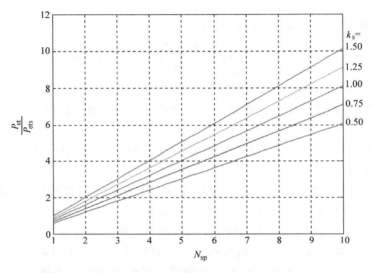

图 1.66　不同每极槽数及槽齿宽度之比时的齿部涡流损耗之比

1.7.2.2　轭部涡流损耗

轭部磁通密度分布接近梯形波，如图 1.65b 所示。对于轭部任意一点，当 N 极的半个极弧经过时，其磁通密度从最大值 B_{ym} 降到零。而当另一半极弧经过时，磁通密度从零变到负最大值 $-B_{\mathrm{ym}}$。之后磁通密度维持在 $-B_{\mathrm{ym}}$ 直到 S 极经过此点。因此，磁通密度从零增大至 B_{ym} 所用的时间为

$$t_{\mathrm{y}} = \frac{\text{永磁体一半宽}}{\text{转子角速度}} = \frac{W_{\mathrm{m}}/2}{r\omega_{\mathrm{m}}} = \frac{\left(\frac{2\beta r}{2}\right)\frac{P}{2}}{r\omega_{\mathrm{s}}} = \frac{P\beta}{2\omega_{\mathrm{s}}} \tag{1.146}$$

式中，2β 为用电角度表示的极弧。磁通密度在一个电角度周期内变化的总时间为 $4t_{\mathrm{y}}$，因此由式（1.146）得到磁通密度的变化率为

$$\frac{\mathrm{d}B_{\mathrm{y}}}{\mathrm{d}t} = \frac{B_{\mathrm{ym}}}{t_{\mathrm{y}}} = 2\frac{B_{\mathrm{ym}}\omega_{\mathrm{s}}}{P\beta} \tag{1.147}$$

则轭部的涡流损耗为

$$P_{ey} = \rho_i V_y \left[2k_e \frac{4t_y}{T_s} \left(\frac{dB_y}{dt} \right)^2_{av} \right] = k_e \rho_i V_y \left[\frac{8}{\pi\beta} (\omega_s B_{ym})^2 \right] \qquad (1.148)$$

与正弦波磁通密度产生的涡流损耗之比为

$$P_{eyn} = \frac{P_{ey}}{P_{eys}} = \frac{k_e \rho_i V_y \left[\frac{8}{\pi\beta} (\omega_s B_{ym})^2 \right]}{k_e \rho_i V_y (\omega_s B_{ym})^2} = \frac{8}{\pi\beta} \qquad (1.149)$$

其关于极弧的关系如图 1.67 所示。可见，与磁通密度成正弦分布时的轭部涡流损耗相比，磁通密度成梯形分布时的轭部涡流损耗随着极弧的增大而降低。对于常见的极弧，损耗之比为 1.7 ~ 2.8p.u.。

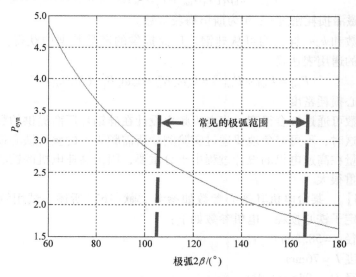

图 1.67　轭部涡流损耗之比关于极弧的关系曲线

1.7.3　齿部和轭部的磁通密度幅值

齿、轭部的磁通密度幅值由永磁体剩磁和平均磁通密度计算得到。平均气隙磁通密度可由永磁体剩磁及各部分磁路的磁导率系数求得。令 g 为永磁体轴线上的有效气隙长度，即考虑了定子开槽的影响而乘以了卡特系数，则气隙的平均磁通密度为

$$B_g = \frac{B_r}{1 + \mu_{rm} \dfrac{g}{l_m}} \quad (\text{T}) \qquad (1.150)$$

忽略边端效应，并认为一个槽距下的气隙磁通全部进入齿部，可近似得到齿磁通密度幅值，即

$$B_{tm} = \frac{W_t + W_s}{W_t} B_g \quad (\text{T}) \tag{1.151}$$

式中，W_t 和 W_s 分别为齿宽和槽宽。类似地，由于气隙磁通全部进入轭部，而磁通等于磁通密度与对应的有效面积之积，则轭部磁通密度幅值为

$$B_{ym} = \frac{W_m}{2b_y} B_g \quad (\text{T}) \tag{1.152}$$

式中，W_m 为永磁体宽度；b_y 为轭部厚度。

1.7.4　磁滞损耗

定子齿轭的磁滞损耗可由下式求得，即

$$P_{hs} = k_h \rho_i [V_t B_{tm}^n + V_y B_{ym}^n] \omega_s \quad (\text{W}) \tag{1.153}$$

式中，k_h 为磁滞损耗密度[⊖]；n 为斯坦梅茨常数。

这些参数和 k_e 一样，均可从硅钢片厂商提供的产品数据中获得。将其代入铁心损耗密度的通用表达式

$$P_{cd} = P_{hd} + P_{cd}^{[⊜]} = k_h \omega_s B_p^n + k_e \omega_s^2 B_p^2 \quad (\text{W/kg}) \tag{1.154}$$

即可得到铁心损耗密度。

这些参数可通过拟合得到。将电机频率设计在硅钢片厂商提供的数据频率之外并不罕见。这时，不可避免地要通过实验测量所需频率下的叠片铁心损耗。铁心损耗的准确测量在高速电机的设计过程中十分重要，因为高速电机的铁心损耗在总损耗中所占比重很大。

【例 1.3】　某台电机其铁心参数如参考文献[167]所述。试用解析法计算不同转速下的定子铁心损耗。电机参数如下：

气隙半径 $r = 58.5$mm

叠片长度 $L = 76$mm

定子外径 $D_o = 95$mm $= 2r_o$

轭部厚度 $b_y = 17.4$mm

齿部高度 $t_h = 17.2$mm

齿部宽度 $W_t = 5.3$mm

有效气隙长 $= 2$mm

永磁体厚度 $l_m = 6.3$mm

永磁体弧长 $2\beta = 120°$电角度

槽数 $N_s = 36$

极数 $P = 4$

气隙磁通密度 $B_g = 0.79$T

齿磁通密度幅值 $B_{tm} = 1.53$T

⊖ 应为磁滞损耗系数。——译者注

⊜ 应为 P_{ed}。——译者注

轭磁通密度幅值 $B_{ym} = 1.2T$

磁滞损耗系数 $k_h = 5.8 \times 10^{-3}$

涡流损耗系数 $k_e = 9.3 \times 10^{-6}$

斯坦梅茨常数 $n = 1.93$

铁心密度 $\rho_i = 7650kg/m^3$

解：

齿体积 $= N_s W_t t_h L = 2.494 \times 10^{-4} m^3$

轭体积 $= \pi (r_o^2 - (r + t_h)^2) L = 7.866 \times 10^{-4} m^3$

永磁体宽 $W_m = W_m = \left(r - \dfrac{l_m}{2} - \dfrac{g}{2} \right) \dfrac{2\alpha}{P/2} = 0.0569m$

槽宽 $= \dfrac{2\pi r}{N_s} - W_t = 0.0049m$

铁心损耗关于转速的关系如图 1.68 所示。由于该表贴式永磁同步电机的定子最大频率为 100Hz，所以计算到的最大转速为 3000r/min。

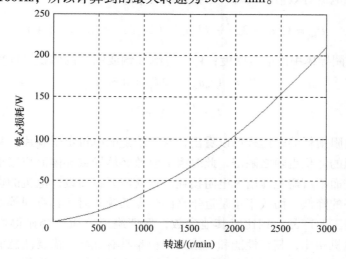

图 1.68　表贴式永磁同步电机铁心损耗关于转速的关系曲线

1.7.5　电机中铁心损耗的测量

测量过程中，被测电机需要用一台辅助电机对拖。首先测得辅助电机在不同转速下的空载损耗和输入功率，并单独计算其铜损。之后将被测电机与辅助电机相连，并将定子绕组开路，空载运行。测量辅助电机的输出转矩，乘以转子转速得到被测电机的铁损、摩擦损耗和风损。如果没有转矩传感器，则测量辅助电机的输入功率，再减去辅助电机除了空载铜损外的空载损耗，最后减去其自身的铜损，即可得到被测电机铁损、摩擦损耗和风损的总体空载损耗。为了把被测电机的铁损和摩擦损耗及风损分离开，把被测电机转子中的永磁体抽出，并插入未充磁的相同材料的永磁体，再用辅助电机对拖测试。此时测得的辅助电机的输出功率即为被测电机的摩擦损耗和风损之和。

1.8　电阻损耗

当定子绕组中流过电流时，就会产生损耗，通常称之为铜损。由于铜的价格日益上涨，在不久的将来，许多新产品中不得不采用铝导线，因此今后称之为电阻损耗更为合适。计算相绕组电阻需要用到的参数有匝数 T_{ph}、材料电阻率 ρ、半匝导体的平均长度 l_c 和导体截面积 a_c。首先计算一根导体的电阻，再乘以总的导体数得到相绕组电阻，即

$$R_s = \rho \frac{l_c}{a_c} \ (2T_{ph}) \ (\Omega) \tag{1.155}$$

电阻值需要根据工作温度进行修正，此外还要考虑集肤效应造成的阻值增大。

当定子相电流有效值为 I_s 时，三相电机的电阻损耗为

$$P_{sc} = 3I_s^2 R_s = 3\rho \frac{I_s^2}{a_c^2} \ (l_c a_c) \ (2T_{ph}) \ = 3\rho J_c^2 V_c \ (W) \tag{1.156}$$

式中，J_c 为线圈导体中的电流密度；V_c 为绕组（铜或铝）的体积，计算式为

$$V_c = (l_c a_c) \ (2T_{ph}) \ (m^3) \tag{1.157}$$

$$J_c = \frac{I_s}{a_c} \ (A/m^2) \tag{1.158}$$

从定子电阻损耗的表达式可以看出，对于给定的电机定子叠片，其槽空间已经固定，则绕组的体积也随之限定，此时增加匝数必然导致导体面积减小，使得电流密度上升，进而不可避免地增大电阻损耗。这就需要重新设计电机的热负荷，尽量减少电机效率的降低，而效率正是近年来的热点话题。对于具有同等竞争力的电机产品，尤其是工业产品，相比于其他参数，保证绕组体积不变显得格外重要。否则，与其他电机相比，其在性能和价格上都很难具有优势。需要注意的是，定子电阻损耗表达式及其推论对所有电机均适用；对于多相电机，只需把三相用其相数代替即可。

在优化设计时，将电阻损耗变换成电负荷更为方便，这样就无需考虑导体电流密度、气隙半径以及叠片长度，从而可以得到通用关系式和电机输出功率的表达式。为了便于优化设计，将电阻损耗表示为输出功率的百分比的形式可以同时考虑到输出功率和电阻损耗。这样，电阻损耗的表达式改写为

$$P_{sc} = 3I_s^2 R_s = 3I_s^2 \rho \ (\frac{l_c}{a_c}) \ (2T_{ph}) \ (W) \tag{1.159}$$

对于分布绕组，相绕组中每根导体的长度都可以写为叠片长度与跨过一个定子极距的绕组端部的一半长度之和，而后者可以表示成关于气隙半径的表达式。对于

给定的匝数和定子叠片和叠片长，导体长度均可准确计算且可认为是定值。引入参数 a，则一根导体的长度为

$$l_c = \left(L + \frac{2\pi r}{P}a \right) \ (\text{m}) \tag{1.160}$$

系数 a 对于所有短距分布绕组都适用。对于同心绕组，需要采用修正系数用以修正跨过一个定子极距的绕组端部长度。这时定子的电阻损耗为

$$P_{sc} = 3I_s^2\rho\left(\frac{l_c}{a_c}\right)(2T_{ph}) = 3\frac{I_s}{a_c}\rho\left(T_{ph}I_s\right)\left(2L\left\{1 + \frac{2\pi r}{PL}a\right\}\right)(\text{W}) \tag{1.161}$$

定子磁动势可以表示用电负荷的基波表示：

$$A_{s1} = k_{w1}\frac{3(2T_{ph})}{2\pi r}I_s \ (\text{安匝/m}) \tag{1.162}$$

式中，下标"1"表示基波。

将电负荷代入磁动势，得到定子电阻损耗为

$$P_{sc} = 6J_cA_{s1}\rho\frac{2\pi r}{6k_{w1}}\left(L\left\{1 + \frac{2\pi r}{P}a\right\}\right) = \left(\frac{b\rho\left\{1 + \frac{2\pi a}{bP}\right\}}{k_{w1}}\right)(2\pi r^2)\ J_cA_{s1} \ (\text{W}) \tag{1.163}$$

式中，$L = br$，b 为叠片长度与气隙半径之比。用定子电阻损耗除以 1.6.5 节中式（1.90）所表示的额定输出功率，得到定子电阻损耗标幺值（p. u.）。不失合理性，对于所有永磁同步电机，均可假定转矩角为 90°。这时定子电阻损耗标幺值为

$$P_{scn} = \frac{P_{sc}}{P_a} = \frac{kr^2J_cA_{s1}}{2\pi br^3A_{s1}B_{mr}\omega_{mr}} = \left(\frac{k}{2\pi b}\right)\left(\frac{J_c}{B_{mr}}\right)\frac{1}{r}\frac{1}{\omega_{mr}} \ (\text{p. u.}) \tag{1.164}$$

且

$$k = \frac{2\pi\rho\ \left(b + \frac{2\pi a}{P}\right)}{k_{w1}} \tag{1.165}$$

式中，ω_{mr} 为永磁同步电机的额定转速（rad/s）；P_{scn} 为定子电阻损耗标幺值。

关于这个式子的应用见下节——电机的初步设计。

1.9　电机的初步设计

前面几节给出了电机的输出功率、反电动势、电感、电阻损耗以及铁心损耗与几何尺寸和材料特性之间的关系。本节以一个实例说明如何对电机进行初步设计。读者需要注意的是，这个例子给出的不是电机的最优设计。要完成一个标准的工业设计过程还有许多更重要的步骤要做，包括热和机械设计、有限元分析验证、流体场计算、综合优化以便节省材料、降低电机尺寸和重量，以及包括逆变器、控制和负载系统的系统优化[161-177]。

通常规定电阻损耗为额定输出功率的一定百分比。在设计时还可以考虑许多其他的性能指标,但在本例中只考虑定子电阻损耗。

所举例子的参数如下:

$P_a = 50\text{kW}$,$P_{scn} = 0.02\text{p. u.}$,$\omega_{mr} = 188.5\text{rad/s}$,$k_{w1} = 0.9$,$P = 4$,$a = 1.5$,$\rho = 2.5 \times 10^{-8}\Omega \cdot \text{m}$,令 $b = 2$,$J_c = 4\text{A/mm}^2$。

本例中首先假设定子叠片长度与气隙半径之比为2,但由之后的计算可知,这并不是最优值。由定子电阻损耗标幺值和 k 的表达式,结合已知参数,有

$$k = \frac{2\pi\rho\ (b + \dfrac{2\pi a}{P})}{k_{w1}} = \frac{2\pi \times 2.5 \times 10^{-8}\ (2 + \dfrac{2\pi \times 1.5}{4})}{0.9} = 0.76 \times 10^{-6} \quad (1.166)$$

得到 k 后,气隙半径是定子电阻损耗标幺值表达式中唯一的未知量。经计算,其值为91.7mm。由半径和假设的长径比可以得到叠片长度。改变叠片长度和半径之比 b 从 2 到 (1) 1.5 和 (2) 1.6,气隙半径相应为 (1) 108.2mm 和 (2) 112.6mm。气隙半径的变化对电负荷的影响很大,在这个例子中分别为 (1) 39.08kA/m 和 (2) 28.098kA/m,计算公式为

$$P_{sc} = \left(\frac{\rho\left\{ 1 + \dfrac{2\pi a}{bP} \right\}}{k_{w1}} \right) (2\pi r^2)\ J_c A_{s1} = kr^2 J_c A_{s1} \quad (\text{W}) \qquad (1.167)$$

叠片长度与转子外径之比的选取原则是使电阻损耗和叠片长度尽量小,同时气隙面积尽量大,从而使得产生的转矩最大。实际上,这些原则是相互矛盾的。若要求得最优值,需要假设永磁体为方形以便使系数 a 最小,从而使得叠片长度与气隙半径之比[167]

$$\frac{L}{r} = \frac{2\pi a}{P} \qquad (1.168)$$

需要注意的是,这个最优值未必适于所有情况。在一般工业应用中可以采用,但在特殊场合,如航空和国防领域则不适用。

当交流或直流电压经整流逆变或逆变后,永磁同步电机的线电压和相电压就确定了。从感应电动势方程和永磁体特性可以得到极弧、叠片长度 L、气隙半径 r 和匝数。在电负荷表达式中代入 r、匝数和绕组因数,可以得到相电流。根据上述参数和机械强度计算,可以设计出定子和转子叠片。这样就完成了永磁同步电机的初步电磁设计。

1.10 齿槽转矩

本节介绍齿槽转矩及其成因,分析、计算以及削弱方法[146 - 155]。

1.10.1 齿槽转矩成因及幅值

在永磁电机中,即便定子绕组没有激励,也存在电磁转矩。这是由转子永磁磁

场和定子齿相互作用产生的。当转子永磁体与定子齿相遇或分开时，其附近磁场发生变化，使得永磁体和定子齿之间空气的磁共能发生变化。磁共能的变化产生转矩。这一转矩在文献中有时称为定位转矩或齿槽转矩。齿槽转矩也可认为是齿槽相对于永磁体电流源的磁阻变化产生的磁阻转矩。在多数情况下，其周期等于槽距，但这并非一般规律，后文将予以阐述。齿槽转矩是交变的，并几乎关于其角轴线对称。

若电机设计不合理，齿槽转矩可高达额定转矩的 25%。但在许多产品中，其只占额定转矩的 5% ~ 10%。许多高精度场合要求齿槽转矩不超过额定转矩的 1% 或 2%。因此，需要知晓齿槽转矩的分析和计算方法及结论以便对电机进行优化，满足特定应用场合的需求。

1.10.2　齿槽转矩的基本理论

如图 1.69 所示，定子有两个齿，转子装有永磁体并处于任意位置。在这种情况下，假设定子绕组没有激励，而转子装有两块永磁体，其磁化方向如图所示。为了阐述齿槽转矩的成因，这里令转子按逆时针方向旋转。当转子的相对位置为 0° 时，可以推测出这时转子的力及转矩为零。称这个位置为平衡点。由于转子总是趋于转到磁阻较小的位置，而不会保持在当前位置，因此称这个位置为不稳定平衡点。当转子永磁体与定子齿正对，即 90° 和 270° 时，磁阻最小。永磁体和定子齿的吸引力中存在一个周向分量，从而产生转矩。其随着与参考位置偏角的增大而非线性变化。最大值不在 45°，而是在更接近于定子齿的某一位置。在 90° 时变为零，此时为稳定平衡点，如图 1.70 所示。如果没有较大的外部负载施加在转子上，则转子可以永久保持在这个位置。当在稳定平衡点附近受到扰动时，为了达到磁阻最小的位置，转子趋向于与定子齿正对。若要使转子转过 90°，必须施加外力。因此按惯例其产生一个负转矩，如图 1.70 后半个周期所示。注意齿槽转矩的周期为 180°，即该 2 齿 2 极电机旋转周期的一半。对于该电机，齿槽转矩在一个旋转周期内的周期数 N_{co} 为 2。由此可知，每机械周期内的齿槽转矩周期数与槽数 S 和极数 P 的关系如下：

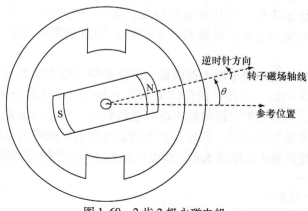

逆时针方向
转子磁场轴线
θ
参考位置
N
S

图 1.69　2 齿 2 极永磁电机

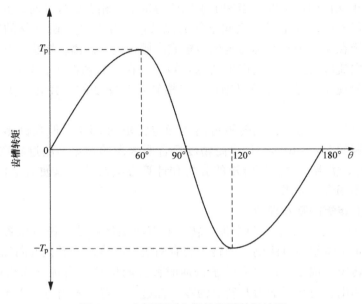

图 1.70   上图所示电机的齿槽转矩波形

1）如果 $m = S/P$ 为整数，则同一时刻有多个槽与永磁体作用。因此对所有槽而言不存在相位差，相应的每机械周期内的齿槽转矩周期数为 $N_{co} = mP$。

2）若 m 不为整数，S 为偶数，径向正对的两个槽产生的齿槽转矩相互叠加，使得齿槽转矩周期减半，即 $N_{co} = (S/2) P$。

3）若 m 不为整数，S 为奇数，则每个槽在每个极下都产生一个齿槽周期，使得齿槽周期 $N_{co} = SP$。

4）综合上述情况，可得到通用计算公式，即

a.$^{\ominus}$ 每机械周期内的齿槽转矩周期数（CPMR），$N_{co} = LCM (S, P)$。

例如，表 1.3 给出了采用分布绕组和集中绕组时，每机械周期内的齿槽转矩周期数。与通常的认识不同，相比于分布绕组，集中绕组电机（该类电机具有由相同定子齿数给出的突出的定子磁极和转子磁极）的齿槽周期数较多，这一事实具有重要的意义。

由于齿槽转矩幅值随频率增大而降低，因此希望齿槽周期数尽量多。注意到集中绕组电机（如 $S = 12$，$P = 10$）的齿槽周期几乎与应用很好的分布绕组电机（$S = 36$，$P = 8$）相同。分布绕组电机和集中绕组电机在加工难易方面差异较大，而后者在成本和可靠性方面更具优势。另外，集中绕组电机的弱磁能力亦较分布绕组电机强。这两个事实使得集中绕组的永磁同步电机和无刷直流电机受到较多关注。

$\ominus$ 应去掉 a。——译者注

表 1.3　不同绕组形式电机的 CPMR

S	P	$N_{co} = LCM\ (S,\ P)$	绕组类型
8	12	24	分布
8	10	40	集中
18	12	36	分布
27	6	54	分布
12	10	60	集中
36	8	72	分布

齿槽转矩的通用表达式

齿槽转矩基波频率为 N_{co}，且不存在次谐波，因此将其作傅里叶展开，得到各次谐波之和的形式，即

$$T_{co} = \sum_{n=1}^{\infty} T_n \sin\ (nN_{co}\theta + \phi_n) \tag{1.169}$$

$n = 1$ 时对应的齿槽转矩的基波幅值为 T_1，θ 为转子机械角位置。这一系列转矩可由解析法、有限元或实验数据得到。此外，从这一式子可以得出一些削弱永磁电机中齿槽转矩的方法。这一部分详见 1.10.5.1 节。

1.10.3　分析和计算

齿槽转矩可通过计算相应区域的磁能积得到，即永磁体靠近齿和槽开口附近的边缘区域。由电机学可知，相应的公式为[2]

$$T_{ec} = \frac{dW_c}{d\theta} \tag{1.170}$$

式中，磁共能

$$W_c = \int \frac{B_\theta^2}{2\mu_0} d(v_r)\,(J) \tag{1.171}$$

注意积分变量为求解区域的体积 v_r。

即便通过解析方法可以估算齿槽转矩，但其精度难以满足高性能电机的设计要求。通常采用二维有限元分析的方法进行优化设计，减小齿槽转矩。这时，可以对气隙区域应用麦克斯韦张力张量法计算齿槽转矩，即

$$T_{ec} = \frac{L}{l_g\mu_0} \int_{S_g} rB_n B_t ds \tag{1.172}$$

式中，L 为有效转子长度；l_g 为气隙长度；r 为虚拟半径；B_n 和 B_t 分别为气隙磁通密度的径向和切向分量；S_g 为气隙表面积；LS_g 为气隙体积。

1.10.4　影响齿槽转矩的因素

齿槽转矩受电机设计参数和机械加工的影响。永磁体的磁场强度、定子槽宽、加工不对称以及材料在加工中的变化是影响齿槽转矩的主要因素。本节简要介绍这

些因素，以避免在永磁同步电机的设计和加工过程中犯错。

永磁体的磁场强度：工作点的剩磁决定了气隙磁通，其大小直接影响齿槽转矩幅值。剩磁受温度和永磁体充磁情况的影响。这两个因素都会影响齿槽转矩，前者随工况不同而不同，后者则是永久的。

槽宽：其根据产生转矩最大的原则确定。在设计常规电机时，通常令槽口宽与齿宽相等。尽管就输出特性而言，这样做是有利的，但却没有考虑到对齿槽转矩的影响。齿槽转矩受这些设计参数的影响，因为齿槽转矩就是由永磁体和槽口相互作用产生的。当槽口宽为零时，齿槽转矩也为零，但这在大多数电机中并不现实。为了方便绕组下线，需要开一个很小的口。设计中的关键是找出这个最小值，同时使输出转矩最大。绕组下完线后，可以通过放置磁性槽楔来减小齿槽转矩。只不过这会增加电机的制造成本。

有些电机没有定子齿（无齿或无槽或无铁心），因此不产生齿槽转矩。定子采用无齿结构后，绕组下线较为困难。这类电机功率等级较低，只有几瓦，而不是大功率电机。

加工不对称：永磁体在转子中的位置精度和尺寸精度均会影响齿槽转矩，但前者的影响更大。

加工对材料的影响：这一部分包括的因素很多。定子叠片的各向同性受冲制、冲压、纹理方向、叠片方法、焊接、孔和螺栓以及其他连锁反应的影响。它们都会造成定子叠片的各向异性，使得齿槽周期减少为与槽数相同，而不再是 CPMR。由于齿槽周期数减少，使得齿槽转矩变大。另一个因素是加工误差和转子轴承误差引起的转子偏心。转子偏心后，不仅会产生不平衡的径向力，还会使得齿槽周期数与槽数相等，而不再是 CPMR。

1.10.5　削弱方法

在电机设计过程中有很多方法可以削弱齿槽转矩，包括斜槽或斜极、改变槽宽、改变极宽、采用不同的极弧系数和齿顶开辅助槽等。本节简要介绍这些方法。

1.10.5.1　斜槽

在 1.5.4 节中介绍了斜槽。斜槽[156]是指径向磁场电机中的定子叠片或永磁体沿轴向错开一定的角度。在伺服领域，通常将永磁无刷电机或永磁同步电机中的定子或转子永磁体斜过半个或一个槽距。这一方法并不能完全消除所有电机的齿槽转矩。令齿槽转矩的表达式为零，可以求得削弱齿槽转矩所需斜过的角度。令斜角跨过整个齿槽周期，有

$$\theta_{co} = \theta_{sk} = \frac{2\pi}{N_{co}} \qquad (1.173)$$

当定子叠片斜过这个角度时[156]，齿槽转矩为

$$T_{sk} = \frac{1}{\theta_{sk}} \int_0^{\theta_{sk}} T_{co}(\theta)\,d\theta = \frac{1}{\theta_{sk}} \sum_{n=1}^{\infty} \int_0^{\frac{2\pi}{N_{co}}} T_n \sin(nN_{co}\theta + \phi_n)\,d\theta$$

$$= \frac{1}{\theta_{sk}} \sum_{n=1}^{\infty} \left[\frac{-T_n \cos\left(nN_{co}\theta + \phi_n\right)}{nN_{co}} \right]_0^{\frac{2\pi}{N_{co}}} = 0 \tag{1.174}$$

　　斜过这个角度后，齿槽转矩降为零。由于定子斜过了一个槽距，转子相对于定子的角度沿叠片方向变化。一个槽距内对应于变化的角度产生的齿槽转矩与转子角度在一个完整的齿槽周期内对应。斜过的槽距内产生的净齿槽转矩为一个周期内的各次齿槽转矩之和，其值为零，因而起到了消除齿槽转矩的目的。另外可见，这种方法不仅可以消除基波齿槽转矩，而且可以消除各次谐波的齿槽转矩。实际上，由于边端效应以及定子叠片和永磁体不可避免的加工误差的存在，齿槽转矩不会恰好为零。斜槽的缺点有（a）如前所述，其会降低感应电动势的基波幅值，进而降低输出功率和输出转矩；（b）增加了漏感和杂散损耗；（c）由于定子工序增多，因此增大了加工复杂度。

　　另一个方法是对转子采用斜极。由于加工较复杂，一般不采用这种方法。一个变通的方法是每极沿叠片方向（轴向）由多段永磁体组成，每段之间错开一定角度，如图 1.71 所示。令每极永磁体段数为 N，则各段之间错开的角度 θ_{ss} 与斜极角度 θ_{sk} 之间的关系为

$$\theta_{ss} = \frac{\theta_{sk}}{N} \tag{1.175}$$

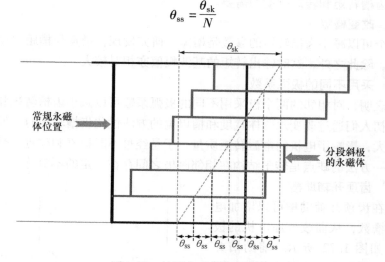

图 1.71　转子永磁体分段斜极

　　图中所示的例子为每极分 6 段实现斜极。将第一段永磁体与不斜极时的永磁体位置对齐，其余 5 段永磁体均相继错开一定角度。虽然看起来似乎只斜过了 5 个角度而非 6 个，但是比较第一段与第六段的中线可知，实际斜过的角度的确为 6 个，即所需的斜极角度。

　　转子永磁体采用 N 段斜极后的齿槽转矩可表示为

$$T_{\text{co}}(\theta) = \sum_{n=1}^{N} \sum_{k=1}^{\infty} T_{\text{ck}} \sin \left\{ ks \left[\theta - (n-1) \frac{2\pi}{N_{\text{co}}} \right] \right\} \qquad (1.176)$$

从上式可知，齿槽转矩中除了 N 的倍数次谐波外其余次谐波均被消除。这是多段斜极相较于斜槽的另一个缺点。但与斜槽相比，采用多段斜极后，齿槽转矩确有降低。增加段数会有所缓解，但不可避免地要增大制造难度和成本。

对于永磁无刷直流电机，无论是采用斜槽还是斜极均会削减感应电动势的平顶部分，使其更接近正弦波而不是方波。若通入方波交流电流，则转矩脉动会随着斜槽角度的增大而增大，这是电机设计中不希望出现的。

1.10.5.2　改变永磁体宽度

这种方法在工艺上比较容易实现。通常，可以减小齿槽转矩的永磁体宽度为

$$W_{\text{m}} = (n+x)\lambda_{\text{s1}} \qquad (1.177)$$

式中，n 为整数；λ_{s1} 为槽距；x 为与削弱齿槽转矩有关的系数，取决于永磁体的磁化方向，如径向或平行，以及转子的结构，如表贴式、表面嵌入式或内置式。

这个方法的缺点是永磁体宽度相对于常规情况略大 $x\lambda_{\text{s1}}$，其中 λ_{s1} 为槽距，x 为分数。然而通常这不会带来较大弊端。针对不同电机，都需要重新计算 x 值，以满足削弱齿槽转矩和转矩脉动的需要。

1.10.5.3　改变槽宽

另一个可以减小齿槽转矩的参数是槽宽。研究发现，槽宽与槽距之比在 0.5 附近时最优。除此之外，这时输出转矩的基波幅值亦相对较大。

1.10.5.4　采用不同的极弧系数

研究表明，对相邻的两个极采用不同的极弧系数可以减小齿槽转矩和换向转矩波动。起初人们通过改变永磁体宽度和槽口宽的方法优化齿槽转矩时，发现换向转矩脉动增大，影响了电机的电磁转矩质量。于是经过不断摸索和改进，想到了这个方法。这一方法的缺点是转子结构在相邻磁极之间存在一定的不对称。

1.10.5.5　齿顶开辅助槽

通过在齿顶开辅助槽可以增加电机的电枢槽数，从而改变原电机的极槽配合，如图 1.72 所示。辅助槽并不像普通槽那么深，也没有绕组，而仅是用来减小齿槽转矩。在冲制定子冲片时可以很方便地冲出辅助槽。这些槽自身也产生齿槽转矩，相位差为

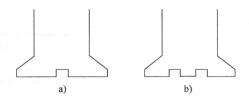

图 1.72　定子齿顶开辅助槽
a) 每齿开一个槽　b) 每齿开两个槽

$$\phi_{\text{no}} = \frac{2\pi}{s(N_n+1)} \qquad (1.178)$$

式中，N_n 为每齿开的辅助槽数。辅助槽产生的齿槽转矩与常规槽产生的齿槽转矩相互叠加，产生合成齿槽转矩。首先，辅助槽增加了齿槽周期，从而有助于削弱齿

槽转矩。谐波次数为 $(N_n +1)$ 及其倍数的齿槽转矩相互叠加后不为零且频率提高，而合成转矩中的其他高次谐波则被消除。这使得齿槽转矩幅值减小。为了使辅助槽能有效地减小齿槽转矩，需要遵循一定的原则。否则，齿槽转矩可能会反而增大。这个原则[151]是：$(N_n +1)$ 和齿槽转矩在一个齿距内的周期数 N_p 的最大公约数为 1，即

$$HCF[(N_n +1)], \quad N_p = 1 \qquad (1.179)^{\ominus}$$

式中

$$N_p = \frac{P}{HCF[S, P]} \qquad (1.180)$$

HCF 表示最大公约数。引入辅助槽后，谐波次数不同于 $(N_n +1)$ 及其倍数次的谐波被消除。

除此之外，还可以在嵌有绕组的槽的中间采用辅助齿。这一结构的缺点是槽中可用于放绕组的空间减小。但是文献中给出一系列样机，其采用集中绕组，并且跨齿下线，即相间的齿上不绕线，只是充当辅助齿。注意辅助齿不必与常规齿等宽。从加工角度看，采用辅助齿的方法是可行的，同时还具有增大直轴电感的优点。

由于凸极集中绕组（或称集中绕组）永磁电机可以实现极小的齿槽转矩，因而越来越受到市场的青睐。所以，上述所有对齿槽转矩的讨论可能会停留在理论层面。但是传统电机设计中或许仍会用到本节介绍的一种或几种方法。

1.11　永磁同步电机基于磁通路径的分类

前面介绍的电机，其磁通均是沿径向经过气隙从转子进入定子或是从定子进入转子。如果磁通沿轴向流动，则称为轴向磁场电机，在工业界亦称为盘式电机[178-184]。具有单定子单转子或双定子单转子的结构分别如图 1.73a、b 所示。这两种结构均可认为是一个单元，将多个同样的单元串联起来可以得到更大的功率。这种方式在 20 世纪 60 年代的自动化工业中有所应用，当时开发了一系列不同功率等级的传动系，以满足各类产品的需要。这一概念在 20 世纪 90 年代海军舰船的驱动部件中得到了进一步应用，功率等级甚至达到了兆瓦级。实际结构要比理论上复杂得多。定子铁心沿径向叠制，类似于同心圆环。由于磁钢为扇形，其正对气隙的截面沿径向增大，所以通常定子槽宽不变，而齿宽由外到内越来越小。这样齿槽结构能够使得齿磁通密度沿径向保持恒定。单定子单转子轴向磁场电机的缺点是定子和永磁体间存在磁拉力，以及由于加工误差引起的不平衡力；而双定子单转子或双转子单定子电机中则不存在。单定子单转子电机的定、转子均有轭部；而在双定子单转子电机中，只有定子有轭部，转子没有。由于具有两个定子，其功率密度比只

　$\ominus$ 应为 HCF $[(N_n +1), N_p] = 1$。——译者注

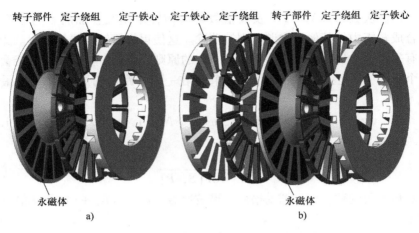

图 1.73　轴向磁场永磁电机
a) 单定子单转子　b) 双定子单转子

有一个定子的高。制造该类电机的关键在于叠片的加工和装配。在相当长的一段时间里，这都是一个令人头疼的问题，但随着制造工艺和手段的日益成熟，叠片以及各部件的制造难度也随之减小。毋庸置疑，径向磁场电机的加工和装配十分容易，因此其产品的市场占有率具有压倒性的优势。但是轴向磁场电机也有其自身的优点，下面通过一个例子对 4 种类型的轴向磁场电机和径向磁场电机进行比较。所有电机的感应电动势均为梯形波，即均作为永磁无刷直流电机。4 种结构形式的轴向磁场永磁无刷直流电机和径向磁场电机比较[182] 如下：

1）类型 A，传统径向磁场：这是一类典型的径向磁场无刷直流电机，装有永磁体的旋转部件在固定的电枢绕组内侧旋转。定子铁心由电工硅钢片叠成，并绕有分布绕组。转子为圆柱形并套在转轴上，转轴由轴承支撑。

2）类型 B，轴向磁场单气隙：具有单个气隙。定子铁心由电工硅钢片叠成，并绕有分布绕组。在所有轴向磁场电机中，转子均在定子一侧旋转，磁场沿轴向穿过气隙。

3）类型 C，轴向磁场双气隙：具有两个气隙。在转子两侧各有一个定子部件。

4）类型 D，轴向磁场无槽单气隙：这是一类轴向磁场单气隙电机，且定子不开槽。磁路中的铁心部分只有转子轭部和定子轭部。由于这类电机没有齿，所以与其他类型电机相比，其气隙较大。为了使磁通能穿过包括绕组在内的气隙，这类电机通常采用具有较高磁能积的稀土永磁体。这类材料十分昂贵，且工作温度较低。在这之前，人们已经知道无槽电机的主要优点是不存在齿槽转矩，因为电机中根本就没有齿与永磁体作用。随着前面提到的各种削弱齿槽转矩方法的应用，以及集中绕组电机的出现，如今削弱齿槽转矩已经不成问题。这使得无槽电机的应用范围越来越小。

5）类型 E，轴向磁场无槽双气隙：这是一类轴向磁场双气隙电机，且定子不开槽。转子没有轭部，永磁体磁通穿过两个气隙。这种结构与类型 C 相似，并且具有相同的优点。

对输出轴功率分别为 1/4kW、1kW、3kW、5kW 和 10kW 的电机进行比较。所有电机的额定直流供电电压均为 375V。额定转速为 1000r/min，除了 1/4kW 电机，其余电机的空载最大转速为 2000r/min。1/4kW 电机的额定转速为 2000r/min，且在 375V 直流电压下的空载转速为 3000r/min。所有电机均采用高磁能积、稀土、烧结钕铁硼永磁体。假定额定转速时的绕组电流最大。空载转速为 2000r/min 时，相应的电机线感应电动势系数 K_e 为 187V/（kr/min）。之所以选用这个系数，是为了便于对电机的体积进行比较。系数相同的电机可由相同的逆变器驱动，因此具有可比性。所有电机均由三相六状态逆变器驱动，并且所有电机的感应电动势均为梯形波。1/4kW 电机采用 8 极 12 槽配合，其他电机采用 8 极 24 槽配合。以下参数在各功率等级电机中均相同：槽满率 S_f（%）；铁心中磁通密度 B（T）；气隙磁通密度 B_g（T）；相电阻 R_{ph}；并联导体数；线径 AWG；永磁体厚度 l_m（mm）。无槽电机由于没有槽，所以槽满率很高。例如，1kW 电机的参数如表 1.4 所示。由于无槽电机的气隙较大，所以其气隙磁通密度比有槽电机的一半还要小。但无槽电机的匝数可以取得很多，这在一定程度上弥补了气隙磁通密度较低的不足。相应的，无槽电机的相电阻也随之增大。

表 1.4　1kW 电机设计

参数	A	B	C	D	E
S_f	52	53	53	92	91
B	1.15	1.19	1.2	1.18	1.18
B_g	0.88	0.88	0.88	0.42	0.45
R_{ph}	1.0	0.9	0.9	1.4	1.4
AWG	1#18	1#18	1#18	1#18	1#18
l_m	4	4	4	4	4

注：摘自 K. Sitapati，R. Krishnan，IEEE Trans. Indus. Appl.，37，1219，2001，版权许可。

当电机功率超过 1kW 时，若不额外增加永磁体厚度，无槽电机的气隙磁通密度会非常低。因此，当功率等级较高时，无槽电机的永磁体厚度也较大，甚至是其他种类电机的两倍。表 1.5 所示为 3kW 电机的参数。

表 1.5　3kW 电机设计

参数	A	B	C	D	E
S_f	61	64	61	90	90
B	1.15	1.15	1.15	1.15	1.15

（续）

参数	A	B	C	D	E
B_g	0.92	0.88	0.88	0.40	0.58
R_{ph}	0.21	0.22	0.22	0.36	0.32
AWG	2#16	2#16	2#16	2#16	2#16
l_m	4	4	4	8	8

摘自：K. Sitapati, R. Krishnan, IEEE Trans. Indus. Appl., 37, 1219, 2001, 版权许可。

为了保证可比性，铁心磁通密度控制在 1.2T 以下，使所有电机的单位质量损耗基本相同。铁心的有效体积为定子齿、定子轭和转子轭的体积。有效质量为有效体积对应的质量，并忽略了外壳、轴、轴承以及冷却风扇等附加部件，因为这些部件的质量受应用场合影响较大。下面对电机的主要尺寸、单位体积输出功率、单位质量输出功率、影响电机加速性能的单位转动惯量转矩以及总损耗与输出功率的关系进行比较。

主要尺寸：电机的有效长度和外径分别如表 1.6 和表 1.7 所示。与径向磁场电机相比，轴向磁场电机在轴向长度方面具有显著优势。这一优点有助于减小有效体积、质量和铁心损耗。当十分关心这些参数时，这个优点变得更为明显。

表 1.6　长度　（mm）

功率 kW, r/min, N·m	A	B	C	D	E
0.25, 2000, 1	92	38	45	25	32
1.0, 1000, 10	110	45	48	27	35
3.0, 1000, 30	120	62	65	43	52
5.0, 1000, 50	160	74	77	55	65
10.0, 1000, 100	190	102	110	87	85

注：摘自 K. Sitapati, R. Krishnan. IEEE Trans. Indus. Appl., 37, 1219, 2001, 版权许可。

表 1.7　外径　（mm）

功率 kW, r/min, N·m	A	B	C	D	E
0.25, 2000, 1	100	120	110	150	150
1.0, 1000, 10	120	130	130	170	160
3.0, 1000, 30	180	170	170	215	220
5.0, 1000, 50	190	190	190	250	230
10.0, 1000, 100	290	255	245	330	320

注：摘自 K. Sitapati, R. Krishnan, IEEE Trans. Indus. Appl., 37, 1219, 2001, 版权许可。

永磁体用量：在电机设计中，一个需要重点考虑的问题是减小永磁体的用量。图 1.74 所示为永磁体用量与输出功率的关系，可见在这方面，径向磁场电机具有优势，与单气隙的轴向磁场电机相当。其他结构的永磁体用量均较高。

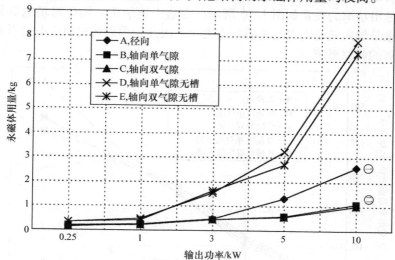

图 1.74　永磁体用量与输出功率的关系

（摘自 K. Sitapati，R. Krishnan，IEEE Trans. Indus. Appl.，37，版权许可）

损耗： 图 1.75 所示为电阻损耗和铁心损耗之和与电机输出功率的关系。径向和常规的轴向磁场电机并无差别，而无槽结构的损耗则较高。需要注意的是，这里没有考虑其他损耗。

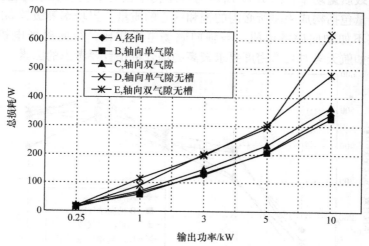

图 1.75　铁心和电阻损耗之和与输出功率之间的关系

（摘自 K. Sitapati，R. Krishnan，IEEE Trans. Indus. Appl.，37，1219，2001. 版权许可）

⊖ 应为 ▲。——译者注

⊖ 应为 ◆。——译者注

单位转动惯量转矩：这一参数反映了电机的加速能力，即电机的速度响应能力，其与输出功率的关系如图 1.76 所示。在这个例子中，轴向磁场电机具有绝对优势。这也是轴向磁场电机的主要特点之一。因此轴向磁场电机十分适合对速度响应要求较高的伺服系统。

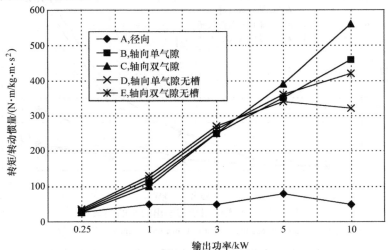

图 1.76　单位转动惯量转矩与输出功率关系

（摘自 K. Sitapati，R. Krishnan，IEEE Trans. Indus. Appl.，37，1219，2001. 版权许可）

单位有效质量功率：图 1.77 所示为各结构单位有效质量功率与输出功率的关系。有效质量包括构成磁路所必需的铜和铁心的质量。当功率等级较高时，径向磁场电机明显不如轴向磁场电机。与轴向磁场电机相比，径向磁场电机小 20% ~ 25%。这在如航天等对功率密度要求较高的场合将是首要考虑的因素。

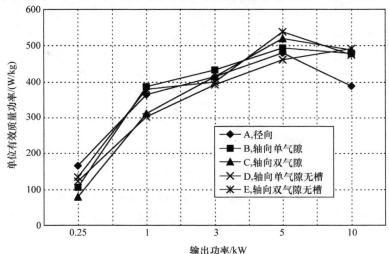

图 1.77　单位有效质量功率与输出功率关系

（摘自 K. Sitapati，R. Krishnan.，IEEE Trans. Indus. Appl.，37，1219，2001. 版权许可）

单位有效体积功率：图 1.78 所示为各结构单位有效体积功率与输出功率的关系。有效体积是指永磁体、定转子叠片和绕组体积。由图可见，各个功率下，径向磁场电机的体积功率密度都是最低的。且随着功率等级的增大，轴向磁场电机的优势越来越明显，可达到径向磁场电机功率密度的 1.6～5 倍。这使得轴向磁场电机在空间受限的高功率场合，如国防和航天领域是一个不错的选择。

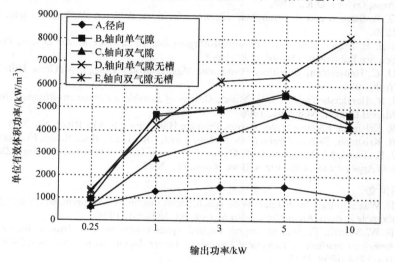

图 1.78　单位有效体积功率与输出功率关系

（摘自 K. Sitapati，R. Krishnan，IEEE Trans. Indus. Appl.，37，1219，2001. 版权许可）

　　综上可知，轴向磁场电机具有大加速度、高功率密度和轴向长度较短等优点。在铁心和电阻损耗方面并没有显著优势，但在永磁体用量、制造和装配方面则逊色于径向磁场电机。轴向磁场电机由于其紧凑的结构而广泛应用于对高功率密度要求较高的场合，如航空、航天、舰船、混合动力电动汽车等。随着新工艺的不断出现，其制造难度逐渐降低，从而促进了轴向磁场电机的产品化。即便如此，轴向磁场电机的加工难度还是很大，所以在大体积、低成本的应用场合，轴向磁场电机并不占优势。

1.12　振动与噪声

　　永磁电机，尤其是同步电机，因其较小的转矩脉动而具有振动小、噪声低的优点。即便在如自动化和家电这样对电机成本要求较为苛刻的产业中，低噪声也是考量电机性能的指标之一。参考文献[184-186]在这方面的介绍不多，但随着市场需求的日益增多和电机厂商的不断关注，对这一领域的研究还会继续深入。本书提供了一些参考文献，除此之外，建议感兴趣的读者参阅其他相关资料。

参 考 文 献

书籍

1. T. Kenjo and S. Nagamori, *Permanent-Magnet and Brushless DC Motors*, Clarendon Press, Oxford, U.K., 1986.
2. G. R. Slemon and A. Straughen, *Electric Machines*, Addison Wesley, Reading, MA, 1980.
3. T. J. E. Miller, *Bruhsless Permanent-Magnet and Reluctance Motor Drives*, Oxford Science Publishers, Oxford, U.K., 1989.
4. D. C. Hanselman, *Brushless Permanent Magnet Motor Design*, McGraw Hill, New York, 1994.
5. J. R. Hendershot and T. J. E. Miller, *Design of Brushless Permanent-Magnet Motors*, Marcel Dekker, New York, 1996.
6. R. Krishnan, *Electric Motor Drives*, Prentice Hall, Upper Saddle River, NJ, 2001.
7. R. Krishnan, *Switched Reluctance Motor Drives*, CRC Press, Boca Raton, FL, 2001.
8. J. F. Gieras, M. Wing, and G. F. Gieras, *Permanent Magnet Motor Technology: Design and Applications*, CRC Press, Boca Raton, FL, 2002.

早期论文

9. H. Wagensonner, Investigations on synchronous machines with permanent magnets for the pole system, *Archiv fur Elektrotechnik*, 33, 385–401, 1939.
10. F. W. Merrill, Permanent-magnet excited synchronous motors, *Transactions of the American Institute of Electrical Engineers, Power Apparatus and Systems*, 74(Part 3, 16), 1754–1759, 1955.
11. J. F. H. Douglas, Current loci of permanent-magnet synchronous motors: An extension of Blondel theory, *Transactions of the American Institute of Electrical Engineers, Part III (Power Apparatus and Systems)*, 78, 76–78, 1959.
12. G. Bauerlein, Brushless DC motor with solid-state commutation, *IRE International Convention Record*, 10(Part 6), 184–190, 1962.
13. D. P. M. Cahill and B. Adkins, Permanent-magnet synchronous motor, *Proceedings of the Institution of Electrical Engineers, Part A. Power Engineering*, 190(38), 483–491, 1962.
14. W. Volkrodt, The permanent-magnet synchronous motor, *Proceedings of the Institution of Electrical Engineers*, 110(7), 1276, 1963.

电机

15. K. J. Binns, M. A. Jabbar, and G. E. Parry, Choice of parameters in the hybrid permanent magnet synchronous motor, *Proceedings of the Institution of Electrical Engineers*, 126(8), 741–744, 1979.
16. M. A. Rahman, High efficiency permanent magnet synchronous motors, *Industry Application Society IEEE-IAS Annual Meeting*, pp. 561–564, 1979.
17. K. J. Binns and M. A. Jabbar, A high field permanent magnet synchronous motor, *International Conference on Electrical Machines*, pp. 304–311, 1979.
18. N. Boules, W. R. Canders, and H. Weh, Analytical determination of slotting effect on field distribution and eddy current losses in the magnets of permanent-magnet synchronous machines, *Archiv fur Elektrotechnik*, 62(4–5), 283–293, 1980.
19. K. Miyashita, S. Yamashita, S. Tanabe et al., Development of a high speed 2-pole permanent magnet synchronous motor, *IEEE Transactions on Power Apparatus and Systems*, PAS-99(6), 2175–2183, 1980.
20. M. A. Rahman, Permanent magnet synchronous motors-a review of the state of design art, *International Conference on Electrical Machines*, pp. 312–319, 1980.

21. P. H. Trickey, Performance calculations on polyphase permanent magnet synchronous motors, *International Conference on Electrical Machines*, pp. 330–336, 1980.
22. H. Weh, High power synchronous machines with permanent magnet excitation, *International Conference on Electrical Machines*, pp. 295–303, 1980.
23. H. Weh and N. Boules, Field analysis for a high power, high speed permanent magnet synchronous machine of the disc construction type, *Electric Machines and Electromechanics*, 5(1), 25–37, 1980.
24. K. J. Binns and M. A. Jabbar, High field self-starting permanent magnet synchronous motor, *IEE Proceedings B (Electric Power Applications)*, 128(3), 157–160, 1981.
25. N. A. Demerdash, R. H. Miller, T. W. Nehl et al., Comparison between features and performance characteristics of fifteen HP samarium cobalt and ferrite based brushless DC motors operated by same power conditioner, *IEEE Transactions on Power Apparatus and Systems*, PAS-102(1), 104–112, 1983.
26. T. M. Jahns, Torque production in permanent-magnet synchronous motor drives with rectangular current excitation, *IEEE Transactions on Industry Applications*, IA-20(4), 803–813, 1984.
27. M. Jufer and P. Poffet, Synchronous motor with permanent magnets and solid iron rotor, *Proceedings of the International Conference on Electrical Machines*, pp. 598–602, 1984.
28. M. A. Jabbar, T. S. Low, and M. A. Rahman, Permanent magnet motors for brushless operation, *Conference Record—IAS Annual Meeting (IEEE Industry Applications Society)*, pp. 15–19, 1988.
29. U. K. Madawala, A. W. Green, and J. T. Boys, Brushless ironless DC machine, *IEE Conference Publication*, pp. 440–445, 1990.
30. C. C. Jensen, F. Profumo, and T. A. Lipo, A low-loss permanent-magnet brushless DC motor utilizing tape wound amorphous iron, *IEEE Transactions on Industry Applications*, 28(3), 646–651, 1992.
31. E. Favre, M. Jufer, and C. Fleury, Five-phase permanent magnet synchronous motor, *PCIM '93 Europe. Official Proceedings of the Twenty-Third International Intelligent Motion Conference*, pp. 475–487, 1993.
32. M. H. Nagrial, Synthesis of DC brushless motors with slotless windings for optimum performance, *International Conference on Electrical Machines in Australia Proceedings*, pp. 92–100, 1993.
33. S. Morimoto, H. Awata, M. Sanada et al., Interior permanent magnet synchronous motors mainly using reluctance torque, *Transactions of the Institute of Electrical Engineers of Japan, Part D*, 119-D(10), 1177–1183, 1999.
34. R. Hanitsch, D. Lammel, and I. Draheim, Benefits of the use of bonded softmagnetic material for brushless DC motors, *Proceedings of the Universities Power Engineering Conference*, p. 35, 2000.
35. J. F. Gieras and J. Zadrozny, Small permanent-magnet brushless motors—State of the art, *Electromotion*, 9(4), 217–229, 2002.

永磁同步电机驱动

36. H. Grotstollen and G. Pfaff, Brushless 3-phase AC servo-drives with permanent magnet excitation, *Elektrotechnische Zeitschrift ETZ*, 100(24), 1382–1386, 1979.
37. K. J. Binns, B. Sneyers, G. Maggetto et al., Rotor-position-controlled permanent magnet synchronous machines for electrical vehicles, *International Conference on Electrical Machines*, pp. 346–357, 1980.
38. H. Grotstollen, G. Pfaff, A. Weschta et al., Design and dynamic behaviour of a permanent-magnet synchronous servo-motor with rare-earth-cobalt magnets, *International Conference on Electrical Machines*, pp. 320–329, 1980.

39. S. Ogasawara, M. Nishimura, H. Akagi et al., A high performance AC servo system with permanent magnet synchronous motor, *Proceedings IECON '84. 1984 International Conference on Industrial Electronics, Control and Instrumentation (Cat. No. 84CH1991-9)*, pp. 1111–1116, 1984.
40. S. Morimoto, K. Hatanaka, Y. Tong et al., High performance servo drive system of salient pole permanent magnet synchronous motor, *Conference Record of the 1991 IEEE Industry Applications Society Annual Meeting (Cat. No. 91CH3077-5)*, pp. 463–468, 1991.

永磁无刷直流电机驱动

41. M. Sato and V. V. Semenov, Adjustable speed drive with a brushless DC motor, *Transactions on IGA*, IGA-7(4), 539–543, 1971.
42. N. Sato, A brushless DC motor with armature induced voltage commutation, *IEEE Transactions on Power Apparatus and Systems*, PAS-91(4), 1485–1492, 1972.
43. J. R. Woodbury, The design of brushless DC motor systems, *IEEE Transactions on Industrial Electronics and Control Instrumentation*, IECI-21(2), 52–60, 1974.
44. E. Persson, Brushless DC motors in high performance servo systems, *Proceedings of the 4th Annual Symposium on Incremental Motion Control Systems and Devices*, pp. 1–15, 1975.
45. B. V. Murty, Fast response reversible brushless DC drive with regenerative braking, *Conference Record of the Industry Applications Society IEEE-IAS-1984 Annual Meeting (Cat. No. 84CH2060-2)*, pp. 445–450, 1984.
46. R. Spee and A. K. Wallace, Performance characteristics of brushless DC drives, *Conference Record of the 1987 IEEE Industry Applications Society Annual Meeting (Cat. No. 87CH2499-2)*, pp. 1–6, 1987.
47. A. K. Wallace and R. Spee, The effects of motor parameters on the performance of brushless DC drives, *PESC 87 Record: 18th Annual IEEE Power Electronics Specialists Conference (Cat. No. 87CH2459-6)*, pp. 591–597, 1987.
48. A. G. Jack, P. P. Acarnley, and P. T. Jowett, The design of small high speed brushless DC drives with precise speed stability, *Conference Record of the 1988 Industry Applications Society Annual Meeting (IEEE Cat. No. 88CH2565-0)*, pp. 500–506, 1988.
49. A. Kusko and S. M. Peeran, Definition of the brushless dc motor, *Conference Record—IAS Annual Meeting (IEEE Industry Applications Society)*, pp. 20–22, 1988.
50. T. Miller, Brushless permanent-magnet motor drives, *Power Engineering Journal*, 2(1), 55–60, 1988.
51. G. Henneberger, Dynamic behaviour and current control methods of brushless DC motors with different rotor designs, *EPE '89. 3rd European Conference on Power Electronics and Applications*, pp. 1531–1536, 1989.
52. R. Hanitsch and A. K. Daud, Contribution to the design and performance of brushless DC motors with one winding, *Proceedings of the 25th Universities Power Engineering Conference*, pp. 273–276, 1990.
53. G. Liu and W. G. Dunford, Comparison of sinusoidal excitation and trapezoidal excitation of a brushless permanent magnet motor, *Fourth International Conference on Power Electronics and Variable-Speed Drives (Conf. Publ. No. 324)*, pp. 446–450, 1990.
54. R. Krishnan, R. A. Bedingfield, A. S. Bharadwaj et al., Design and development of a user-friendly PC-based CAE software for the analysis of torque/speed/position controlled PM brushless DC motor drive system dynamics, *Conference Record of the 1991 IEEE Industry Applications Society Annual Meeting (Cat. No. 91CH3077–5)*, pp. 1388–1394, 1991.

55. P. Pillay and R. Krishnan, Application characteristics of permanent magnet synchronous and brushless DC motors for servo drives, *IEEE Transactions on Industry Applications*, 27(5), 986–996, 1991.

充磁与固定方法

56. A. Cassat and J. Dunfield, Brushless DC motor. Permanent magnet magnetization and its effect on motor performance, *Proceedings, Annual Symposium—Incremental Motion Control Systems and Devices*, p. 64, 1991.
57. G. W. Jewell and D. Howe, Computer-aided design of magnetizing fixtures for the post-assembly magnetization of rare-earth permanent magnet brushless DC motors, *IEEE Transactions on Magnetics*, 28(5 pt 2), 3036–3038, 1992.
58. A. Cassat and J. Dunfield, Permanent magnets used in brushless dc motors. The influence of the method of magnetization, *Proceedings of the Annual Symposium on Incremental Motion Control System and Device*, p. 109, 1993.
59. G. W. Jewell and D. Howe, Impulse magnetization strategies for an external rotor brushless DC motor equipped with a multipole NdFeB magnet, *IEE Colloquium on Permanent Magnet Machines and Drives (Digest No. 030)*, pp. 6/1–6/4, 1993.

Halbach永磁体阵列

60. J. Ofori-Tenkorrang and J. H. Lang, A comparative analysis of torque production in Halbach and conventional surface-mounted permanent-magnet synchronous motors, *IAS '95. Conference Record of the 1995 IEEE Industry Applications Conference. Thirtieth IAS Annual Meeting (Cat. No. 95CH35862)*, pp. 657–663.
61. M. Marinescu and N. Marinescu, Compensation of anisotropy effects in flux-confining permanent-magnet structures, *IEEE Transactions on Magnetics*, 25(5), 3899–3901, 1989.
62. K. Atallah and D. Howe, Application of Halbach cylinders to brushless AC servo motors, *IEEE Transactions on Magnetics*, 34(4 pt 1), 2060–2062, 1998.
63. R. F. Post and D. D. Ryutov, Inductrack: A simpler approach to magnetic levitation, *IEEE Transactions on Applied Superconductivity*, 10(1), 901–904, 2000.
64. Z. Q. Zhu and D. Howe, Halbach permanent magnet machines and applications: A review, *IEE Proceedings—Electric Power Applications*, 148(4), 299–308, 2001.
65. S. R. Holm, H. Polinder, J. A. Ferreira et al., Comparison of three permanent magnet structures with respect to torque production by means of analytical field calculations, *International Conference on Power Electronics, Machines and Drives (IEE Conf. Publ. No. 487)*, pp. 409–414.
66. P. H. Mellor and R. Wrobel, Optimisation of a brushless motor excited by multi-polar permanent magnet array, *International Electric Machines and Drives Conference (IEEE Cat. No. 05EX1023C)*, pp. 649–654, 2005.
67. S.-M. Jang, H.-W. Cho, S.-H. Lee et al., The influence of magnetization pattern on the rotor losses of permanent magnet high-speed machines, *IEEE Transactions on Magnetics*, 40(4 II), 2062–2064, 2004.
68. T. R. Ni Mhiochain, J. M. D. Coey, D. L. Weaire et al., Torque in nested Halbach cylinders, *IEEE Transactions on Magnetics*, 35(5 pt 2), pp. 3968–3970, 1999.
69. D. L. Trumper, M. E. Williams, and T. H. Nguyen, Magnet arrays for synchronous machines, *IAS'93. Conference Record of the 1993 IEEE Industry Applications Conference Twenty-Eighth IAS Annual Meeting (Cat. No. 93CH3366-2)*, pp. 9–18, 1993.

自起动永磁电机

70. T. J. E. Miller, Synchronization of line start permanent magnet AC motors, *IEEE Transactions on Power Apparatus and Systems*, PAS-103(7), 1822–1829, 1984.

71. A. M. Osheiba and M. A. Rahman, Performance of line-start single phase permanent magnet synchronous motors, *Conference Record of the 1987 IEEE Industry Applications Society Annual Meeting (Cat. No. 87CH2499-2)*, pp. 104–108, 1987.

72. V. B. Honsinger, Permanent magnet machines: Asynchronous operation, *IEEE Transactions on Power Apparatus and Systems*, PAS-99(4), 1503–1509, 1980.

混合励磁电机

73. B. J. Chalmers, L. Musaba, and D. F. Gosden, Synchronous machines with permanent magnet and reluctance rotor sections, *ICEM 94. International Conference on Electrical Machines*, pp. 185–189, 1994.

74. R. P. Deodhar, S. Andersson, I. Boldea et al., Flux-reversal machine: A new brushless doubly-salient permanent-magnet machine, *IEEE Transactions on Industry Applications*, 33(4), 925–934, 1997.

75. X. Luo and T. A. Lipo, Synchronous/permanent magnet hybrid AC machine, *IEEE Transactions on Energy Conversion*, 15(2), 203–210, 2000.

76. Y. Liao, F. Liang, and T. A. Lipo, A novel permanent magnet motor with doubly salient structure, *IEEE Industry Applications Conference*, Houston, TX, pp. 308–314, Oct. 1992.

77. F. Magnussen and H. Lendenman, Parasitic effects in PM machines with concentrated windings, *IEEE Transactions on Industry Applications*, 43(5), pp. 1223–1232, 2007.

78. D. Ishak, Z. Q. Zhu, and D. Howe, Comparative study of permanent magnet brushless motors with all teeth and alternative teeth windings, *IEE Conference Publication*, pp. 834–839, 2004.

79. X. Zhu, M. Cheng, and W. Li, Design and analysis of a novel stator hybrid excited doubly salient permanent magnet brushless motor, *ICEMS 2005: Proceedings of the Eighth International Conference on Electrical Machines and Systems*, pp. 401–406, 2005.

80. A. M. El-Refaie and T. M. Jahns, Comparison of synchronous PM machine types for wide constant-power speed range operation, *Conference Record—IAS Annual Meeting (IEEE Industry Applications Society)*, pp. 1015–1022, 2005.

81. D. Ishak, Z. Q. Zhu, and D. Howe, Permanent-magnet brushless machines with unequal tooth widths and similar slot and pole numbers, *IEEE Transactions on Industry Applications*, 41(2), pp. 584–590, 2005.

电机的磁场分析与性能预测

82. F. A. Fouad, T. W. Nehl, and N. A. Demerdash, Magnetic field modeling of permanent magnet type electronically operated synchronous machines using finite elements, *IEEE Transactions on Power Apparatus and Systems*, PAS-100(9), 4125–4135, 1981.

83. V. Honsinger, The fields and parameters of interior type AC permanent magnet machines, *IEEE Transactions on Power Apparatus and Systems*, pp. 867–876, 1982.

84. N. Boules, Field analysis of PM synchronous machines with buried magnet rotor, *ICEM '86 Munchen. International Conference on Electrical Machines*, pp. 1063–1066, 1986.

85. B. J. Chalmers, S. K. Devgan, D. Howe et al., Synchronous performance prediction for high-field permanent magnet synchronous motors, *ICEM '86 Munchen. International Conference on Electrical Machines*, pp. 1067–1070, 1986.

86. Z. Deng, I. Boldea, and S. A. Nasar, Fields in permanent magnetic linear synchronous machines, *IEEE Transactions on Magnetics*, MAG-22(2), 107–112, 1986.

87. T. Sebastian, G. R. Slemon, and M. A. Rahman, Modelling of permanent magnet synchronous motors, *IEEE Transactions on Magnetics (USA)*, pp. 1069–1071, 1986.

88. J. De La Ree and N. Boules, Torque production in permanent-magnet synchronous motors, *IEEE Transactions on Industry Applications*, 25(1), 107–112, 1989.

89. Z. Q. Zhu and D. Howe, Analytical determination of the instantaneous airgap field in a brushless permanent magnet DC motor, *International Conference on Computation in Electromagnetics (Conf. Publ. No. 350)*, pp. 268–271, 1991.

90. Z. Q. Zhu, D. Howe, E. Bolte et al., Instantaneous magnetic field distribution in brushless permanent magnet dc motors. Part I: Open-circuit field, *IEEE Transactions on Magnetics*, 29(1), 124–135, 1993.

91. Z. Q. Zhu and D. Howe, Instantaneous magnetic field distribution in brushless permanent magnet DC motors. II. Armature-reaction field, *IEEE Transactions on Magnetics*, 29(1), 136–142, 1993.

92. Z. Q. Zhu and D. Howe, Instantaneous magnetic field distribution in brushless permanent magnet dc motors. Part III: Effect of stator slotting, *IEEE Transactions on Magnetics*, 29(1), 143–151, 1993.

93. Z. Q. Zhu and D. Howe, Instantaneous magnetic field distribution in permanent magnet brushless dc motors. Part IV: Magnetic field on load, *IEEE Transactions on Magnetics*, 29(1), 152–158, 1993.

94. Z. Q. Zhu, D. Howe, and J. K. Mitchell, Magnetic field analysis and inductances of brushless DC machines with surface-mounted magnets and non-overlapping stator windings, *IEEE Transactions on Magnetics*, 31(3 pt 1), 2115–2118, 1995.

95. N. Bianchi, Radially-magnetised interior-permanent-magnet synchronous motor for high-speed drive: An analytical and finite-element combined design procedure, *Electromotion*, 6(3), 103–111, 1999.

96. K. F. Rasmussen, J. H. Davies, T. J. E. Miller et al., Analytical and numerical computation of air-gap magnetic fields in brushless motors with surface permanent magnets, *IEEE Transactions on Industry Applications*, 36(6), 1547–1554, 2000.

97. J. F. Gieras and I. A. Gieras, Performance analysis of a coreless permanent magnet brushless motor, *Conference Record—IAS Annual Meeting (IEEE Industry Applications Society)*, pp. 2477–2482, 2002.

98. D. Howe, Z. Q. Zhu, and C. C. Chan, Improved analytical model for predicting the magnetic field distribution in brushless permanent-magnet machines, *IEEE Transactions on Magnetics*, 38(1 II), 229–238, 2002.

99. W. Zhu, S. Pekarek, B. Fahimi et al., Investigation of force generation in a permanent magnet synchronous machine, *IEEE Transactions on Energy Conversion*, 22(3), 557–565, 2007.

100. D. Ishak, Z. Q. Zhu, and D. Howe, Unbalanced magnetic forces in permanent magnet brushless machines with diametrically asymmetric phase windings, *Conference Record—IAS Annual Meeting (IEEE Industry Applications Society)*, pp. 1037–1043, 2005.

101. V. Gangla and J. de la Ree, Electromechanical forces and torque in brushless permanent magnetic machines, *IEEE Transactions on Energy Conversion*, 6(3), 546–552, 1991.

电机电感

102. T. Sebastian, Steady state performance of variable speed permanent magnet synchronous motors, *Ph.D. Thesis, Supervised by G. R. Slemon, University of Toronto, Canada*, 1986.

103. N. A. Demerdash, T. M. Hijazi, and A. A. Arkadan, Computation of winding inductances of permanent magnet brushless DC motors with damper windings by energy perturbation, *IEEE Transactions on Energy Conversion*, 3(3), 705–713, 1988.

104. A. Consoli and A. Raciti, Experimental determination of equivalent circuit parameters for PM synchronous motors, *Electric Machines and Power Systems*, 20(3), 283–296, 1992.

105. G. Henneberger, S. Domack, and J. Berndt, Influence of end winding leakage in permanent magnet excited synchronous machines with asymmetrical rotor design, *Sixth International Conference on Electrical Machines and Drives (Conf. Publ. No. 376)*, pp. 305–311, 1993.

106. J. F. Gieras, E. Santini, and M. Wing, Calculations of synchronous reactances of small permanent-magnet alternating-current motors: Comparison of analytical approach and finite element method with measurements, *IEEE Transactions on Magnetics*, 34(5 pt 2), 3712–3720, 1998.

107. K. Atallah, Z. Q. Zhu, D. Howe et al., Armature reaction field and winding inductances of slotless permanent-magnet brushless machines, *IEEE Transactions on Magnetics*, 34(5 pt 2), 3737–3744, 1998.

108. Y. S. Chen, Z. Q. Zhu, D. Howe et al., Accurate prediction and measurement of dq-axis inductances of permanent magnet brushless ac machines, *Proceedings of the Universities Power Engineering Conference*, vol. 1, pp. 177–180, 1999.

109. H. P. Nee, L. Lefevre, P. Thelin et al., Determination of d and q reactances of permanent-magnet synchronous motors without measurements of the rotor position, *IEEE Transactions on Industry Applications*, 36(5), 1330–1335, 2000.

110. T. Senjyu, Y. Kuwae, N. Urasaki et al., Accurate parameter measurement for high speed permanent magnet synchronous motors, *2001 IEEE 32nd Annual Power Electronics Specialists Conference (IEEE Cat. No. 01CH37230)*, pp. 772–777, 2001.

111. T. Senjyu, K. Kinjo, N. Urasaki et al., Parameter measurement for PMSM using adaptive identification, *ISIE 2002. Proceedings of the 2002 IEEE International Symposium on Industrial Electronics (Cat. No. 02TH8608C)*, pp. 711–716, 2002.

112. T. J. E. Miller, J. A. Walker, and C. Cossar, Measurement and application of flux-linkage and inductance in a permanent-magnet synchronous machine, *IEE Conference Publication*, pp. 674–678, 2004.

113. Y. S. Chen, Z. Q. Zhu, and D. Howe, Calculation of d- and q-axis inductances of PM brushless ac machines accounting for skew, *IEEE Transactions on Magnetics*, 41(10), 3940–3942, 2005.

转矩脉动分析与抑制

114. H. Le-Huy, R. Perret, and R. Feuillet, Minimization of torque ripple in brushless DC motor drives, *IEEE Transactions on Industry Applications*, IA-22(4), 748–755, 1986.

115. P. Pillay and R. Krishnan, Investigation into the torque behavior of a brushless dc motor drive, *Conference Record—IAS Annual Meeting (IEEE Industry Applications Society)*, pp. 201–208, 1988.

116. R. Carlson, A. A. Tavares, J. P. Bastos et al., Torque ripple attenuation in permanent magnet synchronous motors, *Conference Record—IAS Annual Meeting (IEEE Industry Applications Society)*, pp. 57–62, 1989.

117. R. Carlson, M. Lajoie-Mazenc, and J. C. D. S. Fagundes, Analysis of torque ripple due to phase commutation in brushless DC machines, *IEEE Transactions on Industry Applications*, 28(3), 632–638, 1992.

118. J. Y. Hung and Z. Ding, Design of currents to reduce torque ripple in brushless permanent magnet motors, *IEE Proceedings B (Electric Power Applications)*, 140(4), 260–266, 1993.

119. D. C. Hanselman, Minimum torque ripple, maximum efficiency excitation of brushless permanent magnet motors, *IEEE Transactions on Industrial Electronics*, 41(3), 292–300, 1994.

120. N. Bianchi and S. Bolognani, Reducing torque ripple in PM synchronous motors by pole-shifting, *ICEM 2000 Proceedings. International Conference on Electrical Machines*, pp. 1222–1226, 2000.

121. M. Dai, A. Keyhani, and T. Sebastian, Torque ripple analysis of a PM brushless dc motor using finite element method, *IEEE Transactions on Energy Conversion*, 19(1), 40–45, 2004.

饱和效应

122. E. Richter and T. W. Neumann, Saturation effects in salient pole synchronous motors with permanent magnet excitation, *Proceedings of the International Conference on Electrical Machines*, pp. 603–606, 1984.
123. B. J. Chalmers, Influence of saturation in brushless permanent-magnet motor drives, *IEE Proceedings, Part B: Electric Power Applications*, 139(1), 51–52, 1992.
124. B. J. Chalmers, Z. Dostal, L. Musaba et al., Experimental assessment of a permanent-magnet synchronous motor representation including Q-axis saturation, *Sixth International Conference on Electrical Machines and Drives (Conf. Publ. No. 376)*, pp. 284–288,1993.
125. S. Morimoto, T. Ueno, M. Sanada et al., Effects and compensation of magnetic saturation in permanent magnet synchronous motor drives, *IAS'93. Conference Record of the 1993 IEEE Industry Applications Conference Twenty-Eighth IAS Annual Meeting (Cat. No. 93CH3366-2)*, pp. 59–64, 1993.
126. B. Frenzell, R. Hanitsch, and R. M. Stephan, Saturation effects in small brushless DC motors. A simplified approach, *Sixth International Conference on Power Electronics and Variable Speed Drives (Conf. Publ. No. 429)*, pp. 99–102, 1996.

永磁电机损耗

127. B. Davat, H. Rezine, and M. Lajoie-Mazenc, Eddy currents in solid rotor permanent magnet synchronous motors fed by voltage inverter, *Electric Machines and Electromechanics*, 7(2), 115–124, 1982.
128. A. K. Nagarkatti, O. A. Mohammed, and N. A. Demerdash, Special losses in rotors of electronically commutated brushless DC motors induced by non-uniformly rotating armature MMFS, *IEEE Transactions on Power Apparatus and Systems*, PAS-101(12), 4502–4507, 1982.
129. C. Mi, G. R. Slemon, and R. Bonert, Modeling of iron losses of permanent-magnet synchronous motors, *IEEE Transactions on Industry Applications*, 39(3), 734–742, 2003.
130. C. C. Mi, G. R. Slemon, and R. Bonert, Minimization of iron losses of permanent magnet synchronous machines, *IEEE Transactions on Energy Conversion*, 20(1), 121–127, 2005.
131. T. J. E. Miller and R. Rabinovici, Back-EMF waveforms and core losses in brushless DC motors, *IEE Proceedings—Electric Power Applications*, 141(3), 144–154, 1994.
132. Z. Q. Zhu, K. Ng, N. Schofield et al., Analytical prediction of rotor eddy current loss in brushless machines equipped with surface-mounted permanent magnets. II. Accounting for eddy current reaction field, *ICEMS'2001. Proceedings of the Fifth International Conference on Electrical Machines and Systems (IEEE Cat. No. 01EX501)*, pp. 810–813, 2001.
133. Z. Q. Zhu, K. Ng, and D. Howe, Analytical prediction of stator flux density waveforms and iron losses in brushless DC machines, accounting for load condition, *ICEMS'2001. Proceedings of the Fifth International Conference on Electrical Machines and Systems (IEEE Cat. No. 01EX501)*, pp. 814–817, 2001.
134. D. Ishak, Z. Q. Zhu, and D. Howe, Eddy-current loss in the rotor magnets of permanent-magnet brushless machines having a fractional number of slots per pole, *IEEE Transactions on Magnetics*, 41(9), 2462–2469, 2005.
135. K. Atallah, Z. Q. Zhu, and D. Howe, An improved method for predicting iron losses in brushless permanent magnet DC drives, *IEEE Transactions on Magnetics (USA)*, pp. 2997–2999, 1992.
136. G. R. Slemon and X. Liu, Core losses in permanent magnet motors, *IEEE Transactions on Magnetics*, 26(5), pp. 1653–1655, Sept. 1990.

137. K. Ng, Z. Q. Zhu, N. Schofield et al., Analytical prediction of rotor eddy current loss in brushless permanent magnet motors, *32nd Universities Power Engineering Conference. UPEC '97*, pp. 49–52, 1997.

138. V. Hausberg and S. Moriyasu, Tooth-ripple losses in high speed permanent magnet synchronous machines," *Transactions of the Institute of Electrical Engineers of Japan, Part D*, 117-D(11), 1357–1363, 1997.

139. D. Fang and T. W. Nehl, Analytical modeling of eddy-current losses caused by pulse-width-modulation switching in permanent-magnet brushless direct-current motors, *IEEE Transactions on Magnetics*, 34(5), 3728–3736, 1998.

140. N. Urasaki, T. Senjyu, and K. Uezato, A novel calculation method for iron loss resistance suitable in modeling permanent-magnet synchronous motors, *IEEE Transactions on Energy Conversion*, 18(1), 41–47, 2003.

141. N. Urasaki, T. Senjyu, and K. Uezato, Investigation of influences of various losses on electromagnetic torque for surface-mounted permanent magnet synchronous motors, *IEEE Transactions on Power Electronics*, 18(1), 131–139, 2003.

142. A. Cassat, C. Espanet, and N. Wavre, BLDC motor stator and rotor iron losses and thermal behavior based on lumped schemes and 3-D FEM analysis, *IEEE Transactions on Industry Applications*, 39(5), 1314–1322, 2003.

143. M. Crivii and M. Jufer, Eddy-current losses computation for permanent-magnet synchronous motors, *Electromotion*, 13(1), 31–35, 2006.

144. S. Heung-Kyo, K. Tae Heoung, S. Hwi-Beom et al., Effect of magnetization direction on iron loss characteristic in brushless DC motor, *Proceedings of the International Conference on Electrical Machines and Systems 2007*, pp. 815–817, 2007.

齿槽转矩

145. B. Ackermann, J. H. H. Janssen, R. Sottek et al., New technique for reducing cogging torque in a class of brushless DC motors, *IEE Proceedings, Part B: Electric Power Applications*, 139(4), 315–320, 1992.

146. Y. Kawashima and Y. Mizuno, Reduction of detent torque for permanent magnet synchronous motor by magnetic field analysis, *Symposium Proceedings EVS-11. 11th International Electric Vehicle Symposium. Electric Vehicles: The Environment-Friendly Mobility*, pp. 8–10, 1992.

147. Z. Q. Zhu and D. Howe, Analytical prediction of the cogging torque in radial-field permanent magnet brushless motors, *IEEE Transactions on Magnetics*, 28(2), 1371–1374, 1992.

148. E. Favre, L. Cardoletti, and M. Jufer, Permanent-magnet synchronous motors: A comprehensive approach to cogging torque suppression, *IEEE Transactions on Industry Applications*, 29(6), 1141–1149, 1993.

149. T. Ishikawa and G. R. Slemon, A method of reducing ripple torque in permanent magnet motors without skewing, *Transactions on Magnetics*, 29(2), 2028–2031, March 1993.

150. N. Bianchi and S. Bolognani, Design techniques for reducing the cogging torque in surface-mounted PM motors, *IEEE Transactions on Industry Applications*, 38(5), pp. 1259–1265, 2002.

151. C. S. Koh and J.-S. Seol, New cogging-torque reduction method for brushless permanent-magnet motors, *IEEE Transactions on Magnetics*, 39(6), 3503–3506, 2003.

152. M. S. Islam, S. Mir, and T. Sebastian, Issues in reducing the cogging torque of mass-produced permanent-magnet brushless DC motor, *IEEE Transactions on Industry Applications*, 40(3), 813–820, 2004.

153. J. F. Gieras, Analytical approach to cogging torque calculation of PM brushless motors, *IEEE Transactions on Industry Applications*, 40(5), 1310–1316, 2004.

154. R. Islam, I. Husain, A. Fardoun et al., Permanent magnet synchronous motor mag-
net designs with skewing for torque ripple and cogging torque reduction, *Conference
Record of the 2007 IEEE Industry Applications Conference—Forty-Second IAS Annual
Meeting*, pp. 1552–1559, 2007.

斜槽

155. A. Cassat, M. Williams, and D. MacLeod, Effect of skew on brushless dc motor exciting
forces, *Proceedings of the Annual Symposium on Incremental Motion Control System
and Device*, p. 148, 1993.

稳态分析

156. A. V. Gumaste and G. R. Slemon, Steady-state analysis of a permanent magnet syn-
chronous motor drive with voltage source inverter, *IEEE Transactions on Industry
Applications*, IA-17(2), 143–151, 1981.
157. G. R. Slemon and A. V. Gumaste, Steady-state analysis of a permanent magnetic syn-
chronous motor drive with current source inverter, *IEEE Transactions on Industry
Applications*, IA-19(2), 190–197, 1983.
158. T. Sebastian and G. R. Slemon, Operating limits of inverter-driven permanent magnet
motor drives, *IEEE Transactions on Industry Applications*, IA-23(2), 327–333, 1987.
159. V. B. Honsinger, Performance of polyphase permanent magnet machines, *IEEE
Transactions on Power Apparatus and Systems*, PAS-99(4), 1510–1518, 1980.

电机设计与优化

160. X. Liu and G. R. Slemon, An improved method of optimization for electrical machines,
IEEE Transactions on Energy Conversion, 6(3), 492–496, 1991.
161. G. R. Slemon and X. Liu, Modeling and design optimization of permanent magnet
motors, *Electric Machines and Power Systems*, 20(2), 71–92, 1992.
162. T. J. E. Miller, Design of PM synchronous and brushless DC motors, *Proceedings
of the IECON '93. International Conference on Industrial Electronics, Control, and
Instrumentation (Cat. No. 93CH3234-2)*, pp. 731–738, 1993.
163. G. R. Slemon, On the design of high-performance surface-mounted PM motors, *IEEE
Transactions on Industry Applications*, 30(1), 134–140, 1994.
164. J. F. Gieras and M. Wing, Design of synchronous motors with rare-earth surface perma-
nent magnets, *ICEM 94. International Conference on Electrical Machines*, pp. 159–164,
1994.
165. E. Hemead, R. Hanitsch, G. Duschl et al., Study of brushless DC motors in different
configurations-using different kinds of permanent magnets, *32nd Universities Power
Engineering Conference. UPEC '97*, pp. 37–40, 1997.
166. Z. Q. Zhu, K. Ng, and D. Howe, Design and analysis of high-speed brushless permanent
magnet motors, *Eighth International Conference on Electrical Machines and Drives
(Conf. Publ. No. 444)*, pp. 381–385, 1997.
167. T. Higuchi, J. Oyama, E. Yamada et al., Optimization procedure of surface PM synchro-
nous motors, *IEEE Transactions on Magnetics*, 33(2 pt 2), 1943–1946, 1997.
168. M. Jufer, Slotless and slotted brushless DC motors. Technique performances and com-
parison, *Electromotion*, 4(1–2), 69–79, 1997.
169. Y. Honda, T. Higaki, S. Morimoto et al., Rotor design optimization of a multi-layer
interior permanent-magnet synchronous motor, *IEE Proceedings: Electric Power
Applications*, 145(2), 119–124, 1998.
170. Y. S. Chen, Z. Q. Zhu, and D. Howe, Slotless brushless permanent magnet machines:
Influence of design parameters, *IEEE Transactions on Energy Conversion*, 14(3), 686–
691, 1999.

171. R. Hanitsch and R. C. Okonkwo, On the design of brushless DC linear motors with permanent magnets, *PCIM '99. Europe. Official Proceedings of the Thirty-Fifth International Intelligent Motion Conference*, pp. 183–187, 1999.

172. Y. S. Chen, Z. Q. Zhu, D. Howe et al., Design and analysis of PM brushless AC machines with different rotor topologies for field-weakening operation, *34th Universities Power Engineering Conference*, pp. 169–172, 1999.

173. J.-A. Wu, D.-Q. Zhu, and X.-J. Jiang, Calculating torque of concentrated winding brushless PM motor, *Advanced Technology of Electrical Engineering and Energy*, 22(3), 59–63, 2003.

174. N. Bianchi, S. Bolognani, and F. Luise, Analysis and design of a PM brushless motor for high-speed operations, *IEEE Transactions on Energy Conversion*, 20(3), 629–637, 2005.

175. J. F. Gieras and U. Jonsson, Design of a high-speed permanent-magnet brushless generator for microturbines, *Electromotion*, 12(2–3), 86–91, 2005.

176. Y. Pang, Z. Q. Zhu, and D. Howe, Analytical determination of optimal split ratio for permanent magnet brushless motors, *IEE Proceedings: Electric Power Applications*, 153(1), 7–13, 2006.

轴向磁场电机

177. R. Krishnan and A. J. Beutler, Performance and design of an axial field PM synchronous motor servo drive, *Conference Record. 1985 IEEE Industry Applications Society Annual Meeting (Cat. No. 85CH2207-9)*, pp. 634–640, 1985.

178. H. Takano, T. Ito, K. Mori, A. Sakuta, and T. Hirasa, Optimum values for magnet and armature winding thickness for axial field PM brushless dc motors, *IEEE Transactions on Industry Applications*, pp. 157–162, 1990.

179. F. Caricchi, F. Crescimbini, A. Di Napoli et al., Development of a IGBT inverter driven axial-flux PM synchronous motor drive, *EPE '91. 4th European Conference on Power Electronics and Applications*, pp. 482–487, 1991.

180. F. Caricchi, F. Crescimbini, and O. Honorati, Low cost compact PM machine for adjustable speed applications, *IEEE Transactions on Industry Applications*, pp. 464–470, 1996.

181. K. Sitapati and R. Krishnan, Performance comparisons of radial and axial field, permanent-magnet, brushless machines, *IEEE Transactions on Industry Applications*, 37(5), 1219–1226, 2001.

182. A. Cavagnino, M. Lazzari, F. Profumo et al., A comparison between the axial flux and the radial flux structures for PM synchronous motors, *IEEE Transactions on Industry Applications*, 38(6), 1517–1524, 2002.

183. J. F. Gieras, R.-J. Wang, and M. J. Kamper, *Axial Flux Permanent Magnet Brushless Machines*, Kluwer Academic Publishers, Dordrecht, the Netherlands, 2004.

电机的振动与噪声

184. Z. Q. Zhu and D. Howe, Analytical models for predicting noise and vibration in brushless permanent magnet DC motors, *Proceedings of the 25th Universities Power Engineering Conference*, pp. 277–280, 1990.

185. Y. S. Chen, Z. Q. Zhu, and D. Howe, Vibration of PM brushless machines having a fractional number of slots per pole, *IEEE Transactions on Magnetics*, 42(10), 3395–3397, 2006.

186. J. F. Gieras, C. Wang, J. C. S. Lai et al., Analytical prediction of noise of magnetic origin produced by permanent magnet brushless motors, *Proceedings of IEEE International Electric Machines and Drives Conference, IEMDC 2007*, pp. 148–152, 2007.

第2章　逆变器及其控制导论

标准的电力电子变换器模块是促使永磁驱动普及的子系统。为了实现电机调速，需要改变定子电流的频率方能实现，这一点可通过逆变器实现。逆变器需要直流电压输入，在多数情况下，直流电压是通过将交流输入经二极管整流桥整流后获得的。如果功率小于等于1马力⊖，采用单相交流电供电是较好的选择；而在功率大于1马力的情况下，最好采用三相交流电供电。三相电机和三相逆变器在实际应用中占据着主导地位。在大功率驱动时，如何从市电供电中获得正弦交流线电流并保证单位功率因数成为新的问题。为了满足这些要求，变换器前端的AC-DC变换正从不可控的二极管整流器变为可控桥式变换器，其具体内容详见本章的论述。除了变换器前端的变化，在过去的40年里，永磁驱动的电力电子子系统几乎没有任何变化。本章同样介绍了电力电子器件及其开关特性、相应的门电路和保护电路，AC-DC和DC-AC功率变换子系统及其相应的控制策略。对于逆变器上、下桥臂开关器件的驱动，特别强调了死区时间对逆变器电压、电流波形的影响及其相应的补偿方法。在包括零速运行的低速控制系统中，诸如死区和器件压降等因素导致的逆变器非线性特性影响了系统运行的性能品质，这一问题在无位置传感器控制系统中尤为明显。基于上述原因，为了获得线性化的工作特性，需要对死区及器件压降进行补偿，具体方法在本章内容中详细论述。电压和电流的控制可通过逆变器，利用诸如脉冲宽度调制（PWM）、滞环控制及空间矢量调制等现在较为流行的几种控制方案得到更为精确地控制。这些控制方案的基本概念在本章将做详尽介绍。PWM控制需要对控制信号进行采样，本章详尽阐释了两种采样方案及其在实际系统中的应用。在逆变器控制的发展进程中，最重要的进步是空间矢量调制的出现，本章对这部分内容也进行了详细分析，以期工程师们能够根据不同的应用环境给出不同的解决方案。同样，在本章中提及的还有混合控制方案，该方案是综合PWM和空间矢量调制发展而来的，该方案在控制逆变器的损耗方面具有极大的灵活性。为了研究系统的传递函数和控制器设计，应运而生了逆变器的控制模型。由于谐振、多电平和矩阵变换器在永磁同步和无刷直流电机驱动中并不常见，因此，本章并不涉及这部分内容。

⊖ 1马力 = 735.499W。

2.1 功率器件

2.1.1 功率器件与开关电源

随着半导体功率开关器件的发展与改进，降低了对电压、电流、功率以及频率进行控制的成本[1-5]。同时，随着集成电路、微处理器及超大规模集成电路（VL-SI）在控制电路里的使用，大大提高了其控制的精度。一些常见的功率器件，如电力二极管、金属氧化物半导体场效应晶体管（MOSFET）和绝缘栅双极型晶体管（IGBT）及它们的符号和容量描述如下。这些器件在永磁同步和无刷直流电机驱动中得到了广泛应用，但它们的物理和工作特性等细节问题远超本章的研究范围，有兴趣的读者可以参考其他资料。

2.1.1.1 电力二极管

电力二极管是具有两个端子的 PN 结器件。当阳极电势与阴极电势之差大于器件通态压降时，即器件处于正向偏置时，器件导通并传导电流。器件的通态压降一般为 0.7V。当器件反向偏置时，如阳极电势小于阴极电势的情况，器件关断并进入阻态。在关断模式[5]下，流经二极管的电流波形如图 2.1 所示，电流先降为零并且继续下降，随后上升回到零值。

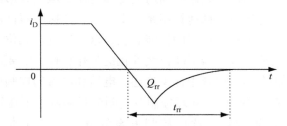

图 2.1 关断时的二极管电流（摘自 R. Krishnan 的《Electric Motor Drives》
图 1.1，Prentice Hall，Upper Saddle River，NJ，2001，版权许可）

反向电流的存在是因为反向偏置导致器件中出现了反向恢复电荷。器件恢复阻断能力的最小时间为 t_{rr}；二极管的反向恢复电荷为 Q_{rr}，即图示存在反向电流流动的区域。二极管自身除正向导通压降外，并不存在正向电压阻断能力。使导通二极管关断的唯一方式是施加反向偏置电压，如在阳极和阴极两端加负电压。需要注意的是，与其他器件不同，二极管不受低电压信号控制。

反向恢复时间在几微秒到十几微秒之间的二极管被归为低开关频率器件。它们主要应用在开关时间同通态时间相比可以忽略的场合，其中开关时间包括导通时间和关断时间两部分。因此，这类二极管通常作为整流器用以将交流电整流为直流电，这样的二极管被称为电力二极管。电力二极管可以承受上千安培的电流和几千伏的电压，并且它们的开关频率通常限制为市电的工频频率。

　　对于需要快速开关的应用场合，首选快恢复二极管。这类二极管的反向恢复时间仅需几纳秒，可承受几百安培电流和几百伏电压，但其通态压降为 2 ~ 3V。快恢复二极管常见于电压超过 60 ~ 100V 的快速开关整流器及逆变器中。而在低于 60 ~ 100V 的低电压开关应用中，可以使用肖特基二极管，其通态压降为 0.3V，因此，同电力二极管和快恢复二极管相比，肖特基二极管在电能转换上的效率更高。

2.1.1.2　MOSFET

　　该器件是一类只需低电压即可控制开通、关断的场效应晶体管，并具有 30kHz ~ 1MHz 范围[5]的更高开关频率。器件的容量多设计为 100 ~ 200V 时，可承受 100A 的电流；在 1000V 时，可承受 10A 的电流。这类器件在通态时的行为类似于电阻，因此可用作电流传感器，从而在驱动系统中减少一个分立的电流传感器，比如霍尔效应电流传感器，进而节省了成本并增强了电子封装的紧凑性。MOSFET 总是伴随着一个反并联的体二极管，该二极管有时也被称作寄生二极管。体二极管并非超快速开关器件并且具有更高的电压降。由于体二极管的缘故，MOSFET 并没有反向电压阻断能力。图 2.2 为 N 沟道 MOSFET 器件的符号及其在不同栅源电压 v_{GS} 下，漏电流 i_{DS} 与漏源电压 v_{DS} 之间的特性曲线，通常栅源电压值不会超过 20V。为了减少开关噪声的影响，在实际情

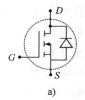

a)

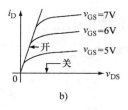

b)

图 2.2　N 沟道 MOSFET 示意图
（图 a）及特性曲线（图 b）（摘自 R. Krishnan
的《Electric Motor Drives》
图 1.5，Prentice Hall，Upper Saddle
River，NJ，2001，版权许可）

况下，一般倾向于在栅源极间施加一个 – 5V 左右的反向偏置电压，这样，为保证使器件导通，噪声电压必须大于阈值门控（栅极）电压和负偏置电压之和。在低成本的驱动控制中，没有条件为反向偏置门电路增加一路负逻辑电源，但许多工业驱动器却需要这样的保护电路。

　　栅控电压信号以源极作为参考电位。该信号由微处理器或者数字信号处理器产生。一般来说，处理器不太可能具备直接驱动栅极所需的电压和电流容量。因此，在处理器的输出及栅极输入之间需要加入电平转换电路，使控制信号在器件导通瞬间具有 5 ~ 15V 的输出电压，同时具有大电流驱动能力（长达几毫秒，根据不同应用有所不同），这也被称为栅极驱动放大电路。由于各输入逻辑电平信号由共同的电源供电，而各栅极驱动电路连接着不同的 MOSFET 源极，各源极电平可能处于不同状态，所以，栅极驱动放大电路同输入逻辑电平信号之间是相互隔离的。为了产生隔离作用，在低电压（< 300V）时，采用单芯片光耦合器隔离；在小于

1000V 时，采用带有高频变压器连接的 DC – DC 变换电路隔离；或者在高压（>1000V）时，采用光纤连接进行隔离。针对不同电压等级的各种隔离方法在实际应用中或有体现。

在栅极驱动电路中，通常集成了过电流、过电压及低电压保护电路。通过检测 MOSFET 的漏源压降可以获知电流，而通过检测变换器电路的直流输入电压可以提供电压保护。这些都可以通过成本便宜的电阻进行检测。典型的栅极驱动电路如图 2.3 所示。在很多栅极驱动电路中，通过在栅极信号放大电路前加入与电路，可将电流和电压保护信号整合到栅极输入信号中。在这种情况下，需要更加注意保证的是，与电路和放大电路之间信号的延时必须非常小，以使得延时不会影响瞬间保护。目前已有单芯片封装形式的栅极驱动电路，这些芯片经常在低电压（<350V）变换器电路场合中使用。对于其他电压等级，栅极驱动电路几乎都是针对某种电路特性的特殊应用定制开发的。

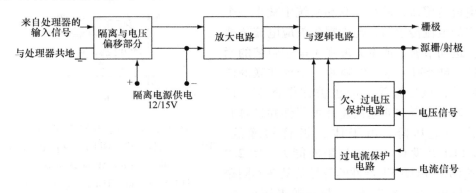

图 2.3　栅控驱动电路原理图

2.1.1.3　绝缘栅双极型晶体管

这是一类三端器件。该器件具有同 MOSFET 一样理想的门控特性，并具有类似晶体管的反向电压阻断能力和导通特性，其符号如图 2.4。在 5V 的通态压降下，目前这类器件的容量在电压为 3.3kV 时，电流可以达到 1.2kA；而在 6.6kV 时为 0.6kA。并且在更小的电压时获得更大的电流及更小的导通压降也是可行的。预测在不远的将来，将研制出最大电流（1kA）和电压

图 2.4　IGBT 的符号

（摘自 R. Krishnan 的《Electric Motor Drives》图 1.6，Prentice Hall，Upper Saddle River，NJ，2001，版权许可）

（15kV）等级的增强型商用器件。该器件的开关频率往往集中在 20kHz。但在大功率应用场合，出于减少开关损耗及电磁干扰等方面的考虑，往往降低其开关频率

使用。

2.1.2 功率器件的开关

对于器件暂态开关过程的认识对变换器的设计十分重要，因为这同变换器及电机驱动系统的损耗与效率息息相关，并且最终同功率变换器封装的热耗管理有重大关联。本节以通用器件的形式介绍器件在导通、关断过程中的暂态开关过程。

器件通过将电压加到负载上以建立、维持或者减小电流。因此，电源电压可以理想化地认为是一个电压源。在交流电机驱动中，由于电机自身就是感性的，因此，这里假设负载为感性负载。在开关导通的一个周期中，一般来说，该周期时间为几十微秒到几毫秒之间，负载电流可以被近似为一个理想电流源。因此，开关电路可以用如图 2.5 所示的理想电压源和电流源表示。电压源和电流源的幅值分别记做 V_s 和 I_s。

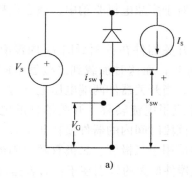

a)

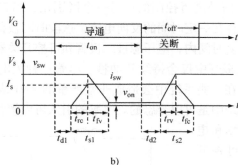

b)

图 2.5 开关电路和波形（摘自 R. Krishnan 的《Electric Motor Drives》
图 1.7，Prentice Hall，Upper Saddle River，NJ，2001，版权许可）
a）开关电路 b）开关波形

起始时，功率开关处于关断（不导通或阻态）状态，此时，器件两端的电压等于电源电压，这时电流源 I_s 经二极管形成闭合回路。现在，考虑在栅极上施加正电压 V_G 以使开关器件导通。导通后的一段时间内，器件的电压和电流并没有变化，这段时间被称为延迟时间 t_{d1}。在这段时间之后，除二极管回路外，电流源又增加了一条电流回路。器件中的电流从 0 开始线性增加到 I_s，这段时间被称为电流上升时间 t_{rc}。值得注意的是，在这段时间内，二极管是一直导通的（两端电压接近零或者导通压降），因此器件两端的电压等于电源电压。该源电压使得二极管关断，电流经功率器件流通，最终建立起开关器件中的电流。开关器件中的电流幅值受电流源 I_s 所限。当器件中的电流幅值达到 I_s 时，二极管中的电流变为零。而器件两端的电压在电压下降时间 t_{fv} 内从 V_s 线性地下降到通态压降 V_{on}。而在同样的时间里，二极管上的电压从零升高到电源电压。

电流上升和电压下降时间之和被称为开通暂态时间，这里要注意的是，在这段时间里器件的损耗非常高。但被平均到一个周期后，开关损耗通常很小。在器件导通的时间里，器件两端电压为导通压降（根据器件而不同，通常为 $1 \sim 3V$）。并且在导通时间里，功率损耗更小。对开关损耗和通态损耗的量化比较在本节后面的部分内容中有清晰的量化分析。对于多数电机驱动中，通态损耗是最主要的，并远高于开关损耗。

当门控信号变为关断时，开关器件在关断延时 t_{d2} 内没有任何响应。随后，器件电压在 t_{rv} 时间内线性增长到 V_s，而这时加载到二极管上的正向偏置电压使得电流由开关器件转移到二极管中。当开关器件两端电压上升时，其电流维持不变。最后器件在电流下降时间 t_{fc} 后完成了电流转移。开关器件的电压上升时间及电流下降时间之和为关断暂态时间，该段时间内的器件损耗非常大。由于二极管也是一种开关器件，故以上描述也同样适用于二极管。二极管随着阳极与阴极之间的正向偏置而导通。二极管同可控开关器件最大的区别在于：后者是可以通过在栅极（或基极）输入低电平的逻辑信号进行控制的；另一个区别是，当二极管关断时，二极管中的电流将先降为零并存在一定时间的反向电流，这段时间被称为反向恢复时间，并最终变为零。在反向恢复时间内，电压源被二极管和可控开关器件短路。这一过程在快关断（或快恢复）二极管中仅会持续几纳秒。尽管这种大电流脉冲在工业系统中通常是可以接受的，但在一些系统中会造成非常严重的 EMI 或者源识别问题，尽管这一问题通常在工业系统中是可以容忍的。电感的引入可以缓解这一问题。

接下来研究电压源和电流源之间、电流源和可控开关之间以及可控开关和电压源之间的连接导线（电缆）问题。这些导线组成了传输线，并且每根导线都含有杂散电阻、电感和电容。图 2.6 给出了一个合理的具有非线性特性连接关系的集中参数电路模型。虽然并不是设计

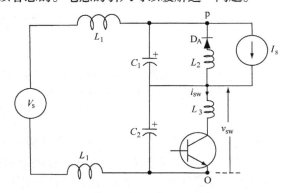

图 2.6 带有连接电缆的近似模型电路

者有意为之，但是连接电缆的元件都是寄生的。如下文所讨论的一样，杂散元件对电路总是有负面影响的，电缆的电感和电容储存能量，而电阻损耗造成电路效率降低。同样，为了避免带有电流的电感在开路状态下造成器件损坏，在器件关断时需要一条支路来释放储存在电感中的能量。虽然电感在导通时减缓了器件中电流上升的速率，然而更重要的是，根据电流的变化速度，电感会产生一个电压并叠加在电源电压上，因此使得器件在关断期间要承受高于电源电压的电压。这就要求在实际情况中，开关器件的耐压值要高于电源电压，也就降低了器件额定电压的利用率。这一问题的另一观点就是，器件的容量要远超过电源和负载之间功率变换的有效利用容量。为了减轻寄生电感的不良影响，器件、电流源以及电压源之间的连线长度应当尽量缩短。同时在电压源两端并联电容并尽量靠近开关器件（见图 2.6 的 p - O 两端）也可以获得良好的效果。

寄生电容，特别是并联在器件上的电容，在器件导通时会释放储存的能量。在此瞬间，导通器件会使寄生电容短路，导致导通器件中产生电流浪涌。因为总能量非常小，所以这一过程可能仅会持续非常短的时间，但是仍会造成器件过电流。同样的，寄生电容也减缓了器件关断时电压的变化率，因此可以保持器件的 $\mathrm{d}v/\mathrm{d}t$ 在安全极限内。随着现代器件具备了大 $\mathrm{d}v/\mathrm{d}t$ 的能力，寄存电容不再对限制关断时的电压变化率起关键作用。

以上介绍的开关过程中，器件的电流和电压分别在全电压和全电流时开始转换，因此被称为硬开关。谐振和软开关电路可以使电路在零电压和零电流时进行开关转换，减少甚至基本消除开关损耗。本节后面的部分内容表明，在工业和商业用永磁同步和无刷直流电机驱动中，开关损耗并不是主要部分，因此，在这类驱动系统中，一般也不考虑减少开关损耗的方法和电路。而且，目前为止的很多这类电路的经济性较差且在电机驱动应用中也不予考虑，因此在本书中也不做分析。

2.1.3　器件损耗

上一节的叙述与讨论明确了通态损耗、开关损耗及其在器件中的产生过程等问题。为了量化这些损耗，可以按如下方式近似推导得到。可以用预先得到的这些值来估计逆变器的损耗，并且在特定应用环境和给定的封装体积里设计必要的散热。由于功率变换器在不同的环境下驱动电机，这一问题虽然使得准确预知损耗无法实现，但是对于设计者来说，获得在实际中所能遇到的最大损耗却是非常必要的。然而损耗的估计对每个设计者来说仅仅是聊胜于无。由于损耗的一些近似值仅仅是为了增进物理层面上的理解，因此，这些值是可以忽略的，但是，诸如在实际运行中变化的温度和散热等问题是不可回避的。

2.1.3.1　通态损耗

考虑器件在导通状态时的能量损耗，可由下式给出

$$E_{\mathrm{sc}} = I_{\mathrm{s}} V_{\mathrm{on}} \left[t_{\mathrm{on}} + t_{\mathrm{d2}} - t_{\mathrm{s1}} - t_{\mathrm{d1}} \right] \tag{2.1}$$

与电路的导通时间相比，式（2.1）中其他的各个时间都相对较小。因此，假

设开通时间和关断延迟时间相同，并且 $t_{on} \gg t_{s1}$ 是合理的。在以上近似条件下，通态损耗可表示为

$$E_{sc} = I_s V_{on} \left[t_{on} + t_{d2} - t_{s1} - t_{d1} \right] \approx V_{on} I_s t_{on} \qquad (2.2)$$

通态损耗功率是用通态能量损耗除以开关周期 t_c 所得的，其中的开关周期是可控开关的导通和不导通时间之和。因此，通态损耗功率可以表示为

$$P_{sc} = \frac{E_{sc}}{t_{on} + t_{off}} = \frac{E_{sc}}{t_c} = V_{on} I_s \frac{t_{on}}{t_{on} + t_{off}} = V_{on} I_s d \qquad (2.3)$$

式中，d 是可控开关的占空比，表示为

$$d = \frac{t_{on}}{t_{on} + t_{off}} \qquad (2.4)$$

注意到，占空比只可能是 0 和 1 之间的某个值，并且没有量纲。根据式 (2.3)，通态损耗与占空比成比例关系。IGBT 的导通压降基本保持恒定，但对于 MOSFET，由于导通压降依托于电流，其值并不确定。如果是 MOSFET，则通态损耗可写成

$$P_{sc} = I_s^2 R_{DS} d \qquad (2.5)$$

式中，R_{DS} 是器件的漏源电阻，通态压降等于 R_{DS} 与电流之积。根据上述的推导，从通态损耗的角度来看，在 350V 以上的场合中 IGBT 比 MOSFET 更有优势。这些公式是建立在之前假设基础上的，对于损耗更精确的估计，在芯片制造商的数据手册中包含了所有到目前为止被忽略掉的非理想元素的损耗参数，这些都应考虑在内。

2.1.3.2 开关损耗

在开通和关断瞬间的器件损耗被称为开关损耗。根据图 2.5，可以推导出

$$E_{sw} = 0.5 I_s V_s \left[t_{s1} + t_{s2} \right] \qquad (2.6)$$

由开关造成的损耗功率是将开关损耗平均到一个开关周期中获得的：

$$P_{sw} = \frac{1}{2} V_s I_s \frac{t_{s1} + t_{s2}}{t_c} = \frac{1}{2} V_s I_s f_c \left(t_{s1} + t_{s2} \right) = \frac{1}{2} V_s I_s f_c t_s \qquad (2.7)$$

式中，开关频率 f_c 也被称为载波频率或者 PWM 频率，可由下式给出：

$$f_c = \frac{1}{t_{on} + t_{off}} = \frac{1}{t_c} \qquad (2.8)$$

而总开关时间为

$$t_s = t_{s1} + t_{s2} \qquad (2.9)$$

如果假设开关时间是常值，则开关损耗同开关频率成正比。为了减少开关损耗，使得将开关频率设为较小值并且选择具有较小开关时间的器件这两个问题成为了主要矛盾，器件生产商正在不断地改进后者。MOSFET 的开关时间（包括开通和关断时间）一般在 100ns 左右，而 IGBT 往往在 1~2μs。因为具有更小的开关时间，使得 MOSFET 在高开关频率情况下更受偏爱。而在高压时不能承受大电流及

漏源电阻较大的缺点使得 MOSFET 不适合在超过 1kW 的电机驱动场合应用。但在一些特殊的应用中可能会存在特例，这种情况更多见于国防而非商业或工业领域。在超过 1kW 的容量等级时，特别是在永磁同步和无刷直流电机驱动领域，IGBT 得到了广泛应用。

另一个需要注意的地方是，当给定开关频率和器件电流时，开关损耗是恒定的。这点不同于通态损耗，后者同占空比成正比。为了比较通态损耗和开关损耗在总损耗中的相对比重，可由式（2.3）和式（2.7）获得两者的比例关系为

$$\frac{P_{sc}}{P_{sw}} = d\left(\frac{2V_{on}}{V_s}\right)\frac{1}{(t_s/t_c)} = d\frac{V_{cn}}{t_{sn}} \quad (\text{p. u. }) \tag{2.10}$$

而归一化的通态压降和总开关时间由下式给出：

$$V_{cn} = d\left(\frac{2V_{on}}{V_s}\right) \ (\text{p. u. }); \ t_{sn} = \frac{t_s}{t_c} = f_c t_s \ (\text{p. u. }) \tag{2.11}$$

顾及到 IGBT 器件及通态损耗和开关损耗之间作图的问题，现给出以下一些限制：

（Ⅰ）
$$\frac{1}{50} > V_{cn} > \frac{1}{500} \tag{2.12}$$

上限和下限分别取自可以运行在 170V 和 1000V 直流电压源下的器件。

（Ⅱ）针对这些电压范围，相应于不同高低开关频率（比如说从 20 ~ 1kHz）的归一化总开关时间为

$$\frac{1}{500} < t_{sn} < \frac{1}{200} \tag{2.13}$$

利用式（2.12）及式（2.13），可得在不同的占空比时，通态损耗和开关损耗之比同 V_{cn}/t_{sn} 的关系如图 2.7 所示。对于高频低压的器件，V_{cn}/t_{sn} 的上限为 10；而低频高压的器件，其下限为 0.4。从图 2.7 可以得出一些关于损耗比的重要结论：

1）开关频率小时，通态损耗占主要作用；反之，则开关损耗更大。

2）若可耐高压的器件在高频情况下运行，那么其开关损耗将会很高以至于影响了结部温度，导致器件的电流容量降低。

3）永磁同步和无刷直流电机驱动系统通常都是从 120V 或 230V 的交流电源中获得直流电源，使得通常的 V_{cn}/t_{sn} 处于 5 ~ 10 之间。在该区间中，通态损耗远大于开关损耗，因此，在此类电机驱动系统的功率变换器设计中，开关损耗并不是最主要的问题。

功率开关在电路中用来控制电源和负载之间能量的流动。对其相关的研究被称为静态功率变换。而功率变换的细节问题不是本书所要叙述的，并且关于这一话题也有许多好的教材，在本章附录当中列举了部分教材。在必要的时候，本书会对同本书有关的功率变换器及其工作原理进行简述。

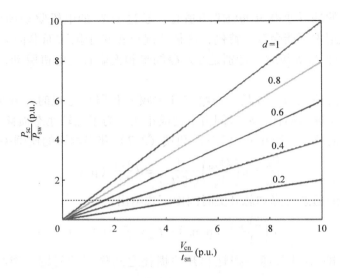

图 2.7 不同占空比下的通态损耗/开关损耗 – 归一化的导通电压/开关时间的关系

2.2 直流输入电源

永磁同步和无刷直流电机驱动需要以可变频的可变电压、电流作为输入进行变速操作。由于市电具有固定频率及电压，因此无法直接使用在这类电机上。从具有固定频率及电压的交流电源获取频率可变的可变电压/电流有多种方法，具体如下。

直接变换方式：从固定频率的交流电源到可变频率的交流电源，可以通过一步功率变换的方式进行电源转换。这种可以直接变换的功率变换器被称为矩阵变换器。要实现一个三相矩阵变换器，需要 18 个自换流开关和二极管。到目前为止，成本和控制上的复杂性妨碍了这种变换器在工业上的应用。基于以上原因并且在实际中少有应用，该变换器在本书中不予介绍。

间接变换方式：这是一种两步的功率变换过程。首先将市电交流电变换为变化或者固定的直流电（整流），然后将直流电变为频率可变的变电压/电流的交流电源（逆变）。整流器可以是可控或不可控型的。不可控整流器仅用二极管即可提供一个恒定的直流电压。该方法因为成本低，在实际场合有最为广泛的应用。具有自换流器件的可控整流器可以提供可变的直流电压。除了其更高的成本和控制复杂性外，在对可变电压操作灵活性、交流输入电流的整形及输出纹波有较高要求的场合，可控整流器还是具有一定应用前景的。逆变器部分包括自换流器件，例如 MOSFET 或 IGBT 等，并且仅需要 6 个器件。这种间接变换的方式在永磁同步及无刷直流电机驱动系统中广受欢迎。接下来将详细阐述功率变换的各个部分。

从市电的交流电源，通过以下两种基本方法，利用静态功率变换器可以获得直流输出，分列如下：

1）利用二极管整流桥将交流电源电压变为固定的直流电压。

2）利用可控整流桥，采用具有双向功率控制能力和 PWM 控制技术的功率变换器，将交流电源电压变为可变直流电压。

这两种方法在接下来的章节中均有介绍。

经二极管整流桥的直流输入电源

DC – AC 变换器通常被称为逆变器，其输入部分往往是电池或者整流过的交流电源。其中整流过的交流电源是目前输入的主流模式。交流输入经二极管整流桥整流并对其输出进行滤波以保持直流电压的稳定。

图 2.8 为单相整流电路。在输入电压v_s的正半周期（r 端电势高于 y 端），二极管 D_1 和 D_6 导通；而在v_{ry}的负半周期，二极管 D_3 和 D_4 导通。假设负载为纯阻性负载，并且理想二极管的导通压降为零，该情况下的导通电角度为 180°。整流器将向电容充电以平滑整流后的脉动电压，随后作为逆变器的输入供逆变器驱动电机。电容充电直至达到输入电压的峰值，随后由于负载的存在，电容电荷减少，使得电容电压v_{dc}逐渐减小，直至输入电压高于实时的v_{dc}时电容才会再次充电，直至电容电压达到输入电压的最大值时充电电流才会消失。因为这一现象，电流导通时间会非常短，造成了尖峰型的波形。这种窄电流脉冲的副作用是造成高峰值的电容电流量（High Peak Capacitor Current Rating）以及高次谐波电流。如果将输入电流平均分布在一个周期内且保持波形正弦，并使之与输入电压相位保持一致以获得单位功率因数可以减缓这些问题。这种可以保持功率因数为 1 并提供正弦输入电流的电路在 2.11 节有详细论述。

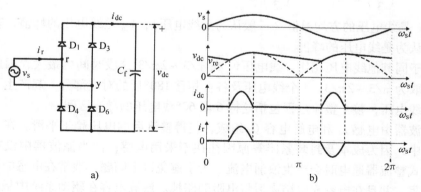

a) b)

图 2.8 单相整流器及其运行波形

a）二极管整流电路 b）运行波形

三相桥式整流器如图 2.9a 所示。在某一给定时间点上，只有一路的输入线电压幅值大于另外两路的线电压。比如，在图 2.9b 中，v_{ry}远远大于v_{by}及v_{rb}。在这种情况下，二极管 D_1 和 D_6 导通，使得线电压v_{ry}加到滤波电容的输入端v_{re}。在 60°

电角度后，注意到v_{rb}同其他输入线电压相比更大，使得二极管 D_1 和 D_2 处于正向偏置状态并导通。这里需要注意，D_1 在之前的 $60°$ 中已然处于导通状态；由于 D_2 的导通以及v_{by}为负值，使得 D_6 处于反向偏置状态并最终被强迫关断。同理，在接下来的 $60°$ 中，二极管 D_1 将会关断而 D_3 将会开通，D_2 在这段时间中将持续导通。

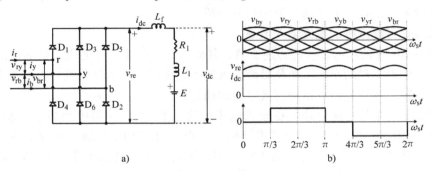

图 2.9   三相二极管整流器及其运行波形

a) 三相二极管整流器电路   b) 运行波形

在一个电周期中，二极管导通的顺序为 D_1、D_2、D_3、D_4、D_5、D_6，并且保持任意时刻均有两个二极管导通，因此，该变换器中存在整流过程。并且可以发现，在任意给定时刻，仅有两个二极管导通，并且每个二极管在一个循环中仅导通 $120°$，也就是 $1/3$ 个周期。直流输出电压可以通过计算 $60°$ 的平均输入线电压获得

$$v_{dc} = \frac{1}{\left(\frac{\pi}{3}\right)} \int_{\pi/3}^{2\pi/3} v_{ry} d\theta = \frac{1}{\left(\frac{\pi}{3}\right)} \int_{\pi/3}^{2\pi/3} V_m \sin\theta d\theta = \frac{3}{\pi} V_m = \frac{3}{\pi}\sqrt{2}V = 1.35V \quad (2.14)$$

式中，V 是线电压的方均根值（一般认为是线电压）；V_m 是线电压的峰值，在电力系统中认为是线电压的峰值。

由于同其他线电压相比，线电压v_{ry}在 $\pi/3 \sim 2\pi/3$ 这段时间内最大，因此其积分区间取为 $\pi/3 \sim 2\pi/3$。3 个线电压及各自相移 $180°$ 后的对应部分一起产生了 6 段类似的线电压，整个整流过程包括这样 6 段 $60°$ 线电压的导通区间。

滤波器由电感 L_f 和电解电容 C_f 组成，使得整流后的电压趋于平滑。在小型电机驱动中，因为成本及封装紧凑等原因往往不采用电感；而当滤波器中没有电感时，桥式整流器通电时会产生浪涌电流。为了避免以上问题，通常在电感的位置上放置电阻，并且在电容充电结束后将电阻旁路掉。滤波电容在驱动系统中是最易受损且最昂贵的元件。电容寿命受纹波电流影响，并且与其他元件相比，其寿命更短，这在缺乏后续维护的应用场合是明显的缺点。在一些特殊情况下，在由固定交流电到可变交流电的变换问题上，具有直接变换能力的矩阵变换器更加适用。

针对不同的输入电感值（零、很小以及无穷大电感），整流器的交流输入相电压、相电流及相应的频谱分析如图 2.10 所示。可见，即使电感值无穷大时也不能获

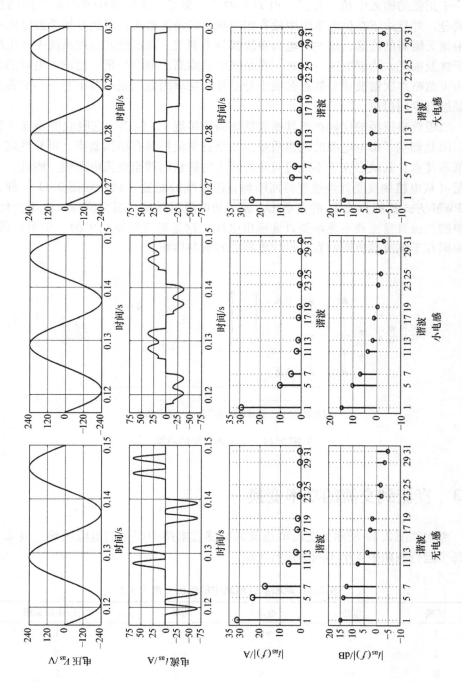

图 2.10　具有电感、电容输出滤波器的三相二极管整流器在零电感、小电感及无功电感情况下的输入交流电压、电流波形

得一个正弦的输入电流。并且，由 FFT 可见，交流输入电流中含有很大的高次谐波成分，并且由于在供电系统中没有相应频率的谐波输入，因此导致谐波电流在系统中毫无阻碍的流通，这些对电力系统都是不利的。高次谐波会在系统中产生严重的干扰及损耗，为解决这一问题，在系统中消除高次谐波分量，使输入电流的波形成为可忽略高次谐波成分的正弦波十分必要。功率因数校正一节中有一小节将对此问题进行专门讨论。

二极管整流桥的优势在于其基波功率因数接近 1，但由于它吸收的是非正弦电流，因此影响了市电电源的电源质量。二极管整流桥具有结构紧凑、可靠性高、成本低等优点；其缺点在于不能将直流母线上的能量回馈至交流电源侧。因此，再生能量（从电机侧接受并经逆变器回馈到直流母线的能量）只能如图 2.11 一样，通过 PWM 方式控制开关 T_7 的占空比，经制动电阻消耗掉。当交流输入电压变化时，简单的二极管整流器不能调整直流输出电压，这是逆变器驱动中的一个明显弱点，其原因在于整流器将影响直流母线电容的容量与体积。

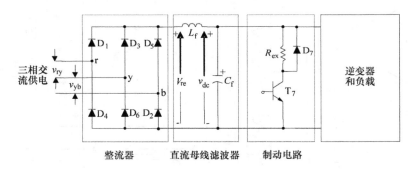

图 2.11 逆变器电路的前端

2.3 直流到交流的功率变换

考虑如图 2.12 所示的交流电压及其在感性电路中产生的电流波形。表 2.1 列出每个运行周期中 4 个不同的运行区域。

表 2.1 单相感性电路中的电压－电流关系

区域	电压	电流	功率	电压/电流象限
Ⅰ	>0	>0	>0	Ⅰ
Ⅱ	<0	>0	<0	Ⅱ
Ⅲ	<0	<0	>0	Ⅲ
Ⅳ	>0	<0	<0	Ⅳ

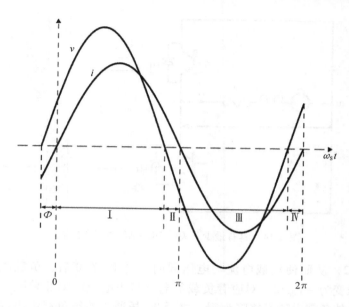

图 2.12　感应负载下的单相交流电压、电流波形

将两者映射到图 2.13 所示的电压、电流坐标表示形式中，其中不同的区域代表不同的电流电压象限。这就意味着进行交流变换的变换器必须具备四象限运行能力。下面介绍一种简单的可实现直流到交流的功率变换电路。

2.3.1　单相半波逆变器

为了进行变换，直接给出直流电源，其获取方式可以通过前一节讨论的方法或者直接由电池得到。因为输入源为直流电源，所以只能输出有功功率。然而，

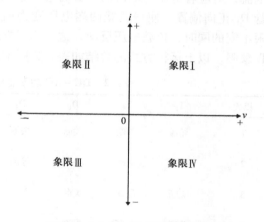

图 2.13　电压－电流的象限分配

一个交流系统需要为非阻性负载提供无功功率，该无功功率必须且只能由变换器提供。为了使变换器可以在四象限工作，变换器至少需要两只晶体管来控制直流电源的输出，一个用来传导正电流，而另一个传导负电流，这就实现了 I、III 象限的操作。而其余两象限可以通过在晶体管两端反向并联二极管的方式来实现，如图 2.14 所示。当负载电压极性不变时，这些反向并联二极管允许电流以与晶体管电流相反的方向流动。

这里以一个感性负载来解释其运行方式。在第 I 象限运行时，T₁ 导通，负载

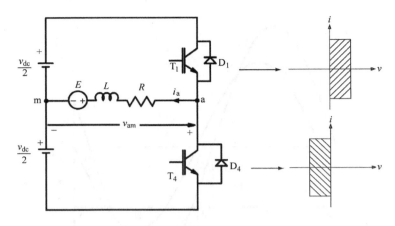

图 2.14　具有最少开关的 DC – AC 功率变换器

电压等于 $v_{dc}/2$，从而使负载电流与电压同向。当 T_1 关断后，负载电流流经 D_4，使得负载电压变为 $-v_{dc}/2$，对应着负载负电压与正电流的第 II 象限。继续在第 II 象限运行，会使负载电流最终降为零。之后 T_4 导通，使得负载中出现了负电压与负电流，对应着电压与电流均为负的第 III 象限。由于电流连续，关断 T_4 将造成二极管 D_1 正向偏置，使得负载两端电压变为 $v_{dc}/2$。在保持电流（负）方向同第 III 象限不变的同时，负载电压反向，这一运行方式对应着具有负载正电压与负电流的第 IV 象限。以上运行方式的总结如表 2.2 所示。

表 2.2　DC – AC 功率变换器的运行模式

模式	T_1	T_4	D_1	D_4	起始电流	i_a	v_{am}	象限
1	导通	关断	关断	关断	≥0	>0	$\dfrac{V_{dc}}{2}$	I
2	导通	关断	关断	导通	>0	>0	$\dfrac{V_{dc}}{2}$	II
3	关断	导通	关断	关断	≤0	<0	$\dfrac{V_{dc}}{2}$	III
4	关断	关断	导通	关断	<0	<0	$\dfrac{V_{dc}}{2}$	IV

这种 DC – AC 电能变换电路具有如下几条缺点：

1）在任何一个时刻仅有一半的直流电压加载在负载上，并没有利用直流电源的全部电压。这在文献中被称为电压降额。该方法的缺点是，对于给定功率的功率变换器，电压减半后会导致负载电流变为原来的两倍。更大的电流造成了更高的通态损耗和负载电机中更高的绕组损耗，降低了电机和功率变换器的工作效率，同时为了应对更高的散热要求，功率变换器需要增加散热片面积、添置散热风扇或者液冷设备。

2）利用该方法的变换器，负载两端电压只能是 $v_{dc}/2$ 或者 $-v_{dc}/2$，却永远不为 0，这就造成了更大的电流纹波。比如，在负载电流的正半周期中，所施加的电压包括许多或正或负的电压脉冲，而不仅是正电压和零电压，由此产生了更大的电流纹波。

除了以上缺点，在某些应用场合，这种仅用两只晶体管即可进行 DC – AC 变换也有其独特的优点。通常我们将直流转换为交流的功率转换过程称为逆变，而能够进行类似转换的电路被称为逆变器。因为只利用了一半的直流电源电压，所以这种变换器被称为半波逆变器。T_1、T_4 及其相应的反向并联二极管 D_1、D_4 的集合被称为一相桥臂。该电路具有有限的控制自由度，并且也没有充分利用电源电压，2.3.2 节介绍的单相全波逆变器可以克服这些缺陷。

2.3.2　单相全波逆变器

如图 2.15 所示，通过在半波逆变器电路中加入另一个桥臂（设为 b）可以克服其自身的局限性。T_1、T_6 的导通使得电流 i_a 从 a 流向 b，设该方向为正方向，也就使得负载电压为 v_{dc}。关断 T_1 后，电流流经负载，迫使二极管 D_4 正偏。由于电感中的电流无法立刻为 0，因此，在 T_1 关断的时间内，电流需要另一条路径流动。这条路径就是二极管 D_4，电感电流变化所感生出的感应电压使得 D_4 正向偏置。二极管 D_4、负载及晶体管 T_6 组成了允许电流 i_a 流动的闭合回路。在这段时间中，假设器件均为理想器件，则通态压降可以忽略，负载电压为零。如若电路中尚有电流，晶体管 T_6 也关断，则二极管 D_3 正向偏置后电流经 D_4、负载及 D_3 回流至直流电源。在这种运行模式下，负载电压为 $-v_{dc}$。包括这种模式，在负载电流为正时，该电路可以向负载提供 $-v_{dc}$、0 和 v_{dc} 三种电压。需要注意，该方法存在三个自由度并且具有充分利用全部电源电压的能力。同样的，利用晶体管开关 T_3 和 T_4，在负电流（电流从 b 流向 a）的情况下，负载两端电压可为正、零和负。不论负载电流如何，总可以通过同时开通 T_1 和 T_3 或者 T_4 和 T_6 获得零电压。如果有电流，这里假设为正，当 T_6 关断时，晶体管 T_1 及二极管 D_3 处于导通状态，关断 T_6 和开通 T_3 不会对经过二极管 D_3 的电流产生任何影响。当负载中没有电流时，T_1 及 T_3 同时导通的情况下，负载上亦无电压。对于单相逆变器的运行情况总结如表 2.3 所示。

表 2.3　单相逆变器的运行模式

模式	T_1	T_4	T_3	T_6	D_1	D_4	D_3	D_6	起始电流	i_a	v_{ab}	象限
1	导通	关断	关断	导通	关断	关断	关断	关断	≥ 0	>0	v_{dc}	I
2	关断	关断	关断	导通	关断	导通	关断	关断	>0	>0	0	I
3	关断	导通	关断	导通	关断	导通	关断	关断	>0	≥ 0	0	I
4	关断	导通	关断	导通	关断	关断	关断	关断	0	0	0	I
5	导通	关断	关断	关断	关断	关断	导通	关断	>0	>0	0	I
6	导通	关断	导通	关断	关断	关断	导通	关断	>0	>0	0	I

（续）

模式	T_1	T_4	T_3	T_6	D_1	D_4	D_3	D_6	起始电流	i_a	v_{ab}	象限
7	导通	关断	导通	关断	关断	关断	关断	关断	0	0	0	
8	关断	关断	关断	关断	关断	导通	导通	关断	>0	>0	$-v_{dc}$	Ⅱ
9	关断	导通	导通	关断	关断	关断	关断	关断	≤0	<0	$-v_{dc}$	Ⅲ
10	关断	导通	导通	关断	导通	关断	关断	关断	<0	<0	0	Ⅲ
11	导通	关断	导通	关断	导通	关断	关断	关断	<0	<0	0	Ⅲ
12	导通	关断	导通	关断	关断	关断	关断	关断	0	0	0	
13	关断	导通	关断	关断	关断	关断	关断	导通	<0	<0	0	Ⅲ
14	关断	导通	关断	导通	关断	关断	关断	导通	<0	<0	0	Ⅲ
15	关断	导通	关断	导通	关断	关断	关断	关断	0	0	0	
16	关断	关断	关断	关断	导通	关断	关断	导通	<0	<0	v_{dc}	Ⅳ

　　模式 2 没有功率输入但是却有输出功率，这里以假设负载为一台直流电机的情况进行讲解。在模式 2 中，由于电机中有正电流，当电机正转时将产生正向转矩，电机输出正功。因此，将该运行模式归为第Ⅰ象限是非常合理的。

　　注意，在该逆变器（见图 2.15）的直流电源上有一个人为设定的中点。这只是为了帮助理解单相全波逆变器是怎样由两个单相半波逆变器组合而成以及其建模设定的。由于可以在负载上加零电压，因此，通过控制正、零及负电压（$-v_{dc}$、0 和 v_{dc}）的持续时间可以轻松地获得可变的输出电压。有效的输出电压可独立控制，电压幅值控制的限制只由器件开通和关断时间及每个周期中开关的次数决定。如果器件为理想开关，则电压将不为其他因素所限。逆变器的开关状态在四象限间的穿越速度决定了输出电压的频率。负载电压的频率可以独立控制并且不受有效电压的影响，其只受器件速度及损耗特性限制。在估算并评定逆变器的最大电压及频率时，设计者一般需要考虑以上这些因素。

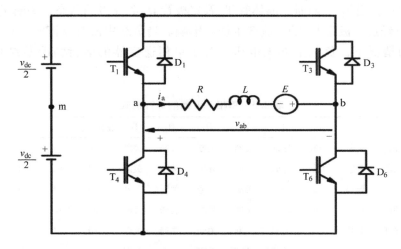

图 2.15　单相全波逆变器

　　三个单相全波逆变器单元可以用来驱动和控制三相电机，但是通常不会使用这样的全波逆变器。该逆变器需要 12 个开关器件，并且在大多数的应用场合中，这种功率变换器的成本过于昂贵。在面对一些苛刻且不容出错的电机驱动场合时，比如航空器和国防应用，对电机每相的独立控制是值得的。但在绝大多数的工业驱动器中，最常见的逆变器是将三相桥臂组合在一起向交流电机提供可变频的可变电压/电流，这种逆变器的运行及控制原理在下一节中有详尽的介绍。

2.3.3　三相逆变器

　　三相逆变器电路如图 2.16 所示。为了能够理解其基本运行原理，这里假定电路的直流母线电压为常数，每相桥臂都可以独立控制。

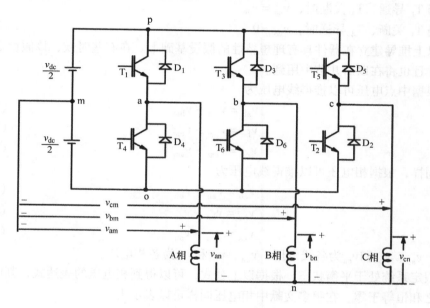

图 2.16　三相逆变器电路

　　中点电压由相桥臂上下开关器件的开关状态所决定。假定每一相的桥臂在任意给定时刻均有一个开关器件导通。当开关（上/下）关断时，该相电流将转移到另一器件（下/上）的反向并联二极管中。在开通每相（上/下）桥臂开关和关断（下/上）桥臂开关的时候需要预留足够的时间，文献中通常称之为死区时间，以避免直流供电电源的短路。上/下桥臂的器件是下/上桥臂器件的互补器件，这种互补开关（在一个桥臂上一个器件开通，另一个器件关断）的原因在于不论电流如何，负载电压将可以得到很好的控制。如果没有互补开关，则无法实现逆变器的电压控制。

　　这里将直流电源电压分为两半，其中点设为 m；而逆变器每相桥臂的中点分别为 a、b 和 c。逆变器桥臂中点与直流电源中点之间的电压差分别为 v_{am}、v_{bm} 和 v_{cm}。

根据晶体管 T_1 和 T_4、T_3 和 T_6 及 T_5 和 T_2 的状态变化，中点电压也随之变化。比如，令 T_1 导通、T_4 关断，则

$$v_{am} = \frac{v_{dc}}{2} \qquad (2.15)$$

如果 T_1 关断、T_4 导通，则有

$$v_{am} = -\frac{v_{dc}}{2} \qquad (2.16)$$

如上形式定义的中点电压仅有两种输出状态，$v_{dc}/2$ 或者 $-v_{dc}/2$。如果中点电压的参考点设为直流母线的负端点 O，则有

当 T_1 导通、T_4 关断时，$v_{ao} = \nu_{dc}$

当 T_1 关断、T_4 导通时，$v_{ao} = 0$ $\qquad (2.17)$

以上推导建立在器件具有理想特性的假设基础上。在有些时候，该假设是有利的，并且也将在以后几节中用到。

根据中点电压可以推得线电压为

$$v_{ab} = v_{am} - v_{bm} \qquad (2.18)$$
$$v_{bc} = v_{bm} - v_{cm} \qquad (2.19)$$
$$v_{ca} = v_{cm} - v_{am} \qquad (2.20)$$

同样，根据相电压可以推得线电压为

$$v_{ab} = v_{an} - v_{bn} \qquad (2.21)$$
$$v_{bc} = v_{bn} - v_{cn} \qquad (2.22)$$
$$v_{ca} = v_{cn} - v_{an} \qquad (2.23)$$

式中，v_{ab}、v_{bc} 和 v_{ca} 为各线电压；v_{an}、v_{bn} 和 v_{cn} 为各相电压。

假定系统处于平衡状态，根据以上公式，可以得到相电压的表达式，其电压与电流之和恒等于零。在很多文献中相电压同样可以表示为

$$v_{as} = v_{an} \qquad (2.24)$$
$$v_{bs} = v_{bn} \qquad (2.25)$$
$$v_{cs} = v_{cn} \qquad (2.26)$$

而相电压与线电压的关系表示如下：

$$v_{as} = \frac{v_{ab} - v_{ca}}{3} \qquad (2.27)$$

$$v_{bs} = \frac{v_{bc} - v_{ab}}{3} \qquad (2.28)$$

$$v_{cs} = \frac{v_{ca} - v_{bc}}{3} \qquad (2.29)$$

考虑如图 2.17 所示的逆变器的一种开关形式，在每个周期中，每相桥臂输出正负各 180°的电压，每两相电压之间相差 120°。由于相桥臂中点电压波形同晶体

管的开关信号相同，因此图中不再单独给出开关信号波形。根据相桥臂电压可以获得线电压，而利用前面给出的方程可以继续求得相电压。而负载中性点和直流电源中点的电压差如下。

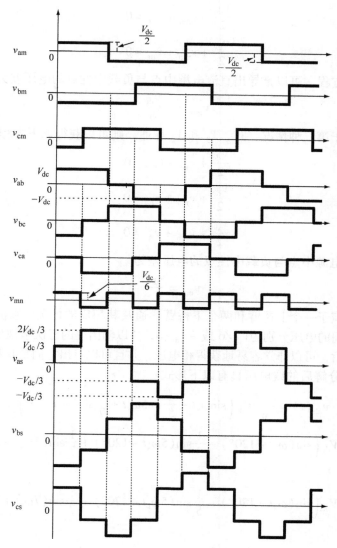

图 2.17　180°开关方式的逆变器波形

根据开关信号不同，可以分为以下两种不同的情况：

（i）一相上桥臂晶体管导通，同时另外两相下桥臂晶体管导通；

（ii）两相上桥臂晶体管导通，同时第三相下桥臂晶体管导通；

针对以上两种情况，求解出直流电源中点和负载中性点的电压差就可以解决这

个问题。在第（i）种情况中，使 T_1、T_6 和 T_2 导通，则电压方程为

$$\frac{v_{dc}}{2} + v_{an} + v_{nm} = 0 \tag{2.30}$$

$$\frac{v_{dc}}{2} + v_{mn} + v_{nb} = 0 \tag{2.31}$$

$$\frac{v_{dc}}{2} + v_{mn} + v_{nc} = 0 \tag{2.32}$$

根据这些方程，可以推导出直流电源中点与负载中性点的电压差为

$$v_{mn} = -\frac{v_{dc}}{6} \tag{2.33}$$

同理，对于第二种情况，T_1、T_3 和 T_2 导通，则可以获得如下方程：

$$\frac{v_{dc}}{2} + v_{an} + v_{nm} = 0 \tag{2.34}$$

$$\frac{v_{dc}}{2} + v_{mn} + v_{bn} = 0 \tag{2.35}$$

$$\frac{v_{dc}}{2} + v_{mn} + v_{nc} = 0 \tag{2.36}$$

此时直流电源中点与负载中性点的电压差为

$$v_{mn} = \frac{v_{dc}}{6} \tag{2.37}$$

因此，对应于一个上桥臂和两个下桥臂导通及其相反的情况，直流电源中点及负载中性点之间的电压分别为 $v_{dc}/6$ 或 $-v_{dc}/6$，并以输出端的三次谐波形式存在。在求得该电压值后，可以非常容易地获得相电压，并且可以看出它们是 6 步形式的。

经傅里叶分解后的线电压具有以下形式：

$$v_{ab}(t) = \frac{2\sqrt{3}}{\pi} V_{dc}\left(\sin\omega_s t - \frac{1}{5}\sin5\omega_s t + \frac{1}{7}\sin7\omega_s t - \cdots \right) \tag{2.38}$$

$$v_{bc}(t) = \frac{2\sqrt{3}}{\pi} V_{dc}\left(\sin(\omega_s t - 120°) - \frac{1}{5}\sin(5\omega_s t - 120°) + \frac{1}{7}\sin(7\omega_s t - 120°) - \cdots \right) \tag{2.39}$$

$$v_{ca}(t) = \frac{2\sqrt{3}}{\pi} V_{dc}\left(\sin(\omega_s t + 120°) - \frac{1}{5}\sin(5\omega_s t + 120°) + \frac{1}{7}\sin(7\omega_s t + 120°) - \cdots \right) \tag{2.40}$$

相电压同线电压之间有 30° 的相差，并且其峰值为 $\frac{2}{\pi}V_{dc}$。相电压峰值在 PWM 的调制比及空间矢量调制的调制指数的定义上具有重要作用，因此，之后会在本章中多有提及。在比较不同方法的输出电压时，采用以输出电压同相电压幅值之比的表示方式是非常有效的。该比例可以用来评估不同逆变器 PWM 控制技术的效果以及包括永磁同步及无刷直流电机等不同交流电机的性能。因为只有基波才能产生有效转矩，因此在评估逆变器驱动的交流电机驱动稳态性能时，只需要考虑这一分

量。在这一问题上，方均根值（有效值）表示法是标准规范。因此，6 步波形的相电压基波有效值可由下式得到：

$$V_{ph} = V_{as} = \frac{v_{as}}{\sqrt{2}} = \frac{2}{\pi} \frac{V_{dc}}{\sqrt{2}} = 0.45 V_{dc} \qquad (2.41)$$

在实际系统中，由于交流输入电压的变化，使得直流母线电压的波动成为了必须要应对的问题，随之而来的是逆变器的最大相电压波动问题。其结果反映在电机驱动特性里，减小的电压使得在额定转矩时的额定转速下降，这是我们所不希望看到的。同样的，更高的直流母线电压将导致在额定转矩时的额定转速上升，这是对系统有益的。在基于二极管整流桥的交直流功率转换前端，直流母线电压无法维持恒定。而功率因数校正电路可以得到恒定的直流母线电压，从而在驱动系统交流输入前端特定波动的情况下，获得理想的电机驱动特性。这种交直流变换前端必然导致成本的增加，因此，应用时必须在成本与电机驱动特性的细节之间寻找平衡。

2.4 有功功率

直流母线将有功功率传输到逆变器后再输送给电机。假设逆变器具有理想开关器件并且谐波功率可以忽略，在只考虑逆变器基波的时候，同步电机或者其他任何负载的输入功率为

$$P_i = V_{dc} I_{dc} = 3 V_{ph} I_{ph} \cos\phi_1 \qquad (2.42)$$

式中，I_{dc} 为稳态时直流母线的平均电流；I_{ph} 为相电流；ϕ_1 为逆变器的负载电机或者其他负载中的基波功率因数角。

将式（2.42）带入式（2.41）中替换掉 V_{ph}，可以获得如下的直流母线电流：

$$I_{dc} = 1.35 I_{ph} \cos\phi_1 \qquad (2.43)$$

2.5 无功功率

交流电机的运行需要无功功率。然而直流母线只能提供有功功率却无法提供无功功率，因此必须由逆变器提供无功功率。逆变器的开关及基波电压控制保证了电压源可以反过来提供无功电机负载，因此逆变器被认为是一个无功功率产生器。同样，逆变器也可以控制电压相位。这种导通和关断相电压及电流的设备使得逆变器可以改变电压及电流的相位。这里不要误解为功率因数角，关于这一点在空间矢量调制一节（见 2.9 节）中将更加明晰。固态功率开关开启了电压相角控制的时代，并对交流电机控制产生了深远影响。

因为之前的方程中已经给出了有功功率的定义，所以关于电机所需的基波输入无功功率的推导如下：

$$Q_i = 3 V_{ph} I_{ph} \sin\phi_1 \qquad (2.44)$$

　　逆变器可以同时控制有功功率与无功功率。两者结合起来即为视在功率，其单位为伏安（VA）。根据相量关系，视在功率的两分量的相量和为 $3V_{ph}I_{ph}$。该值决定了逆变器的额定视在功率，并且该容量关系到逆变器的成本与价格的核算。对于给定的功率，低功率因数将导致定子电流的增加，迫使逆变器容量的增加。而单位功率因数状态下的运行状态可以最大限度地减小对电流的要求。需要注意的是，在感应电机驱动中，由于电机需要大量的励磁电流，因此功率因数无法达到1；相反，永磁同步电机具有单位功率因数状态运行的能力，其相关内容将在第4章进行讨论。由于功率因数的不同，可以推断出，对于同样的功率输出，永磁同步电机与感应电机相比具有更小的定子电流。更小的电流意味着与感应电机驱动相比，永磁同步电机的驱动器具有更小的逆变器容量、更少的铜损及更高的效率。

2.6　逆变器控制的必要性

　　控制逆变器的开关可以在特定频率下提供期望的输出电压。由以下的第一原理可以证明，电机的转速直接同电机频率成正比关系

$$f_s = \frac{PN_{sp}}{120} \tag{2.45}$$

式中，f_s 是定子相电压/电流的频率（Hz）；N_{sp} 是每分钟转速（r/min）；P 为极数。

　　机械转速（rad/s）为

$$\omega_m = \frac{2\pi N_{sp}}{60} = \frac{2\pi}{60}\frac{120f_s}{P} = \frac{2\pi f_s}{P/2} = \frac{\omega_s}{P_p} \tag{2.46}$$

式中，P_p 是极对数；ω_m 是机械转速（rad/s）；ω_s 是电气转速（rad/s）。

　　该式建立了定子电流频率与电机转速之间的关系，同时也证明了，为了实现变速运行而改变交流电机定子频率的必要性。但是仅有这一点不足以控制电机转速，其原因在于这里没有考虑共磁链，例如，共磁链对于转矩最大化及最大转矩 – 转速包络线起着决定性作用。其解释如下：在所有的电机中，转速控制的基础都是从感应电动势的表达式中获得的。对于永磁同步电机而言，在第1章中曾经推导过其感应电动势，这里再次给出相应公式

$$E = 4.44T_{ph}\Phi_m f_s \tag{2.47}$$

式中，T_{ph} 是每相的绕组数；Φ_m 是共磁链的幅值；E 是每相中感应电动势的有效值。

　　该式证明了感应电动势直接同频率成正比，该频率可以由转子转速表示。为了调节转速，值得注意的是，只要共磁链不变，频率变化时，感应电动势会产生相应比例的变化，这通常是获得最大转矩的方法，而一些特例将在第4章得到解决。在忽略由相电阻及漏抗引起的电压降之后，感应电动势将等于所施加的相电压。在此情况下，为了保持主磁通不变，频率变化迫使所加的电压发生改变。感应电动势

和频率之比同共磁链成正比关系，并且，在不改变转矩大小时，该比例关系将保持不变。但由于材料特性的限制，主磁通决不允许超过电机磁通的最大值。当所加载电压随定子频率在零和额定值之间成比例变化时，共磁链将保持恒定，也就使得在额定或者标称电流情况下的转矩恒定，这种模式被称为恒转矩控制方法。这种模式的最大转速被称为基速或者额定转速。当感应电动势等于或者大于所加电压时，逆变器的直流母线及电机之间不再存在能量的流动。因此，共磁链与转速成反比例减小，使得感应电动势的幅值小于或等于每相可加载的最大电压，这种运行模式被称为弱磁，它可使电机转速超过基速并达到某个最大转速。需要注意，在这种模式下频率增加的同时若保持加载电压恒定，会使得共磁链减小。但是几乎等于加载电压值的感应电动势将阻断能量由逆变器到电机的传输过程，因此通过控制加载电压同感应电动势之间相角移动的方式，可以使能量经变频器由直流母线传输给电机。根据以上的讨论，可以发现恒转矩控制模式需要对电机加载平滑变化的电压并对频率进行更精确地控制；而弱磁运行模式需要对加载电压/电流的相位及频率进行控制。因此，逆变器需要分别对输出电压及电流的幅值、相位及频率进行控制。本节给出了几种方法，以实现上述的逆变器控制。

1）PWM 法；

2）滞环控制法；

3）空间矢量调制法。

2.7　脉冲宽度调制技术

改变电机加载的输入电压的持续时间可以实现对谐波和基波变化的控制。通过改变逆变器门控信号的宽度，即所谓的 PWM 方法，可以满足以上要求。已经有很多种 PWM 方案应用在电机驱动领域中。总的来说，所有的 PWM 方案都是为了实现基波最大化并选择性地消除部分低次谐波。本节中讨论了部分 PWM 方案。

图 2.18 显示了图 2.16 所示逆变器中的 a 相及中点电压的采样波形。载波信号 v_c（通常为三角波）及参考基波电压 v_a^*（通常为正弦波）的交点提供了逆变器开关的门控驱动开关信号。其一相的开关逻辑总结如下：

$$v_{am} = \frac{1}{2}V_{dc}, \quad v_c < v_a^*$$

$$= -\frac{1}{2}V_{dc}, \quad v_c > v_a^* \tag{2.48}$$

中点电压的基波为

$$v_{am1} = \frac{5V_{dc}}{2}\frac{v_a^*}{v_{cp}} \tag{2.49}$$

式中，v_a^* 为一相参考或调制信号的幅值；v_{cp} 为三角波载波信号的幅值。

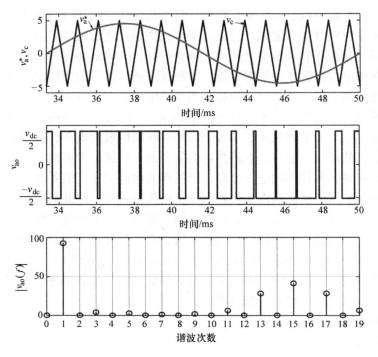

图 2.18 正弦波 PWM

输出结果由参考信号的频率及相位决定。调制指数（Modulation Index）或调制比的定义如下：

$$m = \frac{v_a^*}{v_{cp}} \tag{2.50}$$

将其代入式（2.49）可得

$$v_{am1} = m \frac{V_{dc}}{2} \tag{2.51}$$

改变调制指数可改变基波幅值，而参考信号 v_a^* 频率的改变会造成输出频率的改变。载波频率与参考频率之比 f_c/f_s 改变着谐波（频率）。为了消除大量的低次谐波，f_c 需要变得很高。需要注意的是，这将造成更高的开关损耗及可观的电源电压降低。因为存在较多的开通间隔与关断间隔，使得在最大的可用输出伏秒面积中减少了部分可用的伏秒面积，并由此降低了可用的输出电压。通常 f_c 都有一个固定值，一般为交流电机基频的 9 倍。因为在高速情况下，高频谐波的转矩脉动不会明显影响电机驱动性能，随后随着频率增高逐渐减少 f_c 的值。一般需要载波及参考信号的同步以消除输出端的差频电压。

载波频率与参考频率的典型关系如图 2.19 所示。在低频时，比如低于 40Hz，载波频率可以是固定值或者是变化的以获得同步化的特性。载波频率的段数取决于不同定子频率下的特定输出谐波频谱。

当调制信号高于载波信号幅值时，该运行模式被称为过调制模式。在该情况下，逆变器的增益体现非线性特性，并且输出电压的基波幅值不再同调制信号成比例关系。在控制应用中，更高的基波幅值及调制信号对于构建高速响应的逆变器起着至关重要的作用。过调制区域的运行波形如图 2.20 所示。注意，频谱分析中的基波幅值可以通过多种方法进行改善。

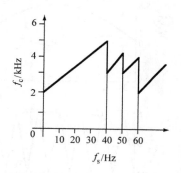

图 2.19　载波频率与定子基波频率的关系
（摘自 R. Krishnan 的《Electric Motor Drives》图 7.38，Prentice Hall, Upper Saddle River, NJ, 2001, 版权许可）

为了提升基波幅值，如图 2.21 显示了另一种正弦 PWM 策略。其参考信号包含基波及幅值小于基波分量的三次谐波。由于在星形联结的系统中，线电压的三次谐波分量可被消去，因此使得该策略的基波分量增大。该方法的许多变形也都具备更高的基波分量及更少的开关次数。在前面的过调制例子和图示的情况中，相同的参考指令或调制信号被作为三次谐波注入法的范例。这里需要注意的是，尽管增加了基波成分，但是调制信号却被调整到低于载波信号幅值，更高次谐波频谱稍有变化但并不大。同样值得注意的是，通过改变三次谐波的幅值，指令或者调制信号的

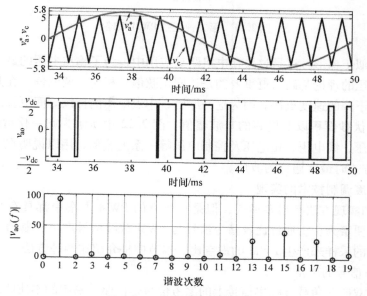

图 2.20　逆变器的过调制运行

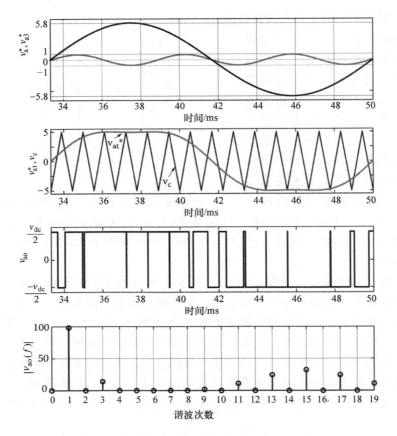

图 2.21　第二种正弦 PWM 策略

波形将更类似于梯形。这是过去在电机驱动应用中，为了输出电压的最大化而使用梯形参考电压的理论基础。更重要的是，同正弦信号相比，调制信号在开始与结束部分上升和下降的速度更快。因为这一原因，中点电压的持续时间更长，因此，得到了更大的伏秒面积以及更高的基波幅值。图 2.22 中所示为归一化后的 PWM 控制的中点电压、线电压、相电压及控制电压等一系列波形，用以说明在电机驱动的 PWM 运行方式时最常遇见的波形。

脉冲宽度调制技术的实现

PWM 的实现方法有很多形式，但是在所有的 PWM 方案中都具有几个基本要素。其基本要素为：①通过比较指令信号与 PWM 载波信号产生控制信号；②通过对指令信号的采样来产生 PWM 的占空比。本节中将介绍这两种方法。

1. 参考信号的产生

施加在双向三角载波频率信号上的参考信号是由驱动系统的本质所决定的。在永磁同步电机和永磁无刷电机驱动中，都是通过对定子电流而非定子电压的控制实

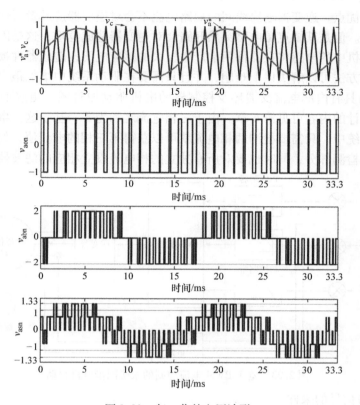

图 2.22 归一化的电压波形

现了电机驱动控制。因为转矩同定子或转子的电流直接成正比,进而控制了转矩也就控制了转速及位置。除了在一些感应电机驱动场合,在电机驱动中很少用相电压作为控制信号。基于这种情况,接下来对永磁同步电机驱动的相关例子进行讨论。假设现有一转矩控制的永磁同步电机驱动系统,其参考转矩被分解到定子电流参考系中,对这一过程的详细论述可见第 4 章,现在暂时假设如此。为了通过逆变器放大这些参考定子电流,需要检测相电流并与其相应的参考值相比较以产生对应的相电流误差。经每一相的 PI 控制器调节,电流误差将逐渐降为零。这里的 PI 控制器仅作为说明使用,其他的控制器,例如状态变量和一些智能控制器也是可行的,相关内容可以参照现有文献。在不考虑控制器自身性质的情况下,电流控制器的输出信号以迫使电流误差趋近于零的方式控制相电压。因此,电流控制器的输出是一个变换速度很快的电压信号。该信号作为参考信号,通过与 PWM 载波信号相互比较生成不同占空比的门极脉冲信号以驱动逆变器一相桥臂上的器件,对于电机每一相的驱动也都是如此。最终,电机驱动器是电压控制电流型的,并可以认为是一个电流源。如果电流反馈控制的响应速度足够快,电机控制器是一个软电流源(Soft Current Source),而如果响应速度慢,则更类似于硬电流源。使用电流源的电机驱动具有一些优点，逆变器输出线间的短路电流不会对逆变器造成毁灭性的后果是其最大的优点。但是其缺点是电路突然开路会对逆变器造成危险，这是因为电路突然开路时，电机中的电感将在器件两端产生极大的感应电压，造成器件损坏。采取小的假负载的方法可以解决以上难题，并且只需要在驱动系统中增加很少的成本。图2.23 所示为具有内部电流反馈环及控制器的电机驱动原理图。更多的关于电流控制器及其设计的内容可见第 6 章。由于三相电流之和为零，基于这一事实，在三相三线制的系统中，只需要检测两相电流就可以获得第三相的电流值，处理电路中需要包含这一检测部分，同时也要对所有独立的相电流设立相应的滤波器。

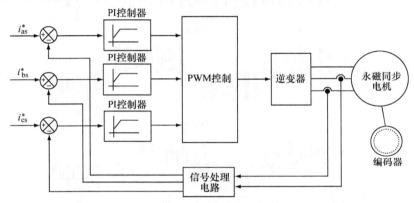

图 2.23　基于 PWM 电流控制的永磁同步电机驱动

2. 参考信号的采样

门控信号的脉冲宽度由如图 2.24 所示的参考电压及双向三角波 PWM 载波信号

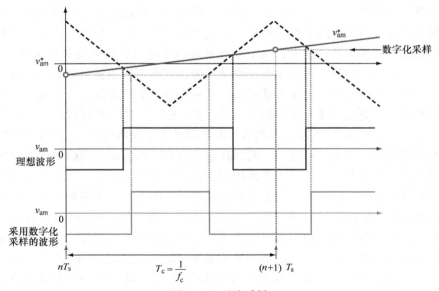

图 2.24　对称采样

的交点产生。如果可以连续检测参考电压，就可以精确地得到这些信号的交点，然而这将会造成无限多次的采样，只有模拟电路的实现方法才能达到以上要求。然而，目前基本上所有的实现方式都是基于数字处理器的。由于处理器同时还要用于电机驱动控制系统，它不仅无法获得无限多的采样点，甚至无法获得大量参考电压的采样点。目前普遍应用的采样方式有两种：①采样频率为 PWM 载波频率的对称采样；②采样频率为载波频率两倍的非对称采样。下面讨论其各自的实现方法。

　　1）对称采样：采样频率为 PWM 的载波频率，并且假定采样在如图 2.24 的 PWM 载波信号的正峰值时刻完成。可以发现，实际采样和数字化采样与 PWM 载波信号相交所产生的栅极脉冲宽度不同，门控驱动信号存在的显著差异导致数字采样的信号输出伏秒区域减少，使得平均输出电压跟随参考值时出现了更长的稳定时间。当调制信号快速变化时，该误差可能会很大，比如具有高增益的控制器并且电机电感非常小的情况。需要注意的是，利用数字采样的门控脉冲关于 PWM 载波信号的负峰值处对称，并因此得名。

　　2）不对称采样：当采样频率为 PWM 载波频率的两倍并在载波信号的正负峰值处完成采样时，门控信号脉冲宽度的准确性加快了误差缩小的速度。图 2.25 表明，该方法的门控信号脉冲不再以载波信号中心对称，因此称为不对称采样。在理想的模拟方法及数字方法之间总是有误差存在的，其关键在于找出并最小化这些误差。

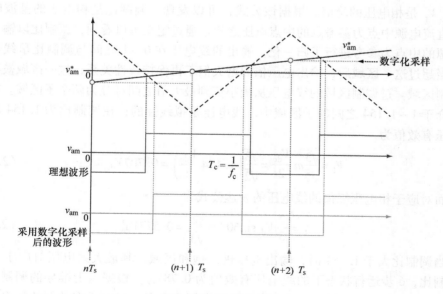

图 2.25　非对称采样

　　具有潜力的现场可编程门阵列（FPGA）的实现方式具有 100MHz 的采样频率，使得这种方法基本上接近模拟方式的实现方法。对于许多独立的电机驱动控制器来讲, 基于成本的考虑, 在系统中使用 FPGA 并不合理。但是在不久的将来, 在高性能及苛刻要求的场合中, 基于 FPGA 的控制器可能会投入使用。

3. PWM 逆变器的传递特性

传递特性是基于具有正弦波作为调制信号的 PWM, 并用于计算整个周期中的调制信号。当正弦信号的峰值超过 PWM 载波的峰值时, 可以明显地想象到逆变器的桥臂将不再有任何开关动作, 结果使得桥臂的中点电压保持为最大值 (正负皆有可能)。此时输出的线电压大于常规调制电压幅值小于或等于载波幅值时所获得的线电压。以下的推导给出了两者的关系。输出的基波电压取决于调制比而与频率无关, 这一关系对于逆变器的控制至关重要。由中点电压 v_{am1} 可以推得线电压的有效值为

$$V_1 = \frac{\sqrt{3}}{\sqrt{2}} V_{am1} = \frac{\sqrt{3}}{\sqrt{2}} m \frac{V_{dc}}{2} = 0.612 m V_{dc} \tag{2.52}$$

式中, m 为调制比; V_{dc} 为直流母线电压或逆变器的输入电压。

式 (2.52) 中的调制比可以写为

$$m = \frac{\left(\frac{\sqrt{2}}{\sqrt{3}} V_1\right)}{\left(\frac{V_{dc}}{2}\right)} = \frac{\sqrt{2} V_{ph}}{\left(\frac{V_{dc}}{2}\right)} = \frac{V_p}{\left(\frac{V_{dc}}{2}\right)} \tag{2.53}$$

式中, V_p 是相电压的峰值。根据该公式, 可以发现, 调制比是相电压的基波幅值与以直流电源中点为参考点的中点电压之比。通过定义可以看到, 调制比以输入直流电源的中点为参考进行了归一化。输出的线电压在 0 ~ 1 之间与调制比呈线性关系。当超过这一区域后, 输出电压依旧增大但不再保持线性关系, 这一区域被称为过调制区域。过调制区域的线电压从最小值到最大值之间可分为两个子区域。在调制比介于 1 ~ 1.154 之间的子区域中, 线电压是拟线性的; 在调制比为 1.154 时的线电压有效值为

$$V_1 = \frac{\sqrt{3}}{\sqrt{2}} m \frac{V_{dc}}{2} = \frac{\sqrt{3}}{\sqrt{2}} \left(1.154 \frac{V_{dc}}{2}\right) = 0.707 V_{dc} \tag{2.54}$$

而对应于相电压峰值的线电压的表达公式为

$$V_{am1} = \frac{2}{3} V_{dc} \sin 60° = \frac{V_{dc}}{\sqrt{3}} = 0.577 V_{dc} \tag{2.55}$$

当调制比大于 1.154 时, 输出电压进入饱和区域, 其最大线电压对应于 3.24 的调制比, 6 步运行状态下的线电压有效值为 $0.78 V_{dc}$。根据以上推导的调制比转折点为 1、1.154 和 3.24, 以输入直流母线电压为参考, 线电压有效值的标幺值与调制比的关系如图 2.26 所示。以上关系在调制频率比, 即载波频率与调制信号频率之比, 大于等于 15 时成立。输出的线电压与调制比之间的非线性关系清楚地表明: PWM 在高性能控制应用中无法得到理想的特性, 特别是在过调制范围内, 这

种非线性造成了迟滞的电流响应以及相应迟缓的转矩响应，最终导致了系统的动态响应慢。

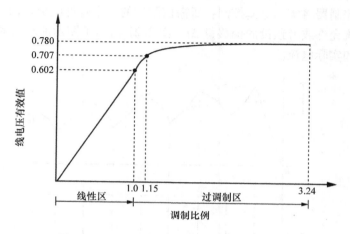

图 2.26 三相逆变器的线电压 – 调制比曲线

4. 离线最优化 PWM

在高于 0.5MW 范围内的高功率电机驱动中，对 PWM 具有截然不同的要求。在低功率驱动中，PWM 范围为 2 ~ 20kHz；在最小功率到中等功率之间，往往使用更高的频率；而在更高功率的电机驱动中，2kHz 的 PWM 频率是不可行的。其原因在于开关损耗在中等电压环境中将变得非常大，同时由于高频开关会对许多前端设备产生无法容忍的 EMI 问题，其中包括对周边及更远距离通信网络的干扰。采用更低的 PWM 频率，比如 360 ~ 600Hz 的逆变器，可以解决这个问题。而且选择性谐波消除以及基波最大化都需要对 PWM 开关方法进行优化，而正弦三角波相交的方法通常无法满足以上要求。在这种情况下，必须采用离线最优化及嵌入式固化的 PWM 技术，并且这种技术在大功率电机驱动中也是最常见的方法。参考文献[47]对其优化过程及实现方法进行了讨论。这种高功率永磁电机驱动在实际中并不常用，因此这里不予考虑。

2.8　滞环电流控制

在一个采样周期中，PWM 电流控制器通过对输入（或者调解）电压的采样决定了占空比，这是所有基于处理器的控制系统所采用的方法。可以注意到，在连续的两个开关周期之间，控制电压可以超过最大极限，并且如果 PWM 控制器在一个开关周期中只采样一次并保持为该值，随后的电压（或者电流）将控制在一个平均值而并非基于瞬时值。模拟化的 PWM 控制器可以实现连续采样并使占空比连续变化，但是，这可能导致在一个载波周期中的开关动作多于一次。因此，从损耗的角度来看该方法并不适用。可以公正地说，在 PWM 电流控制器里，实时电压/电流控制是不合理的。滞环控制器通过将电压源转换为快速响应的电流源解决了这一问题。滞环控制器将实际电流控制在所需值附近的一个容许的窄带内。滞环带的大小决定了电流允许或者预设的偏移量 Δi，图 2.27 给出了图示滞环带和门极信号下的指令电流和实际电流。

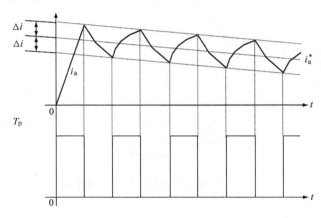

图 2.27　滞环控制示意图

施加在负载上的电压由如下的逻辑确定：

$$i_a \leqslant i_a^* - \Delta i, \ \mathrm{set} v_0 = V_s \tag{2.56}$$

$$i_a \geqslant i_a^* + \Delta i, \ \mathrm{reset} v_0 = 0 \tag{2.57}$$

滞环带 Δi 可以通过在外部适当的编程，设置为常数或者定子电流的分数量。不同于 PWM 控制器，该方法的开关频率并非常数，而更高的开关频率将导致器件中更高的开关损耗，这也成为滞环控制的缺点。因为滞环控制只需考虑实时电流峰值以及设定电流滞环带的大小，所以通常认为其控制简单。由于滞环控制器具有实时响应、实现控制简单的优点，所以其在实验室的学术研究里得到了广泛应用，但在工业产品中很少使用。

图 2.28 所示为具有不同电流滞环带的滞环电流控制器的性能曲线。电流带分别为相电流峰值参考值的 0.02、0.04、0.1、0.12、0.15 和 0.2 倍。随着电流滞环带的减小，正如预期的一样，器件的开关频率不断增加。滞环控制对参考电流的跟踪是实时的，但相电流同参考电流的偏移量为参考值两边的滞环电流带。表 2.4 总结了 PWM 控制器与滞环控制器的定性比较。滞环控制器的缺点可以通过限制开关频率、根据负载变化情况及指令电流大小来改变滞环带大小等方法来消除。

随之产生了一个非常自然的问题，为什么不将两者的优点结合在一起，利用滞环控制方案提供瞬时响应和利用固定频率的载波 PWM 开关技术相结合。目前在开关磁阻电机驱动中，结合了 PWM 及滞环电流控制方案优点的综合控制方案已有报

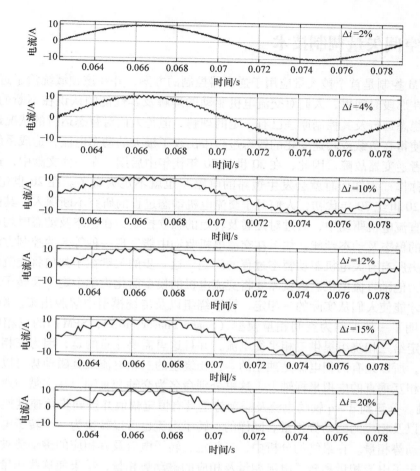

图 2.28 不同电流滞环带下的 a 相电流

道。利用滞环电流控制方法响应快的特点来快速提升电流到指定值，随后利用具有
固定载波开关频率的 PWM 方法来维持电流并减小开关损耗。需要注意的是，这种
混合开关方案可能并不适合交流电机驱动。

表 2.4 电流控制器的比较

特性	电流控制器	
	滞环控制	PWM
开关频率	变化的	固定在载波频率
响应速度	最快	快
纹波电流	可调整的	固定的
滤波器大小	由 Δi 决定	通常很小
开关损耗	通常很高	小

2.9 空间矢量调制技术

PWM 控制是首个被大量应用于逆变器控制的方案，并在该领域统治了近 25 年之久。在那段时间里，人们对交流电机驱动的理解及其性能的认识在不断的进步，此时对稳态运行及其控制原理已有一定的理解。但是人们对暂态运行的状况还知之甚少，使得在负载或转速变化的暂态过程中出现了极大的动态电流，造成系统的不稳定或者逆变器故障。因此，在 20 世纪 70 年代年中后期，在一些文献中，逆变器曾经被称作"不知何时就会发生短路的电路"也就不足为奇了。在 20 世纪 60 年代末及 20 世纪 70 年代初，人们对于交流电机动态过程的研究不断深入，其前提是在他励直流电机驱动中，通过对磁通及转矩的独立控制，在稳态及动态时均可以获得良好的稳态及动态性能。如果在交流电机驱动中能发现一种等效的控制方法，就可以解决所有有关电机驱动暂态过程的问题。这一步的关键在于如何将交流电机等效理解为他励直流电机。这就需要将交流电机的模型简化为单个定子及转子绕组的组合，才能使人们从实际的三相定、转子绕组以及传统模型中解脱出来。Kovac 和 Racz 发明了一种被称为空间相量模型（Space Phasor Model，SPM）的三相电机模型。假定给三相绕组提供三相平衡电流，并且这里需要注意的是，因为三相电流之和为零，所以只有两相电流是独立的。三相绕组的三相电流及其磁动势可以被分解到两个相互垂直的虚拟坐标轴上，这里分别命名为交轴和直轴，在文献中通常写作 $d-q$ 轴。分解到 $d-q$ 轴的电流及磁动势是具有恒定幅值并按同步角速度旋转的电流相量以及相应的磁动势相量。同样的，转子电流也可以转换为一个转子电流相量及其磁动势相量。在最终的分析中，三相定、转子电流及其相应的磁动势被转换为单一的定子电流相量和转子电流相量及相应的磁动势相量，结果使这些相量都可以认为是由一个定子绕组和转子绕组产生的。如果电机只采用单一的定子电流空间相量，则逆变器必将以一个空间相量的形式发出电流而不是仅仅提供一组三相电流。因此逆变器可以看成一个电压或者电流空间相量发生器而不是 1980 年之前人们所理解的一个三相电压或电流发生器，后一种思想将电机控制局限在一组包含三个单相 PWM 或者滞环控制的控制系统。这种将逆变器认为是电压/电流相量发生器的思想随后又加入了新的概念，即逆变器不仅可以控制电压和电流的幅值和角速度，还可以控制角度位置，因为实际上这三个变量就是组成空间相量的三要素。逆变器控制的位置变量在电机动态驱动中具有重要作用。对逆变器的这一新理解是基于对电机模型及动态过程的理解并融入到对逆变器的理解与控制发展而来的，这一点我们要感谢 Holtz。该发现所独有的最强有力的影响之一就是可以获得最好的交流电机稳态及动态性能，特别是对感应电机的控制。并且该方法在降低谐波与损耗方面将逆变器的控制提升到一个新的高度，使得逆变器成为了一个线性放大器，即使是在反馈控制系统中没有转子位置传感器的情况下也可以获得优异的动态性能。这里值得注意的是，在考虑了所需电压相量幅值及位置的情况下，任何电压空间相量都可以同变频器的开关控制结合起来。该方法无需对电机每一相使用单独的脉冲宽度调制，以下给出其控制及实现流程[46-91]。

2.9.1　逆变器的开关状态

考虑如图 2.29 所示的逆变器。以直流电源的负极作为参考点来研究 a 相的中点电压 V_a，该电压由一系列的开关组合 S_a，即由表 2.5 所示的包含晶体管 T_1 和 T_4 的开关组合所决定。

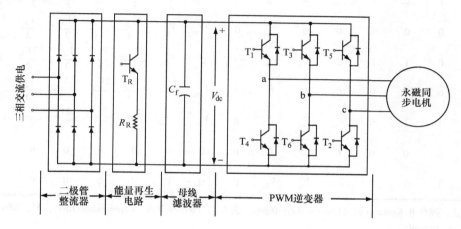

图 2.29　永磁同步电机驱动的功率电路（摘自 R. Krishnan 的
《Electric Motor Drives》图 8.8，Prentice Hall，Upper Saddle River，NJ，2001，版权许可）

表 2.5　逆变器 A 相桥臂的开关状态

T_1	T_4	S_a	V_a
导通	关断	1	V_{dc}
关断	导通	0	0

注：摘自 R. Krishnan 的《Electric Motor Drives》表 8.1，Prentice Hall，Upper Saddle River，NJ，2001，版权许可。

当开关器件 T_1、T_4 及其反向并联二极管关断情况下，V_a 的值是不确定的。但在实际应用中不会遇到这种情况，因此这里不予讨论。对应于 b 相与 c 相桥臂的开关状态 S_b 及 S_c 可以通过类似的方式推导获得。S_a、S_b 及 S_c 总共有 8 种开关状态，表 2.6 列举了这 8 种开关状态以及通过关系式 [式 (2.27) ~式 (2.29)] 推导出的线电压、相电压和由下式推导出的 q 轴、d 轴电压：

$$\left. \begin{array}{l} v_{qs} = v_{as} \\ v_{ds} = \dfrac{1}{\sqrt{3}} \left(v_{cs} - v_{bs} \right) = \dfrac{1}{\sqrt{3}} v_{cb} \end{array} \right\} \tag{2.58}$$

每个状态的定子 q 轴和 d 轴电压如图 2.30 所示。电压相量 v_s 是 q 轴、d 轴电压的相量和。逆变器的有限状态使得定子电压相量 v_s 以明显的离散形式运动。而通过以下的算法可以获得几乎连续且均匀的电压相量。

表 2.6　逆变器的开关状态和电机电压

状态	S_a	S_b	S_c	V_a	V_b	V_c	V_{ab}	V_{bc}	V_{ca}	V_{as}	V_{bs}	V_{cs}	V_{qs}	V_{ds}
I	1	0	0	V_{dc}	0	0	V_{dc}	0	$-V_{dc}$	$\frac{2V_{dc}}{3}$	$-\frac{V_{dc}}{3}$	$-\frac{V_{dc}}{3}$	$\frac{2V_{dc}}{3}$	0
II	1	0	1	V_{dc}	0	V_{dc}	V_{dc}	$-V_{dc}$	0	$\frac{V_{dc}}{3}$	$-\frac{2V_{dc}}{3}$	$\frac{V_{dc}}{3}$	$\frac{V_{dc}}{3}$	$\frac{V_{dc}}{\sqrt{3}}$
III	0	0	1	0	0	V_{dc}	0	$-V_{dc}$	V_{dc}	$-\frac{V_{dc}}{3}$	$-\frac{V_{dc}}{3}$	$\frac{2V_{dc}}{3}$	$-\frac{V_{dc}}{3}$	$\frac{V_{dc}}{\sqrt{3}}$
IV	0	1	1	0	V_{dc}	V_{dc}	$-V_{dc}$	0	V_{dc}	$-\frac{2V_{dc}}{3}$	$\frac{V_{dc}}{3}$	$\frac{V_{dc}}{3}$	$-\frac{2V_{dc}}{3}$	0
V	0	1	0	0	V_{dc}	0	$-V_{dc}$	V_{dc}	0	$-\frac{V_{dc}}{3}$	$\frac{2V_{dc}}{3}$	$-\frac{V_{dc}}{3}$	$-\frac{V_{dc}}{3}$	$-\frac{V_{dc}}{\sqrt{3}}$
VI	1	1	0	V_{dc}	V_{dc}	0	0	V_{dc}	$-V_{dc}$	$\frac{V_{dc}}{3}$	$\frac{V_{dc}}{3}$	$-\frac{2V_{dc}}{3}$	$\frac{V_{dc}}{3}$	$-\frac{V_{dc}}{\sqrt{3}}$
VII	0	0	0	0	0	0	0	0	0	0	0	0	0	0
VIII	1	1	1	V_{dc}	V_{dc}	V_{dc}	0	0	0	0	0	0	0	0

注：摘自 R. Krishnan 的《Electric Motor Drives》表 8.1，Prentice Hall，Upper Saddle River，NJ，2001，版权许可。

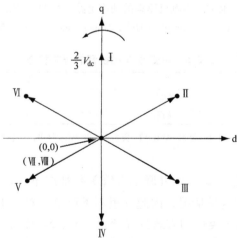

图 2.30　对应于不同开关状态的逆变器输出电压（摘自 R. Krishnan 的《Electric Motor Drives》图 8.9，Prentice Hall，Upper Saddle River，NJ，2001，版权许可）

2.9.2　空间矢量调制的原理

假设现在需要产生电压相量 v_s，其位置介于两个开关电压矢量之间，比如 v_1 和 v_6，并且与 v_1 之间的相对角度为 θ_s，具体如图 2.31 所示。所需的电压相量只能

由与之临近的两个开关电压矢量组合
实现，这里即为 v_1 和 v_6。由于无法
获得开关矢量的分数量，这里取两者
的分数倍时间并将其结合后施加给负
载以获得期望的控制空间电压相量。
相应地，v_s 即为 av_1 和 bv_6 的矢量
和，其中 a 和 b 为分数常量。进而由
几何映射法可给出电压相量 v_s。

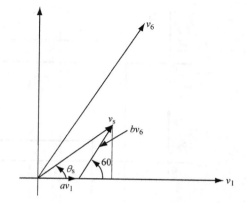

$$v_s = av_1 + bv_s \qquad (2.59)$$

$$a = \frac{v_s}{v_1}\left[\cos\theta_s - \frac{1}{\sqrt{3}}\sin\theta_s\right] \quad (2.60)$$

$$b = \frac{2}{\sqrt{3}}\frac{v_s}{v_6}\sin\theta \qquad (2.61)$$

图 2.31　由临近开关电压矢量组合的
电压相量合成原理图

$$v_1 = v_6 = \frac{2}{3}v_{dc} \qquad\qquad (2.62)$$

如果载波频率为 f_c，则 PWM 周期（在文献中也称为采样周期）T_c 与 f_c 有如
下关系：

$$T_c = \frac{1}{f_c} \qquad\qquad (2.63)$$

该周期与开关 v_1、v_2[⊖]施加时间的关系为

$$T_c = (a + b + c)T_c \qquad\qquad (2.64)$$

式中，cT_c 是施加零矢量的持续时间。式（2.59）与 T_c 相乘后可以得到它的物理
解释。该式意味着其所要获得的伏秒面积可由矢量 v_1、v_6 和 v_0 与其相应的作用时
间 aT_c、bT_c 和 cT_c 相乘后再求和获得。计算后所得的 v_1、v_6 和 v_0 可转换为开关信
号，如图 2.32 所示，在一个开关周期中它们是关于中点对称分布的。在前半个周
期中，对应于 aT_c、bT_c 和 cT_c 分数倍的时间段内，在任意时刻仅有一个开关矢量
处于激活状态，而在下半个采样周期中，对于 aT_c、bT_c 和 cT_c 其余分数倍时间段
后，该开关矢量失效，因此减小了逆变器的开关损耗。需要注意的是，开关矢量的
生效或失效意味着一个晶体管的关断（导通），而同一桥臂上的互补晶体管则根据
开关方法及是电压控制还是电流控制等条件导通（关断）。因此，逆变器对一相桥
臂的控制必然包含一次关断（导通）损耗，并可能还包含一次导通（关断）损耗。
这时每相桥臂中将会有两次动作，而在三相中总共有 6 次动作，其结果就是在一个采
样（载波）周期中包含 6 个导通损耗和可能会有的 6 个关断损耗。如果逆变器为电
流型并且处于电流连续的情况下，后 6 个关断的开关动作是不必要的。反向并联在开

⊖ 应为 v_1、v_6。——译者注

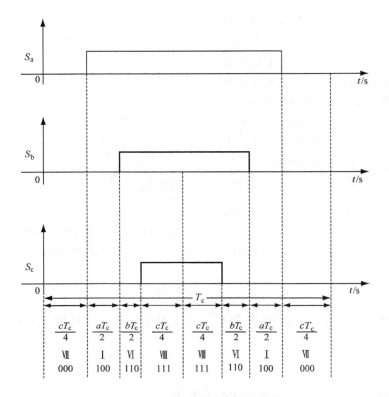

图 2.32   一个周期内的电压矢量 v_1、v_6 和 v_0 的开关信号

关器件上的二极管将自动导通续流，因此也就免除了另一晶体管导通的必要性。

值得注意的是，该方法中零矢量 $cT_c/2$ 的作用时间被置于中间，这种做法具有一个优点。该优点可通过图 2.33 由 SVM 的开关矢量推导出的三相系统的线电压和相电压进行说明。线电压和相电压（虚线所示）均被对称的分为相等的两半并分别置于每半个采样周期中，结果使得各自的频率上升一倍。其特有的优点可见随后的解释。这里研究在每个开关周期中仅有一个脉冲和脉冲被分为两部分并置于零电压间隔之间的两种情况，两种情况下的脉冲持续时间相同，结果如图 2.34a、b 所示。值得注意的是，后一种情况施加的电压频率变为两倍。电流纹波的推导如下：

$$\Delta i = \frac{V}{L}\Delta t \tag{2.65}$$

鉴于两种情况下的电压幅值相等，第二种情况下的时间 Δt 为第一种情况下的一半。很明显，与第一种情况相比，第二种情况下的电流纹波仅为前者的一半。将零电压间隔置于两电压脉冲之间的放置方法减小了电流纹波。换句话说，SVM 使得驱动系统可以将零电压矢量置于采样周期的中间，可以看出，在这一做法中，电压矢量被分为相等的两半，最终将频率提升了一倍，进而使得电流纹波降为原来的一半。

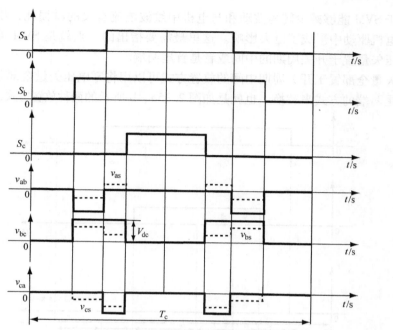

图 2.33　零矢量中置的 SVM 线电压和相电压波形

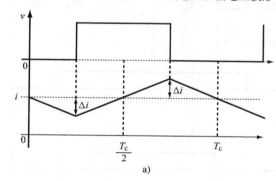

a)

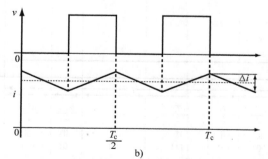

b)

图 2.34　两种情况下的零电压放置模式对电流纹波的影响
a) 每周期单脉冲　b) 每周期双脉冲

　　由于 SVM 能够减少转矩波动和与电机中纹波电流有关的磁损耗，使得该方法在交流电机驱动中形成了巨大影响。这里最需要指出的一点就是 SVM 可以自由地将零电压矢量置于开关周期的中间或者是首尾两端。

　　零矢量全部置于开关周期中间的放置方式可以用将零电压矢量全部分布到开关周期首尾两端的方式来替换。也就是如图 2.35a、b 所示的两种放置方式，分别将一

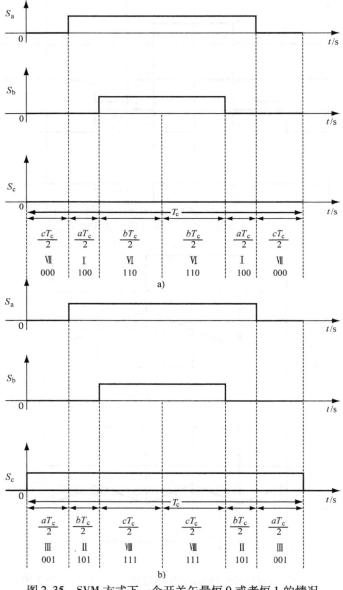

图 2.35　SVM 方式下一个开关矢量恒 0 或者恒 1 的情况

a）一个开关恒 0　b）一个开关恒 1

相桥臂的开关矢量保持为关断状态或者导通状态。以上两种情况下的零电压矢量的持续时间与将零电压矢量分散置于开关周期的首尾及中间的情况下的总持续时间是一样的。在这两种情况下，总开关次数被削减为 4 次，使得逆变器的开关损耗变为原方法的 2/3。而伴随这一优点而来的却是更高的电流纹波幅值这一缺点。图 2.36 给出了一种减少开关次数方式下的线电压和相电压波形。线电压和相电压在整个开关周期中为单脉冲，而不是如零电压矢量内置的 SVM 一样具有两个等量部分。由于电压频率并没有变为原来的两倍，因此电流纹波没有像之前的方法一样减半。在变速电机驱动的情况下，即使电流纹波翻倍，这种 SVM 方法在转矩波动不是主要矛盾的高速环境时仍然具有优势。

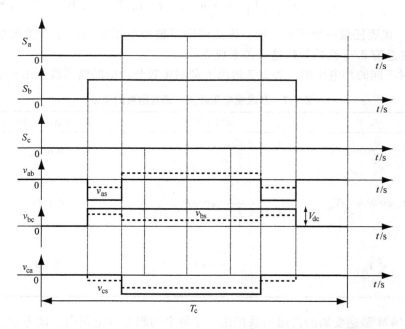

图 2.36　减少开关次数的 SVM 开关波形及线电压和相电压波形

然而在低速和位置伺服等应用中，将零电压矢量分散置于一个载波周期的首尾及中间的 SVM 方法可以最小化电流纹波及转矩抖动。

SVM 避免了由三个独立脉冲宽度调制器或者滞环控制器造成的问题。在给出离散的 6 个非零矢量和两个零矢量后，SVM 是最佳的开关控制策略。其他不同的具有过调制能力的 SVM 及其他优化的开关策略可以参考其他文献。

SVM 型逆变器的传递特性

传递关系是指线电压有效值与调制指数的关系，这里需要注意的是，调制指数不同于 PWM 控制器的调制比。调制指数 m_i 定义为逆变器基波电压相量的峰值与最大基波相电压之比，其定义给出如下：

$$m_i = \frac{v_s}{\frac{2}{\pi}V_{dc}} \tag{2.66}$$

输出电压相量与开关矢量幅值之比用调制指数可以表示为

$$\frac{v_s}{\frac{2}{3}V_{dc}} = \frac{v_s}{\frac{\pi}{3}\left(\frac{2}{\pi}V_{dc}\right)} = \frac{3}{\pi}m_i \tag{2.67}$$

该比例同调制指数相比有 $3/\pi$ 的衰减。因为存在这一系数，比如，用开关矢量表示输出电压相量可表示成如下形式：

$$v_s = \frac{3}{\pi}m_i\left(\frac{2}{3}V_{dc}\right) = \frac{3}{\pi}m_i v_k \quad k = 1, 2, \cdots, 6 \tag{2.68}$$

式中，v_k 代表任意一个开关矢量。该式证明了输出电压相量等于开关矢量乘以调制指数并总有 $3/\pi$ 衰减系数这一关系成立。

针对不同的相电压值，表2.7给出了调制指数及相应的输出线电压有效值。

表2.7　基波相电压峰值与调制指数的关系

v_s	调制指数	线电压有效值
$\dfrac{V_{dc}}{2}$	$\dfrac{\frac{v_{dc}}{2}}{\frac{2}{x}v_{dc}} = 0.785$	$0.612V_{dc}$
$\dfrac{2}{3}V_{dc}\sin 60° = \dfrac{1}{\sqrt{3}}V_{dc}$	$\dfrac{\frac{v_{dc}}{\sqrt{3}}}{\frac{2}{x}v_{dc}} = 0.907$	$0.707V_{dc}$
$\dfrac{2}{\pi}V_{dc}$	$\dfrac{\frac{2}{x}v_{dc}}{\frac{2}{x}v_{dc}} = 1$	$0.78V_{dc}$

同 PWM 型逆变器的传递关系相比，在整个调制指数范围内，该方法的输出电压相量与调制指数之间的关系是高度线性化的。SVM 型逆变器的这一特殊性质在控制应用中非常具有吸引力，因为线性关系可以保证恒定的增益而不是变化的增益。在控制应用中，变化的增益从带宽及响应迟缓等方面影响了逆变器的控制性能。图2.37给出了这一传递关系。它们也可以按图2.38所示的开关矢量图的形式进行更好的表示。在假定不使用零开关矢量并且临近矢量的 a 与 b 之和为1的情况下，可以获得最大电压相量的轨迹曲线。a 与 b 的定义可参考之前的图2.31。a 与输出电压相量之间的关系如下：

$$a_{v1} + b_{v6} = v_s \tag{2.69}$$

开关矢量可以表示为

$$v_1 = v_1 + j0 = \frac{2}{3}V_{dc} \tag{2.70}$$

$$v_6 = v_1(\cos 60° + \mathrm{j}\sin 60°) = v_1(0.5 + \mathrm{j}0.866) \tag{2.71}$$

由以上关系，可以获得输出电压相量的表示形式

$$(a + 0.5b) + \mathrm{j}0.866b = \frac{v_s}{v_1} \tag{2.72}$$

而且，在限制条件 $a + b = 1$ 的情况下，输出电压相量的推导如下：

$$\left(\frac{v_s}{v_1}\right) = \sqrt{a^2 - a + 1} \tag{2.73}$$

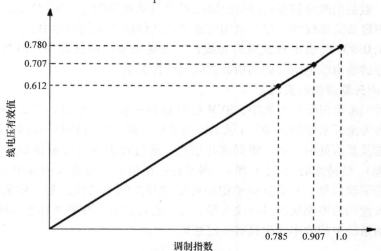

图 2.37　SVM 控制的逆变器的传递特性

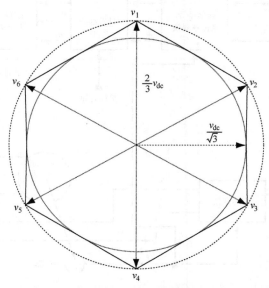

图 2.38　没有零开关矢量的 SVM 逆变器的最大输出电压相量

根据这一关系，可以推导并画出输出电压相量的轨迹。内圆环对应于 $0.707V_{dc}$ 的线电压，此时的调制指数正如表 2.7 推导的为 0.907。输出电压相量是一个具有最小调制指数为 0.907 的曲面。之后，在输出线电压变为 $0.78V_{dc}$ 时，对应的开关矢量幅值为 $(2/3)V_{dc}$，此时的调制指数为 1。根据该图，可以明显地发现，并不是所有的位置都可以获得 $0.78V_{dc}$ 的线电压，只有从零度开始每隔 60° 的开关矢量所在的位置才能获得 $0.78V_{dc}$ 的线电压。当调制指数介于 0.907~1 之间时，尽管线性度不佳，但是仍然能够在有限的空间位置中得从 $0.707V_{dc}$~$0.78V_{dc}$ 的线电压值。这一区域中轻微的非线性的存在也相应地体现在传递关系的图形中。除了在调制指数大于等于 0.907 时会出现轻微的非线性，在逆变器的控制器中，SVM 控制器可以提供最好的输出线电压与调制指数之间的线性关系。

2.9.3　空间矢量调制的实现

在永磁同步电机驱动方案中，SVM 控制器的一般实现形式如图 2.39 所示。在给出定子参考坐标系中的 d 轴、q 轴电压指令后，就可以得到某一时刻的电压相量幅值、角度及其所处的扇区。根据这些信息，通过查表可以分别获知开关矢量 v_1、v_2 及零矢量 v_0 的持续时间 a、b 和 c。参照这一组信息通过查找内存中另一份表格可获得门控驱动信号。为了获得希望的可变的开关频率特性，需要将采样时间 T_c 作为空间矢量调制器模块的另一输入量，这一点可能会对在整个转速 – 转矩区域内的电机驱动系统中的效率优化具有一定帮助。

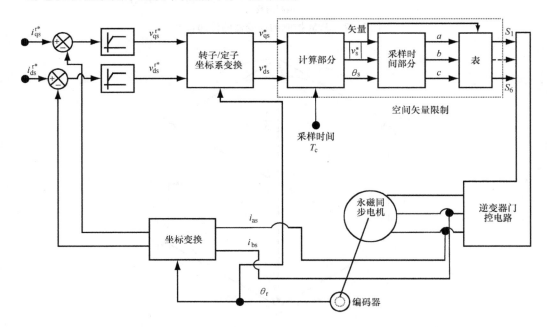

图 2.39　永磁同步电机驱动系统的 SVM 控制器的通用实现形式

2.9.4 空间矢量调制的开关纹波

在假定电感 L 已知的情况下，SVM 控制方法的开关纹波电流可由开关相量图推导获得。与电感压降相比，电阻压降可以忽略，这时，电流变化率可由电感压降方程得到：

$$\frac{di}{dt} = \frac{v_k - v_s}{L} \tag{2.74}$$

式中，v_k 是给定时间点上的任意一个开关矢量。其值为

$$v_k = \frac{2}{3} V_{dc} \quad (k = 1, 2, \cdots, 6)$$
$$= 0 \quad (k = 7, 8) \tag{2.75}$$

假设在一个开关周期中指令或期望的电压相量 v_s 为一个开关周期内的平均值。在一个开关周期中，施加的开关矢量只在作用的增量时间内激发出纹波电流。每个开关矢量的电流可以写为

$$\Delta i_1 = \frac{v_1 - v_s}{L} a T_c \tag{2.76}$$

$$\Delta i_2 = \frac{v_2 - v_s}{L} b T_c \tag{2.77}$$

$$\Delta i_o = \frac{v_7 - v_s}{L} a T_c = \frac{0 - v_s}{L} a T_c = -\frac{v_s}{L} a T_c \tag{2.78}$$

式中，开关矢量 v_1、v_2、v_7（或 v_8 作为零矢量，视情况而定）的施加时间分别为 aT_c、bT_c、cT_c。注意到，零矢量产生的电流纹波与指令电压相量的方向相反，而其他纹波电流方向同施加开关矢量与指令矢量的矢量差方向一致。因此，在给定开关矢量及指令电压相量的情况下，可以求出矢量 $v_1 - v_s$、$v_2 - v_s$ 及相应的纹波电流。考虑如图 2.40 所示的开关矢量及相应作用时间的 SVM 的一个周期。含有所有造成纹波电流矢量的开关矢量图则如图 2.41 所示。然后根据之前图示所示的加载时间加载合适的电压矢量，可以推导出 $v_1 - v_s$、$v_2 - v_s$ 和 $-v_s$ 会产生的的纹波电流，如图 2.42 所示。需要注意的是，假定稳态运行点为 0，零电流矢量从该点沿 $-v_s$ 方向以零为起点持续作用 t_1 时间，随后，开关矢量 v_1 从 t_1 作用到 t_2，结果，矢量差 $v_1 - v_s$ 在这段时间内产生与矢量差方向相同的纹波电流。而从 $t_2 \sim t_3$ 之间，

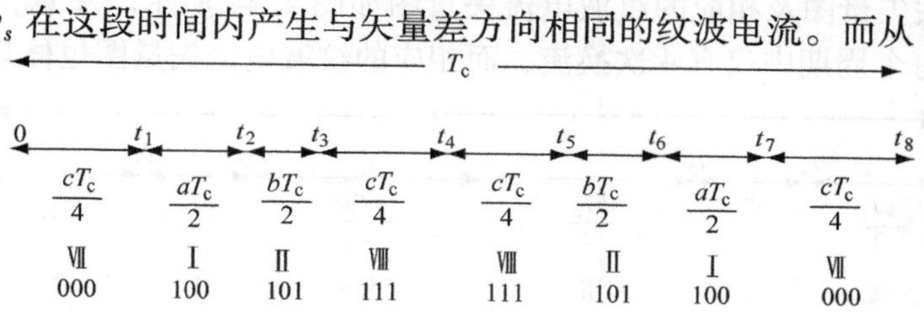

图 2.40 典型的 SVM 开关周期

开关矢量Ⅱ开始作用，此时的纹波电流沿 $v_2 - v_s$
方向。而从 $t_3 \sim t_4$ 之间，零开关矢量Ⅷ使得纹波
电流矢量沿 $-v_s$ 方向，这就完成了半个周期，
并使得纹波电流矢量图闭合为一个三角形。同
理，从 $t_4 \sim t_8$ 之间的纹波电流矢量图构成了一个
同前一个开关纹波三角形类似的三角形。为了简
化起见，可以将稳态运行点置于一点，将两者结
合为一张图。非常重要的一点是，每个开关周期

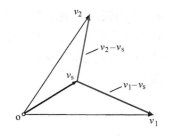

图 2.41　用于计算电流纹波的
电压差矢量及开关矢量图

的电流相量的基波值可以通过电流矢量轨迹的原点获得。电流矢量基波幅值可通过对这一瞬间的采样获得，比如在每个 SVM 周期
的起始时刻进行采样并且无需滤掉纹波电流。对纹波电流矢量的旁路以及滤波等操
作会在控制回路中产生延时和相移，通过该方法测量的电流可以用于需要高性能反
馈控制要求的场合。

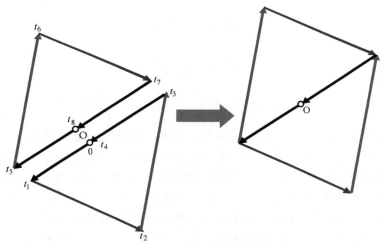

图 2.42　由开关矢量图推导的纹波电流矢量

同样的，考虑如图 2.43 的基于减少开关次数的 SVM 运行方式的一个通用开关
周期。其开关矢量图及相应的纹波电流矢量图如图 2.44 所示。注意，这一修正的
SVM 方法在每个周期中仅有 4 次换流，而相应的纹波电流矢量图也体现了这一点。

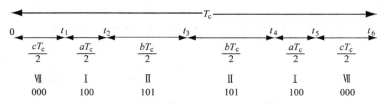

图 2.43　减少开关次数的改进 SVM 的通用开关周期

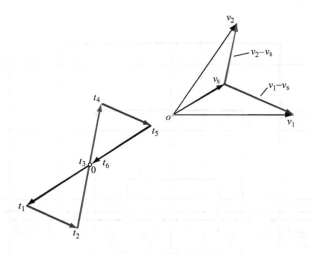

图 2.44　开关矢量图及纹波电流图

为了在更高的调制指数下获得更高的指令电压相量值，需要注意的是纹波电流矢量是减少的，这是由每个载波周期中最小的开关次数获得的。

混合 PWM 控制器

前一节介绍了根据所需的包含幅值与相角等信息的指令电压空间相量来产生相应开关矢量的方法。但是这些开关矢量同样可以由三角载波信号及作为调制信号的相电压指令的交点获得[92-95]。该方法与传统 PWM 信号的产生过程非常相似。为了将基于三角载波的 PWM 方法与开关矢量联系起来，以图 2.45 的方式将 SVM 开关矢量映射到三角载波上。在 SVM 开关矢量信号 S_c 中，需要注意，开关矢量Ⅷ的施加时间变为 $k_o c T_c$ 而不是 $c T_c$，相应的在 SVM 首尾的时间间隔表示为 $(1 - k_o)$ $c T_c/2$。在 SVM 周期中点引入分数系数 k_o 广义化了开关矢量Ⅷ，使得其持续时间可以取任意值而不必一定等于零开关矢量Ⅶ。该方法意在中点相电压指令信号中引入零序成分，接下来对这一过程进行解释。

该方法下的 PWM 载波周期对应于 SVM 周期，而三角载波信号的正负峰值为 $0.5 V_{dc}$。通过三角载波及指令信号的交点并从三角波中点开始作用持续时间 t 的 PWM 输出电压可由三角波自身方程获得：

$$v_m^* = \frac{v_{dc}}{2}\left(\frac{4}{T_c}t - 1\right), \ 0 \leqslant t \leqslant \frac{T_c}{2} \tag{2.79}$$

将其除以一半的直流母线电压后获得归一化表示形式的中点电压，其单位用标幺值（p.u.）表示：

$$\frac{v_m^*}{\dfrac{V_{dc}}{2}} = v_{mn}^* = \left(\frac{4}{T_c}t - 1\right)\text{p.u.} , 0 \leqslant t \leqslant \frac{T_c}{2} \tag{2.80}$$

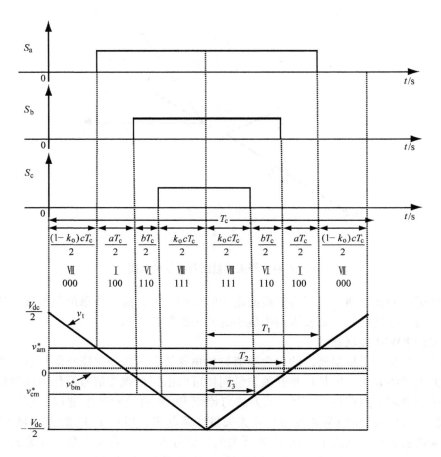

图 2.45 由 PWM 方法推导出的 SVM 控制方法

通过将持续时间替换为以三角载波中点为起点的持续时间 T_1、T_2 和 T_3，可以简化 a、b、c 的中点电压指令。根据 SVM 开关矢量的持续时间可以给出这些加载时间为

$$T_1 = (k_o c + b + a)\frac{T_c}{2} \tag{2.81}$$

$$T_2 = (k_o c + b)\frac{T_c}{2} \tag{2.82}$$

$$T_3 = k_o c \frac{T_c}{2} \tag{2.83}$$

比如，a 相中点控制电压以归一化形式表示为

$$\frac{v_{am}^*}{\dfrac{V_{dc}}{2}} = v_{amn}^* \left(\frac{4}{T_c}t - 1\right) = \left(\frac{4}{T_c}\{k_o c + b + a\}\frac{T_c}{2} - 1\right) = 2(k_o c + b + a) - 1 \tag{2.84}$$

可以从图上看出，在时间段 aT_c 中，施加在 ab 之间的控制线电压可根据如下方式计算出载波周期内的伏秒区域大小为

$$a\frac{T_c}{2}V_{dc} = v_{abm}^* \frac{T_c}{2} \tag{2.85}$$

经过归一化及简化后可以得到

$$a = \frac{v_{abm}^*}{2\left(\dfrac{V_{dc}}{2}\right)} = \frac{v_{abmn}^*}{2} = \frac{1}{2}(v_{am}^* - v_{bm}^*) \tag{2.86}$$

注意，v_{am}^* 和 v_{bm}^* 都是包含所需中点电压及零序分量的归一化的中点电压指令。同理，可推导出其他开关矢量的施加时间

$$b = \frac{v_{bcmn}^*}{2} = \frac{1}{2}(v_{bm}^* - v_{cm}^*) \tag{2.87}$$

通过计算整个载波周期中开关矢量的作用时间之和，a、b 和 c 三个分量之间有如下的关系：

$$a + b + c = 1 \tag{2.88}$$

根据这一方程，通过之前两个公式的相电压可以计算出 c。由零序及实际中点指令电压可以推得中点指令电压之和为

$$v_{am}^* + v_{bm}^* + v_{cm}^* = (v_{an}^* + v_{zs}) + (v_{bn}^* + v_{zs}) + (v_{cn}^* + v_{zs}) = (v_{an}^* + v_{bn}^* + v_{cn}^*) + 3v_{zs} \tag{2.89}$$

并且值得注意的是，实际的中点指令电压之和为零，则中点指令电压之和等于 3 倍的零序电压：

$$v_{am}^* + v_{bm}^* + v_{cm}^* = 3v_{zs} \tag{2.90}$$

用 a、b、c 及中点指令电压替代指令电压，可以获得零序电压为

$$v_{zs} = -\left[(1 - 2k_o) + k_o v_{an}^* + (1 - k_o)v_{cn}^*\right] \tag{2.91}$$

对于如图 2.32 的标准的 SVM 来说，$k_o = 0.5$，使得输入零序电压为

$$v_{zs} = \frac{1}{2}v_{bm}^* \tag{2.92}$$

这就推导出了扇区 I 运行的公式，类似地对于其他 5 个扇区也可以推导出相应的输入零序电压并整理归纳起来[92]。一旦获得了这些公式，就可以研究 k_o 的变化对输入零序电压、调制指数及调制比的影响。图 2.46 给出了一些 k_o 变化对于指令电压波形影响的例子。其第一部分在整个周期中具有恒定值，而在第二部分中只在 1/6 个周期内保持恒定值。对于 $k_o = 0.5$ 的情况，很明显零序输入是基波的 3 次谐波，并且不同于其他恒定的 k_o 值时的波形，该谐波是半周期对称的。这就使得指令电压峰值由 1.15 减小到小于等于 1，因此，可以通过注入 3 次谐波的方法拓展普通 PWM 的线性运行区域。

纹波电流：对 PWM 型逆变器纹波电流的推导可以采用类似 SVM 型逆变器控制

器中所采用的方法，根据其开关状态矢量及加载时间推导出来。对于混合 PWM 控制器，这里以图 2.47 研究混合 PWM 控制器的开关矢量时间图。该图是在取 $k_o = 1/3$ 的条件下，即零矢量在一个周期的首、末两端以及中间分别作用 $cT_c/3$ 时间所获得的。纹波电流图可由开关矢量及其加载时间还有如图 2.48 一样所需的空间电压相量之差推导出来。

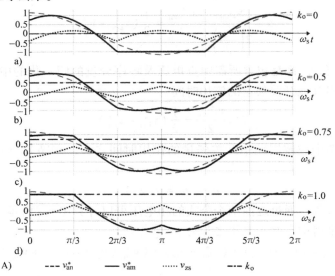

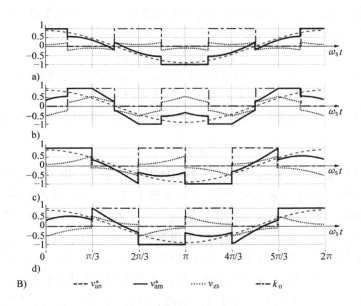

图 2.46　不同 k_o 值对指令电压波形及零序成分的影响

A) k_o 值恒定　B) 每周期中变换的 k_o 值

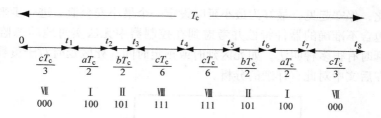

图 2.47　开关矢量及其作用时间图表

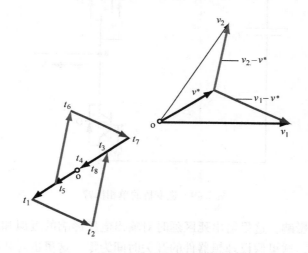

图 2.48　PWM 方案的纹波电流推导图

　　这里对电流纹波的推导过程同上一节 SVM 型逆变器控制器的过程是近似的。为了简明起见，这里不再解释。这种 PWM 方案对纹波电流的影响是，开关次数同 SVM 的普通模式一样还是 6 次。但这两部分电流矢量图相互错位，结果导致纹波电流在半个周期中不再是对称的，而总的纹波电流大于 SVM 型的控制。

2.10　逆变器的开关延时

　　如图 2.49 所示，以一相桥臂的电压源型逆变器进行说明。正负载电流用从左到右指向负载的箭头表示，晶体管 T_1 导通 T_{on} 段时间。在具有理想开关的理想逆变器中，T_4 导通的时间段内 T_1 是关断的。但是 T_1 的完全关断是需要一段时间的，该时间等于存储时间、电流下降时间和电压上升时间之和。如果下桥臂的晶体管在上桥臂晶体管彻底关断之前导通，则两个器件的同时导通会导致输入直流电源的短路。这在文献中被称为直通短路。为了避免这一故障，需要在逆变器每相桥臂的上、下桥臂晶体管开通与关断之间加入一个人为的延时。这个延时至少要等于器件存储时间、电流下降时间及电压上升时间之和。因为这些时间会随着器件运行温度及电流变化，保守起见，最好为最小延时设定一个最小安全值。进一步来说，这个最小值要包含不准确的器件特性并考虑到在控制器中无法实时地动态监测这些变化。这一延时有很多种叫法，如死区延时或锁定时间。死区延时对于负载电压有负面影响，在后文中对此有详细的分析。

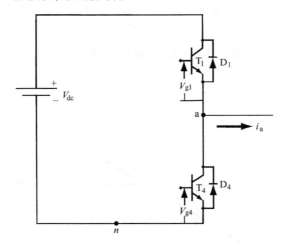

图 2.49   逆变桥的单相桥臂

死区延时的影响： 这里给出死区延时对输出电压影响的近似和定性分析。为了使讨论更加明晰，这里假设理想器件的开关时间为零。这里也对死区效应对中点电压的影响做一些评估。值得注意的是，利用中点电压评估其对线电压的影响是非常容易的。无论是由开通到关断还是关断到导通的过程，死区时间 t_d 都将被插入如图 2.49 所示的一相桥臂两器件的门极驱动信号当中。这里假设有一个连续的正向负载电流，以及开通时间为 t_{on} 和关断时间为 t_{off} 的上桥臂晶体管（下桥臂晶体管则反之），在不考虑死区延时的情况下，推导出的门控信号如图 2.25 所示。由 a 相中点控制电压 v_{an}^* 可以推得门控信号。上桥臂晶体管的门控信号跟随中点电压指令，而下桥臂晶体管的门控信号则与前者互补。在电压源型逆变器的前提下，不论负载电流是否存在，选择互补的门控信号这一方法使得任意时刻的中点电压都有良好的定义。需要注意的是，是输出电压而不是电流具有良好定义。门控信号 v_{g1} 和 v_{g4} 定义为理想门控信号。在实际逆变器中，需要在如图 2.50 所示的 v_{g1}' 和 v_{g4}' 控制信号的变化过程中加入死区时间，这两个信号被称为修正的门控信号，可以用来解释死区延时效应。当下桥臂器件关断后，上桥臂器件将在延时 v_d 段时间后导通；同样的，当上桥臂器件关断后，下桥臂器件在死区时间延时后导通。如果上桥臂器件处于导通状态，中点电压为 $v_s - v_{sw}$，其中 v_{sw} 为晶体管的导通压降。这里需要注意的是，电压的参考点为直流电源的负电压端。当给上桥臂器件发出一个关断的门控信号时，器件中电流逐渐减小（经过一段器件存储时间），而相应部分的电流被转移到

下桥臂二极管 D_4 中。在完成被称为换流的电流转移过程后，上桥臂器件的两端电压开始上升并最终等于源电压。同时，二极管 D_4 两端电压降为其导通值 v_d。从此刻开始，以直流母线电压负极为参考的中点电压为 $-v_d$。如果负载电流为连续的，T_4 的导通对中点电压毫无影响，因为此刻下桥臂的二极管已然导通并流过整个负载电流。图 2.50 中的器件均假定为理想器件，因此忽略了晶体管与二极管的导通压降。

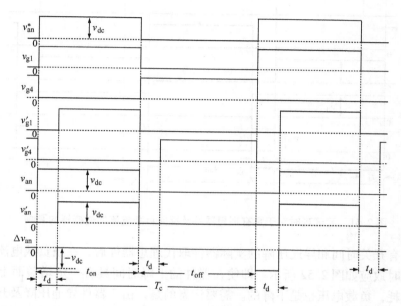

图 2.50　死区延时对于具有理想器件并有正向负载电流的逆变器的影响

根据理想门控信号与修正的门控信号，可以推导出中点电压并分别表示为 v_{an} 和 v'_{an}。而具有和不具有延时的逆变器中点电压之差（$v'_{an} - v_{an}$）以 Δv_{an} 表示，Δv_{an} 的值与平均值均为负值。这是由于逆变器死区延时导致负载上损失了部分中点电压。同理对于负的负载电流的影响如图 2.51 所示。因为在中点电压具有一个增益，所以显然负载电压也有一个增益。基于以上的讨论，可以获得如下的结论：

（i）死区延时对输出电压的影响由死区延时时间及负载电流的极性决定。

（ii）当为正负载电流时，死区延时使得输出电压减小；而负载电流为反向时，输出电压增大。

（iii）每个开关周期的输出伏秒面积的损失/增大等于 $t_d V_{dc}$，其中 V_{dc} 是逆变器的输入直流电压，而 t_d 是死区延时时间。

（iv）只有在电压源型逆变器中，死区时间延时才是必需的。而在电流源型逆变器上除了电流过零点时均无必要。这是因为当电流由导通晶体管转移到其互补器件二极管时，其互补晶体管的导通对这段时间的输出电压毫无影响。

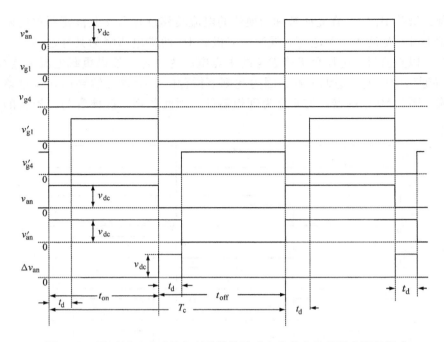

图 2.51   死区延时对于具有理想器件及反向负载电流的逆变器的影响

用具有开关时间和导通压降的实际器件取代理想器件后，在正负载电流情况下的死区延时效应如图 2.52 所示。即使在器件的下降时间具有一定增益而上升时间里存在损耗，负载电压也是下降的。需要注意的是，由于器件导通压降及开关时间与死区延时等原因所造成的控制电压的偏移是非常严重的。以上所有的问题使得逆变器输出及其控制电压之间存在着严重的非线性传递关系。同样的，在电流负载方向为负的情况中也可以非常容易地分析清楚逆变器中非理想器件的影响。相应的电压增益或损失可以推导为

$$\Delta v = \frac{t_d + t_r - t_f}{T_c} \big[V_{dc} - V_{sw} \big] + \frac{t_{off} + 2t_d + t_r - t_f}{T_c} V_d + \frac{T_c - t_{off} - t_d + t_f}{T_c} V_{sw}$$

$$= (V_{dc} - V_{sw} + V_d) \left[\frac{t_d + t_r - t_f}{T_c} \right] + V_d \left[\frac{t_{off} + t_d}{T_c} \right] + V_{sw} \left[\frac{T_c - t_{off} - t_d + t_f}{T_c} \right]$$

$$(2.93)$$

式中，V_d 和 V_{sw} 分别为二极管和晶体管导通压降。该表达式中许多参数都是依赖于器件电流与结温的变量而不是恒定量。此类变化的运行变量使得准确地预测与计算这些变量十分困难，这也就增加了对器件死区延时补偿的难度。正因为此，所有的补偿方案都只能是近似准确的。这种理解将有助于解决在无传感器转速与位置控制的驱动系统里遇到的一些测量/预测问题。关于永磁同步电机无传感器控制的内容可见第 8 章。

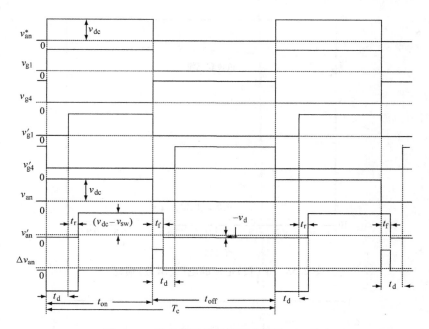

图 2.52　具有实际器件的逆变器的死区效应

接下来研究一个具有如下特性的由通用器件组成的逆变器：

$V_{dc} = 285V$　　　$t_{rv} = 100ns$

$V_{sw} = 1.8V$　　　$t_{fv} = 100ns$

$v_d = 1.3V$　　　$t_{d1} = 78ns$

$t_d = 3\mu s$　　　$t_{rc} = 110ns$

$T_c = 0.1ms$　　　$t_{fc} = 265ns$

$f_c = 10kHz$　　　$t_{d2} = 340ns$

对于理想逆变器和具有死区延时的逆变器，利用式（2.93）可以分别求出相应的电压增益/损耗以及逆变器中点电压的特性曲线，具体如图2.53和图2.54所示。图中以占空比作为自变量进行绘制。

在低电压指令情况下，电压损失比例较高；而在高电压指令情况下，损失比例较小。因此，与高频（对应于高速时）运行相比，在低频（对应于低速情况）运行中一定要进行补偿。

在基于正弦三角波调制方案的三相逆变器驱动的永磁同步电机驱动系统中，死区时间对电机电流的影响如图2.55所示。图中包含相电流及其参考值。死区延时使输出电流出现畸变而且其畸变主要出现在电流过零点。由于电压和电流之间存在相互影响，这种畸变每隔60°都变得非常明显，即每个周期6次。这是因为在一个三相系统中，在一个电周期里所有相中总共有6次过零点。这些畸变可能会使电机在低速运行时出现转速振动。在一些高性能要求的应用场合，比如位置伺服系统

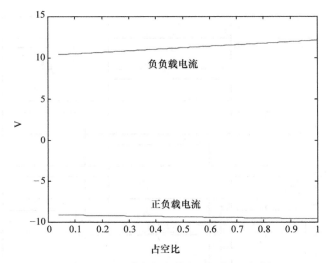

图 2.53　正(负)电流的电压(增益)损耗

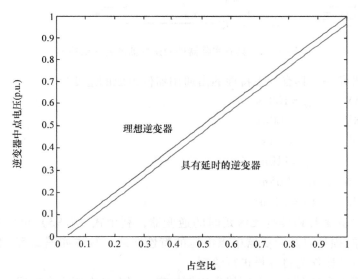

图 2.54　具有(不具有)死区延时的逆变器的占空比 - 逆变器中点电压的关系

中,抖动的电压和电流将对这类驱动系统造成极为严重的问题。永磁同步电机和感应电机的运行及无位置控制也暴露了死区时间的畸变所造成的弊端。这些畸变使得对具有合理精度的转子位置估算非常困难。因为有这些负面影响,所以对逆变器死区效应的补偿就变得非常关键。对于理想逆变器,由于输出电流波形将严格跟随相应的控制指令,因此这里不再分别展示。

　　对于快关断器件来说,死区时间可以非常小,结果使得电压增益/损耗都可以被忽略。在这种情况下,对死区延时的补偿可能就不是必要的了。这种情况并不适

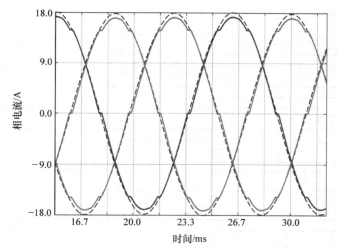

图 2.55 死区延时对开关频率为 20kHz 逆变器及永磁同步电机控制系统的影响

用于例如 IGBT 等的一些器件。除了死区时间外，不同的电流产生的不同导通压降也增加了非线性的因素，所有这些效应对逆变器的传递关系以及逆变器驱动的电机驱动系统的运行都有着极大的影响。

死区延时效应的补偿：对于最简单的仅有死区延时的情况，补偿是很容易的。为了帮助读者理解概念，这里首先忽略掉器件导通压降及开关时间，然后再考虑加入这些器件的不良因素后的补偿。在正负载电流的情况下，补偿是通过在上桥臂的理想门控信号的上升沿与下降沿两处分别对称地加入一段等于死区时间的延时，而只在下桥臂的理想门控信号的上升沿处加入两倍的死区延时来实现的。理想逆变器以及具有延时的逆变器的中点电压分别设为 v_{an} 和 v'_{an}。它们相应的一个桥臂的门控信号为 v_{g1}、v_{g4} 和 v'_{g1}、v'_{g4}。这些变量是用以展示并说明死区延时及其补偿对中点电压的影响。补偿后的上、下桥臂的可控器件的门控信号分别设为 v'_{g1c} 和 v'_{g4c}。补偿后的中点电压，表示为 v_{anc}，该信号除了具有如图 2.56 一样的一段等于死区时间的延时时间之外，与其控制信号 v_{an} 波形基本相同。这种补偿只有当死区时间足够大并且即使补偿了相应的伏秒增益/损耗之后也会影响系统的特定性能时，才会形成问题。如果延时相对于 PWM 载波周期来说非常大，那么最明智的做法是在将其包括在逆变器建模中，这部分留待关于建模的下一节中解决。

对于负载电流为负的情况，类似的补偿也是可以实现的。但不是通过增加门控驱动信号而是减小等于死区延时长度的一段时间，这点与正电流情况相反。这里进行补偿的原信号是具有死区延时的逆变器门控信号 v'_{g1}。对该信号的进一步修整是在信号的上升沿减去对应死区延时长度的一段时间；或者是相对于理想逆变器的门控信号 v_{g1}，上桥臂的门控持续时间减去两倍的死区延时量也可以获得补偿过的门控信号 v_{g1c}。相应地，补偿过的下桥臂门控信号 v'_{g4c} 通过将上、下跳变沿延迟死区时间来隔离于上桥臂信号。对于负电流情况下的补偿如图 2.57 所示。

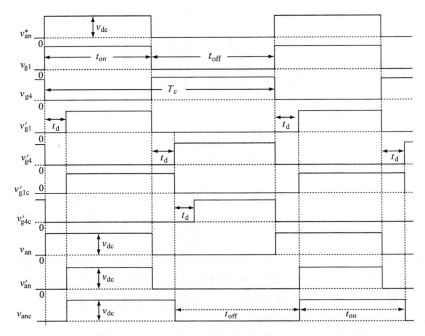

图 2.56   对具有正负载电流，采用理想器件的逆变器死区延时补偿波形

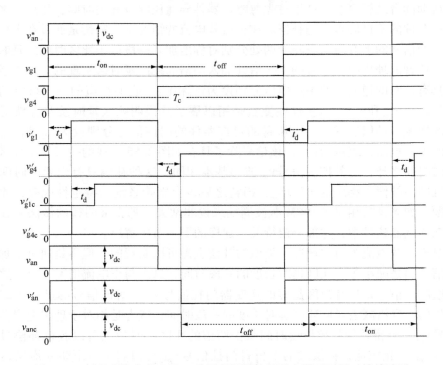

图 2.57   对具有负负载电流，采用理想器件的逆变器死区延时补偿波形

目前为止，在死区延时及其补偿的处理过程中一直都忽略了器件开通时间及导通压降。这两者结合延时的补偿如图 2.32$^{\ominus}$所示。考虑对包括器件存储时间、电流上升与下降时间、电压上升与下降时间等延时进行补偿。出于实际目的，将器件开通期间的电流上升及电压下降时间合起来作为一个变量 t_{s1}，而在讨论中单独列出器件的存储时间 t_{d1}。同理，对于器件关断时的情况，电流下降时间及电压上升时间合并为变量 t_{s2}，而存储时间设为 t_{d2}。这里研究正负载电流的情况，当器件导通时，中点电压保持接近零（或者等于下桥臂二极管导通压降的负值）的时间为 t_{d1} 和 t_{s1} 之和。为了补偿这一影响，上桥臂的门控信号将在其下降沿延长相同的时间。因为门控脉冲由于死区时间而延迟了相应时间，所以下降沿也将延伸相应的时间长度。因此，门控信号的下降沿总共将延迟 $(t_{d1} + t_{s1} + t_d)$。但当器件关断时，其导通时间需要增加一段等于延时存储时间及开关时间之和的时间，即 t_{d2} 和 t_{s2} 之和。这必然导致互补的上桥臂的门控信号 v'_{g1c} 的上升沿处减少相应的时间。因此最终中点的伏秒面积等于其控制值。补偿后的下桥臂门控信号 v'_{g4c} 与中点电压的波形相比，滞后 t_d 段时间，而与补偿过的上桥臂门控信号相比，下降沿延时了 $(t_{d2} + t_{s2} + t_d)$ 的时间。在忽略导通压降的前提下，这样就完成了对死区延时的补偿。如果进一步考虑到导通压降在每个开关周期内造成的平均伏秒面积的损失/增益，可以在上桥臂的门控信号中加入等效的时间。对由于器件导通压降造成的中点电压的伏秒面积损耗，进行补偿的伏秒面积表示如下：

$$v_{dc}t_{vc} = v_{sw}t_{on} + v_d t_{off} \tag{2.94}$$

式中，t_{vc} 是加入到上桥臂门控信号的补偿时间，这个值是基于平均而不是每个周期的基础上获得的，因此这个误差并不会对逆变器和电机动态性能造成很大影响。这里需要注意的是，t_{vc} 并没有在图 2.58 中标示出来。

以上讨论的方法是一种在实际应用的技术。自 1987 以来，学术界提出了许多的补偿方法。部分方法列举在参考文献当中。一种直接的补偿方法是通过检测负载电流的极性在门控信号中加/减等于死区延时的时间。

另一种方法是找到需要补偿的电压，然后获得其基波等效电压加入原控制电压指令中，最终获得补偿过的控制电压以产生门控驱动信号，这被称为平均电压法（Voltage Averaging Method）。但由于存在相位延时，该方法存在动态性能方面的问题。

另一种延时补偿技术是基于抑制门控驱动信号法（Suppressing the Gate Drive Signals）。当电机或者负载电流连续时，关断上桥臂（下桥臂）可控器件会导致下桥臂（上桥臂）二极管的导通。因此，在这段时间内没有必要开通互补的可控器件，因此其门控信号也就被抑制了。在这种情况下也就不存在任何死区延时需要补偿。但是当电机电流接近零时，即不再满足电流连续这一条件的情况下，门控驱动

$\ominus$ 应为图 2.58。——译者注

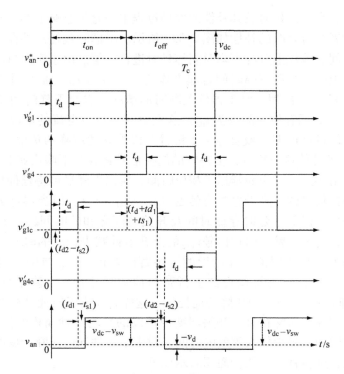

图 2.58   对采用非理想器件的逆变器在正负载电流情况下的死区延时补偿波形

信号中需要加入死区延时。与其他方法比较，这种方法大大简化了死区延时的补偿。但这种方法对接近零电流时的电流极性及检测精度有一定要求。

当中点电压为高电平而可控器件处于关断时，很明显电机相电流为负；而当中点电压为低电平而可控器件处于关断时，电流为正。因此电流极性可由对中点电压的检测进行预测而不必采用更昂贵的电流检测方法。该方法不需要对电流进行检测，也就无需电流传感器。

三相逆变器的控制建模

变换器在建模及控制研究中可以被认为是一个具有一定增益及相位延迟的黑盒子。对于基于线性控制器的最大控制电压为 V_{cm} 的变换器，其增益如下：

$$K_r = \frac{\dfrac{2}{\pi}V_{dc}}{V_{cm}}V/V \qquad (2.95)$$

变换器是一个采样数据系统，其采样间隔对应于系统的延时大小。采样间隔对应于一个 PWM 周期，但是在每个周期中，开关动作是随时可能发生的。根据统计方法来说，平均延时可以认为是采样间隔的一半，即

$$T_r = \frac{1}{2} \times (\text{PWM 的周期}) = \frac{1}{2} \times \frac{1}{f_c} \qquad (2.96)$$

但是另一些领先的研究人员把这段延时设定为一个 PWM 周期的 3/4。这一调整是考虑到死区及其补偿，还有系统内在的延时。同时值得一提的是，这一违背统计原理的更长延迟时间也是基于实际经验的。另一方面，在电机驱动中，典型的阶跃信号总是可以测量其相应的延时时间。该时间可以用于控制建模。最终，这一带有增益与延时的逆变器模型可以表示为

$$G_r(s) = K_r e^{-T_r s} \tag{2.97}$$

而式（2.97）可以近似为如下的一阶延时环节：

$$G_r(s) = \frac{K_r}{1 + sT} \tag{2.98}$$

对于许多驱动系统的应用，式（2.98）给出的模型在实际中是能够满足要求的。

2.11　输入功率因数校正电路

逆变器主要通过以不可控二极管整流器获得直流电的形式进行供电。然而二极管整流器造成的交流供电线的畸变电流与尖峰电流以及对电力系统的干扰都是我们不想看到的。在美国之外的国家里，往往要求电力电子制造商（的产品）能够以最小的畸变从电网中获取正弦电流并以接近单位功率因数的方式运行，以期能够最大地利用电网的装机容量。自 20 世纪 80 年代末开始兴起了大量的具有单位功率因数校正能力及校正输入电流正弦波形的电力电子电路[96-103]。本节中讨论了两种目前最常用的功率因数校正电路，一种针对输入为单相交流电源的情况；而另一种针对三相交流输入电源。尽管两种电路均可以进行功率因数校正，这里提出的三相电路仅能控制双向功率流动，即逆变器负载和交流输入之间。因为篇幅有限，所以这里暂不涉及该电路的单相形式的内容，但是其原理在通过对三相电路的原理进行解释后将变得十分明晰。

2.11.1　单相功率因数校正电路

图 2.59 所示为单相功率因数校正电路。在晶体管 T_1 关断时，整流后的交流⊖电压 v_{re} 通过二极管 D_2 及电感 L 向电容充电。该电路与具有 LC 滤波器的传统二极管整流桥电路非常相似。此时的电流波形与没有电感的单相整流波形（见图 2.8b）相比更好一些，并且直流电流也随着电感值的增加而变得逐渐平坦。对于实际的电感来说，电流波形是含有高次谐波成分的非正弦波形。在电路的输出侧引入一个有源器件可以调整电感中的电流。在这里主要是指，在保持电容电压为所需电压的同时，将电感电流变为正弦电流，这里的电容电压可以大于或者等于交流输入的电压幅值。

⊖ 应为直流。——译者注。

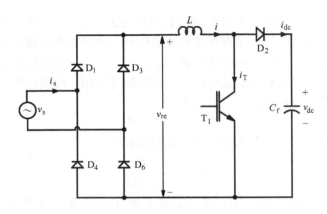

图 2.59   具有功率因数校正功能的单相整流电路

这种变换器有两种工作模式，分别对应于晶体管是否有电流导通。晶体管的导通使得整流后的电压加载在电感 L 上。在这期间，能量由交流输入侧存储在电感上。关断晶体管使得 v_{re}、L、D_2 及 C 串联起来。因为电感中存在电流，所以二极管 D_2 将正向导通，使得电流经电感由整流侧流入电容。此时能量由电感及整流后的直流电源提供。当电容电压高于整流后的电压时，大部分存储在电感中的能量将转移到电容中，这种情况发生的概率很高。虽然图中并未指出，但是连接在电容两端的负载在晶体管 T_1 导通时由电容负责供电。而在晶体管关断时，负载从整流后的直流电源及电感吸收能量。晶体管的目的在于调整电感及交流电源的电流波形。

如果要实现正弦输入电流的需求，变换器系统只需要具备电流控制内环的外负载电压反馈控制能力。电流控制指令是根据输出功率的要求而生成的，因此，变化的功率需求也改变着从交流电源中获取的正弦电流幅值。该电流控制指令是综合考虑到功率需要及交流输入电压幅值获得的。该电路的运行波形如图 2.60 所示。即使在输入电压小于输出电压的情况下，该电路中的电容仍旧可以充电，因此该电路被称为 Boost 整流器。该电路可以获得与输入交流电压同步的正弦电流，于是也就具有了近乎单位功率因数运行的能力。所以，该电路又被称为单位功率因数（UPF）Boost 整流器。其他的单相 UPF 电路留待读者自己研究。

2.11.2   三相功率因数校正电路

图 2.61 给出了一个包含输入功率因数校正（超前、滞后和单位）和双向能量流动能力的交直流变换器。这个电路包含带有反向并联二极管的自换流功率器件和交流输入线电感，而作为一个整体，该电路允许双向电流的导通。在逆变器一节中已经讲解了从直流源获得交流电源的变换器及其相应的操作。这里用交流输入取代直流输入，并且反过来获得直流源。因此它首先是一个可控整流器，其次才是一个逆变器。将其称为逆变器并不能完全代表其特性，因此在后边的讲解中把它称为变换器电路。每一相的等效电路如图 2.62 所示，图 2.63 则给出了它的相量图。这种

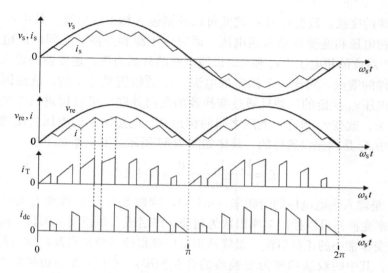

图 2.60　单相功率因数校正电路的源电压和电流波形

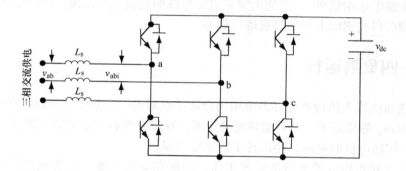

图 2.61　功率因数校正后的整流电路

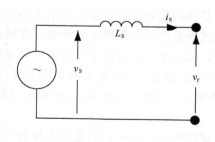

图 2.62　每相的等效电路

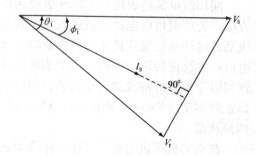

图 2.63　相量图

带有可控开关的变换器（不同于二极管整流器）可以选择供电电压和选取适当的
加载时间向直流源供电。由于电流具有双向流动能力，这个特点也同样适用于直流源到交流源的变换。改变v_s和v_r之差可以控制输入相中的电流，其中v_s和v_r分别是源输入相电压和逆变器输入相电压。而对应于源和变换器之间的线电压分别为v_{ab}和v_{abi}，对应的相电压为v_s和v_r。以线电感的后侧为例，逆变器的输入端是逆变器开关器件的端点。对于一个固定的电流，v_r的幅值是恒定的，这是因为它是由直流母线电压v_{dc}决定的，并且通过变换器的反向并联二极管桥进行充电。通过逆变器的开关，改变v_r和输入电压之间的相角θ_i，电感两端的电压会使输入电流I_s增大，其中L_s是预先设置好的。具体如图 2.63 所示。其关系如下：

$$I_s = \frac{V_s - V_r \angle -\theta_i}{j\omega_s L_s} = |I_s| \angle \phi_i \tag{2.99}$$

式中，ω_s是输入供电电压的角频率（rad/s）。因此改变θ_i会改变I_s和功率因数角ϕ_i。该功率变换器可以控制功率因数为超前、滞后或者单位功率因数，同时还能保持具有畸变非常小的正弦电流。最终从市电中获得的是叠加有高次纹波的正弦基波输入电流，其中的纹波频率为变换器的开关频率。这里主要的边带频率为（$f_c + f_s$）和（$f_c - f_s$），其中f_c和f_s分别为开关频率和交流供电电压的频率。将电流相量超前电源电压相量90°，可使电能从直流母线侧逆流到交流侧。PWM、SVM 和滞环控制均可以实现以上的变换器运行状态。

2.12 四象限运行

在诸如机器人执行器的许多应用场合需要控制电机的起停。假设现在电机运行在转速为ω_m的稳态下，并希望转速降为零，这时有两种方法可以实现这一想法：

（i）切断电机的电源，使得转子转速变为零。

（ii）电机可以以发电机的形式工作，因此存储的动能可以有效地回馈到电源侧。这种方法能够节约能量并使得电机转速迅速降为零。

同切断电源造成随机的转速响应相比，第二种方法提供了一种可控的电机制动方法。为使电机由电动状态进入发电状态，需要做的就是能量由电机到电源的反向流动，这种运行模式被称为再生制动。该制动过程是通过能量再生实现的，即通过电机产生反向转矩。因此，为了实现能量再生，第Ⅳ象限能量再生的转速 - 转矩特性与第Ⅰ象限的特性成镜像关系，如图 2.64 所示。第Ⅰ、Ⅳ象限具有相同的转向，即正向驱动（Forward Motoring，FM）和正向能量再生（Forward Regeneration，FR）两种状态。

在诸如机床进给驱动等应用中需要正、反两种转向。这里，第Ⅲ象限称为反向驱动（Reverse Motoring，RM）状态，而第Ⅱ象限被称为反向能量再生（Reverse Regeneration，RR）状态。在两种转向下具备驱动和再生能力的电机驱动被称作四象限变速驱动。这种四象限电机驱动的转矩 - 转速特性如图 2.64 所示。该图包含两种特性：一种是额定运行状态；而另一种是短时或暂态运行状态。短时运行特性

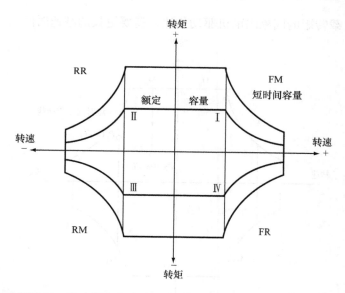

图 2.64 四象限转矩 – 转速特性曲线（摘自 R. Krishnan 的《Electric Motor Drives》图 3.4, Prentice Hall, Upper Saddle River, NJ, 2001, 版权许可）

用于描述电机加速和减速状态，其转矩通常大于额定转矩的 50% ~ 200%。四象限运行及其转速、转矩、功率输出的关系总结如表 2.8 所示。

表 2.8 四象限电机驱动特性

运行方式	象限	转速	转矩	功率输出
正向驱动（FM）	I	+	+	+
正向能量再生（FR）	IV	+	−	−
反向驱动（RM）	III	−	−	+
反向能量再生（RR）	II	−	+	−

注：摘自 R. Krishnan 的《Electric Motor Drives》表 3.4, Prentice Hall, Upper Saddle River, NJ, 2001, 版权许可。

图 2.65 说明了从工作点 P_1 到 Q_1 和从 Q_1 到 P_2 时，电机的转速和转矩变化。在接收到从 P_1 到 Q_1 的命令开始，由于电机的能量再生，转矩变为负值，正如轨迹 P_1M_1 所展示的一样。这一再生转矩与负载转矩一起组成了减速转矩。该转矩在恒磁区域及弱磁区域（详见之后章节）都能维持在允许的最大值。随着电机沿轨迹 M_1M_2 不断减速，电机转速为零的时刻转矩仍然保持为负的最大值，使得电机仍沿 M_2M_3 的轨迹反方向转动。一旦到达所需的转速 ω_{m2}，转矩将调整为特定值 $-T_{e2}$，这一过程对应于轨迹 M_3Q_1。同理，为了从工作点 Q_1 到达 P_2，电机需要沿轨迹 $Q_1M_4M_5M_6P_2$ 运行。

由该示例可以发现运用所有象限运行模式可以获得具有快速响应的电机驱动。该方法同切断电源技术相比，切断电源的方法仅负载转矩具有减速作用，因此同结合了电机与负载转矩的四象限电机驱动相比，需要更长的减速时间。

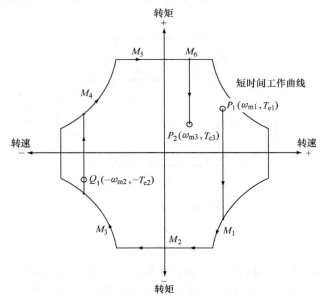

图 2.65　工作点的变换及四象限的使用(摘自 R. Krishnan 的《Electric Motor Drives》图 3.5，
Prentice Hall, Upper Saddle River, NJ, 2001,版权许可)

2.13　变换器的要求

在永磁同步电机和无刷直流电机的四象限运行中，对直流母线的电压与电流要求可以按如下方式推导得出。图 2.66 所示的是永磁同步电机驱动系统的原理图。逆变器的输入电压v_i设为恒定值。转速与定子频率成正比，且极性由相序所决定。假设正向驱动（FM）的转速方向为正，而且相应的相序为 abc。对于正向驱动来说，转矩和转速为正并且功率输入与输出也需要为正。因此，逆变器的平均输入电流i_i为正，这是因为输入电压为正，而电机从电源吸收功率并传递到负载上。当电机处于正向能量再生的情况时，例如在第Ⅳ象限，转速为正但是转矩为负。因此，逆变器的平均输入直流电流必须为负，以此来获得负功率。按照同样逻辑可以推出Ⅱ、Ⅲ象限的情况。它们与Ⅰ、Ⅳ象限的唯一变化是旋转方向相反，因此Ⅱ、Ⅲ象限运行的相序为 acb。基于这一观测，将电机四象限运行的平均输入直流电流及相序总结在表 2.9 中。

在之前的小节中已经分析了单相逆变器的工作模式及相应的工作象限。利用同样的方法也可以获得三相逆变器的各象限运行及工作模式。对应的电机各种运行模式下逆变器的工作象限也可以轻松地得到直接验证。

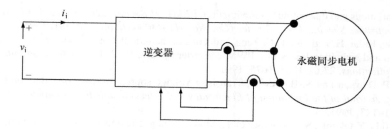

图 2.66　永磁同步电机驱动系统的原理图

表 2.9　永磁同步电机和无刷直流电机四象限运行驱动系统中逆变器的直流输入电流及相序的要求

运行方式	速度	力矩	相序	直流电源电流	功率输出
FM	+	+	+ （abc）	+	+
FR	+	−	+ （abc）	−	−
RM	−	−	− （acb）	+	+
RR	−	+	− （acb）	−	−

参 考 文 献

基础

1. M. Rashid, *Power Electronics: Circuits, Devices, and Applications*, 3rd ed., Prentice Hall, Upper Saddle River, NJ, 2003.

2. R. W. Erickson and D. Maksimovic, *Fundamentals of Power Electronics*, 2nd ed., Springer, New York, 2001.

3. N. Mohan, T. M. Undeland, W. P. Robbibs, *Power Electronics: Converters, Applications, and Design*, 3rd edn., John Wiley & Sons, New York, 2002.

4. M. Kazmierkowski, R. Krishnan, and F. Blaabjerg, *Control in Power Electronics*, Academic Publishers, Norwell, MA, 2002.

5. R. Krishnan, *Electric Motor Drives*, Prentice Hall, Upper Saddle River, NJ, 2001.

脉宽调制（PWM）

6. S. B. Dewan and S. A. Rosenberg, Output voltage in three-phase pulsewidth-modulated inverters, *IEEE Transactions on Industry and General Applications*, IGA-6(6), 570–579, 1970.

7. S. B. Dewan and J. B. Forsythe, Harmonic analysis of a synchronized pulse-width-modulated three-phase inverter, *IEEE Transactions on Industry Applications*, IA-10(1), 117–122, 1974.

8. B. K. Bose and H. A. Sutherland, A high performance pulsewidth modulator for an inverter-fed drive system using a microcomputer, *IEEE Transactions on Industry Applications*, IA-19(2), 235–243, 1983.

9. J. Holtz, P. Lammert, and W. Lotzkat, High-speed drive system with ultrasonic MOSFET PWM inverter and single-chip microprocessor control, *IEEE Transactions on Industry Applications*, IA-23(6), 1010–1015, 1987.

10. J. W. Kolar, H. Ertl, and F. C. Zach, Minimizing the current harmonics RMS value of three-phase PWM converter systems by optimal and suboptimal transition between

continuous and discontinuous modulation, *PESC '91 Record. 22nd Annual IEEE Power Electronics Specialists Conference (Cat. No. 91CH3008-0)*, pp. 372–381, 1991.

11. J. W. Kolar, H. Ertl, and F. C. Zach, Influence of the modulation method on the conduction and switching losses of a PWM converter system, *IEEE Transactions on Industry Applications*, 27(6), 1063–1075, 1991.

12. F. P. Dawson and S. B. Dewan, Transistor voltage source inverter for induction heating, *Journal of the Institution of Electronics and Telecommunication Engineers*, 37(1), 111–123, 1991.

13. S. Iida, Y. Okuma, S. Masukawa et al., Study on magnetic noise caused by harmonics in output voltages of PWM inverter, *IEEE Transactions on Industrial Electronics*, 38(3), 180–186, 1991.

14. W. G. Dunford and J. D. van Wyk, Harmonic imbalance in asynchronous PWM schemes, *IEEE Transactions on Power Electronics*, 7(3), 480–486, 1992.

15. Y. Iwaji and S. Fukuda, A pulse frequency modulated PWM inverter for induction motor drives, *IEEE Transactions on Power Electronics*, 7(2), 404–410, 1992.

16. W. G. Dunford and J. D. van Wyk, Subharmonic components in an asynchronous PWM-scheme with digital pulse modulation, *Transactions of the South African Institute of Electrical Engineers*, 84(3), 210–217, 1993.

17. A. Boglietti, G. Griva, M. Pastorelli, et al., Different PWM modulation techniques indexes performance evaluation, *ISIE'93—Budapest. IEEE International Symposium on Industrial Electronics. Conference Proceedings (Cat. No. 93TH0540-5)*, pp. 193–199, 1993.

18. R. J. Kerkman, T. M. Rowan, D. Leggate, et al., Control of PWM voltage inverters in the pulse dropping region, *IEEE Transactions on Power Electronics*, 10(5), 559–565, 1995.

19. N. A. Rahim, T. C. Green, and B. W. Williams, Simplified analysis of the three-phase PWM switching converter, *Proceedings of the 1995 IEEE IECON. 21st International Conference on Industrial Electronics, Control, and Instrumentation (Cat. No. 95CH35868)*, pp. 482–487, 1995.

20. J. Dixon, S. Tepper, and L. Moran, Practical evaluation of different modulation techniques for current-controlled voltage source inverters, *IEE Proceedings—Electric Power Applications*, 143(4), 301–306, 1996.

21. L. Yen-Shin and S. R. Bowes, A new suboptimal pulse-width modulation technique for per-phase modulation and space vector modulation, *IEEE Transactions on Energy Conversion*, 12(4), 310–316, 1997.

22. F. Blaabjerg, J. K. Pedersen, and P. Thoegersen, Improved modulation techniques for PWM-VSI drives, *IEEE Transactions on Industrial Electronics*, 44(1), 87–95, 1997.

23. K. Gi-Taek and T. A. Lipo, VSI-PWM rectifier/inverter system with a reduced switch count, *IEEE Transactions on Industry Applications*, 32(6), 1331–1337, 1996.

24. A. M. Hava, R. J. Kerkman, and T. A. Lipo, A high-performance generalized discontinuous PWM algorithm, *IEEE Transactions on Industry Applications*, 34(5), 1059–1071, 1998.

25. A. M. Hava, R. J. Kerkman, and T. A. Lipo, Carrier-based PWM-VSI overmodulation strategies: Analysis, comparison, and design, *IEEE Transactions on Power Electronics*, 13(4), 674–689, 1998.

26. S. M. Ali and M. P. Kazmierkowski, PWM voltage and current control of four-leg VSI, *IEEE International Symposium on Industrial Electronics Proceedings ISIE'98 (Cat. No. 98TH8357)*, pp. 196–201, 1998.

27. A. M. Hava, R. J. Kerkman, and T. A. Lipo, Simple analytical and graphical methods for carrier-based PWM-VSI drives, *IEEE Transactions on Power Electronics*, 14(1), 49–61, 1999.

28. C. Dae-Woong and S. Seung-Ki, Minimum-loss strategy for three-phase PWM rectifier, *IEEE Transactions on Industrial Electronics*, 46(3), 517–526, 1999.

29. Y. X. Gao and D. Sutanto, A method of reducing harmonic contents for SPWM, *Proceedings of the IEEE 1999 International Conference on Power Electronics and Drive Systems. PEDS'99 (Cat. No. 99TH8475)*, pp. 156–160, 1999.

30. A. M. Hava, S. Seung-Ki, R. J. Kerkman et al., Dynamic overmodulation characteristics of triangle intersection PWM methods, *IEEE Transactions on Industry Applications*, 35(4), 896–907, 1999.

31. D. G. Holmes and B. P. McGrath, Opportunities for harmonic cancellation with carrier-based PWM for a two-level and multilevel cascaded inverters, *IEEE Transactions on Industry Applications*, 37(2), 574–582, 2001.

32. C. B. Jacobina, A. M. Nogueira Lima, E. R. C. da Silva et al., Digital scalar pulse-width modulation: A simple approach to introduce nonsinusoidal modulating waveforms, *IEEE Transactions on Power Electronics*, 16(3), 351–359, 2001.

33. O. Ojo, The generalized discontinuous PWM scheme for three-phase voltage source inverters, *IEEE Transactions on Industrial Electronics*, 51(6), 1280–1289, 2004.

34. L. Yen-Shin and S. Fu-San, Optimal common-mode Voltage reduction PWM technique for inverter control with consideration of the dead-time effects-part I: Basic development, *IEEE Transactions on Industry Applications*, 40(6), 1605–1612, 2004.

35. S. R. Bowes and D. Holliday, Comparison of pulse-width-modulation control strategies for three-phase inverter systems, *IEE Proceedings—Electric Power Applications*, 153(4), 575–584, 2006.

36. C. Kyu Min, O. Won Seok, K. Young Tae et al., A new switching strategy for pulse width modulation (PWM) power converters, *IEEE Transactions on Industrial Electronics*, 54(1), 330–337, 2007.

37. S. R. Bowes and D. Holliday, Optimal regular-sampled PWM inverter control techniques, *IEEE Transactions on Industrial Electronics*, 54(3), 1547–1559, 2007.

38. A. Cataliotti, F. Genduso, A. Raciti et al., Generalized PWM-VSI control algorithm based on a universal duty-cycle expression: Theoretical analysis, simulation results, and experimental validations, *IEEE Transactions on Industrial Electronics*, 54(3), 1569–1580, 2007.

39. J. W. Kolar, U. Drofenik, J. Biela et al., PWM converter power density barriers, *Transactions of the Institute of Electrical Engineers of Japan, Part D*, 128D(4), 468–480, 2008.

随机 PWM

40. J. K. Pedersen and F. Blaabjerg, Digital quasi-random modulated SFAVM PWM in an AC-drive system, *IEEE Transactions on Industrial Electronics*, 41(5), 518–525, 1994.

41. R. L. Kirlin, A. M. Trzynadlowski, M. M. Bech et al., Analysis of spectral effects of random PWM strategies for voltage-source inverters, *EPE'97. 7th European Conference on Power Electronics and Applications*, pp. 146–151, 1997.

42. Y. S. Lai, New random technique of inverter control for common mode voltage reduction of inverter-fed induction motor drives, *IEEE Transactions on Energy Conversion*, 14(4), 1139–1146, 1999.

43. V. Blasko, M. M. Bech, F. Blaabjerg, et al., A new hybrid random pulse width modulator for industrial drives, *APEC 2000. Fifteenth Annual IEEE Applied Power Electronics Conference and Exposition (Cat. No. 00CH37058)*, pp. 932–938, 2000.

44. M. M. Bech, F. Blaabjerg, and J. K. Pedersen, Random modulation techniques with fixed switching frequency for three-phase power converters, *IEEE Transactions on Power Electronics*, 15(4), 753–761, 2000.

45. A. M. Trzynadlowski, M. M. Bech, F. Blaabjerg et al., Optimization of switching frequencies in the limited-pool random space vector PWM strategy for inverter-fed drives, *IEEE Transactions on Power Electronics*, 16(6), 852–857, 2001.

空间矢量调制

46. J. T. Boys and P. G. Handley, Harmonic analysis of space vector modulated PWM waveforms, *IEE Proceedings B (Electric Power Applications)*, 137(4), 197–204, 1990.

47. J. Holtz and E. Bube, Field-oriented asynchronous pulse-width modulation for high-performance AC machine drives operating at low switching frequency, *IEEE Transactions on Industry Applications*, 27(3), 574–581, 1991.

48. A. Khambadkone and J. Holtz, Low switching frequency and high dynamic pulse width modulation based on field-orientation for high-power inverter drive, *IEEE Transactions on Power Electronics*, 7(4), 627–632, 1992.

49. V. R. Stefanovic and S. N. Vukosavic, Space-vector PWM voltage control with optimized switching strategy, *Conference Record of the IEEE Industry Applications Society Annual Meeting (Cat. No. 92CH3146-8)*, pp. 1025–1033, 1992.

50. P. Enjeti and B. Xie, A new real time space vector PWM strategy for high performance converters, *Conference Record of the IEEE Industry Applications Society Annual Meeting (Cat. No. 92CH3146-8)*, pp. 1018–1024, 1992.

51. D. G. Holmes, The general relationship between regular-sampled pulse-width-modulation and space vector modulation for hard switched converters, *Conference Record of the IEEE Industry Applications Society Annual Meeting (Cat. No. 92CH3146-8)*, pp. 1002–1009, 1992.

52. J. Holtz, Pulsewidth modulation—A survey, *IEEE Transactions on Industrial Electronics*, 39(5), 410–420, 1992.

53. J. Holtz, W. Lotzkat, and A. M. Khambadkone, On continuous control of PWM inverters in the overmodulation range including the six-step mode, *IEEE Transactions on Power Electronics*, 8(4), 546–553, 1993.

54. J. Holtz and B. Beyer, Optimal synchronous pulsewidth modulation with a trajectory-tracking scheme for high-dynamic performance, *IEEE Transactions on Industry Applications*, 29(6), 1098–1105, 1993.

55. J. Holtz, Pulsewidth modulation for electronic power conversion, *Proceedings of the IEEE*, 82(8), 1194–1214, 1994.

56. J. Holtz and B. Beyer, Optimal pulsewidth modulation for AC servos and low-cost industrial drives, *IEEE Transactions on Industry Applications*, 30(4), 1039–1047, 1994.

57. V. Vlatkovic and D. Borojevic, Digital-signal-processor-based control of three-phase space vector modulated converters, *IEEE Transactions on Industrial Electronics*, 41(3), 326–332, 1994.

58. S. N. Vukosavic and M. R. Stojic, Reduction of parasitic spectral components of digital space vector modulation by real-time numerical methods, *IEEE Transactions on Power Electronics*, 10(1), 94–102, 1995.

59. J. Holtz and B. Beyer, Fast current trajectory tracking control based on synchronous optimal pulsewidth modulation, *IEEE Transactions on Industry Applications*, 31(5), 1110–1120, 1995.

60. S. Jul-Ki and S. Seung-Ki, A new overmodulation strategy for induction motor drive using space vector PWM, *APEC '95. Tenth Annual Applied Power Electronics Conference and Exposition. Conference Proceedings 1995. (Cat. No. 95CH35748)*, pp. 211–216, 1995.

61. R. Akkaya, G. Yildirmaz, and R. Gulgun, A space vector modulation technique with minimum switching loss for VSI PWM inverters, *PEMC '96. 7th International Power Electronics and Motion Control Conference, Exhibition, Tutorials. Proceedings*, pp. 352–355, 1996.

62. K. Yamamoto and K. Shinohara, Comparison between space vector modulation and subharmonic methods for current harmonics of DSP-based permanent-magnet AC servo motor drive system, *IEE Proceedings—Electric Power Applications*, 143(2), 151–516, 1996.

63. D. G. Holmes, The significance of zero space vector placement for carrier-based PWM schemes, *IEEE Transactions on Industry Applications*, 32(5), 1122–1129, 1996.

64. S. R. Bowes and L. Yen-Shin, The relationship between space-vector modulation and regular-sampled PWM, *IEEE Transactions on Industrial Electronics*, 44(5), 670–679, 1997.

65. A. Haras, Space vector modulation in orthogonal and natural frames including the overmodulation range, *EPE'97. 7th European Conference on Power Electronics and Applications*, pp. 337–342, 1997.

66. R. H. Ahmad, G. G. Karady, T. D. Blake, et al., Comparison of space vector modulation techniques based on performance indexes and hardware implementation, *Proceedings of the IECON'97 23rd International Conference on Industrial Electronics, Control, and Instrumentation (Cat. No. 97CH36066)*, pp. 682–687, 1997.

67. F. Blaabjerg, S. Freysson, H. H. Hansen et al., A new optimized space-vector modulation strategy for a component-minimized voltage source inverter, *IEEE Transactions on Power Electronics*, 12(4), 704–714, 1997.

68. A. M. Trzynadlowski, R. L. Kirlin, and S. F. Legowski, Space vector PWM technique with minimum switching losses and a variable pulse rate [for VSI], *IEEE Transactions on Industrial Electronics*, 44(2), 173–181, 1997.

69. J. F. Moynihan, M. G. Egan, and J. M. D. Murphy, Theoretical spectra of space-vector-modulated waveforms, *IEE Proceedings–Electric Power Applications*, 145(1), 17–24, 1998.

70. A. M. Trzynadlowski, M. M. Bech, F. Blaabjerg et al., An integral space-vector PWM technique for DSP-controlled voltage-source inverters, *IEEE Transactions on Industry Applications*, 35(5), 1091–1097, 1999.

71. S. R. Bowes and S. Grewal, Novel harmonic elimination PWM control strategies for three-phase PWM inverters using space vector techniques, *IEE Proceedings—Electric Power Applications*, 146(5), 495–514, 1999.

72. L. Hyeoun-Dong, L. Young-Min, and S. Seung-ki, Elimination of a common mode voltage pulse in converter/inverter system modifying space-vector PWM method, *Transactions of the Korean Institute of Electrical Engineers, B*, 48(2), 89–96, 1999.

73. G. Narayanan and V. T. Ranganathan, Synchronised PWM strategies based on space vector approach. I. Principles of waveform generation, *IEE Proceedings–Electric Power Applications*, 146(3), 267–275, 1999.

74. G. Narayanan and V. T. Ranganathan, Synchronised PWM strategies based on space vector approach. II. Performance assessment and application to V/f drives, *IEE Proceedings—Electric Power Applications*, 146(3), 276–281, 1999.

75. G. M. Lee and L. Dong-Choon, Implementation of naturally sampled space vector modulation eliminating microprocessors, *Proceedings IPEMC 2000. Third International Power Electronics and Motion Control Conference (IEEE Cat. No. 00EX435)*, pp. 803–807, 2000.

76. G. Narayanan and V. T. Ranganathan, Overmodulation algorithm for space vector modulated inverters and its application to low switching frequency PWM techniques, *IEE Proceedings—Electric Power Applications*, 148(6), 521–536, 2001.

77. G. Narayanan and V. T. Ranganathan, Extension of operation of space vector PWM strategies with low switching frequencies using different overmodulation algorithms, *IEEE Transactions on Power Electronics*, 17(5), 788–798, 2002.

78. G. Narayanan and V. T. Ranganathan, Two novel synchronized bus-clamping PWM strategies based on space vector approach for high power drives, *IEEE Transactions on Power Electronics*, 17(1), 84–93, 2002.

79. C. Attaianese, D. Capraro, and G. Tomasso, High efficiency SVM technique for VSI, *7th International Workshop on Advanced Motion Control. Proceedings (Cat. No. 02TH8623)*, pp. 269–274, 2002.

80. A. Cataliotti, F. Genduso, and G. R. Galluzzo, A new over modulation strategy for high-switching frequency space vector PWM voltage source inverters, *ISIE 2002. Proceedings of the 2002 IEEE International Symposium on Industrial Electronics (Cat. No. 02TH8608C)*, pp. 778–783, 2002.

81. J. Klima, Analytical closed-form solution of a space-vector modulated VSI feeding an induction motor drive, *IEEE Transactions on Energy Conversion*, 17(2), 191–196, 2002.

82. H. Pinheiro, F. Botteron, C. Rech et al., Space vector modulation for voltage-source inverters: a unified approach, *IECON - 2002. 2002 28th Annual Conference of the IEEE Industrial Electronics Society (Cat. No. 02CH37363)*, pp. 23–29, 2002.

83. H. Krishnamurthy, G. Narayanan, R. Ayyanar et al., Design of space vector-based hybrid PWM techniques for reduced current ripple, *APEC 2003. Eighteenth Annual IEEE Applied Power Electronics Conference and Exposition (Cat. No. 03CH37434)*, pp. 583–588, 2003.

84. H. Bai, Z. Zhao, S. Meng, et al., Comparison of three PWM strategies-SPWM, SVPWM & one-cycle control, *Fifth International Conference on Power Electronics and Drive Systems (IEEE Cat. No. 03TH8688)*, pp. 1313–1316, 2003.

85. R. P. Burgos, G. Chen, F. Wang et al., Minimum-loss minimum-distortion space vector sequence generator for high-reliability three-phase power converters for aircraft applications, *Conference Proceed the 4th International Power Electronics and Motion Control Conference (IEEE Cat. No. 04EX677)*, pp. 1356–1361, 2004.

86. M. Jasinski, M. P. Kazmierkowski, and M. Zelechowski, Unified scheme of direct power and torque control for space vector modulated AC/DC/AC converter-fed induction motor, *EPE-PEMC 2004 11th International Power Electronics and Motion Control Conference*, pp. 1–32, 2004.

87. B. Hariram and N. S. Marimuthu, Space vector switching patterns for different applications—A comparative analysis, *2005 IEEE International Conference on Industrial Technology (IEEE Cat. No. 05TH8844C)*, pp. 1444–1449, 2005.

88. S. Zeliang, T. Jian, G. Yuhua et al., An efficient SVPWM algorithm with low computational overhead for three-phase inverters, *IEEE Transactions on Power Electronics*, 22(5), 1797–1805, 2007.

89. L. Dalessandro, S. D. Round, U. Drofenik, et al., Discontinuous space-vector modulation for three-level PWM rectifiers, *IEEE Transactions on Power Electronics*, 23(2), 530–542, 2008.

90. D. Paire, M. Cirrincione, M. Pucci et al., Current harmonic compensation by three-phase converters controlled by space vector modulation, *IECON 2008—34th Annual Conference of IEEE Industrial Electronics Society*, pp. 2307–2313, 2008.

91. Y. Wenxi, H. Haibing, and L. Zhengyu, Comparisons of space-vector modulation and carrier-based modulation of multilevel inverter, *IEEE Transactions on Power Electronics*, 23(1), 45–51, 2008.

混合 PWM – 空间矢量调制

92. S. Jian and H. Grotstollen, Optimized space vector modulation and regular-sampled PWM: a reexamination, *IAS'96. Conference Record of the 1996 IEEE Industry Applications Conference, Thirty-First IAS Annual Meeting (Cat. No. 96CH25977)*, pp. 956–963, 1996.

93. V. Blasko, Analysis of a hybrid PWM based on modified space-vector and triangle-comparison methods, *IEEE Transactions on Industry Applications*, 33(3), 756–764, 1997.

94. C. Dae-Woong, K. Joohn-Sheok, and S. Seung-Ki, Unified voltage modulation technique for real-time three-phase power conversion, *IEEE Transactions on Industry Applications*, 34(2), 374–380, 1998.

95. G. Narayanan, V. T. Ranganathan, D. Zhao et al., Space vector based hybrid PWM techniques for reduced current ripple, *IEEE Transactions on Industrial Electronics*, 55(4), 1614–1627, 2008.

功率因数校正

96. J. W. Kolar, H. Ertl, K. Edelmoser et al., Analysis of the control behaviour of a bidirectional three-phase PWM rectifier system, *EPE "91. 4th European Conference on Power Electronics and Applications*, pp. 95–100, 1991.

97. J. Holtz and L. Springob, Reduced harmonics PWM controlled line-side converter for electric drives, *IEEE Transactions on Industry Applications*, 29(4), 814–819, 1993.

98. M. Hengchun, C. Y. Lee, D. Boroyevich et al., Review of high-performance three-phase power-factor correction circuits, *IEEE Transactions on Industrial Electronics*, 44(4), 437–446, 1997.

99. M. Malinowski, M. P. Kazmierkowski, S. Hansen et al., Virtual-flux-based direct power control of three-phase PWM rectifiers, *IEEE Transactions on Industry Applications*, 37(4), 1019–1027, 2001.

100. V. Blasko and I. Agirman, Modeling and control of three-phase regenerative AC–DC converters, *Proceedings of the 40th IEEE Conference on Decision and Control (Cat. No. 01CH37228)*, pp. 2235–2240, 2001.

101. A. V. Stankovic and T. A. Lipo, A novel control method for input output harmonic elimination of the PWM boost type rectifier under unbalanced operating conditions, *IEEE Transactions on Power Electronics*, 16(5), 603–611, 2001.

102. M. Malinowski, M. P. Kazmierkowski, and A. M. Trzynadlowski, A comparative study of control techniques for PWM rectifiers in AC adjustable speed drives, *IEEE Transactions on Power Electronics*, 18(6), 1390–1396, 2003.

103. M. Cichowlas, M. Malinowski, M. P. Kazmierkowski et al., Active filtering function of three-phase PWM boost rectifier under different line voltage conditions, *IEEE Transactions on Industrial Electronics*, 52(2), 410–419, 2005.

死区及其补偿

104. R. C. Dodson, P. D. Evans, H. T. Yazdi et al., Compensating for dead time degradation of PWM inverter waveforms, *IEE Proceedings B (Electric Power Applications)*, 137(2), 73–81, 1990.

105. T. Sukegawa, K. Kamiyama, K. Mizuno et al., Fully digital, vector-controlled PWM VSI-fed AC drives with an inverter dead-time compensation strategy, *IEEE Transactions on Industry Applications*, 27(3), 552–559, 1991.

106. J. Seung-Gi and P. Min-Ho, The analysis and compensation of dead-time effects in PWM inverters, *IEEE Transactions on Industrial Electronics*, 38(2), 108–114, 1991.

107. C. Jong-Woo and S. Seung-Ki, A new compensation strategy reducing voltage/current distortion in PWM VSI systems operating with low output voltages, *IEEE Transactions on Industry Applications*, 31(5), 1001–1008, 1995.

108. C. Jong-Woo and S. Seung-Ki, Inverter output voltage synthesis using novel dead time compensation, *IEEE Transactions on Power Electronics*, 11(2), 221–227, 1996.

109. D. Leggate and R. J. Kerkman, Pulse-based dead-time compensator for PWM voltage inverters, *IEEE Transactions on Industrial Electronics*, 44(2), 191–197, 1997.

110. T. Baumann, Identification and compensation of the dead time behaviour of an inverter, *EPE'97. 7th European Conference on Power Electronics and Applications*, pp. 228–232, 1997.

111. A. Munoz-Garcia and T. A. Lipo, On-line dead time compensation technique for open-loop PWM-VSI drives, *APEC "98. Thirteenth Annual Applied Power Electronics Conference and Exposition (Cat. No. 98CH36154)*, pp. 95–100, 1998.

112. L. Ben-Brahim, The analysis and compensation of dead-time effects in three phase PWM inverters, *IECON '98. Proceedings of the 24th Annual Conference of the IEEE Industrial Electronics Society (Cat. No. 98CH36200)*, pp. 792–797, 1998.

113. S. H. Kim, T. S. Park, J. Y. Yoo et al., Dead time compensation in a vector-controlled induction machine, *PESC 98 Record. 29th Annual IEEE Power Electronics Specialists Conference (Cat. No. 98CH36196)*, pp. 1011–16, 1998.

114. A. R. Munoz and T. A. Lipo, On-line dead-time compensation technique for open-loop PWM-VSI drives, *IEEE Transactions on Power Electronics*, 14(4), 683–689, 1999.

115. C. M. Wu, L. Wing-Hong, and H. Shu-Hung Chung, Analytical technique for calculating the output harmonics of an H-bridge inverter with dead time, *IEEE Transactions on Circuits and Systems I: Fundamental Theory and Applications*, 46(5), 617–627, 1999.

116. K. Hyun-Soo, M. Hyung-Tae, and Y. Myung-Joong, On-line dead-time compensation method using disturbance observer, *IEEE Transactions on Power Electronics*, 18(6), 1336–1345, 2003.

117. W. Zhigan and Y. Jianping, A novel dead time compensation method for PWM inverter, *Fifth International Conference on Power Electronics and Drive Systems (IEEE Cat. No. 03TH8688)*, pp. 1258–1263, 2003.

118. S. Bolognani, M. Ceschia, P. Mattavelli et al., Improved FPGA-based dead time compensation for SVM inverters, *Second IEE International Conference on Power Electronics, Machines and Drives (Conference Publication No. 498)*, pp. 662–667, 2004.

119. L. Ben-Brahim, On the compensation of dead time and zero-current crossing for a PWM-inverter-controlled AC servo drive, *IEEE Transactions on Industrial Electronics*, 51(5), 1113–1118, 2004.

120. C. Attaianese, V. Nardi, and G. Tomasso, A novel SVM strategy for VSI dead-time-effect reduction, *IEEE Transactions on Industry Applications*, 41(6), 1667–1674, 2005.

121. A. Cichowski and J. Nieznanski, Self-tuning dead-time compensation method for voltage-source inverters, *IEEE Power Electronics Letters*, 3(2), 72–75, 2005.

122. K. Liu, J. Zhang, and H. Zhang, Dead time compensation for general-purpose inverters, *Proceedings of the Eighth International Conference on Electrical Machines and Systems (IEEE Cat. No. 05EX1137)*, pp. 1482–5, 2005.

123. N. Urasaki, T. Senjyu, T. Kinjo et al., Dead-time compensation strategy for permanent magnet synchronous motor drive taking zero-current clamp and parasitic capacitance effects into account, *IEE Proceedings—Electric Power Applications*, 152(4), 845–853, 2005.

124. C. Chan-Hee, C. Kyung-Rae, and S. Jul-Ki, Inverter nonlinearity compensation in the presence of current measurement errors and switching device parameter uncertainties, *IEEE Transactions on Power Electronics*, 22(2), 576–583, 2007.

125. Q.-J. Wang, H.-A. Wu, W.-D. Jiang et al., Realization of a symmetrical SVM pattern with dead time compensation for three-level inverter, *Power Electronics*, 41(10), 84–86, 2007.

126. N. Urasaki, T. Senjyu, K. Uezato et al., Adaptive dead-time compensation strategy for permanent magnet synchronous motor drive, *IEEE Transactions on Energy Conversion*, 22(2), 271–280, 2007.

127. J. Sabate, L. J. Garce, P. M. Szczesny et al., Dead-time compensation for a high-fidelity voltage fed inverter, *IEEE Power Electronics Specialists Conference*, pp. 4419–4425, 2008.

第二部分　永磁同步电机及其控制

第3章 永磁同步电机的动态模型

与无穷大电源供电不同,调速驱动通过变换器来供电,由于受到开关功率等级及滤波器尺寸等因素的限制,其供电方式是有限电源,这导致其缺乏提供瞬态大功率的能力。因而,需要评价变换器供电的调速驱动器的动态性能以确定开关器件等级及适用于给定电机的变换器,由变换器和电机的相互作用来确定系统电流。在电机及其控制系统设计过程中,动态模型常用于评价当电压/电流、定子频率发生变化及转矩产生扰动时对系统所产生的瞬时影响。

永磁同步电机(PMSM)的动态模型可由绕组位于交轴与直轴(后文都称为dq轴)的两相电机推导得来。采用此方法是由于其概念比较简单,定子上仅存在一套两个绕组,而转子上不存在绕组,仅放置有永磁体。永磁体可以由电流源模型或磁链源模型等效,永磁体发出的所有磁链都集中于一个轴线上。定子d轴与q轴磁链可由第一定律推导得来。本章给出了电机的物理模型,并在此基础上推导了其电路模型,磁场和电路的内在联系也将在该方法中进行阐述。由于定子的电感随着转子位置的改变而变化。在定子坐标系下推导的模型不适用于动态分析,为此可采用一种变换,将固定于定子上的定子绕组用一套虚拟的以转子速度旋转(电角速度)的dq轴绕组来替代,通过此变换可将永磁同步电机中随转子转角变化的电感变换成常值。用上述两相绕组模型对三相电机进行等效可以通过简单的观察和图形投影的方法得到,此方法不仅适用于三相电机也可扩展到 n 相电机($n > 2$)。在两相系统与三相系统变换过程中,引入功率不变的约束,即三相电机的功率与其两相等效模型的功率必须相等,而电压、电流或磁链等变量可按通常方式进行推导,电磁转矩通过电流和磁链来计算。用来描述永磁同步电机的微分方程是非线性的,为了能够应用线性控制理论进行稳定性及控制系统设计研究,对稳定运行点附近的扰动电机方程进行线性化处理是非常重要的,线性化处理的方程通常称为小信号方程。通过此方法推导出的模型是永磁同步电机的小信号模型,将在本章给出推导,同时给出了用于计算永磁同步电机特征值、传递函数及频率响应的算法及流程图。本章也通过交直轴的动态模型推导了永磁同步电机的空间矢量模型,空间矢量模型仅仅是在转子非凸极或者圆柱时才是简洁的,而在转子有凸极性的内置式永磁电机(IPM)中并不常用。从模型与控制角度来看,从空间矢量模型很容易看出永磁同步电机与直流电机之间极具相似性与等效性,因此永磁同步电机的驱动控制就等同于直流电机的控制,这就是众所周知的矢量控制,这也将在本章进行讨论。三相永磁同步电机动态模型的各个阶段如图3.1所示。本章也列举多种例子以阐述基本的概念。

在本章末提供了有限的参考文献仅供读者参考，如永磁同步电机动态模型[1-8]、电路参数与等效电路[9-13]、损耗模型[14-15]、有限元模型[16-17]。

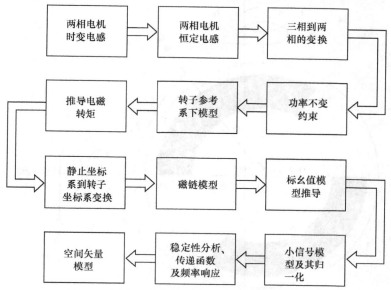

图 3.1　研究三相永磁同步电机动态模型具体步骤

3.1　两相永磁同步电机的实时模型

推导永磁同步电机动态模型时基于以下假设：

1）定子绕组加以对称正弦分布的磁动势；

2）电感随转子位置正弦变化；

3）饱和及参数变化忽略不计。

一个绕组置于定子，永磁体置于转子上的两相永磁同步电机如图 3.2 所示。定子绕组在空间以相差 90°电角度排布，转子轴线（转子绕组）与定子直轴相差角度 θ_r，并且假定交轴沿着转子旋转的逆时针方向超前直轴。定、转子绕组及转子绕组 ⊖ 的电流及电压标记如图 3.2 所示，图中虽然假定永磁同步电机有一对极，但经少量修改对多对极也同样适用。需要注意的是任意时刻的转子位置电角度 θ_r 由转子的机械位置角乘以极对数得到。

定子的交轴和直轴电压方程可由定子电阻的电压降和磁链的微分之和求得，在每个绕组中可以表示为

$$v_{qs} = R_q i_{qs} + p\lambda_{qs} \tag{3.1}$$
$$v_{ds} = R_d i_{ds} + p\lambda_{ds} \tag{3.2}$$

⊖ 原文有误，此处应为转子轴线。——译者注

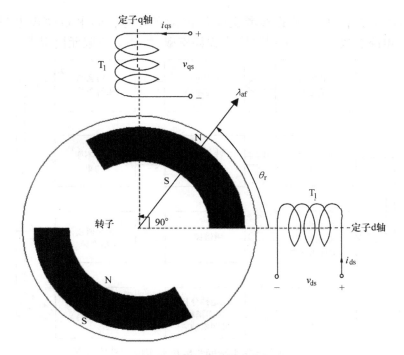

图 3.2　两相永磁同步电机

式中，p 为微分算子，d/dt；v_{qs}、v_{ds} 为 d 轴与 q 轴绕组的电压；i_{qs}、i_{ds} 为 d 轴与 q 轴定子电流；R_d、R_q 为 d 轴与 q 轴定子电阻；λ_{qs}、λ_{ds} 为 d 轴与 q 轴定子磁链。

定子绕组磁链可以写成绕组自身励磁产生的磁链和由其他绕组及永磁体产生的互磁链之和。应该注意的是由于转子磁链在任一转子位置时都集中在转子轴线上，可存在直轴与交轴两个分量。因此 q 轴与 d 轴定子磁链可以写成

$$\lambda_{qs} = L_{qq}i_{qs} + L_{qd}i_{ds} + \lambda_{af}\sin\theta_r \tag{3.3}$$

$$\lambda_{ds} = L_{dq}i_{qs} + L_{dd}i_{ds} + \lambda_{af}\cos\theta_r \tag{3.4}$$

式中，θ_r 是瞬时转子的位置。绕组是对称的，因而绕组电阻相等，其可以表示为 $R_s = R_d = R_q$。因此 d 轴与 q 轴定子电压可以表示成磁链和电阻压降的形式：

$$v_{qs} = R_s i_{qs} + i_{qs}pL_{qq} + L_{qq}pi_{qs} + L_{qd}pi_{ds} + i_{ds}pL_{qd} + \lambda_{af}p\sin\theta_r \tag{3.5}$$

$$v_{ds} = R_s i_{ds} + i_{qs}pL_{qd} + L_{qd}pi_{qs} + L_{dd}pi_{ds} + i_{ds}pL_{dd} + \lambda_{af}p\cos\theta_r \tag{3.6}$$

式中的各种电感含义如下，L_{qq} 与 L_{dd} 是分别是 q 轴与 d 轴的自感。任何两绕组间的互感可以用带有两个下标 L 表示，其中第一个下标代表产生反电动势的绕组，其是由第二个下标所代表的绕组中通以电流产生的。例如 L_{qd} 是当 d 轴绕组通以电流时，在 q 轴绕组中测量到的交轴与直轴绕组间的互感。由于 d 轴与 q 轴绕组是对称的，因此 L_{qd} 与 L_{dq} 也是相等的。

永磁同步电机电感是转子位置的函数，电感的推导如下。考虑转子位置为零时，d 轴电感情况，转子在此位置时，永磁体轴线与定子绕组的 d 轴重合，而气隙

磁通的路径由于永磁体的存在而变长，永磁体的相对磁导率与空气的相对磁导率几乎相等，铁心的磁阻与之相比可以忽略，因而经过此路径的磁阻变大，绕组电感降低。此位置对应着电感最小的位置，用 L_d 表示。当转子沿逆时针方向转动时，磁阻减小，因而电感变大，一直到转子位置达到 90°电角度时。此位置时 d 轴磁通路径完全没有通过永磁体，仅仅通过转子的铁心和双边的气隙，因而在此位置，即交轴位置时，d 轴绕组电感是最大的，电感用 L_q 表示。由于绕组磁动势分布是正弦的，因此自感可以表示为两倍转子位置角的余弦函数。从而 q 轴与 d 轴绕组的自感可用转子在 d、q 位置时的绕组电感的最大值及转子位置表示：

$$L_{qq} = \frac{1}{2}\left[(L_q + L_d) + (L_q - L_d)\cos(2\theta_r) \right] \tag{3.7}$$

$$L_{dd} = \frac{1}{2}\left[(L_q + L_d) - (L_q - L_d)\cos(2\theta_r) \right] \tag{3.8}$$

从这个表达式可以看出，L_{dd} 在 $\theta_r = 0$ 时等于 L_d，在 $\theta_r = 90°$ 时等于 L_q，与上述的讨论是一致的。进一步可以将上述的电感表达式简化为

$$L_{qq} = L_1 + L_2\cos(2\theta_r) \tag{3.9}$$

$$L_{dd} = L_1 - L_2\cos(2\theta_r) \tag{3.10}$$

式中 L_1 和 L_2 可以表示为

$$L_1 = \frac{1}{2}(L_q + L_d) \tag{3.11}$$

$$L_2 = \frac{1}{2}(L_q - L_d) \tag{3.12}$$

空间中以相差 90°布置的两个绕组，当其中一个绕组中通以电流时，其产生的磁链不会与另一个绕组相交链。如果转子是表面光滑的圆柱体时，q 轴与 d 轴绕组的互感为零。而对于永磁体内置于转子中的永磁电机来说，其存在凸极性，q 轴与 d 轴的不均匀磁阻提供了通过 q 轴绕组的磁通路径，因而 d 轴绕组磁链一部分将会与 q 轴绕组相交链。当转子位置为 0°和 90°时，互耦合为零；当转子位置为 – 45°时，互耦合达到最大。在图示位置 d 轴绕组大部分磁通正方向与 q 轴绕组相耦合。因而若 q 轴与 d 轴绕组间互感按正弦方式变化，则其可以表示为

$$L_{qd} = \frac{1}{2}(L_d - L_q)\sin(2\theta_r) = -L_2\sin(2\theta_r) \tag{3.13}$$

应当注意的是在具有凸极性的绕线式转子结构中，在绕组轴线上气隙长度最小，因而 $L_d > L_q$，而在永磁同步电机中即使是表贴式转子，也是 $L_q > L_d$。在实际的永磁同步电机中，转子永磁体的极弧总小于 180°电角度，两极之间充满低磁阻率的铁心，因而 q 轴电感大于 d 轴电感。表贴式永磁同步电机 q 轴电感到 d 轴电感的变化很小，为 5% ~ 15%；而内置式永磁同步电机可以达到 200% 甚至更高。

将与转子位置相关的自感和互感表达式带入定子电压方程中，在最终的电机方程中会出现很多与转子位置相关的项，表示为

$$\begin{bmatrix} v_{qs} \\ v_{ds} \end{bmatrix} = R_s \begin{bmatrix} i_{qs} \\ i_{ds} \end{bmatrix} + \begin{bmatrix} L_1 + L_2\cos2\theta_r & -L_2\sin2\theta_r \\ -L_2\sin2\theta_r & L_1 - L_2\cos2\theta_r \end{bmatrix} \frac{\mathrm{d}}{\mathrm{d}t} \begin{bmatrix} i_{qs} \\ i_{ds} \end{bmatrix}$$

$$+ 2\omega_r L_2 \begin{bmatrix} -\sin2\theta_r & -\cos2\theta_r \\ -\cos2\theta_r & \sin2\theta_r \end{bmatrix} \begin{bmatrix} i_{qs} \\ i_{ds} \end{bmatrix} + \lambda_{af}\omega_r \begin{bmatrix} \cos\theta_r \\ -\sin\theta_r \end{bmatrix} \qquad (3.14)$$

注意方程的第三项，仅当电机存在凸极性时，即当 $L_q \neq L_d$ 时才存在。在表贴式永磁同步电机中电感近似相等，也就是 $L_2 = 0$，上述方程中的第三项将不存在，同时方程第二项中与转子位置相关项也将不存在，因而在定子参考坐标系下，表贴式永磁同步电机电压方程可简化为

$$\begin{bmatrix} v_{qs} \\ v_{ds} \end{bmatrix} = R_s \begin{bmatrix} i_{qs} \\ i_{ds} \end{bmatrix} + \begin{bmatrix} L_1 & 0 \\ 0 & L_1 \end{bmatrix} \frac{\mathrm{d}}{\mathrm{d}t} \begin{bmatrix} i_{qs} \\ i_{ds} \end{bmatrix} + \lambda_{af}\omega_r \begin{bmatrix} \cos\theta_r \\ -\sin\theta_r \end{bmatrix} \qquad (3.15)$$

注意在凸极永磁同步电机中，电感依赖于转子的位置，尽管目前计算能力越来越强大，但是求解上述方程仍然相当繁琐，而且从上述方程中也无法洞悉到电机的动态性能。如果通过变换，消除方程中对转子位置的依赖，那么从方程中可以获得更多有用的结果，如等效电路、原理框图、传递函数，最重要的是可以得到稳态方程及相量图，这对理解电机的稳态和动态运行性能是非常有帮助的。下面我们将通过坐标变换来得到与转子位置无关的定子电压方程，在这之前，我们首先讨论推导过程中与之相关的一个关键问题。

根据式（3.3）及式（3.4），磁链方程可以写成矩阵形式：

$$\begin{bmatrix} \lambda_{qs} \\ \lambda_{ds} \end{bmatrix} = \begin{bmatrix} L_{qq} & L_{qd} \\ L_{dq} & L_{dd} \end{bmatrix} \begin{bmatrix} i_{qs} \\ i_{ds} \end{bmatrix} + \lambda_{af} \begin{bmatrix} \sin\theta_r \\ \cos\theta_r \end{bmatrix} \qquad (3.16)$$

定子电流通常由基波分量及高阶的谐波分量组成，这些谐波分量的产生或者是有意为之的（如为故障诊断而进行的信号注入），或者是无目的性的（如 PWM），因而电流中的各种分量与此方程的关系必须加以区分，上述方程中转子永磁体产生的磁链是基频的，因此仅基波分量与该方程相关。

考虑谐波分量时，无论是由于开关产生的，还是注入产生的，应该在相应的变量后加以下角标 i 进行区别，注意到转子永磁体没有产生谐波分量，上述方程中与之对应的项中将不存在谐波分量，其余的谐波分量项可以写成如下形式：

$$\begin{bmatrix} \lambda_{qsi} \\ \lambda_{dsi} \end{bmatrix} = \begin{bmatrix} L_{qq} & L_{qd} \\ L_{dq} & L_{dd} \end{bmatrix} \begin{bmatrix} i_{qsi} \\ i_{dsi} \end{bmatrix} = \begin{bmatrix} L_1 + L_2\cos2\theta_r & -L_2\sin2\theta_r \\ -L_2\sin2\theta_r & L_1 - L_2\cos2\theta_r \end{bmatrix} \begin{bmatrix} i_{qsi} \\ i_{dsi} \end{bmatrix} \qquad (3.17)$$

上述推导是基于电机在线性区域运行的情况下进行的，如果电机工作在饱和区域，即非线性区域，此时叠加原理已经不再适用，磁链的基波和谐波分量不能用分开励磁的方法分别计算。因而，为了能利用这些方程，电机的运行区应限定在线性的工作区域。对于永磁同步电机来说，在电流到达额定电流之前，都处于低饱和状态，因此工作在线性区域不存在问题，即使是出现饱和程度也较小，这是由于永磁同步电机的气隙比较大，同时永磁体也被视为等效气隙。注意方程中磁链与电流的

关系由包含转子位置项的矩阵决定，这种关系比较独特，若给定注入电流，而磁链可知，可以估计出转子的位置。目前通过注入信号及通过直接或间接测量电感而依赖响应磁链方程来解算转子位置方面的研究越来越受到重视。这种方法可以使电机驱动系统甩掉昂贵、可靠性差、费力、需要安装空间，同时也是整个系统故障来源的转子位置传感器。这些方程在讨论第 8 章永磁同步电机驱动系统无位置传感器运行时将经常被使用。

3.2　静止坐标系到转子参考坐标系的变换

参考坐标系与观测平台非常相似，在观测平台上可以对被观测的系统有个独特的视角，同时可以对系统方程进行明显的简化。例如从控制角度考虑，尽管实际的变量是正弦变化的，我们还是期望系统的变量为直流量，这可以通过建立一个旋转速度与正弦变量的角速度一致的参考坐标系来实现，当参考坐标系的旋转角速度等于正弦变量的角速度时，两者之间的速度差为零，因此从参考坐标系观测正弦变量观测到的将是直流信号。移动到观测平面，很容易建立小信号方程，由于静止或者工作点是直流量，即工作点附近系统是线性的，因而该小信号方程将不再是非线性方程。现在很容易通过使用标准的线性系统的控制技术来为系统综合设计补偿器。无论是绕线转子还是永磁转子同步电机，独立的转子磁场位置不仅决定了感生的反电动势，而且影响着动态系统方程。因而从转子上，即从旋转的参考坐标系上来看整个系统，系统的电感矩阵则不依赖于转子位置，此时系统方程会更加简单、紧凑，使用参考坐标系时这样的优点很多。

以转子速度旋转的参考坐标系以后我们称之为转子参考坐标系。在静止坐标系下用 d 轴和 q 轴表示，在转子参考坐标系下用 d^r 轴和 q^r 轴表示，它们之间的关系如图 3.3 所示。以后假定三相电机具有对称绕组及对称输入。

如图 3.3 所示，可以通过将实际定子及其绕组置于绕组位于 d^r 轴与 q^r 轴上的虚拟定子上来实现此变换，进而得到恒定的电感。在此变化过程中，虚拟定子与实际定子每相的匝数保持相同，能够产生相等的磁动势。实际定子任一轴（q 轴或 d 轴）上的磁动势分别等于该轴上绕组中的电流与匝数的乘积。而由虚拟定子绕组在 q 轴或 d 轴产生的磁动势应分别与之相等。例如实际 q 轴的磁动势应等于由虚拟定子上 q 轴与 d 轴沿实际 q 轴方向的磁动势之和。研究表明通过将虚拟 q 轴及 d 轴磁动势投影到实际定子绕组的 q 轴可以得到实际定子绕组 q 轴的磁动势。用同样方法可以得到实际定子绕组 d 轴的磁动势。这使得 q 轴及 d 轴定子磁动势方程两端的匝数可以消去，进而使方程变成实际与虚拟定子电流之间的关系。静止坐标系下即实际绕组电流与转子参考坐标系下即虚拟定子电流之间的关系可以表示成

$$i_{qds} = \left[T^r \right] i_{qds}^r \qquad (3.18)$$

式中

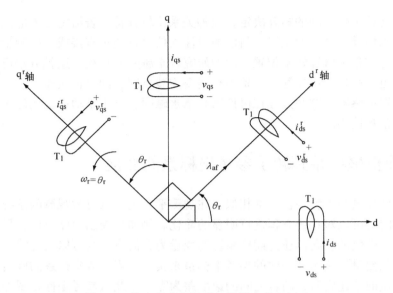

图 3.3 静止参考坐标系与转子参考坐标系

$$i_{qds} = \begin{bmatrix} i_{qs} & i_{ds} \end{bmatrix}^t \tag{3.19}$$

$$i_{qds}^r = \begin{bmatrix} i_{qs}^r & i_{ds}^r \end{bmatrix}^t \tag{3.20}$$

而且

$$T^r = \begin{bmatrix} \cos\theta_r & \sin\theta_r \\ -\sin\theta_r & \cos\theta_r \end{bmatrix} \tag{3.21}$$

转子参考坐标系的速度表示为

$$\dot{\theta}_r = \omega_r \tag{3.22}$$

式中，$\dot{\theta}_r$ 是转子位置电角度的时间微分（rad/s）。

同理静止坐标系下和转子参考坐标系下的电压方程可以表示为

$$v_{qds} = \begin{bmatrix} T^r \end{bmatrix} v_{qds}^r \tag{3.23}$$

式中

$$v_{qds} = \begin{bmatrix} v_{qs} & v_{ds} \end{bmatrix}^t \tag{3.24}$$

$$v_{qds}^r = \begin{bmatrix} v_{qs}^r & v_{ds}^r \end{bmatrix}^t \tag{3.25}$$

将式（3.18）~ 式（3.23）代入到式（3.5）及式（3.6）中，可以得到转子参考坐标系下永磁同步电机的模型

$$\begin{bmatrix} v_{qs}^r \\ v_{ds}^r \end{bmatrix} = \begin{bmatrix} R_s + L_q p & \omega_r L_d \\ -\omega_r L_q & R_s + L_d p \end{bmatrix} \begin{bmatrix} i_{qs}^r \\ i_{ds}^r \end{bmatrix} + \begin{bmatrix} \omega_r \lambda_{af} \\ 0 \end{bmatrix} \tag{3.26}$$

式中，ω_r 是转子速度（电弧度/s）。这个方程的形式是电压矢量等于阻抗矩阵与电流矢量的积再加上转子磁链产生的运动反电动势分量。注意到阻抗矩阵中含有不依

赖转子位置的恒定电感分量，而阻抗矩阵中的一些元素与转子的速度有关，因此仅当速度恒定的稳态时系统方程才变为线性方程。在转子速度发生变化的情况下，如果速度的变化是由电流的变化所引起的，那么此时的系统方程变为非线性的。这是因为电磁转矩为电流的函数，而转子速度取决于电磁转矩、负载转矩及负载的相关参数，如转动惯量、摩擦等，这些将在后面进行推导。在这种情况下，可以看出永磁同步电机系统方程是非线性的，因为此时电压方程中存在两个变量乘积，转子速度与定子电流，而转矩表达式则为两个电流量的乘积。

转子参考坐标系下的定子电流与实际定子 dq 轴电流之间的关系可以用下式表示：

$$i_{qds}^r = [T^r]^{-1} i_{qds} \tag{3.27}$$

下面的章节将在转子参考坐标系下对含有电流变量的电磁转矩进行推导。

【例 3.1】 两相永磁同步电机的参数如下：

$R_s = 1.2\Omega$，$L_q = 12\text{mH}$，$L_d = 5.7\text{mH}$，$\lambda_{af} = 123\text{mWb} - T$，$P = 4$。

计算以下情况时的定子电流（i）锁定转子时；（ii）转子以速度 188.5rad/s 旋转时。两相电机的输入两相平衡电压频率为 60Hz。

解

（i）转子速度为 0。

可令定子输入的平衡电压为

$$V_{qs} = V_m \sin(\omega_s t)$$
$$V_{ds} = V_m \cos(\omega_s t)$$

式中，$V_m = 10\text{V}$，$\omega_s = 2\pi 60 \text{ rad/s}$。在转子参考坐标系下定子电压可以通过逆变换获得：

$$v_{qds}^r = [T^r]^{-1} v_{qds} = \begin{bmatrix} \cos\theta_r & -\sin\theta_r \\ \sin\theta_r & \cos\theta_r \end{bmatrix} v_{qds} = \begin{bmatrix} 1 & 0 \\ 0 & 1 \end{bmatrix} \begin{bmatrix} v_{qs} \\ v_{ds} \end{bmatrix}$$

式中，$\theta_r = \omega_r t + \theta_i$，$\theta_i$ 是转子初始位置，在此例中假定为零。当转子速度为零时，转子位置也为零。因此在转子参考坐标系下的定子电压方程为

$$\begin{bmatrix} v_{qs}^r \\ v_{ds}^r \end{bmatrix} = \begin{bmatrix} R_s + L_q P & 0 \\ 0 & R_s + L_d P \end{bmatrix} \begin{bmatrix} i_{qs}^r \\ i_{ds}^r \end{bmatrix}$$

在稳态正弦输入的情况下，$p = j\omega_s$，是实际定子输入电压的角频率。

在转子参考坐标系下用相量法求解定子电流，可以得到

$$I_{qs}^r = \frac{V_{qs}^r}{R_s + j\omega_s L_q} = \frac{10}{\sqrt{2}} \frac{1\angle 0°}{1.2 + j377 * 0.012} = 1.529 \angle -75.14°$$

$$I_{ds}^r = \frac{V_{ds}^r}{R_s + j\omega_s L_d} = \frac{10}{\sqrt{2}} \frac{1\angle 90°}{1.2 + j377 * 0.0057} = 2.873 \angle +29.19°$$

式中，大写字母代表稳态时电流的有效值，电流瞬时值可以表示为

$$i_{qs} = (1.529 \sqrt{2}) \sin(\omega_s t - 75.14°)$$

$$i_{ds} = (2.873 \sqrt{2}) \cos(\omega_s t + 29.19°)$$

注意从上述推导可以看出在转子零转速的情况下，转子参考坐标系下的定子电流与实际定子电流是一致的。

(ii) 转子速度为 188.5rad/s。

转子的电角速度 $\omega_r = \omega_m P/2 = 377\text{rad/s} = \omega_s$

$$v_{qds}^r = [T^r]^{-1} v_{qds} \begin{bmatrix} \cos\theta_r & -\sin\theta_r \\ \sin\theta_r & \cos\theta_r \end{bmatrix} \begin{bmatrix} V_m \sin(\omega_s t) \\ V_m \cos(\omega_s t) \end{bmatrix} \begin{bmatrix} 0 \\ V_m \end{bmatrix} = \begin{bmatrix} 0 \\ 10 \end{bmatrix}$$

这种情况下，$\theta_r = \omega_r t = \omega_s t$。注意此时定子绕组输入正弦电压在转子参考坐标系下观测为直流。稳态时该系统为一线性系统，系统输出必定与输入对应，在稳态的线性系统中直流输出应对应着直流的输入。因此在转子参考坐标系中 q 轴与 d 轴电流的微分为零。在此条件下，转子参考坐标系下的定子电压方程简化为

$$\begin{bmatrix} V_{qs}^r \\ V_{ds}^r \end{bmatrix} = \begin{bmatrix} R_s & \omega_r L_d \\ -\omega_r L_q & R_s \end{bmatrix} \begin{bmatrix} I_{qs}^r \\ I_{ds}^r \end{bmatrix} + \begin{bmatrix} \omega_r \lambda_{af} \\ 0 \end{bmatrix}$$

因此可以得到转子参考坐标系下的电流

$$I_{qs}^r = -3.83\text{A}$$

$$I_{ds}^r = -20.51\text{A}$$

实际的定子电流可以通过坐标变换得到

$$\begin{bmatrix} i_{qs} \\ i_{ds} \end{bmatrix} = [T^r] \begin{bmatrix} i_{qs}^r \\ i_{ds}^r \end{bmatrix} = \begin{bmatrix} \cos\theta_r & \sin\theta_r \\ -\sin\theta_r & \cos\theta_r \end{bmatrix} \begin{bmatrix} -3.83 \\ -20.51 \end{bmatrix} = \begin{bmatrix} -20.87\sin(\theta_r + 10.58°) \\ -20.87\cos(\theta_r + 10.58°) \end{bmatrix}$$

【例 3.2】 计算以下情况时转子参考坐标系下的定子电流，实际的定子电流为

(i) $i_{qs} = I_m \sin(\omega_r t + \delta)$；$i_{ds} = I_m \cos(\omega_r t + \delta)$ 相序与 dq 一致；

(ii) 相反的相序 qd。

解

假定 dq 相序旋转的方向是逆时针的并且为正，则 qd 相序的旋转方向是顺时针的并且为负。根据我们在推导矩阵变换时的假定，第一种情况中转子位置是正的，第二种情况中转子位置是负的。因而在转子坐标参考系下定子电流可以表示为

情况 (i)：

$$\begin{bmatrix} i_{qs}^r \\ i_{ds}^r \end{bmatrix} = [T^r]^{-1} \begin{bmatrix} i_{qs} \\ i_{ds} \end{bmatrix} = \begin{bmatrix} \cos\omega_r t & -\sin\omega_r t \\ \sin\omega_r t & \cos\omega_r t \end{bmatrix} \begin{bmatrix} I_m \sin(\omega_r t + \delta) \\ I_m \cos(\omega_r t + \delta) \end{bmatrix} = \begin{bmatrix} I_m \sin\delta \\ I_m \cos\delta \end{bmatrix}$$

情况 (ii)：根据规定转子位置是负的，因而变换矩阵中表示其位置的项应该因此而变化，同时输入电流中转子位置前应该加负号。这种情况下 dq 轴电流与第一种情况相比并没有发生改变，此时电机工作在反向的电动模式。

$$\begin{bmatrix} i_{qs}^r \\ i_{ds}^r \end{bmatrix} = [T^r]^{-1} \begin{bmatrix} i_{qs} \\ i_{ds} \end{bmatrix} = \begin{bmatrix} \cos(-\omega_r t) & -\sin(-\omega_r t) \\ \sin(-\omega_r t) & \cos(-\omega_r t) \end{bmatrix} \begin{bmatrix} I_m \sin(-\omega_r t + \delta) \\ I_m \cos(-\omega_r t + \delta) \end{bmatrix} = \begin{bmatrix} I_m \sin\delta \\ I_m \cos\delta \end{bmatrix}$$

3.3　三相坐标系到两相坐标系的变换

前面讨论的都是两相永磁同步电机的模型，三相永磁同步电机应用比较广泛而两相电机在工业领域中却很少应用。如果可以建立三相系统到两相系统的等效，那么从两相电机模型就可以推导得到三相电机的动态模型。两相系统与三相系统的等效以两相系统和三相系统产生相等的磁动势及相等的电流幅值为准则。三相绕组与两相绕组如图 3.4 所示。

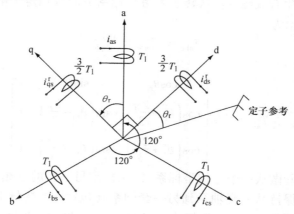

图 3.4　两相与三相定子绕组

假定三相绕组的每一相绕组匝数为 T_1，并且电流的幅值相等，则根据磁动势相等原则，两相绕组每一相绕组的匝数应为 $3T_1/2$。通过将三相磁动势沿 d 轴与 q 轴方向分解可以得到两相 d 轴与 q 轴的磁动势。方程两边的共有项，如绕组匝数等将被消去，从而得到电流等式。假定 q 轴轴线滞后 a 相轴线的角度为 θ_r，则 dqo 与 abc 坐标系下电流的关系可以写成

$$
\begin{bmatrix} i_{qs}^r \\ i_{ds}^r \\ i_o \end{bmatrix} = \frac{2}{3} \begin{bmatrix} \cos\theta_r & \cos\left(\theta_r - \dfrac{2\pi}{3}\right) & \cos\left(\theta_r + \dfrac{2\pi}{3}\right) \\ \sin\theta_r & \sin\left(\theta_r - \dfrac{2\pi}{3}\right) & \sin\left(\theta_r + \dfrac{2\pi}{3}\right) \\ \dfrac{1}{2} & \dfrac{1}{2} & \dfrac{1}{2} \end{bmatrix} \begin{bmatrix} i_{as} \\ i_{bs} \\ i_{cs} \end{bmatrix} \tag{3.28}
$$

电流 i_o 代表了 a、b、c 相电流的不平衡分量，公认为是电流的零序分量。式（3.28）可以用简洁的形式表示成

$$
i_{qdo}^r = \lfloor T_{abc} \rfloor i_{abc} \tag{3.29}
$$

式中

$$
i_{qdo}^r = \begin{bmatrix} i_{qs}^r & i_{ds}^r & i_o \end{bmatrix}^t \tag{3.30}
$$

$$i_{abc} = \begin{bmatrix} i_{as} & i_{bs} & i_{cs} \end{bmatrix}^t \tag{3.31}$$

从 abc 到 dqo 的变换可以表示成变量

$$[T_{abc}] = \frac{2}{3} \begin{bmatrix} \cos\theta_r & \cos\left(\theta_r - \dfrac{2\pi}{3}\right) & \cos\left(\theta_r + \dfrac{2\pi}{3}\right) \\ \sin\theta_r & \sin\left(\theta_r - \dfrac{2\pi}{3}\right) & \sin\left(\theta_r + \dfrac{2\pi}{3}\right) \\ \dfrac{1}{2} & \dfrac{1}{2} & \dfrac{1}{2} \end{bmatrix} \tag{3.32}$$

零序电流 i_o 不产生合成磁场。从转子参考坐标系下的两相定子电流到三相定子电流的变换可以表示为

$$i_{abc} = [T_{abc}]^{-1} i_{qdo}^r \tag{3.33}$$

式中

$$[T_{abc}]^{-1} = \begin{bmatrix} \cos\theta_r & \sin\theta_r & 1 \\ \cos\left(\theta_r - \dfrac{2\pi}{3}\right) & \sin\left(\theta_r - \dfrac{2\pi}{3}\right) & 1 \\ \cos\left(\theta_r + \dfrac{2\pi}{3}\right) & \sin\left(\theta_r + \dfrac{2\pi}{3}\right) & 1 \end{bmatrix} \tag{3.34}$$

这种变换也可以看做从一个三相坐标系（abc）到另一新的三相坐标系（dqo）之间的变换，为了保持从一套轴系到另一套轴系（包括 abc 变量不对称的情况）变换的唯一性，需要存在三个变量如 dqo。这是由于如果 abc 变量之间存在内在的关系，如相同的相位差和相等的幅值，那么很容易将三相 abc 变量变换成两相 dq 变量。在这种情况下可以说只存在两个独立变量，第三个变量是不独立的，等于前两个变量的负和，此时从 dq 到 abc 的变换是唯一的。当 abc 变量之间不存在这样的内在联系时，很明显此时存在三个独立的变量，第三个变量将不能仅靠前两个变量来求取。这也意味着 abc 变量不能仅从 dq 变量得到，必须需要另外一个变量即零序分量来实现从 dqo 到 abc 的变换。

不对称运行

当三相绕组中通以三相不对称电流或电压时，三相电流间的内在关系即三相电流之和等于零将不再成立。此时唯一的方法是在 dq 变量的基础上增加零序分量来进行变换。这种方法与感应电机模型例子很相似，只是这里只考虑定子绕组。

零序电压可以写成

$$v_0 = R_s i_0 + p\lambda_0 = R_s i_0 + L_0 p i_0 \tag{3.35}$$

式中，λ_0 是零序磁链；L_0 是零序电感；i_0 是零序电流。

注意零序电流流过定子绕组。零序电感的微分可以依据相自感及相互感来确定，其可从 abc 坐标系下定子电感矩阵推导得到，然后应用上面的变换转换成 dqo 坐标系下的形式。

在对称三相电机中，三相电流之和为零，可以表示成

$$i_{as} + i_{bs} + i_{cs} = 0 \tag{3.36}$$

因此零序电流分量为零值，即

$$i_0 = \frac{1}{3}(i_{as} + i_{bs} + i_{cs}) = 0 \tag{3.37}$$

通过式（3.28）及式（3.29），可以建立从两相电机到三相电机之间的等效。上述推导的变换对电流、电压以及磁链的变换都是适用的。

3.4 零序电感的推导

当电机出现故障而产生不对称电压及电流，对故障进行研究时，经常需要用到零序电感，因此本节将进行零序电感的推导。对零序电感进行推导可以采用两种方法：①从三相电机绕组的磁链入手，应用从 abc 到 dqo 的坐标变换获得 dqo 坐标系下的磁链，然后由零序磁链提取零序电感；②反过来，我们可以先假定零序电感、零序磁链以及 q 轴和 d 轴磁链，应用从 dqo 到 abc 的坐标变换获得三相绕组的磁链，然后推导出相电感的表达式，从中可以得到零序电感与自感和互感之间的关系。这里我们采用第二种方法，由于其仅需要现有的 dq 磁链而不需要从电机物理模型来推导相电感，结果表明无需额外的关系即可推导出零序磁链及零序电感。用这种方法推导相自感与互感同使用物理推理方法推导的结果是一致的。

从 dqo 磁链可以推导得到 a 相磁链，假定零序磁链由式（3.31）[注]定义并给出，通过应用 $[T_{abc}]^{-1}$ 变换可以得到 a 相磁链

$$\lambda_{as} = \lambda_{qs}^{r}\cos\theta_r + \lambda_{ds}^{r}\sin\theta_r + \lambda_0 \tag{3.38}$$

其中 dqo 磁链可以表示为

$$\lambda_{qs}^{r} = L_q i_{qs}^{r} \tag{3.39}$$

$$\lambda_{ds}^{r} = L_d i_{ds}^{r} + \lambda_{af} \tag{3.40}$$

$$\lambda_0 = L_0 i_0 \tag{3.41}$$

将上述磁链代入到 a 相磁链表达式中，并且转子参考坐标系下的 dqo 电流可以通过 T_{abc} 变换用 abc 相电流表示，经过简化后可以得到 a 相磁链的表达式为

$$\begin{aligned}
\lambda_{as} = {} & i_{as}\left[\frac{2}{3}\left\{\frac{L_0}{2} + \frac{L_q + L_d}{2} + \frac{L_q - L_d}{2}\cos 2\theta_r\right\}\right] \\
& + i_{bs}\left[-\frac{2}{3}\left\{-\frac{L_0}{2} + \frac{L_q + L_d}{4} + \frac{L_q - L_d}{2}\cos 2\left(\theta_r + 30°\right)\right\}\right] \\
& + i_{cs}\left[-\frac{2}{3}\left\{-\frac{L_0}{2} + \frac{L_q + L_d}{4} + \frac{L_q - L_d}{2}\cos 2\left(\theta_r + 150°\right)\right\}\right] \\
& + \lambda_{af}\sin\theta_r
\end{aligned} \tag{3.42}$$

[注] 原文有误，应为式（3.35）。——译者注

a 相磁链可以用自感磁链和互感磁链表示，进而可写成相应电感与电流的表达式

$$\lambda_{as} = L_{aa}i_{as} + L_{ab}i_{bs} + L_{ac}i_{cs} + \lambda_{af}\sin\theta_r \tag{3.43}$$

通过对比式（3.38）与式（3.39）$^{\ominus}$，可以得到自感和互感为

$$L_{aa} = \frac{2}{3}\left\{\frac{L_0}{2} + \frac{L_q + L_d}{2} + \frac{L_q + L_d}{2}\cos2\theta_r\right\} = L_{a1} + L_{a2}\cos2\theta_r \tag{3.44}$$

$$L_{ab} = -\frac{2}{3}\left\{-\frac{L_0}{2} + \frac{L_q + L_d}{4} + \frac{L_q - L_d}{2}\cos2\ (\theta_r + 30°)\right\}$$

$$= -\ \{L_{m1} + L_{a2}\cos2\ (\theta_r + 30°)\} \tag{3.45}$$

$$L_{ac} = -\frac{2}{3}\left\{-\frac{L_0}{2} + \frac{L_q + L_d}{4} + \frac{L_q - L_d}{2}\cos2\ (\theta_r + 150°)\right\}$$

$$= -\ \{L_{m1} + L_{a2}\cos2\ (\theta_r + 150°)\} \tag{3.46}$$

式中，L_{aa} 为 a 相自感；L_{ab} 为 a 相与 b 相间的互感；L_{ac} 为 a 相与 c 相间的互感。

$$L_{a1} = \frac{L_0}{3} + \frac{L_q + L_d}{3} \tag{3.47}$$

$$L_{a2} = \frac{L_q - L_d}{3} \tag{3.48}$$

$$L_{m1} = -\frac{L_0}{3} + \frac{L_q + L_d}{6} \tag{3.49}$$

式中，L_q、L_d 及 L_0 是由自感及互感分量推导得来，表示为

$$L_q = L_{a1} + L_{m1} + \frac{3}{2}L_{a2} \tag{3.50}$$

$$L_d = L_{a1} + L_{m1} - \frac{3}{2}L_{a2} \tag{3.51}$$

$$L_0 = L_{a1} - 2L_{m1} \tag{3.52}$$

非常值得注意的是零序电感是相电感中恒定分量的一部分，然而在 q 轴及 d 轴电感中则不含有零序电感。因而零序电感只能从相自感及相互感的推导中得到，实际中为获得零序电感也需要对相自感及相互感进行测量。

3.5　功率等效

输入到三相电机的功率必须与输入到两相电机中的功率相等，这对电机模型、分析、仿真来说都有重要的意义，本节将对此进行讨论。输入的三相瞬时功率可表示为

$$p_i = v_{abc}^t i_{abc} = v_{as}i_{as} + v_{bs}i_{bs} + v_{cs}i_{cs} \tag{3.53}$$

$\ominus$ 原文有误，应为式（3.42）与式（3.43）。——译者注

根据式（3.29）与式（3.33），abc 相电流和电压变换到等效的两轴的电流和电压可以写成

$$i_{abc} = [T_{abc}]^{-1} i_{qdo}^r \tag{3.54}$$

$$v_{abc} = [T_{abc}]^{-1} v_{qdo}^r \tag{3.55}$$

将式（3.54）与式（3.55）代入到式（3.53）中，可以得到输入功率的表达式

$$p_i = (v_{qdo}^r)^t ([T_{abc}]^{-1})^t [T_{abc}]^{-1} i_{qdo}^r \tag{3.56}$$

将式（3.56）右侧展开，则 dqo 坐标系下输入功率为

$$p_i = \frac{3}{2} [(v_{qs}^r i_{qs}^r + v_{ds}^r i_{ds}^r) + 2v_0 i_0] \tag{3.57}$$

对于三相对称电机来说，零序电流分量不存在，因而输入功率可以简化表示为

$$p_i = \frac{3}{2} [v_{qs}^r i_{qs}^r + v_{ds}^r i_{ds}^r] \tag{3.58}$$

式（3.58）给出的输入功率对所有参考系均适用。

3.6　电磁转矩

电磁转矩是最重要的输出变量，其决定着电机的机械动态特性，如转子位置及速度等。因此其重要性在所有的仿真分析中不用过分强调。电磁转矩可以通过研究输入功率及其变化的分量如电阻损耗、机械功率以及磁场储能的变化率等由电机的矩阵方程推导得到。注意不应由于引入参考系而增加功率分量。同样在稳态时磁场储能的变化率只能为零。因此稳态时输出功率等于输入功率与电阻损耗之差。注意在动态时磁场储能的变化率并不为零。根据这些经验，电磁转矩的推导如下。

永磁同步电机的动态方程可以表示为

$$V = [R]i + [L]pi + [G]\omega_r i \tag{3.59}$$

式中的矢量与矩阵可由观测得到。将式（3.55）左乘电流矢量的转置阵，可以得到瞬时的输入功率

$$p_i = i^t V = i^t [R]i + i^t [L]pi + i^t [G]\omega_r i \tag{3.60}$$

式中，$[R]$ 矩阵由电阻元素组成；$[L]$ 矩阵由微分算子的系数组成；$[G]$ 矩阵的元素包含转子电角速度的系数。

式（3.60）中 $i^t [R] i$ 项给出了定、转子的电阻损耗。$i^t [L] pi$ 项代表了磁场储能的变化率。因而剩下的功率分量项必定与气隙功率相等，即由 $i^t [G] \omega_r i$ 项给出。从基本理论可知，电机的气隙功率必定与转子速度相关，气隙功率等于转子的机械角速度与气隙中电磁转矩的乘积。因此气隙电磁转矩 T_e 可从气隙功率中推导出来，其中转子速度 ω_m 为机械角速度，单位为 rad/s。

$$\omega_m T_e = P_a = i^t [G] i \times \omega_r = i^t [G] i \frac{P}{2} \omega_m \tag{3.61}$$

式中，P 为电机极数。消去方程两边的速度量可以得到电磁转矩方程

$$T_e = \frac{P}{2} i^t [G] i \tag{3.62}$$

式 (3.62) 中的矩阵 $[G]$ 可由式 (3.26) 求得，因此可以得到电磁转矩方程

$$T_e = \frac{3}{2} \frac{P}{2} [\lambda_{af} + (L_d - L_q) i_{ds}^r] i_{qs}^r (\text{N} \cdot \text{m}) \tag{3.63}$$

式 (3.63) 右侧的系数 3/2 是由永磁同步电机三相到两相变换进行功率等效而引入的。

另外，气隙转矩也可以由 q 轴与 d 轴定子电压分别与 q 轴与 d 轴的定子电流相乘而推导得到，电机的瞬时输入功率为

$$P_i = \frac{3}{2} [v_{qs}^r i_{qs}^r + v_{ds}^r i_{ds}^r]$$

$$= \frac{3}{2} [R_s [(i_{qs}^r)^2 + (i_{ds}^r)^2] + \{L_q i_{qs}^r p i_{qs}^r + L_d i_{ds}^r p i_{ds}^r\} + \omega_r \{\lambda_{af} + (L_d - L_q) i_{ds}^r\} i_{qs}^r]$$

$$\tag{3.64}$$

观察输入功率方程的右侧，很明显其中各项分别表示定子电阻损耗、磁场储能变化率及气隙功率。将气隙功率除以转子的机械角速度可以得到气隙转矩，这与前面推导的方程也是一致的。与前面所讨论的一样，3/2 是考虑从两相到三相变换进行功率等效所引入的系数。

3.7 稳态转矩特性

不失一般性，采用凸极永磁同步电机来推导电机稳态特性。假定定子绕组中通以一组多相对称电流其表示为

$$I_{qs} = I_m \sin(\omega_r t + \delta) \tag{3.65}$$

$$I_{ds} = I_m \cos(\omega_r t + \delta) \tag{3.66}$$

应用逆变换矩阵 T^r，可以得到在转子参考坐标系下的定子电流（仿照例 3.2）

$$I_{qs}^r = I_m \sin \delta \tag{3.67}$$

$$I_{ds}^r = I_m \cos \delta \tag{3.68}$$

将上述方程代入转矩表达式，可以得到气隙转矩

$$T_e = \frac{3}{2} \frac{P}{2} [\lambda_{af} + (L_d - L_q) I_{ds}^r] I_{qs}^r = \frac{3}{2} \frac{P}{2} [\lambda_{af} + (L_d - L_q) I_m \cos \delta] I_m \sin \delta$$

$$= \frac{3}{2} \frac{P}{2} [\lambda_{af} I_m \sin \delta + \frac{1}{2} (L_d - L_q) I_m^2 \sin 2\delta] \tag{3.69}$$

式中，δ 由于直接影响气隙转矩的大小因此称之为转矩角。注意转矩表达式中包含两项，第一项是转子参考坐标系下，转子永磁体与交轴定子电流之间的相互作用，

通常称之为同步转矩，用 T_{es} 表示；第二项中包含由磁阻变化而产生的转矩，通常称之为磁阻转矩，用 T_{er} 表示。这两项转矩以及用这两项表示的气隙转矩可以分别写成如下形式：

$$T_{es} = \frac{3}{2} \frac{P}{2} \lambda_{af} I_m \sin \delta \tag{3.70}$$

$$T_{er} = \frac{3}{2} \frac{P}{2} \left[\frac{1}{2} (L_d - L_q) \right] I_m^2 \sin 2\delta \tag{3.71}$$

$$T_e = T_{es} + T_{er} \tag{3.72}$$

图 3.5 给出了一台典型电机在定子电流相量的标幺值为 1.29 时，气隙转矩及其各转矩分量随转矩角变化的关系曲线。其中定子电流相量为交轴与直轴电流的合成，其幅值可由 d 轴与 q 轴电流峰值 I_m 来确定。气隙转矩为同步转矩与磁阻转矩之和，注意气隙转矩在转矩角大于 90°时达到峰值。磁阻转矩是产生这种现象的根本原因，它直接影响到气隙转矩的峰值及达到峰值时的转矩角，磁阻转矩在转矩角在 90°~180°区间时，气隙转矩增加；而在 0°~90°区间时，气隙转矩减小。因此在电机运行时不希望其工作在 0°~90°区间，而更希望其在 90°~180°区间运行。注意在图中给定电流下，气隙转矩在点划线对应处达到了最大值。

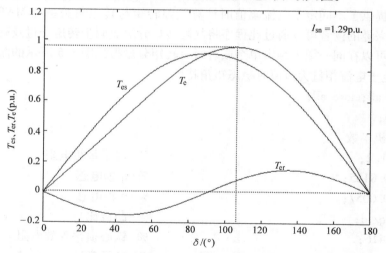

图 3.5　定子电流幅值标幺值为 1.29 时，磁阻转矩、同步转矩
与气隙转矩随转矩角的变化曲线

从图 3.6 可以看出在不同的定子电流下，达到最大转矩时的转矩角是变化的，而转矩角与最大转矩随定子电流幅值变化轨迹对电机单位电流最优转矩运行是非常重要的。第 4 章表明单位电流最大转矩是衡量电机最优化运行的众多性能指标之一。但是满足单位电流最大转矩性能指标并不意味着电机能够满足其他的性能指标如最大效率、最大功率因数以及最小的功率变换器伏安等级等，实际上有可能使其中的一项或者多项的性能变得更差。在永磁同步电机的控制的相关章节将对这些方

面进行更多的讨论。

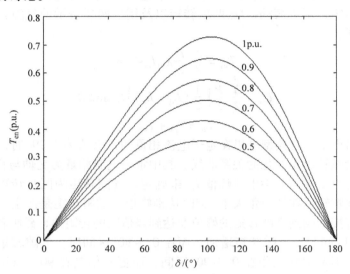

图 3.6 不同定子电流时气隙转矩对转矩角的关系曲线

下文提供了不同定子电流幅值时计算气隙转矩与转矩角关系的 MATLAB 程序代码。感兴趣的读者可以通过此程序将气隙转矩分解成同步转矩分量及磁阻转矩分量，并且可以在同一图上绘出单个或者所有转矩分量得到图 3.5 所示的曲线。

```
%  定子电流相量为恒值时稳态矩角特性
clear all;close all;
m = 0;
%电机参数
Rs = 1.2;                          %  定子每相电阻
lq = 0.0125;                       %  q 轴电感
ld = 0.0057;                       %  d 轴电感
ro = lq/ld;                        %  凸极比
Rc = 416;                          %  铁心损耗等效电阻
lamaf = 0.123;                     %  转子磁链
Pb = 121;                          %  功率损耗基值
Tb = 2.43;                         %  转矩基值
Ib = 4.65;                         %  电流基值
P = 4;                             %  极数
w = (2 * pi * 3500/60) * P/2;      %  转子电角速度
%  Pb 为额定损耗。该电机实际功率基值为 890W
%  计算程序
for isn = 2.325:0.465:4.65;        %  定子电流相量幅值
```

```
    m = m + 1;
    n = 1;
    for del  =  0:0.05:180;              %  转矩角(°)
        delt = del * pi/180;              %  转矩角(rad)
        ide = isn * cos(delt);            %  转子参考系下 d 轴电流
        iqe = isn * sin(delt);            %  转子参考系下 q 轴电流
        tes(m,n) = 0.75 * P * iqe * lamaf/Tb;     %  同步转矩,标幺值
        ter(m,n) = 0.75 * P * iqe * ld * (1 - ro) * ide/Tb;
                                          %  磁阻转矩,标幺值
        te(m,n) = tes(m,n) + ter(m,n);    %  气隙转矩,标幺值
        delta(n) = del;
        n = n + 1;
    end
end
%  计算结束,绘图程序开始
plot(delta,te,'k');                       %  气隙转矩 vs 转矩角
figure(2);
plot(delta,te,delta,tes,delta,ter)        %  磁阻、同步、气隙转矩 vs 转矩角
```

【**例 3.3**】　使用上例所给的永磁同步电机参数推导稳态时转子参考坐标系及静止坐标系的电流及电磁转矩。三相定子电压表达式为

$$V_{as} = V_m \sin\omega_r t$$

$$V_{bs} = V_m \sin\left(\omega_r t - \frac{2\pi}{3}\right)$$

$$V_{cs} = V_m \sin\left(\omega_r t + \frac{2\pi}{3}\right)$$

式中，ω_r 为转子的电角速度，$2\pi60$ rad/s。假定电机转速及相电压峰值恒定，$V_m = 10V$。

解

从 abc 坐标系到 dqo 坐标系的变换可以表示为

$$\begin{bmatrix} V_{qs}^r \\ V_{ds}^r \\ V_0 \end{bmatrix} = \begin{bmatrix} T_{abc} \end{bmatrix} \begin{bmatrix} V_{as} \\ V_{bs} \\ V_{cs} \end{bmatrix}$$

将三相定子电压代入上式求得转子参考坐标系下的 d 轴及 q 轴定子电压为

$$\begin{bmatrix} V_{qs}^r \\ V_{ds}^r \\ V_0 \end{bmatrix} = \begin{bmatrix} T_{abc} \end{bmatrix} \begin{bmatrix} V_{as} \\ V_{bs} \\ V_{cs} \end{bmatrix} = \begin{bmatrix} 0 \\ V_m \\ 0 \end{bmatrix}$$

d 轴与 q 轴定子电压是直流量，由于系统是线性的，因此其响应也将为直流量。故有

$$\rho i_{qs}^r = \rho i_{ds}^r = 0$$

电流在转子参考坐标系下为常量。将上面求得定子电压左乘阻抗的逆矩阵，可以得到转子参考坐标系下的电流矢量：

$$\begin{bmatrix} I_{qs}^r \\ I_{ds}^r \end{bmatrix} = \begin{bmatrix} R_s & \omega_r L_d \\ -\omega_r L_q & R_s \end{bmatrix}^{-1} \left\{ \begin{bmatrix} V_{ds}^r \\ V_{ds}^r \end{bmatrix} - \begin{bmatrix} \omega_r \lambda_{af} \\ 0 \end{bmatrix} \right\} = \begin{bmatrix} -6.91 \\ -17.72 \end{bmatrix} \text{（A）}$$

注意系统处于稳态，因此电压与电流变量用大写字母表示。通过使用 T_{abc} 的逆变换可以将转子参考坐标系下的定子电流变换为静止参考系的三相电流

$$\begin{bmatrix} i_{as} \\ i_{bs} \\ i_{cs} \end{bmatrix} = \begin{bmatrix} \cos\theta_r & \sin\theta_r \\ \cos\left(\theta_r - \dfrac{2\pi}{3}\right) & \sin\left(\theta_r - \dfrac{2\pi}{3}\right) \\ \cos\left(\theta_r + \dfrac{2\pi}{3}\right) & \sin\left(\theta_r + \dfrac{2\pi}{3}\right) \end{bmatrix} \begin{bmatrix} I_{qs}^r \\ I_{ds}^r \end{bmatrix} = \begin{bmatrix} 19.02\sin\left(\theta_r + 2.77\right) \\ 19.02\sin\left(\theta_r + 0.68\right) \\ 19.02\sin\left(\theta_r + 4.86\right) \end{bmatrix}$$

式中，θ_r 为转子位置同时也就是给定时刻的转子磁链的位置。电磁转矩则为

$$T_e = \frac{3}{2} \frac{P}{2} \left[\lambda_{af} + (L_d - L_q) I_{ds}^r \right] I_{qs}^r = -4.865 \text{（N·m）}$$

abc 坐标系下的定子电压、电流，转子参考坐标系下的电压、电流及电磁转矩如图 3.7 所示。

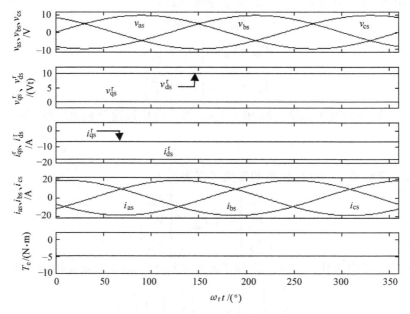

图 3.7 恒转速时转子参考坐标系及 abc 坐标系下定子电压、电流以及电磁转矩

由于转子角速度与输入电压的角频率相同，它们之间的相对速度差为零。因此正弦变化的电压量在转子参考坐标系中呈现为恒值。直流的定子 dq 轴电压产生直流的 dq 轴电流，在 abc 坐标系下将重新呈现为正弦形式的三相电流。电磁转矩为负，表明电机此时工作在发电状态因而向外界提供电能。此问题 MATLAB 程序如下：

```
% 先求解从 abc 坐标系到 qd 坐标系下电压变换然后求解电流
%  转子速度恒定
%
close all;clear all;
rs = 1. 2,  lq = 0. 012;ld = 0. 0057;lamaf = 0. 123;p = 4;vm = 10;
wr = 2 * pi * 60;n = 1
for  angle = 0:0. 25:360            % 循环起始
  theta = angle * pi/180;           % 度到弧度的单位换算
    v = [ vm * sin(theta);  vm * sin(theta - 2 * pi/3);
  vm * sin(theta + 2 * pi/3)];       % abc 电压列向量
    T = 2/3 * [ cos(theta)    cos(theta - 2 * pi/3)
cos(theta + 2 * pi/3);              % abc 坐标系到 dqo 转子坐标系的变换矩阵
  sin(theta)    sin(theta - 2 * pi/3)    sin(theta + 2 * pi/3);
  0. 5    0. 5    0. 5];
  vqdo = T * v;                     % 转子参考坐标系下 qdo 电压
  vqd = vqdo(1:2);                  % 仅需 dq 电压分量
  A = [ rs  wr * ld;  - wr * lq  rs]; % 阻抗矩阵
  C = [ - wr * lamaf; 0];            % 运动反电动势矩阵
  iqd = A^ - 1 * ( vqd + C);         % 转子参考坐标系下 dq 轴电流
  Te(n) = 0. 75 * p * ( lamaf + (ld - lq) *
  iqd(2)) * iqd(1);                  % 气隙转矩
iqs(n) = iqd(1);
ids(n) = iqd(2);
vqs(n) = vqd(1);vds(n) = vqd(2);
vas(n) = v(1);vbs(n) = v(2);vcs(n) = v(3);
T1 = [ cos(theta) sin(theta);       % 从转子参考坐标系到 abc 坐标系的逆变换
  cos(theta - 2 * pi/3)  sin(theta - 2 * pi/3);
  cos(theta + 2 * pi/3)  sin(theta + 2 * pi/3)];
  iabc = T1 * iqd;                   % abc 相电流矢量
  ias(n) = iabc(1);  ibs(n) = iabc(2);ics(n) = iabc(3);
  thet(n) = angle;
```

```
  n = n + 1;
end
subplot(5,1,1);                % 按图示格式绘图
plot(thet,vas,'k',thet,vbs,
    'k',thet,vcs,'k');          % 仅文字说明不同
axis([0 360 -12 12]);set(gca,'xticklabel',[]);
subplot(5,1,2);
plot(thet,vqs,'k',thet,vds,'k');
axis([0 360 -2 12]);set(gca,'xticklabel',[]);
subplot(5,1,3)
plot(thet,iqs,'k',thet,ids,'k');
axis([0 360 -20 5]);set(gca,'xticklabel',[]);
subplot(5,1,4);
plot(thet,ias,'k',thet,ibs,'k',thet,ics,'k');
axis([0 360 -22 22]);set(gca,'xticklabel',[]);
subplot(5,1,5);
plot(thet,Te,'k');axis([0 360 -10 2]);
```

3.8　磁链模型

在转子参考坐标系下的永磁同步电机动态方程可以用磁链作为变量来表示。用磁链法表示的优点在于对这些变量进行微分具有较好的数值稳定性，这是因为即使当电压与电流不连续时磁链也是连续的。另外，将磁链表示法用于电机驱动中能够突出永磁同步电机中磁通与转矩的解耦过程。转子坐标系下定子和转子的磁链可以定义为

$$\lambda_{qs}^r = L_q i_{qs}^r \tag{3.73}$$

$$\lambda_{ds}^r = L_d i_{ds}^r + \lambda_{af} \tag{3.74}$$

根据这些方程，转子坐标系下的定子电流可以用磁链和电感来表示。

因此转子坐标系下定子电压用磁链法可以表示成如下的形式：

$$v_{qs}^r = \frac{R_s}{L_q}\lambda_{qs}^r + p\lambda_{qs}^r + \omega_r\lambda_{ds}^r \tag{3.75}$$

$$v_{ds}^r = \frac{R_s}{L_d}(\lambda_{ds}^r - \lambda_{af}) + \rho\lambda_{ds}^r - \omega_r\lambda_{qs}^r \tag{3.76}$$

用等效电路或者框图的方式都可以描述这些方程，在下面章节中将会给予讨论。

通过将电磁转矩中的电流项用磁链表达式来替换，电磁转矩也可以写成磁链的

函数

$$T_e = \frac{3}{2} \frac{P}{2} \frac{1}{L_q} \left[\rho \lambda_{af} + (1-\rho) \lambda_{ds}^r \right] \lambda_{qs}^r = \frac{3}{2} \frac{P}{2} \left[\lambda_{ds}^r i_{qs}^r - \lambda_{qs}^r i_{ds}^r \right] \qquad (3.77)$$

式中，凸极比定义为

$$\rho = \frac{L_q}{L_d} \qquad (3.78)$$

　　通过第二个转矩表达式对电机有了进一步的了解，即气隙转矩是 d 轴磁链与 q 轴绕组中电流作用的结果，反之亦然。而 q 轴磁链与 d 轴电流乘积前的负号则表示其产生的转矩同 d 轴磁链与 q 轴电流产生的转矩分量的方向相反。

3.9　等效电路

　　与永磁同步电机定子方程相对应的等效电路如图 3.8 所示。

永磁同步电机的等效电路包括

1）定子 q 轴的动态等效电路；

2）定子 d 轴的动态等效电路；

3）零序等效电路。

　　等效电路在系统研究，尤其是在系统的故障研究中应用比较广泛。当考虑电机铁心的损耗时，等效电路需要加以修改。电机铁心损耗由铁心叠片中的磁滞与涡流产生，损耗的大小通常由磁通密度、励磁频率和叠片材料特性决定，叠片的厚度仅影响涡流损耗的大小，同时这些量对铁心损耗分量的影响程度也是各不相同的。另外也存在一些损耗，如磁极表面损耗及在转子与定子叠片以及转子绕组中的谐波损耗。在电路模型中考虑一个或者全部的损耗分量并将其整合成一个简单的电路模型并不容易，但是仅考虑由基波励磁所引起的损耗时，通过用一个等效电阻可以建立一个简单的等效电路模型。即使模型中不包括其他的次要损耗如磁极表面损耗与谐波损耗，该模型在为获得电机最优转矩运行时对效率进行研究是非常有用的，最重要的是通过该模型能够确定转矩转速特性的包络线从而保证电机的最佳利用及可靠

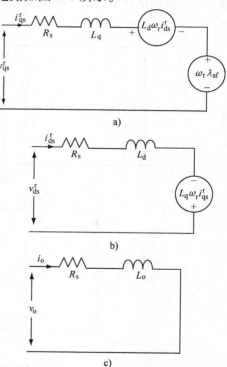

图 3.8　不计铁心损耗时永磁同步电机动态的等效电路

a）定子 q 轴的动态等效电路　b）定子 d 轴的动态等效电路　c）零序等效电路

运行。应用基于铁心损耗的等效电路进行相关控制策略的研究将在第 4 章进行讨论。为了使铁心损耗能够在 d 轴与 q 轴等效电路中统一成单一电阻，假定铁心损耗与频率和磁通乘积的平方成正比，这样的假设使得铁心损耗与每个定子轴线的反电动势成正比，而其中感应电动势为磁通与频率之积，最终铁心损耗以它们积的平方的比例形式出现，因而在等效电路中铁心损耗模型的等效电阻与 d 轴和 q 轴的感应电动势并联。铁心损耗主要在电机稳态运行时受到主要关注，因而图 3.9 仅给出了稳态时包含铁心损耗的模型的等效电路。从图 3.8 动态等效电路[⊖]来看，电机动态运行[⊜]很明显包含铁心损耗。

在 q 轴与 d 轴等效电路中引入铁心损耗电阻表明在其上消耗的电流将使电机转矩下降从而使电机的效率降低。不仅如此损耗还降低了电机的热容量。在小功率等级的电机中，额定电流下铁心损耗与定子电阻损耗相当的情况也并不少见。因而忽略铁心损耗会导致过高的估计电机的效率，同时由于未考虑这些损耗引起的热降额，导致过高估计电机的功率等级。

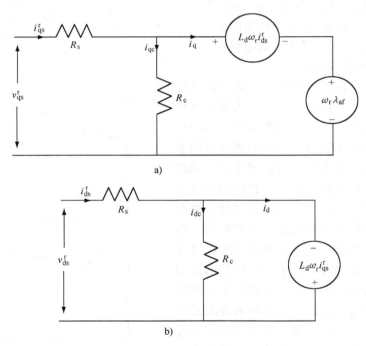

图 3.9　包含铁心损耗的永磁同步电机稳态等效电路

a) 稳态 q 轴等效电路　b) 稳态 d 轴等效电路

类似地，永磁同步电机的框图也可以由磁链导出，如图 3.10 所示。电磁转矩也可由磁链或者如式（3.77）一样用电流和磁链的乘积得到。此外电流也可以由磁链导出，由于概念简单此处不作赘述。给定交、直轴定子时间常数为 τ_q 与 τ_d，其分别等于 L_q/R_s 与 L_d/R_s。由于 q 轴与 d 轴磁链之间存在耦合，因此该框图不适用于进行数学计算简化，但是由于路径具有可追溯性，使用框图可以直观地、非常巧妙地分析一个信号的特定正反馈或者负反馈的因果关系及其对系统动态性能的影响，因此其更适用于制定控制策略。这种方法经过扩展形成空间

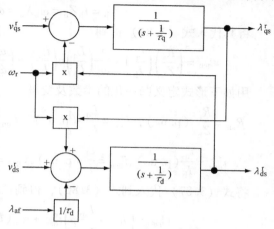

图 3.10　永磁同步电机的框图

相量模型，在感应电机驱动中被用于研究开关策略的效果、控制结构、无传感器控制算法以及参数敏感度补偿。即使目前尚未出现将这些框图用于永磁同步电机驱动的研究，但其可能性是存在的。

3.10　归一化模型

永磁同步电机归一化模型通过在 abc 坐标系及 dqo 坐标系定义基值变量推导得到。在 abc 参考坐标系下，令额定相电压与额定相电流的有效值为基值，则有

$$功率基值 = P_b = 3V_{b3}I_{b3} \tag{3.79}$$

式中，V_{b3} 与 I_{b3} 分别为三相电压与电流的基值。在 dq 坐标系下选择基值量用 V_b 与 I_b 表示，其等于 abc 坐标系下相电压与电流的峰值，即

$$V_b = \sqrt{2}V_{b3} \tag{3.80}$$

$$I_b = \sqrt{2}I_{b3} \tag{3.81}$$

因而，功率基值定义为

$$P_b = 3V_{b3}I_{b3} = 3\frac{V_b}{\sqrt{2}}\frac{I_b}{\sqrt{2}} = \frac{3}{2}V_bI_b \tag{3.82}$$

以转子坐标系下的模型为例说明归一化的过程。首先考虑 q 轴定子电压，可以表示为

$$v_{qs}^r = (R_s + L_q p)i_{qs}^r + \omega_r(L_d i_{ds}^r + \lambda_{af}) \tag{3.83}$$

方程两边除以电压基值 V_b 得到归一化的表达式

$$v_{qsn}^r = \frac{v_{qs}^r}{V_b} = \frac{R_s}{V_b}i_{qs}^r + \frac{L_q}{V_b}pi_{qs}^r + \frac{\omega_r(L_d i_{ds}^r + \lambda_{af})}{V_b}(p.u.) \tag{3.84}$$

电压基值用电流基值与阻抗基值表示或者用速度基值与磁链基值表示为

$$V_b = I_b Z_b = \omega_b \lambda_b = \omega_b L_b I_b (V) \qquad (3.85)$$

将其代入式（3.84）得到

$$v_{qsn}^r = \left(\frac{R_s}{Z_b}\right)\left(\frac{i_{qs}^r}{I_b}\right) + \frac{1}{\omega_b}\left(\frac{L_q}{L_b}\right)p\left(\frac{i_{qr}^r}{I_b}\right) + \left(\frac{\omega_r}{\omega_b}\right)\left[\left(\frac{L_d}{L_b}\right)\left(\frac{i_{ds}^r}{I_b}\right) + \frac{\lambda_{af}}{\lambda_b}\right](p.u.) \qquad (3.86)$$

用如下形式定义归一化的参数及变量

$$R_{sn} = \frac{R_s}{Z_b}(p.u.), \quad L_{qn} = \frac{L_q}{L_b}(p.u.), \quad L_{dn} = \frac{L_d}{L_b}(p.u.), \quad \omega_m = \frac{\omega_r}{\omega_b}(p.u.)$$

$$i_{qsn}^r = \frac{i_{qs}^r}{I_b}(p.u.), i_{dsn}^r = \frac{i_{ds}^r}{I_b}(p.u.), v_{qsn}^r = \frac{v_{qs}^r}{V_b}(p.u.), v_{dsn}^r = \frac{v_{ds}^r}{V_b}(p.u.) \qquad (3.87)$$

将式（3.87）代入到式（3.86），得到 v_{qsn}^r 表达式

$$v_{qsn}^r = \left(R_{sn} + \frac{L_{qn}}{\omega_b}p\right)i_{qsn}^r + \omega_m(L_{dn}i_{dsn}^r + \lambda_{afn})(p.u.) \qquad (3.88)$$

同样的，d 轴定子电压方程的归一化形式如下

$$v_{dsn}^r = -\omega_m L_{qn} i_{dsn}^r + \left(R_{sn} + \frac{L_{dn}}{\omega_b}p\right)i_{dsn}^r(p.u.) \qquad (3.89)$$

前面章节已推导的电磁转矩表达式

$$T_e = \frac{3}{2}\frac{P}{2}[\lambda_{af} + (L_d - L_q)i_{ds}^r]i_{qs}^r(N \cdot m) \qquad (3.90)$$

将上述方程除以转矩基值可得到归一化的气隙转矩，因此需要定义转矩基值，其表示形式为

$$T_b = \frac{P_b}{\frac{\omega_b}{P/2}} = \frac{P}{2}\frac{P_b}{\omega_b} = \frac{P}{2}\frac{3}{2}\frac{V_b I_b}{\omega_b} = \frac{P}{2}\frac{3}{2}\frac{\omega_b \lambda_b I_b}{\omega_b} = \frac{3}{2}\frac{P}{2}\lambda_b I_b(N \cdot m) \qquad (3.91)$$

因此可以得到归一化的电磁转矩

$$T_{en} = \frac{T_e}{T_b} = \left(\frac{i_{qs}^r}{I_b}\right)\left[\left(\frac{\lambda_{af}}{I_b}\right) - \left(\frac{i_{ds}^c}{I_b}\right)\left(\frac{L_d - L_q}{L_b}\right)\right] = i_{qsn}^r[\lambda_{afn} - (L_{dn} - L_{qn})i_{dsn}^r](p.u.)$$

$$(3.92)$$

式中

$$\lambda_{afn} = \frac{\lambda_{af}}{\lambda_b}(p.u.) \qquad (3.93)$$

给出机械运动方程为

$$T_e = J\frac{d\omega_m}{dt} + T_1 + B\omega_m \qquad (3.94)$$

式中，ω_m 为转子机械速度；J 为负载与电机等效的转动惯量；B 为电机与负载的摩擦系数；T_1 为负载转矩。

归一化此方程可以得到

$$T_{en} = \frac{T_e}{T_b} = \frac{J\dfrac{d\omega_m}{dt}}{\left(\dfrac{P_b \times P/2}{\omega_b}\right)} + \frac{T_1}{T_b} + \frac{B\omega_m}{\left(\dfrac{P/2 \times P_b}{\omega_b}\right)} = \frac{J\omega_b\omega_b}{(P/2)^2 P_b}\frac{d}{dt}\left(\frac{\omega_r}{\omega_b}\right) + T_{ln} + \frac{B\omega_b\omega_b\omega_r}{(P/2)^2 P_b\omega_b}$$

$$= \frac{J\omega_b^2}{(P/2)^2 P_b}\frac{d\omega_m}{dt} + T_{ln} + \frac{B\omega_b^2}{(P/2)^2 P_b}\omega_m = 2Hp\omega_m + T_{ln} + B_n\omega_m \qquad (3.95)$$

式中

$$H = \frac{1}{2}\frac{J\omega_b^2}{P_b(P/2)^2}(s) \qquad (3.96)$$

被称为惯性常数，归一化的摩擦常数为

$$B_n = \frac{B\omega_b^2}{P_b(P/2)^2} \qquad (3.97)$$

转子参考坐标系下永磁同步电机的归一化方程可由式 (3.88)、式 (3.89)、式 (3.92) 及式 (3.95) 给出。

3.11　动态仿真

本节将介绍永磁同步电机的动态仿真。将转子参考系下的永磁同步电机方程用归一化单位表示并变换成计算机易于求解的形式

$$pi_{qsn}^{r} = \omega_b\left(-\frac{R_{sn}}{L_{qn}}i_{qsn}^{r} - \frac{L_{dn}}{L_{qn}}\omega_m i_{dsn}^{r} - \frac{\lambda_{afn}}{L_{qn}}\omega_m + \frac{1}{L_{qn}}v_{qsn}^{r}\right) \qquad (3.98)$$

$$pi_{dsn}^{r} = \omega_b\left(\frac{L_{qn}}{L_{dn}}\omega_m i_{qsn}^{r} - \frac{R_{sn}}{L_{dn}}i_{dsn}^{r} + \frac{1}{L_{dn}}v_{dsn}^{r}\right) \qquad (3.99)$$

$$p\omega_{rn} = \frac{1}{2H}(\lambda_{afn}i_{qsn}^{r} - (L_{dn} - L_{qn})i_{dsn}^{r}i_{qsn}^{r} - B_n\omega_m - T_{ln}) \qquad (3.100)$$

$$p\theta_r = \omega_r = \omega_m\omega_b \qquad (3.101)$$

因转子的位置在确定电机每相电压与电流时至关重要，最后加入了确定转子的位置方程。转子位置的单位用弧度表示，没使用归一化单位是为了确保瞬时电流与电压指令为时间的函数。可以看出这些系统方程是非线性的，因为方程中包含了变量的乘积。因而通过数值的方法求解是获得系统方程解的唯一方法。通过对微分方程组的积分可以得到系统方程的解。数值积分可以采用龙格－库塔－基尔法或如在本例 MATLAB 程序中使用的，通过离散化可以得到系统方程的一个简单的解。

q^r 轴与 d^r 轴定子电压为输入量，可以通过 T_{abc} 变换由 abc 坐标系下的定子电压变换得到。变换所需的转子位置可在每一步的求解中获得。通过对方程的求解可以得到转子坐标系下的定子电流、速度及转子位置。通过使用逆变换矩阵可从转子参考坐标系下的 dq 定子电流得到 abc 相电流。从 dq 定子电流也可以得到绘图所需的电磁转矩。迭代过程中每步积分后数据都会更新，直到达到要求的最终时间。求解

过程中涉及的步骤如图 3.11 给出的流程图所示。

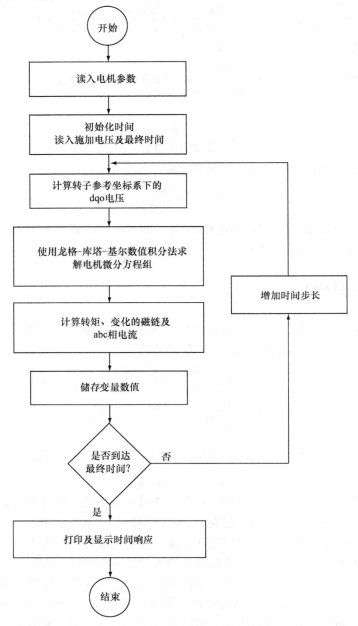

图 3.11 永磁同步电机动态仿真的流程图

　　在附带的 MATLAB 程序中，应用流程图及前例所给的电机参数，对直接线起动的永磁同步电机进行了仿真说明。仿真性能如图 3.12 所示。在仿真过程中没有根据转子位置对永磁同步电机进行控制，因而定子电流值较高同时伴随着气隙转矩的振荡，导致了电机转子的很大振动，这种运行状况是不期望的。在仿真中，负载转矩设定为零，定子施加一组对称的三相电压，相电压等于基值电压的幅值，频率为60Hz。在此例中由于转子位置是从振荡的转速中求出的，变换矩阵仅为转子位置的函数，因此转子参考坐标系下的q轴及d轴电压不是常量而是振荡的，而振荡的转子位置影响了转子参考坐标系下的定子电流。

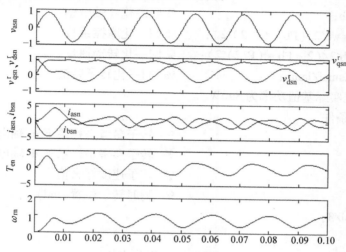

图 3.12　线起动永磁同步电机归一化动态仿真结果

```
%  用标幺值模型进行线起动永磁同步电机动态仿真
%
%  Pb - 功率基值，Tb - 转矩基值，Ib - 电流基值，P - 极数，
%  lamaf - 转子磁链，Rs - 定子每相电阻，
%  lq - q 轴电感，ld - d 轴电感，ro - 凸极比
%
clear all;close all;
m = 0;
lq = 0.0125; ld = 0.0057; ro = lq/ld;Rc = 416;lamaf = 0.123; Rs = 1.2;
Pb = 890;Tb = 2.43;Ib = 4.65;P = 4;
ws = (2 * pi * 1800/60) * P/2;        %  定子频率(rad/s)
B = 0.0005;                           %  负载与电机的摩擦系数
J = 0.0002;                           %  负载与电机的转动惯量
tln = 0;                              %  负载转矩标幺值
%基值
Vb = Pb/(3 * Ib);                     %  电压基值
zb = Vb/Ib;                           %  阻抗基值
```

```
lamb = lamaf;                         %  磁链基值
lb = lamb/Ib;                         %  电感基值
wb = Vb/lamb;                         %  转速基值
rsn = Rs/zb;                          %  归一化电阻
lqn = lq/lb;                          %  归一化 q 轴电感
ldn = ld/lb;                          %  归一化 d 轴电感
Bn =  B * wb^2/( Pb * ( P/2)^2);      %  归一化摩擦系数
H = J * wb^2/( 2 * Pb * ( P/2)^2);    %  归一化转动惯量
lamafn = lamaf/lamb;                  %  归一化转子磁链
% 该电机实际基值功率为 890W
%  初始条件
x1 = 0;                               %  转子参考坐标系下 q 轴电流标幺值
x2 = 0;                               %  转子参考坐标系下 d 轴电流标幺值
x3 = 0,                               %  转子速度标幺值
x4 = 0;                               %  瞬时转子位置( rad)
tp = 2 * pi/3;
n = 1;
dt = 0. 0001;                         % 积分步长( s)
for  t = 0:0. 0001:0. 1;
wst = ws * t;                         %  定子相角
vabc =  [ sin( wst); sin( wst - tp); sin( wst + tp)];  %  abc 电压矢量
%  到转子 dq 轴的变换
T = 2/3 * [  cos( x4)    cos( x4 - tp)    cos( x4 + tp);     % abc 到 dqo 变换
             sin( x4)    sin( x4 - tp)    sin( x4 + tp);
             0. 5        0. 5             0. 5  ];
vqdo = T * vabc;                             %  转子参考坐标系下 dqo 电压
%q 轴电压方程
x1 = x1 + dt * wb * (  - rsn/lqn * x1 - x3 * ldn/lqn * x2 + 1/lqn * ( vqdo( 1) - x3
* lamafn) );
    x2 = x2 + dt * wb * ( x3 * lqn/ldn * x1 - rsn/ldn * x2 + vqdo( 2)/ldn);   %d 轴电
压方程
    Ten = ( lamafn - ( ldn - lqn) * x2) * x1;        %  电磁转矩
    x3 = x3 + dt * ( Ten - Bn * x3 - tln)/( 2 * H);  %  转子速度方程
    x4 = x4 + dt * x3 * wb;                          %转子位置方程
    iqd = [ x1;x2];                                  %  转子参考坐标系下 qd 定子电流
    T1 = [ cos( x4)            sin( x4);              %  电流从 qd 到 abc 的变换
```

```
        cos(x4 - tp)      sin(x4 - tp);
        cos(x4 + tp)      sin(x4 + tp)];
    iabc = T1 * iqd;                        % abc 电流矢量
    %  储存绘图变量
    vas(n) = vabc(1);                       % a 相电压
    vqs(n) = vqdo(1);                       % 转子参考系下 q 轴定子电压
    vds(n) = vqdo(2);                       % 转子参考系下 d 轴定子电压
    ias(n) = iabc(1);                       % a 相电流
    ibs(n) = iabc(2);                       % b 相电流
    Te(n) = Ten;                            % 转矩
    speed(n) = x3;                          % 速度
    time(n) = t;                            % 时间
    n = n + 1;
end
%  计算结束绘图开始
subplot(5,1,1);                             % 绘制 5 幅图
plot(time,vas,'k');
axis([0 0.1  -1.2 1.2]);set(gca,'xticklabel',[]);
subplot(5,1,2);
plot(time,vqs,'k',time,vds,'k');
axis([0 0.1  -1.2 1.2]);set(gca,'xticklabel',[]);
subplot(5,1,3)
plot(time,ias,'k',time,ibs,'k');
axis([0 0.1  -6 6]);set(gca,'xticklabel',[]);
subplot(5,1,4);
plot(time,Te,'k');
axis([0 0.1  -5 5]);set(gca,'xticklabel',[]);
subplot(5,1,5);
axis([0 0.1 0 1.2]);plot(time,speed,'k');
```

　　为使永磁同步电机能更好的运行，可以考虑进行简单的闭环控制，这可通过利用转子位置将 a 相电压设置成转子位置和一个固定相角 α 的正弦函数来实现。同样方法可以得到 b 相和 c 相的电压。相角 α 被称作定子电压相量角。在永磁同步电机驱动的控制策略章节将会涉及更多相关方面的讨论。相电压的幅值可以写成转子位置的函数加上补偿电压的形式

$$V_m = K_b \omega_r + 1 (V) \tag{3.102}$$

式中，ω_r 为转子速度；K_b 为比例系数或反电动势常数。

补偿电压克服定子电阻压降使得电机从静止到起动时更容易加载电流。熟悉感应电机逆变器驱动的读者也许会意识到补偿电压同在 v/f 控制中的目的是相同的。假定电压基值为 V_b，归一化的相电压可以写成

$$v_{asn} = \frac{V_m}{V_b}\sin(\omega_r t + \alpha)\,(\mathrm{p.u.}) \tag{3.103}$$

虽然此时负载转矩仍然为零，但在驱动系统中存在摩擦转矩。在上面的 MATLAB 程序中加入几行代码来实现这些修正，同时对于变转矩运行及其他的运行条件也可以在此基础上进行修改以得到相应的结果。为了更深刻地理解电机的运行，对仿真结果进行相关的分析是非常重要的，这些留给读者自行练习。在此条件下驱动系统性能归一化表示如图 3.13 所示。

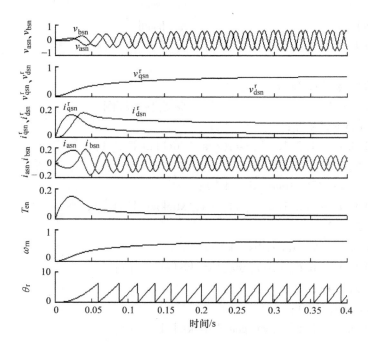

图 3.13　具有转子位置负反馈电压相量超前转子磁链 90°并且电压为
转子速度函数归一化表示的永磁同步电机动态性能

　　图中电压与速度成比例上升。转子磁链和电压之间的角度保持在 90°，即 $\alpha = 90°$。气隙转矩不再振荡并随着电流幅值的降落而下降，这是由于感应电动势随着转速上升而上升。这里假定电压、电压频率以及它们的相位可以从控制信号获得。值得注意的是与前面完全没有反馈控制相比，使用最基本的负反馈控制就可以使电机驱动获得稳定。

3.12　永磁同步电机的小信号方程

小信号方程的推导

联合永磁同步电机的电气方程与式（3.98）～式（3.101）描述的机电子系统，可以得到电机负载系统的动态方程。方程中的某些项是两个电流变量的乘积或者是一个电流变量与转子速度的乘积，因此这些动态方程是非线性的，对于用线性控制系统设计技术设计的控制器来说，非线性的动态方程不能直接被应用。因此需要使用摄动技术在运行点附近线性化这些方程。对于小信号输入或者扰动这些线性化的方程是有效的。对于可以用扰动技术获得线性方程的理想模型应具有稳态运行状态变量，例如直流量。因此只有在转子参考坐标系下的永磁同步电机模型才是可行的。获得的线性化方程如下。

稳态时的电压、电流、转矩、定子频率以及转子速度在其变量后以额外的下角标"o"来标记，并且变量用大写字母，扰动增量在其变量前以 δ 标记。因此扰动后的变量在国际单位制下可以表示为

$$v_{qs}^{r} = V_{qso}^{r} + \delta v_{qs}^{r} \tag{3.104}$$

$$v_{ds}^{r} = V_{dso}^{r} + \delta v_{ds}^{r} \tag{3.105}$$

$$i_{qs}^{r} = I_{qso}^{r} + \delta i_{qs}^{r} \tag{3.106}$$

$$i_{ds}^{r} = I_{dso}^{r} + \delta i_{ds}^{r} \tag{3.107}$$

$$T_{e} = T_{eo} + \delta T_{e} \tag{3.108}$$

$$T_{l} = T_{lo} + \delta T_{l} \tag{3.109}$$

$$\omega_{r} = \omega_{m} + \delta \omega_{r} \tag{3.110}$$

式中

$$T_{eo} = \frac{3}{2}\frac{P}{2}(\lambda_{af} - (L_{d} - L_{q})I_{dso}^{r})I_{qso}^{r} \tag{3.111}$$

将式（3.104）～式（3.111）代入到系统方程中，忽略二阶项并消去方程左右两端的稳态项，可以获得小信号动态方程，小信号方程可以表示为

$$\delta v_{qs}^{r} = (R_{s} + L_{s}p)\delta i_{qs}^{r} + \omega_{ro}L_{d}\delta i_{ds}^{r} + (L_{d}I_{dso}^{r} + \lambda_{af})\delta \omega_{r} \tag{3.112}$$

$$\delta v_{ds}^{r} = -\omega_{ro}L_{q}\delta i_{qs}^{e} + (R_{s} + L_{d}p)\delta i_{ds}^{r} - L_{q}I_{qso}^{r}\delta \omega_{r} \tag{3.113}$$

$$Jp\delta \omega_{r} + B\delta \omega_{r} = \frac{P}{2}(\delta T_{e} - \delta T_{l}) \tag{3.114}$$

$$p\delta \theta_{r} = \delta \omega_{r} \tag{3.115}$$

$$\delta T_{e} = \frac{3}{2}\frac{P}{2}(\lambda_{af}\delta i_{qs}^{r} + (L_{d} - L_{q})\{I_{dso}^{r}\delta i_{qs}^{r} + I_{qso}^{r}\delta i_{ds}^{r}\}) \tag{3.116}$$

联合式（3.112）～式（3.116），并且将它们以状态空间的形式表示

$$pX = AX + BU \tag{3.117}$$

式中

$$X = \begin{bmatrix} \delta i_{\mathrm{qs}}^{\mathrm{r}} & \delta i_{\mathrm{ds}}^{\mathrm{r}} & \delta \omega_{\mathrm{r}} & \delta \theta_{\mathrm{r}} \end{bmatrix}^{\mathrm{t}} \tag{3.118}$$

$$U = \begin{bmatrix} \delta v_{\mathrm{qs}}^{\mathrm{r}} & \delta v_{\mathrm{ds}}^{\mathrm{r}} & \delta T_{\mathrm{l}} \end{bmatrix}^{\mathrm{t}} \tag{3.119}$$

$$A = \begin{bmatrix} -\dfrac{R_{\mathrm{s}}}{L_{\mathrm{q}}} & -\dfrac{L_{\mathrm{d}}}{L_{\mathrm{q}}}\omega_{\mathrm{ro}} & -(\lambda_{\mathrm{af}} + L_{\mathrm{d}} I_{\mathrm{dso}}^{\mathrm{r}}) & 0 \\[2ex] \dfrac{L_{\mathrm{q}}}{L_{\mathrm{d}}}\omega_{\mathrm{ro}} & -\dfrac{R_{\mathrm{s}}}{L_{\mathrm{d}}} & \dfrac{L_{\mathrm{q}}}{L_{\mathrm{d}}} I_{\mathrm{qso}}^{\mathrm{r}} & 0 \\[2ex] k_1\{\lambda_{\mathrm{af}} + (L_{\mathrm{d}} - L_{\mathrm{q}}) I_{\mathrm{dso}}^{\mathrm{r}}\} & k_1(L_{\mathrm{d}} - L_{\mathrm{q}}) I_{\mathrm{dso}}^{\mathrm{r}} & -\dfrac{B}{J} & 0 \\[2ex] 0 & 0 & 1 & 0 \end{bmatrix} \tag{3.120}$$

$$B = \begin{bmatrix} \dfrac{1}{L_{\mathrm{q}}} & 0 & 0 \\[2ex] 0 & \dfrac{1}{L_{\mathrm{d}}} & 0 \\[2ex] 0 & 0 & -\dfrac{P}{2J} \\[2ex] 0 & 0 & 0 \end{bmatrix} \tag{3.121}$$

$$k_1 = \frac{3}{2}\left(\frac{P}{2}\right)^2 \frac{1}{J} \tag{3.122}$$

所关注的输入写成状态变量及输入的函数，其可以表示成

$$y = CX + DU \tag{3.123}$$

式中，C 和 D 为适合维数的矢量。系统及其输出可以用式（3.117）及式（3.123）描述。为保持方程的简洁，原为扰动量的负载转矩被并入了输入项。

3.13 永磁同步电机的控制特性

永磁同步电机的控制特性由稳定性、频率及时间响应组成。它们需要用不同的传递函数来评价。稳定性通过寻找式（3.119）$^{\ominus}$ 中系统矩阵 A 的特征值来评价。通过软件库中可利用的标准子程序很容易获得，也可以利用控制系统仿真库对传递函数、频率响应及时间响应进行评价。本节提供了用于上述评估的简单算法来实现驱动系统的在线控制。

传递函数和频率响应

假定零初始条件下，对式（3.117）及式（3.123）进行拉普拉斯变换，如下：

$\ominus$ 应为式（3.117）。——译者注

$$sX(s) = AX(s) + B_1u(s) \tag{3.124}$$

$$y(s) = CX(s) + Du(s) \tag{3.125}$$

式中，s 为拉普拉斯算子。

整理式（3.120）与式（3.121），输出可以写为

$$y(s) = [C(sI - A)^{-1}B_1 + D]u(s) \tag{3.126}$$

式中，I 为适当维数的单位阵。由于传递函数包含输入，则输入矩阵积可以写为

$$B_1u(s) = b_iu_i(s) \tag{3.127}$$

式中，b_i 为矩阵 B 的第 i 列向量，i 对应着输入向量的元素个数。因此

$$Du(s) = d_iu_i(s) \tag{3.128}$$

结果方程为

$$sX(s) = AX(s) + b_iu_i(s)$$
$$y(s) = CX(s) + d_iu_i(s) \tag{3.129}$$

如果得到式（3.117）所给出状态方程的标准或相变量形式，那么评价传递函数变得很容易。假定其受到下列变换的作用：

$$X = T_pX_p \tag{3.130}$$

状态方程和输出方程变换为

$$pX_p = A_pX_p + B_pu_i \tag{3.131}$$
$$y = C_pX_p = d_iu_i \tag{3.132}$$

式中

$$A_p = T_p^{-1}AT_p \tag{3.133}$$

$$B_p = T_p^{-1}b_i \tag{3.134}$$

$$C_p = CT_p \tag{3.135}$$

这些矩阵和矢量可以表示成以下的形式：

$$A_p = \begin{bmatrix} 0 & 1 & 0 \\ 0 & 0 & 1 \\ -m_1 & -m_2 & -m_3 \end{bmatrix} \tag{3.136}$$

$$B_p = \begin{bmatrix} 0 & 0 & 1 \end{bmatrix}^t \tag{3.137}$$

$$C_p = \begin{bmatrix} n_1 & n_2 & n_3 \end{bmatrix} \tag{3.138}$$

通过观察，传递函数可以表示为

$$\frac{y(s)}{u_j(s)} = \frac{n_1 + n_2s + n_3s^2}{m_1 + m_2s + m_3s^2 + s^3} + d_i \tag{3.139}$$

解决问题的关键在于找到变换矩阵 T_p。构建 T_p 的一种算法为

$$\left. \begin{array}{l} T_p = \begin{bmatrix} t_1 & t_2 & t_3 \end{bmatrix} \\ t_3 = b_i \\ t_{3-k} = At_{3-k+1} + m_{3-k+1}b_i; k = 1,2 \end{array} \right\} \tag{3.140}$$

式中，t_1、t_2 及 t_3 为列矢量。上式中的最后一个方程需要特征方程的系数，可以预先通过使用 Leverrier 算法计算。Leverrier 算法为

$$\left.\begin{aligned} m_3 &= -\operatorname{trace}(A)\,; H_3 = A + m_3 I \\ m_2 &= -\frac{1}{2}\operatorname{trace}(AH_3)\,; H_2 = AH_5 + m_4 I \\ m_1 &= -\frac{1}{5}\operatorname{trace}(AH_2) \end{aligned}\right\} \tag{3.141}$$

式中，矩阵的迹等于其对角元素之和。频率响应可由式（3.126）通过将其所有 s 替换为 $s = j\omega$ 来评价。在需要的频率区域可以画出幅频特性与相频特性来评价控制特性，时间响应的计算将在下文考虑。

3.14　时间响应的计算

如果将式（3.117）给出的状态方程变换成对角阵形式

$$X = T_d Z \tag{3.142}$$

则可得到变换后的方程

$$\dot{Z} = T_d^{-1} A T_d Z + T_d^{-1} B U = MZ + HU \tag{3.143}$$

式中，M 为具有明显特征值的对角阵，有

$$M = T_d^{-1} A T_d \tag{3.144}$$

$$H = T_d^{-1} B \tag{3.145}$$

从式（3.145）⊖可以求解得到 z_1，$\cdots$，z_n：

$$z_n(t) = \left(\sum_{j=1}^m H_{nj} u_j\right) \frac{(-1 + e^{\lambda_n t})}{\lambda_n} \tag{3.146}$$

式中，λ_n 为第 n 个特征值；m 为输入量的个数。

一旦从式（3.142）中求得矢量 Z，则输出 y 可由下式求得：

$$y = CX + DU = CT_d Z + DU \tag{3.147}$$

使用标准软件例如 MATLAB，上述步骤不需要编程只需使用其简单的命令即可实现。下面的例子阐明了 MATLAB 基本能力，需要指出的是与该例子阐明的问题相比 MATLAB 的能力是多样的（见图 3.14 ~ 图 3.16）。

【例 3.4】　根据例 3.1 提供的电机的参数，给出转子参考坐标系下 q 轴电流及其输入电压间的传递函数、系统的特征值、频率响应的波特图、根轨迹和阶跃响应。给定初始条件，用于评估式（3.120）及式（3.121）给出的小信号系统矩阵。

解

用 MATLAB 程序及其基本的命令求解该问题并给出输出结果。

⊖ 应为式（3.143）。——译者注

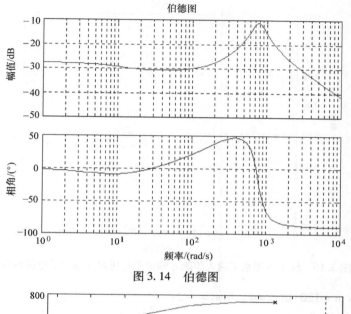

图 3.14　伯德图

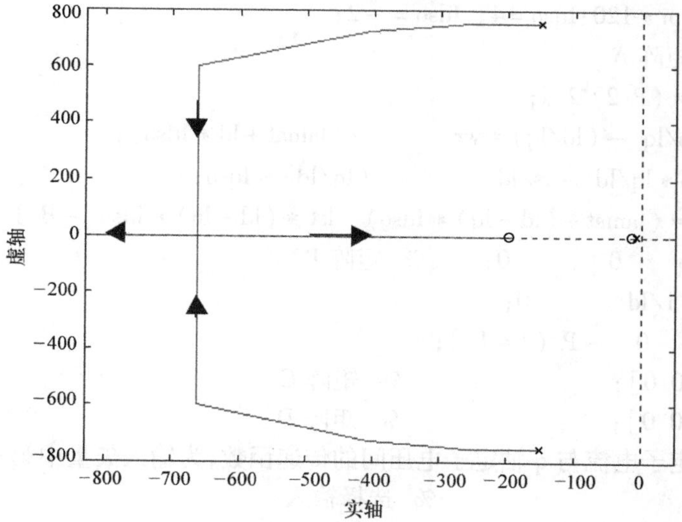

图 3.15　根轨迹

% 获得传递函数、频率响应、根轨迹及阶跃响应
% 算例
%
close all;clear all;
% 数据
rs = 1. 2，lq = 0. 012;ld = 0. 0057;lamaf = 0. 123;P = 4;B = 0. 0001；J = 0. 0005;
%稳态运行值

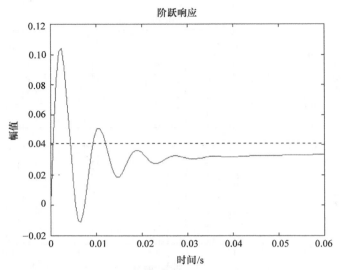

图 3.16　转子参考系下输入阶跃 q 轴定子电压时 q 轴定子电流响应

$wro = 2 * pi * 120$ ；$Iqso = 4$ ；$Idso = -2$ ；

% 系统矩阵 A

$k1 = 3/2 * (P/2)^2/J$ ；

$A = [-rs/lq \quad -(ld/lq) * wro \qquad -(lamaf + ld * Idso)$ ；

$\quad wro * lq/ld \quad -rs/ld \qquad (lq/ld) * Iqso$ ；

$\quad k1 * (lamaf + (ld - lq) * Idso) \quad k1 * (ld - lq) * Iqso \quad -B/J]$ ；

$B = [1/lq \quad 0 \qquad 0$ ；　　% 矩阵 B

$\quad 0 \quad 1/ld \qquad 0$ ；

$\quad 0 \quad 0 \quad -P/(2 * J)]$ ；

$C = [1 \ 0 \ 0]$ ；　　　　　　% 矩阵 C

$D = [0 \ 0 \ 0]$ ；　　　　　　% 矩阵 D

% q 轴定子电流与 q 轴定子电压间的传递函数，为输入矢量中第一个输入量

$IU = 1$ ；　　　　　　% 选择输入

% 计算传递函数

$[num, den] = ss2tf(A, B, C, D, IU)$ 　% 分子和分母

$G1 = tf(num, den)$ 　% G1 为传递函数

% 用零点、极点及增益形式表示传递函数

$\quad zpktf = zpk(G1)$ 　% G1 为零点、极点及增益形式

% 系统特征值

$K = eig(A)$ 　　% 系统特征值

% 传递函数的极点也可用下面命令得到

$K1 = pole(G1)$ 　% 计算它们的另一种方法

% 频率响应的伯德图

figure(1)   % 频率响应绘图

　bode(G1);

% 根轨迹绘图

figure(2)   % 绘制根轨迹

　rlocus(G1);

% 阶跃响应

figure(3)   % 绘制 G1 的阶跃响应,时间为 0.06s

　step(G1,0.06);

num = 1.0e+005 *

　0 0.0008 0.1756 2.1572

den = 1.0e+006 *

　0.0000 0.0003 0.5923 5.2647

Transfer function:

　83.33 s^2 + 1.756e004 s + 2.157e005

——————————————————————————

s^3 + 310.7 s^2 + 5.923e005 s + 5.265e006

Zero/pole/gain:

　83.3333 (s+197.6) (s+13.1)

———————————————————————

(s+8.929) (s^2 + 301.8s + 5.896e005)

K =   (特征值)

　1.0e+002 *

　-1.5090 + 7.5291i

　-1.5090 - 7.5291i

　-0.0893

K1 =   (极点)

　1.0e+002 *

　-1.5090 + 7.5291i

　-1.5090 - 7.5291i

　-0.0893

3.15 空间相量模型

3.15.1 原理

定子磁链相量是通过将 d 轴与 q 轴各自的磁链分量进行矢量求和而得到的合成定子磁链。值得注意的是磁链相量描述了其空间分布。与使用两轴系统如具有 d 轴与 q 轴的对称多相电机不同，磁链矢量可以被看做是由一个等效的单相定子绕组所产生的。这种表示方法具有很多优点但仅用于结构对称的电机，如表贴式永磁同步电机：①系统方程可以简化，从两个方程减少到一个方程；②系统可减少到单一绕组系统，与直流电机类似，因而可获得类似于直流电机解耦的独立磁通转矩控制；③一个绕组与转子永磁体磁通的相互作用比两个绕组与永磁体磁通的相互作用更容易理解，电机动态的概念也更加清晰，从而对电机动态过程有更深的理解；④由于仅涉及一个复杂系数的微分方程的解，因此更容易得到电机动态、瞬态的解析解。这样的解析解增加了从电机参数角度对电机性能的理解，从而形成了对变速应用的电机设计需求。这种空间相量模型将在本节导出。

3.15.2　模型的推导

本节前面所考虑的表贴式永磁同步电机，由于转子表面对称从而绕组交轴与直轴电感相等，假定其为 L_s，定子的电压方程除了将 q 轴与 d 轴电感用 L_s 代替外改动很小。在转子参考系下电压、电流及定子磁链相量由 d 轴与 q 轴分量可以表示为

$$v_s^r = v_{qs}^r - jv_{ds}^r \qquad (3.148)$$

$$i_s^r = i_{qs}^r - ji_{ds}^r \qquad (3.149)$$

$$\lambda_s^r = \lambda_{qs}^r - j\lambda_{ds}^r \qquad (3.150)$$

根据前述对定子电流与电压相量的定义，表贴式永磁同步电机定子电压相量可以表示为

$$v_s^r = (R_s + L_s p) i_s^r + j\omega_r \lambda_s^r \qquad (3.151)$$

d 轴与 q 轴磁链分量前面已经定义，形式如下：

$$\lambda_{qs}^r = L_s i_{qs}^r \qquad (3.152)$$

$$\lambda_{ds}^r = L_s i_{ds}^r + \lambda_{af} \qquad (3.153)$$

结合上面的方程可以得到磁链相量，进而可以得到定子电流相量的表达式

$$i_s^r = \frac{\lambda_s^r + j\lambda_{af}}{L_s} \qquad (3.154)$$

将其代入定子相量方程，并假定转子磁链随时间的变化为零，永磁电机实际的工作情况正是如此，定子电压相量可以表示为

$$v_s^r = \left(p + \frac{1}{\tau_s} + j\omega_r\right)\lambda_s^r + j\frac{\lambda_{af}}{\tau_s} \qquad (3.155)$$

从上式可以看出，电机的定子可由一个具有复时间常数的复数的方程表示。系统根的实部为定子时间常数的倒数，根的虚部为系统转子的电角速度。第一部分与自然指数的响应项相关；而第二部分与相位相关，这部分之所以出现是由于转子参考坐标系下的模型是通过相位旋转后加到静止参考坐标系下得到的。由于上述原因该模型中的特征值有其物理含义。从定子电压相量方程导出的永磁同步电机空间相量框图如图 3.17 所示。

在定子两绕组模型中，特征值可以通过空间相量模型的根及其复共轭导出。注

意到即使特征频率不同，无论何模型阻尼总保持为实数项不变，即一个为负，另一个为正。

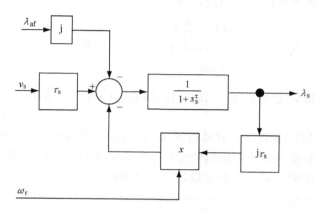

图 3.17　永磁同步电机空间相量模型的电气部分

更重要的是，单一的特征值及单一的时间常数很容易让人联想到该电机与直流电机电枢间以及永磁磁场和直流电机磁场之间的相似点。假定永磁磁场为常值，其动态特性可以被忽略，因而除了以电机中产生的运动电动势的形式存在之外，将不会出现在空间矢量模型的框图中。既然从空间相量模型中能够看到其与直流电机的相似，同样的，永磁同步电机与电枢控制的直流电机间速度控制的相似性也显而易见。进而共磁链与电磁转矩的解耦控制在永磁同步电机中也可实现。

在他励式直流电机中，通过绕组的电枢电流与产生磁场的电流都可以独立控制。保持电流恒定，则仅需改变电枢电流时即可使电磁转矩发生变化。因而，在进行磁场磁通与气隙转矩控制时，两绕组间不存在任何耦合，仅对需电枢电流与励磁电流的幅值进行控制即可。在直流电机中主磁场与电枢磁场之间的相位关系通过换向器与电刷在空间固定，这正是逆变器所需完成的任务。在永磁同步电机中，电枢电流可以看做是定子电流相量，转子磁场被看做是主磁场，两者之间的空间关系通过定子电流相量与转子同步旋转来保持，因而在恒定负载或者在发生变化的动态情况下要保持它们相位之间的恒定。因此定子电流相量的幅值和相角都需要来控制，以保持其转子磁场与电枢磁场间的同步性。这可以通过逆变器及其控制来实现。实际上，与直流电机不同，必须得知转子磁场位置及转子的绝对位置，才可实现其控制。与直流电机和感应电机驱动不同，对转子瞬时位置的这种需求使得永磁同步电机的驱动即使在最基本的运行也要承担更多的成本。转子位置可以通过位置传感器探知，也可以从电机变量或者通过测量额外注入电机的信号来估算，这将在第 8 章进行讨论。

【例 3.5】　计算定子磁链相量和定子电流相量并绘出定子磁链幅值、电流相量幅值及气隙转矩，此时转速保持为 3500r/min 恒定，且施加的电压相量为 j40V。

解

定子磁链相量可以电压相量方程的时域解求得，如式（3.155）所示，假定施加的定子电压与转子磁链幅值恒定，则

$$\lambda_s^r = \frac{V(0+\mathrm{j}1) - \mathrm{j}\dfrac{\lambda_{af}}{\tau_s}}{\dfrac{1}{\tau_s} + \mathrm{j}\omega_r}[1 - \mathrm{e}^{-\left(\frac{1}{\tau_s} + \mathrm{j}\omega_r\right)t}] \quad (\mathrm{V} \cdot \mathrm{s})$$

从上式可以得到定子电流，然后可以使用式（3.151）[⊖]给出的关系，计算出气隙转矩。

下文给出 MATLAB 程序，并通过图 3.18 ~ 图 3.20 描述的定子磁链与定子电流轨迹，定子电流幅值与定子磁链幅值随时间变化关系及电磁转矩随时间变化关系对系统的性能加以阐明，其中所有变量均归一化表示。

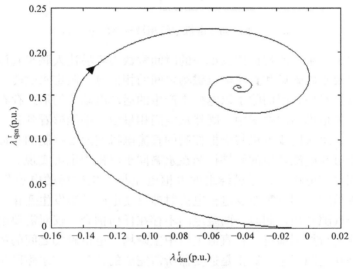

图 3.18　电机恒速时定子磁链相量对输入电压的轨迹

例 3.5 中使用空间相量模型计算瞬态响应的 MATLAB 程序如下。

```
%  使用电机空间相量模型(SPM)计算例中永磁同步电机磁链瞬态响应。
close all; clear all;
%  输入数据
lamaf = 0.123;                    %  转子磁链
Rs = 1.2;                         %  定子相电阻
Ls = 0.006;                       %  电感
ts = Ls/Rs;                       %  定子时间常数
```

⊖ 应为式(3.156)。——译者注

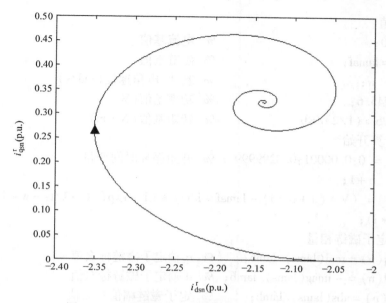

图 3.19　电机恒速时电流相量对输入电压的轨迹

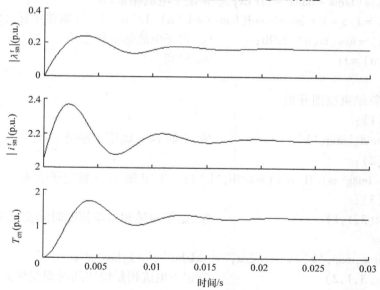

图 3.20　电机恒速时定子磁链与电流相量幅值及气隙转矩随时间变化关系

$P = 4$;　　　　　　　　　　　　% 极数
$w = (2 * \text{pi} * 3500/60) * P/2$;　% 转子电角速度（rad/s）
$V = 40$;　　　　　　　　　　　　% 定子电压幅值
$a = 0; b = 1$;　　　　　　　　　% 定子相量电压分量
$V(a + jb)$
$n = 0$;　　　　　　　　　　　　% 迭代次数

```
% 基值
Ib = 10;                        % 电流基值
lamb = lamaf;                   % 磁链基值
wb = w;                         % 基速、电角速度(rad/s)
Pb = 745.6;                     % 功率基值(W)
Tb = Pb * (P/2)/wb              % 转矩基值(N·m)
% 计算开始
for t = 0:0.00001:0.0299999     % 开始循环时间变量
 n = n + 1;
 lams = (V * (a + b * i) - lamaf * i/ts) * (1 - exp((-1/ts - w * i) * t))/
(1/ts + w * i);
    % 定子磁链相量
 lamq(n) = real(lams)/lamb;     % q 轴定子磁链标幺值
 lamd(n) = -imag(lams)/lamb;    % d 轴定子磁链标幺值
 mag(n) = abs(lams)/lamb;       % 定子磁链幅值标幺值
 is(n) = (lams + lamaf * i)/Ls; % 定子电流相量(A)
 te(n) = 1.5 * P * imag(conj(lams) * is(n))/Tb; % 气隙转矩标幺值
 isn(n) = abs(is(n))/Ib;        % 定子电流幅值标幺值
 time(n) = t;                   % 时间
end
% 计算结束绘图开始
figure(1);
plot(lamd,lamq,'k');            % d 轴 vs q 轴定子磁链
figure(2);
plot(-imag(is)/Ib,real(is)/Ib,'k'); % d 轴 vs q 轴定子电流
figure(3);
subplot(3,1,1)                  % 定子磁链相量幅值随时间变化关系
vs. time
plot(time,mag,'k'); set(gca,'xticklabel',[]);box off;
subplot(3,1,2)                  % 定子电流相量幅值随时间变化关系
time
plot(time,isn,'k'); set(gca,'xticklabel',[]);box off;
subplot(3,1,3);                 % 气隙转矩随时间变化关系
plot(time,te,'k');box off;
```

到目前为止，使用空间相量模型与 dq 模型相比在计算上并没有明显的优势，这是由于 dq 模型中的特征值求解仅涉及一个二阶系统，其可以由解析得到。当永磁同步电机用空间相量模型表示并通过下面的负载方程与负载耦合时，才会体现出

真正的优点。电磁转矩可以表示为

$$T_e = \frac{3}{2} \frac{P}{2} \mathrm{Im} [\lambda_s^{r*} i_s^r] \qquad (3.156)$$

式中，Im 表示虚部；星号标记表示为该变量的共轭。将其带入负载方程并对其进行拉普拉斯变换可以得到

$$\omega_r(s) = \frac{1}{(1+s\tau_m)} \frac{P}{2} \frac{1}{B} \Big[\frac{3}{2} \frac{P}{2} \mathrm{Im}\{ \lambda_s^{r*} i_s^r \} - T_l \Big] \qquad (3.157)$$

用此表达式替换定子电流相量可得到包括负载动态的永磁同步电机完整框图，如图 3.21 所示。在框图中从一节点流向另一节点的信号非常清晰，而且与 dq 模型的框图相比复杂程度要低很多。正因为如此，将其用于分析控制策略、无位置控制方案、参数敏感性影响及它们的补偿策略会相当直接。进一步，整个系统仅有 2 个小信号特征值，而在基于框图的 dq 模型中有 3 个特征值。当与需要数值解的 dq 模型相比时，此方法的解析解存在明显的优势。

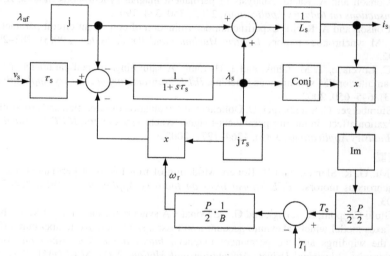

图 3.21 带有负载的永磁同步电机空间相量模型

具有凸极性的内置式永磁同步电机可以用复数变量进行建模，但这种形式使其与空间相量的定义相背离，并且空间相量模型所具有的简洁性与洞见性将不复存在，但是用复数变量表示所具有的紧凑性仍然存在。该方面不在本章讨论的范围之内。

参 考 文 献

动态模型

1. R. Krishnan, *Electric Motor Drives*, Prentice Hall, Englewood Cliffs, NJ, 2001.
2. N. N. Hancock, *Matrix Analysis of Electrical Machinery*, Pergamon Press, The Macmillan Company, New York, 1964.
3. P. C. Krause, *Analysis of Electrical Machinery*, McGraw-Hill Book Company, New York, 1986.

4. P. K. Kovacs and E. Racz, *Transient Phenomena in Electrical Machines*, Elsevier Science Publishers, Amsterdam, 1984.

5. T. Sebastian, G. R. Slemon, and M. A. Rahman, Modelling of permanent magnet synchronous motors, *IEEE Transactions on Magnetics*, pp. 1069–1071, 1986.

6. P. Pillay and R. Krishnan, Development of digital models for a vector controlled permanent magnet synchronous motor drive, *Conference Record of the Industry Applications Society Annual Meeting (IEEE Cat. No. 88CH2565-0)*, pp. 476–482, 1988.

7. P. Pillay and R. Krishnan, Modeling, simulation, and analysis of permanent-magnet motor drives. I. The permanent-magnet synchronous motor drive, *IEEE Transactions on Industry Applications*, pp. 265–273, 1989.

8. R. Krishnan and G. H. Rim, Performance and design of a variable speed constant frequency power conversion scheme with a permanent magnet synchronous generator, *Conference Record of the IEEE Industry Applications Society Annual Meeting*, pp. 45–50, 1989.

电路参数及等效电路

9. A. Consoli and G. Renna, Interior type permanent magnet synchronous motor analysis by equivalent circuits, *IEEE Transactions on Energy Conversion*, 4(4), 681–689, 1989.

10. A. Consoli and A. Raciti, Analysis of permanent magnet synchronous motors, *IEEE Transactions on Industry Applications*, 27(2), 350–354, 1991.

11. A. Consoli and A. Raciti, Experimental determination of equivalent circuit parameters for PM synchronous motors, *Electric Machines and Power Systems*, 20(3), 283–296, 1992.

12. E. C. Lovelace, T. M. Jahns, and J. H. Lang, A saturating lumped-parameter model for an interior PM synchronous machine, *IEEE Transactions on Industry Applications*, 38(3), 645–650, 2002.

13. B. Stumberger, G. Stumberger, D. Dolinar et al., Evaluation of saturation and cross-magnetization effects in interior permanent-magnet synchronous motor, *IEEE Transactions on Industry Applications*, 39(5), 1264–1271, 2003.

损耗模型

14. C. Mi, G. R. Slemon, and R. Bonert, Modeling of iron losses of permanent-magnet synchronous motors, *IEEE Transactions on Industry Applications*, 39(3), 734–742, 2003.

15. F. Giulii Capponi, R. Terrigi, and G. De Donato, A synchronous axial flux PM machine d,q axes model which takes into account iron losses, saturation and temperature effect on the windings and the permanent magnets, *International Symposium on Power Electronics, Electrical Drives, Automation and Motion, 2006. SPEEDAM 2006*, pp. 421–427, 2006.

基于有限元模型

16. O. A. Mohammed, S. Ganu, N. Abed et al., High frequency PM synchronous motor model determined by FE analysis, *IEEE Transactions on Magnetics*, 42(4), 1291–1294, 2006.

17. O. A. Mohammed, S. Liu, and Z. Liu, FE-based physical phase variable model of PM synchronous machines with stator winding short circuit fault, *Sixth International Conference on Computational Electromagnetics CEM 200*, pp. 185–186, 2006.

18. K. Gyu-Hong, H. Jung-Pyo, K. Gyu-Tak et al., Improved parameter modeling of interior permanent magnet synchronous motor based on finite element analysis, *IEEE Transactions on Magnetics*, pp. 1867–1870, 2000.

第4章 永磁同步电机的控制策略

在永磁同步电机中对定子电流调节及控制的灵活性，不仅表现在对电流幅值和频率的控制，而且也表现在可以对电流的相位进行灵活控制，这使得它的控制可与他励式直流电机的控制相等效。对转矩与共磁链彼此独立地进行控制的方法，称之为解耦控制或者矢量控制，这方面将在本章进行讨论。另外，额外的性能指标如恒转矩角，单位功率因数（UPF），磁通与电流相量角控制，单位电流最优转矩，恒功率损耗及最大效率可以叠加于矢量控制之中，这部分也将在本章进行阐述。本章举例阐述了稳态特性的控制策略，而且提供并推导了性能预测的相关方程。在本章末列举了一些参考文献，如动态性能[1-5]、动态仿真[6-12]、各种控制策略[13-26]、直接转矩控制[27,28]、分析用的计算程序[29,30]、永磁电机的应用特性[31-33]。鼓励感兴趣的读者去寻找相关议题的最新参考文献。

4.1 矢量控制

矢量控制，也称为解耦控制或磁场定向控制，最早出现于 20 世纪 60 年代晚期交流驱动的研究领域，在 80 年代得到蓬勃发展，但在逆变器供电的感应电机与同步电机的驱动中遇到了磁链振荡及转矩响应的挑战[5a]。无法解释的瞬时大电流动态特性，当时莫名的瞬时大电流动态特性所导致的逆变器故障是逆变器供电的交流驱动进入市场的瓶颈。与交流驱动相比，他励式直流电机驱动则凭借卓越的磁通与转矩的动态控制而运行良好。直流电机驱动的关键在于其有能力对磁通与转矩进行单独控制。通过控制磁场电流而可以单独控制磁通，这个电流下面将会用到，称之为产生磁通的电流。在任一时刻保持磁场电流恒定，进而磁通为常值，则电机的转矩可以通过电枢电流而独立进行控制，因而电枢电流被看作为产生转矩的电流。在他励式直流电机驱动中，由于磁场电流与电枢电流都为直流量，因此只需要控制磁场与电枢电流的幅值就可以对其磁通与转矩进行精确地控制。只有能够实现磁通与转矩独立的、不受约束的控制时，动态控制的问题才会消失。因而在交流电机中，关键在于找到等效的产生磁通的电流及产生转矩的电流（即电枢电流）并获得磁通与转矩独立控制的方法。对于交流驱动来说，关键在于两点：①空间相量形式的电机模型，由于其将三相电机简化成一个在定子与转子上分别只有一个绕组的电机，因此可以将其等效为直流电机（第 3 章已经给予说明）。②逆变器有能力产生电流相量，并且对其幅值、频率及相位完全可控（第 2 章已给出）。利用这些特点，通过单独控制共磁链及电磁转矩可以使永磁同步电机的驱动系统成为高性能的驱动系统，这些将在下面的内容中进行讨论。

4.2 矢量控制的推导

矢量控制通过控制定子励磁输入，可将转矩与磁通分别进行控制。虽然矢量控制的方式多种多样，但是永磁同步电机的矢量控制与感应电机驱动的矢量控制十分相似，采用类似感应电机的矢量控制方法也是可行的。本节将从永磁同步电机的动态模型出发，推导三相永磁同步电机的矢量控制。将电流作为输入量，三相电流可以表示为

$$i_{as} = i_s \sin(\omega_r t + \delta) \tag{4.1}$$

$$i_{bs} = i_s \sin\left(\omega_r t + \delta - \frac{2\pi}{3}\right) \tag{4.2}$$

$$i_{cs} = i_s \sin\left(\omega_r t + \delta + \frac{2\pi}{3}\right) \tag{4.3}$$

式中，ω_r 为转子电角速度；δ 为转子磁场与定子电流相量的夹角，即为所熟知的转矩角。

在第 2 章我们已经熟悉了用逆变器来控制电压/电流相量的幅值、频率及相位，从现在起，假定所需求的相量为从逆变器所获得的理想相量来导出矢量控制。转子磁场以速度 ω_r 运动，其等于转子旋转的电角速度，单位为电弧度/s。在转子参考坐标系下的 q 轴与 d 轴定子电流可以通过第 3 章永磁同步电机模型中推导的矩阵变换得到：

$$\begin{bmatrix} i_{qs}^r \\ i_{ds}^r \end{bmatrix} = \frac{2}{3} \begin{bmatrix} \cos\omega_r t & \cos\left(\omega_r t - \frac{2\pi}{3}\right) & \cos\left(\omega_r t + \frac{2\pi}{3}\right) \\ \sin\omega_r t & \sin\left(\omega_r t - \frac{2\pi}{3}\right) & \sin\left(\omega_r t + \frac{2\pi}{3}\right) \end{bmatrix} \begin{bmatrix} i_{as} \\ i_{bs} \\ i_{cs} \end{bmatrix} \tag{4.4}$$

将式（4.1）~式（4.3）代入到式（4.4）中，可以得到转子参考坐标系下的定子电流

$$\begin{bmatrix} i_{qs}^r \\ i_{ds}^r \end{bmatrix} = i_s \begin{bmatrix} \sin\delta \\ \cos\delta \end{bmatrix} \tag{4.5}$$

在转子参考坐标系下 q 轴与 d 轴电流为常量，值得注意的是在给定负载时转矩角 δ 也为常量。此时，由已知和假定的条件画出的电机相量图将对分析非常有帮助，如图 4.1 所示[5a]。转子的磁通及磁链位于电机的 d 轴，它位于转子上并且以从静止参考点（也称为定子参考坐标）测得的角速度 ω_r 旋转，假定转子初始位置为零，转子的瞬时位置 θ 可由旋转速度和时间的积来求得。由所有参考坐标系下（永磁同步电机控制常用转子参考坐标系）的交轴与直轴电流得到的定子电流相量频率为转子电角速度的角频率，即 ω_r，相位与转子磁链相量相差的角度为 δ。电流

相量与转子（即旋转 d 轴）之间的速度差为零，但两者间存在角度差 δ，在给定转矩时其为常量并写入到定子电流指令中。在旋转的 d 轴与 q 轴（称为旋转参考坐标系）上定子相量的分量分别表示为 i_{ds}^r 与 i_{qs}^r，它们与式（4.5）给出的电流分量相对应，注意对给定的定子电流相量及转矩角它们为常量。定子电流沿转子磁通轴线，即沿着旋转 d 轴的分量仅能够产生磁通，因而相应地将之称为定子电流的磁通分量，用 i_f 表示。该电流只是提供了 d 轴磁通的一部分，转子磁通的其余部分由永磁体提供。如第 1 章所述永磁体磁通可以被看做是由等效电流源产生的。与转子磁通正交的定子电流分量同转子磁通相互作用而产生转矩，因而相应地将之称为定子电流的转矩分量，用 i_T 表示，其与他励式直流电机的电枢电流非常相似。从 q 轴与 d 轴定子电流的角度，其可以表示为

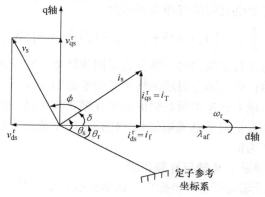

图 4.1 永磁同步电机相量图（摘自 R. Krishnan 的《Electric Motor Drives》图 9.9，Prentice Hall, Upper Saddle River, NJ, 2001,版权许可）

$$i_{qs}^r = i_T \tag{4.6}$$

$$i_{ds}^r = i_f \tag{4.7}$$

为完成相量图，假定电压相量超前定子电流相量角度为 ϕ，其余弦值为电机的功率因数，这可以从基本知识中得到。如图 4.1 所示，定子电压相量沿 d 轴与 q 轴的分量分别为 v_{ds}^r 与 v_{qs}^r。

4.2.1 电磁转矩

根据第 3 章给出的电磁转矩的表达式

$$T_e = \frac{3}{2} \cdot \frac{P}{2} \big[\lambda_{af} i_{qs}^r + (L_d - L_q) i_{qs}^r i_{ds}^r \big] (\text{N} \cdot \text{m}) \tag{4.8}$$

暂且假定定子产生磁通的电流分量为零，这可以通过将转矩角设置为零实现，即 $i_{ds}^r = 0$，可得到电磁转矩为

$$T_e = \frac{3}{2} \cdot \frac{P}{2} \lambda_{af} i_{qs}^r = K_1 \lambda_{af} i_s (\text{N} \cdot \text{m}) \tag{4.9}$$

式中

$$K_1 = \frac{3}{2} \cdot \frac{P}{2} \tag{4.10}$$

注意定子电流相量产生的转矩分量等于定子电流相量本身的幅值，此时转矩角等于90°。此条件下，永磁同步电机完全与他励式直流电机相似，从转矩表达式来看永磁同步电机的转矩由转子磁通与定子电流的相互作用产生，而他励式直流电机的转矩是由定子磁通与转子（众所周知的电枢）电流的相互作用产生。对于恒定的转子磁链，乘积 $K_1\lambda_{af}$ 是转矩常数，单位为 N·m/A，但其并不总为恒值，这是由于永磁体对转子变化的温度存在敏感性从而转子磁链不总为恒值。此方面更多的讨论将在第7章永磁同步电机驱动系统参数敏感性分析中进行。

在转矩表达式中，用式（4.5）可替换转子参考坐标系下的交轴与直轴定子电流，则电磁转矩用定子电流幅值与相位表示为

$$T_e = \frac{3}{2} \cdot \frac{P}{2} \left[\lambda_{af} i_s \sin\delta + \frac{1}{2}(L_d - L_q) i_s^2 \sin2\delta \right] (\text{N·m}) \tag{4.11}$$

很容易看出表达式右手侧的第一部分表示同步转矩，它是由永磁体磁场与定子电流相互作用产生的；第二部分表示的转矩是由于磁阻变化所产生的，即为磁阻转矩。这些转矩分量在最大转矩中所起到的作用在第3章中已经给予了讨论。此表达式清楚地说明了控制变量定子电流幅值和转矩角决定了所产生的电磁转矩，其中电机的电感与转子磁链为恒值。

4.2.2　定子参考坐标系下 d 轴与 q 轴电流

将定子电流相量沿着定子参考坐标系（该坐标系 d 轴）及与该轴线正交（定子 q 轴）的方向分解，图4.1中没有画出，可以直接得到定子坐标系下 d 轴与 q 轴电流

$$\begin{bmatrix} i_{qs} \\ i_{ds} \end{bmatrix} = i_s \begin{bmatrix} \sin(\omega_r t + \delta) \\ \cos(\omega_r t + \delta) \end{bmatrix} \tag{4.12}$$

当变换到 a 轴、b 轴及 c 轴时，得到的相电流与式（4.1）给出的一致。将 abc 相轴叠加到相量图中并将定子电流相量投射到 abc 轴线可以直接得到瞬时的相电流，从而可消除先到 d 轴与 q 轴然后再到 abc 轴线的变换的中间步骤。

4.2.3　共磁链

存在于气隙中共磁链的是由转子磁链与定子磁链合成产生的。在控制中需要削弱气隙中的磁通，这与他励式直流电机的弱磁运行相似。转子磁链集中于转子的 d 轴（假设沿着一个两极电机的 N 极方向）并且其交轴分量为零。但定子磁链有两个不为零的分量：一个沿着直轴方向，另一个沿着与直轴正交的方向，分别表示为 $L_d i_{ds}^r$ 与 $L_q i_{qs}^r$。则它们与转子磁链分别沿着交轴与直轴方向合成，可以给出合成气隙磁链或者共磁链。产生的共磁链可以由直轴与交轴磁链的相量和得到，其幅值可以表示为

$$\lambda_m = \sqrt{(\lambda_{af} + L_d i_{ds}^r)^2 + (L_q i_{qs}^r)^2} \ (\text{Wb·Turn}) \tag{4.13}$$

共磁链的相位可以通过计算交轴与直轴共磁链比值的反正切获得。

4.2.4 转矩角在电机运行中的作用

在特定的情况下，从式（4.5）、式（4.11）及式（4.13）观测到的电机性能非常具有指导意义。如果 $\delta > \pi/2$，定子电流的转矩分量 i_{ds}^r 变为负值。因而合成的共磁链减小。这在永磁同步电机驱动中是弱磁的关键。如果相对转子磁链相量，δ 为负，则定子电流的转矩分量为负，导致产生负的电磁转矩。假定相量图中的旋转方向为正，并且观测到正的转矩，则此时产生的转矩为负（此模式有时也被称为再生模式）。此时电机的气隙功率是负的，意味着电机处于发电状态。

4.2.5 关键的结论

本节的主要结论形成了永磁同步电机驱动控制及其各种实施方式的框架。有必要进行总结以便于参考。

1）通过逆变器实现对电流相量 i_s 的相角 δ（也称为转矩角）及幅值的控制，进而决定了转矩的唯一性。

2）对电流相量的角频率进行控制可以决定转子的速度 ω_r。

3）分析表明永磁同步电机的驱动与他励式直流电机的驱动相似，这可以通过在永磁同步电机中寻找到与直流电机磁场与电枢电流等效的电流分别为 i_f 和 i_T 来实现。它们是定子电流相量的分量，被称作定子电流的磁通分量及转矩分量。

4）与他励式直流电机单独控制电枢电流与磁场电流情况类似，通过分别控制定子电流的磁通分量与转矩分量，可以实现永磁同步电机的电磁转矩与共磁链的独立控制。

4.3　驱动系统原理图

基于上节对永磁同步电机矢量控制的理解，本节我们将推导永磁同步电机矢量控制的实现过程，转矩控制型及速度控制型驱动系统将在下文阐述。

4.3.1 转矩控制型驱动系统

考虑永磁同步电机驱动的外部输入为转矩指令与共磁链指令（控制领域所熟知的参考）。它们可以是独立的输入，如在电推进应用中的转矩控制型电机驱动情况，也可以是依赖内部变量的速度控制的一部分。若给定转矩参考 T_e^*，则定子电流参考 i_s^*，以及转矩角参考 δ^*，可以从已知的转矩方程和共磁链方程中得到，用参考变量来代替实际的变量，则它们可以表示为

$$T_e^* = \frac{3}{2} \cdot \frac{P}{2}\left[\lambda_{af} i_s^* \sin\delta^* + \frac{1}{2}(L_d - L_q)(i_s^*)\sin2\delta^*\right](\text{N}\cdot\text{m}) \tag{4.14}$$

$$\lambda_m^* = \sqrt{(\lambda_{af} + L_d i_s^* \cos\delta^*)^2 + (L_q i_s^* \sin\delta^*)^2}(\text{Wb}\cdot\text{Turn}) \tag{4.15}$$

给定转矩及共磁链的外部输入参考，并假定电机参数是恒定的，则定子电流幅值和转矩角参考值可由式（4.14）与式（4.15）求得。很明显这些方程的解是比较复杂的，尤其对具有凸极性的永磁同步电机来说，因此需要离线的迭代运算求解

并通过查表的方式来实现。这里以直轴与交轴电感相等的表贴式永磁同步电机为例说明其实现过程。此时转矩及共磁链的参考简化为

$$T_e^* = \frac{3}{2} \cdot \frac{P}{2} [\lambda_{af} i_s^* \sin\delta^*] (N \cdot m) \tag{4.16}$$

$$\lambda_m^* = \sqrt{(\lambda_{af} + L_d i_s^* \cos\delta^*)^2 + (L_q i_s^* \sin\delta^*)^2} = \sqrt{(\lambda_{af} + L_d i_s^* \cos\delta^*)^2 + (L_d i_s^* \sin\delta^*)^2}$$
$$= \sqrt{\lambda_{af}^2 + (L_d i_s^*)^2 + 2(\lambda_{af} L_d i_s^* \cos\delta^*)} (Wb \cdot Turn) \tag{4.17}$$

可以通过以下的步骤来获得转矩角参考的解析解：

步骤1：定子电流的磁通分量 $i_s^* \cos\delta^*$ 可以通过将式（4.16）中的 $i_s^* \sin\delta^*$ 代入到式（4.17）的第二个表达式中整理得到：

$$i_s^* \cos\delta^* = \frac{\left[\sqrt{(\lambda_m^*)^2 - L_d^2 \dfrac{(T_e^*)^2}{\left(\dfrac{3}{2}\dfrac{P}{2}\lambda_{af}\right)^2}} - \lambda_{af}\right]}{L_d} \tag{4.18}$$

步骤2：定子电流参考可以用式（4.18）替代式（4.17）的最后表达式中的 $i_s^* \cos\delta^*$ 并整理后得到：

$$i_s^* = \frac{\sqrt{(\lambda_m^*)^2 - \lambda_{af}^2 - 2\lambda_{af}(i_s^* \cos\delta^*)}}{L_d} \tag{4.19}$$

转矩角参考可以由式（4.18）及式（4.19）得到。利用式（4.5），从定子电流及转矩角参考可以得到定子电流的磁通分量及转矩分量，并用参考分量来替代实际变量得到：

$$\begin{bmatrix} i_T^* \\ i_f^* \end{bmatrix} = i_s^* \begin{bmatrix} \sin\delta \\ \cos\delta \end{bmatrix} \tag{4.20}$$

应用坐标变换将转子参考坐标系下的电流参考变换到 abc 坐标系下，可以得到相电流参考

$$\begin{bmatrix} i_{as}^* \\ i_{bs}^* \\ i_{cs}^* \end{bmatrix} = \begin{bmatrix} \cos\theta_r & \sin\theta_r \\ \cos\left(\theta_r - \dfrac{2\pi}{3}\right) & \sin\left(\theta_r - \dfrac{2\pi}{3}\right) \\ \cos\left(\theta_r + \dfrac{2\pi}{3}\right) & \sin\left(\theta_r + \dfrac{2\pi}{3}\right) \end{bmatrix} \begin{bmatrix} i_T^* \\ i_f^* \end{bmatrix} = i_s^* \begin{bmatrix} \sin(\theta_r + \delta^*) \\ \sin\left(\theta_r + \delta^* - \dfrac{2\pi}{3}\right) \\ \sin\left(\theta_r + \delta^* + \dfrac{2\pi}{3}\right) \end{bmatrix} \tag{4.21}$$

相电流参考也可以从相量图 4.1 通过将定子电流相量参考简单投射到 abc 轴线而直接获得。至此完成了转矩控制的永磁同步电机驱动的矢量控制器。基本的实现框图如图 4.2 所示。

对于存在凸极性的永磁同步电机驱动来说，其控制框图是不变的，只是计算定子电流相量幅值和转矩角的参考量的方程需从式（4.14）及式（4.15）得到，其推导过程与前面讨论的表贴式永磁同步电机非常相似。需要的计算可以在线完成也可以先离线计算后储存在表格里以节省计算时间。为了适应参数变化的影响，对于

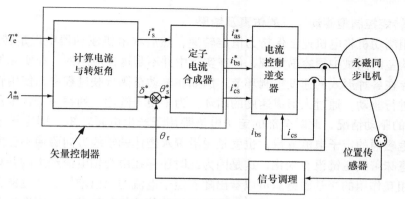

图 4.2　矢量控制的永磁同步电机转矩驱动原理图

每个变化需要保存多个表格以便在运行时调用。如相量图所示，对应定子参考系下定子电流相量的相位可由转子磁链位置及转矩角求和得到：

$$\theta_s^* = \theta_r + \delta^* = \omega_r t + \delta^* \tag{4.22}$$

利用式（4.21）及式（4.22），定子电流矢量参考在矢量控制器的第二个方框图中合成。通过转矩及共磁链参考获得定子相电流指令的过程是矢量控制的核心，在图中以点划线表示。由于转矩与共磁链都是由电流直接控制的，因此该系统为电流控制型系统，电流控制涉及的电流负反馈控制等细节图中没有给出。在理想三线制系统中，三相电流和为零，因此只需要测量两相电流，第三相电流可以通过其他两相电流进行重构。相电流与它们参考之间的偏差通过比例积分器处理后产生相电压参考，它们可以通过滞环或者脉冲宽度调制（PWM）或者空间矢量调制（SVM）控制在逆变器中被执行。通过逆变器控制来实现的方法已经在第 2 章给予了说明，框图中没有再给出电流控制的细节，滞环控制器的算法将在下面阐述。

电流滞环控制器

在实现电流滞环控制时应预先设定偏差 Δi，通过将定子相电流参考分别与该偏差相加和相减得到两个变量，而定子相电流必须维持在这两个变量所决定的边界包络线之内[11]。据此及定子相电流值，滞环控制器的开关逻辑可以表示成如下的形式：

如果（$i_{as} - i_{as}^*$）大于或者等于 Δi，则 $v_{ao} = \dfrac{V_{dc}}{2}$

如果（$i_{as} - i_{as}^*$）小于或者等于 $-\Delta i$，则 $v_{ao} = -\dfrac{V_{dc}}{2}$

前面已经叙述过 v_{ao} 为逆变器 a 相桥臂的中点电压。其余相的实现方法与 a 相类似。电机的线电压与相电压可以从中点电压得到，并且应用上一章节永磁同步电机动态模型的知识，可以将其变换为转子参考系下的 d 轴及 q 轴电压。通过求解电机方程可以得到转子参考坐标系下的定子电流，然后应用逆变换即可得到定子相电流。转矩及共磁链可由转子参考系下的电流计算得到。

4.3.2　转矩控制型驱动系统的仿真及结果

利用测功机将电机速度保持为恒定转速，然后在电机驱动器中设定转矩参考，这在实验室的测试中很容易实现，但在实际中并不是这样应用的。在实际的应用中通常会存在各种形式的速度控制环节，例如在电动车辆行驶过程中，使用转矩控制的电机进行驱动，通过人形成速度的闭环。为了便于阐述，列举一个转矩角参考为90°简单的驱动情况，此时全部的定子电流都用于产生电磁转矩，即定子电流中不存在产生磁通的定子电流分量，也就是说沿着永磁体的轴线方向磁通不会削弱。但这并不意味着共磁链没有变化，这是因为此时还存在由交轴电流产生的并且与永磁体磁链相互作用的交轴磁链。可以看出随着定子电流的幅值增加，共磁链也随之增加。对电机差分方程进行数值积分，可以采用比传统的四阶龙格－库塔积分方法更快速的欧拉积分方法。

保持速度标幺值为0.5，具有电流滞环控制器的转矩驱动的仿真结果如图4.3所示。电流滞环窗标幺值设定为比较大为0.1，以便于说明转矩的波动情况。由于交轴电流较大的波动，与之成比例的转矩波动也较大。电流滞环控制器明显的优点在于强制电流跟随其参考值并且具有很小的延迟。可以看出共磁链或者气隙磁链随着定子电流的增加而增加。转矩角的平均值被控制在期望值附近，其与参考值的偏移主要是由于电流与其参考值之间存在偏差，这由逆变器中电流控制品质及电机的参数决定。相同地，定子电流的磁通分量的平均值保持在零附近，这与转矩角性能产生的原因相同。图中的变量除转矩角用电角度及时间表示外，其余量皆用标幺值表示。仿真的 MATLAB 代码程序如下。

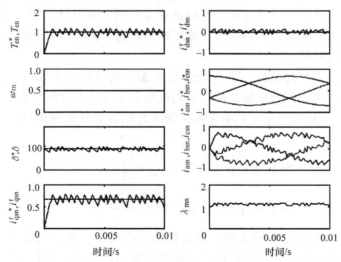

图4.3　具有电流滞环控制器的转矩控制型驱动的动态性能

% 永磁同步电机仿真　恒转矩角
% 滞环控制器

```
% 转矩驱动
clear all；close all；

% 电机参数
P = 6；                    % 极数
Rs = 1.4；                 % 定子电阻
Ld = 0.0056；              % d 轴电感
Lq = 0.009；               % q 轴电感
lamaf = .1546；            % 转子磁链
B = 0.01；                 % 摩擦系数
J = 0.006；                % 转动惯量
vdc = 285；                % 母线电压
wr _ ref = 314.3；         % 额定转速

% 基值
Tb = 5.5631；              % 转矩基值
Ib = 12；                  % 电流基值
wb = 628.6；               % 转速基值
Vb = 97.138；              % 电压基值
Lb = 0.0129；              % 电感基值

% 变换器及控制器参数
deli = 0.1 * Ib；          % 电流窗
% 初始参数
theta _ r = 0；            % 初始位置
wr = wr _ ref；            % 初始速度
t = 0；                    % 初始时间
dt = 1e - 6；              % 积分时间步长
tfinal = .01；             % 终止时间
if _ ref = - 1e - 16；     % 设定直轴电流参考
iqs = 0；ids = 0；         % 电流初始条件
vqs = 0；vds = 0；         % 电压初始条件
n = 1；
x = 1；
signe = 1；
ramp = - 1；
```

```
ias = 0；ibs = 0；ics = 0；t1 = 0；
vax1 = 0；vbx1 = 0；vcx1 = 0；
zia = 0；zib = 0；zic = 0；
% 仿真开始
while（t < tfinal），
Te _ ref = Tb；        % 设定转矩需求
% 设定交轴电流参考
it _ ref = Te _ ref * (2/3) * (2/P)/( ( Ld - Lq ) * if _ ref + lamaf )；
% 设定定子电流及转矩角参考
is _ ref = sqrt( it _ ref^2 + if _ ref^2 )；
delta _ ref = atan( it _ ref/if _ ref )；
if delta _ ref < 0，
    delta _ ref = delta _ ref + pi；
end
ias _ ref = is _ ref * sin( theta _ r + delta _ ref )；
ibs _ ref = is _ ref * sin( theta _ r + delta _ ref - 2 * pi/3 )；
ics _ ref = is _ ref * sin( theta _ r + delta _ ref + 2 * pi/3 )；

% 滞环控制器
if( ias _ ref - ias ) > = deli，
    vao = vdc/2；
end
if( ias _ ref - ias ) < - deli，
    vao = - vdc/2；
end
if( ibs _ ref - ibs ) > = deli，
    vbo = vdc/2；
end
if( ibs _ ref - ibs ) < - deli，
    vbo = - vdc/2；
end
if( ics _ ref - ics ) > = deli，
    vco = vdc/2；
end
if( ics _ ref - ics ) < - deli，
    vco = - vdc/2；
```

```
end
```
% 计算线电压
```
vab = vao – vbo;
vbc = vbo – vco;
vca = vco – vao;
```
　% 计算相电压
```
vas = (vab – vca)/3;
vbs = (vbc – vab)/3;
vcs = (vca – vbc)/3;
```
　% 交轴及直轴电压
```
vqs = (2/3) * (cos(theta_r) * vas + cos(theta_r – 2 * pi/3) * vbs + cos
(theta_r + 2 * pi/3) * vcs);
vds = (2/3) * (sin(theta_r) * vas + sin(theta_r – 2 * pi/3) * vbs + sin
(theta_r + 2 * pi/3) * vcs);
```

　% 电机方程
```
d_iqs = (vqs – Rs * iqs – wr * Ld * ids – wr * lamaf) * dt/Lq;
iqs = iqs + d_iqs;
d_ids = (vds + wr * Lq * iqs – Rs * ids) * dt/Ld;
ids = ids + d_ids;
```

　% 计算定子电流及转矩角
```
is = sqrt(iqs^2 + ids^2);
delta = atan(iqs/ids);
if delta < 0,
  delta = delta + pi;
end
```

　% 计算转矩
```
Te = (3/2) * (P/2) * iqs * ((Ld – Lq) * ids + lamaf);
wr = 314.3;
```
　% 计算位置
```
d_theta_r = wr * dt;
theta_r = theta_r + d_theta_r;
```
　% 相电流
```
ias = iqs * cos(theta_r) + ids * sin(theta_r);
```

```
ibs = iqs * cos( theta _ r - 2 * pi/3) + ids * sin( theta _ r - 2 * pi/3);
ics = - ( ias + ibs);
t = t + dt;      %时间增加
%
%绘图变量标幺值
%
if  x > 16,
  t
  tn( n) = t;
  Terefn( n) = Te _ ref/Tb;
  it _ refn( n) = it _ ref/Ib;
  is _ refn( n) = is _ ref/Ib;
  ias _ refn( n) = ias _ ref/Ib;
  ibs _ refn( n) = ibs _ ref/Ib;
ics _ refn( n) = ics _ ref/Ib;
  iasn( n) = ias/Ib;
  ibsn( n) = ibs/Ib;
  icsn( n) = ics/Ib;
  iqsn( n) = iqs/Ib;
  idsn( n) = ids/Ib;
  isn( n) = is/Ib;
  ifrefn( n) = if _ ref/Ib;
  delta _ refn( n) = delta _ ref;
  deltan( n) = delta;
  Ten( n) = Te/Tb;
  wrn( n) = wr/wb;
  lammn( n) = sqrt( ( 1 + Ld * ids/( Ib * Lb) )^2 + ( Lq * iqs/( Ib * Lb) )^2);
  n = n + 1;
  x = 1;
 end
 x = x + 1;
end
figure( 1);orient  tall;
subplot( 4,2,1)
plot( tn,Terefn,'k - - ',tn,Ten,'k');axis( [0 .01 0 2]);
set( gca,'xticklabel',[ ]);
```

```
subplot(4,2,3)
plot(tn,wrn,'k');axis([0.01  0  1]);
set(gca,'xticklabel',[]);
subplot(4,2,5)
plot(tn,delta_refn*180/pi,'k - -',tn,deltan*180/pi,'k');
axis([0.01  0  180]);
set(gca,'xticklabel',[]);
subplot(4,2,7)
plot(tn,it_refn,'k - -',tn,iqsn,'k');axis([0.01 0 1]);;
subplot(4,2,2)
plot(tn,ifrefn,'k - -',tn,idsn,'k');axis([0.01  -1
1]);set(gca,'xticklabel',[])
subplot(4,2,4)
plot(tn,ias_refn,'k',tn,ibs_refn,'k - -',tn,ics_refn,'k:');
axis([0.01  -1  1]);set(gca,'xticklabel',[]);
subplot(4,2,6)
plot(tn,iasn,'k',tn,ibsn,'k - -',tn,icsn,'k:')
axis([0.01  -1  1]);set(gca,'xticklabel',[]);
subplot(4,2,8)
plot(tn,lammn,'k')
axis([0.01  0  2]);
```

图 4.4 给出了具有基于三角波调制的正弦 PWM 控制器的转矩驱动器的性能，其工作条件与滞环控制器时保持一致。PWM 电流控制的具体实现方法将在后面的速度控制型电机驱动中阐述，这里不做过多陈述。PWM 的载波频率为 20kHz。与具有较大滞环窗的电流滞环控制驱动相比，由于 PWM 控制具有较高的开关频率，使得电机的电流及转矩脉动变得很小。在两种方案中性能的不同处主要体现在电流及转矩波动的大小，但是驱动变量的平均值，如转矩及气隙磁链等都是一致的。

4.3.3　速度控制型驱动系统

以图 4.2 所示的转矩控制型驱动系统为核心，然后在其上添加外部速度反馈控制环来控制驱动系统的转子速度，这就构成了速度控制型驱动系统，如图 4.5 所示。实际速度与参考速度之间的速度偏差用 $\omega_r^* - \omega_r$ 表示，通过一个比例积分（PI）型控制器（以后称之为速度控制器）来消除速度的稳态误差。速度控制器的输出构成了电磁转矩参考 T^*，这是由于速度偏差可以仅通过增加或降低电机的电磁转矩来消除或者降至最小，增加或者降低电磁转矩依赖于速度偏差是正或者是负。为了获取更快的速度相应，可以采用比例积分微分（PID）速度控制器。

共磁链参考由转子速度需求产生，只要线反电动势的幅值不超过逆变器的直流

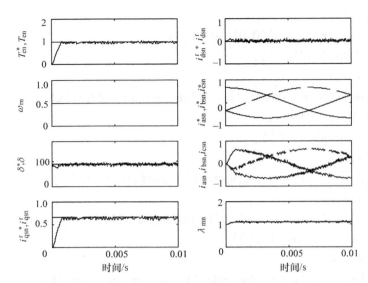

图 4.4　具有 PWM 电流控制的转矩控制型驱动器的动态性能

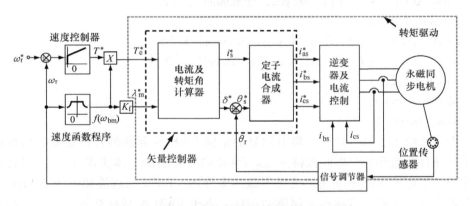

图 4.5　具有速度控制器的永磁同步电机驱动

电压，反电动势与定子频率之间的比例保持恒值，则可以产生恒定的共磁链及最大的频率（称为基频），在此限制下，电机的转速称为基速。一旦频率超过其基值频率，驱动的转速就会超过基速，从而反电动势开始会超过直流母线的电压。这种情况使得定子电流很难控制，因而转矩也很难控制。在此区域内电机控制特性变差。为了保持电流控制，并且在反电动势超过母线电压时维持该控制，可以控制共磁链与速度成反比例，从而即使电机速度超过基速时，反电动势也将会被限制在基速时的反电动势以内。这种情况称为弱磁，相应的这种工作模式称为弱磁控制。但此时转矩不能维持在基速时对应的转矩，因为转矩与转速的乘积对应着气隙的电磁功率，稳态运行时不能超过额定功率，否则就会产生更高的损耗从而使电机由于热保护而停止运行。进一步，此时定子电流也会超过电机电流的额定值。当电机转速超过基速时，所有这些问题都可以通过降低电机的转矩来解决，通过控制转矩使得产生的电磁功率与基速对应的电磁功率相等，从而也保证了定子电流在额定电流以内。这看起来似乎比较复杂的控制可以通过下面两个步骤简易地实现。

4.3.3.1　共磁链的控制原则

这种控制器可以通过使用函数发生器来描述电机驱动的恒转矩区域及弱磁区域，即在基速以下输出标幺值为1，在基速以上时，输出反比于速度标幺值。输出项用 $f(\omega_{bm})$ 表示，其与共磁链参考成比例，为此这里引入比例常数 K_f，函数发生器 $f(\omega_{bm})$ 与比例常数 K_f 给定了共磁链的参考，函数发生器的输出用标幺值表示，K_f 的值为1。

4.3.3.2　弱磁区域的转矩控制原则

在弱磁区域，此时转矩为转子速度的函数，因此产生转矩参考 T^* 的速度控制器的控制原则需要重新设计。由于共磁链的控制原则为转子速度的反比例函数，因此磁链程序控制器的输出可以被用于校正转矩参考 T^*，如图4.5所示。在矢量控制器中通过转矩参考 T^* 与 $f(\omega_{bm})$ 的乘积产生可用的转矩参考 T_e^*。相同原则的模块可用于校正恒转矩运行及恒功率运行时定子电流的转矩分量。证明如下。

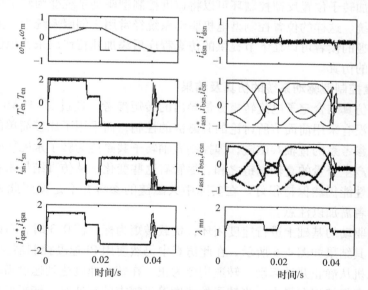

图 4.6　具有 PWM 电流控制的四象限速度控制驱动器的性能

函数发生器的特性可以表示成如下形式：

$$\left.\begin{aligned} f(\omega_{bm}) &= \frac{\omega_b}{\omega_r}; \quad \pm\omega_b < \omega_r < \pm\omega_{max} \\ &= 1; \quad 0 < \omega_r < \pm\omega_b \end{aligned}\right\} \tag{4.23}$$

式中，ω_b 为基速。气隙中电磁功率可以表示为

$$P_a = \omega_m T_e^* = \frac{\omega_r}{P/2} f(\omega_{bm}) T^* \tag{4.24}$$

将式（4.23）代入式（4.24），可以得到恒转矩区域的气隙功率

$$P_a = \frac{\omega_r T^*}{P/2} = \omega_m T^* \tag{4.25}$$

从上述方程可以看出，保持转矩为恒值，在转速达到基速之前，气隙功率一直与转速成正比。值得注意的是，在稳态时从速度控制器给出的转矩参考 T^* 为常值，此时在矢量控制器中还没有经补偿产生最终的电磁转矩参考 T_e^*。在恒功率运行区域时，类似地可以得到气隙功率

$$P_a = \frac{\omega_b T^*}{P/2} \tag{4.26}$$

基速 ω_b 与 T^* 均为常值，弱磁模式运行时，输出的功率保持为基值的功率。因此恒转矩与恒功率模式运行可以分别通过式（4.25）与式（4.26）表示的函数发生器模块来实现。注意输出的机械功率需要从气隙功率中减去损耗。

速度控制型电机驱动系统是位置控制型驱动系统的内核。通过在速度控制型驱动系统中添加转子位置反馈控制环可以将速度控制型驱动系统变为转子位置控制型电机驱动系统。这样的位置控制型电机驱动系统经常用于伺服系统中，如机床伺服系统。感兴趣的读者可以在下节提供的仿真程序后添加几行代码来实现位置控制电机驱动系统的仿真。

4.3.4 速度控制型驱动系统的仿真及结果

下面的仿真结合定子电流转矩分量导出的转矩参考，通过 MATLAB 程序实现。关于磁链，没有采用前面节所讨论的共磁链的控制，而采用了比较简单的方法，通过控制转子参考系的直轴共磁链，即控制直轴转子共磁链为转子永磁体磁链与定子电流的磁通产生分量的直轴磁链之和。尽管有这些变化，从仿真结果来看电机驱动系统的动态性能仍然保持很好。在实际中共磁链的参考并不是按照此方式来实现的，这点读者需加以注意。

在转矩驱动的基础上进行速度闭环，负载转矩为标幺值0.3时，对四象限运行进行仿真，其结果如图4.6所示。在此仿真中仍然使用 PI 速度控制器及 PWM 电流控制器。电机从静止开始起动，转速指令为正，在转子速度达到速度需求之前，施加的转矩参考保持正向最大。当转子的速度等于需求的转速时，转矩参考下降到与负载转矩及摩擦转矩相匹配。当转速参考从标幺值0.5变化到 -0.5 时，转矩参考施加为负，转子速度下降到零速，维持负转矩使转子的方向反向，并达到转速参考标幺值为 -0.5。当转速达到标幺值 -0.5 时，电磁转矩与正向负载转矩标幺值0.3相比稍微降低，这是因为此时摩擦转矩为负，注意摩擦转矩与负载转矩之和等于气隙电磁转矩。电流环的性能的重要性是显而易见的，尤其体现在转速反向时满足相电流突然反向，性能较差的电流环会对转速响应起到相反的作用，还有可能会引起

转速的振荡。

MATLAB 仿真代码程序如下：

```matlab
% 永磁电机仿真   恒转矩角
% PWM   控制器
% 四象限速度驱动
clear all; close all;
% 电机参数
P = 6;       % 极数
Rs = 1.4;              % 定子电阻
Ld = 0.0056;           % d 轴电感
Lq = 0.009;            % q 轴电感
lamaf = .1546;         % 转子磁链
B = 0.01;              % 摩擦系数
J = 0.0012;            % 转动惯量
vdc = 285;             % 直流母线电压
wr _ ref = 314.3;      % 额定速度
% 逆变器及控制器参数
fc = 20000;
Kpi = 10;
Kp = 2;
Ki = 1;
% 逆变器及控制器参数
fc = 20000;            % PWM 开关频率
Kpi = 10;              % 电流控制器的比例增益
Kp = 2;                % 速度控制器的比例增益
Ki = 1;                % 速度控制器的积分增益
% 基值
Tb = 5.5631;           % 转矩基值
Ib = 12;               % 电流基值
wb = 628.6;            % 转速基值
Vb = 97.138;           % 电压基值
Lb = 0.0129;           % 电感基值
ias = 0; ibs = 0; ics = 0; t1 = 0;
vax1 = 0; vbx1 = 0; vcx1 = 0;
y = 0;
% 初始参数
```

```
theta_r = 0;              % 初始位置
wr = 0;                   % 初始速度
t = 0;                    % 初始时间
dt = 1e - 6;
% 积分时间步长
tfinal = .05;             % 终止时间
if_ref = -1e - 16;        % 设置 d 轴电流为一小负值
iqs = 0; ids = 0;         % q 轴与 d 轴电流初值
vqs = 0; vds = 0;         % q 轴与 d 轴电压初值
Tl = 0.3 * Tb;            % 负载转矩值
n = 1;
x = 1;
signe = 1;
ramp = -1;
ias = 0; ibs = 0; ics = 0;  % 相电流初值
t1 = 0;
vax1 = 0; vbx1 = 0; vcx1 = 0;
zia = 0; zib = 0; zic = 0;
% 仿真开始
while (t < tfinal),
   % 0.02s 后负速度指令
   if t > 0.02,
      wr_ref = -314.3;
   end
   wr_err = wr_ref - wr;  % 速度偏差
   y = y + wr_err * dt;    % 速度 PI 控制器
   Te_ref = Kp * wr_err + Ki * y;
   % 限幅器
   if Te_ref > 2 * Tb,
      Te_ref = 2 * Tb;
   end
   if Te_ref < -2 * Tb,
      Te_ref = -2 * Tb;
   end
   % 计算参考电流
   it_ref = Te_ref * (2/3) * (2/P)/((Ld - Lq) * if_ref + lamaf);
```

```
is _ ref = sqrt( it _ ref^2 + if _ ref^2) ;
if it _ ref > = 0 ,
    delta _ ref = pi/2 ;
elseif it _ ref < 0 ,
    delta _ ref = - pi/2 ;
end
```

% 计算参考相电流

```
ias _ ref = is _ ref * sin( theta _ r + delta _ ref) ;
ibs _ ref = is _ ref * sin( theta _ r + delta _ ref - 2 * pi/3) ;
ics _ ref = is _ ref * sin( theta _ r + delta _ ref + 2 * pi/3) ;
```

% 计算用于 PWM 控制器的控制电压

```
vax = Kpi * ( ias _ ref - ias) ;
if vax > 1 ,
    vax = 1 ;
elseif vax < - 1 ,
    vax = - 1 ;
end
vbx = Kpi * ( ibs _ ref - ibs) ;
if vbx > 1 ,
    vbx = 1 ;
elseif vbx < - 1 ,
    vbx = - 1 ;
end
vcx = Kpi * ( ics _ ref - ics) ;
if vcx > 1 ,
    vcx = 1 ;
elseif vcx < - 1 ,
    vcx = - 1 ;
end
```

% 采样与保持

```
if t1 > 1/fc ,
    vax1 = vax ;
    vbx1 = vbx ;
    vcx1 = vcx ;
    t1 = 0 ;
end
```

```
% PWM 控制器
if vax1 > = ramp,
    vao = vdc/2;
elseif vax1 < ramp,
    vao = - vdc/2;
end
if vbx1 > = ramp,
    vbo = vdc/2;
elseif vbx1 < ramp,
    vbo = - vdc/2;
end
if vcx1 > = ramp,
    vco = vdc/2;
elseif vcx1 < ramp,
    vco = - vdc/2;
end
% 计算线电压
vab = vao - vbo;
vbc = vbo - vco;
vca = vco - vao;
% 计算相电压
vas = ( vab - vca)/3;
vbs = ( vbc - vab)/3;
vcs = ( vca - vbc)/3;
% 转子参考坐标系下 q 轴和 d 轴电压
vqs = (2/3) * ( cos( theta _ r) * vas + cos( theta _ r - 2 * pi/3) * vbs + cos( theta
_ r + 2 * pi/3) * vcs);
vds = (2/3) * ( sin( theta _ r) * vas + sin( theta _ r - 2 * pi/3) * vbs + sin( theta _
r + 2 * pi/3) * vcs);
% 电机方程计算转子参考坐标系下电流、转矩角、转矩
d _ iqs = ( vqs - Rs * iqs - wr * Ld * iqs - wr * lamaf) * dt/Lq;
iqs = iqs + d _ iqs;
d _ ids = ( vds + wr * Lq * iqs - Rs * ids) * dt/Ld;
ids = ids + d _ ids;
is = sqrt( iqs^2 + ids^2);
delta = atan( iqs/ids);    % 转矩角
```

Te = (3/2) * (P/2) * iqs * ((Ld − Lq) * ids + lamaf) ; %计算转矩

%计算速度和位置

d _ wr = ((P/2) * (Te − Tl) − B * wr) * dt/J;

wr = wr + d _ wr;

d _ theta _ r = wr * dt;

theta _ r = theta _ r + d _ theta _ r;

%相电流

ias = iqs * cos(theta _ r) + ids * sin(theta _ r) ;

ibs = iqs * cos(theta _ r − 2 * pi/3) + ids * sin(theta _ r − 2 * pi/3) ;

ics = − (ias + ibs) ;

%PWM 斜坡

ramp = signe * (2/(1/(2 * fc))) * dt + ramp;

if ramp > 1 ,

　　signe = − 1;

end

if ramp < − 1 ,

　　signe = 1;

end

t = t + dt;　　　　　　%时间增量

t1 = t1 + dt;

%绘图变量

if x > 16 ,

　　t

tn(n) = t;

Terefn(n) = Te _ ref/Tb;

　　it _ refn(n) = it _ ref/Ib;

　　if _ refn(n) = if _ ref/Ib;

　　is _ refn(n) = is _ ref/Ib;

　　ias _ refn(n) = ias _ ref/Ib;

　　ibs _ refn(n) = ibs _ ref/Ib;

　　ics _ refn(n) = ics _ ref/Ib;

　　iasn(n) = ias/Ib;

　　ibsn(n) = ibs/Ib;

　　icsn(n) = ics/Ib;

　　vasn(n) = vas/Vb;

　　vbsn(n) = vbs/Vb;

```
        vcsn( n) = vcs/Vb;
        iqsn( n) = iqs/Ib;
        idsn( n) = ids/Ib;
        isn( n) = is/Ib;
        Ten( n) = Te/Tb;
        wrn( n) = wr/wb;
        wrrefn( n) = wr _ ref/wb;
        lammn( n) = sqrt( ( 1 + Ld * ids/( Ib * Lb) )^2 + ( Lq * iqs/( Ib * Lb) )^2);
        n = n + 1;
        x = 1;
    end
    x = x + 1;
end
% 绘图
figure( 1) ; orient tall;
subplot( 4,2,3)
plot( tn,Terefn,'k - - ',tn,Ten,'k') ; axis( [0. 05    - 2. 1    2. 1]);
set( gca,'xticklabel',[ ]);
subplot( 4,2,5)
plot( tn,is _ refn,'k - - ',tn,isn,'k') ; axis( [0. 05    0    2]);
set( gca,'xticklabel',[ ]);
subplot( 4,2,1)
plot( tn,wrrefn,'k - - ',tn,wrn,'k') ; axis( [0. 05    - 1    1]);
set( gca,'xticklabel',[ ]);
subplot( 4,2,7)
plot( tn,it _ refn,'k - - ',tn,iqsn,'k') ; axis( [0. 05    - 2    2]);
subplot( 4,2,2)
plot( tn,if _ refn,'k - - ',tn,idsn,'k') ; axis( [0. 05    - 1    1]);
set( gca,'xticklabel',[ ]);
subplot( 4,2,4)
plot( tn,ias _ refn,'k',tn,ibs _ refn,'k:',tn,ics _ refn,'k - - ');
axis( [0. 05    - 1. 5    1. 5]) ; set( gca,'xticklabel',[ ]);
subplot( 4,2,6)
plot( tn,iasn,'k',tn,ibsn,'k:',tn,icsn,'k - - ')
axis( [0. 05    - 1. 5    1. 5]) ; set( gca,'xticklabel',[ ]);
subplot( 4,2,8)
```

plot(tn,lammn,'k')

axis([0.05　0　2]);

弱磁运行的仿真结果如图 4.7 所示。标幺值超过 0.5 时，应用前面给出的算法开始弱磁运行。在弱磁运行期间，d 轴电流参考减小，使得气隙磁链减小。在此条件下的驱动性能与前面四象限运行的性能一致。注意在弱磁运行区间，转矩需求减小以维持恒定气隙功率。以下的 MATLAB 代码可以在仿真循环中加在计算参考转矩之后：

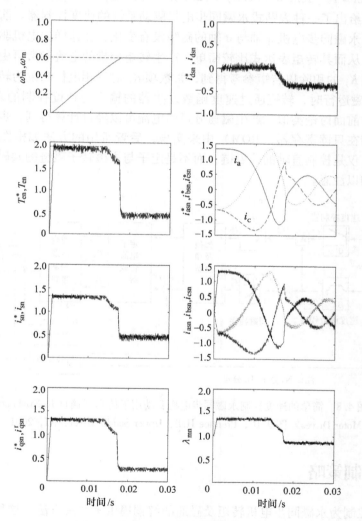

图 4.7　具有弱磁控制的速度驱动性能

```
if wr < wb/2,
    fwr = 1;
```

end

if wr > wb/2 ,

　　　fwr ＝ （wb/2）/wr；

end

　　Te _ refnew ＝ Te _ ref ∗ fwr；

　　if _ ref ＝（fwr－1）∗ lamaf/Ld；

　　it _ ref ＝ Te _ refnew ∗（2/3）∗（2/P）/（（Ld－Lq）∗ if _ ref＋lamaf）；

图 4.8 给出了一种表贴式永磁同步电机驱动系统的速度控制器。前面已经叙述过，表贴式永磁同步电机 q 轴与 d 轴的磁阻没有变化，在这样的电机驱动中不存在磁阻转矩，从而其转矩表达式比较简单。产生转矩分量的电流参考可由转子永磁磁链与常数项 K_1 的积除以转矩参考得到，常数项 K_1 对三相电机来说为转子极对数的 1.5 倍。弱磁运行时，转矩通过速度函数发生器的输出与速度控制的乘积来调整，弱磁运行与前面讨论类似，产生磁通分量的电流可以经过计算得到，也可以通过编制表格存储在只读寄存器（ROM）中来实现，后者所用的方法如框图所示。值得注意的是，仅是控制直轴的共磁链，而不是定子与永磁转子磁链的共磁链，这轻微的不同应加以注意。

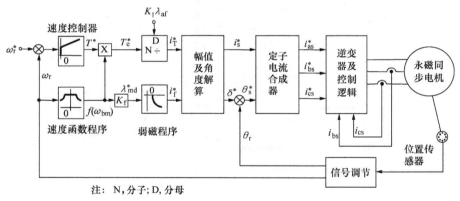

注：N,分子；D,分母

图 4.8　简单的速度控制永磁同步电机驱动用于仿真（摘自 R. Krishnan 的
《Electric Motor Drives》图 9.10，Prentice Hall，Upper Saddle River，NJ，2001，版权许可）

4.4　控制策略

矢量控制为永磁同步电机转矩及磁通的解耦提供了解决方法。这种解耦控制并不是驱动系统实现其性能的唯一要求。电机的性能指标可以通过更简单的控制策略实现，如功率因数等于 1 的运行方式、共磁链控制、单位电流最大转矩控制、最大效率控制及最大转矩转速边界控制等。这些性能指标可以通过对定子电流的相位控制来实现，在很多情况下仍需要使用转矩与磁通的解耦控制[13-27]。这些性能需求在很多应用场合中都十分重要，例如共气隙磁链控制在整个转矩转速运行区域都能平滑控制，在基速以上可以无缝切换到弱磁运行区域。类似地，最大效率控制在节约能量及降低电能消耗方面的应用，如家用电器、风扇、水泵、混合及纯电动汽车电机驱动中的作用是至关重要的。随着全球能源及全球变暖的危机，这些特殊的要求正迅速成为家用及工业应用电机驱动最关心的问题之一。

下面这些附加的控制策略将在后面永磁同步电机驱动中进一步详细讨论。

1) 恒转矩角或直轴电流等于 0 控制；

2) 功率因数等于 1 控制；

3) 恒共气隙磁链控制；

4) 气隙磁通及电流相量角度控制；

5) 单位电流最优转矩控制；

6) 基于最大转矩转速边界的恒损耗控制；

7) 最小损耗或最大效率控制。

这些控制策略将在下文逐步进行详细的推导与分析。为便于分析，只考虑稳态运行时的情况。

4.4.1 恒转矩角 ($\delta = 90°$) 控制

在这种控制策略下[5a]，转矩角 δ 一直维持在 90° 不变，因此产生磁场的电流或者说直轴电流为 0，仅有产生转矩的电流或者说交轴电流存在。这种运行模式工作在基速以下，对应着恒定的直轴共磁链，这种控制策略在很多的驱动系统的应用中都比较流行。这种运行模式下的相关性能方程为

$$T_e = \frac{3}{2} \cdot \frac{P}{2} \lambda_{af} \cdot i_{qs}^r = \frac{3}{2} \cdot \frac{P}{2} \lambda_{af} \cdot I_s \quad (\text{N} \cdot \text{m}) \qquad (4.27)$$

式中，I_s 为定子电流相量的幅值。单位定子电流产生的转矩为恒值并可以表示为

$$\frac{T_e}{I_s} = \frac{3}{2} \cdot \frac{P}{2} \lambda_{af} \quad (\text{N} \cdot \text{m/A}) \qquad (4.28)$$

电磁转矩的标幺值可以表示为

$$T_{en} = \frac{T_e}{T_b} = \frac{\dfrac{3}{2} \cdot \dfrac{P}{2} \lambda_{af} \times I_s}{\dfrac{3}{2} \cdot \dfrac{P}{2} \lambda_{af} \times I_b} = I_{sn} \quad (\text{p.u.}) \qquad (4.29)$$

上式表明转矩标幺值等于定子电流的标幺值，这为实现永磁同步电机提供了最简单的控制方法。值得注意的是 I_{sn} 为定子电流相量幅值的标幺值。在此控制策略下决定永磁同步电机驱动稳态性能的相关方程推导如下。稳态时转子参考坐标系下的交轴与直轴定子电压为

$$v_{qs}^r = (R_s + L_q p) I_s + \omega_r \lambda_{af} = R_s I_s + \omega_r \lambda_{af} (\text{V}) \qquad (4.30)$$

$$v_{ds}^r = -\omega_r L_q I_s \quad (\text{V}) \qquad (4.31)$$

注意稳态时由于转子参考坐标系下的电流为恒值，因此其变化率为零。定子电压相量的幅值可以写成

$$V_s = \sqrt{(v_{qs}^r)^2 + (v_{ds}^r)^2}\,(V) \tag{4.32}$$

由式（4.29）及式（4.31）可以得到定子电压相量幅值的标幺值

$$V_{sn} = \frac{V_s}{V_b} = \frac{V_s}{\omega_b \lambda_{af}} = \sqrt{(\omega_{rn} + R_{sn}I_{sn})^2 + (L_{qn}I_{sn}\omega_{rn})^2}\,(p.\,u.) \tag{4.33}$$

从图4.9所示的相量图中，转子参考系下直轴电压与交轴电压，功率因数可以利用交轴定子电流与交轴定子电压同相位的关系推导得到

$$\cos\phi = \frac{v_{qs}^r}{V_s} = \frac{v_{qs}^r}{\sqrt{(v_{qs}^r)^2 + (v)_{ds}^r{}^2}} = \frac{1}{\sqrt{1 + \dfrac{(L_{qn}I_{sn})^2}{\left(1 + \dfrac{R_{sn}I_{sn}}{\omega_{rn}}\right)^2}}} \tag{4.34}$$

上式表明随着转子速度的增加功率因数恶化。该控制策略下，在给定定子电流并忽略定子电阻压降时，最大的转子速度可以从式（4.33）中电压幅值的表达式中求取，如下：

$$\omega_{rn(max)} \cong \frac{V_{sn(max)}}{\sqrt{1 + L_{qn}^2 I_{sn}^2}} \tag{4.35}$$

式中，$V_{sn(max)}$可从直流母线电压V_{dc}得到，近似为

$$V_{sn(max)} = \frac{\sqrt{2} \times 0.45 V_{dc}}{V_b} \tag{4.36}$$

假定逆变器六步开关运行，忽略器件及电缆压降，实际中考虑基于PWM逆变器的情况，在这种情况下，可利用的电压进一步降低，可用比例系数K_{dr}表示，通常K_{dr}范围在0.85~0.95之间，此时电压相量为

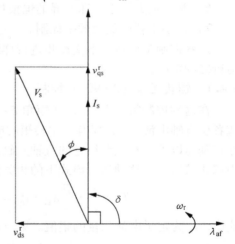

图4.9　恒转矩角控制（摘自R. Krishnan的《Electric Motor Drives》图9.11, Prentice Hall, Upper Saddle River, NJ, 2001，版权许可）

$$V_{sn(max)} \cong \frac{0.636 K_{dr} V_{dc}}{V_b} \tag{4.37}$$

一台永磁同步电机的参数为：标幺值$R_{sn} = 0.1729$，$L_b = 0.0129H$，标幺值$L_{qn} = 0.6986$，标幺值$L_{dn} = 0.4347$，$\omega_b = 628.6$ rad/s，$V_b = 97.138$ V，$I_b = 12$ A，使用恒转矩的控制策略绘出性能特性，如图4.10所示，此时转速标幺值为1。注意到为了比较所讨论的各种控制策略，视在功率，即伏安（VA）也作为定子电流的函数在图中绘出，以对逆变器需求的VA等级进行评价。当定子电流标幺值从0变化到

1 时，功率因数从 1 变化到 0.859，这种变化很有意义，其表明需要吸收无功伏安，因而此时需要逆变器有更高的容量等级。

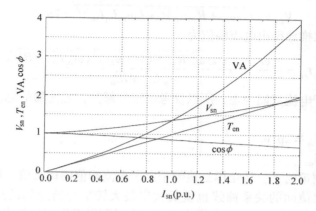

图 4.10 恒转矩角控制的性能特性曲线 （摘自 R. Krishnan 的
《Electric Motor Drives》，图 9.12，Prentice Hall，Upper Saddle River，NJ，2001，版权许可）

在转速与电流标幺值为 1 时，该永磁同步电机运行所需的母线电压可由式 （4.37） 估算。考虑电压下降的比例因数 K_{dr} 取 0.8 为电流控制留出电压裕量，该点运行时所需求的电压相量标幺值 V_{sn} 为 1.365，因而可以得到所需求的母线电压为

$$V_{dc} = \frac{1.365}{0.636 \times 0.8} = 2.68 \text{p. u.} = 2.68 \times 97.138\text{V} = 260.6\text{V}$$

如果不需要电流控制并且逆变器采用六步电压源运行方式，则降压比例因数 K_{dr} 会提升到 0.92 ~ 0.95，但此时会产生电流尖峰，导致电机产生较高的铜损，另外会提升逆变器电流峰值等级。但六步运行模式会对电磁转矩及输出功率的提升有重要的作用，尤其在弱磁运行区域。忽略定子电阻压降，使用式 （4.35） 可以得到该驱动下电流标幺值为 1 时，最大转速的标幺值为 1.18。

从共磁链标幺值的表达式中可以看出，此控制策略下，不可能对共磁链进行削弱，共磁链标幺值的表达式为

$$\lambda_{mn} = \sqrt{1 + L_{qn}^2 I_{sn}^2} \tag{4.38}$$

共磁链的变化仅能从标幺值 1 变到更高，只要转矩角维持在 90°，产生磁通分量的电流为 0，就没有方法使共磁链降低到 1 以下。正因为如此，这种控制策略局限于不需要弱磁运行的伺服驱动系统应用中。需要更高的气隙转矩时，交轴定子电流成比例增加，因而共磁链增加，同时所需的定子电压提高。

【例 4.1】 应用恒转矩角控制绘出最大转矩转速的外轮廓线。逆变器最大电流的极限值的标幺值为 2，电压的极限值的标幺值为 1。

解

定子电压幅值为

$$V_{sn} = \sqrt{(\omega_{rn} + R_{sn}I_{sn})^2 + (\omega_{rn}L_qI_{sn})^2} = 1\text{p. u.}$$

从上式可以推导得出电流幅值为

$$I_{sn} = \frac{-\omega_{rn}R_{sn} + \sqrt{\omega_{rn}^2R_{sn}^2 + (1 - \omega_{rn})^2(\omega_{rn}^2L_{qn}^2 + R_{sn}^2)}}{\omega_{rn}^2L_{qn}^2 + R_{sn}^2}$$

分子上由于电流只能为正，所以仅考虑正号部分，逆变器的电流应符合以下的逻辑关系：

If $i_{sn} > 2$, $i_{sn} = 2\text{p. u.}$

else, $i_{sn} = i_{sn}$

既然此控制策略下，转矩标幺值等于定子电流幅值的标幺值，那么定子电流标幺值与转速标幺值间的关系曲线也就反映出最大转矩与转速间的外轮廓线，如图 4.11 所示。驱动器仅在速度标幺值从 0 ~ 0.46 时可以提供转矩标幺值为 2，当速度标幺值上升到 0.7 时，输出转矩标幺值为 1。恒转矩时的较大的电流在转速达到最大时大幅下降。

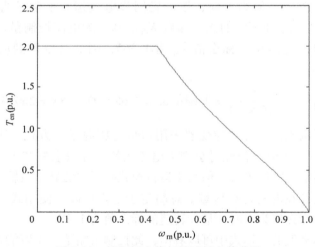

图 4.11   转矩标幺值与转速标幺值曲线

4.4.2   单位功率因数控制

单位功率因数（UPF）控制是指逆变器的容量等级作为永磁同步电机的有功输入完全被利用。UPF 控制是通过控制与电机变量存在函数关系的转矩角来实现的。在此模式下运行的电机性能方程的推导过程见参考文献 [5a]，简述如下。

转子参考坐标系下的稳态直轴电流与交轴电流表示为

$$I_{qs}^r = I_s\sin\delta \tag{4.39}$$

$$I_{ds}^r = I_s\cos\delta \tag{4.40}$$

进而可以得到转矩标幺值为

$$T_{en} = I_{sn} \left\{ I_{sn} \cdot \frac{L_{dn} - L_{qn}}{2} \cdot \sin 2\delta + \sin \delta \right\} \text{（p. u.）} \tag{4.41}$$

定子直轴与交轴电压标幺值为

$$v_{qsn}^r = \omega_{rn} \left\{ 1 + L_{dn} I_{sn} \cos \delta + \frac{R_{sn} I_{sn}}{\omega_{rn}} \cdot \sin \delta \right\} \text{（p. u.）} \tag{4.42}$$

$$v_{dsn}^r = \omega_{rn} I_{sn} \left\{ \frac{R_{sn}}{\omega_{rn}} \cdot \cos \delta - L_{qn} \sin \delta \right\} \text{（p. u.）} \tag{4.43}$$

因此可以得到定子电压相量幅值为

$$V_{sn} = \sqrt{(v_{qsn}^r)^2 + (v_{dsn}^r)^2} \text{（p. u.）} \tag{4.44}$$

直轴与定子合成电压 V_{sn} 的夹角为

$$\tan(\delta + \phi) = \frac{v_{qsn}^r}{v_{dsn}^r} \tag{4.45}$$

由于在此控制策略中功率因数角为零，即

$$\phi = 0 \tag{4.46}$$

则对转矩角存在以下关系：

$$\tan \delta = \frac{v_{qsn}^r}{v_{dsn}^r} \tag{4.47}$$

将式（4.42）与式（4.43）带入到式（4.47）中，可得到

$$\frac{\sin \delta}{\cos \delta} = \frac{1 + L_{dn} I_{sn} \cos \delta + \dfrac{R_{sn} I_{sn}}{\omega_{rn}} \cdot \sin \delta}{\dfrac{R_{sn} I_{sn} \cos \delta}{\omega_{rn}} - L_{qn} I_{sn} \sin \delta} \tag{4.48}$$

化简得到

$$I_{sn}(L_{qn} \sin^2 \delta + L_{dn} \cos^2 \delta) = -\cos \delta \tag{4.49}$$

从上式可以求解转矩角

$$\delta = \cos^{-1} \left\{ \frac{-1 \pm \sqrt{1 - 4 L_{qn} I_{sn}^2 (L_{dn} - L_{qn})}}{2 I_{sn}(L_{dn} - L_{qn})} \right\} \text{（rad）} \tag{4.50}$$

注意到永磁同步电机中 $L_{dn} - L_{qn}$ 为负，并且转矩角应大于 90°，如果转矩角小于 90°，就会使共磁链增加从而引起电机的饱和，从损耗角度来看并不希望电机在此种情况下工作。因此式（4.50）中只有正号满足 $\delta > 90°$ 的需求。按照该方程可以实现 UPF 控制，实现时需要电机相电流幅值及电机参数 L_{dn} 及 L_{qn}。注意转矩角不依赖于转子速度。

引用恒转矩角控制时所用的相同电机，UPF 控制的性能特性如图 4.12 所示。单位标幺值电流产生的转矩标幺值小于 1，表明该控制策略对产生的转矩来说并不是最优的，在产生相同转矩时，由于铜损的增加而使得效率会下降。UPF 控制时需求总伏安的标幺值仅为 1.09，对比恒转矩角控制时标幺值为 1.335。需求电机电压

相量标幺值为1.098，对比恒转矩角控制时标幺值为1.365。上述表明采用 UPF 控制时，可以扩展恒转矩区域，从而使永磁同步电机驱动有更高的输出能力。这种特性在许多扩展需要速度的应用场合非常渴求。

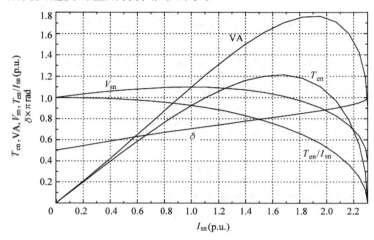

图 4.12　UPF 控制性能特性曲线（摘自 R. Krishnan 的《Electric Motor Drives》
图 9.13，Prentice Hall，Upper Saddle River，NJ，2001，版权许可）

【例 4.2】　画出在 UPF 控制策略时，共磁链与定子电流幅值的关系曲线。

解

用式（4.50）计算不同定子电流幅值时的转矩角，然后共磁链可用下式计算：

$$\lambda_{mn} = \sqrt{(1 + L_{dn}I_{dn})^2 + (L_{qn}I_{qn})^2}$$

式中

$$I_{dn} = I_{sn}\cos\delta$$
$$I_{qn} = I_{sn}\sin\delta$$

共磁链与定子电流幅值的关系曲线如图 4.13 所示。最大的定子电流由抵消定子磁链的最大直轴定子电流决定。推导如下：

$$I_{dn(max)} = -\frac{1}{L_{dn}} = -2.3 \text{p. u.}$$

并且

$$I_{sn(max)} = |I_{dn(max)}| = 2.3 \text{p. u.}$$

4.4.3　恒共磁链控制

在此控制策略中，定子交轴、直轴及转子的合成磁链，称之为共磁链，保持为常数[5a]，通常大多等于转子的磁链 λ_{af}。其主要的优点在于通过控制共磁链，需求的定子电压可以相对较低。另外，控制共磁链的变化为电机转速高于基速时的弱磁运行提供了简单并且直接的方法。因而与仅在基速以下运行的其他控制方案来说，共磁链控制是一种在整个速度区域都能有效运行的强大控制技术。共磁链的表达

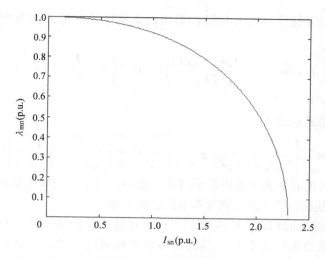

图 4.13 共磁链与定子电流幅值的关系曲线

式为

$$\lambda_m = \sqrt{(\lambda_{af} + L_d I_{ds}^r)^2 + (L_q I_{qs}^r)^2} \tag{4.51}$$

并且存在等式

$$\lambda_m = \lambda_{af} \tag{4.52}$$

将用定子电流与转矩角表示的直轴电流与交轴电流代入到上面方程可以得到

$$I_s = -\frac{2\lambda_{af}}{L_d}\left[\frac{\cos\delta}{\cos^2\delta + \rho^2\sin^2\delta}\right] \tag{4.53}$$

式中，凸极比表示为

$$\rho = \frac{L_q}{L_d} \tag{4.54}$$

根据凸极比 ρ 的不同存在两种不同情况：对表贴式永磁同步电机，凸极比约为 1；对内置式永磁同步电机，凸极比可以达到 3，经过特殊设计甚至可以达到更高。这两种情况在下面分别进行讨论。

情况 1：$\rho = 1$

从式（4.51）及式（4.52）结合凸极比等于 1 可以推导得到转矩角的值

$$\delta = \cos^{-1}\left\{\frac{-L_d I_s}{2\lambda_{af}}\right\} \, (\text{rad}) \tag{4.55}$$

注意基值电压定义为

$$V_b = \omega_b \lambda_{af} \, (\text{V}) \tag{4.56}$$

阻抗基值为

$$Z_b = \omega_b L_b = \frac{V_b}{I_b} \, (\Omega) \tag{4.57}$$

将上述这些方程代入式（4.53）给出的电机电流的标幺值方程，推导得到转矩角

$$\delta = \cos^{-1}\left\{-\frac{L_d I_b \cdot I_s/I_b}{2\lambda_{af}}\right\} = \cos^{-1}\left\{-\frac{I_{sn}L_{dn}}{2}\right\} \text{（rad）} \quad (4.58)$$

情况 2：$\rho \neq 1$

此时转矩角表达式为

$$\delta = \cos^{-1}\left\{\frac{1}{L_{dn}I_{sn}(1-\rho^2)} \pm \sqrt{\left\{\frac{1}{L_{dn}(1-\rho^2)I_{sn}}\right\}^2 - \frac{1}{(1-\rho^2)}}\right\}\text{（rad）} \quad (4.59)$$

选择两个可能转矩角 δ 值中最小值使去磁电流较小，同时注意 δ 必须大于 90°。其他的性能方程及电机参数与前面章节给定的一致。

电机性能特性曲线如图 4.14 所示。单位电流产生的转矩比 1 稍小，定子电压相量幅值的标幺值大约为 1.17，其比恒转矩角控制时的需求要低，从而容量等级也比恒转矩角控制的低。定子电流标幺值到 1 之前功率因数接近于 1，这表明在此区域内，恒共磁链控制策略相比恒转矩角控制更接近 UPF 控制。在定子电流标幺值超过 2 时，单位电流产生的转矩开始下降，但与 UPF 控制策略相比其可以在较大的电流范围内提供较大的转矩。

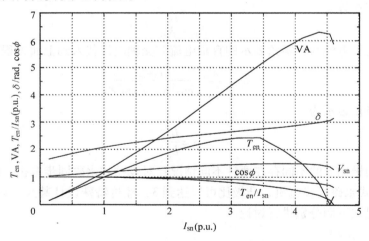

图 4.14 恒共磁链控制的性能特性曲线（摘自 R. Krishnan 的《Electric Motor Drives》图 9.14，Prentice Hall，Upper Saddle River，NJ，2001，版权许可）

4.4.4 气隙磁通与电流相量角控制

气隙转矩也可推导为如下的表达式：

$$T_e = \frac{3}{2}\frac{P}{2}\lambda_m i_s \sin\theta_{ms} \quad (4.60)$$

式中，夹角 θ_{ms} 为气隙磁通与电流相量的夹角。电流与共磁链在交轴与直轴分量及共磁链相量间的夹角如图 4.15 所示。这个重要方程的推导将在后文给出。可以得

到一种保持磁通电流角 θ_{ms} 为 90° 的控制策略。在这种情况下，电机的控制简化为他励直流电机的控制，其转矩为磁场磁链与电枢电流的乘积。在他励直流电机中，由于磁场电流可以独立控制，因而磁场的磁通可以维持恒定值。但是在永磁同步电机中，当气隙磁通与电流相量的角度保持 90° 时，由于气隙磁通是转子磁链与定子磁链合成，其不能在任何电流时都保持恒定。因而与可以通过控制磁场电流为常值从而控制转矩常数为恒值的他励直流电机相比，此时永磁同步电机的转矩常数作为电枢电流的函数是变化的。这意味着这样的控制策略需要在下面进行进一步探讨。

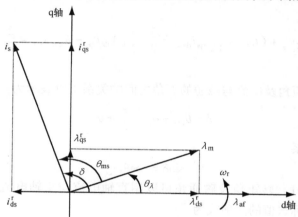

图 4.15　含有共磁链的永磁同步电机的相量图

感生反电动势相量超前气隙磁通相量 90°，控制电流相量超前气隙磁通相量以相同的相角就会使得电流相量与感生反电动势的相位保持一致。如果不考虑定子绕组电阻，那么定子端电压将等于感生反电动势，并且两者的相对相位为零，即电流与电压相量的夹角为零，对应着永磁同步电机 UPF 运行的情况。

这种控制策略的优点与直流电机非常相似，其磁场与电枢电流的相位是正交关系。这种情况使得能够开发一种简单的控制策略，而这种控制策略即使在没有位置传感器时也适用。既然气隙感生反电动势超前共磁链 90°，注入的定子电流相量与之同相位，即定子电流相量与共磁链相量的夹角也为 90°。那么如果感生反电动势可知，则不需要位置传感器的反馈也可对电流进行控制。值得注意的是，转速为零时感生反电动势信号不存在，在零速附近寻找反电动势信号比较困难，同时给检测带来问题。但是用估测的方法可以使这种控制策略有效地应用于对电机低速性能要求不高的无位置传感器的场合。电机的起动可以通过微步运行或其他技术来实现，这将在后面的章节中进行讨论。

为深入理解该控制策略，有必要将气隙转矩用定子电流、共磁链幅值及电流相量与磁通相量的夹角表示。根据图 4.15，转子参考坐标系下的交轴与直轴定子电流及磁链可以在直轴与交轴上进行几何投影的方法获得：

$$\theta_{ms} = \delta - \theta_\lambda$$

$$\lambda_{qs}^r = \lambda_m \sin\theta_{ms}$$

$$\lambda_{ds}^r = \lambda_m \cos\theta_{ms} \tag{4.61}$$

$$i_{qs}^r = i_s \sin\delta$$

$$i_{ds}^r = -i_s \cos\delta$$

式中，θ_λ 为共磁链与转子永磁磁链的夹角。将上述表达式代入到转矩表达式中，并化简得到

$$T_e = \frac{3}{2}\frac{P}{2}\left[\lambda_{af}i_{qs}^r + (L_d - L_q)i_{qs}^r i_{ds}^r\right] = \frac{3}{2}\frac{P}{2}\left[\lambda_{ds}^r i_{qs}^r - \lambda_{qs}^r i_{ds}^r\right] = \frac{3}{2}\frac{P}{2}\lambda_m i_s \sin\theta_{ms} \tag{4.62}$$

磁通角与转矩角及电流与磁通的夹角之间的关系可以表示为

$$\delta = \theta_{ms} + \theta_\lambda = \frac{\pi}{2} + \theta_\lambda \tag{4.63}$$

从而得到下面关系

$$\sin\delta = \cos\theta_\lambda \tag{4.64}$$

根据式（4.61）转矩角及磁通角可以用直轴电流与交轴电流及磁链表示，从而得到直轴电流标幺值的多项式为

$$a(i_{dsn}^r)^4 + b(i_{dsn}^r)^3 + c(i_{dsn}^r)^2 + d = 0 \tag{4.65}$$

式中

$$a = L_{qn}^2 - L_{dn}^2; \quad b = -2L_{dn}; \quad c = -1 - 2L_{qn}^2 i_{sn}^2; \quad d = L_{qn}^2 i_{sn}^4 \tag{4.66}$$

求解多项式方程，得到方程合适的根，从而得到直轴电流的标幺值，由于定子电流相量已知，因此可以求得交轴电流。进而其他的变量如转矩、磁链、转矩角、给定转速下定子电压幅值及伏安容量都可以计算得到。该计算过程的 MATLAB 代码如下。该控制策略的性能特性曲线如图 4.16 所示。其特性与 UPF 控制策略的特性比较接近，原因上面已经分析。这种控制策略的明显特征是比较低的伏安容量需求，随着电机电流的增加共磁链下降从而降低了对定子电压的需求。

```
% 计算气隙磁通与电流相量角控制策略的性能特性曲线的程序
% 标幺值形式
clear all; close all;
% 数据
n = 1; rsn = 0.1729;
lqn = 0.699; ldn = 0.4367; ro = lqn/ldn;
a = (ro^2 - 1) * ldn^2; b = -2 * ldn;          % 多项式系数
% 计算开始
for isn = 0.05:.05:2.3,                        % 定子电流幅值
```

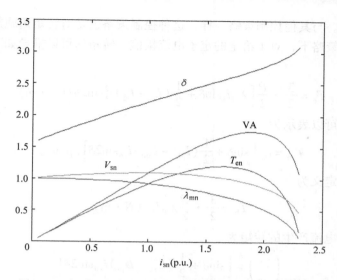

图 4.16　气隙磁通与电流相量角控制策略的性能特性曲线

```
c = -1 -2 * lqn^2 * isn^2;d = lqn^2 * isn^4;        % 多项式系数
   y = [a b c 0 d];                                  % 多项式系数矩阵
sols = roots(y)                                      % 求解直轴电流
for t = 1:4,                                          % 根存储矩阵形式
sols1(n,t) = sols(t);
end
id(n) = sols1(n,3);                                   % 直轴电流
iq(n) = sqrt(isn^2 - id(n)^2);                        % 交轴电流
del(n) = acos(id(n)/isn);                             % 转矩角
ten(n) = iq(n) * (1 + (1 - ro) * ldn * id(n));        % 气隙转矩
   lamda(n) = sqrt((1 + ldn * id(n))^2 +
(lqn * iq(n))^2);                                     % 共磁链
tpuc(n) = ten(n)/isn;                                 % 单位电流产生转矩
   vs(n) = sqrt((rsn * id(n) -
lqn * iq(n))^2 + (1 + rsn * iq(n) + ldn * id(n))^2);  % 定子电压幅值
va(n) = vs(n) * isn;
end                                                   % 伏安容量需求
% 计算结束绘图开始
plot(isn1,ten,isn1,del,isn1,lamda,isn1,vs,isn1,va)    % 绘制电流与相应变量
                                                         曲线
```

4.4.5　单位电流最优转矩控制

从电机的最优化及逆变器利用的角度来看[5a]，单位电流最大转矩控制的策略

是最具价值的。与其他控制策略一样，这种控制策略也是对转矩角施加控制来实现的。在此控制策略下，对于给定的定子电流幅值，转矩角可以推导如下。电磁转矩的表达式为

$$T_e = \frac{3}{2} \cdot \frac{P}{2} \Big[\lambda_{af} i_s \sin\delta + \frac{1}{2}(L_d - L_q) i_s^2 \sin2\delta \Big] (\text{N} \cdot \text{m}) \tag{4.67}$$

用标幺值可以表示为

$$T_{en} = i_{sn} \Big[\sin\delta + \frac{1}{2}(L_{dn} - L_{qn}) i_{sn} \sin2\delta \Big] (\text{p. u.}) \tag{4.68}$$

转矩基值定义为

$$T_b = \frac{3}{2} \cdot \frac{P}{2} \lambda_{af} I_b \quad (\text{N} \cdot \text{m}) \tag{4.69}$$

单位定子电流产生的转矩为

$$\left(\frac{T_{en}}{i_{sn}} \right) = \Big[\sin\delta + \frac{1}{2}(L_{dn} - L_{qn}) i_{sn} \sin2\delta \Big] \tag{4.70}$$

通过对上式的 δ 进行微分并等于零可以得到最大转矩条件下的转矩角的表达式

$$\delta = \cos^{-1} \left\{ -\frac{1}{4a_1 i_{sn}} + \sqrt{\left(\frac{1}{4a_1 i_{sn}} \right)^2 + \frac{1}{2}} \right\} (\text{rad}) \tag{4.71}$$

式中

$$a_1 = (L_{dn} - L_{qn}) = L_{dn}(1 - \rho) \tag{4.72}$$

由于 δ 必须大于90°减小气隙中磁场，因此上式仅考虑正号情况。为了说明该控制策略比恒转矩角控制性能的优越，转矩与定子电流的关系如图4.17所示。与

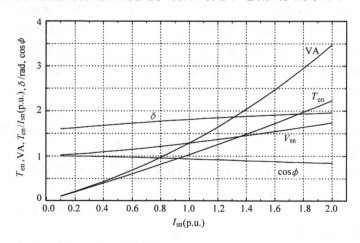

图4.17　单位定子电流最大转矩控制性能曲线（摘自 R. Krishnan 的《Electric Motor Drives》
图9.15，Prentice Hall，Upper Saddle River，NJ，2001，版权许可）

恒转矩角运行相比，定子电流标幺值分别为 1 和 2 时，转矩分别上升 3.2% 与

11.05%，而需求的定子电压标幺值分别为 1.286 和 1.736。使用该控制策略的代价是较差的逆变器利用率，当定子电流标幺值为 2 时，需要逆变器的 VA 容量的标幺值为 3.472 而对于恒共磁链控制需要容量标幺值为 2.8，而转矩下降的标幺值仅有 0.065。值得注意的是，使用这种控制策略当定子电流标幺值为 2，且凸极比 $\rho = 3.5$ 时，电机转矩提升接近 100%，通常希望电机的凸极比较高 $\rho > 2$ 并且处于低转速运行的区域。

转矩增加与凸极比的关系及单位电流最大转矩曲线分别如图 4.18 和图 4.19 所示。这里将直轴电感作为电感基值，转子磁链作为磁链基值。对此例电机额定电流

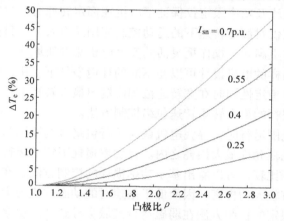

图 4.18 不同电流时转矩增加与凸极比关系曲线

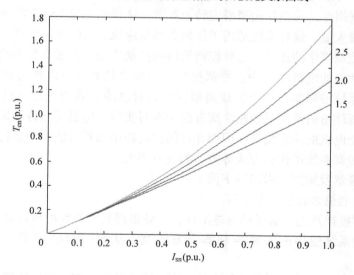

图 4.19 不同凸极比时转矩标幺值与电流标幺值关系

的标幺值为 0.25，额定电流时较高凸极比下转矩提升 10% ~15%，而更大电流时

转矩会有更高提升。从稳态运行的观点看,虽然转矩名义是提升了,但是对很多应用来说并不是选择该控制策略的关键因素。

4.4.6 恒功率损耗控制

对采用最大转矩转速包络的控制策略来说,通常在转速低于基速运行的区域将定子电流幅值限定于额定电流之内,在转速高于基速的运行区域,通常将输出机械功率限定于额定值以内。对电流的限定仅对电机的铜损进行了约束,而并没有考虑铁损,类似地对输出功率的限定也没有直接对功率损耗进行约束。限定电机电流及功率并没有考虑到电机的热稳定性,而考虑热稳定性则必须将总损耗控制在允许的范围内。对电机电流及功率限定仅保证了电机在额定转速时的损耗在合理范围,因而这些简单的限定仅对额定转速下的运动控制应用是有效的。目前单速驱动已经逐渐更新或者被工作更高效、操作更灵活的变速电机驱动所取代。而且从生产成本优化的角度考虑,同样的电机设计可以在不同的环境条件下应用,因而需要采取控制方法来保持电机热稳定性同时在宽转速范围内输出最大转矩。正是由于上述原因提出了基于恒功率损耗的最大转矩转速包络控制方法。

电机宽速域范围运行时,寻找电机最大运行包络线的原则是在任何工作区域时必须满足电机损耗在允许最大损耗之内。将功率损耗限定的运行包络与电流及功率限定的运行包络相比较,可以看出基于功率损耗的控制方法,在低于基速运行时允许的最大转矩会有较大的提高,因而低于基速时的动态响应会大为增强。同时传统的对电流与功率限定的控制方法在弱磁运行区域会导致产生更多的功率损耗。

这种控制方案可以通过外加功率损耗反馈控制环来实现。系统的输入为期望的电机最大功率损耗。反馈环用来限定转矩需求,这样在任何工作点功率损耗都不会超过设定的最大值。这种系统适用于任何类型全速域运行的电机驱动,而且不依赖于动态转矩控制策略的选择。这种控制策略的控制法则仅需做少量修改就可以被集成到所有高性能的电机驱动中。外部控制环功率损耗参考可以作为负载周期的函数,从而使系统控制器在一个负载周期就可以对总的有效功率损耗进行有效的控制。而且值得注意的是底层控制法则有助于实时实现。电机所允许的最大功率损耗的确定取决于电机的预定温升,因而允许的恒定功率损耗可能受到运行环境、环境温度及电机冷却系统的排布方式等方面的影响很大。

为便于理解及阐述,做出以下假定:

1) 所有电机参数假定为常值。

2) 风摩损耗及逆变器损耗忽略不计,尽管根据其重要程度可以对其考虑。

3) 驱动系统使用的矢量控制器带宽较宽,从而引起的定子电流误差不可忽略。

4) 额定电流定义成使用零直轴电流控制策略时产生额定转矩所需的电流。

5) 绘图时归一化处理时使用变量的额定值为基值。

考虑损耗的电机模型:稳态运行时,转子参考坐标系下永磁同步电机考虑损耗的简化 dq 轴模型如图 4.20 所示，其中 I_{qs}^r 与 I_{ds}^r 分别为交轴与直轴定子电流，V_{qs}^r 与 V_{ds}^r 分别为交轴与直轴定子电压。I_q 与 I_d 分别为交轴与直轴产生转矩的电流分量；I_{qc} 与 I_{dc} 分别为交轴与直轴铁心损耗的电流分量。R_s 与 R_c 分别为定子及铁心损耗的等效电阻；L_q 与 L_d 分别为交轴与直轴的自感。λ_{af} 为永磁体磁链；ω_r 为转子的电角速度。

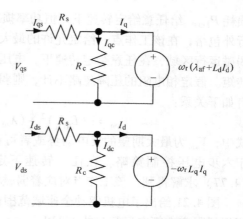

图 4.20 转子参考坐标系下包括定子与铁心损耗等效电阻的电机模型

从具有损耗等效电路模型中可以推导出输入的定子电流与电压为

$$\begin{bmatrix} I_{qs}^r \\ I_{ds}^r \end{bmatrix} = \begin{bmatrix} 1 & \dfrac{L_d\omega_r}{R_c} \\ -\dfrac{L_q\omega_r}{R_c} & 1 \end{bmatrix} \begin{bmatrix} I_q \\ I_d \end{bmatrix} + \begin{bmatrix} \dfrac{\lambda_{af}\omega_r}{R_c} \\ 0 \end{bmatrix}$$

(4.73)

$$\begin{bmatrix} V_{qs}^r \\ V_{ds}^r \end{bmatrix} = \begin{bmatrix} R_s & \omega_r L_d\left(1 + \dfrac{R_s}{R_c}\right) \\ -\omega_r L_d\left(1 + \dfrac{R_s}{R_c}\right) & R_s \end{bmatrix} \begin{bmatrix} I_q \\ I_d \end{bmatrix} + \begin{bmatrix} \omega_r \lambda_{af}\left(1 + \dfrac{R_s}{R_c}\right) \\ 0 \end{bmatrix} \quad (4.74)$$

转矩 T_e 为 I_d 与 I_q 的函数可以表示为

$$T_e = 0.75P(\lambda_{af} I_q + (L_d - L_q) I_d I_q) \tag{4.75}$$

式中，T_e 为转矩；P 为转子的极数。

电机总的铁心损耗 P_c 可由下式计算[23]：

$$P_c = \frac{1.5\omega_r^2 (L_q I_q)^2}{R_c} + \frac{1.5\omega_r^2 (\lambda_{af} + L_d I_d)^2}{R_c} = \frac{1.5}{R_c} \omega_r^2 \lambda_m^2 \tag{4.76}$$

式中，λ_m 为气隙共磁链，包括铜损与铁心损耗的总损耗最终可以表示为

$$P_1 = 1.5R_s (I_{qs}^2 + I_{ds}^2) + \frac{1.5}{R_c}\omega_r^2 \left[(L_q I_q)^2 + (\lambda_{af} + L_d I_d)^2 \right] \tag{4.77}$$

在下一小节将讨论永磁同步电机恒功率损耗控制（CPLC）的运行包络。

恒功率损耗控制及对比：允许的最大功率损耗 P_{1m}，取决于电机的期望温升。可选择允许的最大功率损耗 P_{1m} 等于额定转矩与转速时电机的总损耗，并假定电机按照生产厂家数据手册上所规定的工作条件运行。在给定转速下，用 P_{1m} 代替 P_1，由 I_d 与 I_q 合成的电流相量与最大功率损耗轨迹可由式（4.77）给出。该轨迹在零速时为整圆，在非零速时为半圆。在该转速下，永磁同步电机的工作点总在式（4.77）所表述的轨迹之上或轨迹之内，这样总的损耗就不会超过允许的最大功率

损耗 P_{1m}。给任意给定转速下，恒功率损耗轨迹上的工作点也刻画了该转速下的运行外包络，在该工作点，给定允许的最大功率损耗 P_{1m} 对应着产生的最大转矩。在弱磁运行区域，在任意给定转速下，电压与功率损耗的约束共同限制了产生的最大转矩。假定相电阻的压降忽略不计，则弱磁运行区域内任一工作点的定子电流相量有如下关系：

$$V_{sm} = \left[(L_q I_q)^2 + (\lambda_{af} + L_d I_d)^2 \right]^{0.5} \omega_r = \omega_r \lambda_m \qquad (4.78)$$

式中，V_{sm} 为最大期望的反电动势或者可利用的最大相电压的基波分量，后者适用于六步电压控制策略。在任一转速下定子电流相量可由设定的功率损耗由式（4.77）求解得到。该工作点对应着弱磁区域给定转速下的可能输出的最大转矩。

图 4.21 给出了电机驱动全速域范围内可能的最大转矩曲线，在所有运行点功率损耗限定在额定运行时的 121W。

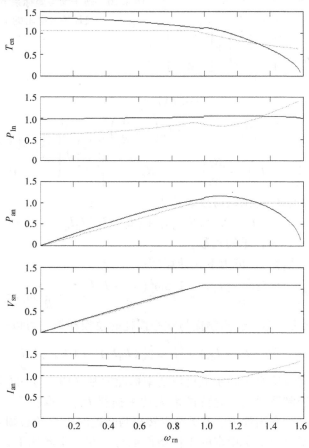

图 4.21　CPLC 方案（实线）及额定电流和功率约束方案（点划线）归一化最大转矩、
功率损耗、气隙功率、电压及相电流

基速以下运行：电机的基速 ω_b 定义为，超过该转速，则沿着 CPLC 方案的包络所施加的相电压保持恒值。在低于基速运行的区域内，电机转矩仅由功率损耗约束，而相电压小于最大可能值 V_{sm}。此运行区域如图 4.21 中转速标幺值为 0 ~ 1 之间所示。沿着 CPLC 方案的包络线的功率损耗、气隙功率、相电压及电流也如图 4.21 所示，表明其优越于传统的控制方法。

弱磁区域：图 4.21 中速度标幺值在 1 ~ 1.55 之间对应弱磁运行的部分，其反电动势标幺值限定在 1.1。可以看出在此区间由于电机电压的限制，CPLC 包络下降比较快。超过额定转速时最大可能的气隙功率仍不断上升，直到转速标幺值大约为 1.15。图 4.21 同时给出了额定时电流与功率约束的外包络曲线。从此例可以得出应用恒电流及恒功率运行其外包络存在如下问题：

1）基速以下运行时电机没有得到充分利用；

2）在弱磁运行区域，除非电机电流与功率约束至额定值内，否则高于额定转速时会产生过多的功率损耗；

3）在弱磁运行的某些区间电机没有得到充分利用。

恒功率损耗控制的实现：实现 CPLC 控制策略方案的框图如图 4.22 所示。

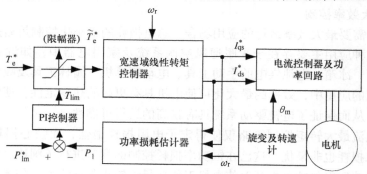

图 4.22　恒功率损耗策略控制器的实现

假定宽速域线性转矩控制器在整个速度运行区域包括弱磁区域可提供线性转矩。在转矩控制器模块中可以使用任何控制策略。将转子坐标系下的交轴与直轴定子电流需求 $(i_{qs}^r)^*$、$(i_{ds}^r)^*$ 及转子位置 θ_r 作为电流控制器的输入量。利用转速及电流可以估算电机的铜损及铁心损耗。大多数高性能的控制系统中都可提供用于估算功率损耗所需的变量。估算的功率损耗与功率损耗参考 P_{1m}^* 相比较，偏差经过比例积分控制器处理。功率损耗控制器的输出决定最大可输出转矩 T_{lim}。如果转矩需求高于最大上限，那么系统自动调整转矩到最大可输出转矩 T_{lim}；如果转矩需求低于给定转速下的最大可输出转矩，则最终的转矩需求不变。正、负转矩需求的转矩极限的绝对值相同。这种策略的实现有如下明显的特点：

1）不需要离线计算最大转矩转速的外包络；

2）最大的功率损耗可以通过操作器或者处理命令进行调整；

3）系统不依赖于转矩模块所使用的控制策略；

4）实现该控制策略所需的所有电机参数在大多数的高性能控制器中可直接利用；

5）有利于实时环境应用。

这种控制方案由于转速低于基速时所产生的较高电流而对逆变器产生的影响及参数敏感性的影响将在下面讨论。

低于基速高电流运行：从图 4.21 可以看出与额定电流产生的最大转矩相比零速时 CPLC 可提高 39% 的转矩输出，而仅仅需要比额定电流提高 25%。值得注意的是所需增加的额外电流与驱动器的成本的增加并不是成比例的，这主要是由于两种控制策略下所需求的电压是相同的。因而功率器件仅需提升电流等级而电压等级则不需要提高。

参数相关性：这种策略依赖于电机参数 L_d、L_q 及 λ_{af}。L_d 基本不会发生变化，L_q 会由于磁路饱和而发生变化，但作为电流的函数可以被准确估算。准确估算磁链 λ_{af} 需要更为复杂的算法。任何 CPLC 控制策略的实现依赖于电机参数，这是所有基于模型控制策略的共同情况。

4.4.7 最大效率控制

在许多需要最大效率运行的应用场合，总电损耗的最小化控制策略是一种很好的选择。这种应用主要存在于采暖通风空调系统及家用电器中，如洗衣机、烘干机、冷冻箱、冰箱、电池供电的手动工具、电动割草机、园林工具及吸尘器等。在所有高性能的应用中，效率的最大化可使电机具有更好的热稳定性，使电机绝缘的寿命更长，从而保证了电机驱动系统具有较高的运行可靠性。

单位电流最大转矩控制策略仅使得定子电阻损耗最低，而铁心损耗并不是最优，因而总损耗也非最优。这已在恒功率损耗控制的章节进行了阐述。恒功率损耗控制策略保持恒定的功率损耗并使电机工作在最大转矩包络线上。如果在每个运行点上都找到并实现最小的功率输入，就会使得功率损耗最小化，从而得到最大化的效率。考虑永磁同步电机运行时数据与例 3.1 一致。其转矩与转矩角随电流变化的特性如图 4.23 所示，以额定损耗为基值的总损耗的标幺值也在图 4.23 中给出。为了说明单位电流最大转矩控制策略的运行点处损耗不是最优，即效率性能指标并非最优，将图中转矩角从 90°~115° 的区间放大如图 4.24 所示。考虑定子电流为 4.7A 时最大转矩的运行点，该点的转矩角为 103.5°。在定子电流为 4.8A 的特性曲线上，可以获得同样大小的转矩值，如图中将定子电流为 4.7A 的特性曲线的最大转矩延伸的虚线所示，此时的转矩角为 114.5°。从图中可以看出定子电流为 4.8A 时所对应的损耗比定子电流为 4.7A 时损耗更低，而定子电流为 4.7A 时单位电流产生的转矩比定子电流为 4.8A 时要高。虽然图中只是阐明了定子电流增量较小情况，但是对于更高的定子电流如 4.9A 或 5A 时，这种现象变得更为明显，与定子电流为 4.7A 或 4.8A 相比损耗甚至变得更低。上述的分析忽略了一些额外的损耗，如逆变器更高电流时引起的导通损耗。而假定这些损耗比电损耗的增量小得多是合理的。当这些损耗足够大时，可在绘制损耗与转矩的关系曲线中加以考虑，从而找到最小损耗的工作点。

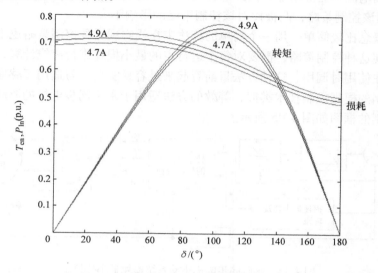

图 4.23　定子电流为 4.7A、4.8A 及 4.9A 时气隙转矩及电功率损耗与转矩角的特性曲线

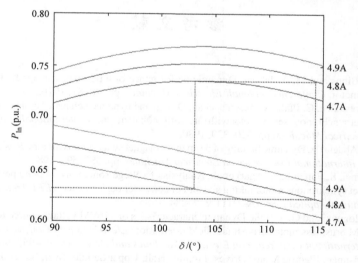

图 4.24　上图中转矩角从 90°～115°的区间特性放大图

电机总的损耗会随着定子电流及转矩角度增加而下降，其原因是由于虽然定子电阻损耗轻微上升，但是电机的铁心损耗随着共磁链的下降而降低。随着转矩角的增加，直轴定子电流增加从而使直轴磁链下降。即使交轴电流保持不变或者增加，从而使交轴磁链保持不变或增加，而直轴的共磁链始终保持下降，其完全取决于定

子的直轴电流。这使得共磁链逐渐减少。由于铁心损耗与共磁链成正比，其减少使得电机的总电气损耗降低。在凸极永磁同步电机中，保持相同转矩，而转矩角发生变化时交轴电流不需要增加，因此这种控制策略的优点之一是即使电机的凸极比为1也可使用该控制策略，凸极比对该控制策略的影响不大。

即使概念比较简单，用一个简单的算法来在线实现这种控制策略也不容易。为有效地实现这种控制策略，需要对每个运行点的最小损耗进行离线计算，然后存储到表格中在使用时调用，这种方法目前看起来最容易实现。与适用于感应电机的最小损耗控制的模糊控制技术类似，等效的方法适用于永磁同步电机的驱动。结合最大效率控制的框图如图4.25所示。

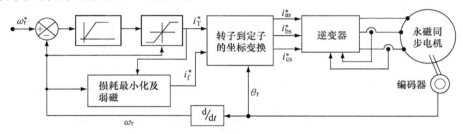

图4.25　永磁同步电机驱动系统损耗最小化控制

参 考 文 献

动态性能

1. K. J. Binns and M. A. Jabbar, Dynamic performance of a permanent-magnet synchronous motor, *Conference on Small Electrical Machines*, pp. 78–81, 1976.

2. H. Grotstollen, G. Pfaff, A. Weschta, et al., Design and dynamic behaviour of a permanent-magnet synchronous servo-motor with rare-earth-cobalt magnets, *International Conference on Electrical Machines*, pp. 320–329, 1980.

3. M. E. Abdelaziz, Dynamic braking of permanent magnet synchronous motors, *Proceedings of the International Conference on Electrical Machines*, pp. 587–590, 1984.

4. T. Himei, S. Funabiki, Y. Agari et al., Analysis of voltage source inverter-fed permanent magnet synchronous motor taking account of converter performance, *IEEE Transactions on Industry Applications*, IA-21(1), 279–284, 1985.

5. S. Bolognani and G. S. Buja, Dynamic characteristics of a PWM voltage source inverter-fed PM brushless motor drive under field orientation, *Electric Energy Conference 1987, an International Conference on Electrical Machines and Drives*, pp. 91–95, 1987.

5a. R. Krishnan, Electric Motor Drives, Prentice Hall, Upper Saddle River, NJ, 2001.

动态仿真

6. T. W. Nehl, F. A. Fouad, N. A. Demerdash et al., Dynamic simulation of radially oriented permanent magnet type electronically operated synchronous machines with parameters obtained from finite element field solutions, *IEEE Transactions on Industry Applications*, IA-18(2), 172–182, 1982.

7. P. Pillay and R. Krishnan, Development of digital models for a vector controlled permanent magnet synchronous motor drive, *Conference Record, IEEE Industry Applications Society Annual Meeting (IEEE Cat. No. 88CH2565-0)*, pp. 476–482, 1988.

8. R. Krishnan and G. H. Rim, Design and operation of an adjustable power factor sinusoidal convertor for variable speed constant frequency generation with permanent magnet synchronous machine, *Conference Record, IEEE Industry Applications Society Annual Meeting (Cat. No. 89CH2792-0)*, pp. 835–842, 1989.

9. S. Morimoto, Y. Takeda, and T. Hirasa, Current phase control methods for permanent magnet synchronous motors, *IEEE Transactions on Power Electronics*, 5(2), 133–139, 1989.

10. F. Parasiliti and M. Tursini, Modelling and simulation of a buried permanent magnet synchronous motor drive, *3rd European Conference on Power Electronics and Application*, pp. 201–206, 1989.

11. P. Pillay and R. Krishnan, Modeling, simulation, and analysis of permanent-magnet motor drives. I. The permanent-magnet synchronous motor drive, *IEEE Transactions on Industry Applications*, pp. 265–273, 1989.

12. P. Pillay and R. Krishnan, Control characteristics and speed controller design for a high performance permanent magnet synchronous motor drive, *IEEE Transactions on Power Electronics*, 5(2), 151–159, 1990.

控制策略

13. S. Morimoto, Y. Takeda, K. Hatanaka et al., Design and control system of inverter-driven permanent magnet synchronous motors for high torque operation, *IEEE Transactions on Industry Applications*, 29(6), 1150–1155, 1993.

14. S. R. Macminn and T. M. Jahns, Control techniques for improved high-speed performance of interior PM synchronous motor drives, *IEEE Transactions on Industry Applications*, 27(5), 997–1004, 1991.

15. R. Krishnan, Control and operation of PM synchronous motor drives in the field-weakening region, *IEEE IECON Proceedings (Industrial Electronics Conference)*, pp. 745–750, 1993.

16. S. Morimoto, T. Ueno, M. Sanada et al., Effects and compensation of magnetic saturation in permanent magnet synchronous motor drives, *Conference Record of the IEEE Twenty-Eighth IAS Annual Meeting (Cat. No. 93CH3366-2)*, pp. 59–64, 1993.

17. S. Morimoto, Y. Tong, Y. Takeda, et al., Loss minimization control of permanent magnet synchronous motor drives, *IEEE Transactions on Industrial Electronics*, 41(5), 511–516, 1994.

18. Y. Tong, S. Morimoto, Y. Takeda et al., Maximum efficiency control for permanent magnet synchronous motors, *Proceedings IEEE International Conference on Industrial Electronics, Control and Instrumentation (Cat. No. 91CH2976-9)*, pp. 283–288, 1991.

19. T. M. Jahns, G. B. Kliman, and T. W. Neumann, Interior permanent-magnet synchronous motors for adjustable-speed drives, *IEEE Transactions on Industry Applications*, IA-22(4), 738–747, 1986.

20. T. Senjyu, T. Shimabukuro, and K. Uezato, Vector control of synchronous permanent magnet motors including stator iron loss, *Transactions of the Institute of Electrical Engineers of Japan, Part D*, 114-D(12), 1300–1301, 1994.

21. S. Vaez-Zadeh, Variable flux control of permanent magnet synchronous motor drives for constant torque operation, *IEEE Transactions on Power Electronics*, 16(4), 527–534, 2001.

22. R. Monajemy and R. Krishnan, Implementation strategies for concurrent flux weakening and torque control of the PM synchronous motor, *Conference Record of the IEEE Industry Applications Conference (Cat. No. 95CH35862)*, pp. 238–245, 1995.

23. R. Monajemy and R. Krishnan, Control and dynamics of constant-power-loss-based operation of permanent-magnet synchronous motor drive system, *IEEE Transactions on Industrial Electronics*, 48(4), 839–844, 2001.

24. J. Faiz and S. H. Mohseni-Zonoozi, A novel technique for estimation and control of stator flux of a salient-pole PMSM in DTC method based on MTPF, *IEEE Transactions on Industrial Electronics*, 50(2), 262–271, 2003.

25. Q. Liu, A. M. Khambadkone, and M. A. Jabbar, Direct flux control of interior permanent magnet synchronous motor drives for wide-speed operation, *Fifth International Conference on Power Electronics and Drive Systems (IEEE Cat. No. 03TH8688)*, pp. 1680–1685, 2003.
26. A. M. Llor, J. M. Retif, X. Lin-Shi et al., Direct stator flux linkage control technique for a permanent magnet synchronous machine, *IEEE 34th Annual Power Electronics Specialists Conference, Conference Proceedings (Cat. No. 03CH37427)*, pp. 246–250, 2003.

直接转矩控制

27. F. Minghua and X. Longya, A sensorless direct torque control technique for permanent magnet synchronous motors, *Conference Record of the IEEE Industry Applications Conference. Thirty-Forth IAS Annual Meeting (Cat. No. 99CH36370)*, pp. 159–164, 1999.
28. D. Sun, W. Fang, and Y. He, Study on the direct torque control of permanent magnet synchronous motor drives, *Proceedings of the Fifth International Conference on Electrical Machines and Systems (IEEE Cat. No. 01EX501)*, pp. 571–574, 2001.

计算机程序

29. P. Pillay and M. Wu, A computer program to predict the performance of permanent magnet synchronous motor drives, *Proceedings. IEEE SOUTHEASTCON (Cat. No. 92CH3094-0)*, pp. 517–522, 1992.
30. R. Krishnan, R. A. Bedingfield, A. S. Bharadwaj and P. Ramakrishna, Design and development of a user-friendly PC-based CAE software for the analysis of torque/speed/position controlled PM brushless DC motor drive system dynamics, *IEEE-IAS Annual Meeting, Conference Record*, pp. 1388–1394, Oct. 1991.

应用特性

31. A. Fratta and A. Vagati, Synchronous vs. DC brushless servomotor: the machine behaviour, *IEEE Symposium on Electrical Drive*, Cagliari, Italy, pp. 53–60, 1987.
32. P. Pillay and R. Krishnan, Application characteristics of permanent magnet synchronous and brushless DC motors for servo drives, *IEEE Transactions on Industry Applications*, 27(5), 986–996, 1991.
33. S. Morimoto, K. Hatanaka, Y. Tong, et al., High performance servo drive system of salient pole permanent magnet synchronous motor, *Conference Record, IEEE Industry Applications Society Annual Meeting (Cat. No. 91CH3077-5)*, pp. 463–468, 1991.

第 5 章　弱 磁 控 制

受逆变器直流侧最大电压和输出电流能力的限制，电机的定子电压和电流存在极限值，影响了电机驱动系统在恒转矩工作时的最大转速及输出转矩范围。然而当电机在诸如电动车、机场大厅多人运输车、叉车、机床主轴驱动等场合应用时，总是需要并希望在额定功率下输出的转速尽可能高。在直流母线电压达到最大值，也就是电机输入电压最大且在额定转矩的情况下，对应的转速被称为基速。在基速以上时，如果磁通保持不变，电机的反电动势将大于电机的最大输入电压，造成电机绕组电流的反向流动，这在电机实际运行时是不允许的。为了克服这一问题，需要通过削弱气隙磁链的方法限制感应电动势，使之小于施加在电机上的电压。弱磁时，磁通反比于定子频率，使得感应电动势保持常值而不随转速上升而增加。

本章研究在逆变器最大电压和电流限制下，如何使永磁同步电机在额定功率运行时提供最高转速。电机额定转矩是基于电机稳态运行下设定的，而电机在快速加减速的瞬态过程中所需的转矩达到额定转矩的数倍，要求系统在弱磁范围内具有高的瞬态有效转矩传递能力。电流环的饱和特性造成定子电流谐波含量的增加，导致电机产生更大的转矩脉动和更高的损耗，高性能的电流控制可以克服这一问题。通常，对于仅有电流控制时，系统需设置一个电压裕度。在给定定子磁链的情况下，电流控制下的电压裕度也可以用于获得更高的转速及更大的输出功率。逆变器的基本操作，即六步运行方法可为电机提供最大电压，且电机电流仅受电压相量与转子永磁体磁链之间的瞬态角控制，电机在该情况下运行的优缺点将在本章予以研究。

对于永磁同步电机系统的弱磁控制技术，相关文献并未给出一个通用的分类方法。为了便于理解本章的主要内容，本章提出了一种相应的分类方法。所有的弱磁控制技术均是基于电机模型及参数或非模型及电机参数控制而提出的，因此形成了两类弱磁控制方案，如图 5.1 所示。在不考虑参数敏感性的前提下，第一类方法具有控制精确的优点；而后一类方法控制简单，控制器更易整定。每一类方法可进一步细化，基于模型的控制策略可以细化为两种：①间接控制策略，该策略中弱磁控制器不能直接控制气隙磁通，而是间接地实时考虑电流和转矩的限制，计算量较大，且该控制策略从未明确地控制气隙磁通。该策略对参数的依赖性高。②直接控制策略，该方法类似于直流电机驱动系统中的弱磁控制器，气隙磁链直接作为给定指令的输入进行直接控制，该指令依赖于一些电机参数。由于是直接气隙磁链控制，可直接实现从恒转矩模式到恒功率模式的过渡，而不像间接控制模式需要两个不同的控制器用以分别实现电机在两种工作模式下的运行。非模型控制器同样也可以分为两种：①自适应控制策略，当所需的电压高于逆变器所能提供的电压时，无需依赖其他指令信号，应用该控制器即可实现弱磁模式。②六步电压控制策略，变频器按六步电压（Six – Step Voltage，SSV）方式进行模式切换。该控制策略并非直接控制气隙磁通，而是通过改变电压相量的配置来实现弱磁控制。六步电压控制策略只需通过调整一个控制变量——电压相量角即可实现电机电压的最大利用。这些控制策略将在本章内容中进行讲述。

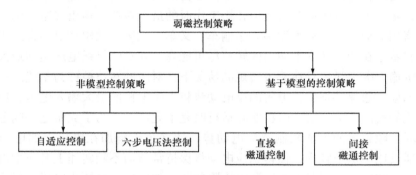

图 5.1　弱磁控制策略的分类

为了进一步理解弱磁控制的相关知识，本章的最后给出了一些相应的参考文献。参考文献［1 – 19］为弱磁及其控制方面的知识；参考文献［20 – 22］为转速控制方面的知识；参考文献［23 – 26］为最小损耗策略方面的知识；参考文献［27 – 33］为电机本体相关问题的知识。

5.1　最大转速

为了理解永磁同步电机系统的弱磁范围，必须确定其最大转速。出于设计计算的目的，对于一系列给定的定子电压和电流，通过解析可求得电机的最大转速。由如下的定子电压稳态方程可求得零转矩下的最大工作转速[14a]。在转子参考坐标系下，归一化的定子方程为

$$v_{qsn}^{r} = (R_{sn} + L_{qn}p)i_{qsn}^{r} + \omega_{rn}(L_{dn}i_{dsn}^{r} + 1)$$
$$v_{dsn}^{r} = -\omega_{rn}L_{qn}i_{qsn}^{r} + (R_{sn} + L_{dn}p)i_{dsn}^{r} \tag{5.1}$$

其中，abc – qd 变换可以有效地用于电压、电流及磁链的变换。通过坐标变换，可得转子参考坐标系下的电压方程

$$\begin{bmatrix} v_{qsn}^{r} \\ v_{dsn}^{r} \end{bmatrix} = \frac{2}{3} \begin{bmatrix} \cos\theta_{r} & \cos\left(\theta_{r} - \frac{2\pi}{3}\right) & \cos\left(\theta_{r} + \frac{2\pi}{3}\right) \\ \sin\theta_{r} & \sin\left(\theta_{r} - \frac{2\pi}{3}\right) & \sin\left(\theta_{r} + \frac{2\pi}{3}\right) \end{bmatrix} \begin{bmatrix} V_{asn} \\ V_{bsn} \\ V_{csn} \end{bmatrix} \tag{5.2}$$

式（5.1）中，稳态时电流变量的微分为 0，进而可得稳态下的定子电压方程

$$v_{qsn}^{r} = R_{sn}i_{qsn}^{r} + \omega_{m}(L_{dn}i_{dsn}^{r} + 1)$$

$$v_{dsn}^{r} = -\omega_{rn}L_{qn}i_{qsn}^{r} + R_{sn}i_{dsn}^{r} \tag{5.3}$$

通过大量减少气隙磁通的方法可获得最大转速,这时定子电流全部用于削弱气隙磁通,其意味着 q 轴电流为零,即 $i_{qsn}^{r} = 0$。这时定子电压相量可表示为

$$v_{sn}^{2} = v_{dsn}^{r2} + v_{qsn}^{r2} = \omega_{rn}^{2}(1 + L_{dn}i_{dsn}^{r})^{2} + R_{sn}^{2}(i_{dsn}^{r})^{2} \tag{5.4}$$

由上式,对于给定的定子电流 i_{dsn}^{r},最大转速可表示为

$$\omega_{rn}(\max) = \frac{\sqrt{v_{sn}^{2} - R_{sn}^{2}i_{dsn}^{r\,2}}}{(1 + L_{dn}i_{dsn}^{r})} \tag{5.5}$$

需要注意的是,式(5.5)的分母表达式必须为正值。由此,可以推出反向永磁磁链上的最大定子电流应满足如下条件:

$$i_{dsn}^{r}(\max) < -\frac{1}{L_{dn}} \tag{5.6}$$

5.2 弱磁算法

考虑稳定状态的情况,忽略绕组电阻压降,电压相量可写成[14a]

$$v_{sn}^{2} = \omega_{rn}^{2}\{(1 + L_{dn}i_{dsn}^{r})^{2} + (L_{qn}i_{qsn}^{r})^{2}\}(p.u.) \tag{5.7}$$

式中,电压相量 v_{sn} 定义为

$$v_{sn} = \sqrt{(v_{qsn}^{r\,2} + v_{dsn}^{r\,2})}(p.u.) \tag{5.8}$$

q 轴电流 i_{qsn}^{r} 可以表示成定子电流相量和 d 轴定子电流的形式

$$i_{qsn}^{r} = \sqrt{i_{sn}^{2} - i_{dsn}^{r\,2}}(p.u.) \tag{5.9}$$

将式(5.7)代入式(5.8),可得定子电压相量幅值与定子电流相量、定子 d 轴电流和电机转速的关系为

$$v_{sn}^{2} = \omega_{rn}^{2}\{L_{qn}^{2}(i_{sn}^{2} - i_{dsn}^{r\,2}) + (1 + L_{dn}i_{dsn}^{r})^{2}\}(p.u.) \tag{5.10}$$

注意,电压相量 v_{sn}、电流相量 i_{sn} 分别对应于逆变器运行时所能达到的最大值。因此,在假定逆变器的输入直流母线电压保持恒定情况下,在弱磁运行时,电压相量 v_{sn} 和电流相量 i_{sn} 可认为是恒定不变的。这时式中只包含两个变量 ω_{rn} 和 i_{qsn}^{r}。因此,只要给出其中的一个变量,通过解析计算即可求得另一个变量,这是永磁同步电机驱动系统在弱磁区域内控制的关键。式(5.10)还可写成 i_{dsn}^{r} 和 ω_{rn} 的形式:

$$v_{sn} = \omega_{rn}\sqrt{\{a(i_{dsn}^{r})^{2} + bi_{dsn}^{r} + c\}}(p.u.) \tag{5.11}$$

式中,常数

$$a = L_{dn}^{2} - L_{qn}^{2} \tag{5.12}$$

$$b = 2L_{dn} \tag{5.13}$$

$$c = 1 + L_{qn}^2 i_{sn}^2 \tag{5.14}$$

假设可以得到用于反馈控制的转速信息,通过式(5.10)~式(5.14),可确立 d 轴定子电流,使得定子电流 i_{sn} 和定子电压 v_{sn} 自动满足最大约束条件。通过定子电流幅值和 d 轴定子电流,由式(5.19)⊖可计算出 q 轴定子电流允许的最大值。利用逆变换,由 d 轴、q 轴定子电流可以确定定子相电流

$$\begin{bmatrix} i_{asn} \\ i_{bsn} \\ i_{csn} \end{bmatrix} = \begin{bmatrix} \cos\theta_r & \sin\theta_r \\ \cos\left(\theta_r - \dfrac{2\pi}{3}\right) & \sin\left(\theta_r - \dfrac{2\pi}{3}\right) \\ \cos\left(\theta_r + \dfrac{2\pi}{3}\right) & \sin\left(\theta_r + \dfrac{2\pi}{3}\right) \end{bmatrix} \begin{bmatrix} i_{qsn}^r \\ i_{dsn}^r \end{bmatrix} \tag{5.15}$$

结合式 $i_{dsn}^r = i_{sn}\sin\delta$、$i_{qsn}^r = i_{sn}\cos\delta$ 以及式(5.15),可以得到归一化的定子相电流的关系式为

$$\begin{bmatrix} i_{asn} \\ i_{bsn} \\ i_{csn} \end{bmatrix} = \begin{bmatrix} \sin(\theta_r + \delta) \\ \sin\left(\theta_r + \delta - \dfrac{2\pi}{3}\right) \\ \sin\left(\theta_r + \delta + \dfrac{2\pi}{3}\right) \end{bmatrix} i_{sn} \tag{5.16}$$

并且转矩角可表示成

$$\delta = \tan^{-1}\left(\frac{i_{qsn}^r}{i_{dsn}^r}\right) \tag{5.17}$$

需要注意的是,计算得到的 q 轴定子电流与 d 轴定子电流共同决定了可以产生的转矩 T_{ef},并用该转矩修正驱动系统中由转速误差产生的转矩指令 T_{ec}。如果转矩指令 T_{ec} 大于由弱磁模块计算的转矩 T_{ef},最终的转矩指令等于计算值;如果 $T_{ec} < T_{ef}$,最终的转矩指令维持 T_{ec} 的原值。最终的转矩指令 T_e^* 由两个转矩之间的逻辑判断确定。由 T_e^* 及所需的 d 轴电流 i_{dsn}^r,根据电机转矩方程,可得电机所需的 q 轴电流

$$i_{qsn}^r = \frac{T_e^*}{1 + (L_{dn} - L_{qn}) i_{dsn}^r}(\text{p. u.}) \tag{5.18}$$

上述关系是在稳态基础上推导的,需要注意的是,考虑到电流的动态控制,计算时要预留一定的电压裕量。如果电压裕量较小,会造成电流环的性能变差甚至超出其极限点,造成电流环不再起作用,使得系统直接应用六步电压,导致电机电流中出现更多的高次谐波分量。

5.2.1 间接控制策略

在前一节推导与理解的基础上,本节阐述一种用于永磁同步电机驱动系统恒转

⊖ 应为式(5.9)。——译者注

矩工作区和弱磁工作区的间接控制策略。该策略不需要在控制器中指定特定的气隙磁通，而用间接方式实现了弱磁。该策略只需要考虑转速指令，并相应地计算出所需的 d 轴定子电流。该电流与限制在最大允许定子电流幅值内的 q 轴电流，共同决定了所能产生的转矩并间接控制气隙磁通。该控制方案的示意图如图 5.2 所示[14a]，图中所示为一转速驱动控制系统，其转矩指令 T_{ec} 由转速误差产生。根据运行模式，转矩指令经模块 1 或模块 2 处理。其中模块 1 对应恒转矩模式控制器，模块 2 对应弱磁模式控制器。这些模块的具体内容详见之后的章节。控制器的输出为定子电流幅值指令和转矩角指令。这些指令与转子的电角度位置信息，通过定子参考坐标变换模块后输出相电流指令。得到的定子参考坐标系中的定子电流指令通过逆变器的电流反馈控制得以实施。这里，可采用任意一种电流控制方案。第 6 章将讨论各种不同的电流控制策略，为了简单明了起见，这里选用 PWM 电流控制。转子位置和转速分别由编码器和转子位置信号的微分获得。

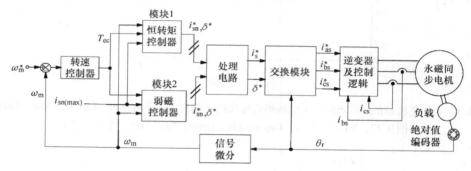

图 5.2　永磁同步电机驱动控制策略的原理图（摘自 R. Krishnan 的《Electric Motor Drives》图 9.16，Prentice Hall，Upper Saddle River，NJ，2001，版权许可）

5.2.2　恒转矩模式控制器

模块 1 为第 4 章所描述的最大转矩/电流控制的恒转矩模式控制器[14a]。其中，转矩 – 定子电流幅值关系以及转矩角的计算可由式（4.68）和式（4.71）得到。为了便于计算，一般将定子电流幅值作为变量，转矩角和转矩作为待求量。而实际操作时，变量和待求量与计算时恰恰相反。即根据给定的转矩要求，提供相应的定子电流幅值和转矩角信息。这些信息可通过计算机在线特性曲线拟合或在已编写的存储程序中检索提取获得。定子电流幅值、转矩角 – 电磁转矩特性曲线如图 5.3 所示。该驱动系统的特性可以用如下的最小误差拟合曲线表达式进行拟合：

$$i_{sn} = 0.01 + 0.954T_{en} - 0.189T_{en}^2 + 0.02T_{en}^3 \tag{5.19}$$

$$\delta = 1.62 + 0.715T_{en} - 0.3T_{en}^2 + 0.04T_{en}^3 \tag{5.20}$$

曲线拟合的运算法则和程序可以查阅数值分析教材获知。图 5.4 所示为转矩模式控制器的详细原理框图。由式（5.19）和式（5.20），可通过查找表的形式来实现模块 1。转速信号决定了驱动系统的运行模式。在转矩控制模式下，如果转速小于基速，则模块 1 传输方向上的转矩指令信号 T_{ec} 使能。转矩信号受最大转矩的限制，而最大转矩信号由最大容许的定子电流相量幅值决定。电流相量幅值可能会根据驱动系统稳态或间歇峰值运行而变化。根据式（5.19）、式（5.20），由产生的转矩信号，可从计算机存储器中得到定子电流幅值和转矩角的指令值。需要注意的是，为了实现再生制动，需要转矩角与转矩指令信号相乘以满足双向转矩的需求。

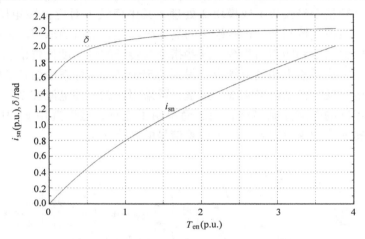

图 5.3 定子电流幅值、转矩角 – 电磁转矩特性曲线（摘自 R. Krishnan 的《Electric Motor Drives》图 9.17，Prentice Hall，Upper Saddle River，NJ，2001，版权许可）

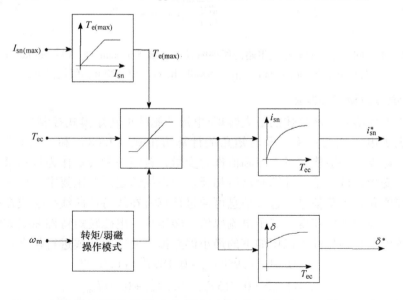

图 5.4 恒转矩模式控制器原理图（摘自 R. Krishnan 的《Electric Motor Drives》图 9.18，Prentice Hall，Upper Saddle River，NJ，2001，版权许可）

5.2.3 弱磁控制器

由 5.2 节可知，参考文献［14a］中介绍了弱磁控制器，其示意图如图 5.5 所示。该模块有三个输入变量，即转矩指令、转速和允许的最大定子电流。该模块的输出为定子电流幅值指令和转矩角指令。

在式（5.11）基础上略作修改，可以得到由转速为变量的 d 轴定子电流指令的表达式

$$i_{dsn}^r = \frac{\left(-b + \sqrt{\left\{b^2 - 4a\left(c - \dfrac{v_{sn}^2}{\omega_m^2}\right)\right\}}\right)}{2a} \tag{5.21}$$

式中，a、b、c 由式（5.12）~式（5.14）给出。注意：常数 c 依赖于最大定子电流的限制，它可以由编程获得或由表格检索获得并用于反馈控制的计算；图 5.5 所示的带 * 号的 d 轴电流指令值及最大定子电流共同决定了允许的 q 轴电流 i_{qsn}^r。在最大电压和电流约束范围内，q 轴电流参考值和 d 轴电流决定了允许的最大电磁转矩 T_{ef}，该指令与转速误差产生的转矩指令 T_{ec} 进行比较。并按下面的逻辑进一步确定最终的转矩指令用以求解 q 轴电流：

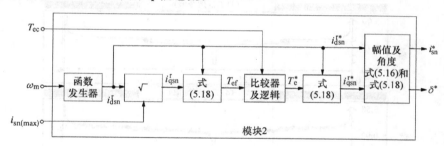

图 5.5 弱磁控制器的原理实现（摘自 R. Krishnan 的《Electric Motor Drives》图 9.19，Prentice Hall，Upper Saddle River，NJ，2001，版权许可）

$$\begin{aligned} T_{ec} > T_{ef}，则 T_e^* = T_{ef} \\ T_{ec} < T_{ef}，则 T_e^* = T_{ec} \end{aligned} \tag{5.22}$$

该逻辑子模块根据负载和以转速为函数的电机驱动系统的最大容量来调节转矩指令。根据最终的转矩指令 T_e^*，通过式（5.18）可以计算出 q 轴定子电流。进而根据 d 轴定子电流和 q 轴定子电流指令可以计算出定子电流相量幅值和转矩角的指令值。根据转速与基速的比较来确定选择该系统在转矩模式或弱磁控制模式下工作。

5.2.4 系统性能

为了评价系统的控制性能，构建了结合优化恒转矩控制模式和弱磁控制器的驱动系统并进行仿真研究。逆变器的 PWM 频率设定为 5kHz，直流母线电压为 280V，负载转矩设定为 0。为了验证系统能实现四象限运行，给定 7 ~ -7p.u. 的阶跃转

速指令信号，以此观测电机和控制变量的变化。我们感兴趣的电机参数包括转矩和转速，控制参数包括转矩指令和转速指令，其仿真结果如图 5.6 所示。转矩指令跟踪以转速为变量的最大转矩跟踪轨迹，并且实际转矩非常接近并跟随其指令值。在弱磁模式下，功率轨迹维持在设定的最大值，使得驱动系统的转速在整个运行期间平滑过渡。需要注意的是，系统的基速设定为 1p. u. ，超过该值时，驱动系统以弱磁方式运行。

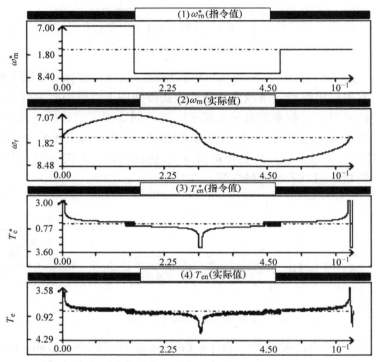

图 5.6　仿真结果（摘自 R. Krishnan 的《Electric Motor Drives》图 9.20，
Prentice Hall, Upper Saddle River, NJ, 2001, 版权许可）

【例 5.1】　永磁同步电机（PMSM）的参数如下：$R_{sn} = 0.173$p. u. ，$L_{dn} = 0.435$p. u. ，$L_{qn} = 0.699$p. u. ，$V_{sn} = 1.45$p. u. ，$I_{sn} = 1$p. u. 。（i）求忽略定子绕组电阻和计及定子绕组电阻情况下的最大转速；（ii）分析弱磁区域的稳态特性。

解：（i）最大转速

$$最大转速 = \frac{\sqrt{v_{sn}^2 - (R_{sn}I_{sn})^2}}{(1 + L_{dn}I_{dsn}^r)} \ (p. u.)$$

注意到，$I_{dsn}^r = -I_{sn}$，因此

$$\omega_m(max) = \frac{\sqrt{1.45^2 - 0.173^2}}{1 - 0.435}(p. u.)$$

$$= 2.547 \text{p. u.}$$

忽略定子绕组电阻，可以得出永磁同步电机的最大转速

$$\omega_{\mathrm{m}}(\max) = \frac{V_{\mathrm{sn}}}{(1 - L_{\mathrm{dn}} I_{\mathrm{sn}})}$$

$$= \frac{1.45}{1 - 0.435}$$

$$= 2.565 \text{p. u.}$$

通常在预测最高转速时，定子绕组电阻的影响可以忽略不计。但相对于大电机，小电机具有较大的定子绕组电阻，因此，在小电机分析中不能忽略定子绕组电阻的影响。

（ii）弱磁区域内的稳态性能计算

通过以下步骤计算稳态情况下的弱磁性能。

在弱磁工作区，当 $I_{\mathrm{qsn}}^{\mathrm{r}} \neq 0$ 时，计算 $I_{\mathrm{dsn}}^{\mathrm{r}}$。电阻压降的影响通常近似等于 $I_{\mathrm{sn}} R_{\mathrm{sn}}$，因此，$V_{\mathrm{sn}}$ 减少，其值近似等于 1.25p. u.。

$V_{\mathrm{sn}} = 1.25 \text{p. u.}$ 时，$I_{\mathrm{dsn}}^{\mathrm{r}}$ 可由下式计算：

$$V_{\mathrm{sn}} = \omega_{\mathrm{rn}} \sqrt{a I_{\mathrm{dsn}}^{\mathrm{r}}{}^2 + b I_{\mathrm{dsn}}^{\mathrm{r}} + c}$$

对应每一个增加的转速 ω_{rn} 值，选择 $I_{\mathrm{dsn}}^{\mathrm{r}}$ 的较小根作为 d 轴电流的给定值。由 d 轴电流值和 $I_{\mathrm{sn}} = 1 \text{p. u.}$ 计算 $I_{\mathrm{qsn}}^{\mathrm{r}}$。

计算 $V_{\mathrm{qsn}}^{\mathrm{r}}$、$V_{\mathrm{dsn}}^{\mathrm{r}}$ 以及 V_{sn}，验证 V_{sn} 是否等于或小于原始设定值 1.45p. u.。如果不是，返回第 2 步给定一个更小的 V_{sn} 值。

计算电压相位角、电流相位角，进而得到功率因数角、转矩和输出功率，这些变量均用标幺值表示。

绘制出的性能特性曲线如图 5.7 所示。

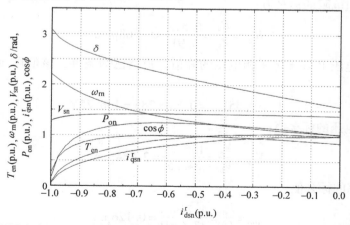

图 5.7 永磁同步电机弱磁运行时的特性曲线（摘自 R. Krishnan 的《Electric Motor Drives》图 9.21，Prentice Hall，Upper Saddle River，NJ，2001，版权许可）

【例5.2】   样机为一台三相永磁同步电机，绕组连接方式为星形联结，电机极数为6极，功率为1.5kW，电流为9.2A，转速为1500r/min，转矩为9.55N·m，其他主要参数如下：

$R = 0.513\Omega$，$L_d = 4.74\text{mH}$，$L_q = 9.51\text{mH}$，$B = 9.36 \times 10^{-4}(\text{N·m})/(\text{rad/s})$，$J = 0.01\text{kg·m}^2$，反电动势常数为0.0669V/(r/min)，逆变器输入电压为285V。

试确定永磁同步电机驱动系统的最大转速。

分析：在不超过定子额定电流和逆变器输入电压时，求额定功率工作时的最大转速。在弱磁工作状态时，定子绕组电阻的压降可忽略不计，通过逆变器可获得的最大定子相电压峰值为直流母线电压的55%。

解：计算电机参数的基值：

$$I_b = 9.2\text{A}, \quad P_b = 1500\text{W}, \quad T_b = 9.55\text{N·m}。$$

电压基值：

$$V_b = \frac{P_b}{3I_b} = \frac{1500}{3 \times 9.2} = 54.35\text{V}$$

转速基值：

$$\omega_b = \frac{P_b}{T_b} = \frac{1500}{9.55} = 157.068\text{rad/s}$$

阻抗基值：

$$Z_b = \frac{V_b}{I_b} = \frac{54.35}{9.2} = 5.91\Omega$$

电感基值：

$$L_b = \frac{Z_b}{\omega_b} = \frac{5.91}{157.07} = 37.6\text{mH}$$

定子绕组电阻的标幺值：

$$R_{sn} = \frac{R_s}{Z_b} = \frac{0.513}{5.91} = 0.868\text{p.u.}$$

定子相电压 V_s 等于定子相电压的峰值，根据已知条件，该值可通过下式计算得到：

$$V_s = 0.55V_{dc} = 0.55 \times 285 = 156.75\text{V}$$

定子相电压的标幺值：

$$V_{sn} = \frac{V_s}{V_b} = \frac{156.75}{54.35} = 2.884\text{p.u.}$$

d 轴电感的标幺值：

$$L_{dn} = \frac{L_d}{L_b} = \frac{4.74\text{mH}}{37.6\text{mH}} = 0.126\text{p.u.}$$

q 轴电感的标幺值：

$$L_{qn} = \frac{L_q}{L_b} = \frac{9.51\text{mH}}{37.6\text{mH}} = 0.2529\text{p. u.}$$

进而可得最大转速

$$\omega_{rn(\max)} = \frac{\sqrt{v_{sn}^2 - R_{sn}^2 (i_{dsn}^r)^2}}{1 + L_{dn} i_{dsn}^r} = 3.2986\text{p. u.}$$

其中，d 轴电流设定为 -1p. u.。

要在不超过定子电流和电压的限制条件下，获得能够稳定传输恒功率的转速，可依据如下的变量和电机参数推导电磁功率。

推导出的电磁功率的标幺值为

$$P_{an} = \frac{P_a}{P_b} = \frac{\omega_{rn} T_e}{\omega_b T_b} = \omega_{mn} T_{en}$$

在电磁功率的计算式中，用电压、共磁链来代替转矩和转速。依此类推，再用电流、电机参数来代替电压和共磁链可得

$$P_{an} = I_{qsn}^r [1 + (L_{dn} - L_{qn}) I_{dsn}^r] \frac{V_{sn}}{\sqrt{L_{qn}^2 (I_{sn}^2 - \{I_{dsn}^r\}^2) + (1 + L_{dn} I_{dsn}^r)^2}}$$

式中，定子电流和电压相量的幅值均为常数，因此，该式为只含以 d 轴电流为变量的方程，将该式的两边同时平方，并进行整理可得一个以 d 轴电流为变量的四阶多项式

$$a(I_{dsn}^r)^4 + b(I_{dsn}^r)^3 + c(I_{dsn}^r)^2 + dI_{dsn}^r + e = 0$$

式中

$$a = -V_{sn}^2 (L_{dn}^2 - L_{qn}^2)$$
$$b = -2(L_{dn} - L_{qn}) V_{sn}^2$$
$$c = -V_{sn}^2 + I_{sn}^2 (L_{dn} - L_{qn})^2 - P_{an}^2 (L_{dn}^2 - L_{qn}^2)$$
$$d = -2L_{dn} P_{an}^2 + 2(L_{dn} - L_{qn}) V_{sn}^2 I_{sn}^2$$
$$e = V_{sn}^2 I_{sn}^2 - P_{an}^2 (1 + L_{qn}^2 I_{sn}^2)$$

根据以下的约束条件求解 d 轴电流。

$$V_{sn} = 2.884\text{p. u.}, \quad I_{sn} = 1\text{p. u.}, \quad P_{sn} = 1\text{p. u.}。$$

可得 d 轴电流等于 -0.9567p. u.，进而可得 q 轴电流等于 0.2911p. u.，在转矩为 0.3265p. u. 时输出的转速为 3.268p. u.。

5.3　直接弱磁

由于共磁链与电机的电气角频率成反比，参考文献 [14a] 提出了另一种基于直接控制共磁链的弱磁控制策略。该控制方式类似于他励直流电机的磁通控制。假设转子永磁体的磁链构成了磁链基值，则共磁链可定义为

$$\lambda_{mn} = \sqrt{(L_{dn} i_{dsn} + 1)^2 + (L_{qn} i_{qsn})^2} (\text{p. u.}) \tag{5.23}$$

忽略定子绕组电阻压降，通过式（5.7），定子电压相量可由共磁链和转子的电气角速度表示为

$$v_{sn} = \omega_{rn}\lambda_{mn} \quad (\text{p. u.}) \tag{5.24}$$

在弱磁工作区域内，当直流母线电压不变时，定子电压相量的幅值为恒定值。由上式可知：共磁链将随着转子电气角速度的增加而减小，其关系为反比关系。直接弱磁控制策略与参考文献中提及的其他控制方法相比，在高速运行范围内具有控制直接、实施简单等特点。为了实现该控制方式，需要控制的独立参考量为共磁链和电磁转矩。在基速以下运行时，为了能够包容各种控制策略，如最大转矩/定子电流控制、恒气隙磁链控制、单位功率因数（UPF）控制或恒转矩角控制等，在共磁链控制器中应对相应的共磁链进行计算或预编程。当转速在基速以上时，在直流母线电压的限定范围内，共磁链与转子的电气角速度成反比。对于给定的共磁链指令，电机将在最大转矩容量内运行。其最大容许的电磁转矩由设定的共磁链确定并在电机运行时保持不变。

5.3.1　最大容许转矩限制

对于给定的共磁链，根据电机参数、共磁链和 d 轴定子电流，最大电磁转矩可由下式确定：

$$T_{en} = \frac{(L_{dn} - L_{qn})i_{dsn}^r + 1}{L_{qn}}\sqrt{\lambda_{mn}^2 - (1 + L_{dn}i_{dsn}^r)^2} \tag{5.25}$$

在上式中，对 d 轴定子电流求微分并使其微分值为零，可以求出在给定共磁链情况下获得最大电磁转矩时的 d 轴电流。将该值代入式（5.25）可以得到给定共磁链下的最大电磁转矩。

图 5.8 所示为 $L_{qn} = 0.699\text{p. u.}$、$L_{dn} = 0.434\text{p. u.}$ 时，共磁链指令 – 最大电磁转矩的关系曲线。从图可以看出：对于给定的系统参数，T_{enm}^*（λ_{mn}^*）的关系呈近似线性关系。可用一个简单的一阶或二阶多项式来表示这种关系。通常，在适当的 λ_{mn}^* 范围内，函数 T_{enm}^*（λ_{mn}^*）可以在离线情况下计算得出，并将此结果用简单的查找表形式包含在系统中。

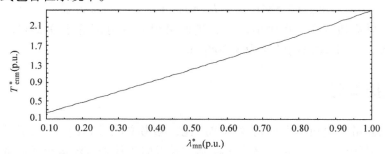

图 5.8　以磁链指令为函数变量的最大容许转矩指令曲线（摘自 R. Krishnan 的《Electric Motor Drives》图 9.22，Prentice Hall，Upper Saddle River，NJ，2001，版权许可）

5.3.2　转速控制方案

参考文献［14a］构建了一个包含共磁链弱磁和转矩控制的转速控制系统，如图 5.9 所示。T_{ecn}^* 为转速 PI 控制器的输出。当转速高于 1p. u. 时，指令处理器减小转矩 T_{ecn}^*，使之与转速成反比以限制电机的输出功率。需要注意的是，转矩指令受其最大容许值的限制，而该值取决于共磁链指令，且共磁链指令也是由指令处理器产生的。从基速开始实现共磁链的弱磁运行，该基速可能小于或等于 1p. u. 。给定 T_{en}^* 与共磁链指令 λ_{mm}^* 经电流和角度解算器可以获得适当的定子电流 i_{sn}^* 及其相角 δ^* 指令，在定子参考坐标系下，该角度 δ^* 加上转子的绝对角度输出期望的电流角度，$\{i_{sn}^*,\ \delta^*\}$ 本身可作为一对指令输入到 PWM 电流控制器中。图 5.10 所示为指令处理器的操作过程。

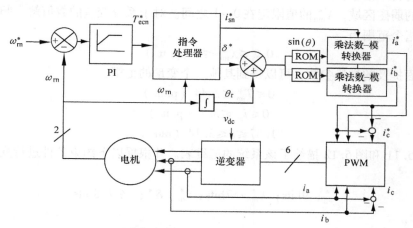

图 5.9　基于共磁链控制器的转速控制系统（摘自 R. Krishnan 的《Electric Motor Drives》图 9.23，Prentice Hall，Upper Saddle River，NJ，2001，版权许可）

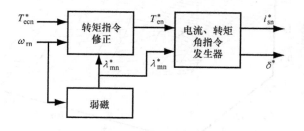

图 5.10　指令处理器

5.3.3　实施策略

本节对一种从 $\{T_{en}^*,\ \lambda_{mn}^*\}$ 在线计算 $\{i_{sn}^*,\ \delta^*\}$ 的实施策略进行讨论。该策略遵循以下的一般形式

$$i_{sn}^* = \Omega(T_{en}^*, \lambda_{mn}^*) \tag{5.26}$$

$$\delta^* = \Lambda(T_{en}^*, \lambda_{mn}^*) \tag{5.27}$$

这里提出了一种基于查找表的函数 Ω（.，.）、Λ（.，.）的实现方法。通过具体的永磁同步电机的模型参数对该方法进行举例说明。样机的具体参数：L_{dn} = 0.434p.u.，L_{qn} = 0.699p.u.，R_{sn} = 0.1729p.u.；基值：V_b = 97.138V，I_b = 12A，L_b = 0.0129H，ω_b = 628.6rad/s。

查找表的实现

式（5.26）和式（5.27）可以利用独立的三维查找表实现。这些查找表可通过数值解析系统方程离线生成。每个表中的两个独立轴分别表示 T_{en}^* 和 λ_{mn}^*，第三个坐标轴存储的 i_{sn}^* 或 δ^* 值用于查找。查找表只需提供正向的转矩指令数据，要得到负向的转矩指令，只需在从表中得到的各个角度前加负号即可应用。由于只关注共磁链的弱磁区域，λ_{mn}^* 的值限定在 0~1 之间。对于系统变量的数值解，归一化的共磁链指令范围为

$$0.2 \leqslant \lambda_{mn}^* \leqslant 1 \quad (p.u.)$$

并由前面提及的样机参数，可以得到其他三个变量的范围：

$$0 \leqslant T_{en}^* \leqslant 2.44 \quad (p.u.)$$

$$0 \leqslant i_{sn} \leqslant 3.3 \quad (p.u.)$$

$$1.57 \leqslant \delta \leqslant 3.14 \quad (rad.)$$

图 5.11 和图 5.12 描绘了该系统的三维表。并根据以下约束条件进行变量的数字化：

$$T_{en}^*; \quad 9bits; \quad \lambda_{mn}^*; \quad 7bits; \quad i_{sn}^*, \quad \delta^*; \quad 各为 8bits$$

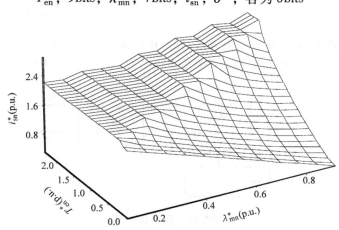

图 5.11　以转矩和共磁链指令为函数的电流指令（摘自 R. Krishnan 的《Electric Motor Drives》图 9.25，Prentice Hall，Upper Saddle River，NJ，2001，版权许可）

一旦转矩指令达到了最大容许值，电流和角度指令将保持为固定值。由于这种限制关系，每个图被分成两个区域。由于 $T_{en}^*(\lambda_{mn}^*)$ 的关系几乎是线性关系，每

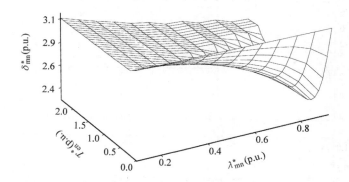

图 5.12　以转矩和共磁链指令为函数的角度指令（摘自 R. Krishnan 的《Electric Motor Drives》图 9.26，Prentice Hall，Upper Saddle River，NJ，2001，版权许可）

个图中的区域边界是一条直线。$T_{en}^*(\lambda_{mn}^*)$ 的关系证明了对于给定的参数，其关系可以用一阶或最高二阶的多项式近似表示。因此，对于该实例，可用如下两个多项式中的任意一个，通过 λ_{mn}^* 在线计算 T_{enm}^*：

$$T_{enm}^* = 0.21\lambda_{mn}^{*\,2} + 2.23\lambda_{mn}^* + 0.0059$$

更简单的形式如下：

$$T_{enm}^* = 2.44\lambda_{mn}^*$$

上述两个多项式均由最小二乘法拟合得出。

5.3.4　系统性能

利用上述的查找表，可实现转矩和共磁链的准确控制，使得定子电压基本保持在 1p.u. 的最大值上。图 5.13 所示为基于这两张表的转速控制系统的仿真结果。仿真时，转速给定为 +3 ～ -3p.u. 的阶跃指令。点线表示给定值，实线表示实际值。PWM 逆变器的开关频率为 20kHz，电流误差的放大倍数为 200。仿真中计及定子绕组电阻的影响，因此，共磁链弱磁时转速的初始值为 0.53p.u. 而不是 1p.u.，使得所需的定子电压被成功地限制在 1p.u.。由于电流控制器带宽的限制，系统施加期望电流的能力随着转速的增加而下降。由此造成共磁链的误差随转速的增加而增大。需要注意的是，该方案的实施需要较大容量的存储器来存储查找表。每个表有 2^{16} 项，因此，每个表要求存储器具有 64KB 的存储容量。

查表法在转矩和共磁链控制指令的实施上提供了较高的精度，并能满足驱动系统对给定电压的要求，这是驱动器操作的一个关键因素。因为该系统运行时主要涉及的操作是从存储器读取数据且计算量最小，所以运行速度相对较快。然而，系统的实施需要大量的数字记忆单元。以所举样机为例，至少需要一个 128KB 的只读存储器（ROM）来存储查找表。

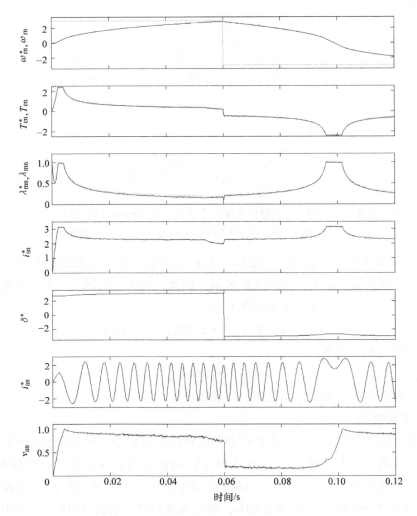

图 5.13　转速给定 ± 3p. u. 阶跃变化时的仿真结果（摘自 R. Krishnan 的《Electric Motor Drives》图 9.27，Prentice Hall，Upper Saddle River，NJ，2001，版权许可）

5.4　参数敏感性

讨论基于模型的电机控制器时，参数变化是系统误差的主要来源。本节通过一个仿真实例，简要讨论永磁同步电机定子绕组电阻、q 轴电感和转子磁链三个参数变化对系统输入电压要求的影响。

5.4.1　定子绕组电阻变化

定子绕组电阻可能在 1 ~ 2 倍的标称值范围内变化。随着定子绕组电阻的增加，所需的输入电压也随之增加。图 5.14 所示为定子绕组电阻增加 100% 对系统输入电压影响的仿真结果。

　　如果保持 1p. u. 输入电压为主要目标，其解决办法是在较低转速时就使系统处于共磁链弱磁运行状态。值得注意的是，当共磁链进一步削弱时，所允许的最大转矩也随之减少，这反过来增加了电机的响应时间。

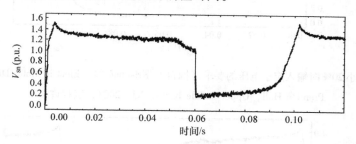

图 5.14　2 倍定子绕组电阻时输入电压的要求（摘自 R. Krishnan 的《Electric Motor Drives》图 9.28，Prentice Hall，Upper Saddle River，NJ，2001，版权许可）

5.4.2　转子磁链变化

　　对于永磁同步电机，根据所使用的永磁体不同，转子磁链可能减少最多 20% 。图 5.15 所示为仿真实例中 λ_{af} 减少 20% 的结果。可以看出，相对于转子磁链为标称值的情况（见图 5.3），该情况下整个过程所需的输入电压较高。在相同的转矩期望下，随着转子磁链的减小，电流指令增加，因此所需的输入电压也要增加。

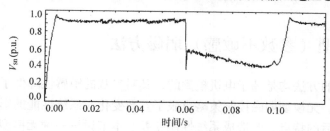

图 5.15　λ_{af} 减少 20% 标幺值时输入定子相电压的要求（摘自 R. Krishnan 的《Electric Motor Drives》图 9.29，Prentice Hall，Upper Saddle River，NJ，2001，版权许可）

5.4.3　q 轴电感变化

　　q 轴电感 L_q 可能在 0.8 ~ 1.1 倍的标称值范围内变化。图 5.16 和图 5.17 所示为 L_q 变化对输入电压要求的影响。

　　可以看出，减小 L_q 并不需要电压低于 1p. u. ，增加 L_q 超过标幺值时需要更高的输入电压。所需的输入电压在某些情况下超过阈值 1p. u. 。这意味着在考虑参数变化对系统性能影响时，直流母线电压要留有一定的裕量。这种极端情况只需在设计过程中加以考虑。此外，也可通过对各自参数的估算并用估算值作为新的输入变量输入系统以实现对系统参数变化影响的补偿，适当修正当前的电流和角度指令。

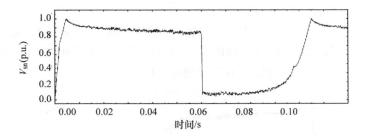

图 5.16 L_q 减小 20% 时输入定子电压的要求（摘自 R. Krishnan 的《Electric Motor Drives》图 9.30，Prentice Hall，Upper Saddle River，NJ，2001，版权许可）

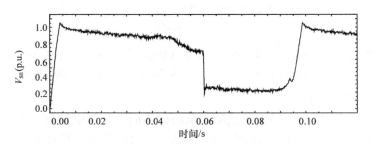

图 5.17 L_q 增加 10% 时输入定子电压的要求（摘自 R. Krishnan 的《Electric Motor Drives》图 9.31，Prentice Hall，Upper Saddle River，NJ，2001，版权许可）

5.5   无模型（参数不敏感）弱磁方法

前面讨论的方法均是基于电机模型的，其对参数的敏感性降低了系统的稳态及动态运行性能。无模型弱磁控制策略克服了参数变化对系统性能的影响，但这些方法具有响应滞后的特点，会造成系统性能变差。本节讨论一种无模型弱磁方法。

该控制策略的原则是，当参考电压指令超过设定值时，说明所需的电压高于逆变器输入的直流母线电压。在该情况下，使电机在设定的电压最大值上运行的唯一办法是注入去磁电流（d 轴定子电流），使得 q 轴感应电动势减少，进而减小 q 轴的输入电压。尽管减小了 q 轴定子电压，但 d 轴电压的增加产生了 d 轴电流，从而使得 q 轴输入电压部分转移到 d 轴输入电压上。q 轴和 d 轴定子电压的合成结果使得定子电压相量保持在设定的最大值范围上。因此，需要进行权衡以使得运行时电压处于定子电压的设定范围之内。这种方法是通过定子电压相量的误差以确定 d 轴电流，减少 q 轴电流和 q 轴定子电压的大小来实现的。另一个弱磁操作的基本规则是使定子电流的幅值不超过其设定值。要设定该约束，需要设定 d 轴定子电流的参考值，反过来，设置 q 轴定子电流的参考值。

该策略的实施方案如图 5.18 所示。q 轴、d 轴电流的参考值与相应的测量值进行比较得到电流误差。该误差通过 PI 控制器放大得到转子参考坐标系下 q 轴、d 轴电压的参考值。随后将这些转子参考坐标系下的参考量转换为定子参考坐标系下的电压值，以实现逆变器的空间矢量调制或其他任意类型的调制策略。

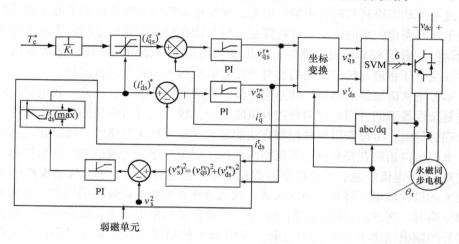

图 5.18　参数不敏感弱磁控制器

在转子参考坐标系下，假设 d 轴、q 轴电压参考值等于电机 d 轴、q 轴电压，用其替代电机电压的测量值。这一假设使得该系统中无需电压传感器，由此产生的电压相量的幅值与设定值进行比较。电压设定值取决于逆变器的操作模式，即六步电压或正弦电压操作方式。不同模式下的设定值可表示为

$$正弦波操作：V_s = 0.577 V_{dc}$$

$$六步电压操作：V_s = 0.637 V_{dc}$$

定子电压的设定值与定子电压的误差经 PI 控制器放大，只有当所需电压超过可用的设定电压幅值时，才考虑正的误差信号。该信号经限幅处理后用以产生 d 轴电流参考值。该参考值的极性为负值，产生的 d 轴电流与放大误差在幅值上成比例关系，或可作为其他变量的函数以产生最大转矩。d 轴电流是 q 轴电流发生器的另一个输入，以使得电流相量保持在容许范围内。

由于定子电压相量误差通过简单的比例常数得到了电流的磁场分量，前面已经证明了电压误差与电流的磁场分量并不是简单的比例关系，这就引起了响应的滞后。因此，这种实施策略会导致 d 轴电流给定值的不精确，进而造成电机 d 轴、q 轴磁链之间的耦合。在控制模块中采用不同的编程手段可以消除这种影响。

5.6　永磁同步电机的六步电压和恒反电动势控制策略

在大多数的高性能应用系统中，要求系统在基速以下具有瞬时过转矩和快速响应能力；在基速以上的弱磁区域内，只在个别应用场合要求系统具有同样的过转矩

控制能力。六步电压（SSV）或恒反电动势（Constant Back EMF，CBE）控制策略均可应用在弱磁区域内。采用 CBE 控制策略时，反电动势被限制在一个期望值上，使得整个弱磁区域内的电压裕量保持为恒定值。在弱磁区域内，该裕量使系统同样具有过电流动态控制和高转矩响应能力，而反电动势和瞬时转矩则受电流相量幅度和转子之间夹角大小的控制。这种控制策略只能在有限的频域范围内实现系统的高性能运行。采用 SSV 控制策略时，电机每相绕组上总是施加可能的最大电压，而通过改变电压相量与转子磁场的相对夹角对电机的平均转矩进行控制。

本节将从诸如最大转矩 - 转速包络线、期望电流、基速、电流、转矩脉动以及实施复杂性等不同方面对这两种控制策略进行比较。通过将电机的功率损耗控制在一个理想等级，可以获得两种控制方法的最大转矩 - 转速包络线。通过建立这一标准，电机可以始终在安全热边界范围内运行。以恒功率损耗或诸如恒功率控制、最大转矩/定子电流控制、单位功率因数控制等其他标准来看，SSV 控制策略能够提供更大的最大转矩 - 转速包络线区域，这也意味着电机的转速范围更宽。采用 SSV 控制策略时，在恒功率损耗控制方式下，弱磁区域内的电流基波成分恒定，电流基波成分的幅值相比于 CBE 控制更低。应用 SSV 控制策略的结果也表明：电机在不采用弱磁控制的基速以下运行时具有更宽的控制范围。本节给出了各种情况下的最大转速以及弱磁区域内的最大电流要求的解析推导。CBE 控制策略的电流纹波是由于 PWM 控制造成的，相比于 SSV 法的六步电流纹波，CBE 控制策略下 PWM 电流纹波与峰 - 峰值和高频相比较小，因此其影响可以忽略。在 SSV 控制策略下，六步电流和转矩纹波的频率是相电流频率的 6 倍。提供了稳态下采用 SSV 控制策略时相电流和转矩波形的推导过程，结果表明：SSV 输入电流和转矩纹波的幅值相对较低，这主要是由于永磁同步电机的相电感限制了电流的纹波。但在感应电机中，纹波仅受漏感限制，所以该结果不适用于感应电机。在基速以上时，转矩波动的频率相对变高，但对转速并无显著影响。这里同样对 SSV 和 CBE 控制策略的实现复杂性进行了比较。SSV 控制策略相对更容易实现，这主要是由于 SSV 只需确定位置信息，而 CBE 除需确定位置信息外，还需要知道两相的电流信息，相比于 SSV 控制策略，CBE 控制策略需要在系统中增加传感器的要求。

表面式永磁（Surface Mount PM，SMPM）同步电机和内置式永磁（Interior PM，IPM）同步电机在弱磁区域内的性能比较同样也是我们所感兴趣的问题。在某些时候，IPM 电机在弱磁运行的研究中占据了主导地位。尽管以转矩为衡量标准时，该观点可能也同样成立；但在考虑电磁功率时，IPM 电机并不占据优势，这一观点将在本章得以论证。这就可能导致在某些应用场合和电机能力中进行折中。在第 1 章描述了一种具有凸极定子磁极的 SMPM 电机，该电机在弱磁工作范围内具有比 IPM 电机更优越的弱磁性能，该类电机在弱磁研究中同样值得关注。

5.6.1　恒反电动势控制策略

本节讨论恒反电动势（CBE）控制策略并研究系统的运行轨迹和电流要求。

5.6.1.1　基本原理

为了说明问题，考虑 4.2.7 节提出的损耗模型。在该模式下运行时，通过调节 d 轴和 q 轴电流指令 i_d、i_q 以获得期望的 CBE 和转矩的线性化。在给定转速 ω_r、期望反电动势 E_m 和期望转矩 T_e 的条件下，电流 i_q、i_d 应满足式（5.28）和式（5.29）。

$$\left(\frac{E_m}{\omega_r}\right)^2 = (\lambda_{af} + L_d i_d)^2 + (L_q i_q)^2 \qquad (5.28)$$

$$T_e = 0.75P(\lambda_{af} i_q + (L_d - L_q)i_q i_d) \qquad (5.29)$$

式中，P 为电机极数；λ_{af} 为永磁体磁链；L_q、L_d 分别为 q 轴和 d 轴的电感。

式（5.28）确保了反电动势保持在期望值 E_m 上恒定不变；式（5.29）保证了转矩的线性化。在弱磁区域内，两个电流命令均为转速和转矩指令的函数，其描述如下：

$$i_q = \Lambda(T_e, \omega_r) \qquad (5.30)$$

$$i_d = \Gamma(T_e \cdot \omega_r) \qquad (5.31)$$

式中，Λ 和 Γ 代表式（5.28）和式（5.29）所描述的关系。这些方程可以通过软件或使用前面所讨论的可编程 ROM 实现。

5.6.1.2　弱磁区域内的最大电流

电机稳态运行时，最大电流由设计的最大允许功率损耗决定。电机的电功率损耗包括铜损和铁损。简化了的永磁同步电机净功率损失估计公式为

$$P_1 = 1.5R_s I_s^2 + \frac{1.5}{R_c}\omega_r^2 \lambda_m^2 \qquad (5.32)$$

式中，P_1 为电机总的电功率损耗；R_s 为定子每相绕组电阻；R_c 为每相的等效铜损电阻；I_s 为相电流；λ_m 为气隙磁链，其关系描述如下：

$$\lambda_m = \left[(\lambda_{af} + L_d I_d)^2 + (L_q I_q)^2\right]^{0.5} \qquad (5.33)$$

式（5.32）右侧第二项表示电机的铁损。

在弱磁区域内，转速和气隙磁链的乘积等于所需的 CBE。另一方面，在给定的转速下，当功率损耗等于允许的最大功率损耗 P_{1m} 时才能产生最大允许转矩。假设 P_{1m} 在全速域范围内是恒定的，由式（5.32）可以得出

$$P_{1m} = 1.5R_s(I_{sm}^2) + 1.5\frac{E_m^2}{R_c} \qquad (5.34)$$

式中，I_{sm} 是沿运行边界工作时的电流值。需要注意的是，在弱磁区域内，由于感应电动势保持不变，铁损也为常数。因此，对于恒功率损耗策略，由式（5.34）可以得出，相电流的幅度也为常数。这意味着，在弱磁区域内，对于 CBE 控制策略，所需的电流可定义为最大允许功率损耗和期望反电动势的函数。

5.6.1.3　运行边界

在弱磁区域内,对于给定的转速,当损耗为最大允许值时能够输出的转矩是最大转矩。当产生的转矩、反电动势和损耗值均为最大时,电流相量应满足下式:

$$\left(\frac{E_{\mathrm{m}}}{\omega_{\mathrm{r}}}\right)^2 = (\lambda_{\mathrm{af}} + L_{\mathrm{d}}I_{\mathrm{dm}})^2 + (L_{\mathrm{q}}I_{\mathrm{qm}})^2 \tag{5.35}$$

$$I_{\mathrm{sm}}^2 = I_{\mathrm{dm}}^2 + I_{\mathrm{qm}}^2 = \frac{P_{\mathrm{1m}}}{1.5R_{\mathrm{s}}} - \frac{E_{\mathrm{m}}^2}{R_{\mathrm{s}}R_{\mathrm{c}}} \tag{5.36}$$

式中,电流相量为 q 轴电流 I_{qm} 和 d 轴电流 I_{dm} 的合成向量。将 I_{qm} 和 I_{dm} 代入式(5.29)可得转速 ω_{r} 下的最大允许转矩,其运行边界可表示为

$$T_{\mathrm{e}} = \Phi(\omega_{\mathrm{r}}) \tag{5.37}$$

式中,Φ 为给定转速下,由式(5.36)和式(5.37)联立得到的结果。

5.6.1.4　弱磁区域内的最大转速

当转速最大时,转矩为零。在该工作点上的最大电流用于产生与转子永磁体磁链相反的磁链,并且 $I_{\mathrm{q}} = 0$。由此可推导出最大转速为

$$\omega_{\mathrm{rm}} = \frac{E_{\mathrm{m}}}{\lambda_{\mathrm{af}} - L_{\mathrm{d}}I_{\mathrm{sm}}} = \frac{E_{\mathrm{m}}}{\left(\lambda_{\mathrm{af}} - L_{\mathrm{d}}\left(\dfrac{P_{\mathrm{1m}}}{1.5R_{\mathrm{s}}} - \dfrac{E_{\mathrm{m}}^2}{R_{\mathrm{c}}R_{\mathrm{s}}}\right)^{0.5}\right)} \tag{5.38}$$

式中,ω_{rm} 为最大转速。需要注意的是,该计算最高转速的公式不仅适用于 CBE 控制策略,在 SSV 控制策略下同样适用。对于 CBE 控制策略,最大允许的感应电动势为式(5.38)的分子;对于 SSV 控制策略,在式中用可用的最大电压相量来代替设定的最大感应电动势作为分子。这使得六步电压控制策略的转速范围明显更大,并且只需很少的电流波形控制。

5.6.2　六步电压控制策略

在弱磁区域内,除 CBE 控制策略外,另一种控制策略是将全部的母线电压加到电机上。在这种情况下,相电压为图 5.22 所示的六步准正弦信号。关于逆变器六步运行可获得的最大基波电压可见第 2 章的相关内容。该方式的缺点是系统中有较高的 5 次和 7 次谐波电压,进而在定子相中产生相应的谐波电流。这些谐波电流与转子磁场相互作用产生 6 倍基频的转矩脉动。5 次谐波电流在与转子磁场相反的旋转方向感应出 5 倍于转子磁场同步转速的感应磁场;而 7 次谐波电流感应出的磁场与转子磁场的方向相同。由于转向不同,定子 5 次谐波与转子基波磁场的净转速差及定子 7 次谐波和转子基波磁场之间的净转速差均为同步转速的 6 倍,因此,5 次和 7 次谐波电流产生的转矩脉动的频率均为 6 次谐波频率,其幅值可高达额定转矩的 20%~25%。同理,转子磁场的 5 次或 7 次谐波分量与定子基波电流的相互作用产生 6 次谐波的转矩脉动,该转矩脉动叠加上前面所讨论的转矩脉动,增加了 6 次谐波转矩脉动的幅度。同样的,电机中的转矩脉动中还存在 6 次谐波频率倍数

的其他成分，但它们的幅值相比于 6 次谐波转矩而言可以忽略不计。在基速以上运行时，这些谐波成分对转速的影响可以忽略不计，其原因是由于在更高转速、更高频率时机械阻抗的滤波效应造成的。因此，最大的可利用基波电压以及转矩脉动对转速性能影响的可忽略性使得 SSV 控制在电机弱磁策略中得到广泛应用。该控制策略中，转矩控制通过改变电压相量与转子磁场的夹角来确定。最大电压相量的幅值仅由直流母线电压确定。本节将讨论 SSV 控制的基本原理、操作和控制。

5.6.2.1 基本原理分析

通过六步输入电压的基波成分可计算 SSV 模式下产生的平均转矩。对于三相星形联结的电机，在全桥功率变换器中，每相的电压基波成分峰值可表述为

$$V_m = \left(\frac{2}{\pi}\right)V_{dc} \tag{5.39}$$

式中，V_{dc} 是母线电压。在转子参考坐标系下，q 轴和 d 轴电压的基波成分 V_{qs}^r、V_{ds}^r 可以表示为

$$V_{qs}^r = V_m \sin(\alpha) \tag{5.40}$$

$$V_{ds}^r = V_m \cos(\alpha) \tag{5.41}$$

式中，α 为电压相量与转子参考 d 轴之间的夹角。在弱磁区域内，相对于相电压，定子绕组电阻的压降很小，可以忽略不计。因此，在稳态时，V_{qs}^r、V_{ds}^r 可表示成

$$V_{qs}^r = \omega_r(\lambda_{af} + L_d I_d) \tag{5.42}$$

$$V_{ds}^r = -\omega_r L_q I_q \tag{5.43}$$

式中的电流可由式（5.40）~ 式（5.43）推导得出，将其代入式（5.29），可得如下的转矩与电压相量角之间的函数关系：

$$T_e = 0.75P\left(\frac{-V_m}{\omega_r L_d}\right)\left[\lambda_{af}\cos(\alpha) + \frac{(L_d - L_q)V_m}{2\omega_r L_q}\sin(2\alpha)\right] \tag{5.44}$$

转矩的表达式类似于直流电机和交流感应电机中的转矩表达式，需要注意的是：

1）在相位控制的直流电机中，α 定义为触发延迟角，转矩与该角度的余弦成正比。在只考虑同步转矩的永磁同步电机驱动系统中，即式（5.44）右侧的第一项，直流电机和永磁同步电机的相角控制十分相似。

2）假设电压和频率为变量，而电压相位角为常数，则转矩与定子电压幅度和频率成正比。这种关系类似于基于电压/频率控制（V/f 控制）策略的感应电机驱动系统。在恒转矩区域内，感应电机驱动系统的电压/频率比通常保持为常数。而在永磁同步电机系统中，该比值不可能保持为常值，因为这样会导致较大的电流值，因此，这种控制有别于转矩控制。

以上两条表明：永磁同步电机的电压相量控制类似于其他电机驱动系统，因此，在该运行模式下，在其他类似驱动系统中可行的控制策略也将同样适用于永磁

同步电机驱动器。由式（5.44）得出的电磁转矩与电压相位角特性的关系曲线如图 5.19 所示，图中也给出了同步转矩成分和磁阻转矩成分，以表明其在总电磁转矩产生中的相对权重。可以看出：90°～270°区域内产生的电动转矩与电流控制模式下永磁同步电机系统在 0°～180°转矩角区域内产生的转矩相反。

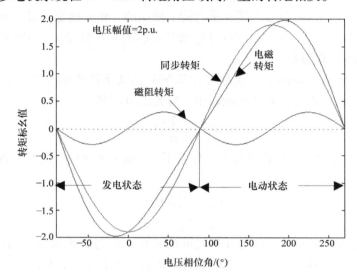

图 5.19　电磁转矩与电压相位角特性

由式（5.44）可计算出 α，α 为 ω_r 与期望转矩 T_e 的二维函数，其表示式如下：

$$\alpha = K(T_e, \omega_r) \tag{5.45}$$

式中，函数 K 如式（5.44）描述。该式可由软件或可编程存储器实现。

如果只考虑基波部分，CBE 和 SSV 控制策略均可用式（5.28）、式（5.29）和式（5.34）的基本方程进行评估。唯一的区别在于每种情况下的峰值电压不同。对于 CBE 控制策略，其峰值电压是 E_m；对于 SSV 控制策略，其峰值电压 V_m 由式（5.39）得出。

5.6.2.2　SSV 模式下的稳态电流

在 SSV 模式下，v_{as}、v_{bs}、v_{cs} 为平衡时的电压。稳态时，q 轴电压 v_{qs}^r、d 轴电压 v_{ds}^r 分别以 $\pi/3$ 电角度而周期性变化。相应地，q 轴电流、d 轴电流的电角度周期也为 $\pi/3$。i_{qs}^r、i_{ds}^r 为连续变量，而 q、d 轴电压不一定必须为连续变量。由于电流和电压均为定周期的，利用这些条件可以推导出稳态下一个电周期内的暂态电流。下标"n"表示用额定值归一化后的相应变量。仿真时，电压相量角度 α 选择 115°、转速为 1500r/min，其仿真结果如图 5.20 所示。

5.6.2.3　SSV 控制策略的运行边界

在 SSV 控制模式下，对于给定的转速，通过观测相电压和电流的基波成分，可以得到能够产生的最大转矩。与 CBE 的唯一区别在于，SSV 策略中所需的最大

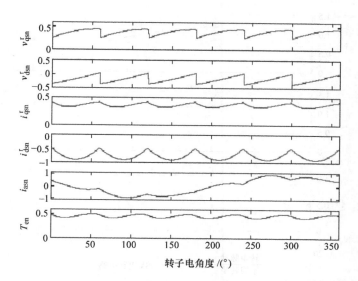

图 5.20 SSV 输入模式时稳态下的电机变量标幺值与转子位置角之间的关系

反电动势 E_m 用式（5.39）定义的 V_m 取代。因此，在 SSV 控制策略下，电流的基波值为

$$I_{sm} = \left(\frac{P_{1m}}{1.5R_s} - \frac{V_m^2}{R_c R_s} \right)^{0.5} \tag{5.46}$$

用 V_m 代替 E_m，根据所允许的最大电流可求得允许的最大转矩。

5.6.2.4 比较

为了便于在特定的应用场合选择最合适的控制策略，本节对 SSV 和 CBE 两种控制策略下的转速 – 转矩运行边界和转矩脉动进行比较。

运行边界：图 5.21 所示为 $E_m = 0.8p. u.$ 时 CBE 控制策略的运行边界；图中同样包括了 SSV 控制策略的运行边界。可以看出：SSV 控制策略的运行边界明显大于 CBE 控制策略的运行边界。两种控制策略的启动速度分别为各控制模式下的基速，对两种控制策略的基速比较可见随后的讨论。

转矩脉动：CBE 控制策略的转矩脉动是由 PWM 电流控制系统产生的。与 SSV 控制策略自身固有的转矩脉动相比，该转矩脉动对系统性能的影响可以忽略不计。SSV 控制策略本身所固有的主要转矩脉动是由 6 次谐波输入电压引起的，由此产生了 6 次谐波电流和 6 次谐波转矩脉动。

图 5.21 给出了 SSV 控制策略中转矩脉动峰 – 峰值与转矩指令的比值以及最大转矩 – 转速关系，同时也给出了转矩脉动的绝对峰值。可以看出，转矩脉动的峰 – 峰值沿运行边界保持在平均转矩的 8% ~ 16% 之间，该转矩脉动对转速的影响很小，这是由于其频率与高于基速的运行区域频率相比较高而造成的。

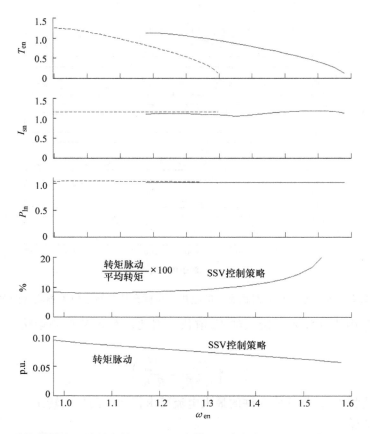

图 5.21　两种控制策略下的最大转矩、电流峰值、功率损耗、转矩脉动与平均转矩百分比
　　　　　以及峰值转矩脉动（SSV：实线，CBE：虚线）

5.7　直接稳态评价

目前为止，我们仅仅利用输入电压的基频来计算稳态性能。实际的包含谐波成分的输入电压的稳态性能分析对选择整流器－逆变器开关器件的额定等级、损耗计算以及永磁同步电机的降额运行十分必要。稳态分析可通过以下方式计算：①利用稳态的谐波等效电路，对其响应进行叠加；②直接利用边界条件的匹配；③运行动态仿真，直到达到稳态后取一个稳态周期并计算转矩平均值。谐波等效电路法具有概念简单的优势，但其精度受限于输入电压中考虑的谐波数量。直接稳态评价和动态仿真方法克服了这一缺点，但这类解决方案受计算机配置的限制。而进一步的直接稳态评价需要很小的步数就能实现所要的结果，因此该方法在实际应用中广受好评。本节将推导并讨论直接稳态评价法。

直接方法利用了稳态下输入电压和电流的对称性。因为在给定的时间间隔内是对称的，该方法中的时间间隔为60°，所以可以通过边界匹配来获得一个简洁的解决方案。

5.7.1 输入电压

输入电压为如图 5.22 所示的六步波形。利用坐标变换，可得转子参考坐标系下的 d 轴和 q 轴电压。

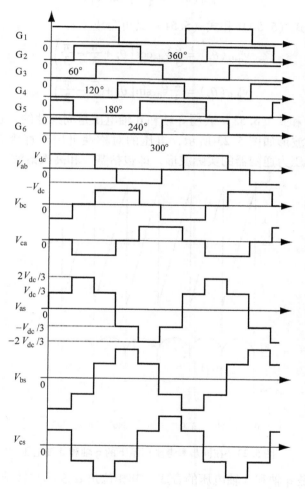

图 5.22 逆变器栅极（基极）信号和线电压、相电压波形

对于区间 $0 \leqslant \theta_\mathrm{r} \leqslant \pi/3$，d 轴和 q 轴电压为

$$v_\mathrm{qs\,I}^\mathrm{r}(\theta_\mathrm{r}) = \frac{2}{3} V_\mathrm{dc} \cos\left(\theta_\mathrm{r} + \frac{\pi}{3}\right) \tag{5.47}$$

$$v_\mathrm{ds\,I}^\mathrm{r}(\theta_\mathrm{r}) = \frac{2}{3} V_\mathrm{dc} \sin\left(\theta_\mathrm{r} + \frac{\pi}{3}\right) \tag{5.48}$$

式中

$$\theta_r = \omega_r t \tag{5.49}$$

对于区间 2，$\pi/3 \leqslant \theta_r \leqslant 2\pi/3$，d 轴和 q 轴电压为

$$v_{qsII}^r(\theta_r) = \frac{2}{3}V_{dc}\cos(\theta_r) \tag{5.50}$$

$$v_{dsII}^r(\theta_r) = \frac{2}{3}V_{dc}\sin(\theta_r) \tag{5.51}$$

另一方面，式（5.50）和式（5.51）又可写成

$$v_{qsII}^r(\theta_r) = \frac{2}{3}V_{dc}\cos\left(\theta_r + \frac{\pi}{3} - \frac{\pi}{3}\right) \tag{5.52}$$

$$v_{dsII}^r(\theta_r) = \frac{2}{3}V_{dc}\sin\left(\theta_r + \frac{\pi}{3} - \frac{\pi}{3}\right) \tag{5.53}$$

式（5.52）和式（5.53）表明 q 轴和 d 轴电压是周期性的，且在每 60° 的周期内是类似的，其波形如图 5.23 所示，电压的对称性可用于直接寻找其稳定状态。这里所表示的电压为逆变器的实际波形，即包括基波和高次谐波。

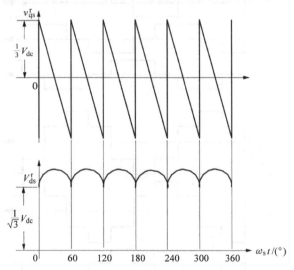

图 5.23 在同步参考坐标系下的 q 轴和 d 轴电压

电压相量是 q 轴和 d 轴电压的合成，其相位角 α 表示与转子位置之间的夹角。电压相量可由逆变器逻辑和门极控制在任意位置上。随后，将该电压相量的位置角包含在上面推导的电压方程中，q 轴和 d 轴电压可以进一步写成

$$v_{qsI}^r = \frac{2}{3}V_{dc}\cos\left(\theta_r + \frac{\pi}{3} - \alpha\right) \tag{5.54}$$

$$v_{dsI}^r = \frac{2}{3}V_{dc}\sin\left(\theta_r + \frac{\pi}{3} - \alpha\right) \tag{5.55}$$

q 轴和 d 轴电压的平均值为

$$v_{qs}^r = \frac{2}{3} V_{dc} \sin(\alpha) \tag{5.56}$$

$$v_{ds}^r = \frac{2}{3} V_{dc} \cos(\alpha) \tag{5.57}$$

虽然转子参考坐标系下的平均电压并不重要，但是它们反映了 a、b、c 三相电压基本组成部分的峰值。

前面已经提及，q 轴和 d 轴输入电压的周期为 60° 的电角度。因此，对于线性系统，当永磁同步电机转速恒定时，其响应也必定是周期性的。也就是说，定子电流也为周期性变化的。下面将电机方程融入并表达为状态空间形式，以找到稳定状态。电机的输入量可选择为定子输入电压和 q 轴感应电动势。因为稳态时系统是线性的，所以可利用叠加定理找出对应于每个输入成分时的响应，然后把这些响应相加以获得系统的总响应。这里就采用这种方法，通过边界匹配技术，确定输入定子电压引起的响应。

5.7.2 状态空间形式的电机方程

在转子旋转参考坐标系下，状态变量形式的永磁同步电机方程可写成

$$\dot{X}_1 = A_1 X_1 + B_1 U_1 + B_1 e \tag{5.58}$$

式中

$$X_1 = [\begin{matrix} i_{qs}^r & i_{ds}^r \end{matrix}]^t \tag{5.59}$$

$$A_1 = Q^{-1} P_1 \tag{5.60}$$

$$B_1 = Q^{-1} \tag{5.61}$$

$$u_1 = [\begin{matrix} v_{qs}^r & v_{ds}^r \end{matrix}]^t \tag{5.62}$$

$$e = [\begin{matrix} \omega_r \lambda_{af} & 0 \end{matrix}] \tag{5.63}$$

$$Q = \begin{bmatrix} L_q & 0 \\ 0 & L_d \end{bmatrix} \tag{5.64}$$

$$P_1 = \begin{bmatrix} -R_s & -\omega_s L_d \\ \omega_s L_q & -R_s \end{bmatrix} \tag{5.65}$$

由式 (5.54)、式 (5.55)，电压方程的状态空间形式可表示为

$$\begin{bmatrix} pv_{qs}^r \\ pv_{ds}^r \end{bmatrix} = \begin{bmatrix} 0 & -\omega_r \\ \omega_r & 0 \end{bmatrix} \begin{bmatrix} v_{qs}^r \\ v_{ds}^r \end{bmatrix} \tag{5.66}$$

在 q 轴上，仅考虑无转子磁通感应出的反电动势，结合式 (5.58) 和式 (5.59) 可得

$$\begin{bmatrix} \dot{X}_1 \\ \dot{X}_2 \end{bmatrix} = \begin{bmatrix} A_1 & B_1 \\ 0 & S \end{bmatrix} \begin{bmatrix} X_1 \\ X_2 \end{bmatrix} \tag{5.67}$$

式中

$$X_2 = \begin{bmatrix} v_{qs}^r & v_{ds}^r \end{bmatrix}^t \tag{5.68}$$

$$S = \begin{bmatrix} 0 & -\omega_r \\ \omega_r & 0 \end{bmatrix} \tag{5.69}$$

矩阵 A_1、B_1 具有相同的维度。式（5.67）的紧凑形式表示如下：

$$\dot{X} = AX \tag{5.70}$$

式中

$$X = \begin{bmatrix} X_1 & X_2 \end{bmatrix}^t \tag{5.71}$$

$$A = \begin{bmatrix} A_1 & B_1 \\ 0 & S \end{bmatrix} \tag{5.72}$$

5.7.3　边界匹配条件及方程解

式(5.70)的解可以写成

$$X(t) = e^{At} - X(0) \tag{5.73}$$

式中，估算的初始稳定状态矢量 $X(0)$ 用于计算 $X(t)$ 和电磁转矩。事实上，状态矢量是周期对称的，因此

$$X\left(\frac{\pi}{3\omega_s}\right) = S_1 X(0) \tag{5.74}$$

式中，S_1 将在后面进行估算，电流的边界条件为

$$X_1\left(\frac{\pi}{3\omega_s}\right) = X_1(0) \tag{5.75}$$

对于电压相量，通过扩展式（5.52）和式（5.53），并将式（5.47）和式（5.48）代入其中，可得其边界匹配条件。d 轴电压为

$$
\begin{aligned}
v_{qsII}^r(\theta_r) &= \frac{2}{3} V_{dc} \cos\left(\theta_r + \frac{\pi}{3} - \frac{\pi}{3}\right) \\
&= \frac{2}{3} V_{dc} \left\{ \cos\left(\theta_r + \frac{\pi}{3}\right) \cos\frac{\pi}{3} + \sin\left(\theta_r + \frac{\pi}{3}\right) \sin\frac{\pi}{3} \right\} \\
&= \frac{1}{2} v_{qs\,I}^r(\theta_s) + \frac{\sqrt{3}}{2} v_{ds\,I}^r(\theta_s)
\end{aligned}
\tag{5.76}
$$

类似地

$$v_{dsII}^r = \frac{1}{2} v_{dsI}^r - \frac{\sqrt{3}}{2} v_{qsI}^r \tag{5.77}$$

因此

$$X_2\left(\frac{\pi}{3\omega_s}\right) = \begin{bmatrix} \dfrac{1}{2} & \dfrac{\sqrt{3}}{2} \\ -\dfrac{\sqrt{3}}{2} & \dfrac{1}{2} \end{bmatrix} X_2(0) = S_2 X_2(0) \tag{5.78}$$

式中

$$S_2 = \begin{bmatrix} \dfrac{1}{2} & \dfrac{\sqrt{3}}{2} \\ -\dfrac{\sqrt{3}}{2} & \dfrac{1}{2} \end{bmatrix} \quad (5.79)$$

通过式（5.75）和式（5.78），可得 S_1 为

$$S_1 = \begin{bmatrix} I & 0 \\ 0 & S_2 \end{bmatrix} \quad (5.80)$$

式中，I 为 2×2 维单位阵。

把式（5.74）代入式（5.73）得

$$X\left(\frac{\pi}{3\omega_s}\right) = S_1 X(0) = e^{A(\pi/3\omega_s)} X(0) \quad (5.81)$$

因此

$$\left[S_1 - e^{A(\pi/3\omega_s)} \right] X(0) = 0 \quad (5.82)$$

或

$$WX(0) = 0 \quad (5.83)$$

式中

$$W = \left[S_1 - e^{A(\pi/3\omega_s)} \right]$$
$$= \begin{bmatrix} W_1 & W_2 \\ W_3 & W_4 \end{bmatrix} \quad (5.84)$$

式中，W_1、W_2、W_3、W_4 均为 2×2 维矩阵。

可以证明：W_3 是空矩阵。在式（5.83）中，只扩展第一行，可得如下的关系

$$W_1 X_1(0) + W_2 X_2(0) = 0 \quad (5.85)$$

由稳态电流矢量 $X_1(0)$，可得

$$X_1(0) = -W_1^{-1} W_2 X_2(0) \quad (5.86)$$

在计算完初始电流矢量后，可用该矢量来评价一个完整周期内的电流和电磁转矩。图 5.20 给出了稳态下的一系列波形。电流的峰值对逆变器器件峰值等级的选取影响至关重要。此方法适用于任意控制策略下，六步电压输入的稳态计算。在六步电压永磁同步电机反馈控制中，电磁转矩中还含有大量的 6 次谐波转矩脉动。由转子磁链产生的感应反电动势的稳态响应可由下式获得。因为在给定转速时，感应电动势为常数，所以在稳态下，其在电机中引起的响应也为常数。因此，d 轴和 q 轴电流的微分是零。根据以上分析，其稳态电流为

$$\begin{bmatrix} I_{qse}^r \\ I_{dse}^r \end{bmatrix} = \begin{bmatrix} -\dfrac{\omega_r \lambda_{af} R_s}{R_s^2 + \omega_r^2 L_d L_q} \\ -\dfrac{\omega_r^2 L_d L_q}{R_s^2 + \omega_r^2 L_d L_q} \end{bmatrix} \quad (5.87)$$

由此可得完整的电流响应为

$$i_{qs}^r = X(1) + I_{qse}^r \tag{5.88}$$

$$i_{ds}^r = X(2) + I_{dse}^r \tag{5.89}$$

式中，矢量 X 是从边界匹配条件技术获得的初始矢量 $X_1(0)$。

5.7.4　MATLAB 程序

下面给出了利用 MATLAB 计算直接稳态的程序。

```
% 六步输入电压永磁同步电机直接稳态分析程序

%
close all; clear all;
% 数据
lq = 0.0127, ld = 0.0055; rs = 1.2; p = 4; wr = p/2 * 2 * pi * 1500/60; lamaf
= 0.123;
Tb = 2.4; Ib = 6.5; Vb = 85;              % 基值
tp = 2 * pi/3;
vdc = 57; vd1 = vdc/3; vd2 = 2 * vd1;     % 直流母线电压
alf = 115;                                 % 定子相角(角度)
alfa = alf * pi/180;                       % 定子相角(弧度)
del = 1/(rs2 + wr2 * ld * lq);
% 由反电动势引起的稳态电流
iqso = - wr * lamaf * rs * del;
idso = - wr^2 * lq * lamaf * del;
% 电机系统矩阵
B = [ - rs/lq    - wr * ld/lq;
  wr * lq/ld    - rs/ld];
C = [1/lq   0;
  0   1/ld];
% 电压产生矩阵
D = [0    - wr;
  wr   0];
% 空矩阵
Z = [0   0;
  0   0];
%
A = [B   C;
  Z   D];
```

```
%
S3 = [0.5   sqrt(3)/2;
    - sqrt(3)/2   0.5  ];
S2 = [1   0;
0   1];
S1 = [S2   Z;
Z   S3];
%
W = S1 - expm(A * pi/(3 * wr));          % W 矩阵
W1 = W(1:2,1:2);                         % W 矩阵的子矩阵
W2 = W(1:2,3:4);
W4 = W(3:4,3:4);
W3 = W(3:4,1:2);
%
X2Z = vd2 * [cos( - alfa + pi/3);        % 初始的稳态电压矢量
    sin( - alfa + pi/3)];
X1Z = - (W1^-1) * W2 * X2Z;              % 初始的稳态电流矢量

% 初始的稳态矢量
XZ = [X1Z;
    X2Z];
% 稳态电流和转矩的计算值(标幺值)
for pos = 1:1:300;                       % 位置循环指令,角度的 1/5 次

    posrad = pos/5 * pi/180;            % 位置(rad)
    t = posrad/wr;                      % 时间
    X = expm(A * t) * XZ;               % 响应的计算
    iqs(pos) = (X(1) + iqso)/Ib;        % q 轴定子电流
    ids(pos) = (X(2) + idso)/Ib;        % d 轴定子电流
    Te(pos) = 0.75 * P * (lamaf + (1d - 1q) * ids(pos) * Ib)
* iqs(pos) * Ib/Tb;                     % 气隙转矩
    ias(pos) = (cos(posrad) * iqs(pos)
+ sin(posrad) * ids(pos));              % A 相电流
    vas(pos) = (cos(posrad) * X(3) + sin(posrad) * X(4))/Vb;
                                        % A 相电压
    vqs(pos) = X(3)/Vb;                 % q 轴定子电压
```

```
    vds(pos) = X(4)/Vb;                    %d 轴定子电压
    time(pos) = pos/5;                     % 转子位置(°)
end
for pos = 301:1:1800;                      % 周期其余部分的迭代
    posrad = pos/5 * pi/180;
    iqs(pos) = iqs(pos - 300);
    ids(pos) = ids(pos - 300);
    Te(pos) = 0.75 * P * (lamaf + (ld - lq) * ids(pos) * Ib) * iqs(pos) * Ib/Tb;
    ias(pos) = (cos(posrad) * iqs(pos) + sin(posrad) * ids(pos));
    time(pos) = pos/5;
    vqs(pos) = vqs(pos - 300);
    vds(pos) = vds(pos - 300);
        vas(pos) = (cos(posrad) * vqs(pos) + sin(posrad) * vds(pos));
end
% 计算结束
% 画图
figure(3); orient tall;
subplot(6,1,1)
plot(time, vqs); ylabel('v_{qsn}'); set(gca,'xticklabel',[]);
subplot(6,1,2)
plot(time, vds); ylabel('v_{dsn}'); set(gca,'xticklabel',[]);
subplot(6,1,3)
plot(time, iqs); ylabel('i_{qsn}'); set(gca,'xticklabel',[]);
subplot(6,1,4);
plot(time, ids); ylabel('i_{dsn}'); set(gca,'xticklabel',[]);
subplot(6,1,5);
plot(time, ias); ylabel('i_{asn}'); set(gca,'xticklabel',[]);
```

5.8　表面式与内置式永磁同步电机的弱磁控制

本节阐述表面式永磁（SMPM）同步电机和内置式永磁同步电机（IPSM）在弱磁上的关系。传统观念认为 IPSM 的弱磁控制优于 SMPM 同步电机。这一观点需要在更深的层面上进行检验并充分理解以对比这些电机的弱磁能力。在这里，为了对它们进行比较，做如下处理：建立一套新的基准值，使得对其比较不需要在大量的参数下进行。此外，这里推导使用的是稳态下的一些基本关系。

新基准下的弱磁方程

为了推导以定子电流、电压相量和电机凸极性表示的基本特征，以清楚地分析其在弱磁运行中的作用，从而与具有$^{\ominus}$凸极性的表面式电机进行比较，在此定义以下的基准值：

$$\lambda_b = \lambda_{af} = L_b I_b = L_d I_b \tag{5.90}$$

忽略定子绕组电阻的压降，从式（5.4）的电压相量中去掉绕组电阻压降变化可得

$$v_{sn}^2 = v_{dsn}^{r\ 2} + v_{qsn}^{r\ 2} = \omega_{rn}^2 \left[(1 + i_{dsn}^r)^2 + \rho^2 i_{qsn}^{r\ 2} \right] (\text{p. u. }) \tag{5.91}$$

式中给出的转速仅为电压相量、定子电流成分、凸极比 ρ 的函数。ρ 定义为交轴（q 轴）电感与直轴（d 轴）电感之间的比值。在该通用方程中，SMPM 电机的凸极性在建模时取 1；而具有部分或全部嵌入式永磁体的其他转子电机在建模时，其凸极性大于 1，因此，以下简称为内置式永磁（IPM）电机。

归一化的永磁同步电机转子电气角速度由下式给出：

$$\omega_{rn} = \frac{v_{sn}}{\sqrt{(1 + i_{dsn}^r)^2 + \rho^2 i_{qsn}^{r\ 2}}} (\text{p. u. }) \tag{5.92}$$

式中，令 $\rho = 1$，可得 SMPM 电机的归一化转速；对于 IPM 电机，其转速可在凸极比大于 1 的情况下得到。当电压和电流条件相同时，SMPM 和 IPM 电机的归一化转速比为

$$\omega_{si} = \frac{\text{SMPM 电机转速}}{\text{IPM 电机转速}} = \sqrt{\frac{(1 + i_{dsn}^r)^2 + \rho^2 i_{qsn}^{r\ 2}}{(1 + i_{dsn}^r)^2 + i_{qsn}^{r\ 2}}} = \sqrt{\frac{(1 + i_{dsn}^r)^2 + \rho^2 (i_{sn}^2 - i_{dsn}^{r\ 2})}{(1 + i_{dsn}^r)^2 + (i_{sn}^2 - i_{dsn}^{r\ 2})}} \tag{5.93}$$

永磁同步电机的归一化电磁转矩为

$$T_{en} = i_{qsn}^r \left[1 + (1 - \rho) i_{dsn}^r \right] (\text{p. u. }) \tag{5.94}$$

SMPM 和 IPM 电机的转矩比可由下式推导获得：

$$T_{si} = \frac{\text{SMPM 电机电磁转矩}}{\text{IPM 电机电磁转矩}} = \frac{1}{1 + (1 - \rho) i_{dsn}^r} \tag{5.95}$$

在归一化的转速和电磁转矩表达式中，将 SMPM 电机的凸极比设为 1，IPM 电机的凸极比设为大于 1 的值，可以评估它们各自的转速和电磁转矩。通过转矩和转速的乘积可以得到它们的电磁功率。因此，电磁功率之比可通过 SMPM 和 IPM 电机的电磁功率相除得到，其电磁功率比可表示为

$$P_{si} = \frac{\text{SMPM 电机电磁功率}}{\text{IPM 电机电磁功率}} = \frac{1}{1 + (1 - \rho) i_{dsn}^r} \sqrt{\frac{(1 + i_{dsn}^r)^2 + \rho^2 (i_{sn}^2 - i_{dsn}^{r\ 2})}{(1 + i_{dsn}^r)^2 + (i_{sn}^2 - i_{dsn}^{r\ 2})}} \tag{5.96}$$

这里可以发现，在 SMPM 和 IPM 电机之间值得关注的变量为电磁转矩比、转速比和电磁功率比；两类电机的电磁功率也同样值得关注。图 5.24 绘制出当定子

$\ominus$ 应为不具有。——译者注

电流相量分别为 0.25、0.5 和 1p. u.，凸极比分别为 1、3、5 和 7 情况下的变量曲线。在一般但并非绝对情况下，根据基值电感的选择，基值电流为电机额定电流的倍数。例如，考虑下面的电机参数：

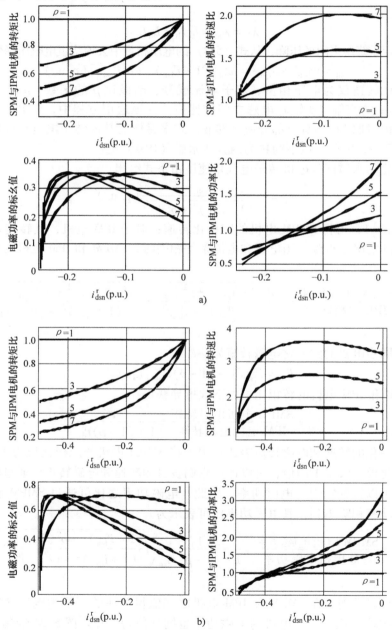

图 5.24　不同电流幅值对永磁同步电机凸极比的影响

a）$i_{sn} = 0.25$p. u.　　b）$i_{sn} = 0.5$p. u.

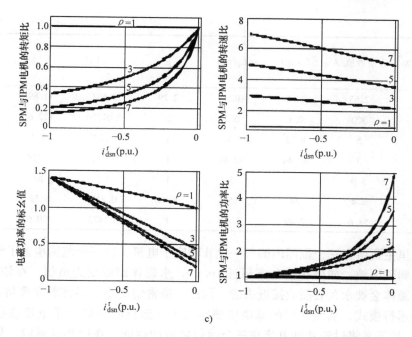

图 5.24 不同电流幅值对永磁同步电机凸极比的影响（续）

c) $i_{sn} = 1\text{p.u.}$

$\lambda_{af} = 0.0858\text{VS}$，额定电流 $I_r = 7.07\text{A}$（峰值），$L_d = 3.74\text{mH}$，$L_q = 11.04\text{mH}$

基值电流：

$$I_b = \frac{\lambda_{af}}{L_d} = \frac{0.0858}{0.00374} = 22.94\text{A}$$

归一化的额定电流：

$$I_m = \frac{I_r}{I_b} = \frac{7.07}{22.94} = 0.308\text{p.u.}$$

同理，对于如表 5.1 所示的不同文献中所采用的不同样机，可以求得相应的归一化额定电流。可以发现，在该基值电流的定义下，归一化的额定电流多集中在 0.4p.u. 附近，但它们不超过 3.5，这里需要对图中所示的结果进行阐释。

表 5.1　永磁同步电机样机额定值、参数及归一化的额定电流

功率/kW	I_r 有效值/A	L_d/mH	L_q/mH	ρ	$\lambda_{af}/(\text{Vs})$	I_b/A	$I_m = \dfrac{\sqrt{2}I_r}{I_b}$ /(p.u.)
1.5	5	3.74	11.04	2.95	0.0858	22.94	0.308
50	160	0.23	0.56	2.43	0.104	452.2	0.50
0.89	6.6	5.7	12.5	2.19	0.122	21.4	0.436
52.19	315	0.1104	0.2459	2.227	0.05658	512.5	0.869

（续）

功率/kW	I_r 有效值/A	L_d/mH	L_q/mH	ρ	λ_{af}/(Vs)	I_b/A	$I_m = \dfrac{\sqrt{2}I_r}{I_b}$ /(p.u.)
	2.65	44.8	102.7	2.29	0.533	11.89	0.315
	300	0.1	0.3	3	0.01226	122.6	3.46
	5	8.72	8.72	1	0.1077	12.3	0.575
	3	42.44	42.44	1	0.311	7.328	0.579
	5.9	5	5	1	0.1	20	0.417
	2.4	34	150	4.41	0.215	6.32	0.536
11	58.6	0.49	0.49	1	0.1473	300.6	0.275

这里主要研究三个范围内的归一化 d 轴定子电流，这三个范围覆盖了整个电机驱动的弱磁区域。如果 d 轴电流超过 1p.u.，永磁体磁链变为负值，在该区域内，多数永磁体会被永久去磁或接近去磁。因此，通常情况下，不推荐非零情况下的 d 轴磁链运行模式，从而在新的基准电流定义下，运行时 d 轴定子电流往往限制在 1p.u.。接下来将讨论 d 轴电流在三个运行区域的性能。在这些区域内，最大定子电流的大小分别假设为 0.25、0.5 和 1.0p.u.，q 轴电流相量由定子电流相量与 d 轴定子电流表示为

$$i_{qsn}^r = \sqrt{i_{sn}^2 - (i_{dsn}^r)^2}$$

在建立系统的性能特性时要严格遵循这种关系，这主要是由于额定电流通常是稳态时的最大电流，而出于发热的考虑，额定电流通常不得超过该值。

1）最大定子电流为 0.25p.u.：该范围内的性能特点如图 5.24a 所示。随着凸极性的增加，在较大的 d 轴电流范围内，SMPM 电机在转速输出上更具优势，但在转矩上并无优势，而表现在输出功率上，则显示其基本不受凸极比的影响。IPM 电机的一个决定性的优势在于，在 d 轴定子电流超过 0.1p.u. 时功率更大，而随着凸极比的增加，这一优势更加明显，同样的，在低于该运行区域时，SMPM 电机能够提供更好的电磁功率性能。总的来说，在该定子电流运行范围内，与 SMPM 电机相比，IPM 电机并没有决定性的优势。

2）最大定子电流为 0.5p.u.：仅在 d 轴电流运行在 -0.4p.u. 附近或超过 -0.4p.u. 的小范围内，IPM 电机具有优势，而 d 轴电流小于该值后，SMPM 电机具有更高的电磁功率输出能力。SMPM 电机在大多数的运行范围内相对于 IPM 电机具有优势，这清楚地反映在图 5.24b 的性能特性曲线上。

3）最大定子电流为 1p.u.：在整个区域范围内，SMPM 电机优于 IPM 电机，其性能特性如图 5.24c 所示。IPM 电机转矩输出能力和 SMPM 电机的转速输出能力的优势相抵消，结果显示后者在整个运行范围内的电磁功率输出能力上占据领先地位。

只有在考虑电磁转矩时，IPM 电机比 SMPM 电机具有更好的输出能力。如果出于同一电压下转速范围上的考虑，那么 SMPM 电机将优于 IPM 电机。而在考虑最重要的指数——电磁功率时，SMPM 电机相比于 IPM 电机，在几乎所有的范围内都有优势。一个很自然的问题是当 q 轴电流保持不变而 d 轴电流变化时将发生什么。在很大程度上，IPM 电机的优势范围将会扩大，但并不能证明其完全优于 SMPM 电机。

这一通用的结果证明：在弱磁操作中，当电磁功率作为首要考虑的因素时，IPM 电机相比于 SMPM 并不占优势。回顾电机驱动在弱磁区域内的基础知识可知，在弱磁区域中，如何在保持电磁功率为额定值或尽可能地接近该值的同时保证电流不超过额定电流是其主要矛盾，而其他问题均为次要矛盾。

参 考 文 献

弱磁控制

1. T. M. Jahns, Flux-weakening regime operation of an interior permanent-magnet synchronous motor drive, *IEEE Transactions on Industry Applications*, IA-23(4), 681–689, 1987.
2. S. R. Macminn and T. M. Jahns, Control techniques for improved high-speed performance of interior PM synchronous motor drives, *IEEE Transactions on Industry Applications*, 27(5), 997–1004, 1991.
3. R. Krishnan, Control and operation of PM synchronous motor drives in the field-weakening region, *IEEE IECON Proceedings (Industrial Electronics Conference)*, pp. 745–750, 1993.
4. S. Morimoto, T. Ueno, M. Sanada et al., Variable speed drive system of interior permanent magnet synchronous motors for constant power operation, *Conference Record, Power Conversion Conference, Yokohama, Japan (Cat. No. 93TH0406-9)*, pp. 402–407, 1993.
5. R. Monajemy and R. Krishnan, Implementation strategies for concurrent flux weakening and torque control of the PM synchronous motor, *Conference Record, IEEE Industry Applications Conference (Cat. No. 95CH35862)*, pp. 238–245, 1995.
6. R. Monajemy and R. Krishnan, Performance comparison for six-step voltage and constant back EMF control strategies for PMSM, *Conference Record, IEEE Industry Applications Conference (Cat. No. 99CH36370)*, pp. 165–172, 1995.
7. C. C. Chan, J. Z. Jiang, W. Xia et al., Novel wide range speed control of permanent magnet brushless motor drives, *IEEE Transactions on Power Electronics*, 10(5), 539–546, 1995.
8. J.-H. Song and S.-K. Sul, Torque maximizing control of permanent magnet synchronous motor under voltage and current limitations of PWM inverter, *Conference Proceedings—IEEE Applied Power Electronics Conference and Exposition—APEC*, pp. 758–763, 1996.
9. Z. Zeng, E. Zhou, and D. T. W. Liang, New flux weakening control algorithm for interior permanent magnet synchronous motors, *IECON Proceedings (Industrial Electronics Conference)*, vol. 2, pp. 1183–1186, 1996.
10. Z. Zhaohui, E. Zhou, and D. T. W. Liang, A new flux weakening control algorithm for interior permanent magnet synchronous motors, *Proceedings, IEEE IECON 22nd International Conference on Industrial Electronics, Control, and Instrumentation (Cat. No. 96CH35830)*, pp. 1183–1186, 1996.

11. N. Bianchi, S. Bolognani, and M. Zigliotto, Analysis of PM synchronous motor drive failures during flux weakening operation, *PESC Record—IEEE Annual Power Electronics Specialists Conference*, pp. 1542–1548, 1996.

12. J. Bonet-Madurga and A. Diez-Gonzalez, Control system for high speed operation of the permanent magnet synchronous motor, *International Power Electronics Congress—CIEP*, pp. 63–66, 1996.

13. D. S. Maric, S. Hiti, C. C. Stancu, et al., Two flux weakening schemes for surface-mounted permanent-magnet synchronous drives—design and transient response considerations, *IEEE International Symposium on Industrial Electronics*, vol. 2, pp. 673–678, 1999.

14. J.-J. Chen and K.-P. Chin, Automatic flux-weakening control of permanent magnet synchronous motors using a reduced-order controller, *IEEE Transactions on Power Electronics*, 15(5), 881–890, 2000.

14a. R. Krishnan, Electric Motor Drives, Prentice Hall, Upper Saddle River, NJ, 2001.

15. K. Yamamoto, K. Shinohara, and H. Makishima, Comparison between flux weakening and PWM inverter with voltage booster for permanent magnet synchronous motor drive, *Proceedings of the Power Conversion Conference, Osaka, Japan (Cat. No. 02TH8579)*, pp. 161–166, 2002.

16. Y. F. Shi, Z. Q. Zhu, Y. S. Chen, et al., Investigation of flux-weakening performance and current oscillation of permanent magnet brushless ac drives, *Conference Proceedings—4th International Power Electronics and Motion Control Conference*, pp. 1257–1262, 2004.

17. T. Yamakawa, S. Wakao, K. Kondo, et al., A new flux weakening operation of interior permanent magnet synchronous motors for railway vehicle traction, *IEEE 11th European Conference on Power Electronics and Applications*, p. 6, 2005.

18. K. Tae-suk and S. Seung-Ki, A novel flux weakening algorithm for surface mounted permanent magnet synchronous machines with infinite constant power speed ratio, *Proceedings of the International Conference on Electrical Machines and Systems*, pp. 440–445, 2007.

19. Y. Young-Doo, L. Wook-Jin, and S. Seung-Ki, Flux weakening control for high saliency interior permanent magnet synchronous machine without any tables, *European Conference on Power Electronics and Applications*, pp. 1350–1356, 2007.

转速控制

20. K. Jang-Mok and S. Seung-Ki, Speed control of interior permanent magnet synchronous motor drive for the flux weakening operation, *IEEE Transactions on Industry Applications*, 33(1), 43–48, 1997.

21. J.-M. Kim and S.-K. Sul, Speed control of interior permanent magnet synchronous motor drive for the flux weakening operation, *IEEE Transactions on Industry Applications*, 33(1), 43–48, 1997.

22. Y. S. Kim, Y. K. Choi, and J. H. Lee, Speed-sensorless vector control for permanent-magnet synchronous motors based on instantaneous reactive power in the wide-speed region, *IEE Proceedings—Electric Power Applications*, 152(5), 1343–1349, 2005.

最小损耗略

23. R. Monajemy and R. Krishnan, Control and dynamics of constant-power-loss-based operation of permanent-magnet synchronous motor drive system, *IEEE Transactions on Industrial Electronics*, 48(4), 839–844, 2001.

24. J.-J. Chen and K.-P. Chin, Minimum copper loss flux-weakening control of surface mounted permanent magnet synchronous motors, *IEEE Transactions on Power Electronics*, 18(4), 929–936, 2003.

25. J. S. Lawler, J. Bailey, and J. McKeever, Minimum current magnitude control of surface PM synchronous machines during constant power operation, *IEEE Power Electronics Letters*, 3(2), 53–56, 2005.

26. K. Yamazaki and Y. Seto, Iron loss analysis of interior permanent magnet synchronous motors variation of main loss factors due to driving condition, *International Electric Machines and Drives Conference (IEEE Cat. No. 05EX1023C)*, pp. 1633–1638, 2005.

电机相关问题

27. J. C. Teixeira, C. Chillet, and J. P. Yonnet, Structure comparison of buried permanent magnet synchronous motors for flux weakening operation, *Sixth International Conference on Electrical Machines and Drives (Conf. Publ. No. 376)*, pp. 365–370, 1993.

28. D. M. Ionel, M. J. Balchin, J. F. Eastham, et al., Finite element analysis of brushless DC motors for flux weakening operation, *IEEE Transactions on Magnetics*, 32(5 pt 2), 5040–5042, 1996.

29. D. M. Ionel, J. F. Eastham, T. J. E. Miller, et al., Design considerations for permanent magnet synchronous motors for flux weakening applications, *IEE Proceedings: Electric Power Applications*, 145(5), 435–440, 1998.

30. Z. Q. Zhu, Y. S. Chen, and D. Howe, Iron loss in permanent-magnet brushless AC machines under maximum torque per ampere and flux weakening control, *IEEE Transactions on Magnetics*, 38(5), 3285–3287, 2002.

31. A. M. El-Refaie and T. M. Jahns, Comparison of synchronous PM machine types for wide constant-power speed range operation, *Conference Record—IAS Annual Meeting (IEEE Industry Applications Society)*, pp. 1015–1022, 2005.

32. C. H. Chen and M. Y. Cheng, Design of a multispeed winding for a brushless DC motor and its sensorless control, *IEE Proceedings: Electric Power Applications*, 153(6), 834–841, 2006.

33. A. M. El-Refaie and T. M. Jahns, Impact of winding layer number and magnet type on synchronous surface PM machines designed for wide constant-power speed range operation, *IEEE Transactions on Energy Conversion*, 23(1), 53–60, 2008.

第6章 电流和转速控制器的设计

电流和转速控制器的设计通常基于线性控制系统技术，如伯德图、根轨迹或利用诸如对称最佳法的标准化优化方程。控制器通常设计成比例积分（PI）类型。电流控制器的设计通常由电机每相的自感和定子绕组参数实现，这种方法的缺点在于忽视了电感变化的影响，而在诸如内置式永磁同步电机中，电感是随转子位置变化的函数。该类型的电流控制器虽然在很多应用场合足以满足系统要求，但其不能满足某些高性能应用系统的要求。在这种情况下，需要设计完全基于模型的电流控制器，本章将给出推导该类型控制器的设计方法。首先得出转子参考坐标系下解耦的电流控制器及其在定子参考坐标系下的形式；本章还将推导和介绍具有高动态响应性能的最小拍控制器和电流预测控制器。

一旦完成了电流控制器的设计，就可以考虑转速外环的闭环设计。转速控制环的性能高度依赖于电流控制内环，因此，在系统设计中，必须保证电流控制器设计的优先级最高。如果考虑系统的非线性，转速控制器的设计将十分复杂。通过简化可将之变为线性系统并用以设计转速控制器。本节将遵循对称最佳法设计转速控制器，但诸如其他频率响应或时域线性控制技术也同样适用于设计转速控制器。

关于转速控制[1]、电流控制[2-23]及其控制器的设计等方面的参考文献很少。从参考文献可以看出：在一般情况下，对于永磁同步电机和其他交流电机，可以采用与他励直流电机类似的控制方法进行电流和转速的控制，并进行其控制器的设计。在实施过程中，直流电机的电流只是基于幅值的控制，其控制简单；而交流电机需要控制幅值、频率和相位。在对交流电机进行解耦或矢量控制时，选择参考坐标系的原则是基于将 q 轴和 d 轴电流变为直流变量的原则。对于感应电机驱动系统，选择的参考坐标系为同步旋转坐标系；对于永磁同步电机驱动系统，选择的参考坐标系为转子参考坐标系。基于这一认识基础上的电流控制技术在永磁同步电机的交流驱动中占主导地位；对于其他的交流电机也是采用相同的控制技术。

6.1 电流控制器

在高性能应用中，永磁同步电机驱动系统电流控制器的设计至关重要。电流控制器合成和实现的设计过程与高性能的感应电机驱动系统中的电流控制器十分相似。电流控制器可在静止或转子参考坐标系下实现。参考坐标系的选择将影响其电流参考值和实测值之间的相位误差。在进一步详细分析之前，首先研究永磁同步电机电流控制的过程以理解电机、逆变器和电流控制器之间的相互作用[5]。逆变器

的增益为 K_r，时间常数为 T_r，T_r 等于 PWM 载波频率周期的一半。假定电流控制回路的理想性能类似于如下的一阶滞后系统

$$\frac{i_{ds}^r}{i_{ds}^{r*}} = \frac{K_i}{1 + sT_i} \tag{6.1}$$

式中，K_i 为电流传感器的反馈增益；T_i 为逆变器所需的滞后时间；i_{ds}^r、i_{ds}^{r*} 分别为转子参考坐标系下 d 轴绕组的电流及其参考值。注意：参考值用变量 i_{ds} 加上标 * 表示。

同样的，在转子参考坐标系下，q 轴电流及其参考值也有类似的关系。式 (6.1) 可表示成不同的形式，如下式所示：

$$\frac{di_{ds}^r}{dt} = \frac{1}{T_i K_i} \{ i_{ds}^{r*} - K_i i_{ds}^r \} \tag{6.2}$$

而对于 q 轴控制

$$\frac{di_{qs}^r}{dt} = \frac{1}{T_i K_i} \{ i_{qs}^{r*} - K_i i_{qs}^r \} \tag{6.3}$$

应用这些关系可得电机方程。q 轴定子电压方程为

$$v_{qs}^{r*} = \frac{v_{qs}^r}{K_r} = \frac{(R_s + L_q p) i_{qs}^r + \omega_r (\lambda_{af} + L_d i_{ds}^r)}{K_r}$$

$$= \frac{R_s i_{qs}^r + \frac{L_q}{T_i K_i} \{ i_{qs}^{r*} - K_i i_{qs}^r \} + \omega_r (\lambda_{af} + L_d i_{ds}^r)}{K_r} \tag{6.4}$$

同理可以推导出 d 轴电压指令。比如，q 轴定子电流误差乘以其放大系数 $L_q/T_i K_i$，然后加上绕组压降和 d 轴转子磁链感生出的感应电动势得到 q 轴电压指令 v_{qs}^{r*}；该指令通过逆变器得到 q 轴定子电压 v_{qs}^r。利用机械方程，可以得到电机产生的 q 轴电流并作为反馈量并与参考值进行比较，如图 6.1 所示。同样也可以推导出 d 轴电流控制回路的方框图。

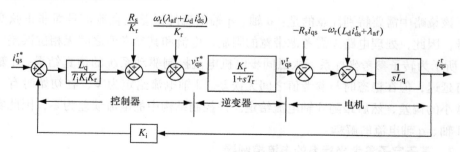

图 6.1　转子参考坐标系下 q 轴电流控制回路的方框图

如果电阻压降和感应反电动势等补偿项等于电机中的实际值，电流回路的响应将会成为如式（6.2）和式（6.3）所描述的一阶滞后响应。因此，电流控制器是

比例增益为 $L_q / T_i K_i K_r$ 的比例控制器。在这种情况下，可假设逆变器的滞后时间非常小或可忽略不计。同理，对于 d 轴，可得出其电流控制器的增益为 $L_d / T_i K_i K_r$。

受参数灵敏度和仪表误差的影响，很难实现电阻压降和感应反电动势项的完美补偿。但由于这种现象造成的误差并不是最主要的，因此其可通过闭环电流控制得以克服。

6.1.1 基于转子参考坐标系的电流控制器

图 6.2 所示为转子参考坐标系下电流控制器的实施方法。利用转子位置，将 a、b、c 相的电流转换到转子参考坐标系中。转速信号、转子参考坐标系下的 d 轴和 q 轴定子电流以及当前的电流误差反馈到解耦的电流控制器中，如上所述的方块图如图 6.1 所示。解耦电流控制器模块的输出提供了 d 轴和 q 轴的定子电压，然后利用转子到定子参考坐标系的变换矩阵转换为 a、b、c 三相电压命令。a、b、c 三相电压命令经脉冲宽度调制，获得逆变器的门控信号。这样就实现了永磁同步电机驱动器的电流控制。

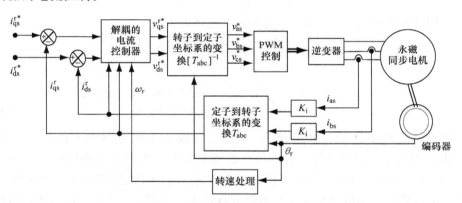

图 6.2 在转子参考坐标系下的永磁同步电机电流控制驱动策略

该策略中需要特别注意的是：d 轴、q 轴电流的误差是直流信号而非正弦交流信号，因此，处理电路无需考虑带宽的限制，电流和其参考值之间无相位误差。图 6.3 所示为转子参考坐标系下永磁同步电机电流控制驱动系统的仿真结果。q 轴电流有延迟，但在稳态时与参考值之间无误差。d 轴电流给定为零，在初始时有一个非常小的偏差，然后跟随 d 轴电流给定。该控制结构中的电流误差为零，因此实现了 d 轴、q 轴电流的解耦。

6.1.2 基于定子参考坐标系的电流控制器

由于内置式永磁同步电机的电感是转子位置的函数，因此，在静止参考坐标系下，没有与转子参考坐标系相似的电流控制器。为了得到定子参考坐标系下的电流控制器，可利用转子到定子参考坐标系的变换矩阵，从 q、d 轴转子参考坐标系下

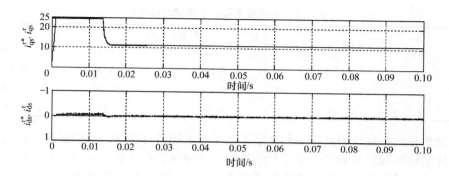

图 6.3 转子参考坐标系下永磁同步电机系统的电流响应

的电流转换为 a、b、c 三相电流并合成得到。a、b、c 三相电流参考值与其实测值进行比较，其误差通过 PI 控制器处理，电流控制器的输出经脉冲宽度调制（PWM），产生逆变器的逻辑信号。该策略的原理框图如图 6.4 所示。

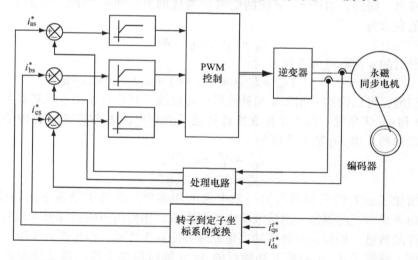

图 6.4 在定子参考坐标系下执行的永磁同步电机驱动系统的电流控制

该方案的主要优点是能够减少所需元件的数量，实施简单明了；其缺点源于其电流误差，该误差为正弦交流信号，其频率与电机转速成正比，因此在很大范围内变化。这就要求系统误差处理和电流控制器电路具有较大的带宽。此外，这也将导致电流及其参考值出现相位误差，这一问题主要是由于逆变器的相位延迟造成的。在频域范围内，电流的参考值为

$$i_{as}^* = i_{as}(1 + j\omega_r T_r) \tag{6.5}$$

式中，ω_r 为转子的旋转电气角频率。例如：当 $T_r = 1/2f_c$ 时，实际定子频率和 PWM 频率之间的相位误差如表 6.1 所示。

表 6.1 不同载波和定子频率的相位差

f_c/kHz	相位差/(°)			
	$f_s = 10\text{Hz}$	$f_s = 25\text{Hz}$	$f_s = 50\text{Hz}$	$f_s = 100\text{Hz}$
5	0.359	0.899	1.799	3.595
10	0.179	0.499	0.899	1.799
20	0.0899	0.225	0.449	0.899

结果显示：在低载波频率和高定子频率时系统具有显著的相位误差，这将对驱动系统的转矩和转速响应产生不利的影响。这种滞后在转换为 a、b、c 三相电流参考值之前，可以通过转子参考坐标系本身的 d、q 轴电流参考值进行补偿，这种补偿相对于静止参考坐标系下的相位补偿更为容易，因为在静止参考坐标系下，其电路有带宽的限制。而在转子参考坐标系下，相位补偿项是 ω_r 和 T_r 的乘积，仅为一个直流项，其推导过程如下。

对于 i_{as}^* 的补偿，设定为 $(1 + sT_r)$，使得被补偿项的相位超前，以弥补设备中的相位延迟。同理，对于 b、c 相的电流参考值的补偿也是如此。如果 i_{as}^* 是正弦量，其值表示为

$$i_{as}^* = I_m \sin(\omega_r t + \delta) \tag{6.6}$$

补偿后的 a 相电流参考值为

$$i_{asc}^* = (1 + pT_r) i_{as}^* = I_m \{ \sin(\omega_r t + \delta) + \omega_r T_r \cos(\omega_r t + \delta) \} \tag{6.7}$$

类似地，可以得到 b 相和 c 相补偿后的相电流。其值在 a 相电流基础上分别相移 $2\pi/3$ 和 $4\pi/3$ 角度。应用坐标变换将补偿后的相电流参考值变换到转子坐标系下，可以得到 d 轴、q 轴电流值为

$$i_{qsc}^{r*} = i_{qs}^{r*} + \omega_r T_r i_{ds}^{r*} \tag{6.8}$$

$$i_{dsc}^{r*} = i_{ds}^{r*} - \omega_r T_r i_{qs}^{r*} \tag{6.9}$$

式中，增加了 $\omega_r T_r$ 的乘积再与另一轴电流的相乘项。在转子轴系下的补偿简单，并且不用考虑带宽的限制。但该策略中需要乘法，相应的可能会需要在现有策略中增加元件的数量。相位误差补偿的实施原理如图 6.5 所示。根据图 6.4 所示的策略进行补偿，获得了 d、q 轴系下补偿后的 d、q 轴电流参考值。需要注意的是：图 6.4 所示为未补偿的 d、q 电流参考值，在其中加入相位补偿电路。其输出用于坐标变换就得到了 a、b、c 相的电流指令，这就实现了相位误差补偿。

迄今讨论的所有电流控制器均假设包含了对死区时间、器件的电压降、定子电阻、转子磁链和定子电感等参数变化引起的电压降的补偿。如果补偿不准确，那么定子电流及其参考值之间会存在稳态误差。不精确的补偿造成的定子电流的畸变会导致电磁转矩输出能力显著减少并增加了定子铜损[17]。在引用的参考文献中，定子磁链的内环控制可以得到良好的电流控制效果。

6.1.3 最小拍电流控制器

6.1.3.1 最小拍控制器

最小拍电流控制器是在转子参考坐标系下的另一种高性能的电流控制器。这种

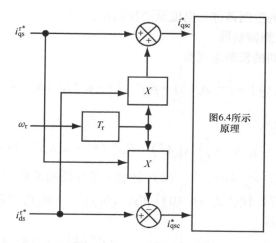

图 6.5　定子参考坐标系下电流控制器的相位误差补偿

电流控制器能够使电流在最少采样周期内误差减小到零，从而实现了系统的高带宽运行。该类控制器的设计是基于转子参考坐标系下离散的永磁同步电机模型。由参考文献 [14，16] 可知，电流控制器的采样变量可表示为

$$v_{qs}^{r*}(k+1) = R_s i_{qs}^r(k) + L_q \frac{\left[i_{qs}^{r*}(k) - i_{qs}^r(k)\right]}{T_s} + \omega_r \left[L_d i_{ds}^r(k) + \lambda_{af}\right] + e_{hq}(k)$$

(6.10)

$$v_{ds}^{r*}(k+1) = R_s i_{ds}^r(k) + L_d \frac{\left[i_{ds}^{r*}(k) - i_{ds}^r(k)\right]}{T_s} - \omega_r L_q i_{qs}^r(k) + e_{hd}(k)$$ (6.11)

式中，k 表示采样瞬间；v_{qs}^{r*}、v_{ds}^{r*} 分别为下一个采样瞬间 q 轴、d 轴电压指令；T_s 为采样周期；变量 e_{hq}、e_{hd} 表示感应反电动势中除基波成分外的谐波成分。

之所以引入 e_{hq}、e_{hd} 变量，主要是由于除了电机设计之外，还由于诸如制造公差和电机制造中所引入的人为误差等所造成的偏差。

变量 e_{hq}、e_{hd} 可通过 d 轴、q 轴谐波共磁链推导得到

$$e_{hq}(k) = \omega_r \frac{d\lambda_{afhq}(\theta_r)}{d\theta_r}$$

(6.12)

$$e_{hd}(k) = \omega_r \frac{d\lambda_{afhd}(\theta_r)}{d\theta_r}$$

(6.13)

如果电流误差为零，则

$$v_{qs}^{r*}(k+1) = v_{qs}^{r*}(k)$$

(6.14)

$$v_{ds}^{r*}(k+1) = v_{ds}^{r*}(k)$$

(6.15)

一个采样周期的延迟是造成电流响应持续振荡的原因。最小拍控制器的鲁棒性较差，使得永磁同步电机参数的偏差会导致电流响应持续振荡的放大。为了减少延迟造成的振荡，在应用该控制器时，应预测当前时刻的电流以获得更好的控制效

果。基于这一原则的控制器称为电流预测控制器。

6.1.3.2 最小拍预测控制器

下一个采样瞬间的预测电流为

$$i_{qs}^{\hat{r}}(k+1) = i_{qs}^{r}(k) + \frac{T_s}{L_q}[v_{qs}^{r}(k) - R_s i_{qs}^{r}(k) - \omega_r L_d i_{ds}^{r}(k) - \omega_r \lambda_{af} - e_{hq}(k)]$$

$$(6.16)$$

$$i_{ds}^{\hat{r}}(k+1) = i_{ds}^{r}(k) + \frac{T_s}{L_d}[v_{ds}^{r}(k) - R_s i_{ds}^{r}(k) + \omega_r L_q i_{qs}^{r}(k) - e_{hd}(k)] \quad (6.17)$$

式中，^表示预测值；$v_{qs}^{r}(k)$、$v_{ds}^{r}(k)$ 分别为逆变器精确的输出电压。分别用式（6.16）和式（6.17）代替式（6.10）和式（6.11）中的 $i_{qs}^{r}(k)$、$i_{ds}^{r}(k)$，可以得到电流预测控制器

$$v_{qs}^{*}(k+1) = R_s i_{qs}^{\hat{r}}(k+1) + L_q \frac{[i_{qs}^{r*}(k) - i_{qs}^{\hat{r}}(k+1)]}{T_s}$$
$$+ \omega_r L_d i_{ds}^{\hat{r}}(k+1) + \omega_r \lambda_{af} + e_{hq}(\theta_r + \omega_r T_s) \quad (6.18)$$

$$v_{ds}^{*}(k+1) = R_s i_{ds}^{\hat{r}}(k+1) + L_q \frac{[i_{ds}^{r*}(k) - i_{ds}^{\hat{r}}(k+1)]}{T_s} - \omega_r L_q i_{qs}^{\hat{r}}(k+1) + e_{hd}(k+1)$$

$$(6.19)$$

式（6.18）、式（6.19）给出的即为最小拍电流预测控制器。

图 6.6 所示为根据式（6.18）和式（6.19）得到的基于最小拍电流预测控制器的永磁同步电机驱动系统电流响应的仿真结果。

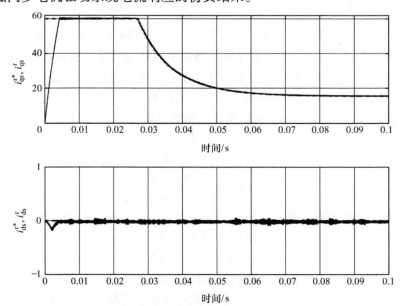

图 6.6　基于最小拍预测控制器的电流响应的仿真结果

如预期，q 轴电流响应存在初始延迟，随后快速跟随电流给定。d 轴电流响应存在偏差，其数值在几百 mA 范围内，与 q 轴给定初始值 60A 相比非常小，影响可以忽略不计。图 6.7 所示是对图 6.6 所示的最小拍预测控制器的电流响应的采样放大结果。

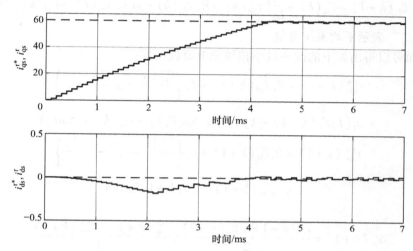

图 6.7　由图 6.6 的电流采样窗口得到的放大结果

预测中的误差同样也来自：①逆变器的死区时间及其补偿误差；②不精确的谐波电压补偿；③对整流器或可控整流器的交流输入电压的波动和部分负载扰动引起的逆变器输出电压的不准确估算引起的；④电压矢量的限制

$$v_{s(\max)} = \frac{\pi}{2\sqrt{3}\sin\left[\arg(v_s) - (n-1)\frac{\pi}{3} + \frac{\pi}{3}\right]} \tag{6.20}$$

式中，$n = 1, 2, \cdots, 6$ 代表六边形的各个边；⑤采样中转子位置的变化，要求感应反电动势超前如下式所示的角度：

$$e_{hq}(k) = f_q\left\{\theta_r(k) + \frac{\omega T_s}{2}\right\} \tag{6.21}$$

$$e_{hd}(k) = f_d\left\{\theta_r(k) + \frac{\omega T_s}{2}\right\} \tag{6.22}$$

$$e_{hq}(k+1) = e_{hq}\left\{k + \frac{3}{2}\omega T_s\right\} \tag{6.23}$$

6.1.3.3　改进的最小拍预测控制器

信号变量仅在采样瞬间是精确的，而在采样间隔段是动态变化的。对于阶跃指令来说，该变化是较大的，从而造成较大的预测误差。在这种情况下，在采样间隔段内以平均系统变量作为预测值并构成改进的电流预测控制器。改进的电流预测器可表示为

$$i_{qs}^{\hat{r}}(k+1) = i_{qs}^{r}(k) + \frac{T_s}{L_q}\left[v_{qs}^{r}(k) - R_s\,\overline{i_{qs}^{r}}(k) - \omega_r L_d\,\overline{i_{ds}^{r}}(k) - \omega_r\lambda_{af} - \overline{e_{hq}}(k)\right]$$

$$(6.24)$$

$$i_{ds}^{\hat{r}}(k+1) = i_{ds}^{r}(k) + \frac{T_s}{L_d}\left[v_{ds}^{r}(k) - R_s\,\overline{i_{ds}^{r}}(k) + \omega_r L_q\,\overline{i_{qs}^{r}}(k) - \overline{e_{hd}}(k)\right] \quad (6.25)$$

式中，"‾"表示平均系统变量。

进而可以得出如下的改进最小拍预测电流控制器：

$$v_{qs}^{r*}(k+1) = R_s\,i_{qs}^{\hat{r}}(k+1) + L_q\left\{\frac{i_{qs}^{r*}(k) - i_{qs}^{\hat{r}}(k+1)}{T_s}\right\}$$

$$+ \omega_r\left[L_d i_{ds}^{\hat{\tilde{r}}}(k+1) + \lambda_{af}(k+1.5\omega_r T_s)\right] + e_{hq}(k+1.5\omega T_s) \quad (6.26)$$

$$v_{ds}^{r*}(k+1) = R_s i_{ds}^{\hat{r}}(k+1) + L_d\left\{\frac{i_{ds}^{r*}(k) - i_{ds}^{\hat{r}}(k+1)}{T_s}\right\}$$

$$- \omega_r L_q i_{qs}^{\hat{\tilde{r}}}(k+1) + e_{hd}(k+1.5\omega T_s) \quad (6.27)$$

式中

$$i_{qs}^{\hat{\tilde{r}}}(k+1) = \frac{i_{qs}^{r}(k+1) + i_{qs}^{r}(k+2)}{2} \cong \frac{i_{qs}^{\hat{r}}(k+1) + i_{qs}^{r*}(k+1)}{2} \quad (6.28)$$

$$i_{ds}^{\hat{\tilde{r}}}(k+1) \cong \frac{i_{ds}^{r}(k+1) + i_{ds}^{r*}(k+1)}{2} \quad (6.29)$$

但无论怎样，变量的未来值是无法预测的，基于这种考虑，假设其预测值等于采样瞬间的指令值可能是比较安全的假设。这里研究的控制器均是基于这一假设条件下实现的。

在电流控制器中，随着最小拍控制器到预测控制器进而发展到改进预测最小拍控制器的演变，其计算量逐渐增加。

6.2　转速控制器

在转速控制的永磁同步电机驱动系统中，转速控制器的设计对于系统的动静态性能特性是十分重要的。比例积分控制器在许多工业应用场合已足以满足系统需求，因此，在本节中将研究该类控制器。如果假设 d 轴定子电流为零，对于这种控制器可采用对称最佳原则直接进行增益和时间常数的选择；如果存在 d 轴定子电流，则 d 轴和 q 轴电流存在交叉耦合，由于转矩项的缘故，其模型中存在非线性。

假设 $i_{ds}^{r} = 0$，则系统变为线性系统并类似于一台具有恒定励磁的他励直流电机。基于此，采用对称最优的框图推导、电流环近似、速度环近似及转速控制器的推导与直流电机和矢量控制的感应电机驱动系统的转速控制器设计流程相同[17a]。

6.2.1　原理框图的推导

d 轴电流为 0 时，电机的 q 轴电压方程变为

$$v_{qs}^r = (R_s + L_q p) i_{qs}^r + \omega_r \lambda_{af} \tag{6.30}$$

转矩方程为

$$\frac{p}{2}(T_e - T_1) = Jp\omega_r + B_1\omega_r \tag{6.31}$$

式中，电磁转矩可由下式给出：

$$T_e = \frac{3}{2} \cdot \frac{P}{2} \lambda_{af} i_{qs}^r \tag{6.32}$$

如果假设负载是摩擦阻力，则

$$T_1 = B_1 \omega_m \tag{6.33}$$

将式（6.33）代入转矩方程可得

$$(Jp + B_1)\omega_r = \left\{ \frac{3}{2}\left(\frac{P}{2}\right)^2 \lambda_{af} \right\} i_{qs}^r = K_t \cdot i_{qs}^r \tag{6.34}$$

式中

$$B_t = \frac{P}{2} B_1 + B_1 \tag{6.35}$$

$$K_t = \frac{3}{2}\left(\frac{P}{2}\right)^2 \lambda_{af} \tag{6.36}$$

式（6.30）、式（6.34）结合电流和转速反馈环即可得系统的方框图，如图 6.8 所示。

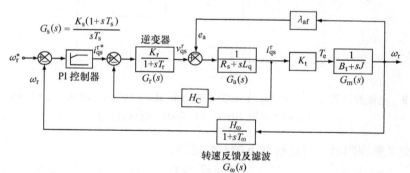

图 6.8　转速控制的永磁同步电机驱动系统框图（摘自 R. Krishnan 的《Electric Motor Drives》图 9.32，Prentice Hall，Upper Saddle River，NJ，2001，版权许可）

逆变器作为具有时间滞后的增益环节，其模型如下：

$$G_r(s) = \frac{K_r}{1 + sT_r} \tag{6.37}$$

式中

$$\left. \begin{array}{l} K_r = 0.65 \dfrac{V_{dc}}{V_{cm}} \\[3mm] T_r = \dfrac{1}{2f_c} \end{array} \right\} \tag{6.38}$$

式中，V_{dc}为逆变器输入的直流母线电压；V_{cm}为最大控制电压；f_c为逆变器的开关（载波）频率。

转子磁链产生的感应反电动势e_a可表示成

$$e_a = \lambda_{af}\omega_r(V) \tag{6.39}$$

6.2.2　简化的电流环传递函数

q轴电流环与感应电动势环相交，通过将感应电动势环的反馈量从转速输出前移到电流输出点，可以简化该传递函数。这使得图6.9的电流环的传递函数变为

$$\frac{i_{qs}^r(s)}{i_{qs}^{r*}(s)} = \frac{K_r K_a(1+sT_m)}{H_c K_a K_r(1+sT_m) + (1+sT_r)\{K_a K_b + (1+sT_a)(1+sT_m)\}} \tag{6.40}$$

式中

$$K_a = \frac{1}{R_s}; T_a = \frac{L_q}{R_s}; K_m = \frac{1}{B_t}; T_m = \frac{J}{B_t}; K_b = K_t K_m \lambda_{af} \tag{6.41}$$

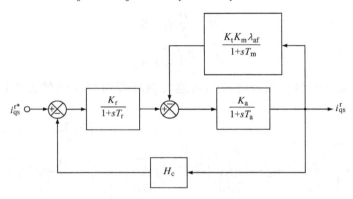

图6.9　电流控制器（摘自 R. Krishnan 的《Electric Motor Drives》图9.33, Prentice Hall, Upper Saddle River, NJ, 2001, 版权许可）

在交叉频率附近，可进行如下的有效近似：

$$1 + sT_r \cong 1 \tag{6.42}$$

$$1 + sT_m \cong sT_m \tag{6.43}$$

$$(1+sT_a)(1+sT_r) \cong 1 + s(T_a + T_r) \cong 1 + sT_{ar} \tag{6.44}$$

式中

$$T_{ar} = T_a + T_r \tag{6.45}$$

根据以上简化，电流环的传递函数可近似为

$$\frac{i_{qs}^r(s)}{i_{qs}^{r*}(s)} \cong \frac{(K_a K_r T_m)s}{K_a K_b + (T_m + K_a K_r T_m H_c)s + (T_m T_{ar})s^2}$$

$$\cong \left(\frac{T_m K_r}{K_b}\right)\frac{s}{(1+sT_1)(1+sT_2)} \tag{6.46}$$

由于$T_1 < T_2 < T_m$，因此，进一步近似有$(1+sT_2) \cong sT_2$。进而可得近似的

电流环传递函数为

$$\frac{i_{qs}^r(s)}{i_{qs}^{r*}(s)} \cong \frac{K_i}{(1+sT_i)} \tag{6.47}$$

式中

$$K_i = \frac{T_m K_r}{T_2 K_b} \tag{6.48}$$

$$T_i = T_1 \tag{6.49}$$

简化后的电流环传递函数将用于下面的转速控制器设计。

6.2.3 转速控制器

带有简化电流环的转速环如图 6.10 所示。

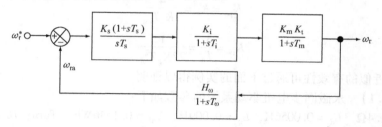

图 6.10 简化了的转速控制环（摘自 R. Krishnan 的《Electric Motor Drives》
图 9.34, Prentice Hall, Upper Saddle River, NJ, 2001, 版权许可）

在交叉频率附近，可进行下面的有效近似：

$$(1+sT_m) \equiv sT_m \tag{6.50}$$

$$(1+sT_i)(1+sT_\omega) \cong 1+sT_{\omega i} \tag{6.51}$$

$$1+sT_\omega \cong 1 \tag{6.52}$$

式中

$$T_{\omega i} = T_\omega + T_i \tag{6.53}$$

近似的转速环传递函数为

$$GH(s) \cong \frac{K_i K_m K_t H_\omega}{T_m} \cdot \frac{K_s}{T_s} \cdot \frac{(1+sT_s)}{s^2(1+sT_{\omega i})} \tag{6.54}$$

由此可得转速闭环的传递函数为

$$\frac{\omega_r(s)}{\omega_r^*(s)} \cong \frac{1}{H_\omega} \left\{ \frac{K_g \dfrac{K_s}{T_s}(1+sT_s)}{s^3 T_{\omega i} + s^2 + K_g \dfrac{K_s}{T_s}(1+sT_s)} \right\} \tag{6.55}$$

式中

$$K_g = \frac{K_i K_m K_t H_\omega}{T_m} \tag{6.56}$$

将该传递函数等同于阻尼比 0.707 的最佳对称函数，得到的转速闭环传递函

数为

$$\frac{\omega_r(s)}{\omega_r^*(s)} \cong \frac{1}{H_\omega} \cdot \frac{(1+sT_s)}{1+(T_s)s+\left(\frac{3}{8}T_s^2\right)s^2+\left(\frac{1}{16}T_s^3\right)s^3} \tag{6.57}$$

令式（6.55）和式（6.57）的系数相等，由此可得转速控制器的时间和增益常数

$$T_s = 6T_{\omega i} \tag{6.58}$$

$$K_s = \frac{4}{9K_g T_{\omega i}} \tag{6.59}$$

因此，转速控制器的比例增益 K_{ps} 和积分增益 K_{is} 表示为

$$K_{ps} = K_s = \frac{4}{9K_g T_{\omega i}} \tag{6.60}$$

$$K_{is} = \frac{K_s}{T_s} = \frac{1}{27K_g T_{\omega i}^2} \tag{6.61}$$

各种近似的有效性可通过下面的实例得以证明。

【例6.1】 永磁同步电机驱动系统的参数如下：

$R_s = 1.4\Omega$，$L_d = 0.0056H$，$L_q = 0.009H$，$\lambda_{af} = 0.1546Wb - Turn$，$B_t = 0.01N \cdot m/(rad/s)$，$J = 0.006kg \cdot m^2$，$P = 6$，$f_c = 2kHz$，$V_{cm} = 10V$，$H_\omega = 0.05V/V$，$H_c = 0.8V/A$，$V_{dc} = 285V$。

设计一个基于对称最佳的转速控制器并用以验证推导时所用假设的有效性。所需的阻尼比为 0.707。

解：

逆变器参数：

增益：

$$K_r = 0.65\frac{V_{dc}}{V_{cm}} = 18.525V/V$$

时间常数：

$$T_r = \frac{1}{2f_c} = 0.00025s$$

$$G_r(s) = \frac{K_r}{1+sT_r} = \frac{18.525}{(1+0.00025s)}$$

电机的电气参数：

增益：

$$K_a = 1/R_s = 0.7143$$

时间常数：

$$T_a = L_q/R_s = 0.0064s$$

$$C_a(s) = \frac{K_a}{1+sT_a} = \frac{0.7143}{(1+0.0064s)}$$

感应反电动势环：

转矩常数：

$$K_t = \frac{3}{2}\left(\frac{P}{2}\right)^2 \cdot \lambda_{af} = 2.087 \text{N} \cdot \text{m/A}$$

机械增益：

$$K_m = \frac{1}{B_t} = 100 \text{rad/s/(N} \cdot \text{m)}$$

$$G_b(s) = \frac{K_t K_m \lambda_{af}}{(1 + sT_m)} = \frac{32.26}{(1 + 0.6s)}$$

式中，机械时间常数为

$$T_m = \frac{J}{B_t} = 0.6 \text{s}$$

电机的机械参数：

$$G_m(s) = \frac{K_m K_t}{(1 + sT_m)} = \frac{208.7}{(1 + 0.6s)}$$

电机的等效电气时间常数可通过求解方程 $as^2 + bs + c = 0$ 的根获得。

式中

$$a = T_m T_{ar}$$
$$b = T_m + K_a K_r T_m H_c$$
$$c = K_a K_b$$

式中

$$K_b = K_t K_m \lambda_{af} = 32.26$$

由方程根的逆可以给出 T_1 和 T_2 为

$$T_1 = 0.0005775 \text{s}$$
$$T_2 = 0.301 \text{s}$$

简化的电流环的传递函数

$$G_{is}(s) = \frac{K_i}{1 + sT_i}$$

$$T_i = T_1 = 0.0005775(\text{s})$$

$$K_i = \frac{T_m K_r}{T_2 K_b} = 1.1443$$

精确的电流环传递函数为

$$G_i(s) = \frac{G_r(s) \cdot G_a(s)/[1 + G_a(s) \cdot G_b(s)]}{1 + H_c \cdot G_a(s) \cdot G(s)/[1 + G_a(s) \cdot G_b(s)]}$$

转速控制器

$$K_g = K_i K_m K_t \frac{H_\omega}{T_m} = 19.90$$

$$T_{\omega i} = T_\omega + T_i = 0.0025775(\text{s})$$

$$T_\mathrm{s} = 6T_{\omega\mathrm{i}} = 0.0155(\mathrm{s})$$

$$K_\mathrm{s} = \frac{4}{9K_\mathrm{g}T_{\omega\mathrm{i}}} = 8.6638$$

简化的转速环传递函数为

$$G_\mathrm{ss}(s) \cong \frac{1}{H_\omega}\left\{\frac{K_\mathrm{g}\dfrac{K_\mathrm{s}}{T_\mathrm{s}}(1+sT_\mathrm{s})}{s^3(T_{\omega\mathrm{i}}) + s^2 + K_\mathrm{g}\dfrac{K_\mathrm{s}}{T_\mathrm{s}}(1+sT_\mathrm{s})}\right\}$$

精确的转速环传递函数为

$$G_\mathrm{se}(s) = \frac{G_\mathrm{m}(s)\cdot G_\mathrm{i}(s)\cdot G_\mathrm{s}(s)}{1 + G_\omega(s)\cdot G_\mathrm{m}(s)\cdot G_\mathrm{i}(s)\cdot G_\mathrm{s}(s)}$$

式中

$$G_\mathrm{s}(s) = \frac{K_\mathrm{s}}{T_\mathrm{s}}\cdot\frac{(1+sT_\mathrm{s})}{s} = (560.2)\frac{(1+0.0155s)}{s}$$

$$G_\omega(s) = \frac{H_\omega}{1+sT_\omega} = \frac{0.05}{(1+0.002s)}$$

平滑

平滑是通过在一系列的转速参考值中插入极点以取消零点 $(1+sT_\mathrm{s})$。平滑使得最终的转速环传递函数只有极点。在基本所有的实际驱动系统中，平滑也被看做软启动控制器。

传递函数的增益及相位的伯德图如图 6.11 ~ 图 6.13 所示[17A]。尽管在转速环中，5 阶系统被近似等效为 3 阶系统，而在电流环中，3 阶系统近似等效为 1 阶系统，但在有用的频率区域内，这种近似方法在幅值和相位上均具有良好的近似效果。

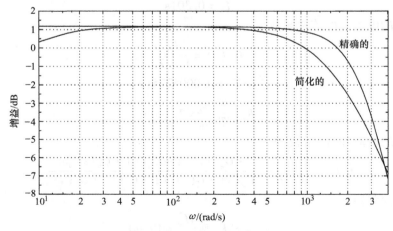

图 6.11 精确和简化的电流环增益伯德图（摘自 R. Krishnan 的《Electric Motor Drives》图 9.35，Prentice Hall, Upper Saddle River, NJ, 2001, 版权许可）

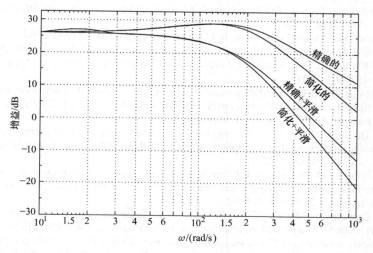

图 6.12 不同转速环传递函数增益的伯德图（摘自 R. Krishnan 的《Electric Motor Drives》图 9.36，Prentice Hall, Upper Saddle River, NJ, 2001, 版权许可）

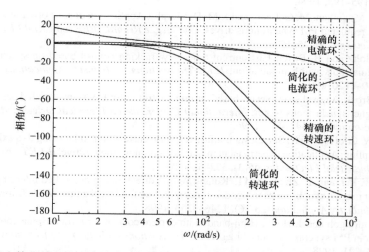

图 6.13 精确和简化的电流环和速度环的相角伯德图（摘自 R. Krishnan 的《Electric Motor Drives》图 9.37, Prentice Hall, Upper Saddle River, NJ, 2001, 版权许可）

参 考 文 献

1. P. Pillay and R. Krishnan, Control characteristics and speed controller design for a high performance permanent magnet synchronous motor drive, *Conference Record, 18th Annual IEEE Power Electronics Specialists Conference (Cat. No. 87CH2459-6)*, pp. 598–606, 1987.
2. P. Freere and P. Pillay, Design and evaluation of current controllers for PMSM drives,

Conference Record, IEEE Industrial Electronics Society (Cat. No. 90CH2841-5), pp. 1193–1198, 1990.

3. T. Rekioua, M. Meibody-Tabar, F. M. Sargos et al., Modelling and digital simulation of two current control methods for a permanent magnet synchronous motor supplied by PWM-VSI, *4th European Conference on Power Electronics and Applications*, pp. 457–462, 1991.

4. J. Holtz and E. Bube, Field-oriented asynchronous pulse-width modulation for high performance AC machine drives operating at low switching frequency, *IEEE Transactions on Industry Applications*, 27(3), 574–581, 1991.

5. K. Thiyagarajah, Study on converters and control techniques for high performance permanent magnet synchronous motor drives, PhD thesis, Chapter 5, Indian Institute of Science, Bangalore, 1992.

6. Y. Baudon, D. Jouve, and J.-P. Ferrieux, Current control of permanent magnet synchronous machines. Experimental and simulation study, *IEEE Transactions on Power Electronics*, 7(3), 560–567, 1992.

7. H. Bouzekri, F. Meibody Tabar, B. Davat, et al., Influence of current observers on the performances of a PMSM supplied by hysteresis current controlled VSI, *Fifth European Conference on Power Electronics and Applications (Conf. Publ. No. 377)*, pp. 359–362, 1993.

8. C. Attaianese, A. Del Pizzo, A. Perfetto, et al., Predictive VSI current controllers in PM brushless and induction motor drives, *International Conference on Electrical Machines*, pp. 195–198, 1994.

9. J. F. Moynihan, M. G. Egan, and J. M. D. Murphy, Application of state observers in current regulated PM synchronous drives, *Conference Record, IEEE Industrial Electronics Society*, pp. 20–25, 1994.

10. J. Holtz and B. Beyer, Fast current trajectory tracking control based on synchronous optimal pulsewidth modulation, *IEEE Transactions on Industry Applications*, 31(5), 1110–1120, 1995.

11. S. Brock, A novel space vector based current controller for PWM inverter-fed permanent magnet synchronous motor, *International Conference on Electrical Drives and Power Electronics*, pp. 442–447, 1996.

12. J.-W. Choi and S.-K. Sul, Design of fast-response current controller using d–q axis cross coupling: Application to permanent magnet synchronous motor drive, *IEEE Transactions on Industrial Electronics*, 45(3), 522–524, 1998.

13. M. F. Rahman, L. Zhong, and L. Khiang Wee, A direct torque-controlled interior permanent magnet synchronous motor drive incorporating field weakening, *IEEE Transactions on Industry Applications*, 34(6), 1246–1253, 1998.

14. L. Springob and J. Holtz, High-bandwidth current control for torque-ripple compensation in PM synchronous machines, *IEEE Transactions on Industrial Electronics*, 45(5), 713–721, 1998.

15. A. M. Khambadkone and J. Holtz, Fast current control for low harmonic distortion at low switching frequency, *IEEE Transactions on Industrial Electronics*, 45(5), 745–751, 1998.

16. J. O. Krah and J. Holtz, High-performance current regulation and efficient PWM implementation for low-inductance servo motors, *IEEE Transactions on Industry Applications*, 35(5), 1039–1049, 1999.

17. J. A. Haylock, B. C. McCrow, A. G. Jack, and D. J. Atkinson, Enhanced current control of high speed pm machine drives through the use of flux controllers, *IEEE Trans. Ind. Appl.*, 35(5), 1030–1038, Sept./Oct. 1999.

17a. R. Krishnan, *Electric Motor Drives*, Prentice Hall, Upper Saddle River, NJ, 2001.

18. F. Briz, M. W. Degner, and R. D. Lorenz, Analysis and design of current regulators using complex vectors, *IEEE Transactions on Industry Applications*, 36(3), 817–825, May/June 2000.

19. H. Takami, Design of an optimal servo-controller for current control in a permanent magnet synchronous motor, *IEE Proceedings: Control Theory and Applications*, 149(6), 564–572, 2002.

20. J. Holtz, Q. Juntao, J. Pontt, et al., Design of fast and robust current regulators for high-power drives based on complex state variables, *IEEE Transactions on Industry Applications*, 40(5), 1388–1397, 2004.

21. A. Moussi, A. Terki, and G. Asher, Hysteresis current control of a permanent magnet brushless DC motor PV pumping system, *International Solar Energy Conference*, pp 523–528, 2005.

22. S. Lerdudomsak, S. Doki, and S. Okuma, A novel current control system for PMSM considering effects from inverter in overmodulation range, *International Conference on Power Electronics and Drive Systems (PEDS '07)*, pp. 794–800, 2007.

23. J. Holtz and N. Oikonomou, Estimation of the fundamental current in low-switching-frequency high dynamic medium-voltage drives, *IEEE Transactions on Industry Applications*, 44(5), 1597–1605, 2008.

第 7 章　参数敏感性及补偿

7.1　引言

温度变化改变定子绕组电阻和永磁体的磁通剩磁。每增加 $100°C$ 的温升，在铁氧体、钕、钐钴磁铁中的铁心剩余磁通密度的敏感性分别为其标称值的 -19%、-12%、-3%。相比于定子绕组电阻变化的影响，温度变化引起的失磁对驱动系统性能的影响占主导地位[1]。此外，由于闭环控制的性质，定子绕组电阻的敏感性可通过电流调节进行克服。而驱动系统的电流控制对磁体的温度敏感性不起作用；闭环的转速控制驱动系统可将磁体的温度敏感性的影响降至最低。为了理解这种情况，假设驱动系统处于稳态运行模式，磁通密度以阶跃形式下降，通常这种情况是不存在的，但这里将其作为一种极端情况以便更容易说明问题。如果在稳态下，电流指令的大小保持为恒定值，则转矩将瞬间减小。随着转矩的下降，转速会减慢，导致更大的转速误差和更高的转矩指令，从而要求更高的电流指令。然后转矩上升，因此转速上升，系统持续这一动态过程直到达到新的稳定状态。在永磁体磁链出现扰动时，可能会造成上述电磁转矩的振荡，这在高性能驱动系统中是不希望见到的。

通常，饱和度对 q 轴电感的影响大于对 d 轴电感的影响，这是由于永磁体位于 d 轴上，而永磁体与空气具有类似的磁导率，使得 d 轴呈现出非常高的磁阻路径。而在 q 轴上，磁路几乎全部通过铁心，磁阻较低。

定义温度变化的影响为 β，饱和度的影响为 β，转矩及其参考值、磁链及其参考值之间的关系可由转速开环的永磁同步电机驱动系统推导得到[2, 3]。进一步假定该系统具有电流内环，其实际电流等于其参考值。

7.1.1　转矩与其参考值之比

参考文献［6］推导了转矩及其参考值的比，其形式如下：

$$\frac{T_e}{T_e^*} = \frac{\alpha\lambda_{af}^* i_{qs}^{r*} + (L_d - \beta L_q) i_{ds}^{r*} i_{qs}^{r*}}{\lambda_{af}^* i_{qs}^{r*} + (L_d - L_q) i_{ds}^{r*} i_{qs}^{r*}} = \frac{\alpha\lambda_{af}^* + L_d(1 - \beta\rho) i_{ds}^{r*}}{\lambda_{af}^* + L_d(1 - \rho) i_{ds}^{r*}} \tag{7.1}$$

注意到：转矩及其参考值之比与 q 轴定子电流无关。分子、分母同时除以基值磁链 $L_b I_b$，可以推导出该比值

$$\frac{T_e}{T_e^*} = \frac{\alpha\lambda_{afn} + (1 - \beta\rho) I_{dn} i_{dsn}^r}{\lambda_{afn} + (1 - \rho) L_{dn} i_{dsn}^r} \tag{7.2}$$

式中，归一化的转子磁链表示如下：

$$\lambda_{afn} = \frac{\lambda_{af}}{L_b I_b} = \frac{\lambda_{af}}{\lambda_b}(p.u.) \tag{7.3}$$

这里需要注意

$$i_{dn}^r = (i_{dn}^r)^* \tag{7.4}$$

在以前所举的实例中，均是针对同一台电机参数来研究各个细节。其转矩及其参考值的比与 α 的曲线如图 7.1 所示。图中，β 在 L_q 标称值的 80% ~ 100% 范围内取不同值。值得注意的是：当 $i_{dn}^r = -1$ p.u.，$\rho = 1.607$，$L_{dn} = 0.435$ p.u.，α 值在 0.7 ~ 1 之间变化。转子的温度升高，对应的 α 值较低；而 α 值为 1 时对应于室温，此时永磁体性能没有下降。随着温度的升高，饱和度进一步增加，相同定子电流下产生的输出转矩将从标称值开始下降。

当转矩角设为 $\pi/2$ 时，$i_{dsn} = 0$。转矩及其参考值之比等于 α。这时该值与饱和度无关，这与间接矢量控制感应电机的性能表现恰恰相反。

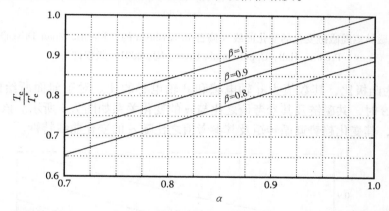

图 7.1　转速开环情况下不同饱和程度时的电磁转矩及其指令值的比（摘自 R. Krishnan 的《Electric Motor Drives》图 9.41, Prentice Hall, Upper Saddle River, NJ, 2001，版权许可）

基于以上研究的电机，图 7.2 给出了不同磁链 λ_{af} 时转矩参考值与实际值的比之间的关系。可以清楚地看出：当采用最大转矩/电流控制策略时，磁链变化 15% 会导致转矩变化 14.2%。由于磁链变化引起转矩的大范围变化及对系统响应造成的不利影响，因此对这些敏感度的补偿至关重要；同时还发现：q 轴和 d 轴电感变化 15% 导致的转矩变化分别仅为 2.21% 和 1.38%，这种变化的影响被认为可以忽略。

7.1.2　共磁链与其参考值之比

参考文献［6］推导了共磁链及其参考值的比，其形式如下：

$$\frac{\lambda_m}{\lambda_m^*} = \frac{\sqrt{(\alpha\lambda_{afn} + L_{dn}i_{dsn}^r)^2 + (\beta I_{qn}i_{qsn}^r)^2}}{\sqrt{(\lambda_{afn} + L_{dn}i_{dsn}^r)^2 + (L_{qn}i_{qsn}^r)^2}} = \frac{\sqrt{(\alpha\lambda_{afn} + L_{dn}i_{dsn}^r)^2 + (\beta\rho L_{dn}i_{qsn}^r)^2}}{\sqrt{(\lambda_{afn} + L_{dn}i_{dsn}^r)^2 + (\rho L_{dn}i_{qsn}^r)^2}}$$

$$\tag{7.5}$$

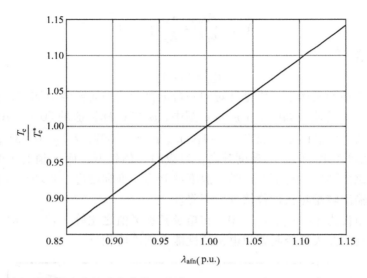

图 7.2　电磁转矩随磁链变化的变化曲线（摘自 R. Krishnan 的《Electric Motor Drives》图 9.42，
Prentice Hall, Upper Saddle River, NJ, 2001，版权许可）

式中，ρ 为凸极比，其数值为 q 轴电感和 d 轴电感的比。对于前面所给的电机参数，不同 β 时，共磁链及其参考值之比与 α 的变化关系如图 7.3 所示。该曲线为非线性关系，其变化趋势遵循转矩及其参考值之比随 α 的变化曲线特性。

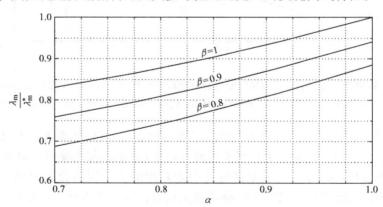

图 7.3　转速开环情况下不同饱和程度时共磁链及其参考值之比的变化曲线

　　温度和饱和的变化导致了永磁同步电机驱动器成为一个转矩和共磁链的非线性放大器，使得驱动系统不适合在精确的转矩和转速控制场合下应用。对参数变化的检测和补偿方法类似于矢量控制的感应电机驱动系统。接下来的几节中将分析两种参数检测和补偿方法。

7.2 基于电磁功率反馈控制的参数补偿

电磁功率是电机实际功率的一个明显标志，因此也同样是转子磁链和 q 轴饱和度变化的一种指示。电磁功率可由电机的输入功率减去定子绕组电阻损耗得到。如果在电磁功率中滤除定子电流的开关纹波和瞬时磁能，则其在给定的工作点上为直流信号，该值可记为

$$P_a = P_i - \frac{3}{2} \{ (i_{qs}^r)^2 + (i_{ds}^r)^2 \} R_s \tag{7.6}$$

式中，P_i 为输入功率，其计算式为

$$P_i = \frac{3}{2} \{ v_{qs}^r i_{qs}^r + v_{ds}^r i_{ds}^r \} = v_{as} i_{as} + v_{bs} i_{bs} + v_{cs} i_{cs} \tag{7.7}$$

注意，电机中转子磁链的变化体现在 q 轴电压上，而通过 L_q 变化体现出的饱和效应表现在 d 轴电压上。因此，电磁功率能够体现包含 R_s 在内的主要参数的变化。闭环的电磁功率反馈控制需求确定了电磁功率的参考值。

在驱动系统中，电磁功率的参考值可由转速的参考值或实际值、转矩的参考值获得。其形式为

$$P_a^* = \frac{\omega_r T_e^*}{(P/2)} \tag{7.8}$$

电磁功率参考值与计算或测量值之间的误差经放大限幅后提供了 q 轴定子电流的校正信号以对参数变化进行补偿，具体形式如图 7.4 所示。标记为 Δi_{qs}^* 的校正信号加上计算后的 q 轴电流 $(i_{qsc}^r)^*$ 可以给出补偿后的 q 轴参考电流 $(i_{qs}^r)^*$ [4]。

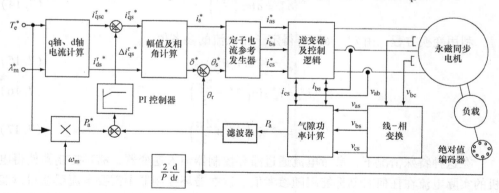

图 7.4 基于气隙功率反馈控制的永磁同步电机驱动系统的参数补偿（摘自 R. Krishnan 的《Electric Motor Drives》图 9.43，Prentice Hall，Upper Saddle River，NJ，2001，版权许可）

该反馈环的工作原理如下：如果转子磁链从标称值减小，将导致 q 轴电压下降，因此，测量或计算的电磁功率值 P_a 减小。这会造成 Δi_{qs}^* 正向增大，因此出现

增大的 q 轴电流，最终的结果使得电磁功率增大直至等于其参考值 P_a^*。同理，应用该控制策略也可实现对饱和影响的补偿。

7.2.1 补偿算法

补偿信号 Δi_{qs}^* 可由下式给出：

$$\Delta i_{qs}^{r*} = K_p(P_a^* - P_a) + K_i \int (P_a^* - P_a) \tag{7.9}$$

式中，K_p、K_i 分别为转速控制器的比例和积分增益。当转矩角为 $90°$ 时，在转子参考坐标系下的 q 轴电流指令为

$$i_{qs}^{r*} = \frac{T_e^*}{\frac{3}{2}\frac{P}{2}\lambda_{af}^*} \tag{7.10}$$

电流中的参考转矩成分由下式得出：

$$i_T^* = i_{qs}^{r*} + \Delta i_{qs}^{r*} \tag{7.11}$$

从而可以获得定子电流参考值的幅值

$$i_s^* = \sqrt{i_T^{*2} + i_f^{*2}} \tag{7.12}$$

当 $\delta = 90°$ 时，定子电流指令中的磁链产生成分 i_f^* 为 0；但是当 δ 不等于 $90°$ 时，i_f^* 不为 0。在弱磁控制时，i_f^* 不为 0，这将在本节后面的内容中讨论。

定子电流参考值的相位角为

$$\theta_s^* = \delta^* + \theta_r \tag{7.13}$$

式中，转矩角 δ^* 计算式如下：

$$\delta^* = a\tan\left(\frac{i_r^*}{i_f^*}\right) \tag{7.14}$$

利用变换方程，由 i_s^*、θ_s^* 可得定子相电流的参考值

$$i_{as}^* = i_s^* \sin(\theta_s^*) \tag{7.15}$$

$$i_{bs}^* = i_s^* \sin\left(\theta_s^* - \frac{2\pi}{3}\right) \tag{7.16}$$

$$i_{cs}^* = i_s^* \sin\left(\theta_s^* + \frac{2\pi}{3}\right) \tag{7.17}$$

在这种特殊情况下，参考电流通过滞环控制器馈入逆变器，滞环控制器使得电机的实际电流在任何时刻都能跟随参考值。这在滞环控制器中需要电流反馈得以实现。第 2 章对滞环电流控制器已经进行了描述。滞环控制器通过将相电流的参考值和电流的实际值进行比较，进而控制逆变器开关器件的开关，从而获得永磁同步电机所需的平均相电压。在额定转速以上运行时，可以实行弱磁控制。图 7.5 详细描述了图 7.4 中标注为 q 轴、d 轴电流计算模块的实现原理。图 7.5 中采用了简单的弱磁控制策略，标示 FW 所示的弱磁单元的输出如下：

$$f(\omega_r) = \frac{\omega_b}{\omega_r}; \quad \omega_b < \omega_r < \omega_{max}$$

$$1; \quad 0 < \omega_r < \omega_b \tag{7.18}$$

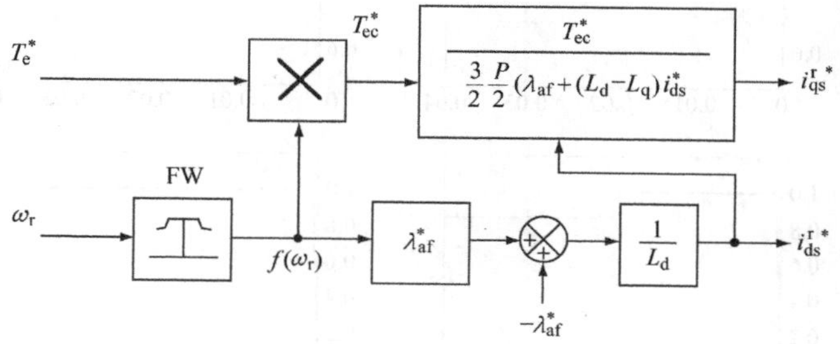

图 7.5　q 轴、d 轴参考电流的产生原理图（摘自 R. Krishnan 的《Electric Motor Drives》图 9.44，Prentice Hall, Upper Saddle River, NJ, 2001，版权许可）

转速低于额定转速时，FW 的输出为 1，进而 $i_{ds}^* = i_f^* = 0$；如果转速高于额定转速，则定子电流的弱磁成分为

$$i_{ds}^* = \frac{(f(\omega_r) - 1)\lambda_{af}^*}{L_d} \tag{7.19}$$

这里需要注意的是，弱磁运行时，$i_{ds}^* < 0$。q 轴参考电流 i_{qs}^{r*} 可由下式获得：

$$T_{ec}^* = T_e^* \cdot f(\omega_r) \tag{7.20}$$

$$i_{qs}^{r*} = \frac{T_{ec}^*}{\frac{3}{2}\frac{P}{2}[\lambda_{af} + (L_d - L_q)i_{ds}^*]} \tag{7.21}$$

至此完成了图 7.4 所示 q 轴、d 轴参考电流生成器的算法。

7.2.2　性能仿真

本节介绍基于图 7.4 所示的具有参数补偿的驱动系统的动态仿真结果。

转矩驱动性能：对于阶跃的转子磁链信号，图 7.6 所示为无补偿和补偿后的转矩驱动系统的仿真结果。系统启动时，转子磁链为额定值，$t = 0.02s$ 后，磁链变为额定值的 85%，并对其响应的影响进行了研究。可以看出：在无补偿系统中，由于 $\Delta i_{qs}^{r*} = 0$，i_s^* 不变，转子磁链阶跃变化对相电流无影响。因此，电磁转矩值从参考值减小，其结果导致实际电磁功率相应地随之减小。在补偿后的系统中，可以发现转矩在初始时出现一个低值，而后转矩会上升并与参考值相匹配，相应地 i_{as} 也随之上升，如相电流波形所示。在该转矩驱动系统中，转速维持在 0.5p. u.，该转速为这种情况下的额定转速。

转速控制驱动系统性能：第 2 组仿真针对转速控制驱动系统。在初始时刻，转速由 0 ~ 0.5p. u 进行阶跃变化；当转速等于给定值后，给负载转矩一个从 0 ~ 1.65p. u. 的阶跃变化；最后改变 λ_{af} 的值，使之从额定值变到 0.85 倍的额定值。

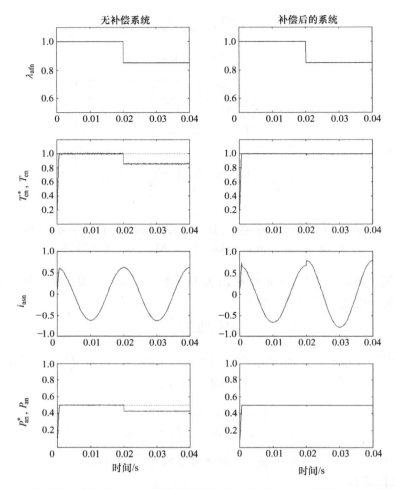

图 7.6　转子磁链阶跃变化时，有参数补偿和无参数补偿两种情况下的恒转矩角控制的
转矩驱动系统的仿真结果（摘自 R. Krishnan 的《Electric Motor Drives》图 9.45，
Prentice Hall, Upper Saddle River, NJ, 2001, 版权许可）

无补偿和补偿后的转速控制驱动系统的仿真结果如图 7.7 所示。转矩给定值 T_e^* 限定在 2p. u. ，在无补偿系统中，转子磁链的变化引起瞬时的转矩和转速减小，由于外环转速反馈的作用，使得转矩参考值增加，从而导致电磁功率参考值增加，如图中虚线所示。增加的 q 轴定子电流满足了负载转矩的要求，从而在稳态情况下，可使转速能够维持在其参考值上。在补偿系统中，转矩给定值和电磁功率参考值不改变，但 q 轴定子电流增加直至其产生的转矩等于参考值。在整个过程中，补偿结果的优点是转矩参考值不变，因此不会像无补偿系统那样引起转速的下降。例如：假设在无补偿系统中，通过转速反馈，将转矩参考值由 2p. u. 变为 2.5p. u. ，而转矩限幅器限制的最大输出值仅为 2p. u. 。这意味着 q 轴定子电流只能产生 2p. u. 的转

矩参考值，而在减小的转子磁链情况下产生小于 2p. u. 的转矩。如果负载转矩为 2p. u. ，则转速将必然下降。而在补偿系统中，显然不会出现这种情况。

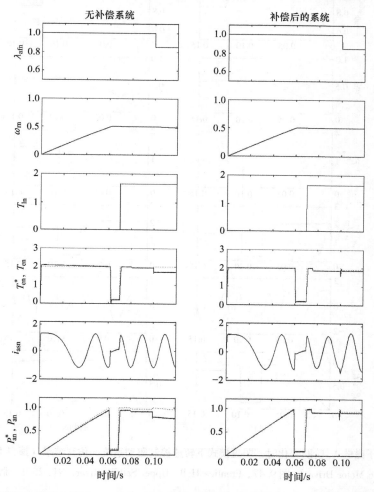

图 7.7　转子磁链 λ_{af} 阶跃变化时，基于恒转角的转速控制驱动系统的仿真结果（摘自 R. Krishnan 的 《Electric Motor Drives》 图 9.46，Prentice Hall, Upper Saddle River, NJ, 2001，版权许可）

　　弱磁驱动性能：第 3 组仿真针对弱磁区域转速控制系统的运行性能。仿真的条件是：在弱磁模式下，λ_{af} 从额定值到 0.85 倍额定值的阶跃变化。仿真结果如图 7.8 所示。当转速大于 0.5p. u. 时，驱动系统开始弱磁运行，参考转矩 T_e^* 和实际转矩如预期的开始下降直到转速达到给定转速。当 λ_{af} 阶跃变化时，参考转矩上升，而实际转矩并不上升以匹配由于转子磁链下降造成的参考转矩的上升。然而，在补偿系统中，由于在几乎任意瞬间都有补偿，转矩及其参考值之间实现了完美的匹配。

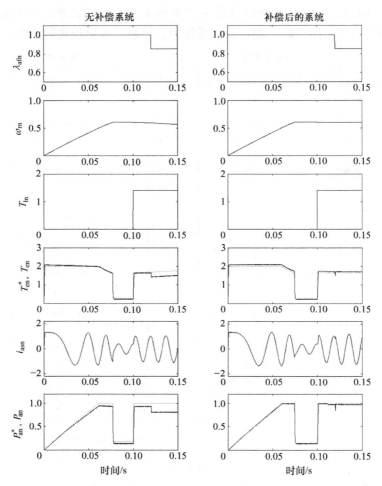

图 7.8 转子磁链 λ_{af} 阶跃变化时，弱磁模式下转速控制驱动系统的仿真结果（摘自 R. Krishnan 的《Electric Motor Drives》图 9.47，Prentice Hall, Upper Saddle River, NJ, 2001, 版权许可）

　　q 轴电感变化的影响：最后 1 组仿真为包含弱磁模式运行时，L_q 从额定值到 0.85 倍的额定值阶跃变化的结果，如图 7.9 所示。如果 $\delta = 90°$，因为控制器参数和输出转矩不依赖于 q 轴电感，所以 L_q 的变化对恒转矩角控制系统不会有任何影响。但在弱磁模式下，这些参数依赖于 q 轴电感，因此其变化对控制器的参数和输出转矩会产生影响。而补偿系统能够校正如图 7.8 所示的 L_q 变化的影响，其影响同 λ_{af} 变化的影响类似。

　　定子绕组电阻变化的影响：由于电磁功率的计算依赖于定子绕组电阻，而定子绕组电阻是随温度变化的，有必要进行定子绕组电阻阶跃变化的仿真，以验证电磁功率补偿策略是否足以抵消定子绕组电阻的变化，结果表明：在补偿系统中其影响

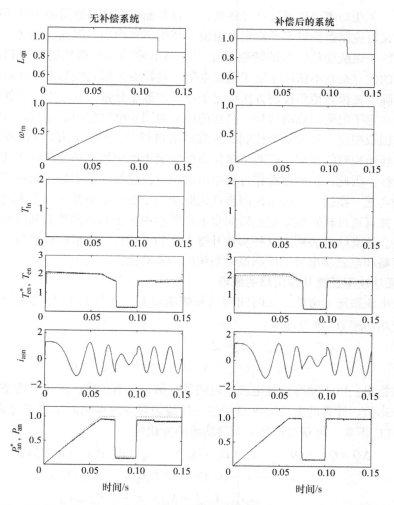

图 7.9　弱磁模式时，L_q 变化时转速控制驱动系统的仿真结果（摘自 R. Krishnan 的
《Electric Motor Drives》图 9.48，Prentice Hall，Upper Saddle River，NJ，2001，版权许可）

可以忽略不计。定子绕组电阻变化也可以通过直接温度测量的方式进行补偿。q 轴电感的变化可以通过监测 q 轴电流的大小得以补偿。因为不能通过直接监测转子铁心或其温度来补偿转子磁链的变化，所以有必要实施诸如电磁功率反馈的控制策略，该策略有效克服了转子磁链变化的参数敏感性，同样的方法也可以用来弥补电机其他参数的变化。

7.3　基于无功功率反馈控制的参数补偿

本节中研究了一种基于无功功率反馈控制的参数补偿策略。在永磁同步电机驱动系统中，无功功率可以通过计算得到，并且其能够在精确地反映了转子磁链的变化的同时又对控制器测量定子绕组电阻值不产生不利影响。因此，无功功率可用来补偿由于转子磁链变化引起的转矩变化[5]。与电磁功率反馈控制策略相比，无功功率反馈的优点是它不依赖于定子绕组电阻；其缺点是对其控制需要知道电流的磁场分量。除了在恒转矩角控制方法中定子电流的磁场分量为 0 之外，其他所有的控制方法均有定子电流的磁场分量。高性能的永磁同步电机控制器运行总是需要采用单位功率因数控制、最大效率控制、恒气隙磁链控制、最大转矩/电流控制或单位损耗最大转矩控制等策略。这些策略均需产生定子电流的磁场分量以实现系统预期的性能指标，因此，驱动器操作过程中所需的电流磁场分量不妨碍无功功率反馈控制策略的实施。在这里，对永磁同步电机驱动的动态模型中并入基于无功功率的补偿策略，并且通过转矩控制的永磁同步电机驱动中转子磁通的阶跃和斜坡变化验证了该策略。仿真结果表明了这种参数补偿方法的可行性。这里同样也包括对于基于该控制策略和电磁功率反馈控制策略系统的仿真对比。

7.3.1 无功功率反馈补偿策略的原理

假设电流跟随参考值，无时间滞后和幅值误差，并且 L_d 和 L_q 是常量。稳态下的参考无功功率 Q^* 推导如下：

$$Q^* = v_{ds}^{r*} i_{qs}^{r*} - v_{qs}^{r*} i_{ds}^{r*}$$
$$= -\omega_r(L_d(i_{ds}^{r*})^2) + L_q(i_{qs}^{r*})^2) - \omega_r \lambda_{af}^* i_{ds}^{r*} \tag{7.22}$$

应该指出：由于动态值是电流对时间的导数，计算困难，这里只考虑参考无功功率的稳态值。计算的无功功率 Q 经过一阶滤波器滤波得到无功功率的滤波值 Q_f，假定 L_d 和 L_q 不变，可获得稳态下无功功率的变化量

$$\Delta Q = Q^* - Q_f = -\omega_r(L_d(i_{ds}^{r*})^2 + L_q(i_{qs}^{r*})^2) - \omega_r \lambda_{af}^* i_{ds}^{r}$$
$$- (-\omega_r(L_d i_{ds}^{r2} + L_q i_{qs}^{r2}) - \omega_r \lambda_{af} i_{ds}^{r})$$
$$= -\omega_r i_{ds}^{r*}(\lambda_{af}^* - \lambda_{af}) = -\omega_r i_{ds}^{r*} \Delta \lambda_{af} \tag{7.23}$$

进而得到稳态时磁链的变化

$$\Delta \lambda_{af} = -\frac{\Delta Q}{\omega_r i_{ds}^{r*}} = -\frac{\Delta Q}{\omega_r i_s^* \cos(\delta^*)} \tag{7.24}$$

由式（7.24），可计算出补偿反馈如下：

$$\Delta C = \frac{\lambda_{af}^*}{\lambda_{af}^* - \Delta \lambda_{af}} \tag{7.25}$$

补偿后的转矩为

$$T_{ec}^* = T_e^* \Delta C \tag{7.26}$$

虽然该过程的说明是基于稳态性能表现的，但是该控制策略中用到的是动态无功功率。由于补偿反馈的获得是通过稳态参考无功功率和瞬时无功功率相比得到的，ΔC 在瞬态会有一个小误差，可以证明：这种误差可以忽略不计。

7.3.2　驱动器的原理

图 7.10 所示为该驱动系统的原理图。整个系统由电机、位置传感器、无功功率反馈、无功功率控制以及逆变器组成。图中所有的参考值均用 * 标示。在最大转矩/安培控制策略中，参考转矩 T_e^* 乘以补偿反馈获得 T_{ec}^*，并通过查表的方式得到定子电流参考值 i_{sn}^* 和转矩角 δ^*。图中其他控制模块与其他任意一种永磁同步电机系统的模块都是一样的，其描述如 7.3 节。

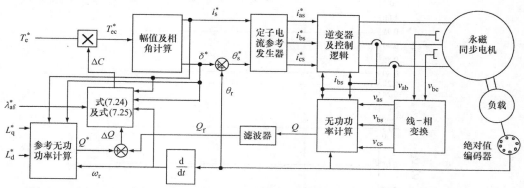

图 7.10　基于无功功率反馈控制的永磁同步电机驱动系统的参数补偿（摘自 R. Krishnan，P. Vijayraghavan，Proc. IEEE Int Symp. Indus. Electron.，2，661，1999，版权许可）

7.3.3　仿真结果

构建了一个传递额定转矩的系统动态仿真模型，其转子磁链 λ_{af} 的变化规律为从额定值的阶跃变化或斜坡变化，并且同样对基于电磁功率反馈控制下不同定子绕组电阻的影响进行了仿真比较。在仿真中，参考变量用虚线表示，并且所有的仿真均是在额定转速下进行的。

图 7.11 和图 7.12 所示分别为转矩驱动系统在无补偿和有补偿两种情况下的转子磁链阶跃变化的仿真结果。在 0.01s 之前，系统在 λ_{af} 额定值下运行，在 0.01s 时刻之后，λ_{af} 变为额定值的 85%。在无补偿系统中，转子磁链的参考值或估算值不变，因此转子磁链变化时，其产生的转矩减少了 15%；在补偿系统中，转子磁链变化时，其估计值或参考值也随之变化以跟踪实际值。这导致了 T_{ec}^* 的增加，从而引起了 i_{qs}^* 和 i_{ds}^* 的变化，使得定子电流参考值增大。其结果使得电机电流增加，在电机中产生的转矩增加。可以看到无功功率的参考值和实际值并非完全匹配。这是由于在例证中特定的控制策略下，补偿是针对电磁转矩而不是电机中的无功功率本身，并且控制器中也没有积分环节。

图 7.13 和图 7.14 所示分别为在无补偿和补偿后的转矩驱动系统下，更加接近于实际情况的转子磁链斜坡变化时的仿真结果。在 0.01s 之前，系统在 λ_{af} 额定值下运行，在 0.01s 时刻之后，λ_{af} 值从额定值线性减小到 85% 额定值。在无补偿系统中，当转子磁链变化时，产生的转矩随之线性减少；在补偿系统中，转子磁链变化时，转子磁链的估计值或参考值也随之变化，使得电磁转矩匹配其参考值。

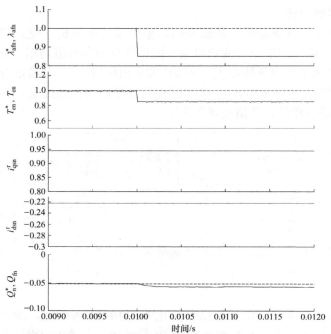

图 7.11　无补偿情况下磁链阶跃变化时的标幺值响应（摘自 R. Krishnan，P. Vijayraghavan，
Proc. IEEE Int. Symp. Indus. Electron.，2，661，1999，版权许可）

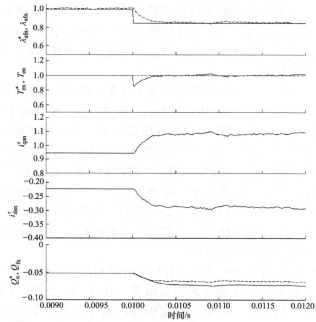

图 7.12　有补偿情况下磁链阶跃变化时的标幺值响应（摘自 R. Krishnan，P. Vijayraghavan，
Proc. IEEE Int. Symp. Indus. Electron.，2，661，1999，版权许可）

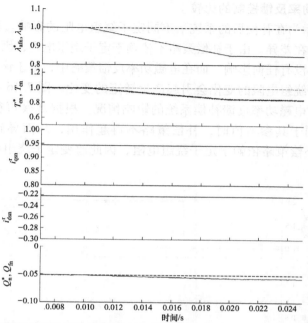

图 7.13　无补偿情况下磁链斜坡变化时的标幺值响应（摘自 R. Krishnan，P. Vijayraghavan，
Proc. IEEE Int. Symp. Indus. Electron.，2，661，1999，版权许可）

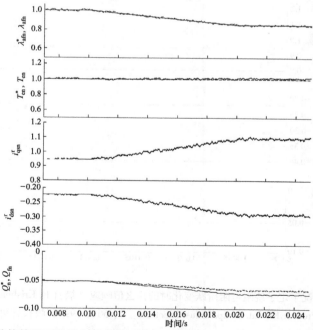

图 7.14　有补偿情况下磁链斜坡变化时的标幺值响应（R. Krishnan，P. Vijayraghavan，
Proc. IEEE Int. Symp. Indus. Electron.，2，661，1999，版权许可）

7.3.4　与电磁功率反馈控制的比较

图 7.15 所示为在补偿后的系统下不同定子绕组电阻的影响。可以发现转矩参考和输出值不存在差异。由于补偿策略不依赖于定子绕组电阻，因此定子绕组电阻的变化对该策略没有任何影响。而在电磁功率反馈策略中，由于该策略依赖于定子绕组电阻，定子绕组电阻的变化会引起产生转矩的变化。图 7.16 所示给出了改变定子绕组电阻对电磁功率反馈补偿系统的影响情况。根据观察可得，当定子绕组电阻变化且不同于其参考值时，补偿策略不再起作用，从而导致产生转矩的下降。由此可见补偿策略依赖于定子绕组电阻，因此改变定子绕组电阻会影响该控制策略。

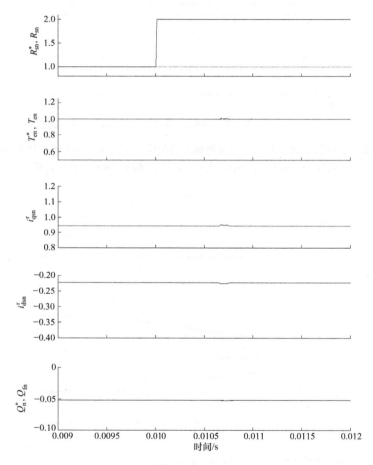

图 7.15　有补偿情况下定子绕组电阻阶跃变化时的标幺值响应（摘自 R. Krishnan，P. Vijayraghavan，Proc. IEEE Int. Symp. Indus. Electron.，2，661，1999，版权许可）

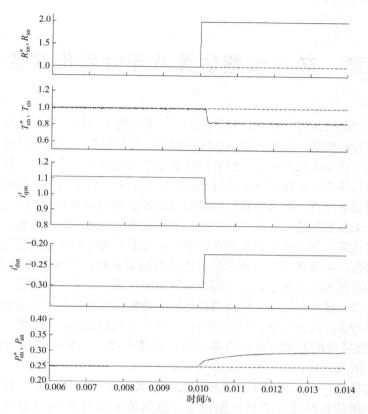

图 7.16 基于电磁功率反馈补偿情况下定子绕组电阻阶跃变化时的标幺值响应(摘自 R. Krishnan, P. Vijayraghavan, Proc. IEEE Int. Symp. Indus. Electron. , 2, 661, 1999, 版权许可)

参 考 文 献

1. R. Krishnan, Selection criteria for servo motor drives, *IEEE Transactions on Industry Applications*, IA-23(2), 270–275, 1987.

2. R. Krishnan and P. Pillay, Parameter sensitivity in vector controlled AC motor drives, *Conference Record, IEEE International Conference on Industrial Electronics, Control, and Instrumentation (Cat. No. CH2484-4)*, pp. 212–218, 1987.

3. R. Krishnan and A. S. Bharadwaj, A review of parameter sensitivity and adaptation in indirect vector controlled induction motor drive systems, *IEEE Transactions on Power Electronics*, 6(4), 695–703, 1991.

4. R. Krishnan and P. Vijayraghavan, Parameter compensation of permanent magnet synchronous machines through airgap power feedback, Conference Record, *IEEE International Conference on Industrial Electronics, Control, and Instrumentation (Cat. No. 95CH35868)*, pp. 411–416, 1995.

5. R. Krishnan and P. Vijayraghavan, Fast estimation and compensation of rotor flux linkage in permanent magnet synchronous machines, *Proceedings of the IEEE International Symposium on Industrial Electronics (Cat. No. 99TH8465)*, pp. 661–666, 1999.

6. R. Krishnan, Electric Motor Drives, Prentice Hall, Upper Saddle River, NJ, 2001.

第 8 章　转子位置估算及无位置传感器控制

第 4 章讨论的任何一种永磁同步电机驱动系统的实施均需要两个电流传感器和一个转子位置传感器。在高性能的应用场合中，转子位置可利用光学编码器或解析器检测。在小功率电机系统中，位置传感器与电机的成本几乎相当，使得整个系统在成本上与其他类型电机的驱动系统相比缺乏竞争力。而电流传感器的成本并不像位置传感器那么昂贵，而且在其他类型的驱动器反馈控制中同样需要电流传感器。因此，基于无位置传感器的永磁同步电机驱动系统的控制有助于提高其在诸如对成本控制敏感或需在基于传感器驱动系统中当传感器故障时提供备用控制方案等应用场合的适用性。本章将讨论 4 种无位置传感器控制策略：①电流模型自适应方案，该方案只利用电流及其先前值的不同来估算转子位置；②基于外部信号注入的转子位置辨识方案，该方案的注入信号可以是注入的旋转电压信号、在旋转的 q 轴上注入的磁链信号或注入交流电压相量信号；③基于电流模型的注入方案；④利用逆变器 PWM 载波成分的方案。由于篇幅所限，本章不能对该研究热点的成果——论述，为深入研究，读者可查阅相关参考文献。

参考文献 [1-3] 概述了交流电机无传感器控制的一般技术。相关参考文献给出目前采用的各种无传感器控制技术，诸如基于观测器/估算器的方法[4-11]、卡尔曼滤波法[12-15]、反电动势法[16-22]、PWM 或空间矢量调制信号法[23-28]以及信号注入法[29-41]；参考文献中还包括了为控制策略提供精确估算基础的电机相关问题[42-45]及其他的无传感器控制策略[46-53]。

8.1　电流模型自适应策略

该控制策略是基于电流测量值与基于电机模型的电流计算值之间的误差，进而确定转速估算值和实际值的差异[23a]，在电机同步运行时，电流误差为零。该策略通过电流误差来估计转子位置以实现对转子位置的估算。以下为该无位置传感器控制制的相关算法[11]。

为了研究该控制算法，做如下假设：

1）电机参数和转子永磁体通量保持不变；

2）电机的感应电动势为正弦量；

3）驱动器工作在恒转矩区，而不考虑在弱磁工作区内的运行。

基本的控制原理如图 8.1 所示。两相电流构成了转子的电气位置角和转速估算模块的输入。参考转速 ω_r^* 和估算转速 ω_{rm} 的误差经放大限幅后提供定子电流的转

矩分量 i_T^*。该定子电流为转子参考坐标系下的 q 轴定子电流。通过转子位置的估算值与 i_T^* 可以得出定子电流指令并经电流调节输入三相逆变器，进而驱动永磁同步电机。位置和转速估算公式可由电机方程推导得到。

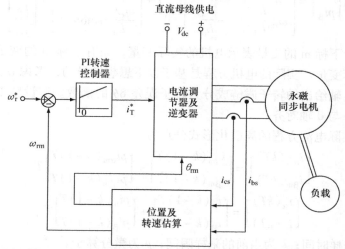

图 8.1　无传感器永磁同步电机驱动器的控制原理框图（摘自 R. Krishnan 的《Electric Motor Drives》图 9.38，Prentice Hall，Upper Saddle River，NJ，2001，版权许可）

假定电机在 ω_r 的转速下运行，而估算模型始于假设转速 ω_rm，其相量图如图 8.2 所示。假设的转子位置 θ_rm 与实际的转子位置 θ_r 相比滞后 $\delta\theta$ 弧度角。它们与实际或假设模型的转速有关。

$$\theta_\mathrm{r} = \int \omega_\mathrm{r} \mathrm{d}t \tag{8.1}$$

$$\theta_\mathrm{rm} = \int \omega_\mathrm{rm} \mathrm{d}t \tag{8.2}$$

$$\delta\theta = \theta_\mathrm{r} - \theta_\mathrm{rm} = \int (\omega_\mathrm{r} - \omega_\mathrm{rm}) \mathrm{d}t \tag{8.3}$$

由电机模型可计算出定子电流。该定子电流是在假设转速下的参考坐标系中得出的。即其参考坐标系为 α、β 轴系而不是常见的 d、q 转子参考坐标系。在假设转速的参考坐标系下，电机模型为

$$\begin{bmatrix} pi_{\alpha\mathrm{m}} \\ pi_{\beta\mathrm{m}} \end{bmatrix} = \begin{bmatrix} -\dfrac{R_\mathrm{s}}{L_\mathrm{q}} & -\omega_\mathrm{rm}\dfrac{L_\mathrm{d}}{L_\mathrm{q}} \\ \omega_\mathrm{rm}\dfrac{L_\mathrm{q}}{L_\mathrm{d}} & -\dfrac{R_\mathrm{s}}{L_\mathrm{d}} \end{bmatrix} \begin{bmatrix} i_{\alpha\mathrm{m}} \\ i_{\beta\mathrm{m}} \end{bmatrix} + \begin{bmatrix} -\dfrac{\omega_\mathrm{rm}\lambda_{\mathrm{af}}}{L_\mathrm{q}} \\ 0 \end{bmatrix} + \begin{bmatrix} \dfrac{v_\alpha}{L_\mathrm{q}} \\ \dfrac{v_\beta}{L_\mathrm{d}} \end{bmatrix} \tag{8.4}$$

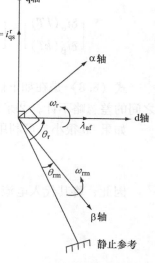

图 8.2　对应于实际及估算转子位置的误差的相量图（摘自 R. Krishnan 的《Electric Motor Drives》图 9.39，PrenticeHall，Upper Saddle River，NJ，2001，版权许可）

在同一参考坐标系下，从实际的 d、q 轴电机模型变换得到的电机模型为

$$\begin{bmatrix} pi_\alpha \\ pi_\beta \end{bmatrix} = \begin{bmatrix} -\dfrac{R_s}{L_q} & -\omega_{rm}\dfrac{L_d}{L_q} \\ \omega_{rm}\dfrac{L_q}{L_d} & -\dfrac{R_s}{L_d} \end{bmatrix} \begin{bmatrix} i_\alpha \\ i_\beta \end{bmatrix} + \begin{bmatrix} -\dfrac{\omega_r\lambda_{af}}{L_q}\cos\delta\theta \\ \dfrac{\omega_r\lambda_{af}}{L_d}\sin\delta\theta \end{bmatrix} + \begin{bmatrix} \dfrac{v_\alpha}{L_q} \\ \dfrac{v_\beta}{L_d} \end{bmatrix} \quad (8.5)$$

无第二个下标 m 的变量表示电机的实际变量，而有下标 m 的变量表示电机模型变量或估算变量。实际的电机方程是基于以下思想推导的，考虑 α、β 轴为参考轴，因此从 d 轴给出的转子磁链成分为转子误差 $\delta\theta$ 的函数。假设整个转子磁场均位于 d 轴上，与 d 轴对齐。

模型和实际电流方程的离散化形式分别为

$$\begin{bmatrix} i_{\alpha m}(kT) \\ i_{\beta m}(kT) \end{bmatrix} = \begin{bmatrix} i_{\alpha m}(k-1)T \\ i_{\beta m}(k-1)T \end{bmatrix} + \begin{bmatrix} pi_{\alpha m}(k-1)T \\ pi_{\beta m}(k-1)T \end{bmatrix} T \quad (8.6)$$

$$\begin{bmatrix} i_\alpha(kT) \\ i_\beta(kT) \end{bmatrix} = \begin{bmatrix} i_\alpha(k-1)T \\ i_\beta(k-1)T \end{bmatrix} + \begin{bmatrix} pi_\alpha(k-1)T \\ pi_\beta(k-1)T \end{bmatrix} T \quad (8.7)$$

式中，T 为采样时间；k 为当前的采样瞬间；p 为微分算子。

将式（8.4）、式（8.5）中的电流、感应反电动势和输入电压的微分项代入式（8.6）、式（8.7），可得各自的电流误差关系

$$\begin{bmatrix} \delta i_\alpha(kT) \\ \delta i_\beta(kT) \end{bmatrix} = \begin{bmatrix} i_\alpha(kT) - i_{\alpha m}(kT) \\ i_\beta(kT) - i_{\beta m}(kT) \end{bmatrix} = T\begin{bmatrix} -\dfrac{\lambda_{af}}{L_q}(\omega_r\cos\delta\theta - \omega_{rm}) \\ \dfrac{\omega_r\lambda_{af}}{L_d}\sin\delta\theta \end{bmatrix} \quad (8.8)$$

式（8.8）是在如下假设的基础上推导的：①乘以 T 后，模型电流和实际电流之间的差忽略不计；②采样时间与驱动系统的电气和机械时间常数相比非常小。

如果 $\delta\theta$ 很小，可利用下面的有效近似对上述结果进行解释。

$$\sin\delta\theta \cong \delta\theta \quad (8.9)$$

$$\cos\delta\theta \cong 1 \quad (8.10)$$

因此，将其代入电流误差方程，可得如下结果：

$$\delta i_\alpha(kT) = -\frac{\lambda_{af}}{L_q}T(-\omega_{rm} + \omega_r) \quad (8.11)$$

$$\delta i_\beta(kT) = \omega_r\frac{\lambda_{af}}{L_d}\delta\theta \quad (8.12)$$

从中可以得到实际的转速

$$\omega_r = -\frac{L_q}{\lambda_{af}}\frac{1}{T}\delta i_\alpha(kT) + \omega_{rm} \quad (8.13)$$

估算的转子位置误差为

$$\delta\theta = \frac{L_d}{\lambda_{af}} \frac{1}{T} \frac{\delta i_\beta(kT)}{\omega_r} \tag{8.14}$$

在转子位置误差方程中代入电机转速，$\delta\theta$ 表示为

$$\delta\theta = \frac{\left(\dfrac{L_d}{T\lambda_{af}}\right)\delta i_\beta(kT)}{\left[\omega_{rm} - \dfrac{L_q}{T\lambda_{af}}\delta i_\alpha(kT)\right]} \tag{8.15}$$

式中，$\delta\theta$、ω_{rm} 和 ω_r 均为 KT 的瞬间采样值。在每个采样时刻对其进行估算以使之接近转子的实际位置，转子位置为

$$\theta_r = \theta_{rm} + \delta\theta \tag{8.16}$$

θ_r 作为下一个采样间隔内 θ_{rm} 的估算值，提供给控制器以计算定子电流指令。为了平滑电机中由电压开关引起的电流纹波，在系统中需加入滤波器。位置和转速估算的实现如图 8.3 所示。

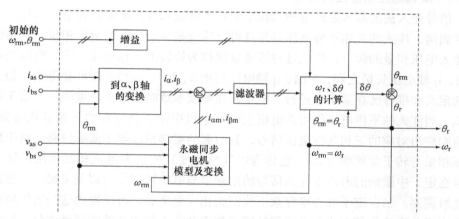

图 8.3　转子电角度和转速估算的实现方框图（摘自 R. Krishnan 的《Electric Motor Drives》图 9.40，Prentice Hall, Upper Saddle River, NJ, 2001. 版权许可）

　　从静止状态的启动是通过对定子相通相应的电流使得转子位于特定位置的方法实现的。或者，给逆变器发送一系列脉冲，使得电机获得一个极小的转速以进行预测。在这段时间内，估算器不起作用，只在关断启动过程后进入控制过程。转速和转子位置初始值的输入有助于初始启动到估算过程的连续性运行控制。低速运行仍旧是该技术应用的一个挑战。

　　还存在一些其他方法可用于转子位置的估算。通过定子电流和电压的测量值可估算出定子相的感应反电动势，进而估算转子位置。在零速工作点上，反电动势为 0，因此，该方法不能实现零速下的位置估算；而在低速时，由于电压信号的幅值很小，也很难准确估算出感应反电动势。因此，采用该方法时也要融入上面所讨论的电机初始启动过程。

8.2　外加信号注入法

由定子电感可以得到理想的转子位置。无论永磁体在转子上如何分布，如果永磁体的极弧角小于180°的电角度，q轴、d轴之间的磁阻是随转子位置变化的。磁阻变化可通过无创测量技术测得，进而利用它们可提取转子位置信息。在具有高凸极性的电机中磁阻变化非常显著。即使在表面式永磁电机中，d轴、q轴之间的磁阻也有10%的变化。参考文献所列论文讨论了各种可行的转子位置估算方法。本章选择其中的几种方法进行讨论，并对相应的策略进行举例说明。它们是现有方案的绝佳示例，但绝不意味着其能涵盖现有的所有方案。在很大程度上，本章只给出了这些策略的基础理论和插图，以有助于读者更好地理解这些信号注入法的基本知识，便于进一步研究相关的出版文献。

8.2.1　旋转电压相量注入策略

信号注入法的基本原理是加入频率不同于电机基波频率的三相电压信号。不管频率如何，注入的三相平衡电压信号总可以认为是一个旋转的电压相量，旋转频率为注入电压相量的频率，因此这种策略也被称为旋转电压相量注入法。电压相量为d轴、q轴电压矢量之和，d轴、q轴电压可由a、b、c三相电压推导得出，相关变量的定义和推导已在第3章进行了阐述，在阅读本章时欢迎读者重温一下第3章的知识。当注入的平衡电压作用在电机上时，电机中除了已存在的三相基频电流外，还会响应出对应的三相高频电流信号，其引起的磁链只依赖于漏磁磁路。由于旋转电压相量与转子角频率为ω_r（也称为电气角速度）的旋转电机相互作用，被注入信号在定子中激励的电流受注入信号的角频率与电机转速之差以及d轴、q轴漏感变化所调制。当在定子参考坐标系下检测到相应电流后，可以发现这些电流所包含的频率成分有注入频率成分及两倍的转子频率和注入频率之差的频率成分，后者可以用于观测器以提取转子的位置信息。下面讲述该策略的详细推导过程。

注入电压频率为ω_i，可表示为

$$v_{asi} = V_i \sin(\omega_i t) = V_i \sin\theta_i$$

$$v_{bsi} = V_i \sin\left(\omega_i t - \frac{2\pi}{3}\right) = V_i \sin\left(\theta_i - \frac{2\pi}{3}\right)$$

$$v_{csi} = V_i \sin\left(\omega_i t + \frac{2\pi}{3}\right) = V_i \sin\left(\theta_i + \frac{2\pi}{3}\right) \tag{8.17}$$

式中，$\theta_i = \omega_i t$。将注入电压变换到q轴、d轴参考坐标系

$$v_{qsi} = v_{asi} = V_i \sin(\omega_i t) = V_i \sin\theta_i$$

$$v_{dsi} = \frac{1}{\sqrt{3}}(v_{csi} - v_{bsi}) = V_i \cos(\omega_i t) = V_i \cos\theta_i \tag{8.18}$$

以上参数为定子或静止参考坐标系下的变量。这些电压加上基本的电压指令，

最终加载到逆变器上。通过将同一坐标系下的注入电压信号等于漏电感压降的关系，可以很容易地得到注入电压的响应电流。然后，通过适当的变换，可得定子坐标系下的响应电流。因此，为了获得定子参考坐标系下的电流响应信号，可通过以下三个步骤得以实现。

1）注入的定子电压信号从定子参考坐标系到转子参考坐标系的变换；

2）在转子参考坐标系，利用 q 轴、d 轴漏感及转子参考轴系下的电压、电流关系得出注入信号频率下的电流响应；

3）将转子参考坐标系下的注入频率成分电流变换到定子参考坐标系下，这些量在该坐标系下是可测的。

下面给出具体的推导过程。转子参考坐标系下的变量用上标 r 标示；定子参考坐标系下的变量无上标 r 标示。基于转子参考坐标系下的 q 轴和 d 轴电压为

$$
\begin{bmatrix} v_{qsi}^{r} \\ v_{dsi}^{r} \end{bmatrix} = \begin{bmatrix} \cos\theta_r & -\sin\theta_r \\ \sin\theta_r & \cos\theta_r \end{bmatrix} \begin{bmatrix} v_{qsi} \\ v_{dsi} \end{bmatrix} = V_i \begin{bmatrix} \sin(\theta_i - \theta_r) \\ \cos(\theta_i - \theta_r) \end{bmatrix} \tag{8.19}
$$

式中，θ_r 为转子位置角，该值与转速 ω_r 有关，其值等于 $\theta_r = \omega_r t$，t 为时间（s）。可以看出：在转子参考坐标系下，注入电压受转子位置角调制。这些电压只有在定子参考坐标系下是可测的，因此，为了利用包含其中的转子位置信息，需要估算它们对电机电流响应的影响。注入电压及其电流响应的关系非常简单，可用转子坐标系下的 q 轴、d 轴漏感参数表示。在转子参考坐标系下，如果忽略定子绕组电阻的压降，定子电压等于漏感上的电压降，其值表示为

$$
\begin{bmatrix} v_{qsi}^{r} \\ v_{dsi}^{r} \end{bmatrix} = \begin{bmatrix} L_{q1} & 0 \\ 0 & L_{d1} \end{bmatrix} \begin{bmatrix} p i_{qsi}^{r} \\ p i_{dsi}^{r} \end{bmatrix} = V_i \begin{bmatrix} \sin(\theta_i - \theta_r) \\ \cos(\theta_i - \theta_r) \end{bmatrix} \tag{8.20}
$$

式中，L_{q1}、L_{d1} 分别为 q 轴、d 轴漏感；p 为微分算子 d/dt。、

根据该关系可对定子电流信号进行估算，但该信号是转子参考坐标系下的变量，不能直接进行测量。因此，为了测量得到定子电流，要对其进行变换，得到定子参考坐标系下的电流响应信息，从中提取转子的位置信息，进行转子位置的估算。转子参考坐标系下相关的电流信号为

$$
\begin{bmatrix} i_{qsi}^{r} \\ i_{dsi}^{r} \end{bmatrix} = \frac{V_i}{(\omega_i - \omega_r) L_{d1} L_{q1}} \begin{bmatrix} -L_{d1} \cos(\theta_i - \theta_r) \\ L_{q1} \sin(\theta_i - \theta_r) \end{bmatrix} \tag{8.21}
$$

将其变换到定子参考坐标系下的电流响应为

$$
\begin{bmatrix} i_{qsi} \\ i_{dsi} \end{bmatrix} = \begin{bmatrix} \cos\theta_r & \sin\theta_r \\ -\sin\theta_r & \cos\theta_r \end{bmatrix} \begin{bmatrix} i_{qsi}^{r} \\ i_{dsi}^{r} \end{bmatrix}
$$

$$
= \frac{V_i}{(\omega_i - \omega_r) L_{d1} L_{q1}} \begin{bmatrix} -L_{d1} \cos\theta_r \cos(\theta_i - \theta_r) + L_{q1} \sin\theta_r \sin(\theta_i - \theta_r) \\ L_{d1} \sin\theta_r \cos(\theta_i - \theta_r) + L_{q1} \cos\theta_r \sin(\theta_i - \theta_r) \end{bmatrix} \tag{8.22}
$$

进而获得了由注入信号引起的 q 轴、d 轴定子电流响应，其指数形式为

$$i_{qsi} = \frac{V_i}{4(\omega_i - \omega_r)L_{d1}L_{q1}}[\{ae^{j\theta_i} - be^{j(\theta_i - 2\theta_r)}\} + \{ae^{-j\theta_i} - be^{-j(\theta_i - 2\theta_r)}\}] \quad (8.23)$$

$$i_{dsi} = \frac{V_i}{j4(\omega_i - \omega_r)L_{d1}L_{q1}}[\{ae^{j\theta_i} + be^{j(\theta_i - 2\theta_r)}\} - \{ae^{-j\theta_i} + be^{-j(\theta_i - 2\theta_r)}\}] \quad (8.24)$$

式中

$$a = L_{d1} + L_{q1}$$
$$b = L_{q1} - L_{d1} \quad (8.25)$$

由上述的 q 轴和 d 轴电流成分，推导可得定子注入信号频率成分的电流相量

$$i_{si} = i_{dsi} + ji_{qsi} = i_{qsi} = -j\frac{V_i}{2(\omega_i - \omega_r)L_{d1}L_{q1}}[ae^{j\theta_i} - be^{-j(\theta_i - 2\theta_r)}] \quad (8.26)$$

注入信号频率成分电流可分为正序分量和负序分量，将其分离出来可分别表示为

$$i_{ip} = -j\frac{V_i}{4(\omega_i - \omega_r)L_{d1}L_{q1}}ae^{j\theta_i}$$

$$i_{in} = j\frac{-V_i}{4(\omega_i - \omega_r)L_{d1}L_{q1}}be^{-j(\theta_i - 2\theta_r)} \quad (8.27)$$

式中，i_{ip} 和 i_{in} 分别表示由注入电压信号响应出的 d 轴定子电流的正序电流分量和负序电流分量。电流的正序分量成分不包含转子位置的信息。负序分量成分的旋转频率为注入信号频率和两倍转子旋转频率之差，该分量中包含转子位置信息。有多种技术可用于从负序分量成分中提取转子位置信息。需要注意的是，定子电流由两部分构成：一部分对应于旋转频率的功率成分信号；另一部分是由注入信号产生的高频成分。为了提取注入信号产生的高频成分，需要通过带通滤波器将电源产生的频率成分信号滤除分离。而高频信号本身包含两部分，即注入频率的正序成分和负序成分。注入信号频率的负序成分经旋转坐标变换，可得在注入信号频率旋转坐标系下的结果如下：

$$i_{in} = j\frac{-V_i}{4(\omega_i - \omega_r)L_{d1}L_{q1}}be^{j2\theta_r} \quad (8.28)$$

利用观测器从中可以提取出转子的位置信息。下节将给出带通滤波器和观测器的更多信息。

旋转电压相量注入法的基本问题是探求转子的绝对位置，对观测器的要求严格，使得其实现较为困难。因此，发展了跟踪观测器策略，其原理是提取实际转子位置和估算转子位置的误差并通过观测器迫使其误差逼近并等于零。这种观测器跟踪的不是转子的绝对位置而是转子位置的误差。然后用之前的转子位置估算值和跟踪观测器获得的转子位置误差值之和跟踪更新转子位置。相比于跟踪转子的绝对位置，跟踪观测器能够更好地跟踪转子位置误差，下面将探讨这种类型的替代方法。

8.2.2　在旋转的 q 轴上注入磁链

在一个完全的解耦系统中，通过对 q 轴、d 轴的电流控制可以互不影响地改变

相应的磁链，即 q 轴电流变化对 d 轴无影响。也就是说，如果在 q 轴上注入一个高频电流，但在 d 轴上能够检测到相应频率的电流响应，则说明该系统并未完全解耦。为了实现完全解耦，可通过改变控制器中的估算转子位置直至估算的转子位置等于实际的转子位置。

为了实现这种策略，可在估算的转子参考坐标系下注入高频正弦信号。设估算的转子位置为 θ_{re}，利用估算的转子位置将其变换到静止坐标系下。当该电压作用在电机上时，其响应类似于调制信号。在这种情况下，基波电流产生电机转矩和功率；注入信号的响应频率与注入信号的频率相同，由于系统在一个基波周期内是线性的。通过功率信号和注入信号频率的不同，可对其幅值进一步调制，可以证明

$$i_{dsi}^{e} = I_2 \sin(\omega_i t) \cdot \sin[2(\theta_r - \theta_{re})] \tag{8.29}$$

式中，ω_i 为注入信号的角频率。该信号通过解调可以获得幅值与 $\sin[2(\theta_r - \theta_{re})]$ 成正比的信号。该误差信号反馈到观测器用以更新转速和转子位置的估算值，从而使其误差逼近零，其过程如图 8.4 所示。需要注入定子中的信号作为控制器的输入，而控制器则计算出该频率下需要对电机加载的电压。该信号随后经功率信号参考值调制。并且注入信号的频率应与 PWM 频率不同。在电机中含有三个频率成分，基波频率、载波频率和注入频率。对于小功率（<5hp）电机而言，基波频率一般在 0～300Hz 的范围内，载波频率（PWM 频率）为 12～20kHz，注入频率要求在 1～2kHz 之间。

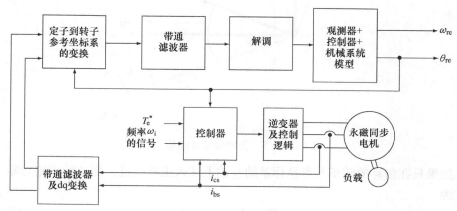

图 8.4　信号注入的检测过程

8.2.2.1　算法

为了理解该策略的算法，需要介绍一下不同的参考坐标系，具体如图 8.5 所示。定子、转子参考坐标系为常规的坐标系，其定义在第 3 章已给出。转子参考轴 q 轴、d 轴构成了转子参考坐标系；该参考轴同定子 q 轴、d 轴的差为转子位置，这样的定子 q 轴、d 轴构成了定子参考坐标系。定子参考坐标系是静止的，有一个固定点。转子参考坐标系随转速移动（ω_r 为电机的电角速度，单位为 rad/s）。由于该策略中无转子位置传感器，q 轴、d 轴是未知的，在该方案中只能对该轴系进

行估算，并用与实际转子参考坐标系之间的误差表示。这两个估算的转子 q 轴、d 轴构成了估算的转子参考坐标系。它们与相应的定子参考坐标系的位置关系用电角度 θ_{re} （rad）表示。如果已知一个参考坐标系中的变量值，由第 3 章所讲的几何映射可以得到另一个参考坐标系下的变量值。

在转子参考坐标系中，由第 3 章可给出 d 轴、q 轴磁链为

$$\begin{bmatrix} \lambda_{qs}^r \\ \lambda_{ds}^r \end{bmatrix} = \begin{bmatrix} L_q & 0 \\ 0 & L_d \end{bmatrix} \begin{bmatrix} i_{qs}^r \\ i_{ds}^r \end{bmatrix} + \begin{bmatrix} 0 \\ \lambda_{af} \end{bmatrix} \tag{8.30}$$

忽略绕组电阻压降，电压方程可表示为

$$\begin{bmatrix} v_{qs}^r \\ v_{ds}^r \end{bmatrix} = \begin{bmatrix} p & \omega_r \\ -\omega_r & p \end{bmatrix} \begin{bmatrix} \lambda_{qs}^r \\ \lambda_{ds}^r \end{bmatrix} \tag{8.31}$$

式中，p 为微分算子 $\mathrm{d}/\mathrm{d}t$。

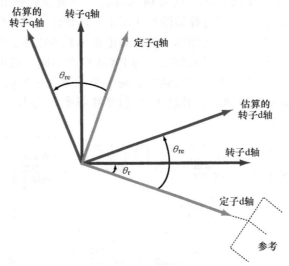

图 8.5　各种参考坐标系

如果只在估算的转子参考坐标系的 q 轴上注入正弦磁链，而 d 轴磁链为零，其形式为

$$\lambda_{qsi}^e = V_{si} \sin(\omega_i t) \tag{8.32}$$

$$\lambda_{dsi}^e = 0 \tag{8.33}$$

由式（8.31），可推导出估算转子参考坐标系下产生的 q 轴、d 轴期望注入磁链所需的电压

$$\begin{bmatrix} v_{qsi}^e \\ v_{dsi}^e \end{bmatrix} \begin{bmatrix} \dfrac{\mathrm{d}}{\mathrm{d}t} \\ \omega_r \end{bmatrix} \lambda_{qsi}^e = \begin{bmatrix} 1 \\ -\dfrac{\omega_r}{\omega_i} \end{bmatrix} V_i \sin(\omega_i t) \tag{8.34}$$

这一步是非常有用的，因为磁链不能直接注入，但可以通过且只能通过电压产

生磁链，而电压输入可通过对逆变器的控制来实现。因此，实际注入的为电压信号。一旦注入了电压信号，电机中就引入了可以在估算转子参考坐标系中推导的期望磁链的计算值。由于磁链是电机电感和定子电流的函数，因此通过磁链可推导出定子电流。但是，只有定子参考坐标系的定子电流才能够直接测量得到。因此，为了获得定子参考坐标系下的电流，首先需要把定子磁链从估算转子参考坐标系变换到定子参考坐标系，然后利用定子磁链和电流的关系得到定子电流，其推导步骤如下。

　　定子参考坐标系中的注入磁链可由转子参考坐标系的磁链映射到 d 轴、q 轴的方法推导得到。定子 q 轴、d 轴磁链如图 8.6 所示。

　　定子 q 轴、d 轴磁链为

$$\begin{bmatrix} \lambda_{\mathrm{qsi}} \\ \lambda_{\mathrm{dsi}} \end{bmatrix} = \begin{bmatrix} \cos(\theta_{\mathrm{re}}) \\ -\sin(\theta_{\mathrm{re}}) \end{bmatrix} \lambda_{\mathrm{qsi}}^{\mathrm{e}} \tag{8.35}$$

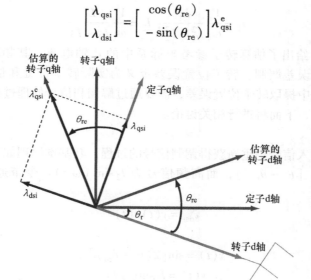

图 8.6　从估算转子参考到定子坐标系磁链的映射

　　由第 3 章的公式可知，在定子参考坐标系中，定子磁链可由定子电感、转子位置角以及定子电流表示为

$$\begin{bmatrix} \lambda_{\mathrm{qsi}} \\ \lambda_{\mathrm{dsi}} \end{bmatrix} = \begin{bmatrix} L_1 + L_2\cos(2\theta_{\mathrm{r}}) & -L_2\sin(2\theta_{\mathrm{r}}) \\ -L_2\sin(2\theta_{\mathrm{r}}) & L_1 - L_2\cos(2\theta_{\mathrm{r}}) \end{bmatrix} \begin{bmatrix} i_{\mathrm{qsi}} \\ i_{\mathrm{dsi}} \end{bmatrix} \tag{8.36}$$

式中

$$L_1 = \frac{L_{\mathrm{q}} + L_{\mathrm{d}}}{2} \tag{8.37}$$

$$L_2 = \frac{L_{\mathrm{q}} - L_{\mathrm{d}}}{2} \tag{8.38}$$

　　在静止参考坐标系下，利用式 (8.35) 和式 (8.36)，可得频率为注入信号频

率的定子电流

$$\begin{bmatrix} i_{qsi} \\ i_{dsi} \end{bmatrix} = \sin(\omega_i t) \begin{bmatrix} I_1 \cos\theta_{re} - I_2 \cos[2(\theta_r - \theta_{re})] \\ -I_1 \sin\theta_{re} + I_2 \sin[2(\theta_r - \theta_{re})] \end{bmatrix} \qquad (8.39)$$

进而可获得注入信号引起的 d 轴电流误差,该误差可通过将其变换到估算转子位置参考坐标系的方式得到,其表达式为

$$i_{dsi}^e = i_{qsi} \sin(\theta_{re}) + i_{dsi} \cos(\theta_{re}) \qquad (8.40)$$

上式也可以表示为

$$i_{dsi}^e = I_2 \sin(\omega_i t)[\sin\{2(\theta_r - \theta_{re})\}] \qquad (8.41)$$

式中

$$I_1 = \frac{V_i}{\omega_i} \frac{L_1}{L_1^2 - L_2^2}; \ I_2 = \frac{V_i}{\omega_i} \frac{L_2}{L_1^2 - L_2^2} \qquad (8.42)$$

式(8.41)给出了估算转子参考坐标系中的 d 轴电流。其频率为注入频率,幅值受转子位置误差调制。转子位置误差定义为实际转子位置和估算转子位置之差。为了从信号中提取转子位置误差,需要通过解调和信号处理过程,进而获得转子位置的估算值,下面将进行相关讨论。

8.2.2.2 解调

解调是从注入信号中重新获得调制信号的过程,其基本原理如下:设需要恢复的信号为 $\sin(2[\theta_r - \theta_{re}])$,而高频信号为 $I_2 \sin(\omega_i t)$。令带通滤波后的信号写为

$$i_{dsi}^e = y(t)x(t) \qquad (8.43)$$

式中

$$\begin{aligned} x(t) &= \sin[2(\theta_r - \theta_{re})] \\ y(t) &= I_2 \sin(\omega_i t) \end{aligned} \qquad (8.44)$$

令带通滤波器信号与 $\sin(\omega_i t)$ 相乘,获得如下信号:

$$\begin{aligned} e_r &= i_{dsi}^e \sin(\omega_i t) = y(t)x(t)\sin(\omega_i t) \\ &= x(t)I_2\left[\frac{1 - \cos(2\omega_i t)}{2}\right] \end{aligned} \qquad (8.45)$$

该信号通过低通滤波,可滤除注入信号的二次谐波项而只剩下期望的误差项。根据该方法,可以看出:通过解调过程,可以得到位置误差信号 $x(t)I_2$。该信号为直流信号,也就意味着位置误差是一个恒定值;否则,它或是一个缓慢变化的信号。因此,在大部分的时间里,也可将该信号视为是恒定的。这里只通过一个简单的方法描述了解调过程,而在有关通信方面的教科书中还有许多其他解调形式。解调信号中含有电流项 I_2,I_2 依赖于 q 轴、d 轴电感。在负载变化引起定子电流变化的情况下,饱和度会影响 q 轴、d 轴电感,而且对前者的影响要大于后者,会导致稳态时解调信号出现误差,这种误差即使在转子位置误差为零时也是存在的。可通过不同定子电流时所测得的电感值校正该误差,这使得该策略间接地依赖于电机饱

和度对电感参数的影响。

8.2.2.3　观测器

当通过解调获得了转子位置的误差信号时，该信号可以作为观测器的输入并利用观测器查找估算的转子位置和转速。位置误差信号通过 PID 控制器（比例、积分及微分增益分别为 K_2、K_3 和 K_1）放大。控制器的输出为电机和负载构成的机械系统的输入，机械系统表示为惯性和摩擦环节。机械系统的输出为估算的转速，经积分得出估算的转子位置。控制器和观测器的实现如图 8.7 所示。控制器微分输出的构建不需要通过微分过程，这是因为该输出要经过机械系统的积分过程，因此结合这两个过程，控制器微分部分的输出可直接由转子位置误差信号乘以微分增益构成。该观测器的优点是构造观测器中的微分等价信号无需经过微分处理，该信号直接加到机械系统积分环节之后。将微分增益模块的输出提至机械系统输入加法器环节前是一种十分明显的等价变化。在该情况下，微分模块的增益变为 sK_1J，其中 s 为拉普拉斯算法。当经过增益为 $1/J$ 的积分处理后，最终信号为位置误差信号的 K_1 倍。这清楚地表明：加在机械系统积分器之后的信号就是微分控制器输出的信号。位置误差信号与微分增益倍数的乘积再与机械系统积分器的输出求和即为估算的转子转速。为了加快系统的动态过程，在机械系统的输入端插入转矩信号。

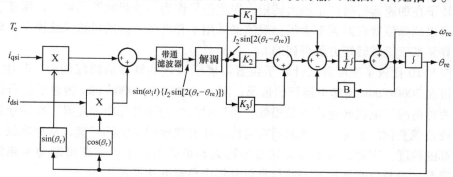

图 8.7　定子坐标系下开始注入电流的控制器和观测器的实现

8.2.2.4　实施

整个系统的实施原理图如图 8.8 所示。矢量控制器给出了转子参考坐标系下的电流给定，给定电流与变换到估算的转子参考坐标系下的定子电流实测值进行比较，它们各自的误差经过传统 PI 电流控制器或者第 6 章中介绍的任何一种电流控制器处理。电流控制器的输出为转子参考坐标系下的 q 轴、d 轴电压给定。这些电压加上注入的 q 轴、d 轴电压，确定了在估算转子参考坐标系下的最终 q 轴、d 轴电压指令。q 轴、d 轴电压在估算的 q 轴上产生了转子磁链。利用估算的转子位置，最终的电压给定被转换到定子参考坐标系下。该电压可用在具有 PWM 技术或空间矢量调制技术的逆变器中。

图 8.9 所示为在归一化单位制下，基于注入信号的转子位置估算策略的转速控

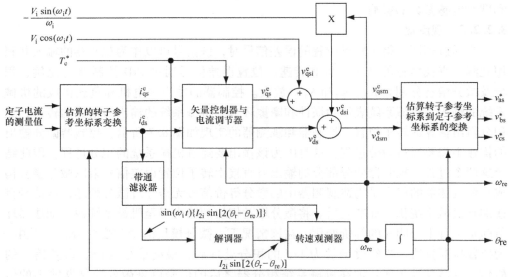

图 8.8 转子位置观测器的整体策略

制驱动系统的动态性能仿真结果。当电机静止时，施加一个 0.5p. u. 的转速指令，使得转子在加速运行时产生最大转矩。误差信号作为转速观测器的输入，保证了观测器可以消除位置误差直至为零。观测器采用了和电机一样的机械系统模型，转速的估算是基于机械转矩方程得到的。

图 8.10 比较了实际和估计转子位置以展示位置估算器的跟踪能力。其中图 a 为电机在 3000r/min 转速下运行的情况；图 b 为电机在 5000r/min 转速下运行的情况。两种情况下电机转速均不是很低，所以对位置的跟踪无明显差异。在转速指令突变或负载变化的情况下，观测器有可能不能有效地跟踪实际转速，从而降低了位置估算的精度。因此，为了保证在各种转速和负载条件下均能获得期望的跟踪效果，需要知道与负载转矩有关的信息以补偿由负载变化所产生的误差。

8.2.2.5 策略的优缺点

该策略具有以下优点：

1）转速的独立性，因此可用于静止状态下的位置估计；

2）电流幅值的独立性；

3）仅依赖于位置误差，因此对电流幅值不敏感；

4）提供了一个宽速域的运行范围。

该策略的缺点如下：

1）需要对与负载相关的误差进行补偿。因为饱和度取决于定子电流，这反过来又影响电感值，进而影响对注入信号电流响应的估算。

2）信噪比差。

3）估算的精度依赖于电机的凸极性，使得它在诸如表面式永磁同步电机等凸

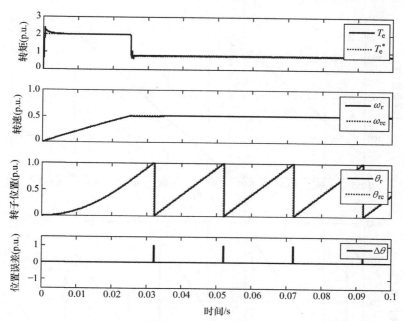

图 8.9　转速控制的无传感器驱动系统的动态响应（T_e：转矩；T_e^*：转矩给定；ω_r：实际转速；ω_{re}：估算的转速；θ_r：实际的转子位置；θ_{re}：估算的转子位置；$\triangle\theta$：位置误差）

极比非常低的电机中实现起来非常困难。

4）该策略的成功实施依赖于观测器和负载模型。在本质上负载建模困难且存在不确定性。

5）对于每一种负载和驱动器的设置，都需要对其参数进行独立调整，该调整过程是十分昂贵的。

6）相当大的转矩波动。该策略中由注入电流引起的转矩波动最大可达额定转矩的 2% 甚至更高，使其很难应用在高性能的定位系统中，但在大多数的变速驱动系统中其转矩波动是可以容许的。

必须指出，随着该策略的不断发展和研究的深入，以上提到的许多缺点已经得到了克服。Holtz 及其同事对该技术进行了各种新发展[34,40,41]，实现了基于无位置传感器的高精度永磁同步电机位置控制驱动器。下面给出这些算法的概述及其主要特性的简要说明，感兴趣的读者可阅读参考文献中列出的相关文献。

8.2.3　交流电压相量注入法

内置式永磁同步电机由于转子永磁体的各向同性而存在固有的凸极性。而表面式永磁电机的这种凸极效果很小，在这种情况下，上述的位置估计技术难以取得令人满意的效果。如果意识到饱和也会导致凸极性，由此可以用来有效地估算转子的位置，在这种情况下，即使表面式永磁同步电机也可以进行可靠的位置估算和控制，在本节将讨论这种策略。首先在估计的转子轴或各向异性轴（旋转速度几乎

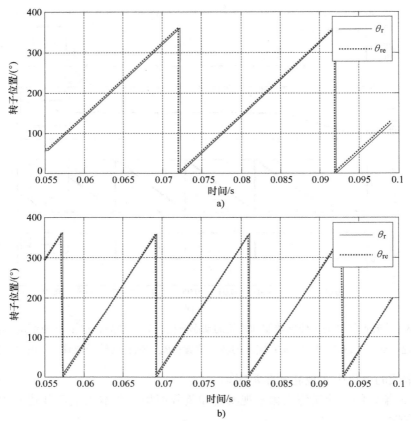

图 8.10   稳态运行时实际和估算的转子位置（θ_r：实际的转子位置，实线所示；

θ_{re}：估算的转子位置，虚线所示）

a) 3000r/min   b) 5000r/min

和电机转速相等）上注入频率为 ω_i 的交流电压信号 v_i^s。在转子参考坐标系中，变换到轴上的电压信号等于相应轴上的漏感 L_{d1}、L_{q1} 及其电流变化率的乘积。值得注意的是，这里的漏感是高频的并同各向异性轴保持方向一致。注入电压引起的电流相量 i_{si}^a 变换成定子参考坐标系下的电流相量 i_{si}^s，其中包含的正序分量和负序分量成分的频率分别为 $(\omega_i + \omega_a)$、$(\omega_i - \omega_a + 2\omega_r)$。将正序分量成分变换到以 $-(\omega_i + \omega_a)$ 频率旋转的参考坐标系下，可以发现：由注入电压引起的正序电流的实部与转子位置误差成正比，该转子位置误差为实际转子位置与各向异性或注入参考坐标轴的误差。跟踪转子位置，消除该误差使之为零可以得到最终的位置。注入信号在 q 轴绕组上产生的电流很小，可以忽略不计。因此，由此引起的转矩和损耗可以忽略不计，这是该策略的核心思想，下面给出该策略的算法。

8.2.3.1   无传感器算法

设注入电机中的电压相量频率为 ω_i，幅值为 V_i：

$$V_{si}^{a} = V_i \cos(\omega_i t) \tag{8.46}$$

在定子参考坐标系下，可表示为

$$V_{si}^{s} = V_{si}^{a} e^{j\omega_a t} = V_i (\cos\omega_i t) e^{j\omega_a t} \tag{8.47}$$

将其分解到转子参考坐标系下表示为

$$V_{si}^{r} = V_{si}^{s} e^{-j\omega_r t} = \frac{V_i}{2} \left[e^{j(\omega_i - \omega_r)t} + e^{-j(\omega_i + \omega_r)t} \right] = V_{dsi}^{r} + jV_{qsi}^{r} \tag{8.48}$$

需要注意的是，对应于 q 轴、d 轴电压的实部和虚部分别等于 q 轴、d 轴漏感在转子参考系上的压降

$$\begin{bmatrix} v_{qsi}^{r} \\ v_{dsi}^{r} \end{bmatrix} = \begin{bmatrix} L_{q1} & 0 \\ 0 & L_{d1} \end{bmatrix} \begin{bmatrix} pi_{qsi}^{r} \\ pi_{dsi}^{r} \end{bmatrix} \tag{8.49}$$

式中，p 为微分算子 d/dt。通过求解由注入信号引起的转子电流响应可得

$$i_{qsi}^{r} = \frac{V_i}{L_{q1}\omega_i} \sin(\omega_i t) \sin(\overline{\omega_a - \omega_r t}) \tag{8.50}$$

$$i_{dsi}^{r} = \frac{V_i}{\omega_r L_{d1}} \sin(\omega_i t) \cos(\overline{\omega_a - \omega_r t}) \tag{8.51}$$

将其转换到定子参考坐标系，可表示为

$$\begin{bmatrix} i_{qsi}^{s} \\ i_{dsi}^{s} \end{bmatrix} = \begin{bmatrix} \cos\theta_r & \sin\theta_r \\ -\sin\theta_r & \cos\theta_r \end{bmatrix} \begin{bmatrix} i_{qsi}^{r} \\ i_{dsi}^{r} \end{bmatrix} \tag{8.52}$$

不同参考坐标系和轴上的变量与图 8.6 类似，获得的定子电流相量为

$$
\begin{aligned}
i_{si}^{s} = i_{dsi}^{s} + ji_{qsi}^{s} &= \frac{V_i}{2\omega_i L_{q1} L_{d1}} \begin{bmatrix} a\{\cos\omega_a t + j\sin\omega_a t\} + \\ b\{\cos(\omega_a - 2\omega_r)t - j\sin(\omega_a - 2\omega_r)t\} \end{bmatrix} \\
&= \frac{V_i}{j4\omega_i L_{q1} L_{d1}} \begin{bmatrix} a\{e^{j(\omega_a + \omega_i)t}\} + b\{e^{j(\omega_i - \omega_a + 2\omega_r)t}\} \\ -a\{e^{j(\omega_a - \omega_i)t}\} - b\{e^{j(2\omega_r - \omega_a - \omega_i)t}\} \end{bmatrix} \\
&= i_{sp}^{s} + i_{sn}^{s}
\end{aligned}
\tag{8.53}
$$

式中，$a = L_{q1} + L_{d1}$，$b = L_{q1} - L_{d1}$。

在定子坐标系中的正序和负序电流定义为

$$i_{sip}^{s} = \frac{V_i}{j4\omega_i L_{q1} L_{d1}} \{ ae^{j(\omega_a + \omega_i)t} + be^{j(\omega_i - \omega_a + 2\omega_r)t} \} \tag{8.54}$$

$$i_{sin}^{s} = \frac{V_i}{j4\omega_i L_{q1} L_{d1}} \{ -ae^{j(\omega_a - \omega_r)t} - be^{j(2\omega_r - \omega_a - \omega_i)t} \} \tag{8.55}$$

将定子正序电流从定子坐标系变换到旋转参考坐标系中可获得转子的位置信息。该旋转坐标系的频率为注入频率与各向异性坐标系频率之和，即 $(\omega_i + \omega_a)$，可得

$$i_{sip}^{(\omega_i + \omega_a)} = \frac{V_i}{j4\omega_i L_{q1} L_{d1}} i_{sp}^{s} e^{-j(\omega_i + \omega_a)t} = \frac{V_i}{j4\omega_i L_{q1} L_{d1}} \{ a + be^{j(2\omega_r - 2\omega_a)t} \}$$

$$= \frac{V_i}{j4\omega_i L_{q1} L_{d1}} \{ a + b\cos 2(\omega_r - \omega_a)t + jb\sin 2(\omega_r - \omega_a)t \} \tag{8.56}$$

由于（$\omega_r - \omega_a$）的值很小，正序电流的实部近似为

$$\mathrm{Re}[\, i_{\mathrm{sip}}^{(\omega_i + \omega_a)}\,] \cong \frac{V_i}{4\omega_i L_{q1} L_{d1}} \{ 2b\Delta\theta \} \tag{8.57}$$

式中

$$\Delta\theta = \theta_r - \theta_a = (\omega_r - \omega_a)t \tag{8.58}$$

在新轴系下正序电流的实部与转子位置误差直接成正比，利用跟踪观测器可使之减小至零，误差信号的跟踪对噪声和测量误差具有较强的鲁棒性。

8.2.3.2 实施

该策略的实施原理图如图 8.11 所示。通过将其变换到各向异性坐标系后，定子电流相当于经带通滤波后，仅有频率为注入信号频率的信号通过，其作用类似于一个带通滤波器，并经另一次带通滤波后，所得的唯一频率为估算转子或各向异性频率的信号。随后将其通过角度 θ_i 变换到注入频率坐标系下，这里 $\theta_i = \omega_i t$，然后进行处理以获得相量的实部，其结果如式（8.57）所示。该信号通过 PI 控制器处理后将输出信号送入振荡器，使得位置误差信号转换成估算的场角 θ_a。这样一个完整的循环结束，新的估算位置用来更新每个电流矢量采样，使得误差迅速减小到零。

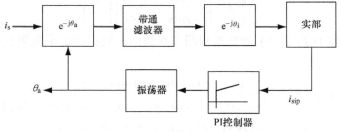

图 8.11　基于交流电压注入的无传感器策略的信号处理过程

需要注意的是，这里跟踪的是转子位置角的误差而非转子位置角本身，正因为如此，高频电流的分辨率并不重要。此外，$\Delta\theta$ 是根据采样频率缓慢变化的一个递增式变量，因此可以实现对它的准确跟踪。由于该值不需要计算而只是通过跟踪观测器准确跟踪，因此它对参数是不敏感的。基于注入信号的励磁与转子磁场对齐，因此对产生的转矩几乎没有影响，几乎不会由于注入信号而产生转矩脉动，因此，该策略适合于高性能的电机驱动系统。

该策略的仿真结果如图 8.12a、b 所示。图 8.12b 仅是对图 8.12a 在一个小的时间间隔的放大处理以便可以精确地观测一些变量的变化。给出的电机转速指令包括两个旋转方向，并经驱动器处理使之能在四象限运行。给出的变量都是归一化单位的，转子位置以 2π 进行归一化，为了平面图形的紧凑，在这里省去了变量的下标 n。在估算转子（各向异性）参考坐标系的 d 轴上注入所选频率的电压信号，而与之对应的 q 轴上注入的电压为零。各种变量几乎都遵循矢量控制模式下的特性。

注意，在转子坐标系 d 轴电流的频率为注入频率，而除电磁转矩突变情况外，q 轴上几乎不存在注入频率成分电流。这些电流的幅度都在几个到几十毫安，如何精确获取该信号对于控制工程师来说是一个挑战。而在噪声环境下进行提取使得问题变得更加复杂，逆变器的开关使得基波频率的幅值高于注入频率的电流信号，而 PWM 频率电流也等于甚至大于注入信号频率的电流信号幅度。该驱动器的性能与有转子位置传感器的控制策略相同。该策略不受电机机械常数变化的影响，因此，无论机械常数变大还是变小都不影响该策略的性能，这是该策略与其他策略相比的优势之一。

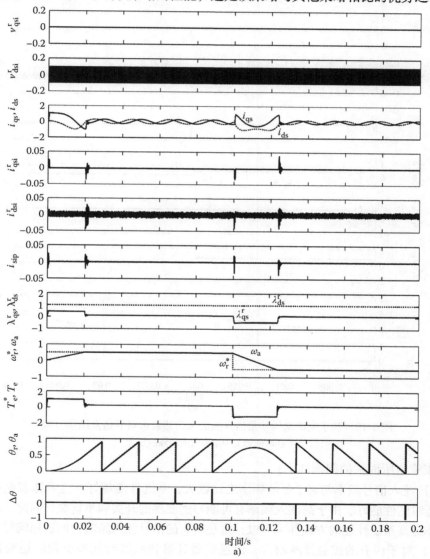

图 8.12　基于交流电压相量注入法的无传感器策略的仿真结果

a）一个四象限运行的周期结果

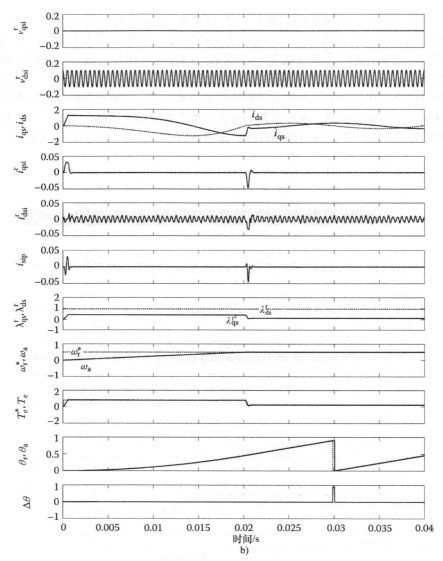

图 8.12　基于交流电压相量注入法的无传感器策略的仿真结果（续）

b）在时间轴上一小段时间间隔的放大

该策略所面临的问题如下：

1）注入信号频率与定子基波频率之比越大，系统性能越好。这意味着电机低速比高速时的性能好。由于高注入频率有可能与逆变器的开关频率重叠，因此，增加注入频率提高系统性能的方式并不可取，这是所有的信号注入策略中的通用问题。

2）对于所有的控制策略而言，由逆变器延迟和死区时间等引起的逆变器非线性特性都会导致电压畸变。它们可以通过第 2 章讨论的各种补偿技术进行补偿。为了克服电压信号的畸变，除了对死区时间和延迟进行补偿外，这里提出了注入信号相位角，使其保持 0.5π 弧度。该方法能消除 q 轴的高频电流，使得系统中只有 d 轴高频电流存在。

该方案在利用估算的转子位置作为反馈的位置闭环控制中得到了验证，在转子位置精度为 10 位的情况下，该方案具有良好的性能。此外，根据文献来看，该方案也是第一种对定位能力表现出很强鲁棒性的方案。

8.3 基于电流模型的注入策略

基于模型的注入策略采用的是与之前方案类似的外部电压信号。在 d 轴绕组上注入交流方波电压信号，可以在 q 轴上产生偏置很小的上升和下降的斜坡电流。只需估算增量电流而不需要测量和处理是该策略的核心。

如 8.1 节所述，增量电流与估计位置误差有关。d 轴电流的扰动对电磁转矩的影响并不显著，结果使得转矩脉动最小化，并且可以直接应用方便测量的幅值而无需过分关注转矩扰动产生的噪声影响。该策略即使在在零速负载情况下也具有非常良好的稳态和动态性能，其误差不超过 5°。

8.4 基于 PWM 载波成分的位置估算

类似于前两种方法，基于 PWM 载波成分的位置估计策略利用的是电机凸极性，但无需额外的信号注入，这是该方法一个显著的优势。该方法利用 PWM 电压型逆变器输出的固有谐波电压及其相应的电流响应。该方法将谐波分量从基波中分离出来。假定忽略谐波频率下的电阻压降和感应反电动势，其谐波电压和电流的关系为

$$v_{\rm h} = L \frac{{\rm d}i_{\rm h}}{{\rm d}t} \qquad (8.59)$$

式中，$v_{\rm h}$、$i_{\rm h}$ 是分别包含 q 轴、d 轴电压和电流的矢量；L 是静止参考坐标系下的电感矩阵，L 为

$$L = \begin{bmatrix} L_1 + L_2\cos2\theta_{\rm r} & -L_2\sin2\theta_{\rm r} \\ -L_2\sin2\theta_{\rm r} & L_1 - L_2\cos2\theta_{\rm r} \end{bmatrix} \qquad (8.60)$$

如果谐波电压和电流已知，计算电感矩阵，从中可以获得转子的位置

$$\theta_{\rm r} = \frac{1}{2}\tan^{-1}\left[-\frac{L_{12} + L_{21}}{L_{11} - L_{22}} \right]$$

$$(8.61)$$

考虑在一个 PWM 周期中的切换，其波形如图 8.13 所

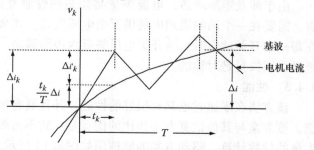

图 8.13 一个 PWM 周期内的电流波形

示。图中给出了提取谐波电压和电流的基本原理。

8.4.1 谐波电压和电流矢量

逆变器有 8 个开关状态的电压矢量，记为 V_k，$k = 1$，2，$\ldots$，8。平均电压相量等于

$$e = \sum d_k V_k \tag{8.62}$$

式中，d_k 表示第 k 个开关状态下电压矢量的占空比，并且 $d_k = t_k/T$。可获得谐波电压矢量为

$$v_{hk} = V_k - e \tag{8.63}$$

由电流波形，可得在调制周期内的电流变化为

$$\Delta i = \sum \Delta i_k, k = 1, 2, \cdots, 8 \tag{8.64}$$

假设在一个调制周期内，基波电流的变化是线性的，从图中可以推导出谐波电流

$$i_{hk} = \Delta i_k - d_k \Delta i \tag{8.65}$$

8.4.2 转子位置估算

在离散时间间隔内的谐波电流与电压的关系为

$$L i_{hk} = V_{hk} t_k \tag{8.66}$$

在一个调制周期内可写为

$$L[i_{h1} i_{h2}, \cdots, i_{h8}] = [V_{h1} t_1 V_{h2} t_2, \cdots, V_{h8} t_8] \tag{8.67}$$

利用左伪逆算子进行如下操作，从电感矩阵可得

$$L^t = [I_{hk}]^{ps} [V_{hk} t_k] \tag{8.68}$$

式中，上标 ps 表示广义逆运算。由广义逆算子可得如下方程：

$$[i_{hk}]^{ps} = [(i_{hk})^t (i_{hk})]^{-1} [i_{hk}]^t = \begin{bmatrix} \sum i_{hkq}^2 & \sum i_{hkq} i_{hkd} \\ \sum i_{hkq} i_{hkd} & \sum i_{hkd}^2 \end{bmatrix} \tag{8.69}$$

式中，外加的下标 q 和 d 表明是静止参考坐标系下的 q 轴和 d 轴电流。此外，为了计算平均的电压矢量，需要如下的重要关系式：

$$e = \sum d_k V_k \tag{8.70}$$

$$\sum d_k = 1 \tag{8.71}$$

由于涉及矩阵求逆，电流矢量必须是线性独立的。为了在该方案中保证这一点，需要在一个调制周期内提供冗余电压矢量。冗余电压矢量确保了谐波电压矢量在每一个开关动作时，沿开关电压矢量六边形移动。在用冗余电压矢量进行开关调整时，该矢量是对称的。

8.4.3 性能

该方法在零速时也具有很好的性能，并且具有很好的定位能力和较快的响应性能。该方案与其他估算方法相比的优点是：它不需要进行任何坐标变换。但却需要大量的代数计算。驱动方案的原理图如图 8.14 所示。

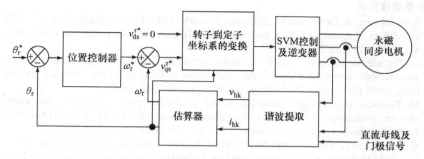

图 8.14 基于 PWM 谐波成分的无传感器驱动的实施方案

参 考 文 献

交流电机无传感器控制的概要

1. J. Holtz, State of the art of controlled AC drives without speed sensor, *Proceedings of 1995 International Conference on Power Electronics and Drive Systems (Cat. No. 95TH8025)*, pp. 1–6, 1995.

2. J. Holtz, Developments in sensorless AC drive technology, *Sixth International Conference on Power Electronics and Drive Systems (IEEE Cat. No. 05TH8824C)*, pp. 9–16, 2005.

3. J. Holtz, Sensorless control of induction motor drives, *Proceedings of the IEEE*, 90(8), 1359–1394, 2002.

基于观测器/估算器的技术

4. M. Schroedl, An improved position estimator for sensorless controlled permanent magnet synchronous motors, *4th European Conference on Power Electronics and Applications*, pp. 418–423, 1991.

5. M. Schroedl, Sensorless control of permanent magnet synchronous motors, *Electric Machines and Power Systems*, 22(2), 173–185, 1994.

6. S. Shinnaka, New "mirror-phase vector control" for sensorless drive of permanent-magnet synchronous motor with pole saliency, *IEEE Transactions on Industry Applications*, 40(2), 599–606, 2004.

7. S. Shinnaka, New "D-state-observer"-based vector control for sensorless drive of permanent-magnet synchronous motors, *IEEE Transactions on Industry Applications*, 41(3), 825–833, 2005.

8. S. Shinnaka, New sensorless vector control using minimum-order flux state observer in a stationary reference frame for permanent-magnet synchronous motors, *IEEE Transactions on Industrial Electronics*, 53(2), 388–398, 2006.

9. S. Shinnaka, A new speed-varying ellipse voltage injection method for sensorless drive of permanent-magnet synchronous motors with pole saliency—new PLL method using high-frequency current component multiplied signal, *IEEE Transactions on Industry Applications*, 44(3), 777–788, 2008.

10. M. Hasegawa, S. Yoshioka, and K. Matsui, Position estimation of permanent magnet synchronous motor using un-known input observer, *International Conference on Power Electronics and Drive Systems (PEDS '07)*, pp. 816–821, 2007.

11. R. Mizutani, T. Takeshita, and N. Matsui, Current model-based sensorless drives of salient-pole PMSM at low speed and standstill, *IEEE Transactions on Industry Applications*, 34(4), 841–846, 1998.

卡尔曼滤波器法

12. S. Bolognani, R. Oboe, and M. Zigliotto, Sensorless full-digital PMSM drive with EKF estimation of speed and rotor position, *IEEE Transactions on Industrial Electronics*, 46(1), 184–191, 1999.

13. G. Terorde, K. Hameyer, and R. Belmans, Sensorless control of a permanent magnet synchronous motor for PV-powered water pump systems using the extended Kalman filter, *IEEE Conference Publication, no.* 468, pp. 366–370, 1999.

14. M. Boussak, Digital signal processor based sensorless speed control of a permanent magnet synchronous motor drive using extended Kalman filter, *EPE Journal (European Power Electronics and Drives Journal)*, 11(3), 7–15, 2001.

15. S. Bolognani, L. Tubiana, and M. Zigliotto, Extended Kalman filter tuning in sensorless PMSM drives, *IEEE Transactions on Industry Applications*, 39(6), 1741–1747, 2003.

反电动势法

16. R. Wu and G. R. Slemon, A permanent magnet motor drive without a shaft sensor, *IEEE Transactions on Industry Applications*, 27(5), 1005–1011, 1991.

17. S. Morimoto, K. Kawamoto, M. Sanada et al., Sensorless control strategy for salient-pole PMSM based on extended EMF in rotating reference frame, *IEEE Transactions on Industry Applications*, 38(4), 1054–1061, 2002.

18. B. Nahid-Mobarakeh, F. Meibody-Tabar, and F. M. Sargos, Back EMF estimation-based sensorless control of PMSM: robustness with respect to measurement errors and inverter irregularities, *IEEE Transactions on Industry Applications*, 43(2), 485–494, 2007.

19. C. Zhiqian, M. Tomita, S. Doki et al., An extended electromotive force model for sensorless control of interior permanent-magnet synchronous motors, *IEEE Transactions on Industrial Electronics*, 50(2), 288–295, 2003.

20. M. Tursini, R. Petrella, and A. Scafati, Speed and position estimation for PM synchronous motor with back-EMF observer, Conference Record, *IEEE Industry Applications Annual Meeting (IEEE Cat. No. 05CH37695)*, pp. 2083–2090, 2005.

21. H. Rasmussen and P. Vadstrup, A novel back EMF observer for sensorless control of interior permanent magnet synchronous motors, *IEEE Industrial Electronics Conference (IEEE Cat. No. 05CH37699)*, pp. 1528–1531, 2005.

22. P. Kshirsagar, R. P. Burgos, A. Lidozzi et al., Implementation and sensorless vector-control design and tuning strategy for SMPM machines in fan-type applications, *Conference Record of the 2006 IEEE Industry Applications Conference Forty-First IAS Annual Meeting (IEEE Cat. No. 06CH37801)*, vol. 4, pp. 2062–2069, 2006.

PWM/SVM 信号法

23. S. Ogasawara and H. Akagi, Implementation and position control performance of a position-sensorless IPM motor drive system based on magnetic saliency, *IEEE Transactions on Industry Applications*, 34(4), 806–812, July/Aug. 1998.

23a. R. Krishnan, *Electric Motor Drives*, Prentice Hall, Upper Saddle River, NJ, 2001.

24. T. M. Wolbank and J. Machl, A modified PWM scheme in order to obtain spatial information of AC machines without mechanical sensors, *Proceedings of the IEEE Applied Power Electronics Conference*, Dallas, TX, pp. 310–315, 2002.

25. V. Petrovic, A. M. Stankovic, and V. Blasko, Position estimation in salient PM synchronous motors based on PWM excitation transients, *IEEE Transactions on Industry Applications*, 39(3), 835–843, 2003.

26. G. Qiang, G. M. Asher, M. Sumner, et al., Position estimation of AC machines over a wide frequency range based on space vector PWM excitation, *IEEE Transactions on Industry Applications*, 43(4), 1001–1011, 2007.

27. R. Raute, C. Caruana, J. Cilia, et al., A zero speed operation sensorless PMSM drive

without additional test signal injection, *European Conference on Power Electronics and Applications*, pp. 1–10, 2007.

28. Q. Gao, G. M. Asher, and M. Sumner, Zero speed position estimation of a matrix converter fed AC PM machine using PWM excitation, *13th International Power Electronics and Motion Control Conference*, pp. 2261–2268, 2008.

注入信号法

29. M. J. Corley and R. D. Lorenz, Rotor position and velocity estimation for a salient-pole permanent magnet synchronous machine at standstill and high speeds, *IEEE Transactions on Industry Applications*, 34(4), 784–789, 1998.

30. W. Limei and R. D. Lorenz, Rotor position estimation for permanent magnet synchronous motor using saliency-tracking self-sensing method, *Conference Record IEEE Industry Applications Conference (Cat. No. 00CH37129)*, pp. 445–450, 2000.

31. L. Wang, Q. Guo, and R. D. Lorenz, Sensorless control of permanent magnet synchronous motor, Proceedings, *Third International Power Electronics and Motion Control Conference (IEEE Cat. No. 00EX435)*, pp. 186–190, 2000.

32. F. Briz, M. W. Degner, A. Diez et al., Measuring, modeling, and decoupling of saturation-induced saliencies in carrier-signal injection-based sensorless AC drives, *IEEE Transactions on Industry Applications*, 37(5), 1356–1364, 2001.

33. C. Silva, G. M. Asher, and M. Sumner, Influence of dead-time compensation on rotor position estimation in surface mounted PM machines using HF voltage injection, *Proceedings of the Power Conversion Conference-Osaka, Japan, (Cat. No. 02TH8579)*, pp. 1279–1284, 2002.

34. M. Linke, R. Kennel, and J. Holtz, Sensorless position control of permanent magnet synchronous machines without limitation at zero speed, *IEEE Industrial Electronics Conference (Cat. No. 02CH37363)*, pp. 674–679, 2002.

35. B.-H. Bae, S.-K. Sul, J.-H. Kwon, et al., Implementation of sensorless vector control for super-high-speed PMSM of turbo-compressor, *IEEE Transactions on Industry Applications*, 39(3), 811–818, 2003.

36. J. Holtz and P. Hangwen, Acquisition of rotor anisotropy signals in sensorless position control systems, *IEEE Transactions on Industry Applications*, 40(5), 1379–1387, 2004.

37. A. Arias, G. Asher, M. Sumner, et al., High frequency voltage injection for the sensorless control of permanent magnet synchronous motors using matrix converters, *IEEE Industrial Electronics Conference (IEEE Cat. No. 04CH37609)*, pp. 969–974, 2004.

38. Y.-S. Jeong, R. D. Lorenz, T. M. Jahns et al., Initial rotor position estimation of an interior permanent-magnet synchronous machine using carrier-frequency injection methods, *IEEE Transactions on Industry Applications*, 41(1), 38–45, 2005.

39. C. S. Staines, C. Caruana, N. Teske et al., Sensorless speed, position and torque control using AC machine saliencies, *International Electric Machines and Drives Conference (IEEE Cat. No. 05EX1023C)*, pp. 1392–1399, 2005.

40. J. Holtz, Initial rotor polarity detection and sensorless control of PM synchronous machines, Conference Record, *IEEE Industry Applications (IEEE Cat. No. 06CH37801)*, pp. 2040–2047, 2006.

41. J. Holtz, Acquisition of position error and magnet polarity for sensorless control of PM synchronous machines, *IEEE Transactions on Industry Applications*, 44(4), 1172–1180, 2008.

电机相关问题

42. N. Bianchi, and S. Bolognani, Influence of rotor geometry of an IPM motor on sensorless control feasibility, *IEEE Transactions on Industry Applications*, 43(1), 87–96, 2007.

43. N. Imai, S. Morimoto, M. Sanada, et al., Influence of magnetic saturation on sensorless control for interior permanent-magnet synchronous motors with concentrated windings, *IEEE Transactions on Industry Applications*, 42(5), 1193–1200, 2006.

44. N. Imai, S. Morimoto, M. Sanada, et al., Influence of rotor configuration on sensorless control for permanent-magnet synchronous motors, *IEEE Transactions on Industry Applications*, 44(1), 93–100, 2008.

45. N. Bianchi, S. Bolognani, J. Ji-Hoon, et al., Comparison of PM motor structures and sensorless control techniques for zero-speed rotor position detection, *IEEE Transactions on Power Electronics*, 22(6), 2466–2475, 2007.

其他方法

46. T. Song, M. F. Rahman, K. W. Lim, et al., A singular perturbation approach to sensorless control of a permanent magnet synchronous motor drive, *IEEE Transactions on Energy Conversion*, 14(4), 1359–1365, 1999.

47. A. Consoli, G. Scarcella, and A. Testa, Industry application of zero-speed sensorless control techniques for PM synchronous motors, *IEEE Transactions on Industry Applications*, 37(2), 513–521, 2001.

48. D. Howe, J. X. Shen, and Z. Q. Zhu, Improved speed estimation in sensorless PM brushless AC drives, *IEEE Transactions on Industry Applications*, 38(4), 1072–1080, 2002.

49. F. Blaabjerg, J. K. Pedersen, P. Thogersen, et al., A sensorless, stable V/f control method for permanent-magnet synchronous motor drives, *IEEE Transactions on Industry Applications*, 39(3), 783–791, 2003.

50. T. Preuber, Sensorless INFORM-control of permanent magnet synchronous machines, *EPE Journal*, 13(3), 19–21, 2003.

51. Y. S. Kim, Y. K. Choi, and J. H. Lee, Speed-sensorless vector control for permanent-magnet synchronous motors based on instantaneous reactive power in the wide-speed region, *IEE Proceedings-Electric Power Applications*, 152(5), 1343–1349, 2005.

52. S. Ichikawa, M. Tomita, S. Doki, et al., Sensorless control of permanent-magnet synchronous motors using online parameter identification based on system identification theory, *IEEE Transactions on Industrial Electronics*, 53(2), 363–372, 2006.

53. S. Jul-Ki, L. Jong-Kun, and L. Dong-Choon, Sensorless speed control of nonsalient permanent-magnet synchronous motor using rotor-position-tracking PI controller, *IEEE Transactions on Industrial Electronics*, 53(2), 399–405, 2006.

第三部分　永磁无刷直流
电机及其控制

第9章 永磁无刷直流电机

反电动势波形为方波的永磁同步电机称为永磁无刷直流电机。其与永磁同步电机相比的优势已在第 1 章讨论过。这种电机受欢迎的原因是因为其控制简单。为了初始化电机的起始和换相相电流，需要检测方波反电动势平顶区域的开始和结束点。这对一台三相电机而言，相当于在每个电周期检测 6 个离散的位置。这些位置信号可以通过间隔 120°电角度安放 3 个霍尔传感器很容易地获得。霍尔传感器安放在固定于转子上的一个小磁轮的对面，它与电机的转子有着相同的极数，或者也可以通过延长转子的轴向长度，利用转子上的永磁体来提供位置信息。这样的安放就可以检测转子的绝对位置，从而检测电机各相反电动势的形状和位置。与之相比，在永磁同步电机中则需要连续的和瞬时的转子绝对位置信息，而在永磁无刷直流电机中对位置信号的要求相对简单，三相电机只需要 6 个离散的位置信号，因此在位置传感器方面可以节省大量的成本。另外，在永磁同步电机驱动中常见的矢量控制等方法在无刷直流电机驱动中却并不需要。

本章将讲述永磁无刷直流电机的动态模型及其控制框图。建立动态模型之后进行了仿真和分析。为说明驱动系统的动态性能，给出了一个用 MATLAB 程序对动态模型进行仿真的实例。最后列出了相关的参考文献，包括电机驱动系统的建模和控制[1-20]，仿真[21-25]，性能和改进[26-33]。

9.1 永磁无刷直流电机的数学模型

永磁无刷直流电机的磁通分布为梯形波，因此适用于永磁同步电机的转子 d - q 轴参考系模型对其已不再适用。鉴于磁通的非正弦分布，推导无刷直流电机相变量的数学模型需要十分谨慎。这个模型的推导基于以下的假设：忽略由于定子谐波磁场在转子中产生的感应电流，同样也忽略铁损和杂散损耗。无刷直流电机中通常不含有阻尼绕组，并且阻尼电流是由控制器提供的。仅考虑电机是三相时的情况，当然，即使是多相电机，这个推导过程仍然是成立的。

用电机电气时间常数表达的定子绕组的耦合电路方程组如下：

$$\begin{bmatrix} v_{as} \\ v_{bs} \\ v_{cs} \end{bmatrix} = \begin{bmatrix} R_s & 0 & 0 \\ 0 & R_s & 0 \\ 0 & 0 & R_s \end{bmatrix} \begin{bmatrix} i_{as} \\ i_{bs} \\ i_{cs} \end{bmatrix} + p \begin{bmatrix} L_{aa} & L_{ab} & L_{ac} \\ L_{ba} & L_{bb} & L_{bc} \\ L_{ca} & L_{cb} & L_{cc} \end{bmatrix} \begin{bmatrix} i_a \\ i_b \\ i_c \end{bmatrix} + \begin{bmatrix} e_{as} \\ e_{bs} \\ e_{cs} \end{bmatrix} \tag{9.1}$$

式中，R_s 是定子相电阻，并假定三相电阻相等。反电动势 e_{as}、e_{bs} 和 e_{cs} 认为是梯形波。E_p 是其峰值，可按下式计算：

$$E_p = (Blv)N = N(Blr\omega_m) = N\phi_a\omega_m = \lambda_p\omega_m \tag{9.2}$$

式中，N 为每相串联导体数；v 为速度（m/s）；l 为导体长度（m）；r 为转子外径（m）；ω_m 为角速度（rad/s）；B 为导体所在的场域中的磁通密度。

这个磁通密度只与转子上的永磁体有关。Blr 的乘积 ϕ_a 与磁通有着相同的量纲，并且与气隙磁通 ϕ_g 成正比，如下式：

$$\phi_a = Blr = \frac{1}{\pi}B\pi lr = \frac{1}{\pi}\phi_g \tag{9.3}$$

注意到磁通与每相串联导体数的乘积与磁链有着相同的量纲，记为 λ_p。其与每相磁链成正比，比例系数为 $1/\pi$，因此此后我们称它为辅助磁链。

如果转子的磁阻不随角度变化，并且假设三相对称，那么各相的自感应该相等，互感也应该相等，把它们计为

$$L_{aa} = L_{bb} = L_{cc} = L, \quad L_{ab} = L_{ba} = L_{ac} = L_{ca} = L_{bc} = L_{cb} = M, \quad H \tag{9.4}$$

将式（9.3）和式（9.4）带入式（9.1），那么无刷直流电机的数学模型可以表示为

$$\begin{bmatrix} v_{as} \\ v_{bs} \\ v_{cs} \end{bmatrix} = R_s \begin{bmatrix} 1 & 0 & 0 \\ 0 & 1 & 0 \\ 0 & 0 & 1 \end{bmatrix} \begin{bmatrix} i_{as} \\ i_{bs} \\ i_{cs} \end{bmatrix} + \begin{bmatrix} L & M & M \\ M & L & M \\ M & M & L \end{bmatrix} p \begin{bmatrix} i_a \\ i_b \\ i_c \end{bmatrix} + \begin{bmatrix} e_{as} \\ e_{bs} \\ e_{cs} \end{bmatrix} \tag{9.5}$$

认为定子相电流是平衡的，也即 $i_{as} + i_{bs} + i_{cs} = 0$，因此可以简化数学模型中的电感矩阵

$$\begin{bmatrix} v_{as} \\ v_{bs} \\ v_{cs} \end{bmatrix} = \begin{bmatrix} R_s & 0 & 0 \\ 0 & R_s & 0 \\ 0 & 0 & R_s \end{bmatrix} \begin{bmatrix} i_{as} \\ i_{bs} \\ i_{cs} \end{bmatrix} + \begin{bmatrix} (L-M) & 0 & 0 \\ 0 & (L-M) & 0 \\ 0 & 0 & (L-M) \end{bmatrix} p \begin{bmatrix} i_a \\ i_b \\ i_c \end{bmatrix} + \begin{bmatrix} e_{as} \\ e_{bs} \\ e_{cs} \end{bmatrix}$$

$$\tag{9.6}$$

观察上式可以看出：相电压方程实际上和直流电机的电枢电压方程一致。这种与直流电机的相似性，以及没有电刷和换相器正是在工业上将这种电机称为无刷直流电机的原因。

电磁转矩方程为

$$T_e = [e_{as}i_{as} + e_{bs}i_{bs} + e_{cs}i_{cs}]\frac{1}{\omega_m}(\text{N} \cdot \text{m}) \tag{9.7}$$

瞬时的感应电动势方程为

$$e_{as} = f_{as}(\theta_r)\lambda_p\omega_m \tag{9.8}$$

$$e_{bs} = f_{bs}(\theta_r)\lambda_p\omega_m \tag{9.9}$$

$$e_{cs} = f_{cs}(\theta_r)\lambda_p\omega_m \tag{9.10}$$

当 e_{as}、e_{bs} 和 e_{cs} 处于最大幅值 ± 1 时，式中函数 $f_{as}(\theta_r)$、$f_{bs}(\theta_r)$、$f_{cs}(\theta_r)$ 跟它们的波形相同。感应电动势的波形没有梯形波中所含有的尖角，而都是平滑的

圆角。这是因为感应电动势是磁链的导数，而磁链是连续函数，同样，也使得磁通密度函数平滑没有尖角。电磁转矩方程为

$$T_e = \lambda_p [f_{as}(\theta_i) i_{as} + f_{bs}(\theta_r) i_{bs} + f_{cs}(\theta_r) i_{cs}] (\text{N} \cdot \text{m}) \tag{9.11}$$

用转动惯量 J、摩擦系数 B 和负载转矩 T_1 表示的简单系统中的运动方程为

$$J \frac{\mathrm{d}\omega_m}{\mathrm{d}t} + B\omega_m = (T_e - T_1) \tag{9.12}$$

电机中转子的速度和位置有如下的关系：

$$\frac{\mathrm{d}\theta_r}{\mathrm{d}t} = \frac{P}{2}\omega_m \tag{9.13}$$

式中，P 为极数；ω_m 为用角速度表示的转子速度（rad/s）；θ_r 为用弧度表示的转子位置（rad）。

合并上述有关的方程，那么系统方程的状态空间形式为

$$\dot{x} = Ax + Bu \tag{9.14}$$

式中

$$x = [i_{as} i_{bs} i_{cs} \omega_m \theta_r]^t \tag{9.15}$$

$$A \begin{bmatrix} -\dfrac{R_s}{L_1} & 0 & 0 & -\dfrac{\lambda_p}{L_1}f_{as}(\theta_r) & 0 \\[3mm] 0 & -\dfrac{R_s}{L_1} & 0 & -\dfrac{\lambda_p}{L_1}f_{bs}(\theta_r) & 0 \\[3mm] 0 & 0 & -\dfrac{R_s}{L_1} & -\dfrac{\lambda_p}{L_1}f_{cs}(\theta_r) & 0 \\[3mm] \dfrac{\lambda_p}{J}f_{as}(\theta_r) & \dfrac{\lambda_p}{J}f_{bs}(\theta_r) & \dfrac{\lambda_p}{J}f_{cs}(\theta_r) & -B/J & 0 \\[3mm] 0 & 0 & 0 & \dfrac{P}{2} & 0 \end{bmatrix} \tag{9.16}$$

$$B \begin{bmatrix} \dfrac{1}{L_1} & 0 & 0 & 0 \\[3mm] 0 & \dfrac{1}{L_1} & 0 & 0 \\[3mm] 0 & 0 & \dfrac{1}{L_1} & 0 \\[3mm] 0 & 0 & 0 & -\dfrac{1}{J} \\[3mm] 0 & 0 & 0 & 0 \end{bmatrix} \tag{9.17}$$

$$L_1 = L - M \tag{9.18}$$

$$u = [v_{as} v_{bs} v_{cs} T_1]^t \tag{9.19}$$

需要状态变量 θ_r，即转子位置以便获得函数 f_{as}（θ_r）、f_{bs}（θ_r）和 f_{cs}（θ_r），这可以通过一个存储表来实现。这使得永磁无刷直流电机的模型完备。

9.2　归一化的系统方程

永磁无刷直流电机的方程可以用电压 V_b、电流 I_b、磁链 λ_b、功率 P_b 以及角频率 ω_b 的基值进行归一化。若只考虑其中一相进行归一化，可以按如下的方式实现[17a]：

$$v_{asn} = \frac{v_{as}}{V_b} = \frac{1}{V_b}\left[Ri_{as} + (L - M)pi_{as} + \lambda_p \omega_m f_{as}(\theta)_r \right] \qquad (9.20)$$

电压基值可由下式表示：

$$V_b = I_b \cdot Z_b = \lambda_b \cdot \omega_b \qquad (9.21)$$

将其代入电压方程，归一化后的 a 相电压方程式由下式表示：

$$v_{asn} = R_{an} i_{asn} + (X_{Ln} - X_{Mn})\frac{p}{\omega_b} i_{asn} + \lambda_n \omega_{mn} f_{as}(\theta_r) \qquad (9.22)$$

式中

$$R_{an} = \frac{R}{Z_b}（标幺值） \qquad (9.23)$$

$$X_{Ln} = \frac{\omega_b L}{Z_b}（标幺值） \qquad (9.24)$$

$$X_{Mn} = \frac{\omega_b M}{Z_b}（标幺值） \qquad (9.25)$$

$$\lambda_n = \frac{\lambda_p}{\lambda_b}（标幺值） \qquad (9.26)$$

$$\omega_{mn} = \frac{\omega_m}{\omega_b}（标幺值） \qquad (9.27)$$

$$T_{eb} = 2\lambda_b I_b（N \cdot m） \qquad (9.28)$$

$$Z_b = \frac{V_b}{I_b}（\Omega） \qquad (9.29)$$

类似地可以得到另外两相的方程。电磁转矩方程为

$$T_e = T_1 + B\omega_m + J\frac{d\omega_m}{dt} \qquad (9.30)$$

归一化后的电磁转矩方程为

$$T_{en} = \frac{T_e}{T_b} = T_{en} + B_n \omega_{mn} + 2Hp\omega_{mn} \qquad (9.31)$$

式中

$$T_{en} = \frac{T_e}{T_b} (标幺值) \tag{9.32}$$

$$B_n = \frac{B\omega_b^2}{P_b} (标幺值) \tag{9.33}$$

$$H = \frac{1}{2} \frac{J\omega_b^2}{P_b (P/2)^2} \quad (s) \tag{9.34}$$

由磁链和电流表示的电磁转矩方程为

$$T_e = \frac{e_{as}i_{as} + e_{bs}i_{bs} + e_{cs}i_{cs}}{\omega_m} = \lambda_p [i_{as}f_{as}(\theta_r) + i_{bs}f_{bs}(\theta)_r + i_{cs}f_{cs}(\theta_r)] \tag{9.35}$$

归一化后的方程为

$$T_{en} = \frac{1}{2}\lambda_n [i_{asn}f_{as}(\theta_r) + i_{bsn}f_{bs}(\theta_r) + i_{csn}f_{cs}(\theta_r)] (标幺值) \tag{9.36}$$

9.3   永磁无刷直流电机驱动系统框图

为了使电机在基速下恒转矩运行，驱动器需要 6 个离散的位置信号。它们分别对应着定子三相通电时的每一个 60°电角度。

这种驱动系统的控制已经在 1.4.5 节简要的讨论过。在阅读本节之前，请务必结合相关的参考文献回顾一下图 1.35。

此电机的弱磁控制略有不同，将在后续章节讨论。无刷直流电机的控制框图较为简单，如图 9.1 所示。转子的绝对位置信号由旋转变压器[○]给出，并且通过信号处理器将其变为转子速度信号。转子速度与参考值进行比较，得到的转速误差通过转速控制器进行放大。转速控制器的输出提供参考转矩 T_e^*。从转矩表达式可以得到电流幅值指令 I_p^*，如下式所示：

$$T_e^* = \lambda_p [f_{as}(\theta_r) i_{as}^* + f_{bs}(\theta_r) i_{bs}^* + f_{cs}(\theta_r) i_{cs}^*] \tag{9.37}$$

因为在全桥整流运行中，任意时刻电机中只有两相导通，并且这两相是串联的，所以这两相电流在数值上相等，但是符号相反。电动状态时，转子位置函数与定子电流符号相同，再生制动状态时相反。这些符号的关系简化了转矩的指令，如下式所示：

$$T_e^* = 2\lambda_p I_p^* \tag{9.38}$$

从式（9.37）推出定子电流指令为

$$I_p^* = \frac{T_e^*}{2\lambda_p} \tag{9.39}$$

○ 应为由编码器或霍尔位置传感器给出。——译者注

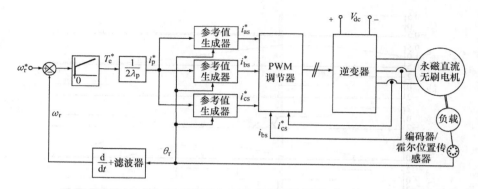

图 9.1　不使用弱磁控制时速度控制永磁无刷直流电机驱动器框图（摘自 R. Krishnan 的
《Electric Motor Drives》图 9.49，Prentice Hall，Upper Saddle River，NJ，2001，版权许可）

　　单独的定子相电流指令可从电流幅值指令和转子绝对位置得出。这些电流指令
通过逆变器与各自对应的定子相电流比较后进行放大。在三相平衡系统中，只需要
两相电流就可以获得第三相，因为三相电流的和为 0。

　　如第 2 章中讲述的，电流误差信号被放大后，使用脉宽调制或者滞环逻辑等方
式产生开关逻辑信号给逆变器。

9.4　动态模拟

　　阶跃参考输入标幺值为 0 ~ 1 时的 PWM 电流控制器的模拟结果如图 9.2 所示。
时刻为 0 时，转子处于停止状态。随着速度参考值给定，速度误差值和转矩参考值
达到最大，本例中最大值限制为标幺值 2。电流控制器控制电流跟随参考值。正因
为如此，电磁转矩会紧密跟随参考值。转矩脉动是由于开关时电流的波动而产生。
本例中 PWM 控制的工作频率为 4kHz，转速控制器的增益为 100。以下将给出速度
控制系统仿真的 MATLAB 程序。转矩控制的仿真可以通过设定实际转速恒定以及
设定参考的恒定转矩值而实现。

```
% * * * *
% 使用 PWM 电流控制器的无刷直流电机速度控制仿真程序
% 由 B. S. Lee 和 R. Krishnan 于 1998 年 10 月 12 日编制
% * * * *

clear all; close all;
global phase rs ls_ lm vas vbs vcs eas ebs ecs
global inertia b_ fric pole te tl
% 无刷直流电机参数
```

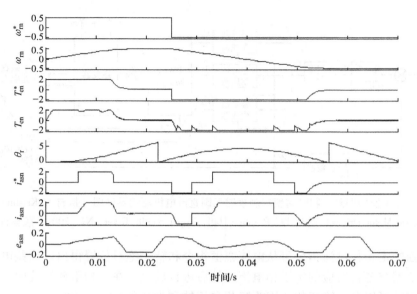

图 9.2 全桥整流变换器下的永磁无刷直流电机速度控制

% p_ hp [HP], rs [Ohm], ls [H], lm [H]
% kb [V/rad/sec (elec)], lamda_ p [V/rad/sec (mech), N - m/A]
% inertia [Kg - m∩ 2], b_ fric [N - m/rad/sec]

rs = 0.7; ls_ lm = 5.21e - 3; inertia = 0.00022; b_ fric = 0;
p_ hp = 1; pole = 4; vdc = 160; kb = 0.05238; lamda_ p =
kb * (pole/2);
ip_ rate = 8.5; te_ rate = 1.7809; wbase_ rpm = 4000;

% 各量基值
pbase = p_ hp * 746;
vbase = vdc;
ibase = ip_ rate;
tbase = te_ rate;
wbase = wbase_ rpm * (pi/30) * (pole/2);

% 设定初始条件
ias = 0; ibs = 0; ics = 0;
% 转子速度和位置
wrthr = zeros (2, 1);

```
wr = wrthr (1, 1);
thr = wrthr (2, 1);
```

% 原来的初始位置
```
thr_ old = thr;
wr_ cmd = 0; % 转速指令
kp_ w = 0.1; ki_ w = 0.001; % pi 转速控制器增益
% wr_ intg = integrator, _ cmd = after limit, _ star = before
limit
wr_ intg = 0; te_ cmd = 0; te_ star = 0;
% torque limit = > up to 2 [p. u. ]
te_ lim_ p = 2 * te_ rate; te_ lim_ n = -2 * te_ rate;
tl = 0; % 负载转矩
kp_ i = 100; % p 电流控制器增益
```
% 控制器输出
```
vasc = 0; vbsc = 0; vcsc = 0;
```

% 三角波的频率和电压峰值
```
ftr = 4000; vtr_ r = 10;
```

% 电压指令限制
```
vc_ lim_ p = 9; vc_ lim_ n = -9;
```

% 初始时间、时间步长和结束时间
```
tt = 0; dt = 10e - 6; tf = 0.07001;
```

% 用于绘制的变量
```
count = 0;
no_ int = 0;
no_ ds = fix (tf/dt/ (no_ int + 1));
p_ vabcs = zeros (no_ ds, 3);
p_ fabcs = zeros (no_ ds, 3);
p_ eabcs = zeros (no_ ds, 3);
p_ isc = zeros (no_ ds, 4);
p_ iabcs = zeros (no_ ds, 3);
p_ torq = zeros (no_ ds, 5);
```

```
p_ wrthr = zeros (no_ ds, 4);
p_ t = zeros (no_ ds, 1);

% 求解电机的动态模型

iter = 0;
iter1 = 0;
while (tt < = tf)

% 速度指令
if ((tt > 0) & (tt < =0. 025))
wr_ cmd = 0. 5 * wbase;
elseif ((tt > 0. 025) & (tt < =0. 07))
wr_ cmd = -0. 5 * wbase;
end

% 用 pi 计算转矩指令, 同时利用 anti - windup 复位
wr_ err = wr_ cmd - wr;
wr_ intg = wr_ intg + ki_ w * (wr_ err + te_ cmd - te_ star) * dt;
te_ star = wr_ intg + kp_ w * wr_ err;
if (te_ star > = te_ lim_ p)
te_ cmd = te_ lim_ p;
elseif (te_ star < = te_ lim_ n)
te_ cmd = te_ lim_ n;
else
te_ cmd = te_ star;
end

% 计算峰值电流指令
ip_ cmd = te_ cmd/ (2 * lamda_ p);

% 转换 thr 的单位 rad = > deg
thr_ deg = thr * 180/pi;

% 调整 th_ deg 的变化范围 (0 < = th_ deg < =360)
while ((thr_ deg < 0) | (thr_ deg > 360))
```

```
if ( thr_ deg < 0 )
thr_ deg = thr_ deg + 360;
elseif ( thr_ deg > 360 )
thr_ deg = thr_ deg - 360;
end
end
```

% 根据转子位置得出相电流指令

```
if ( ( ( thr - deg > = 0 ) & ( thr - deg < 30 ) ) | ( ( thr - deg > = 330 ) 8 ( thr - deg < = 360 ) ) )
mode = 1;
ias - cmd = 0;
ibs_ cmd = - ip_ cmd;
ics_ cmd = ip_ cmd;
elseif ( ( thr_ deg > = 30 ) & ( thr_ deg < 90 ) )
mode = 2;
ias_ cmd = ip_ cmd;
ibs_ cmd = - ip_ cmd;
ics_ cmd = 0;
elseif ( ( thr_ deg > = 90 ) & ( thr_ deg < 150 ) )
mode = 3;
ias_ cmd = ip_ cmd;
ibs_ cmd = 0;
ics_ cmd = - ip_ cmd;
elseif ( ( thr_ deg > = 150 ) & ( thr_ deg < 210 ) )
mode = 4;
ias_ cmd = 0;
ibs_ cmd = ip_ cmd;
ics_ cmd = - ip_ cmd;
elseif ( ( thr_ deg > = 210 ) & ( thr_ deg < 270 ) )
mode = 5;
ias_ cmd = - ip_ cmd;
ibs_ cmd = ip_ cmd;
ics_ cmd = 0;
elseif ( ( thr_ deg > = 270 ) & ( thr_ deg < 330 ) )
mode = 6;
```

```
ias_ cmd = - ip_ cmd;
ibs_ cmd = 0;
ics_ cmd = ip_ cmd;
end


% fas (thr): 转子位置相关函数
if (  (thr_ deg > =0) & (thr_ deg <30))
fas_ thr = thr_ deg/30;
elseif (  (thr_ deg > =30) & (thr_ deg <150))
fas_ thr = 1;
elseif (  (thr_ deg > =150) & (thr_ deg <210))
fas_ thr = - thr_ deg/30 +6;
elseif (  (thr_ deg > =210) & (thr_ deg <330))
fas_ thr = -1;
elseif (  (thr_ deg > =330) & (thr_ deg < =360))
fas_ thr = thr_ deg/30 -12;
end


% fbs (thr): 转子位置相关函数
if (  (thr_ deg > =0) & (thr_ deg <90))
fbs_ thr = -1;
elseif (  (thr_ deg > =90) & (thr_ deg <150))
fbs_ thr = thr_ deg/30 -4;
elseif (  (thr_ deg > =150) & (thr_ deg <270))
fbs_ thr = 1;
elseif (  (thr_ deg > =270) & (thr_ deg <330))
fbs_ thr = - thr_ deg/30 +10;
elseif (  (thr_ deg > =330) & (thr_ deg < =360))
fbs_ thr = -1;
end


% fcs (thr): 转子位置相关函数
if (  (thr_ deg > =0) & (thr_ deg <30))
fcs_ thr = 1;
elseif (  (thr_ deg > =30) & (thr_ deg <90))
fcs_ thr = - thr_ deg/30 +2;
```

```
elseif ( ( thr_ deg > =90 ) & ( thr_ deg < 210 ) )
fcs_ thr = - 1 ;
elseif ( thr_ deg > =210 ) & ( thr_ deg < 270 ) )
fcs_ thr = thr_ deg/30 - 8 ;
elseif ( ( thr_ deg > =270 ) & ( thr_ deg < =360 ) )
fcs_ thr = 1 ;
end
```

% 计算反电动势
```
eas = fas_ thr * kb * wr ;
ebs = fbs_ thr * kb * wr ;
ecs = fcs_ thr * kb * wr ;
```

% 三角载波
```
vtr = rem ( 4 * ftr * vtr_ r * tt, 4 * vtr_ r ) ;
if ( vtr < vtr_ r )
vtr = vtr ;
elseif ( vtr < ( 3 * vtr_ r ) )
vtr = 2 * vtr_ r - vtr ;
else
vtr = vtr - 4 * vtr_ r ;
end
```

% 计算位置变化
```
del_ thr = thr - thr_ old ;
thr_ old = thr ;
```

% 计算 A 相控制电压: 比例控制或者续流时

```
if ( ( mode ~ =1 ) & ( mode ~ =4 ) )
ias_ det = 1 ;
vasc = kp_ i * ( ias_ cmd - ias ) ;
if ( vasc > vc_ lim_ p )
vasc = vc_ lim_ p ;
elseif ( vasc < vc_ lim_ n )
vasc = vc_ lim_ n ;
```

```
end
if ( vasc > = vtr )
vas = vdc/2;
else
vas = - vdc/2;
end
elseif ( ( ( del_ thr < 0 ) & ( mode = = 1 ) ) | ( ( del_ thr > = 0 ) & ( mode =
= 4 ) ) )
if ( ias < = 0 )
ias_ det = 0;
ias = 0;
vas = eas;
else
ias_ det = 1;
vas = - vdc/2;
end
elseif ( ( ( del_ thr > = 0 ) & ( mode = = 1 ) ) | ( ( del_ thr < 0 ) & ( mode =
= 4 ) ) )
if ( ias > = 0 )
ias_ det = 0;
ias = 0;
vas = eas;
else
ias_ det = 1;
vas = vdc/2;
end
end

% 计算 B 相控制电压: 比例控制或者续流时
if ( ( mode ~ = 3 ) & ( mode ~ = 6 ) )
ibs_ det = 1;
vbsc = kp_ i * ( ibs_ cmd - ibs );
if ( vbsc > vc_ lim_ p )
vbsc = vc_ lim_ p;
elseif ( vbsc < vc_ lim_ n )
vbsc = vc_ lim_ n;
```

```
    end
    if ( vbsc > = vtr)
    vbs = vdc/2;
    else
    vbs = - vdc/2;
    end
    elseif ( ( ( del_ thr < 0) & ( mode = = 3) ) | ( ( del_ thr > = 0) & ( mode = = 6) ) )
    if ( ibs < = 0)
    ibs_ det = 0; ibs = 0; vbs = ebs;
    else
    ibs_ det = 1;
    vbs = - vdc/2;
    end
    elseif ( ( ( del_ thr > = 0) & ( mode = = 3) ) | ( ( del_ thr < 0) & ( mode = = 6) ) )
    if ( ibs > = 0)
    ibs_ det = 0; ibs = 0; vbs = ebs;
    else
    ibs_ det = 1;
    vbs = vdc/2;
    end
    end


% 计算 C 相控制电压：比例控制或者续流时
if ( ( mode ~ = 5) & ( mode ~ = 2) )
ics_ det = 1;
vcsc = kp_ i * ( ics_ cmd - ics) ;
if ( vcsc > vc_ lim_ p)
vcsc = vc_ lim_ p;
elseif ( vcsc < vc_ lim_ n)
vcsc = vc_ lim_ n;
end
if ( vcsc > = vtr)
vcs = vdc/2;
else
```

```
    vcs = -vdc/2;
    end
  elseif ( ( (del_ thr<0) & (mode==5) ) | ( (del_ thr>=0) & (mode==2) ) )
    if (ics<=0)
    ics_ det = 0;
    ics = 0;
    vcs = ecs;
    else
    ics_ det = 1;
    vcs = -vdc/2;
    end
  elseif ( ( (del_ thr>=0) & (mode==5) ) | ( (del_ thr<0) & (mode==2) ) )
    if (ics>=0)
    ics_ det = 0;
    ics = 0;
    vcs = ecs;
    else
    ics_ det = 1;
    vcs = vdc/2;
    end
  end


%4 阶龙格 - 库塔法计算 ias
if (ias_ det==1)
phase = 1;
grad_ 1 = seq_ iabcs (tt, ias);
grad_ 2 = seq_ iabcs (tt+dt/2, ias+dt*grad_ 1/2);
grad_ 3 = seq_ iabcs (tt+dt/2, ias+dt*grad_ 2/2);
grad_ 4 = seq_ iabcs (tt+dt, ias+dt*grad_ 3);
ias = ias + (grad_ 1+2*grad_ 2+2*grad_ 3+grad_ 4) *dt/6;
end


%4 阶龙格 - 库塔法计算 ibs
if (ibs_ det==1)
```

```
phase = 2;
grad_ 1 = seq_ iabcs (tt, ibs);
grad_ 2 = seq_ iabcs (tt + dt/2, ibs + dt * grad_ 1/2);
grad_ 3 = seq_ iabcs (tt + dt/2, ibs + dt * grad_ 2/2);
grad_ 4 = seq_ iabcs (tt + dt, ibs + dt * grad_ 3);
ibs = ibs + (grad_ 1 + 2 * grad_ 2 + 2 * grad_ 3 + grad_ 4) * dt/6;
end
```

%4 阶龙格 - 库塔法计算 ics

```
if (ics_ det = = 1)
phase = 3;
grad_ 1 = seq_ iabcs (tt, ics);
grad_ 2 = seq_ iabcs (tt + dt/2, ics + dt * grad_ 1/2);
grad_ 3 = seq_ iabcs (tt + dt/2, ics + dt * grad_ 2/2);
grad_ 4 = seq_ iabcs (tt + dt, ics + dt * grad_ 3);
ics = ics + (grad_ 1 + 2 * grad_ 2 + 2 * grad_ 3 + grad_ 4) * dt/6;
end
```

% 计算电磁转矩

```
tas = (pole/2) * kb * fas_ thr * ias;
tbs = (pole/2) * kb * fbs_ thr * ibs;
tcs = (pole/2) * kb * fcs_ thr * ics;
te = tas + tbs + tcs;
```

%4 阶龙格 - 库塔法计算 [wr thr]

```
slope_ 1 = seq_ wrthr (tt, wrthr);
slope_ 2 = seq_ wrthr (tt + dt/2, wrthr + dt * slope_ 1/2);
slope_ 3 = seq_ wrthr (tt + dt/2, wrthr + dt * slope_ 2/2);
slope_ 4 = seq_ wrthr (tt + dt, wrthr + dt * slope_ 3);
wrthr = wrthr + (slope_ 1 + 2 * slope_ 2 + 2 * slope_ 3 + slope_ 4) * dt/6;
wr = wrthr (1, 1);
thr = wrthr (2, 1);
```

% 保存一些变量

```
if (iter = = no_ int)
iter = 0;
```

```
count = count + 1;
p_ vabcs (count,:) = [vas vbs vcs];
p_ fabcs (count,:) = [fas_ thr fbs_ thr fcs_ thr];
p_ eabcs (count,:) = [eas ebs ecs];
p_ isc (count,:) = [ias_ cmd ibs_ cmd ics_ cmd ip_ cmd];
p_ iabcs (count,:) = [ias ibs ics];
p_ torq (count,:) = [te_ cmd te tas tbs tcs];
p_ wrthr (count,:) = [wr thr thr_ deg wr_ cmd];
p_ t (count,:) = tt;
else
iter = iter + 1;
end
if (iter1 = = 1000)
iter1 = 0; tt
else
iter1 = iter1 + 1;
end
```

% 时间的增加由 dt 控制
```
tt = tt + dt;
end
```

% 绘制曲线
```
subplot (8, 1, 1); plot (p_ t, p_ wrthr (:, 4) /wbase); ylabel ('omega_
r_ n
&cap; *'); grid off; box off; axis ([0 tf −0. 6 0. 6])
set (gca, 'XTick', 0: 0. 01: 0. 07); set (gca, 'XTickLabel', {})
subplot (8, 1, 2); plot (p_ t, p_ wrthr (:, 1) /wbase);
ylabel ('omega_ r_ n'); grid off; box off; axis ([0 tf −0. 6
0. 6])
set (gca, 'XTick', 0: 0. 01: 0. 07); set (gca, 'XTickLabel', {})
subplot (8, 1, 3); plot (p_ t, p_ torq (:, 1) /tbase);
ylabel ('T_ e_ n&cap; *'); grid off; box off; axis ([0 tf
−2. 2 2. 2])
set (gca, 'XTick', 0: 0. 01: 0. 07); set (gca, 'XTickLabel', {})
subplot (8, 1, 4); plot (p_ t, p_ torq (:, 2) /tbase); ylabel ('T_ e_
```

n');

    grid off; box off; axis ([0 tf −2. 2 2. 2])

    set (gca, 'XTick', 0: 0. 01: 0. 07); set (gca, 'XTickLabel', { })

    subplot (8, 1, 5); plot (p _ t, p _ wrthr (:, 3) ∗ pi/180); ylabel
('theta_

    r'); grid off; box off; axis ([0 tf 0 7])

    set (gca, 'XTick', 0: 0. 01: 0. 07); set (gca, 'XTickLabel', { })

    subplot (8, 1, 6); plot (p_ t, p_ isc (:, 1) /
ibase); ylabel ('i_ a_ s_ n∩ ∗'); grid off; box off; axis ([0
tf −2. 2 2. 2])

    set (gca, 'XTick', 0: 0. 01: 0. 07); set (gca, 'XTickLabel', { })

    subplot (8, 1, 7); plot (p_ t, p_ iabcs (:, 1) /ibase);
ylabel ('i_ a_ s_ n'); grid off; box off; axis ([0 tf −2. 2 2. 2])

    set (gca, 'XTick', 0: 0. 01: 0. 07); set (gca, 'XTickLabel', { })

    subplot (8, 1, 8); plot (p_ t, p_ eabcs (:, 1) /vbase);
ylabel ('e_ a_ s_ n'); grid off; box off; axis ([0 tf −0. 2 0. 2])

    set (gca, 'XTick', 0: 0. 01: 0. 07); set (gca, 'XTickLabel', { })

    set (gca, 'XTickLabel', { '0', '0. 01', '0. 02', '0. 03', '0. 04',
'0. 05', '0. 06', '0. 07' }); xlabel ('Time, sec')

参 考 文 献

建模和控制

1. R. Hanitsch and A. Meyna, Digital control for brushless DC motors, *Elektrotechnische Zeitschrift ETZ A*, 97(4), 204–211, 1976.

2. N. A. Demerdash and T. W. Nehl, Dynamic modeling of brushless DC motor-power conditioner unit for electromechanical actuator application, *IEEE Power Electronics Specialists Conference*, pp. 333–343, 1979.

3. D. B. Rezine and M. Lajoie-Mazenc, Modelling of a brushless DC motor with solid parts involving eddy currents, *Conference Record of the IEEE Industry Applications Society*, pp. 488–493, 1983.

4. S. Bolognani and G. S. Buja, Modeling and dynamic characteristics of a permanent magnet brushless DC motor drive with current inverter, *Proceedings of the IASTED International Symposium Robotics and Automation*, pp. 197–201, 1985.

5. P. F. Muir and C. P. Neuman, Pulsewidth modulation control of brushless DC motors for robotic applications, *IEEE Transactions on Industrial Electronics*, IE-32(3), 222–229, 1985.

6. T. M. Hijazi and N. A. Demerdash, Computer-aided modeling and experimental verification of the performance of power conditioner operated permanent magnet brushless DC motors including rotor damping effects, *IEEE Transactions on Energy Conversion*, 3(3), 714–721, 1988.

7. G. Carrara, D. Casini, A. Landi, et al., Brushless DC servomotor switching strategies,

Proceedings of the Seventeenth IASTED International Symposium. Simulation and Modelling, pp. 183–186, 1989.

8. J. S. Mayer and O. Wasynczuk, Analysis and modeling of a single-phase brushless DC motor drive system, *IEEE Transactions on Energy Conversion*, 4(3), 473–479, 1989.

9. P. Pillay and R. Krishnan, Modeling, simulation, and analysis of permanent-magnet motor drives. II. The brushless DC motor drive, *IEEE Transactions on Industry Applications*, pp. 274–279, 1989.

10. R. Krishnan and G.-H. Rim, Modeling, simulation, and analysis of variable-speed constant frequency power conversion scheme with a permanent magnet brushless dc generator, *IEEE Transactions on Industrial Electronics*, 37(4), 291–296, 1990.

11. S. D. Sudhoff and P. C. Krause, Average-value model of the brushless DC 120 deg inverter system, *IEEE Transactions on Energy Conversion*, 5(3), 553–557, 1990.

12. T. S. Low, K. J. Tseng, T. H. Lee, et al., Strategy for the instantaneous torque control of permanent-magnet brushless DC drives, *IEE Proceedings B (Electric Power Applications)*, 137(6), 355–363, 1990.

13. N. Hemati and M. C. Leu, A complete model characterization of brushless DC motors, *IEEE Transactions on Industry Applications*, 28(1), 172–180, 1992.

14. M. A. Alhamadi and N. A. Demerdash, Modeling and experimental verification of the performance of a skew mounted permanent magnet brushless DC motor drive with parameters computed from 3D-FE magnetic field solutions, *IEEE Transactions on Energy Conversion*, 9(1), 26–35, 1994.

15. S. -J. Kang and S. -K. Sul, Direct torque control of brushless DC motor with nonideal trapezoidal back EMF, *IEEE Transactions on Power Electronics*, 10(6), 796–802, 1995.

16. K. A. Corzine, S. D. Sudhoff, and H. J. Hegner, Analysis of a current-regulated brushless DC drive, *IEEE Transactions on Energy Conversion*, 10(3), 438–445, 1995.

17. P. L. Chapman, S. D. Sudhoff, and C. A. Whitcomb, Multiple reference frame analysis of non-sinusoidal brushless DC drives, *IEEE Transactions on Energy Conversion*, 14(3), 440–446, 1999.

17a. R. Krishnan, *Electric Motor Drives*, Prentice Hall, Upper Saddle River, NJ, 2001.

18. M. A. Jabbar, P. Hla Nu, L. Zhejie, et al., Modeling and numerical simulation of a brushless permanent-magnet DC motor in dynamic conditions by time-stepping technique, *IEEE Transactions on Industry Applications*, 40(3), 763–770, 2004.

19. L. Yong, Z. Q. Zhu, and D. Howe, Direct torque control of brushless DC drives with reduced torque ripple, *IEEE Transactions on Industry Applications*, 41(2), 599–608, 2005.

20. F. Rodriguez and A. Emadi, A novel digital control technique for brushless DC motor drives, *IEEE Transactions on Industrial Electronics*, 54(5), 2365–2373, 2007.

仿真

21. T. W. Nehl, F. A. Fouad, N. A. Demerdash, et al., Dynamic simulation of radially oriented permanent magnet type electronically operated synchronous machines with parameters obtained from finite element field solutions, *IEEE Transactions on Industry Applications*, IA-18(2), 172–182, 1982.

22. A. Boglietti, M. Chiampi, and D. Chiarabaglio, Computer aided analysis of a DC brushless motor by means of a finite element technique, *Fourth International Conference on Electrical Machines and Drives (Conf. Publ. no. 310)*, pp. 38–42, 1989.

23. R. Krishnan, R. A. Bedingfield, A. S. Bharadwaj et al., Design and development of a user-friendly PC-based CAE software for the analysis of torque/speed/position controlled PM brushless DC motor drive system dynamics, *Conference Record, IEEE Industry Applications Society Annual Meeting (Cat. No. 91CH3077-5)*, pp. 1388–1394, 1991.

24. S. K. Safi, P. P. Acarnley, and A. G. Jack, Analysis and simulation of the high-speed torque performance of brushless DC motor drives, *IEE Proceedings: Electric Power Applications*, 142(3), 191–200, 1995.

25. G. K. Miti and A. C. Renfrew, Analysis, simulation and microprocessor implementation of a current profiling scheme for field-weakening applications and torque ripple control in brushless dc motors, *IEE Conference Publication*, no. 468, pp. 361–365, 1999.

性能和改进

26. N. A. Demerdash, R. H. Miller, T. W. Nehl, et al., Comparison between features and performance characteristics of fifteen HP samarium cobalt and ferrite based brushless DC motors operated by same power conditioner, *IEEE Transactions on Power Apparatus and Systems*, PAS-102(1), 104–112, 1983.
27. P. Pillay and R. Krishnan, Investigation into the torque behavior of a brushless dc motor drive, *Conference Record—IEEE Industry Applications Society Annual Meeting*, pp. 201–208, 1988.
28. A. Fratta and A. Vagati, Synchronous vs. DC brushless servomotor: the machine behaviour, *IEEE Symposium on Electrical Drive, Cagliari, Italy*, pp. 53–60, 1987.
29. G. Henneberger, Dynamic behaviour and current control methods of brushless DC motors with different rotor designs, *3rd European Conference on Power Electronics and Applications*, pp. 1531–1536, 1989.
30. P. Pillay and R. Krishnan, Application characteristics of permanent magnet synchronous and brushless DC motors for servo drives, *IEEE Transactions on Industry Applications*, 27(5), 986–996, 1991.
31. C. S. Berendsen, G. Champenois, and A. Bolopion, Commutation strategies for brushless DC motors: influence on instant torque, *IEEE Transactions on Power Electronics*, 8(2), 231–236, 1993.
32. C. C. Chan, W. Xia, J. Z. Jiang, et al., Permanent magnet brushless drives, *IEEE Industry Applications Magazine*, 4(6), 16–22, 1998.
33. G. H. Jang and M. G. Kim, Optimal commutation of a BLDC motor by utilizing the symmetric terminal voltage, *IEEE Transactions on Magnetics*, 42(10), 3473–3475, 2006.

第 10 章　换相转矩脉动和相位超前

反电动势为理想梯形波的永磁无刷直流电机，通以 120°电角度间隔的方波电流，会有着恒定的转矩，且没有转矩脉动。而在非理想条件下会产生转矩脉动[1-4]，主要有以下两种：

1）相电流开通和关断时偏离所需的恒幅值电流指令会产生十分明显的换相转矩。

2）逆变器输出电压的开关谐波产生了谐波电流，从而产生开关谐波转矩。

当然还有其他类型的转矩脉动，例如由于永磁体和它们在装配中的不对称、气隙的偏心以及定位转矩等产生的，但这些都很少被提及。本章在给定的电机参数下，针对磁通分布的不对称和电流换相等因素，对换相转矩进行分析，并且给出分析结果[3]。

无刷直流电机的弱磁控制[5-8]与永磁同步电机的有些类似，都是利用电流的超前角控制。当电机的反电动势等于或超过逆变器输出能达到的相电压最大值时，电机就开始使用弱磁控制。在这种模式下，注意到当电机反电动势等于或超过逆变器所能提供的最大相电压时，电流控制器已经饱和，因而此时没有瞬时电流控制。因此唯一的办法是设法控制电压，使得反电动势比电压低时让电压的导通角超前。这发生在梯形波反电动势的上升阶段，以及从平直段或者是最大恒定值区域下降时。然后电流的导通角也被提前，结果导致电流的相位超前。在这里，将再次利用分析的结果去理解概念以及指导实际应用。通过考虑波形为理想梯形波的输入电流的基波以及磁通密度的分布来进行稳态性能的预测。但是实际上，尤其是在相位超前模式中，电流是外加电压的响应，因此需要通过估计它去获得转矩而不是假定它。这就需要永磁无刷直流电机和驱动器的动态模型，按规定对所需的输入电压进行编程，以便研究电机在任意速度下的瞬时转矩和电流特性。研究这些所需的电机驱动器的数学模型将在本章中讲述。注意评价具体应用时电机驱动器的实用性时需要用到转矩脉动，因此在所有的条件下包括电流超前角模式中都需要计算转矩脉动。

10.1　换相转矩脉动

永磁无刷直流电机驱动中所需的电流波形是方波，并且在每半个周期中占120°。因为漏感 L_1，定子电流有一定的上升和下降时间，所以使得理想的方波变形成了梯形波。这就会在电流换相的过程中产生转矩脉动。对于一个三相电机，在每个 360°电角度有 6 次电流换相，因此会带来 6 次转矩脉动。如果导通时间保持在 120°电角度，那么电流恒定的区域会小于 120°电角度，因此平均转矩会降低。一组实际的电流对永磁无刷电机驱动的影响可以用如下的傅里叶级数的方法来分析。两极电机的转矩方程如下式所示[3a]，如果电机是多对极，那么需要在方程右边乘以极对数。

不失一般性，相电流的波形如图 10.1 所示。a 相电流用傅里叶级数展开为

$$i_{as}(\theta_r) = \frac{4I_p}{\pi(\theta_2 - \theta_1)}\Big[(\sin\theta_2 - \sin\theta_1)\sin\theta_r + \frac{1}{3^2}(\sin3\theta_2 - \sin3\theta_1)\sin3\theta_r + \cdots\Big]$$

(10. 1)

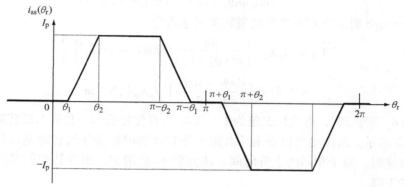

图 10. 1　永磁无刷直流电机中常见的电流波形（摘自 R. Krishnan 的《Electric Motor Drives》图 9. 51，Prentice Hall，Upper Saddle River，NJ，2001，版权许可）

类似的，假定波形为梯形波，并且在每半个周期内有（$\pi - 2h$）电角度保持数值恒定，那么 a 相磁链的傅里叶级数为

$$\lambda_{af}(\theta_r) = \frac{4\lambda_p}{\pi h}\Big[\sin h\sin\theta_r + \frac{1}{3^2}(\sin3h\sin3\theta_r) + \frac{1}{5^2}(\sin5h\sin5\theta_r) + \cdots\Big] \quad (10. 2)$$

式中，λ_p 是修正后的磁链的峰值，磁链的波形如图 10.2 所示。类似的，b 相和 c 相电流以及它们修正后的磁链都可以被推导出来。

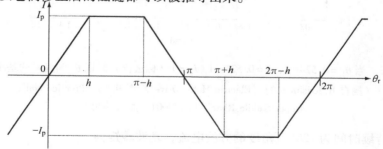

图 10. 2　转子磁链波形（摘自 R. Krishnan 的《Electric Motor Drives》图 9. 52，Prentice Hall，Upper Saddle River，NJ，2001，版权许可）

对一台两极电机而言，电磁转矩的基波分量可由每相气隙磁链基波分量和相应的定子相电流基波分量的乘积计算得出：

$$T_{e1} = \lambda_{af1}(\theta_r)i_{as1}(\theta_r) + \lambda_{bf1}(\theta_r)i_{bs1}(\theta_r) + \lambda_{cf1}(\theta_r)i_{cs1}(\theta_r) , N \cdot m \quad (10.3)$$

将各基波分量带入，展开的表达式为

$$\begin{aligned}
T_{e1} = \frac{16I_p\lambda_p}{\pi^2 h(\theta_2 - \theta_1)} &[\sinh(\sin\theta_2 - \sin\theta_1)\sin^2 - \theta_r \\
&+ \sinh(\sin\theta_2 - \sin\theta_1)\sin^2(\theta_r - 2\pi/3) \\
&+ \sinh(\sin\theta_2 - \sin\theta_1)\sin^2(\theta_r + 2\pi/3)]
\end{aligned} \quad (10.4)$$

当 $h = \pi/6$ 时，三相电机的电磁转矩表达式为

$$\begin{aligned}
T_{e1} &= [I_p\lambda_p]\left\{ \frac{48}{\pi^3(\theta_2 - \theta_1)}(\sin\theta_2 - \sin\theta_1) \right\}\left[\frac{3}{2} \right] \\
&= 2.3193\left[\frac{\sin\theta_2 - \sin\theta_1}{\theta_2 - \theta_1} \right][I_p\lambda_p] , N \cdot m
\end{aligned} \quad (10.5)$$

h 和 θ_1 等于 30°，电流标幺值为 1，以 θ_2 为自变量的归一化后电磁转矩标幺值如图 10.3 所示。从图中可以看出，电流上升时间的增加会导致转矩基波分量的下降。在高速时，对于相同的上升时间，注意到 θ_2 会增加，因此转矩的基波分量会进一步的下降。

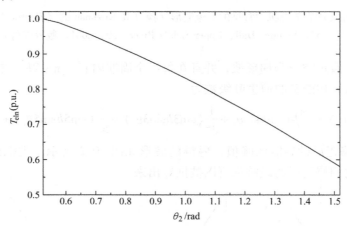

图 10.3   当 $\theta_1 = 0.524$rad， $h = 0.524$rad， $I_p = 1$ （标幺值）时以 θ_2 为变量的基波转矩

（摘自 R. Krishnan 的《Electric Motor Drives》图 9.53，Prentice Hall，

Upper Saddle River， NJ， 2001，版权许可）

对于持续时间为 120°电角度的方波电流，基波转矩为

$$T_{e1} = 2.011I_p\lambda_p \quad (10.6)$$

这与第 1 章中计算的可用转矩值接近。

换相转矩的频率是基频的 6 倍，它可以看做是转子基波磁链与 5 次和 7 次电流

谐波相互作用以及基波电流与 5 次和 7 次转子谐波磁链相互作用的总和。以下是推导的过程：

$$T_{e6} = \frac{4\lambda_p I_p}{\pi(\theta_2 - \theta_1)} \Big[(\sin\theta_2 - \sin\theta_1) \Big\{ -\frac{1}{5^2}(\sin 5h) + \frac{1}{7^2}(\sin 7h) \Big\} \Big] \frac{4}{\pi h}$$

$$+ \frac{4}{\pi h} \cdot \frac{4}{\pi(\theta_2 - \theta_1)} \Big[\sin h \Big\{ -\frac{1}{5^2}(\sin 5\theta_2 - \sin 5\theta_1) + \frac{1}{7^2}(\sin 7\theta_2 - \sin 7\theta_1) \Big\} \Big]$$

$$= \frac{16\lambda_p I_p}{\pi^2 h(\theta_2 - \theta_1)} \Big[(\sin\theta_2 - \sin\theta_1) \Big\{ -\frac{1}{5^2}\sin 5h + \frac{1}{7^2}\sin 7h \Big\} +$$

$$\sin h \Big\{ -\frac{1}{5^2}(\sin 5\theta_2 - \sin 5\theta_1) + \frac{1}{7^2}(\sin 7\theta_2 - \sin 7\theta_1) \Big\} \Big]$$

$$(10.7)$$

一般地，频率为基波的 m 倍的谐波转矩如下式所示：

$$T_{em} = \frac{16\lambda_p I_p}{\pi^2 h(\theta_2 - \theta_1)} \Big[(\sin\theta_2 - \sin\theta_1) \Big\{ -\frac{1}{(m-1)^2}\sin \overline{m-1}h + \frac{1}{(m+1)^2}\sin \overline{m+1}h \Big\}$$

$$+ \sin h \Big\{ -\frac{1}{(m-1)^2}(\sin \overline{m-1}\theta_2 - \sin \overline{m-1}\theta_1) + \frac{1}{(m+1)^2}(\sin \overline{m+1}\theta_2 - \sin \overline{m+1}\theta_1) \Big\} \Big]$$

$$m = 6, 12, 18, 24, \cdots \qquad (10.8)$$

注意表中的数值只是一相的。5 次转子磁链和电流中的负号是因为它们旋转的方向与基波转子磁链和电流相反，因此它们在转矩上的贡献为负。6 次和 12 次谐波转矩的详细计算在表 10.1 和表 10.2 中分别给出。

表 10.1　$\theta_1 = 30°$，不同 θ_2 时的 6 次谐波转矩

谐波次数		6 次谐波转矩					
转子磁链	定子电流	$\theta_2 = 32.5°$	35°	37.5°	40°	45°	50°
1	5	0.424	0.439	0.447	0.448	0.428	0.383
1	7	-0.258	-0.221	-0.178	-0.132	-0.037	-0.044
5	1	-0.079	-0.078	-0.077	-0.076	-0.075	-0.071
7	1	-0.041	-0.040	-0.039	-0.039	-0.037	-0.036
合计	T_{e6n}	0.047	0.101	0.153	0.202	0.280	0.320

表 10.2　$\theta_1 = h = 30°$时的 12 次谐波转矩

谐波次数		6 次谐波转矩					
转子磁链	定子电流	$\theta_2 = 32.5°$	35°	37.5°	40°	45°	50°
1	11	-0.201	-0.203	-0.190	-0.163	-0.088	-0.018
1	13	0.122	0.078	0.031	-0.012	-0.063	-0.057
11	1	0.016	0.016	0.016	0.016	0.015	0.015
13	1	0.012	0.012	0.011	0.011	0.011	0.010
合计	T_{e12n}	-0.051	-0.097	-0.131	-0.149	-0.126	-0.05

基于对应着理想方波电流的基波转矩可以将谐波转矩进行归一化。从应用的角度看来，这是合理的。因此，三相合在一起的归一化的谐波转矩为

$$T_{emn} = \frac{3T_{em}}{T_{e1}} = \frac{24}{\pi^2 h(\theta_2 - \theta_1)}\Big[(\sin\theta_2 - \sin\theta_1)\Big\{ -\frac{1}{(m-1)^2}\sin\overline{m-1}h + \frac{1}{(m+1)^2}\sin\overline{m+1}h \Big\}$$

$$+ \sin h\left\{ \begin{array}{l} -\dfrac{1}{(m-1)^2}(\sin\overline{m-1}\theta_2 - \sin\overline{m-1}\theta_1) \\ +\dfrac{1}{(m+1)^2}(\sin\overline{m+1}\theta_2 - \sin\overline{m+1}\theta_1) \end{array} \right\}\Big]\ (标幺值),当\ m=6,12,18,\cdots$$

(10.9)

10.2　相位超前

反电动势的幅值随着转速的增加而升高。当线反电动势的幅值接近直流母线电压时，已经不太可能维持所需的电流幅值。这时可以提前电流的相位[3a]，进而使线反电动势的幅值低于直流母线电压，从而达到所需的电流幅值。

在线反电动势高于直流母线电压的区间，电流不可能从直流母线流向电机绕组。在此时刻之前储存在漏感（L−M）中的能量会通过逆变器中的续流二极管维持绕组电流循环流动。在这个区间，电流会继续下降。这会导致转矩下降。如果转速超过额定转速，这时虽然转矩会下降，但是输出功率可以在小的转速范围内保持额定值。注意这种运行模式通常只在很小的转速范围内尝试。相位超前的效果量化如下：

考虑理想的 120°恒定的方波电流和理想的磁链波形，它们可以被分解为各次谐波：

$$i_{as}(\theta_r) = \frac{4\sqrt{3}I_p}{2\pi}\Big[\sin\theta_r + \frac{1}{5}\sin5\theta_r + \cdots \Big]\qquad(10.10)$$

$$\lambda_{afl}(\theta_r) = \frac{24\lambda_p}{\pi^2}\Big[\frac{1}{2}\sin\theta_r + \frac{1}{9}\sin3\theta_r + \frac{1}{2}\cdot\frac{1}{25}\sin5\theta_r + \cdots \Big]\qquad(10.11)$$

将电流的相位提前 θ_a，方程将变为

$$i_{as}(\theta_r + \theta_a) = \frac{4\sqrt{3}}{2\pi}I_p\Big[\sin(\theta_r + \theta_a) + \frac{1}{5}\sin\{5(\theta_a + \theta_r)\} + \cdots \Big]\qquad(10.12)$$

类似的，其他相的电流 $i_{bs}(\theta_r + \theta_a)$ 和 $i_{cs}(\theta_r + \theta_a)$ 的表达式也可以列出。将它们带入转矩方程，那么基波转矩为

$$T_{e1} = \lambda_{afl}(\theta_r)i_{asl}(\theta_r + \theta_a) + \lambda_{bfl}(\theta_r)i_{bsl}(\theta_r + \theta_a) + \lambda_{cfl}(\theta_r)i_{csl}(\theta_r + \theta_a)$$

$$= \frac{96\sqrt{3}}{4\pi^3}\lambda_p I_p\Big[\sin\theta_r\sin(\theta_r + \theta_a) + \sin(\theta_r - 2\pi/3)\sin(\theta_r - 2\pi/3 + \theta_a)$$

$$+ \sin(\theta_r + 2\pi/3)\sin(\theta_r + 2\pi/3 + \theta_a) \Big]$$

$$= 2.0085\lambda_p I_p\cos\theta_a$$

(10.13)

当转速低于额定值时，超前角为 0，基波转矩为

$$\therefore T_{\mathrm{el}} = 2.0085\lambda_{\mathrm{p}}I_{\mathrm{p}} = T_{\mathrm{er}} \tag{10.14}$$

式中，T_{er} 是电磁转矩的额定值。当转速高于额定值时，超前角 θ_{a} 将不为 0。此时通过式（10.12）和式（10.13），转矩可以由额定值和超前角来表示：

$$T_{\mathrm{el}} = T_{\mathrm{er}}\cos\theta_{\mathrm{a}} \tag{10.15}$$

假定磁链的基值等于 λ_{p}，电流的基值等于 I_{b}，那么归一化后的转矩为

$$T_{\mathrm{enl}} = I_{\mathrm{pn}}\cos\theta_{\mathrm{a}} \tag{10.16}$$

式中，I_{pn} 是归一化后的电机相电流的峰值。值得注意的是这些表达式只有当电流是理想的波形时才成立，在实际的情况下，它们会偏离理想值。电流的相位超前不仅减少了可用的转矩，而且大幅地增加了谐波转矩。当一相的电流相位超前时，最初的气隙磁链波形将不是常值，而是一个斜坡。它们相互作用的结果是斜坡形状的转矩波形上将出现明显的脉动转矩分量。它们的量化可以通过在换相转矩脉动一节一个类似的程序实现。

10.3　动态模型

动态模型在研究电机驱动系统的稳态和暂态，特别是弱磁运行时，都是必需的。瞬时电流在损耗计算中是至关重要的，而电磁转矩对于评价驱动系统的性能则非常重要。在工业和电器的驱动系统中，当转速超过额定转速时，转矩脉动未必重要，但是由于结构振动和噪声的影响，在其他的应用例如风扇、机载和舰船应用上转矩脉动成为了重要的因素。为了适应电压控制弱磁运行和脉冲电压运行时的性能计算，推导了驱动系统弱磁时的开环驱动控制系统方程。当系统只有速度闭环而没有内部的电流闭环控制时，速度闭环运行控制比较简单。当转速超过额定转速时，电流控制器已经饱和，这个时候内部电流环已没有作用，因此可以忽略。在这样的情况下：输出的速度误差被放大去产生一个转矩参考信号，这个信号转换成一个合适的超前相角给外加相电压。超前角可以从前一节给出的稳态分析推导得出，也可以从本节将要用到的动态系统方程中分析得出。

电机方程

一台三相永磁无刷电机连接到一台逆变器，如图 10.4 所示，图中逆变器的直流电源部分给出了虚拟的中性点。一个电周期被分成了 6 个 60° 的时间段称为 6 种运行模式，每一个模式下的相电流都假定有一定的极性，并且直流电源中性点和变频器相电压中性点之间的电压也是确定的。从后者可以得到电机的线电压，然后把它们当做系统方程的输入。此过程将在接下来给出。字母 s、c 和 e 对应着一相的电流的开始、持续和结束阶段，这取决于这一相是分别处于刚开始导通、不受干扰的持续导通、关断还是换相这些状态。每相的反电动势记为 e_{as}、e_{bs} 和 e_{cs}，其中角标 a、b 和 c 代表各相。

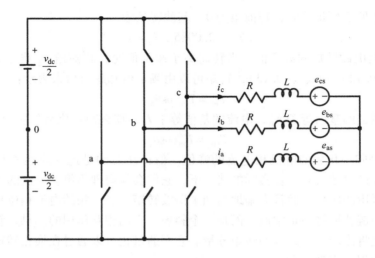

图 10.4　三相永磁无刷直流电机与逆变器相连的示意图

考虑模式 1，即 $30° \leqslant \theta \leqslant 90°$，c 向正在换相，a 向正在通电，b 相持续通电，此时直流电源中性点和逆变器中性点之间的电压按如下推导：

$$\text{如果 } i_a > 0, \quad v_{a0} = \frac{v_{dc}}{2} \text{并且} v_{b0} = \frac{v_{dc}}{2} \tag{10.17}^{\ominus}$$

$$v_{c0} = -\frac{v_{dc}}{2} \text{直到} i_c \text{ 变为 } 0$$

$$\therefore v_{ab} = v_{dc}$$

$$i_a = -i_b$$

符号（＋）和（－）分别表示电流为正向或负向。类似地也可以推导出其他模式的运行情况，如表 10.3 所示。

电机的动态方程可以从电压的中性点和导通角导出，模式 1 如图 10.5 所示，相关的系统方程如下所示。

模式 1：$30° \leqslant \theta \leqslant 90°$

考虑到前面章节中电机一相的方程，并且用 a 相的电压方程减去 b 相的，得到了第一个方程即 ab 的线电压；同样用 c 向的电压方程减去 b 相的，得到了第二个方程即 cb 的线电压

$$v_{ab} = R_s[i_a - i_b] + Lp[i_a - i_b] + e_{ab} \tag{10.18}$$

$$v_{cb} = R_s[i_c - i_b] + Lp[i_c - i_b] + e_{cb} \tag{10.19}$$

式中，ab 相间线反电动势 $e_{ab} = e_{as} - e_{bs}$，同样，其他的线反电动势也可类似定义。

注意到三相电流的和应为 0，那么 c 相电流为

表 10.3 永磁无刷直流电机驱动系统完整的模式

$\theta/(°)$	i_a	i_b	i_c	v_{a0}	v_{b0}	v_{c0}	导通相
30~90	s(+)	c(−)	c(+)	$\frac{v_{dc}}{2}$	$-\frac{v_{dc}}{2}$	$-\frac{v_{dc}}{2}$ 直到 $i_c\Rightarrow0$ $(\theta=\theta_c)$	直到 $30+\theta_c \Rightarrow 3ph\Rightarrow a$, $30+\theta_c$ 之后⇒2ph⇒a, b
90~150	c(+)	e(−)	c(−)	$\frac{v_{dc}}{2}$	$+\frac{v_{dc}}{2}$ 直到 $i_b\Rightarrow0$ $(\theta=\theta_c)$	$-\frac{v_{dc}}{2}$	3ph⇒a, b, c [a, bc] 2ph⇒a, c
150~210	c(+) 直到 $i_a\Rightarrow0$ $(\theta=\theta_c)$	s(+)	c(−)	$-\frac{v_{dc}}{2}$	$\frac{v_{dc}}{2}$	$-\frac{v_{dc}}{2}$	3ph⇒a, b, c [ab, c] 2ph⇒b, c
210~270	c(−)	c(+)	e(−)	$-\frac{v_{dc}}{2}$	$\frac{v_{dc}}{2}$	$+\frac{v_{dc}}{2}$ 直到 $i_c\Rightarrow0$ $(\theta=\theta_c)$	3ph⇒a, b, c [b, ca] 2ph⇒b, a
270~330	s(−)	c(+)	s(+)	$-\frac{v_{dc}}{2}$	$-\frac{v_{dc}}{2}$ 直到 $i_b\Rightarrow0$ $(\theta=\theta_b)$	$\frac{v_{dc}}{2}$	3ph⇒a, b, c [cb, a] 2ph⇒c, a
330~30	e(−) 直到 $i_a\Rightarrow0$ $(\theta=\theta_a)$	s(−)	c(+)	$+\frac{v_{dc}}{2}$	$-\frac{v_{dc}}{2}$	$\frac{v_{dc}}{2}$	3ph⇒a, b, c [c, ab] 2ph⇒c, b

c→连续; s→开始; e→结束; +→正向电流; −→负向电流。

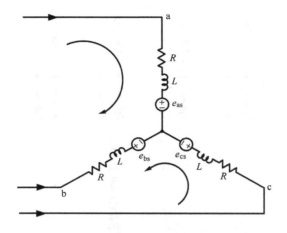

图 10.5　模式 1

$$i_c = -(i_a + i_b) \tag{10.20}$$

将之前的方程中 c 相的电流用 a 相和 b 相的电流表示，则方程变为

$$\begin{bmatrix} v_{ab} \\ v_{cb} \end{bmatrix} = R_s \begin{bmatrix} 1 & -1 \\ -1 & -2 \end{bmatrix} \begin{bmatrix} i_a \\ i_b \end{bmatrix} + Lp \begin{bmatrix} 1 & -1 \\ -1 & -2 \end{bmatrix} \begin{bmatrix} i_a \\ i_b \end{bmatrix} + \begin{bmatrix} e_{ab} \\ e_{cb} \end{bmatrix} \tag{10.21}$$

将推导出的方程整理成状态方程的形式：

$$\therefore p \begin{bmatrix} i_a \\ i_b \end{bmatrix} = -\frac{R_s}{L} \begin{bmatrix} i_a \\ i_b \end{bmatrix} - \frac{1}{3L} \begin{bmatrix} -2 & 1 \\ 1 & 1 \end{bmatrix} \begin{bmatrix} v_{ab} - e_{ab} \\ v_{cb} - e_{cb} \end{bmatrix} \tag{10.22}$$

$$= -\frac{R_s}{L} \begin{bmatrix} i_a \\ i_b \end{bmatrix} - \frac{1}{3L} \begin{bmatrix} -2(v_{ab} - e_{ab}) + (v_{cb} - e_{cb}) \\ (v_{ab} - e_{ab}) + (v_{cb} - e_{cb}) \end{bmatrix} \tag{10.23}$$

注意到这里只需要求解两个差分方程，并且所有的 6 个模式中也是如此。因此，不失一般性，可以按如下的方式对变量在每个模式进行命名，以便差分方程的解和输入变量适用于所有模式，使得可以在各自的模式中获得输出变量。

$$令 \quad v_{12} \Rightarrow v_{ab} \qquad i_a \Rightarrow i_1 \tag{10.24}$$

$$v_{23} \Rightarrow v_{cb} \qquad i_c \Rightarrow i_2 \tag{10.25}$$

类似的在其余模式 2～6，电机的状态和方程推导过程如下所示：为简便起见，只给出了方程、初始条件和图。

模式 2：$90° \leqslant \theta \leqslant 150°$

$$i_a \rightarrow c$$

$$i_b \downarrow e \ (-) \qquad\qquad \frac{sc}{ac} \qquad \frac{ec}{bc}$$

$$i_c \uparrow s \ (-)$$

电机在模式 2 运行时驱动系统的电流示意图如图 10.6 所示。

$$v_{ac} = R_s [i_a - i_c] + Lp [i_a - i_c] + e_{ac} \tag{10.26}$$

$$v_{bc} = R_s[i_b - i_c] + Lp[i_b - i_c] + e_{bc}$$
$$i_b = -(i_a + i_c) \qquad (10.27)$$

$$\begin{bmatrix} v_{ac} \\ v_{bc} \end{bmatrix} = R_s \begin{bmatrix} 1 & -1 \\ -1 & -2 \end{bmatrix} \begin{bmatrix} i_a \\ i_c \end{bmatrix} +$$

$$L_p \begin{bmatrix} 1 & -1 \\ -1 & -2 \end{bmatrix} \begin{bmatrix} i_a \\ i_b \end{bmatrix} + \begin{bmatrix} e_{ab} \\ e_{bc} \end{bmatrix}$$

$$(10.28)$$

$$p \begin{bmatrix} i_a \\ i_c \end{bmatrix} = -\frac{R_s}{L} \begin{bmatrix} i_a \\ i_c \end{bmatrix} - \frac{1}{3L} \begin{bmatrix} -2 & 1 \\ 1 & 1 \end{bmatrix} \begin{bmatrix} v_{ab} - e_{ab} \\ v_{bc} - e_{bc} \end{bmatrix}$$

$$(10.29)$$

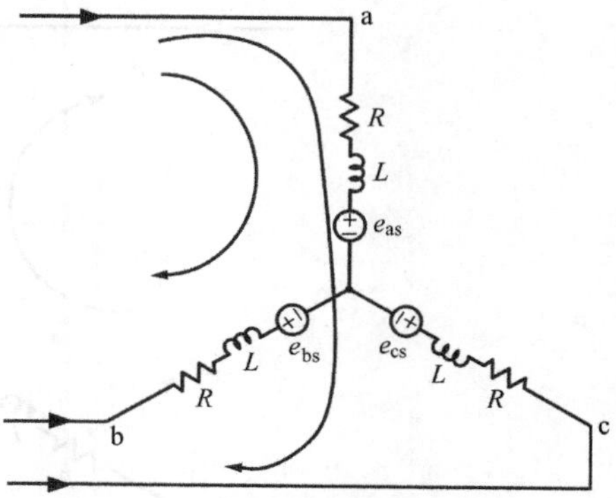

图 10.6　模式 2

令

$$v_{12} = v_{ac}, i_a \Rightarrow i_1 \qquad (10.30)$$

$$v_{23} = v_{bc}, i_c \Rightarrow i_2 \qquad (10.31)$$

模式 3：150° $\leqslant \theta \leqslant$ 210°

$$i_a \downarrow e$$

$$i_b \uparrow s \qquad\qquad \frac{sc}{ac} \qquad \frac{ec}{bc}$$

$$i_c \rightarrow c \quad (-)$$

$$v_{ac} = R_s[i_a - i_c] + Lp[i_a - i_c] + e_{ac} \qquad (10.32)$$

$$v_{bc} = R_s[i_b - i_c] + Lp[i_b - i_c] + e_{bc} \qquad (10.33)$$

$$i_a = -(i_b + i_c) \qquad (10.34)$$

$$p \begin{bmatrix} i_b \\ i_c \end{bmatrix} = -\frac{R_s}{L} \begin{bmatrix} i_b \\ i_c \end{bmatrix} - \frac{1}{3L} \begin{bmatrix} -2 & 1 \\ 1 & 1 \end{bmatrix} \begin{bmatrix} v_{bc} & -e_{bc} \\ v_{ac} & -e_{ac} \end{bmatrix} \qquad (10.35)$$

$$v_{12} = v_{bc}, \quad i_b \Rightarrow i_1 \qquad (10.36)$$

$$v_{23} = v_{ac}, \quad i_c \Rightarrow i_2 \qquad (10.37)$$

模式 4：210° $\leqslant \theta \leqslant$ 270°

$$\begin{array}{ccc} s & c & e \\ a & b & c \end{array} \qquad \frac{sc}{ac} \qquad \frac{ec}{bc}$$

电机在模式 4 运行时驱动系统的电流示意图如图 10.7 所示。

$$v_{ab} = R_s[i_a - i_b] + Lp[i_a - i_b] + e_{ab} \qquad (10.38)$$

$$v_{cb} = R_s[i_c - i_b] + Lp[i_c - i_b] + e_{cb} \qquad (10.39)$$

$$i_c = -(i_a + i_b) \qquad (10.40)$$

$$\begin{bmatrix} v_{ab} \\ v_{cb} \end{bmatrix} = R_s \begin{bmatrix} 1 & -1 \\ -1 & -2 \end{bmatrix} \begin{bmatrix} i_a \\ i_b \end{bmatrix} + Lp \begin{bmatrix} 1 & -1 \\ -1 & -2 \end{bmatrix} \begin{bmatrix} i_a \\ i_b \end{bmatrix} + \begin{bmatrix} e_{ab} \\ e_{cb} \end{bmatrix} \qquad (10.41)$$

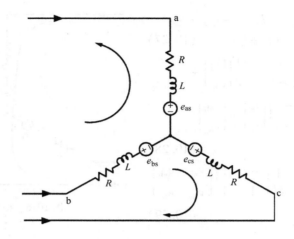

图 10.7 模式 4

$$p\begin{bmatrix} i_a \\ i_b \end{bmatrix} = -\frac{R_s}{L}\begin{bmatrix} i_a \\ i_b \end{bmatrix} - \frac{1}{3L}\begin{bmatrix} -2 & 1 \\ 1 & 1 \end{bmatrix}\begin{bmatrix} v_{ab} - e_{ab} \\ v_{cb} - e_{cb} \end{bmatrix} \qquad (10.42)$$

注意到 $i_a \Rightarrow -ve$, $i_b \Rightarrow +ve$。

模式 5：$270° \leqslant \theta \leqslant 330°$

$$
\begin{array}{ccccc}
s & c & e & \dfrac{sc}{ca} & \dfrac{ec}{ba} \\
i_a & i_b & i_c & &
\end{array}
$$

$$v_{ca} = R_s[i_c - i_a] + Lp[i_c - i_a] + e_{ca} \qquad (10.43)$$

$$v_{ba} = R_s[i_b - i_a] + Lp[i_b - i_a] + e_{ba} \qquad (10.44)$$

$$\begin{bmatrix} v_{ca} \\ v_{ba} \end{bmatrix} = R_s\begin{bmatrix} 1 & -1 \\ -1 & -2 \end{bmatrix}\begin{bmatrix} i_c \\ i_a \end{bmatrix} + Lp\begin{bmatrix} 1 & -1 \\ -1 & -2 \end{bmatrix}\begin{bmatrix} i_c \\ i_a \end{bmatrix} + \begin{bmatrix} e_{ca} \\ e_{ba} \end{bmatrix} \qquad (10.45)$$

$$p\begin{bmatrix} i_c \\ i_a \end{bmatrix} = -\frac{R_s}{L}\begin{bmatrix} i_c \\ i_a \end{bmatrix} - \frac{1}{3L}\begin{bmatrix} -2 & 1 \\ 1 & 1 \end{bmatrix}\begin{bmatrix} v_{ca} - e_{ca} \\ v_{ba} - e_{ba} \end{bmatrix} \qquad (10.46)$$

令

$$v_{12} = v_{ca}, \quad i_c = i_1 \qquad (10.47)$$

$$v_{23} = v_{ba}, \quad i_a = i_2 \qquad (10.48)$$

模式 6：$330° \leqslant \theta \leqslant 30°$

$$
\begin{array}{ccccc}
a & b & c & & \\
e & s & c & \dfrac{sc}{bc} & \dfrac{ec}{ac} \\
(-) & (-) & (+) & &
\end{array}
$$

$$v_{bc} = R_s[i_b - i_c] + Lp[i_b - i_c] + e_{bc} \qquad (10.49)$$

$$v_{ac} = R_s[i_a - i_c] + Lp[i_a - i_c] + e_{ac} \qquad (10.50)$$

$$\begin{bmatrix} v_{bc} \\ v_{ac} \end{bmatrix} = R_s\begin{bmatrix} 1 & -1 \\ -1 & -2 \end{bmatrix}\begin{bmatrix} i_b \\ i_c \end{bmatrix} + Lp\begin{bmatrix} 1 & -1 \\ -1 & -2 \end{bmatrix}\begin{bmatrix} i_b \\ i_c \end{bmatrix} + \begin{bmatrix} e_{bc} \\ e_{ac} \end{bmatrix} \qquad (10.51)$$

$$p\begin{bmatrix} i_b \\ i_c \end{bmatrix} = -\frac{R_s}{L}\begin{bmatrix} i_b \\ i_c \end{bmatrix} - \frac{1}{3L}\begin{bmatrix} -2 & 1 \\ 1 & 1 \end{bmatrix}\begin{bmatrix} v_{bc} - e_{bc} \\ v_{ac} - e_{ac} \end{bmatrix} \tag{10.52}$$

$$v_{12} = v_{bc} \qquad i_b = i_1 \tag{10.53}$$

$$v_{23} = v_{ac} \qquad i_c = i_2 \tag{10.54}$$

加上机械负载动力学方程的微分形式，电动机驱动系统建模已完备。为了说明仿真结果，考虑 a 相的输入电压，其超前该相反电动势超前 θ_a，它过零点后达到最大值，如图 10.8 所示。典型的 a 相电流正半周期波形也在上图中给出。当超前角为 30°时，变频器中点电压如图 10.9 所示。

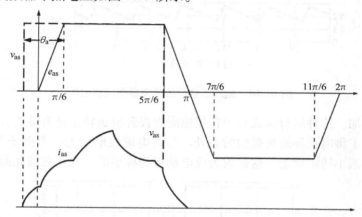

图 10.8　a 相电压的超前角和产生的电流

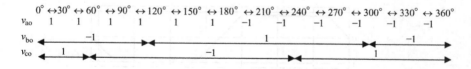

图 10.9　施加给电机的逆变器中点相电压

以下给出了仿真结果，着重说明了在不同运行状态时，永磁无刷直流电机超前角控制的情况，并且只考虑了稳态的情况。电机转速为基速，施加的超前角为 0°时，各变量的响应如图 10.10 所示。变频器 a 相中点电压在电流为 0 的区间反映了 a 相的反电动势，这也就是为什么在电压波形中会出现斜坡。换相时，二极管导通，表现为正向电压关断期间的负向电压脉冲，或者是负向电压关断期间的正向电压脉冲。相电流基本为正弦，同时电磁转矩含有预期的 6 次谐波成分的纹波。所有的变量都已经归一化。

转速为基速，当变频器中点电压超前角设定为 30°时，转矩标幺值为 0.5572，如图 10.11 所示。这个转矩约为前面所述的例子中超前角为 0°时的 2.5 倍。转矩的提升是因为在整个过程中，外加的电压都比反电动势高，使得电流的幅值增大，从

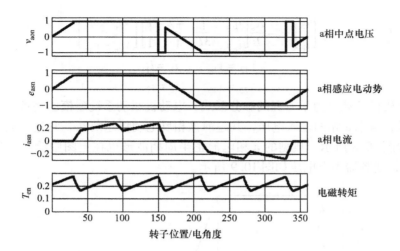

图 10.10　施加给电机的逆变器中点相电压

而使转矩增加。这种运行模式对于在基速附近提升输出转矩是有益的。这个例子也清楚地说明了将电压导通角提前的益处。尽管电流波形比上一个例子更接近正弦，但这并没有减小转矩脉动，这是因为反电动势为梯形波，与正弦波相差甚远。

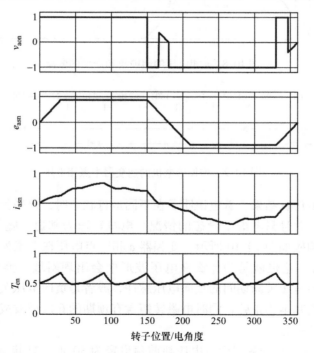

图 10.11　基速时的稳态特性　{转速标幺值为 1，$V_{dc} = 100$ V（标幺值为 2），
$T_{e(av)} =$ 标幺值 0.557}

考虑前面的例子，但有一个条件略有变化，即感应电动势的幅值等于变频器中点电压。当外加电压超过感应电动势时，电流的导通角将提前30°。一旦通电，电流将围绕初始值变化，这是因为绕组中的电感储能会以近似正弦的电流的形式消耗掉，但是伴随着有一段较长电流为0的周期，如图10.12所示。电流幅值严重受到限制，结果电流值远低于图10.11中反电动势低于外加电压的情况。与超前角为0时的情况比较如图10.9所示：当外加电压超前于反电动势时，转矩值也越大，此时电流更接近正弦。因此电压的超前导致了更大的转矩和更好的转矩波形，减小了转矩脉动。

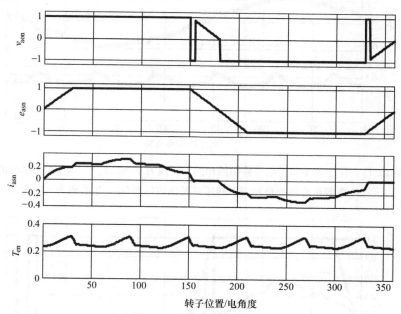

图 10.12   基速、超前角为30°时的特性，电源电压标幺值为2，
合成的电磁转矩标幺值为0.2579

然后自然会想到，是否如前面一节的解析表达式所预期的一样，外加电压的超前角进一步增加时，转矩会继续提高。下面以超前角为40°为例说明这种情况，如图10.13所示，图中转速为基速，直流母线相同，并且外加电压与反电动势的幅值匹配。转矩标幺值提高到了标幺值0.455。这大约比超前角为30°时提高了50%。此外电流是近似正弦的，与矩形波的结果相比较，电流的谐波和损耗都降低了。基速、超前角为40°时归一化的稳态中点电压、反电动势和相电流波形如图10.14所示。

到目前为止，一直使用的都是变频器输入的中点相电压，但它与实际电机的相电压并不一样。图10.15给出了之前例子中的相电压波形。无论相电流是否为0，有相电压的同时就会出现感应电动势，并且注意到相电压与变频器中点电压截然不同。

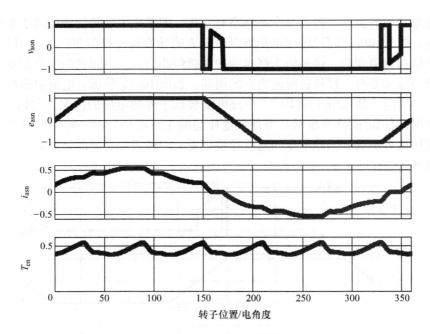

图 10.13　外加电压和反电动势幅值相同，转速为基速，$T_{e(ave)} = 0.455$ 标幺值
（注意若没有超前角控制，转矩的平均值应为 0），超前角为 40°

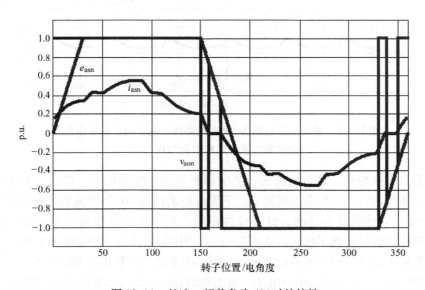

图 10.14　基速、超前角为 40°时的特性

　　当在所有存在感应电动势的时候都施加中点电压，并且它们的幅值匹配时，结果会出现非常差的电流和非常小的转矩，如图 10.16 所示。这种运行模式在基速时是毫无用处的。

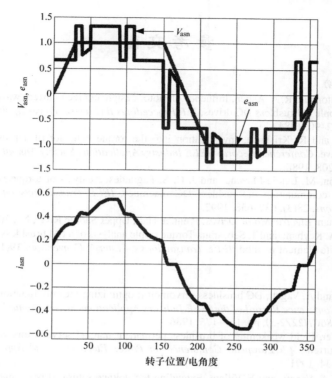

图 10.15　基速、超前角为 40°时详细的特性

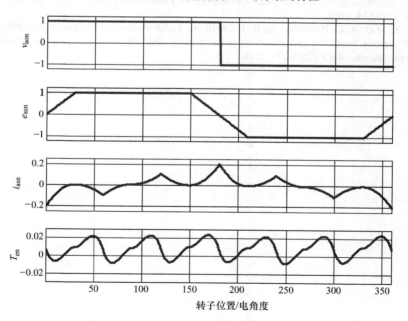

图 10.16　在基速附近，180°全导通时的特性

参 考 文 献

换相转矩脉动

1. H. R. Bolton and R. A. Ashen, Influence of motor design and feed-current waveform on torque ripple in brushless DC drives, *IEE Proceedings B (Electric Power Applications)*, 131(3), 82–90, 1984.
2. P. Pillay and R. Krishnan, Investigation into the torque behavior of a brushless dc motor drive, *Conference Record—IEEE Industry Applications Society Annual Meeting*, pp. 201–208, 1988.
3. R. Carlson, M. Lajoie-Mazenc, and J. C. S. Fagundes, Analysis of torque ripple due to phase commutation in brushless DC machines, *IEEE Transactions on Industry Applications*, 28(3), 632–638, 1992.
3a. R. Krishnan, *Electric Motor Drives*, Prentice Hall, Upper Saddle River, NJ, 2001.
4. M. Dai, A. Keyhani, and T. Sebastian, Torque ripple analysis of a PM brushless dc motor using finite element method, *IEEE Transactions on Energy Conversion*, 19(1), 40–45, 2004.

弱磁

5. A. Fratta and A. Vagati, DC brushless servomotor: optimizing the commutation performances, *Conference Record of the IEEE Industry Applications Society Annual Meeting (Cat. No. 86CH2272-3)*, pp. 169–175, 1986.
6. G. Schaefer, Field weakening of brushless permanent magnet servomotors with rectangular current, *4th European Conference on Power Electronics and Applications*, pp. 429–434, 1991.
7. A. Fratta, A. Vagati, and F. Villata, Extending the voltage saturated performance of a DC brushless drive, *4th European Conference on Power Electronics and Applications*, pp. 134–138, 1991.
8. G. K. Miti, A. C. Renfrew, and B. J. Chalmers, Field-weakening regime for brushless DC motors based on instantaneous power theory, *IEE Proceedings: Electric Power Applications*, 148(3), 265–271, 2001.

第 11 章　永磁无刷直流电机的半波驱动

如果永磁无刷直流电机运行在半桥整流模式，可以有若干种变换器的拓扑结构。区别于三相电机中交流电流在每半个周期中导通角为 120° 电角度，也就是众所周知的全桥整流，半桥整流时每一相工作 120° 电角度，即仅仅在电流为正的时候工作。全桥整流在前面的章节中讨论过。这种工作模式下，变频器的拓扑结构不可能有太大的变化，迄今为止，6 个开关器件组成的全桥拓扑结构一直是最优的拓扑结构。当前，在工业应用上，由于无刷电机在大量需要变速运行场合的开放性的应用，人们对如何降低永磁无刷直流电机的成本有着浓厚的兴趣。这些应用包括暖通空调、风扇、水泵、洗衣机、干燥机、踏钢厂和运动器材、轮椅、机场大厅的扶梯、高尔夫球车、冰柜、冰箱、汽车、手动工具以及速度控制领域，例如包装、装瓶和食品加工等。由于这些应用的高容量特性，降低成本是十分重要的，这不仅是因为材料和人力成本的节省（并且由于零部件的减少可能提高产品的可靠性），也是因为如果不去设法降低成本，很多这些变速控制的应用可能在现在和将来都不可能实现。

因为对电机和单片机的控制器成本已经进行了优化，其他唯一的可用来优化的子系统就是功率变换器。许多的功率变换器拓扑结构都可能使用最少的开关器件，而半桥整流运行是这方面的一种主要形式。在许多功率设备中，开关器件的减少对逻辑电源、散热器体积、包装大小、外壳尺寸、驱动系统的整体成本都有影响。功率器件的数量的减少会使得逻辑电源数量、散热器体积、包装尺寸、外壳尺寸都减小，因此降低了驱动系统的总体成本。本章将给出和讨论 4 种半波整流的永磁无刷直流电机驱动电路的拓扑结构。当然此外仍然有许多的拓扑结构，推荐读者们在文献中进行查阅。

11.1　分裂式电源变换器拓扑结构

每相只有一个开关器件和最少数量的二极管的功率变化器拓扑结构，如图 11.1 所示，它是分数马力永磁无刷直流电机驱动器在整流环节中的理想结构[1,3]。这种拓扑结构类似于开关磁阻电机中的电压分裂式每相一个开关器件的拓扑结构，不同之处在于，在开关磁阻电机的控制中，其通常适用于相数为偶数的电机。由于变换器的电流为单极性，这在开关磁阻电机的驱动中是理想的，但在永磁无刷直流电机的驱动中，相当于给半桥整流运行强加了一个限制。这种限制的结果是使得电机未被充分利用，但也带来了另外的一些优点和受欢迎的特性。

若电机使用双线无感绕组，开关器件的发射极可以一起共同连到直流母线电压的负端。这样简化了门电路，而且可以去掉分裂式电源以及直流母线上的一个电力电容器。但是因为非理想的耦合，双线无感线圈也会存在漏感，这会导致较高的关断电压。此外，双线无感绕组还会占用较大的槽体积，因此减小了主绕组的面积，结果是导致较低的功率和转矩密度。在讨论分裂式电源转换器拓扑结构的优缺点之前，和永磁无刷直流电机驱动器一起研究这种变换器的工作模式是有益的。

11.1.1 永磁无刷直流电机在分裂式电源变换器下的运行

考虑永磁无刷直流电机在半桥整流变换单极性驱动下的四象限运行，下面挨个象限进行讲述。

第一象限的运行如图11.2所示，相序为abc，当各相的反电动势在平顶区域时，将电流按120°电角度依次通入绕组。

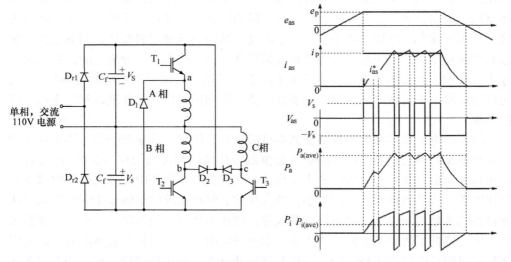

图11.1 分裂式电源变换器拓扑结构（摘自 R. Krishnan 的《Electric Motor Drives》图9.54，Prentice Hall, Upper Saddle River, NJ, 2001，版权许可）

图11.2 第一象限的运行（摘自 R. Krishnan 的《Electric Motor Drives》图9.55，Prentice Hall, Upper Saddle River, NJ, 2001，版权许可）

假设A相的运行按以下进行：当A相定子感应电动势在距零点正30°的相位时，开关器件 T_1 导通。假设开关器件是理想的，那么 T_1 导通会导致电压 V_s 施加到A相绕组上。当相电流超过该相的参考电流时，根据选择的开关策略，例如PWM或滞环，T_1 将被关断。

在 T_1 关断期间，相电流流过二极管 D_1、A相绕组和直流母线上下侧的电容，使电压 $-V_s$ 施加到A相绕组上。负向电压通过将能量从电机转换到直流母线会使电流迅速地减小。因此，当只有一个开关器件工作，电机电流即可被控制在要求的范围内。当 A 相换相时，注意 T_1 一直是关断的。从直流母线到电机绕组的平均能量为正，说明电机工作在电动模式，即第一象限。电磁功率 P_a 和瞬时输入功率 P_i 也同样说明了这一点，如图 11.2 所示。

当电机正转运行需要制动时，电磁转矩需要从正向变为反向，因此驱动系统将会工作在第四象限。因为电流不可能反向流向变频器，所以唯一的选择就是延迟电流的导通，直到感应电动势变为负，并且距离负向过零点 30° 的位置，如图 11.3 所示。电机的转矩和电磁功率为负的结果自然是电机工作在了第四象限。电流控制方法与第一象限中的控制技术非常类似。

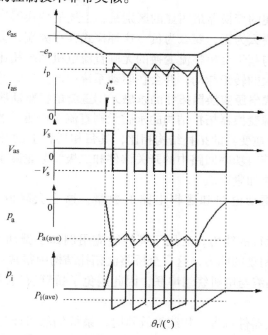

图 11.3　第四象限的运行（摘自 R. Krishnan 的《Electric Motor Drives》
图 9.56，Prentice Hall，Upper Saddle River，NJ，2001，版权许可）

第三象限的工作模式是反转，这可以通过将相序变为 acb 而实现。除了这些，第三象限的工作模式与第一象限非常类似。同样的，第二象限的运行也与第四象限非常类似，只不过旋转的方向相反而已。因此为了简短起见，这两个象限的运行以及后续的建模、仿真和分析就不再详述。

11.1.2　变换器的工作模式

从前面的讨论可以总结得出变换器的工作模式，如表 11.1 所示。这里考虑两种情况：通常情况下只有一相的电流导通；当 A 相换相和接下来的 B 相通电时，两相电流会同时导通。B 相和 A 相的工作模式是一致的，同理可以推广到电机的任意两相。

表 11.1 变换器的工作模式

模式	T_1	T_2	D_1	D_2	i_{as}	i_{bs}	V_{as}	V_{bs}
1	导通	关断	关断	关断	>0	0	V_s	0
2	关断	关断	导通	关断	>0	0	$-V_s$	0
3	关断	导通	导通	关断	>0	>0	$-V_s$	V_s
4	关断	关断	导通	导通	>0	>0	$-V_s$	$-V_s$

注：摘自 R. Krishnan 的《Electric Motor Drives》表 9.3，Prentice Hall，Upper Saddle River，NJ，2001，版权许可。

全桥整流和上述的变换器最明显的区别是：上述的变换器当一相绕组中有电流时，其两端的电压要么为正，要么为负。这种模式存在弊端，会在电机的相中产生较高能量的环流，与基于全桥整流变换的无刷直流电机系统相比，其效率会略微降低，并且会产生较大的转矩脉动，并会在驱动系统中产生较大的噪声。

11.1.3 采用分裂式电源变换器拓扑的永磁无刷直流电机驱动器的优缺点

采用分裂式电源变换器拓扑结构的永磁无刷直流电机驱动器有如下的优点：

1）与全桥整流逆变器的拓扑结构相比，其每相桥臂上的开关器件和二极管的数量仅为一个，这使得功率回路中的开关器件和二极管数量减半，这势必会降低成本，并且使外包装更加紧凑。

2）减少了门驱动电路和逻辑电路的数量，这也会降低成本，使外包装更紧凑。

3）有四象限运行的能力，有用于高性能应用例如小型动力驱动器的可能性。注意到也具有再生制动的能力，这在全桥整流拓扑结构中很常见。

4）开关器件始终与电机绕组串联，因此避免了桥臂直通的故障，提高了系统的可靠性。

5）当一个开关器件或者一相绕组故障时，系统仍然可能运行，而这在全桥整流的逆变器中是不可能的。这在一些应用场合例如轮椅驱动以及其他的动力驱动中是非常重要和有吸引力的特点。

6）相比全桥整流驱动器每相需要两个开关器件和二极管，半桥整流只需要一个开关器件和二极管，因此降低了导通损耗，也就是说，与全桥整流相比，当驱动电流相同时，半桥整流的导通损耗仅为全桥整流的一半。而且，永磁无刷直流电机有较高的电感，使用这种半桥整流的拓扑结构驱动时，可以使功率器件实现软开关，因此可以降低开关损耗。

7）这种拓扑结构可以通过检测关断期间的开关电压来得到电机的感应电动势，这样若使用这些信号去产生驱动信号，那么无传感器运行将成为可能。注意到两相桥臂上的开关器件有公共的回路，因此并不需要对传感信号进行隔离，并且事实上，两相的电压已经足够生成控制信号供三相永磁无刷直流电机驱动器使用。

这种拓扑结构的缺点如下：

1）半桥整流时电机的利用率较差。与全桥整流控制时相比，半桥整流控制时用每单位定子铜损的转矩表示的转矩密度要低了近30%。

2）因为分裂式电源的缘故，所以在直流母线上需要附加电力电容器。

3）永磁无刷直流电机的自感较大，因而其电气时间常数也较大，相比于全桥整流控制，这会导致电流和转矩的响应较慢。

4）换相转矩脉动的频率为全桥整流控制时的一半，在全桥整流控制中可以通过协调处在上升阶段的相电流和即将关断的相电流在换相时产生恒定的转矩。

因为这些缺点，所以这种拓扑结构可能不太适用于整数马力电机驱动系统。

11.1.4 永磁无刷直流电机的设计要点

本节包括了使用半桥整流拓扑结构的永磁无刷直流电机设计要点。只要有可能，所有的这些要点都会与使用 H 桥逆变器（全桥整流）运行时的永磁无刷直流电机作比较。为了方便比较，用全桥整流运行时的电机参数作为基值。

接下来的关系式的推导基于永磁无刷直流电机槽内有着相同的用铜量。下标 1 和 b 分别表示电机使用半桥整流和全桥整流方式。

感应电动势的比值为

$$\frac{e_1}{e_b} = \left(\frac{k_1}{k_b}\right)\left(\frac{\omega_1}{\omega_b}\right) \tag{11.1}$$

式中，k 为反电动势常数；ω 为转子电气角速度。

电磁功率的比值为

$$\frac{P_1}{P_b} = \frac{1}{2}\left(\frac{k_1}{k_b}\right)\left(\frac{\omega_1}{\omega_b}\right)\left(\frac{I_1}{I_b}\right) \tag{11.2}$$

式中，I 为绕组电流。反电动势常数的比值与每相匝数以及导体截面积的关系为

$$\frac{k_1}{k_b} = \frac{N_1}{N_b} = \frac{a_b}{a_1} \tag{11.3}$$

式中，N 表示每相匝数；a 为导体总的截面积。

铜损的比值为

$$\frac{P_{c1}}{P_{cb}} = \frac{1}{2}\left[\frac{I_1 N_1}{I_b N_b}\right]^2 = 2\left[\frac{T_{e1}}{T_{eb}}\right]^2 \tag{11.4}$$

式中，T_e 相当于总的电磁转矩。定子电阻的比值为

$$\frac{R_1}{R_b} = \frac{a_b N_1}{a_1 N_b} = \left[\frac{N_1}{N_b}\right]^2 \tag{11.5}$$

从这些关系式，根据选择的标准，如转矩相等、铜损相等以及电磁功率相等等，可以得出使用半桥整流拓扑结构驱动的永磁无刷直流电机的每相匝数、电磁转矩、感应电动势、电磁功率、定子铜损等参数。

相对传统的 H 桥控制的永磁无刷直流电机有两相产生转矩，使用半桥整流变换拓扑结构的电机中仅有一相产生转矩，由于这个原因，在相同的热负荷下，若想

提供相同的输出功率，那么半桥控制的电机在设计时需要注意以下几点。假设电流与 H 桥逆变器驱动时的电机相同，那么此时电机的转矩常数会是 H 桥逆变器驱动时的 2 倍。那么就要增加 H 桥逆变器驱动时的电机匝数到 2 倍。注意到线径不变，匝数变为 2 倍，那么会使电阻变为 2 倍。当电流相同时，两种驱动方式下电机的铜损一样。假设用铜量一样，并且注意半波整流驱动时的电机电阻将会是原来的 4 倍（匝数为原来的 2 倍）。这在实际中是不可接受的，因为它会使电阻损耗加倍。

另一种方法是观察 H 桥驱动的电机转速翻倍的情况，由于电机的匝数相等，那么这两个转速下的功率都相等。但是半桥驱动时电机的转矩只有被提及的 H 桥驱动时的一半。鉴于这些原因，使用半桥整流驱动器时应对电机驱动系统的应用背景有充分认识。

这里给出了永磁无刷直流电机使用半桥和全桥逆变器驱动时的比较。比较的基础限于两者有相同的定子相电流和直流母线电压。于是出现了以下三条不同的选项：

1）不同的铜损，相同的用铜量和槽满率，相等的最大转速。

2）相同的铜损，相同的用铜量和槽满率，不同的最大转速。

3）相同的铜损，不同的用铜量和槽满率，但是这种选择增加了用铜量，也就可能要增加定子叠片的尺寸，导致电机尺寸的增加。当然，在尺寸不是非常严格而可靠性要求非常严格的应用场合，这种选择也可以被考虑。

基于 11.2.3 节中的设计推导，电机的变量比较例如转速、转矩、定子相电阻以及定子铜损等如表 11.2 所示。

表 11.2   基于半桥和全桥逆变的永磁无刷直流电机变量比较

基于 C - dump 和全桥整流变换的永磁无刷直流电机变量比值	$N = 2N_b$ （i）	$N_1 = \sqrt{2}N_b$ （ii）	$N_1 = N_b$, $a_1 = a_b$ （iii）
导体面积比	$\dfrac{1}{2}$	$\dfrac{1}{2}$	1
最大速度比	1	1.414	1
电磁转矩比	1	0.707	1
电阻比	4	2	2
定子铜损比	2	1	1
尺寸和成本比	1	1	>1

从表中可以看出选项 1 存在一定的缺点，即半桥整流的铜损为全桥整流时的 2 倍。这种缺点可以解释为将开关导通的损耗由变频器挪到了电机内的结果。因为分数马力电机单位输出功率的热负荷和表面积要比整数马力电机的大，所以如果没有显著的附加热源，那么冷却分数马力电机较为简单。因此半桥整流变换器驱动可能比较适合于分数马力电机。而且，从电机驱动系统总成本的角度不得不考虑为了解决较高的铜损带来的热效应而增加的电机成本。选项 2 是非常可取的，其充分地利

用了半桥整流变换中的直流母线电压，因此可以使电机达到更高的转速。这种特性可能被利用在许多水泵和风扇的驱动应用中，从而使得半波整流驱动的永磁无刷直流电机成为一个有吸引力的技术解决方案。如果用选项 2 的技术路线来做比较，会出现更多的选择，由于篇幅有限，本书没有对它们进行讨论。选项 3 初步看来是最不令人满意的，但在永磁无刷直流电机驱动系统的整体成本方面其又不得不被考虑，以评估其是否适合特定的应用场合。

11.1.5　电机电感对动态性能的影响

从电机的方程，可以看出每相绕组的自感在电流环的动态性能以及转矩的产生上有着重要的作用。

在全桥整流驱动运行的永磁无刷直流电机中，电气时间常数为

$$\tau_{\text{fw}} = \frac{L_{\text{s}} - M}{R_{\text{s}}} \tag{11.6}$$

式中，M 为互感。

考虑一台匝数为全桥整流运行电机的 2 倍的永磁无刷直流电机，那么用 L_{s} 来表示它的自感应为 $4L_{\text{s}}$，在铜损相等的情况下，它的电阻应为 $2R_{\text{s}}$，因此它的电气时间常数为

$$\tau_{\text{hw}} = \frac{4L_{\text{s}}}{2R_{\text{s}}} = \frac{2L_{\text{s}}}{R_{\text{s}}} \tag{11.7}$$

为了找出这两个时间常数的比值，那么必须想办法用 L_{s} 来表示 M，如下式：

$$\frac{\tau_{\text{hw}}}{\tau_{\text{fw}}} = \frac{2L_{\text{s}}}{L_{\text{s}} - M} = \frac{2L_{\text{s}}}{L_{\text{s}}(1 - k_{\text{m}})} = \frac{2}{1 - k_{\text{m}}} \tag{11.8}$$

式中

$$M = k_{\text{m}} L_{\text{s}} \tag{11.9}$$

k_{m} 是用来估计时间常数的比值，全桥整流运行时电机的匝数计为 N_{b}，表 11.3 中分别给出了匝数为其 2 倍、$\sqrt{2}$ 倍以及相等时的 k_{m} 值。从这张表中可以看出等价的永磁无刷直流电机在 C – dump 变换器驱动和全桥整流驱动时有着相同的电气时间常数，因此这种驱动方式适用于非常高性能的应用场合。

表 11.3　不同设计时永磁无刷直流电机电气时间常数的比值

定子每极每相槽数	互感与自感的比值 k_{m}	不同匝数时电气时间常数的比值 $\tau_{\text{hw}}/\tau_{\text{fw}}$		
		$2N_{\text{b}}$	$\sqrt{2}N_{\text{b}}$	N_{b}
1	0.333	1.500	1.050	0.750
2	0.400	1.428	1.010	0.714
3	0.415	1.413	0.999	0.706

注：摘自 R. Krishnan 的《Electric Motor Drives》表 9.6，Prentice Hall，Upper Saddle River，NJ，2001，版权许可。

11.1.6　绕组连接

连接到分裂式电源变换器的电机的绕组必须如图 11.4 所示连接，其接法与半桥整流变换器的相反，半桥整流变换器中所有相的导线形成的中性点对于每相绕组的极性都一样。这种连接方法不会产生任何附加的制造或设计负担，因此对成本也没有影响。

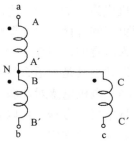

图 11.4　半桥整流变换拓扑结构时新的电机绕组接法

11.1.7　驱动系统描述

速度控制的永磁无刷直流电机驱动系统框图如图 11.5 所示。用于控制的反馈信号为相电流，来自霍尔传感器的离散转子位置信号生成开通信号给每相的开关器件，转子速度信号来自测速发电机或者位置信号本身。内部的电流环执行电流指令，外部的电流环执行速度指令。速度信号经过一个滤波器，产生修正的速度信号，用来与速度参考值进行比较产生速度误差信号。转矩指令信号由速度误差信号通过 PI 型转速控制器获得。电流幅值参考值由转矩参考值通过一个除法电路得到，相电流指令通过由控制电路合成的各自的霍尔位置传感器信号生成。开通信号传给每相的开关器件，获得相电流误差信号后，利用 PI 电流控制器处理这些误差信号，然后把它们与载波频率合并生成 PWM 信号即生成了开通信号。

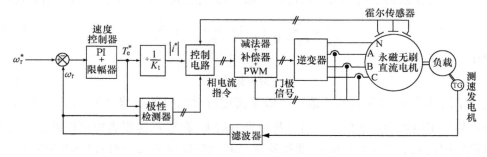

图 11.5　速度控制的永磁无刷直流电机驱动系统框图（摘自 R. Krishnan 的《Electric Motor Drives》图 9.58，Prentice Hall，Upper Saddle River，NJ，2001，版权许可）

11.1.8　永磁无刷直流电机驱动系统的建模、仿真和分析

本节对图 11.5 中所示的不同的子系统进行了建模、仿真和分析。

11.1.8.1　永磁无刷直流电机在不同变换器模式下的建模

在这个建模中使用了 abc 相变量下的永磁无刷直流电机模型。而且，在这个仿真中，开关器件和二极管都使用了理想模型，即认为它们的导通压降和开关时间均为 0。运行模式决定了在给定的时间是一相还是两相导通，相应的，系统方程也会呈现出来。对 A 相导通时进行建模，系统方程为

$$R_{\mathrm{s}} i_{\mathrm{as}} + L_{\mathrm{s}} p i_{\mathrm{as}} + e_{\mathrm{as}} = V_{\mathrm{s}} \tag{11.10}$$

式中，R_{s} 为定子每相电阻；L_{s} 为每相自感；e_{as} 为每相感应电动势；p 为导数算符；V_{s} 为上半部分的直流母线电压。

感应电动势为

$$e_{\mathrm{as}} = K_{\mathrm{b}} f_{\mathrm{as}}(\theta) \omega_{\mathrm{r}} V \tag{11.11}$$

式中，f_{as} 为单位函数，相当于永磁无刷直流电机中的梯形波感应反电势作为 θ_{r} 的函数，θ_{r} 表示转子的电角度位置；K_{b} 为电动势常数；ω_{r} 为转子电气角速度。

f_{as} 由下式给定：

$$
\begin{aligned}
f_{\mathrm{as}}(\theta_{\mathrm{r}}) &= (\theta_{\mathrm{r}}) \frac{6}{\pi}, & 0 &< \theta_{\mathrm{r}} < \frac{\pi}{6} \\
&= 1, & \frac{\pi}{6} &< \theta_{\mathrm{r}} < \frac{5\pi}{6} \\
&= (\pi - \theta_{\mathrm{r}}) \frac{6}{\pi}, & \frac{5\pi}{6} &< \theta_{\mathrm{r}} < \frac{7\pi}{6} \\
&= -1, & \frac{7\pi}{6} &< \theta_{\mathrm{r}} < \frac{11\pi}{6} \\
&= (\theta_{\mathrm{r}} - 2\pi) \frac{6}{\pi}, & \frac{11\pi}{6} &< \theta_{\mathrm{r}} < 2\pi
\end{aligned}
\tag{11.12}
$$

对于模式 3，当 a 相正在换相，b 相通电时，得到了以下方程：

$$R_{\mathrm{s}} i_{\mathrm{as}} + L_{\mathrm{s}} p i_{\mathrm{as}} + M p i_{\mathrm{bs}} + e_{\mathrm{as}} = -V_{\mathrm{s}} \tag{11.13}$$

$$R_{\mathrm{s}} i_{\mathrm{bs}} + L_{\mathrm{s}} p i_{\mathrm{bs}} + M p i_{\mathrm{as}} + e_{\mathrm{bs}} = V_{\mathrm{s}} \tag{11.14}$$

式中，下标 b 对应着 b 相之前定义的变量和参数。f_{bs} 与 f_{as} 类似，但是相位偏移了 120° 电角度。类似的，其他模式下的方程都可以通过式（11.10）～式（11.14）得到。

负载情况下的机电方程为

$$J \frac{\mathrm{d}\omega_{\mathrm{m}}}{\mathrm{d}t} + B \omega_{\mathrm{m}} = T_e - T_1 \tag{11.15}$$

式中，J 为转动惯量；B 为摩擦系数；T_1 为负载转矩；T_e 为电磁转矩，由下式得出：

$$T_{\mathrm{c}} = K_{\mathrm{t}} \{ f_{\mathrm{as}}(\theta) i_{\mathrm{as}} + f_{\mathrm{bs}}(\theta) i_{\mathrm{bs}} + f_{\mathrm{cs}}(\theta) i_{\mathrm{cs}} \}, \ \mathrm{N \cdot m} \tag{11.16}$$

式中，K_{t} 为转矩常数（N·m/A），由 λ_{p}（$P/2$）给定。为了计算转矩，需要用转子位置来估算电动势函数。转子位置可由如下的方程来进行仿真：

$$p \theta_{\mathrm{r}} = \omega_{\mathrm{f}} \tag{11.17}$$

11.1.8.2　转速控制器的建模

按照 PI 类型对转速控制器建模如下：

$$G_{\mathrm{s}}(s) = K_{\mathrm{ps}} + \frac{K_{\mathrm{is}}}{s} \tag{11.18}$$

式中，s 为拉普拉斯算符，并且从这个方程还可以推导出转矩和电流参考值。为了仿真的方便，这个方程表示成了时域的形式。

含有转速控制器的状态图如图 11.6 所示，在输出部分有限幅器以限制其输出在最大可能的转矩指令之内。与转矩指令、PI 转速控制器输出以及状态关系有关的方程如下：

$$\dot{x} = K_{is}(\omega_r^* - \omega_r) \tag{11.19}$$

$$y_1 = \{K_{ps}(\omega_r^* - \omega_r) + K_{is}\} \tag{11.20}$$

$$T_e^* = y_1; \ -T_{em} \leqslant y_1 \leqslant +T_{em} \tag{11.21}$$

式中，$\pm T_{em}$ 为允许的相对最大正负指令。

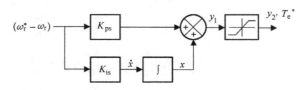

图 11.6　速度控制永磁无刷直流电机驱动系统框图

11.1.8.3　控制电路

控制电路包含三路输入，一路是电流幅值参考值，另外两路是转子转速和转矩参考值的极性信号，分别记为 $|i^*|$、ω_{rp}、T_{ep}。转子转速和转矩参考值的极性决定了电机工作的象限和相序，如表 11.4 所示。

相电流的指令按下式决定：其取决于电机工作的象限以及转子的位置，转子的位置又决定了电机的相感应电动势以及反电动势方程。

$$
\begin{array}{ll}
\text{象限 I} & \text{象限 IV} \\
f_{as}(\theta_r) \geqslant 1, i_{as}^* = |i^*| & f_{as}(\theta_r) \leqslant -1, i_{as}^* = |i^*| \\
f_{bs}(\theta_r) \geqslant 1, i_{bs}^* = |i^*| & f_{bs}(\theta_r) \leqslant -1, i_{bs}^* = |i^*| \\
f_{cs}(\theta_r) \geqslant 1, i_{cs}^* = |i^*| & f_{cs}(\theta_r) \leqslant -1, i_{cs}^* = |i^*|
\end{array} \tag{11.22}
$$

类似地可以推导出第三象限和第四象限的电流指令。这样控制电路的建模已完毕。

表 11.4　工作象限的关系

ω_{rp}	T_{ep}	象限	相序
$\geqslant 0$	$\geqslant 0$	I	abc
$\geqslant 0$	< 0	IV	abc
< 0	$\geqslant 0$	II	acb
< 0	< 0	III	acb

注：摘自 R. Krishnan 的《Electric Motor Drives》表 9.7，Prentice Hall，Upper Saddle River，NJ，2001，版权许可。

11.1.8.4　电流环的建模

对于 A 相，包括 PWM 的电流环的模型的推导如下所示，而且注意相同的算法对其他相也是适用的。A 相电流误差值 i_{aer} 指的是电流参考值和实际电流的差值，其通过一个 PI 控制器放大并处理，这与转速控制器的情况非常类似。电流控制器的输出被限制在其给定的最大值 i_{max} 以内。开关器件一个 PWM 循环周期内的占空比为

$$d = \frac{i_{aer}}{i_{max}}, \quad i_{aer} > 0 \tag{11.23}$$
$$= 0, \quad i_{aer} < 0$$

开关器件的导通时间 T_{on} 为

$$T_{on} = dT_c = \frac{d}{f_c} \tag{11.24}$$

式中，f_c 为 PWM 的载波频率；T_c 为 PWM 的循环周期。

注意在一个 PWM 循环内只能通过进入电流环更新一次开关器件的导通时间。开关器件的关断时间从 T_c 和 T_{on} 的差值获得。

11.1.8.5　仿真与分析

永磁无刷直流电机驱动系统动态仿真的参数如下：

永磁无刷直流电机驱动系统参数

极数 = 4　　　　　　　　　　　　hp = 0.5

$R_s = 0.7\Omega/ph$　　　　　　　$L = 2.72mH$　　　$M = 1.5mH$

$K_b = 0.5128V/(rad/s)$（Mech.）　$K_t = 0.049N \cdot m/A$

$J = 0.0002kg \cdot m/s^2$　　　　　$B = 0.002N \cdot m/(rad/s)$

$V_{s1} = V_{s2} = V_s = 160V$　　　$f_c = 2kHz$　　　　转速（额定）= 4000r/min

电流（额定）= 17.35A　　　　　V（额定）= 40V　　　转矩（额定）= 0.89N · m

转矩（最大）= 2 × 转矩（额定）　$I_{max} = 2 ×$ 电流（额定）

转速控制器：比例因子 $K_{ps} = 20$，积分因子 $K_{is} = 1$

电流控制器：比例因子 $K_{pi} = 50$，积分因子 $K_{ii} = 5$

通过给定一个双向的阶跃额定速度参考值，对一个完整的四象限运行进行了仿真。实际转速、转矩参考值、实际转矩、A 相电流和它的参考值、B 相电流以及转子位置等关键的响应曲线和转速参考值如图 11.7 所示，都使用归一化的单位。虽然没有采取任何措施对速度和电流控制器进行优化，但是从仿真结果可以清晰地看出驱动系统明显有能力进行四象限运行。而且，从图中可以看出电流响应足够快，可以考虑应用在高性能驱动的场合。由于时间常数不同和互感耦合的影响，换相的动态性能与全桥整流驱动的永磁无刷直流电机系统有些微的区别，这些将通过估计电流的换相角进一步研究。

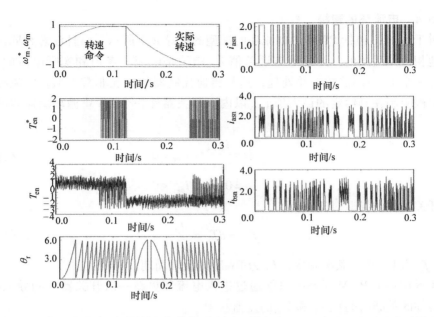

图 11.7　使用分列式电源变换拓扑结构的永磁无刷直流电机四象限运行动态仿真结果

（摘自 R. Krishnan 的《Electric Motor Drives》

图 9.59，Prentice Hall，Upper Saddle River，NJ，2001，版权许可）

11.1.8.6　电流换相角

由于上述阐明的原因，电流换相角将在本节进行讨论。式（11.12）描述了 A 相电流换相时的情况。忽略电阻压降，并且为了简单起见，假设 B 相电流线性上升，因此得到了换相时间的封闭解。方程解使用的边界条件是 A 相电流的换相时间，即 T_c，也就是从 $I_p \sim 0$，B 相电流为 I_p。这个策略简化了另外一个超越方程的求解。电流换相的时间为

$$t_c = \frac{-b - \sqrt{b^2 - 4ac}}{2a} \qquad (11.25)$$

式中

$$a = \frac{E_p}{2LT_1}; b = -\frac{MI_p + 2E_p + 2V_s}{2L}; c = I_p \qquad (11.26)$$

对于给定的转子转速，式中 T_1 对应着 30°电角度，等于持续时间。假定在换相期间转子转速为常数，将换相时间与转子转速相乘可以得到换相角。换相角和归一化的转速与归一化后的相电流的函数关系如图 11.8 所示，其中相电流标幺值分别为 0.25、1 和 2。即使电流标幺值为 2、转速标幺值为 1 时，换相角也小于 3.5°。由此可以推断出换相时间非常短，只占用了一小部分相电流导通的时间。这不会造成设备额定电流较大的增加，从而也不会增加散热部件的体积。

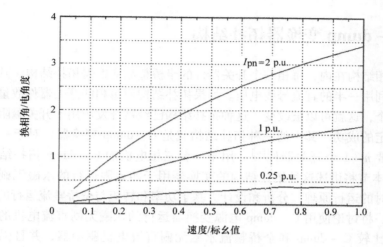

图 11.8 用电角度表示的电流换相以及归一化后转速的变化与定子电流的函数关系

11.1.8.7 半桥整流和全桥整流永磁无刷直流电机驱动器的比较

为了比较基于半桥整流和全桥整流永磁无刷直流电机驱动系统，认为一相导通期间开关器件的平均占空比为 h，如表 11.5 所示。虽然变频器的额定容量一样，但是注意较少数电压较高的设备，拥有分裂式电源变换器拓扑结构中导通和开关损耗较低这一附加的优点，因而成本较低。比较中没有考虑再生制动回路，这个对于两者都是需要的，但是额定容量不同。

表 11.5 基于半桥整流和全桥整流的永磁无刷直流电机系统的比较

项 目	基于分裂式电源变换器的 永磁无刷直流电机	基于全桥变换的 永磁无刷直流电机
功率开关器件数量（所有相）	3	6
二极管数量	3	6
开关电压（最小）	$2V_s$	V_s
开关电流（峰值）	I_p	I_p
开关电流（有效值）	$I_p/\sqrt{3}$	$I_p/\sqrt{3}$
电机相电流（有效值）	$I_p/\sqrt{3}$	$\sqrt{2}I_p/\sqrt{3}$
电容数量	2	1
电容电压	V_p	V_p
前端整流器中二极管的最小数量	2	4
用于隔离操作的逻辑电源数量（最小）	2	4
门驱动器数量	3	6
开关器件导通损耗	$hv_{sw}I_p$[①]	$2hv_{sw}I_p$
二极管导通损耗	$(1-h)v_d I_p$	$2(1-h)v_d I_p$
额定容量（峰值）	$6V_s I_p$	$6V_s I_p$
额定容量（有效值）	$2\sqrt{3}V_s I_p$	$2\sqrt{3}V_s I_p$

注：摘自 R. Krishnan 的《Electric Motor Drives》表 9.8，Prentice Hall，Upper Saddle River，NJ，2001，版权许可。

① 由于环流的能量此电流可能偏高。

11.2 C – dump 变换器拓扑结构

包括裂相结构在内，每相一个开关器件的半桥整流变换器拓扑结构，其缺点在于只能最多利用一半的直流母线电压。如果拓扑结构使每相的开关器件数量多于一个但少于两个，这就可以被改变。这种拓扑结构已经被开发应用于开关磁阻电机并且获得了一定的成功。其中的一种拓扑结构就是 C – dump 变换器，对于一台 n 相的电机其需要 $n+1$ 个开关器件[4]。用于一台三相电机的 C – dump 拓扑结构如图 11.9 所示。本节将讲述这种拓扑结构的变换器用于四象限运行的永磁无刷直流电机驱动系统时的运行原理、分析和设计。基于功率和转矩与全桥整流运行的永磁无刷电机相等，将讨论使用 C – dump 电源变换器运行的永磁无刷直流电机的设计要点。本节将比较 C – dump 和全桥整流永磁无刷直流电机驱动器，并且强调使用 C – dump 变换器运行的电机驱动系统的优缺点。

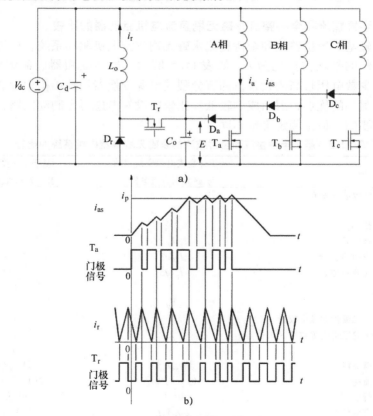

图 11.9　C – dump 变换器拓扑结构以及关键波形

（摘自 R. Krishnan 的《Electric Motor Drives》图 9.60，Prentice Hall，Upper Saddle River，NJ，2001，版权许可）

a）C – dump 拓扑结构　b）门信号与电流的关系

11.2.1　基于 C – dump 变换器的永磁无刷直流电机驱动系统的运行原理

图 11.9 给出了用于三相系统的 C – dump 变换器。它有四个功率开关器件和四个功率二极管，其中每相绕组各一个，另一个用于从电容 C_o 回收能量。由于每相只有一个开关器件，相电流只能单方向流动，因此它与半桥整流变换器驱动的永磁无刷直流电机运行时非常类似。以下简略地介绍基于 C – dump 的永磁无刷直流电机电动状态（Ⅰ象限）和再生制动状态（Ⅳ象限）。

11.2.1.1　电动运行

在接下来的讨论中，假设电机的转动方向为顺时针，认为此时的方向为正，并且电机绕组的相序为 abc。当相电压处于平顶区间时，也就是幅值恒定且转速固定的区间，并且将持续 120°电角度，电动运行开始。当通过开通开关器件 T_a 控制相电流时，A 相通电，此时的等效电路如图 11.10a 所示。当电流误差值为负，开关器件 T_a 关断，此时 A 相电流将通过二极管 D_a 流向能量回收电容 C_o，如图 11.10b 所示。在这段时间中，幅值为（$E - V_{dc}$）的负向电压加在了绕组两端，因此电流将减少，使电流误差值为正。平均的电磁功率和输入功率都为正，输出正的电磁转矩，因此表明运行在第一象限。

当电机逆时针（反向）旋转时，除了电机绕组的通电顺序会变成 acb 外，其余情况类似。这相当于第三象限时的转矩转速特性。

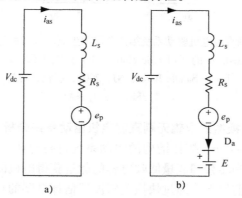

图 11.10　永磁无刷直流电机驱动器 A 相在第一象限电动运行

（摘自 R. Krishnan 的《Electric Motor Drives》

图 9.61，Prentice Hall，Upper Saddle River，NJ，2001，版权许可）

a）T_a 开通　b）T_a 关断，同时 A 相续流

11.2.1.2　再生制动运行

每当能量从负载流向电源，那么电机就运行在发电模式，也就是相对于电动运行时的正转矩，此时电机的转矩为负。在全桥整流变换运行的永磁无刷直流电机中通常提供与感应电动势相反方向的电流来产生负的转矩。但因为存在感应电动势的

正半周期电流为单方向的缺点，这在 C – dump 变换运行的永磁无刷直流电机中并不可行。唯一的选择是利用感应电动势的负半周期，在负半周期只需要正向的电流就可以获得负的转矩。在 A 相这样的操作包括：在反电动势恒定为负的周期开通 T_a，当电流误差变为负时关断 T_a，使得 D_a 导通，导致能量从电机的 A 相转换到能量回收电容。这些操作如图 11.11a、b 所示。注意 A 相的电磁功率和平均输出功率均为负，表明能量已经从电机转换到了能量回收电容 C_o。C_o 中的能量通过降压斩波器使用图 11.9 中的开关器件 T_r 和二极管 D_r 释放。注意再生制动运行相当于以相序 abc 在第四象限运行，在第二象限的反向再生制动运行与此类似。

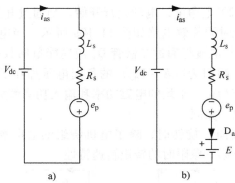

图 11.11   永磁无刷直流电机驱动系统第四象限再生制动运行的运行模式和变量波形
（摘自 R. Krishnan 的《Electric Motor Drives》图 9.62，Prentice Hall，
Upper Saddle River，NJ，2001，版权许可）
a）T_a 开通 b）T_a 关断

11.2.2   C – dump 变换器的永磁无刷直流电机驱动系统分析

本节将对使用 C – dump 拓扑结构的驱动系统进行分析。首先要依据相桥臂上的开关器件的占空比和转移到能量回收电容的能量获得电机的最大转速，因此可以在给定电机额定值的前提下，通过快恢复斩波器估计电路的功率。假定可以通过霍尔传感器、编码器或者旋转变压器获得换相脉冲。

11.2.2.1   最大转速

考虑用额定定子电流 I_b 表示的电机稳态电压方程，如下式所示：

$$V_{as} = R_s I_b + K_b \omega_r, \text{ V} \tag{11.27}$$

转子电气角速度可以通过下式获得：

$$\omega_r = \frac{V_{as} - R_s I_b}{K_b}, \text{ rad/s} \tag{11.28}$$

为了更快的电流环性能以及转矩和速度响应，预留出一部分电压是必要的，这部分电压占额定电压的一小部分，记为 $k_a V_{as}$，其中 k_a 是系数。引入了这个因素后，转子转速修正为

$$\omega_r = \frac{1}{K_b} [V_{as}(1 - k_a) - R_s I_b] \qquad (11.29)$$

如果每相桥臂上的开关器件平均占空比为 h，那么定子相电压依据直流母线电压可表示为

$$V_{as} = h V_{dc} \qquad (11.30)$$

将上式与转子转速方程合并并归一化，得到归一化的转子转速为

$$\omega_m = h(1 - k_a) V_{dcn} - R_{sn}, \text{标幺值} \qquad (11.31)$$

式中，增加的下标 n 表示变量和参数归一化后的值。k_a 典型的范围为 $0.2 \sim 0.4$；h 变化范围为 $0 \sim 1$。这个关系式明确地给出了速度与占空比、直流母线电压、定子电阻以及动态保留电压的关系。这个表达式允许通过要求的速度变化范围决定 h 的变化范围。h 的决定对于估计平均能量回收电流和电路中的额定功率非常重要。

11.2.2.2　反向峰值电流

如果忽略损耗，转换到储能电容 C_o 中的能量，在相桥臂开关器件关断期间不得不通过能量回收电路释放。从直流母线和电机转移到电容 C_o 的能量的平均占空比为 $(1 - h)$。假设储存的能量通过斩波器恢复的占空比为 h，而且保持能量存储和释放电路分离是必要的，功率的等式为

$$E(1 - h) I_p = E h I_r \qquad (11.32)$$

式中，I_r 为通过斩波器的峰值反向电流，可以表示为

$$I_r = \frac{1 - h}{h} I_p \qquad (11.33)$$

当 h 增加时，注意通过斩波器释放的能量在减小，同时 I_r 也下降，这反过来降低了能量释放斩波电路的容量。

11.2.2.3　储能电容

电容 C_o 上的最小电压为

$$E(\min) = V_{dc} + E_P + \Delta E \qquad (11.34)$$

式中，E_p 为最大转速时的最大感应电动势；ΔE 为在设计时用来防止二极管 D_a、D_b 和 D_c 在电机感应电动势的负半周期导通而提供的电压幅值。

11.2.2.4　能量释放斩波器

它的额定电压等于 E，但是额定电流基于从储能电容到直流母线传递的能量。这基于运行速度和负载，是相桥臂开关器件占空比的函数。电感 L_o 的额定值基于斩波器的开关频率。

11.2.3   与基于全波逆变器控制的永磁无刷直流电机驱动系统的比较

这一节将会就开关器件的数量、无源器件、功率等级、用于门驱动器的逻辑电源数量、用于隔离驱动系统的门驱动器数量、变频器损耗、热管理以及包装要求这几点对基于 C – dump 拓扑结构的和 H 桥变换的永磁无刷直流电机驱动系统进行比较。

一些突出的方面和它们的比较在表 11.6 中给出。开关器件的平均占空比为 h，k_1 表示驱动器为了安全冗余运行的那部分电压所占的比例。令 k_2 为再生制动电流的比例，并且

$$k_3 = \frac{E}{V_{dc}} \tag{11.35}$$

这样可以得出额定容量的比值为

$$\frac{VA_{cd}}{VA_{fw}} = \left[\frac{k_3}{1 + k_1} \right] \frac{3 + \dfrac{1 - h}{h}}{6 + k_2} \tag{11.36}$$

当 $k_1 = 0.1$、$k_2 = 0.25$，k_3 从 1.25 变化到 2 时额定容量的比值随平均占空比 h 的变化如图 11.12 所示。额定容量相等时的平衡点用粗线表示。注意占空比 h 与归一化的转速成正比。

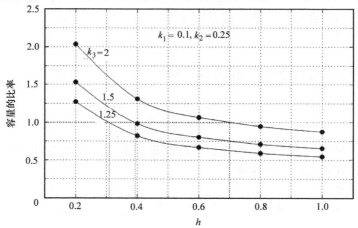

图 11.12   不同能量回收电容电压值时容量的比率随平均占空比的变化
（摘自 R. Krishnan 的《Electric Motor Drives》图 9.63，Prentice Hall，
Upper Saddle River，NJ，2001，版权许可）

在使用 C – dump 时变频器的开关损耗在 $h > 0.5$ 时较小，二极管损耗为全桥整流变换的一半。损耗的减小意味着散热器和热管理的同步减小，结果带来了包装尺寸相当大的减小。进一步这有益于逻辑电源、缓冲电路和门驱动器需求量的减少。

变换器的可靠性、容错能力，也就是当电机或变换器一相或多相故障时的运行能力等这些特点的比较也需要进行。在这些项中，基于 C - dump 的永磁无刷直流电机驱动器显然本质上要比全桥整流的优越。

表 11.6　基于 C - dump 和全桥整流的永磁无刷直流电机驱动器的比较

项　　目	基于 C - dump 的 永磁无刷直流电机	基于全桥整流的 永磁无刷直流电机
开关器件的数量	4	7（包括再生制动）
二极管的数量	4	7
开关电压	E	V_{dc}
开关电流峰值	I_p	I_p
开关电流有效值	$\dfrac{I_p}{\sqrt{3}}$	$\dfrac{I_p}{\sqrt{3}}$
电机相电流有效值	$\dfrac{I_p}{\sqrt{3}}$	$\sqrt{\dfrac{2}{3}}I_p$
电力电容	2	1
电容电压	V_{dc} 和 E	V_{dc}
逻辑电源数量（最小值）	2	4
电感	1	0
门驱动器数量	4	7
关断缓冲电路（如果需要）	0	6
开关损耗	$v_{sw}I_p\left[h+\dfrac{1-h}{h}\right]$	$2hv_{sw}I_p$
二极管损耗	$v_dI_p\,(1-h)$	$2v_dI_p\,(1-h)$
总的开关额定容量峰值	$EI_p\left[3+\dfrac{1-h}{h}\right]$	$6v_{dc}\,(1+k_1)\,I_p$ $+v_{dc}\,(1+k_1)\,I_pk_2$

注：摘自 B. S. Lee，R. Krishnan，Proc，IEEE Int. Symp. Indus. Electron.，2，689，1999，版权许可。

11.2.4　建模、仿真及动态性能

在前面的讨论中，提及的驱动系统确定了 4 种明显的运行模式。本节将给出这些模式的动态模型和系统仿真。

11.2.4.1　建模

只考虑 A 相，并且忽略器件的压降和储能电感的电阻。驱动系统建模时包括 C - dump 变换器。每一个模式下的系统方程都将进行推导。

模式 1：当 T_a 开通、T_r 关断时，A 相中电流按下式建立：

$$V_{dc} = R_s i_{as} + L_s p i_{as} + e_{as}\text{，V} \tag{11.37}$$

储能的动作由下式表示：

$$L_0 p i_r = -V_{dc}, \text{V}(\text{如果 } i_r > 0) \tag{11.38}$$

模式2：当 T_a 关断、T_r 关断时，反向相电压为

$$V_{dc} = R_s i_{as} + L_s p i_{as} + e_{as} + E, \text{V} \tag{11.39}$$

式中，E 为 dump 电容电压，由下式给出：

$$E = E_0 + \frac{1}{C_0} \int i_{as} dt, \text{V} \tag{11.40}$$

这段时间的能量回收方程为

$$L_0 p i_r = -V_{dc}, \text{V}(\text{如果 } i_r > 0) \tag{11.41}$$

式中，E_0 为 dump 电容的初始条件。

模式3：当 T_a 和 T_r 都开通时，能量回收由以下方程给出：

$$V_{dc} = R_s i_{as} + L_s p i_{as} + e_{as}, \text{V} \tag{11.42}$$

$$L_0 p i_r = E - V_{dc}, \text{V} \tag{11.43}$$

$$E = E_0 - \frac{1}{C_0} \int i_r dt, \text{V} \tag{11.44}$$

模式4：在 B 相开始通电时，A 相开始断电，此时 T_a 和 T_r 关断，T_b 开通，由以下方程描述：

$$V_{dc} = R_s i_{as} + L_s p i_{as} + L_m p i_{bs} + e_{as} + E, \text{V} \tag{11.45}$$

$$V_{dc} = R_s i_{bs} + L_s p i_{bs} + L_m p i_{as} + e_{bs}, \text{V} \tag{11.46}$$

$$E = E_0 + \frac{1}{C_0} \int i_{as} dt, \text{V} \tag{11.47}$$

$$L_0 p i_r = -V_{dc}, \text{V}(\text{如果 } i_r > 0) \tag{11.48}$$

注意由于变换器的结构，相电流和 i_r 总是正的。

11.2.4.2 系统性能

仿真的参数与前面的分裂式电源变换器驱动系统的参数相同。C-dump 电容电压的目标值定为175V。C-dump 电容的初始值为100V，这也是外加电压的幅值。图 11.13 表示了速度指令为 ± 1000r/min 时，对速度环进行仿真得出的速度指令（ω_r^*）、实际速度（ω_r）、A 相感应电动势、A 相电流、电磁功率和 C-dump 电容电压。

Dump 电容充电到目标值175V 的时间小于0.05s。然后这个电压一直保持在175V 附近。从 $-1000 \sim +1000$r/min 的过渡过程用了0.9s。只要控制和实际的速度有显著的差异，电流指令就会在最大值20A。当达到预期速度时，为了满足电机的负载转矩为0.48N·m，电流降为8A。当旋转方向和电磁转矩的符号相反时，负载转矩与电磁转矩共同作用使电机减速。这导致电机较快地减速。加速过程中情况不同，当负载转矩与电磁转矩方向相反时，会导致加速的加速度比减速时小。

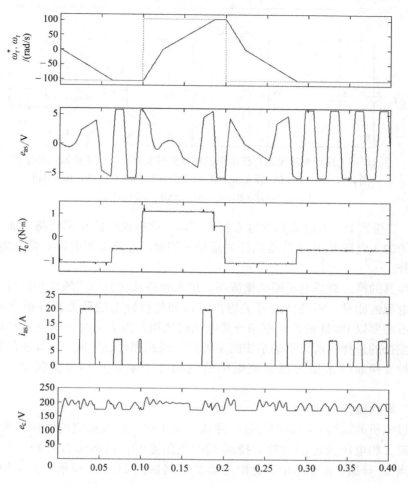

图 11.13　动态仿真结果（摘自 R. Krishnan 的《Electric Motor Drives》
图 9.64，Prentice Hall，Upper Saddle River，NJ，2001，版权许可）

11.3　可变直流母线变换器拓扑结构

有一种变换器拓扑结构的优点是可以改变输入到电机的直流母线电压，但是开关器件的电压较低，不会超过直流电源的电压，当然，它也还有其他优点。这会在随后的讨论中讲述。这样的电路如图 11.14 所示。此外，这种电源变换器拓扑结构拥有 C – dump 和分裂式电源变换器拓扑结构的优点。

11.3.1　工作原理

三相输出的变换器电路有 4 个开关器件和二极管[5]，随之还有为运行附加的电容和电感。变换器分为两级，第一级为斩波器，让输入到电机的电压可变。开关

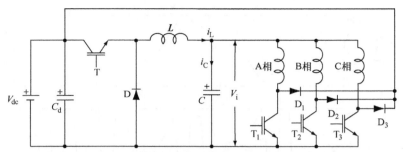

图 11.14   用于永磁无刷直流电机驱动器的可变直流母线变换器拓扑结构
（摘自 R. Krishnan 的《Electric Motor Drives》图 9.65，Prentice Hall，
Upper Saddle River，NJ，2001，版权许可）

器件 T、二极管 D、电感 L 和电容 C 构成了降压式斩波电路功率回路。加到电机相绕组上的输入电压 V_i 由斩波器的开关器件 T 控制。电感 L 和电容 C 降低电压 V_i 的纹波成分。

变换器的第二级是电机侧的整流器，用来处理从直流母线转换到电机和从电机转换到电源的能量。斩波器的开关器件可以和相桥臂上的开关器件配合来控制电流，而不需要以 PWM 载波频率来开关电机的绕组。因为有多种斩波器和相间的开关器件配合的选择，所以驱动系统的多种运行模式都可以实现。下面将简略地描述使用这种变换器的永磁无刷直流电机的电动（Ⅰ象限）和再生制动（Ⅳ象限）控制。

11.3.2   电动运行

假设电机的旋转方向为顺时针，并认为是正向，且电机绕组的相序为 abc。当转速一定，相电压为正的常数并持续 120°电角度时，电动运行开始，如图 11.15 所示。当 T_1 导通，A 相通电，此时的等效电路如图 11.16a 所示。为了控制电流，关断 T_1，这使得电流路径依次为续流二极管 D_1、电源电压 V_{dc} 和电容 C，提供给电机的电压为 $(V_i - V_{dc})$，如图 11.16b 所示。

反向电动运行时情况类似，除了相绕组的通电顺序变为 acb。这相当于第三象限的运行。

再生制动运行

为了将能量从负载转移到电源，永磁无刷直流电机不得不作为发电机运行，也就是提供负的转矩。通过在反电动势恒为负的周期开通 T_1 可以输出负的转矩。T_1 开通和关断时期的等效电路分别如图 11.16c、d 所示。

基于转子位置信息和转矩极性指令 $i*$，电机对应的一相将导通。通过滞环控制，只要相电流增加超过参考电流的电流滞环上限，相功率器件就会导通和进行调节。由于通常通过斩波器开关器件 T 去精确地控制电机输入电压，因而很少通过调节相桥臂上的开关器件来控制相电流。只有在该相换相时，相桥臂上的开关器件才会关断。

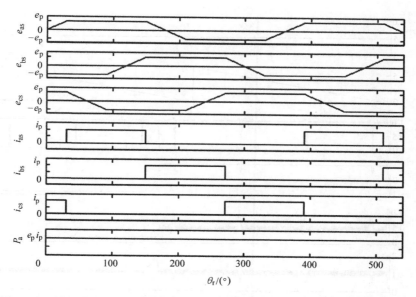

图 11.15 基于半波整流变换的永磁无刷直流电机的电压、电流和电磁功率波形

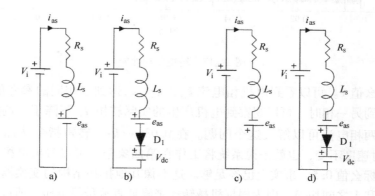

图 11.16 基于可变直流母线永磁无刷直流电机驱动器的运行

a) A 相的第一象限电动运行，T_1 导通 b) A 相的第一象限电动运行，T_1 关断，同时 A 相有连续电流 c) A 相的第四象限再生制动运行，T_1 导通 d) A 相第四象限再生制动运行，T_1 关断，同时 A 相有连续电流

11.3.3 系统性能

考虑如图 9.1 所示的驱动系统的结构。对转矩和速度控制驱动系统进行了仿真，结果在下面给出。当考虑用转矩控制时，注意在控制框图中速度环是开环的。

11.3.3.1 转矩驱动器特性

图 11.17 给出了转矩驱动系统特性的仿真结果，也就是系统运行时仅有内部的电流环。电机工作在额定转速的 50%。通过设定 i^* 为标幺值 1，将转矩参考值 T_e^*

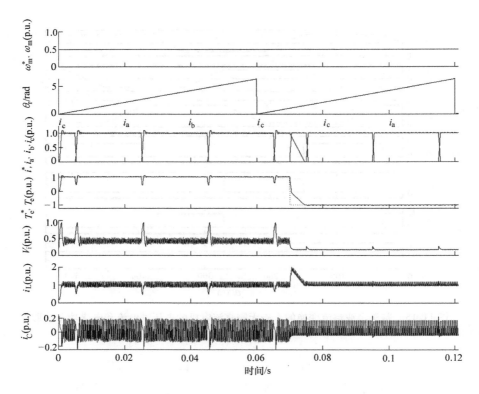

图 11.17   转矩驱动性能

设定为标幺值 1。可以看到电机相电流 i_{as}、i_{bs}、i_{cs} 达到了相同的参考值 i^*。当从一相过渡到另一相时，可以观察到电机产生的实际转矩 T_e 下降了。调整即将开通和关断的两相电流可以解决这个问题。在 0.035s[⊖] 后，转矩指令从标幺值 1 变为 -1，此时速度不变，也就是说系统将工作在第四象限。可以看出电机的外加相电压大约为标幺值 0.5，事实上已经足够。这不像其他拓扑结构的变换器，电机的相电压在 0 和 1 之间切换。因为根据机械转速来降低直流母线电压，所以除了因为较低的转矩脉动减小的损耗外，开关损耗也会有所减小。

11.3.3.2   速度控制型驱动器性能

图 11.18 表示了速度控制系统正反转运行时的仿真结果。电流和转矩限制在标幺值 2 以内。电机的相电流不可反相，但是转矩是可以反向的。输入的相电压 V_i 随着转速变化。通过斩波器电感的电流 i_L 有较高的纹波成分，但是电机的相电流纹波非常少。纹波的减少是因为电机的电感，此外还与在电机相绕组中没有连续地开关动作有关。

⊖ 应为 0.075s，参见图 11.17。——译者注

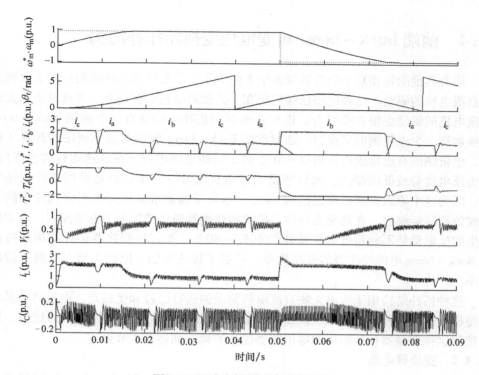

图 11.18　速度控制驱动系统性能

11.3.4　优缺点

这种变换器拓扑结构的优点如下：

1）一台三相永磁无刷直流电机四象限运行只需要 4 个开关器件和二极管。

2）减少了门驱动电路和逻辑电源的数量。

3）具有四象限运行的能力。

4）因为开关器件与电机绕组串联，所以降低了桥臂直通的可能性。

5）一个开关器件或一相绕组故障仍然可以运行。

6）开关损耗较低。

7）相对固定直流母线电压的变换器而言，其稳态运行时的高频纹波非常小，这是一个在高性能驱动系统中最明显的优点。不像 C - dump 变换器，这种变换器没有循环的能量，结果导致效率更高，转矩脉动更小。

8）功率器件的额定电压等于电源电压，这比 C - dump 变换器和每相一个功率器件的变换器大大降低。

这种拓扑结构伴有任何半桥整流变换的拓扑结构的缺点，例如电机利用率低和电气时间常数大。另外，这种变换器有两级功率变换，与单级功率变换的拓扑结构相比，其效率略微偏低。

11.4　前端 buck – boost 可变电压变换器拓扑结构

还有其他的每相功率器件数量多于 1 但少于 2 的变换器拓扑结构可用于永磁无刷直流电机的驱动。这种电路已经应用在开关磁阻电机的驱动上，并且对永磁无刷直流电机的驱动也很有吸引力。这种变换器的拓扑结构含有一个前端 buck – boost 变换器和一个电机侧的变换器。通过前端 buck – boost 斩波器功率回路的升降压操作，电机侧的直流母线电压可以从 0 变到 2 倍的电源电压。在低速运行的范围内，因为反电动势较低的缘故，所以较低的电机直流母线电压已经足够用来控制相电流。因为这个原因，所以通过前端 buck – boost 变换器的降压操作可得到较小的开关纹波和转矩纹波。在高速运行中，传统的变换器拓扑结构为了电流控制，电动机产生的反电动势不能超过电机母线的 60% ~ 80%。而这种变换器拓扑结构通过前端 buck – boost 电路功率级的升压操作，扩展了转速范围，因此实质上提高了输出功率。

这种拓扑结构用于永磁无刷直流电机驱动的运行原理和优缺点，电机驱动系统的建模、仿真和分析，这种变换器拓扑结构与 H 桥整流变换拓扑结构的比较，以及使用这种变换器拓扑结构的电机需要优化的地方都将在本节讲述。

11.4.1　变换器电路

含有 4 个开关器件和二极管的功率变换电路如图 11.19 所示[6]。每相只有一个开关器件，并且与电机的绕组相串联。因此在这种变换器中没有桥臂直通的缺点，与半桥整流驱动的永磁无刷直流电机类似，这种变换器中的电流也是单向的。前端 buck – boost 功率回路含有开关器件 T_c、二极管 D_c、电感 L 和输出电容 C。为了让电机绕组获得满意的输入电压，电机直流母线电压 V_i 可以从 0 变到直流电源电压 V_{dc} 的 2 倍。而且，这个回路为电源电压 V_{dc} 一定时电流的快速换相提供了隔离的需求。功率器件 T_1 导通时开始通电，此时电压 V_i 会施加到电机 A 相。为了控制

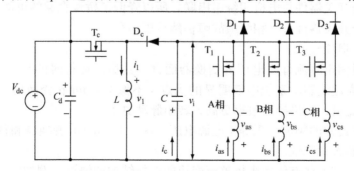

图 11.19　提及的用于永磁无刷直流电机驱动的变换器拓扑

（摘自 B. S. Lee，R. Krishnan，Proc. IEEE Int. Symp.

Indus. Electron.，2，689，1999，版权许可）

绕组内电流，开关器件 T_1 关断，若不考虑斩波器开关器件 T_c 的开关条件，这会使得电流的路径变为流经续流二极管 D_1、直流电源电压 V_{dc} 和 A 相绕组。这会给电机绕组施加一个固定的负向直流电源电压 V_{dc}。输出电容 C 中的能量将会供给即将通电的一相，即 B 相，在这段时间，开关器件 T_c 关断。以这种方式，电机不同相之间的独立性得到了保证。

11.4.2 永磁无刷直流电机驱动系统的运行模式和建模

通过分别分析电机相桥臂上的开关器件和二极管以及前端 buck – boost 斩波器功率回路的工作模式，而后将这些模式合并，可以推导出电路的不同工作模式。这种策略在判定变换器电路的模式时非常有效，结果如表 11.7 所示。假设 A 相正在运行，并且没有其他的相续流。注意前 4 种模式都明显是导通的模式，后 5 种模式伴随有续流电流的存在。因此，模式 1 ~ 4 已经可以充分理解整个运行模式，并且因此可以找出变换器设计时，变换器与电机变量之间的解析关系。接下来用 5 个状态变量：电感电流、前端 buck – boost 变换器的电机直流母线电压和定子三相电流，对 4 种主要的模式进行状态空间的建模。

表 11.7 运行模式

模式	T_c	D_c	i_t	T_1	D_1	i_{as}
I	导通	关断	>0	导通	关断	>0
II	关断	导通	>0	导通	关断	>0
III	导通	关断	>0	关断	导通	>0
IV	关断	导通	>0	关断	导通	>0
V	关断	关断	0	关断	导通	>0
VI	导通	关断	>0	关断	关断	0
VII	关断	关断	0	关断	导通	>0
VIII	关断	导通	>0	关断	关断	0
IX	导通	导通	0	关断	关断	0

注：摘自 B. S. Lee, R. Krishnan, Proc, IEEE Int. Symp. Indus. Electron., 2, 689, 1999, 版权许可。

模式 1：T_c 导通，T_1 导通

直流电源电压 V_{dc} 为前端 buck – boost 变换器的电感提供磁化能量，电机直流母线电压 V_i 施加到 A 相绕组，通过输出电容 C 给绕组通电。在这种模式下的电感电流、电机直流母线电压和 A 相电流有如下的关系：

$$\frac{\mathrm{d}i_1}{\mathrm{d}t} = \frac{V_{dc}}{L}, \ i_1 \geq 0, \ v_1 = V_{dc} \tag{11.49}$$

$$\frac{\mathrm{d}v_i}{\mathrm{d}t} = -\frac{i_{as}}{C}, \ i_c = -i_{as} \tag{11.50}$$

$$\frac{\mathrm{d}i_{as}}{\mathrm{d}t} = \frac{1}{L_s}(v_i - R_s i_{as} - e_{as}), \ i_{as} \geq 0, \ v_{as} = v_i \tag{11.51}$$

为了获得状态变量的波形，将利用合适的边界条件联立求解式（11.49）~式（11.51）。找到每个拉普拉斯变换后状态变量与反电动势的函数关系是有益的。拉普拉斯变换后的 A 相电流为

$$I_{as}(s) = \frac{-sE_{as}(s)}{L_s s^2 + R_s s + 1/C} \tag{11.52}$$

这种模式有与二阶系统相似的特性，其固有振荡频率和阻尼系数分别表示如下：

$$\omega_n = 1/\sqrt{L_s C} \tag{11.53}$$

$$\zeta = (R_s/2)\sqrt{C/L_s} \tag{11.54}$$

类似地，也可以推导模式 Ⅱ、Ⅲ 和 Ⅳ 的有关方程。一相或两相续流的数学模型如下：

$$\begin{bmatrix} \dfrac{di_{as}}{dt} \\[2mm] \dfrac{di_{bs}}{dt} \end{bmatrix} = \begin{bmatrix} L_s & M \\ M & L_s \end{bmatrix}^{-1} \begin{bmatrix} v_{as} - R_s i_{as} - e_{as} \\ v_{bs} - R_s i_{bs} - e_{bs} \end{bmatrix}, \begin{matrix} v_{as} = v_i(T_1\ 导通) 或 \\ v_{as} = -V_{dc}(T_1\ 关断) \\ v_{bs} = -V_{dc} \end{matrix} \tag{11.55}$$

$$\begin{bmatrix} \dfrac{di_{as}}{dt} \\[2mm] \dfrac{di_{bs}}{dt} \\[2mm] \dfrac{di_{cs}}{dt} \end{bmatrix} = \begin{bmatrix} L_s & M & M \\ M & L_s & M \\ M & M & L_s \end{bmatrix}^{-1} \begin{bmatrix} v_{as} - R_s i_{as} - e_{as} \\ v_{bs} - R_s i_{bs} - e_{bs} \\ v_{cs} - R_s i_{cs} - e_{cs} \end{bmatrix}, \begin{matrix} v_{as} = v_i(T_1\ 导通) 或 \\ v_{as} = -V_{dc}(T_1\ 关断) \\ v_{bs} = -V_{dc} \\ v_{cs} = -V_{dc} \end{matrix} \tag{11.56}$$

11.4.3　优缺点

使用这种变换器拓扑结构的永磁无刷直流电机驱动器有如下的优点：

1）完整的四象限运行只需要 4 个开关器件和二极管，带来了较低的成本和紧凑的包装。

2）保证了独立的相电流控制。

3）换相电压固定，并且等于负的直流母线电压。这会使相电流迅速地降低到 0，使得电流快速响应。

4）最小的逻辑电源需求量，这是因为电机的桥臂的开关器件有着相同的形式。

5）电机的直流母线电压 V_i 可以从 0 变到 $2V_{dc}$，这使得电机的相电流提高的速度变快，动态响应速率提高，也尽可能地减少了开关次数。

6）通过在低速运行区域内，即反电动势非常低时，使用较低的电机直流母线电压，获得了较低的开关纹波和转矩纹波。

7）在高速运行区域内，使用传统的变换器拓扑结构时的永磁无刷直流电机驱动器，电机产生的反电动势不能超过固定直流电源电压的 0.6~0.8（标幺值），这

是因为需要多余的电压去控制相电流以抵消反电动势。用于相电流控制的这些储备的电压相当于直流电源电压的 0.2 ~ 0.4（标幺值）。但是这种变换器拓扑结构通过前端 buck – boost 电路功率回路升压运行的动态电流控制，得到较高的电机直流母线电压 V_i 可以扩展运行速度范围。这会导致较高的输出功率。表 11.18 表示了基于永磁无刷直流电机有相同的铜损、相同的用铜量和相同的槽满率时，分别使用基于 buck – boost 变换器和全桥变换器的电机输出功率能力以及其他变量的比较。下标 b 对应着使用全桥变换器的电机的变量值，基于 buck – boost 变换器的永磁无刷直流电机的变量值用它来表示。

表 11.8　基于 buck – boost 和全桥整流变换器的永磁无刷直流电机变量比较

项　目	基于 buck – boost 变换器的永磁无刷直流电机	基于全桥整流变换器的永磁无刷直流电机
每相绕组匝数	$\sqrt{2}N_b$	N_b
导体截面积	$a_b/\sqrt{2}$	a_b
绕组每相电阻	$2R_b$	R_b
绕组每相自感	$2L_b$	L_b
绕组每相互感	$2M_b$	M_b
电磁转矩	$T_{eb}/\sqrt{2}$	T_{eb}
恒定直流母线电压时的最大转速	$\sqrt{2}\omega_{mp}$	ω_{mb}
恒定直流母线电压时的输出功率	P_b	P_b
可变直流母线电压时的最大转速	$\sqrt{2}\omega_{mp}+\Delta\omega_m$，$\Delta\omega_m$ $=\Delta V_r/\ (2K_b)$，ΔV_t $=0.3V_{dc}$	—
可变直流母线电压时的输出功率	$P_b+\Delta P$，$\Delta P=\Delta\omega_m T_{eb}/\sqrt{2}$	—

注：摘自 B. S. Lee，R. Krishnan，Proc，IEEE Int. Symp. Indus. Electron.，2，689，1999，版权许可。

在表 11.8 中，用于相电流控制的保留电压为

$$\Delta V_r = 0.3V_{dc} \tag{11.57}$$

这个电压施加到基于全桥变换器的永磁无刷直流电机串联的两相绕组上。相反的，这个电压施加到基于 buck – boost 变换器的永磁无刷直流电机的一相绕组上，因此增加的运行速度范围为

$$\Delta\omega_m = \frac{\Delta V_r/2}{K_b} \tag{11.58}$$

最后，增加的输出功率可以表示为

$$\Delta P = \Delta\omega_m \frac{T_{eb}}{\sqrt{2}} = \frac{\Delta V_r T_{eb}}{2\sqrt{2}K_b} \tag{11.59}$$

注意这个优点是其他变换器都不具备的。

8）电机相绕组始终与该相桥臂上的开关器件串联，因此没有桥臂直通的缺点，可靠性高。

9）当一个开关器件或一相绕组故障时仍可运行。

10）相桥臂上的开关器件都有一个共同的主开关器件，这使得无传感器运行较为容易。

缺点如下：

1）电机的利用率较差。

2）开关器件需要较高的额定容量。

3）Buck‐boost 斩波电路的功率应与永磁无刷直流电机的额定功率一致，这阻止了其应用于整数马力电机的驱动但因此适合于分数马力电机的驱动。

4）因为在前端 buck‐boost 变换器中有附加的功率回路，所以永磁无刷直流电机驱动系统的总体效率比其他没有前端变换器的要低。

5）电流不间断地流过 C_d 和 C，这导致 C_d 和 C 有较高的纹波率。

6）需要联合控制电机侧和 buck‐boost 变换器。

11.4.4 与全桥逆变驱动的比较

将基于可变电压变换器和基于 H 桥全桥变换的永磁无刷直流电机驱动系统进行了比较，假设相导通期间该相桥臂上的开关器件平均占空比为 h_1，共用的开关器件的平均占空比为 h_2，一些突出的方面和它们的比较在表 11.9 中给出。虽然这种变换器的额定容量要比 H 桥全桥变换器高，考虑到这种变换器中高电压等级的器件较少，这通常会使成本降低，而且有着较低的导通和开关损耗。

表 11.9　与基于全桥变换器永磁无刷直流电机驱动系统的比较

项　目	基于 buck‐boost 变换器的永磁无刷直流电机	基于全桥整流变换器的永磁无刷直流电机
功率开关器件的数量	4	6
功率二极管的数量	4	6
最小的开关电压	$V_{dc} + V_i$	V_{dc}
开关相电流峰值	I_p	I_p
相桥臂上的开关器件电流有效值	$I_p/\sqrt{3}$	$I_p/\sqrt{3}$
主开关器件电流有效值	I_p	—
电机相电流有效值	$I_p/\sqrt{3}$	$(\sqrt{2/3}) I_p$
电容的数量	2	1
直流电源电压	V_{dc}	V_{dc}
电机直流母线电压	V_i	—
用于隔离操作的逻辑电源的最少数量电感	2	4
	1	0
门极驱动器的数量	4	6
平均开关导通损耗	$(h_1 + h_2) V_{sw} I_p$	$2h_1 V_{sw} I_p$
平均二极管导通损耗	$(2 - h_1 - h_2) V_d I_p$	$2(1 - h_1) V_d I_p$
平均开关容量	$4(V_{dc} + v_i) I_p$	$6V_{dc} I_p$
开关容量有效值	$(1 + \sqrt{3})(V_{dc} + v_i) I_p$	$2\sqrt{3}V_{dc} I_p$

注：摘自 B. S. Lee, R. Krishnan, Proc. IEEE Int. Symp. Indus. Electron., 2, 689, 1999, 版权许可。

11.4.5 前端 buck-boost 电路电感和输出电容的设计

电感的等级基于纹波电流的等级，电感中能量存储最小会使得输出电容的充电更快。根据电感的平均电压为零的原则可以得到最小的电感值，如下式所示：

$$L_{\min} = \frac{hV_{dc}}{f_c \Delta i_1} \tag{11.60}$$

式中，h 为平均占空比；V_{dc} 为直流电源电压；f_c 为开关频率；Δi_1 为电感最大纹波电流。

类似的，根据输出电容平均电流为 0 的原则，推导了最小的输出电容值，如下式所示：

$$C_{\min} = \frac{hI_p}{f_c \Delta v_i} \tag{11.61}$$

式中，I_p 为相电流峰值；f_c 为开关频率；Δv_i 为最大的电容纹波电压。

11.4.6 控制策略及性能

基于使用前端功率回路中的主开关器件 T_c 的永磁无刷直流电机驱动器有三种控制策略，它们都将在本节中讨论。选择了如下的电机参数进行仿真：1 HP，Y 形联结，4 极，4000r/min，$R_s = 0.7\Omega$，$L_s = 3.908$mH，$M = -1.3015$mH，$K_b = 0.1048$V/（rad/s，mech），$T_{e(额定值)} = 1.7809$N·m，$I_{(额定值)} = 8.5$A，$J = 0.00022$kg·m²，$B = 0$N·m/（rad/s）。交流电源：115 V，60 Hz，单相。

11.4.6.1 策略 I——电压开环控制

主开关器件 T_c 以开环的方式用固定的占空比控制了电机的直流母线电压 V_i，因此电机的直流母线电压没有反馈来形成控制。从转矩指令的线性函数可以得到占空比去控制前端 buck-boost 变换器中的主开关器件，这与感应电机的恒压变频控制方法非常类似。相电流由相桥臂上的开关器件利用相关的开关控制策略控制，例如 PWM 或滞环。

图 11.20 表示了永磁无刷直流电机用电压开环控制策略控制时的框图。用于控制的反馈信号为三相电流，从脉冲发电机得到的转子离散位置信号，从位置信号得到的转速信号。主开关器件和相桥臂上的开关器件是独立控制的。来自测速发电机的信号经过数字脉冲计数电路处理，得到的修正的速度信号与速度参考值进行比较后得出速度误差值。速度误差信号通过一个 PI 控制器和限幅器可以得到转矩指令信号。相应的相电流指令使用三个输入参数产生，即相电流幅值参考值、离散的转子位置信号和相电流极性指令。相桥臂上的开关器件的门驱动信号从相电流误差信号利用滞环控制器得到。

图 11.21 表示了永磁无刷直流电机转矩驱动系统在转矩为标幺值 1、额定转速时的仿真结果。基于前面推导出的方程可以推出仿真中电感和输出电容值分别为 0.6mH 和 130μF。标幺值为 1 的转矩指令和额定电流指令在初始时给定，并且在 0.01s 后变为标幺值 -1，因此第一象限电动运行和第四象限的再生制动运行都可

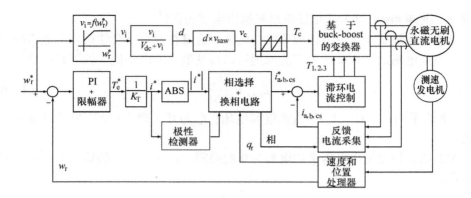

图 11.20 永磁无刷直流电机速度控制系统框图（摘自 B. S. Lee，
R. Krishnan，Proc. IEEE Int. Symp. Indus. Electron.，2，689，1999，版权许可）

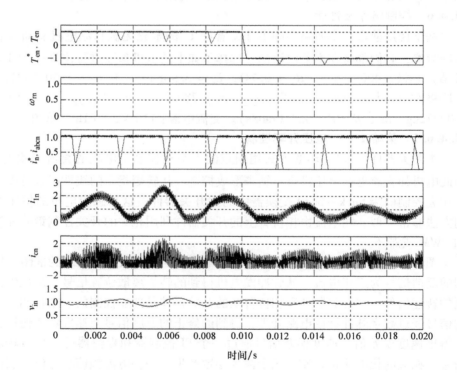

图 11.21 基速和使用控制策略 I 时的永磁无刷直流电机转矩驱动系统的动态仿真结果
（摘自 B. S. Lee，R. Krishnan，Proc. IEEE Int. Symp. Indus. Electron.，2，689，1999，版权许可）

以被观察到。转矩、转速、相电流和它们的参考值，电感电流、输出电容电流和电机直流母线电压的响应都用标幺值表示。电机的相电流跟随参考值，电机的直流母线电压保持在标幺值 1。注意到电机转矩在换相的一瞬间有所下降。

图 11.22 表示了转速为标幺值 1.3 时永磁无刷直流电机转矩驱动系统的仿真结果，并且证实了这个系统的一个优点：即可以扩大电机的运行速度范围和输出功率。实际的转矩和相电流非常好地跟随着参考值，这是因为 buck – boost 变换器的控制提供了较高的电机直流母线电压。

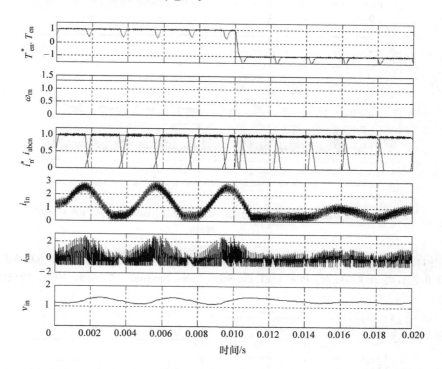

图 11.22　使用控制策略 I，转速标幺值为 1.3 时永磁无刷直流电机转矩驱动系统的动态仿真结果
（摘自 B. S. Lee，R. Krishnan，Proc. IEEE Int. Symp. Indus.
Electron.，2，689，1999，版权许可）

11.4.6.2　策略 II ——电压闭环控制

除了使用电机直流母线电压实际值和参考值之间的误差值控制主开关器件 T_c 外，在这种控制策略中电机直流母线电压和相电流的控制基本上与控制策略 I 中的一样。通过 PI 控制器和限幅器处理电机直流母线电压误差值得出占空比控制电压指令。这个控制电压与锯齿载波联合生成需要的 PWM 信号，也就是前端 buck – boost 变换器主开关器件的占空比。

基于上面的讨论，使用这种控制策略的永磁无刷直流电机驱动系统的框图可以通过修改图 11.20 而容易地获得，因此在这里就不再给出。图 11.23 和图 11.24 分别给出了永磁无刷直流电机驱动系统转速的标幺值为 1 和 1.3 时的仿真结果。可以观察到与控制策略 I 类似的电流控制特性。

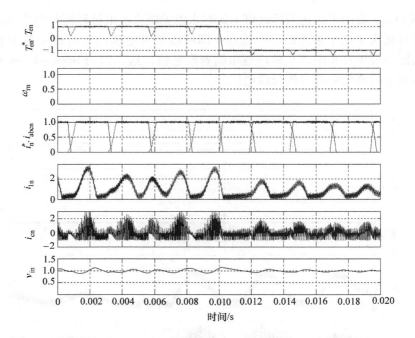

图 11.23　使用控制策略 II，基速时永磁无刷直流电机转矩驱动系统的动态仿真结果
（摘自 B. S. Lee，R. Krishnan，Proc. IEEE Int. Symp. Indus. Electron.，2，689，1999，版权许可）

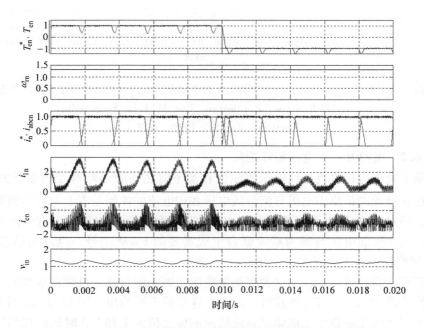

图 11.24　使用控制策略 II，转速标幺值为 1.3 时永磁无刷直流
电机转矩驱动系统的动态仿真结果

11.4.6.3　策略Ⅲ——直接相电流控制

在一相导通的周期即 120°电角度中，相应的相桥臂上的开关器件是持续导通的。通过实际和参考相电流之间的电流误差值，主开关器件 T_c 直接控制着相电流。电流误差值通过 PI 控制器和限幅器产生电压指令给锯齿载波，同时也产生占空比指令给主开关器件。

图 11.25 表示了转速标幺值为 1 时，永磁无刷直流电机转矩驱动系统的仿真结果。相电流一直跟随参考值，但是可以观察到在 buck－boost 变换器的电感和输出电容上有很大的不连续电流。电机直流母线电压有较高的波动。因为这些原因，所以这种控制策略不适合用于使用这种变换器的永磁无刷直流电机驱动系统。

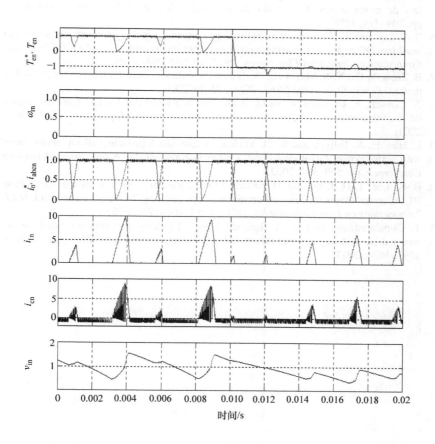

图 11.25　使用控制策略Ⅲ，转速标幺值为 1.3 时永磁无刷直流
电机转矩驱动系统的动态仿真结果

参 考 文 献

1. R. Krishnan, *Electric Motor Drives*, Prentice Hall, Englewood Cliffs, NJ, 2001.

2. R. Krishnan, S. Lee, and R. Monajemy, Modeling, dynamic simulation and analysis of a C-dump brushless DC motor drive, *Conference Record, IEEE Applied Power Electronics Conference and Exposition, (Cat. No. 96CH35871)*, pp. 745–750, 1996.

3. R. Krishnan, Novel single-switch-per-phase converter topology for four-quadrant PM brushless DC motor drive, *IEEE Transactions on Industry Applications*, 33(5), 1154–1161, 1997.

4. R. Krishnan and S. Lee, PM brushless DC motor drive with a new power-converter topology, *IEEE Transactions on Industry Applications*, 33(4), 973–982, 1997.

5. R. Krishnan and P. Vijayraghavan, New power converter topology for PM brushless dc motor drives, *Conference Record, IEEE Industrial Electronics Conference*, pp. 709–714, 1998.

6. B.-S. Lee and R. Krishnan, Variable voltage converter topology for permanent-magnet brushless DC motor drives using buck-boost front-end power stage, *IEEE International Symposium on Industrial Electronics*, vol. 2, pp. 689–694, 1999.

7. B. Zhou, Y. Fu, X.-h. Mu, et al., Design on the c-dump converter used in brushless DC motors, *Proceedings of the CSEE*, 20(4), 72–76, 2000.

8. A. Consoli, S. De Caro, A. Testa, et al., Unipolar converter for DC brushless motor drives, *9th European Conference on Power Electronics and Applications (EPE)*, p. 9, 2001.

9. L. Hao, H. A. Toliyat, and S. M. Madani, A low-cost four-switch BLDC motor drive with active power factor correction, *Conference Record, IEEE Industrial Electronics Conference*, pp. 579–584, 2002.

10. B.-K. Lee, T.-H. Kim, and M. Ehsani, On the feasibility of four-switch three-phase BLDC motor drives for low cost commercial applications: Topology and control, *IEEE Transactions on Power Electronics*, 18(1), part I, 164–172, 2003.

11. T. Gopalarathnam and H. A. Toliyat, A new topology for unipolar brushless dc motor drive with high power factor, *IEEE Transactions on Power Electronics*, 18(6), 1397–1404, 2003.

第 12 章　电流和转速控制器的设计

基本的速度控制型驱动器在第 10 章中已经给出，本章将考虑其电流和转速控制器的设计。在推导子系统的传递函数和组合开路电流和速度环的传递函数基础上，将逐步地研究设计过程。PI 控制器的设计在第 6 章中没有提及，在本章中将详细讲述。大多数的工业驱动系统在它们的电流和速度反馈控制中都有 PI 控制器，在工业中，它们的调节过程为企业特定的，但是大多数企业都会对公众和客户共享这些信息。从对电机驱动工业中 PI 控制器普遍的观点看来，知道这些信息是非常有用的。本章给出了一些有关电流控制器[1-8]和转速控制器[9-14]的参考文献供读者进一步阅读。设计过程的某些方面与永磁同步电机驱动器中转速控制器的设计类似。

12.1　电机和负载的传递函数

永磁无刷直流电机驱动中的电流和转速控制器设计是简单和明确的，因为这种电机与直流电机非常类似。当在转子磁链一定的区间，显然在所有的相中，只有两相正在导通，此时这种相似性仍然成立，并且所有的相都是电气对称和平衡的。在两相导通期间，逆变器的输出电压 v_{is} 施加到两相绕组上，阻抗为

$$Z = 2\{R_s + s(L - M)\} = R_a + sL_a \tag{12.1}$$

式中

$$R_a = 2R_s \tag{12.2}$$
$$L_a = 2(L - M) \tag{12.3}$$

定子电压方程为

$$v_{is} = (R_a + sL_a)i_{as} + e_{as} - e_{cs} \tag{12.4}$$

式中，最后两项分别为 a 相和 c 相的感应电动势。但是在正常的驱动运行中，a 相和 c 相的感应电动势相等但符号相反，如下式：

$$e_{as} = -e_{cs} = \lambda_p \omega_m \tag{12.5}$$

将上式带入定子电压方程得到

$$v_{is} = (R_a + sL_a)i_{as} + 2\lambda_p \omega_m = (R_a + sL_a)i_{as} + K_b \omega_m \tag{12.6}$$

式中各相的反电动势常数合并成了一个常数

$$K_b = 2\lambda_p, \text{V/rad/s} \tag{12.7}$$

包含一个内部电流控制环的电机控制框图如图 12.1 所示。注意到两相联合的电磁转矩为

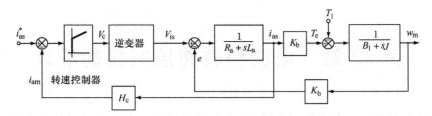

图 12.1 永磁无刷直流电机和电流控制环

$$T_e = 2\lambda_p i_{as} = K_b i_{as}, \text{ N} \cdot \text{m} \tag{12.8}$$

因为感应电动势的存在，所以电机包含了一个内部环路。它是通过磁耦合而不是直接连通的。内部的电流环将与反电动势回路交叉，使得模型的建立变得复杂。通过重新合理地绘制框图，可以解耦这些环路的交互作用。逐步推导这样电机框图的过程如图 12.2 所示。假定负载转矩与转速成正比：

$$T_1 = B_1 \omega_m \tag{12.9}$$

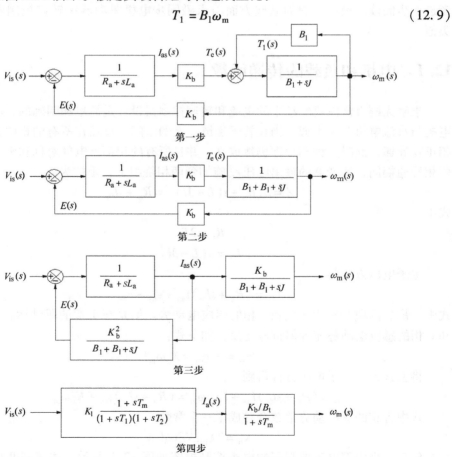

图 12.2 逐步推导直流电机的控制框图

　　如果像一些负载一样，负载转矩不和转速成比例，那么它将是一个干扰项。在这种情况下，它将被适当地合并入框图内，但在大多数应用中，控制器的设计中都会忽略负载转矩。注意控制器首要的任务是，当按照规定的阻尼和速度响应跟随变化的速度和电流指令时，将干扰的作用减到最小。为了从电机内部的感应电动势环中解耦出内部电流环，有必要将速度和电压的传递函数分成两级：速度和相电流以及相电流和输入电压之间的关系为

$$\frac{\omega_{\mathrm{m}}(s)}{V_{\mathrm{is}}(s)} = \frac{\omega_{\mathrm{m}}(s)}{I_{\mathrm{as}}(s)} \cdot \frac{I_{\mathrm{as}}(s)}{V_{\mathrm{is}}(s)} \tag{12.10}$$

式中

$$\frac{\omega_{\mathrm{m}}(s)}{I_{\mathrm{a}}(s)} = \frac{K_{\mathrm{b}}}{B_{\mathrm{t}}(1 + sT_{\mathrm{m}})} \tag{12.11}$$

$$\frac{I_{\mathrm{a}}(s)}{V_{\mathrm{is}}(s)} = K_1 \frac{1 + sT_{\mathrm{m}}}{(1 + sT_1)(1 + sT_2)} \tag{12.12}$$

$$T_{\mathrm{m}} = \frac{J}{B_{\mathrm{t}}} \tag{12.13}$$

$$B_{\mathrm{t}} = B_1 + B_1 \tag{12.14}$$

$$-\frac{1}{T_1} - \frac{1}{T_2} = -\frac{1}{2}\left[\frac{B_{\mathrm{t}}}{J} + \frac{R_{\mathrm{a}}}{L_{\mathrm{a}}}\right] \pm \sqrt{\frac{1}{4}\left(\frac{B_{\mathrm{t}}}{J} + \frac{R_{\mathrm{a}}}{L_{\mathrm{a}}}\right)^2 - \left(\frac{K_{\mathrm{b}}^2 + R_{\mathrm{a}}B_{\mathrm{t}}}{JL_{\mathrm{a}}}\right)} \tag{12.15}$$

$$K_1 = \frac{B_{\mathrm{t}}}{K_{\mathrm{b}}^2 + R_{\mathrm{a}}B_{\mathrm{t}}} \tag{12.16}$$

12.2　逆变器的传递函数

　　逆变器表示为一个增益的一阶延迟系统

$$G_{\mathrm{r}}(s) = \frac{V_{\mathrm{is}}(s)}{v_{\mathrm{c}}(s)} = \frac{K_{\mathrm{r}}}{1 + sT_{\mathrm{r}}} \tag{12.17}$$

延迟时间 T_{r} 和增益 K_{r} 在第 6 章中都估计过，但是这里必须考虑输出线电压。

12.3　电流和转速控制器的传递函数

　　电流和转速控制器都是比例积分（PI）的形式，表示为

$$G_{\mathrm{c}}(s) = \frac{K_{\mathrm{c}}(1 + sT_{\mathrm{c}})}{sT_{\mathrm{c}}} \tag{12.18}$$

$$G_{\mathrm{s}}(s) = \frac{K_{\mathrm{s}}(1 + sT_{\mathrm{s}})}{sT_{\mathrm{s}}} \tag{12.19}$$

式中，下标 c 和 s 分别对应电流和转速控制器；K 和 T 对应控制器的增益和时间

常数。

12.4 电流反馈

电流反馈的增益为 H_c。在大多数的情况下并不需要有效的滤波器。在需要滤波器的场合，分析中会包含有一个低通滤波器。即使这样，滤波器的时间常数一般不会大于 1ms，这大约是几个 PWM 采样周期。

12.5 转速反馈

大多数的高性能系统都是用直流测速发电机，需要的滤波器为低通，时间常数一般为 1 ~ 10ms 或者更低。转速反馈滤波器的传递函数为

$$G_\omega(s) = \frac{K_\omega}{1 + sT_\omega} \tag{12.20}$$

式中，K_ω 为增益；T_ω 为时间常数。

12.6 控制器的设计

总体的闭环系统如图 12.3 所示。可以看到因为前面推导的改进方法，所以电流环没有包含内部的感应电动势环。控制环路的设计从最内层的开始，也就是说，从最快的环到最慢的环，在这种情况下，最慢的环是外层的速度环。设计过程由内及外的原因是一次只需要计算一个控制器的增益和时间常数，而不需要同时计算所有的增益和时间常数。这不仅符合逻辑，也有实际的意义。注意并非所有的电机驱动都是速度控制，例如在牵引的应用场合就需要转矩控制。在这种情况下，不管速度是开环或者闭环，电流环都是必要的。此外外环的特性取决于内环，因此内环的调整需要在外环的设计和调整之前。那样，内环的动态性能会很简单，并且对外环的特性影响会减到最小。这些环和控制器的设计都将在本节中讲述。

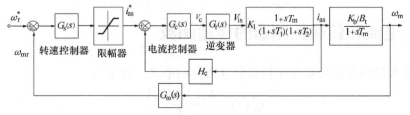

图 12.3　电机驱动框图

12.6.1 电流控制器

电流控制环如图 12.4 所示。环的增益函数为

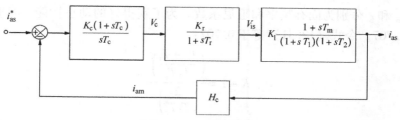

图 12.4 电流控制环

$$GH_i(s) = \left\{\frac{K_1 K_c K_r H_c}{T_c}\right\} \cdot \frac{(1 + sT_c)(1 + sT_m)}{s(1 + sT_1)(1 + sT_2)(1 + sT_r)} \tag{12.21}$$

这是一个四阶系统，为了不使用计算机来合成控制器，有必要对其进行简化。注意 T_m 大约是 1s，在截止频率附近，如下的近似是合理的：

$$(1 + sT_m) \cong sT_m \tag{12.22}$$

因此将电流环的增益函数简化为

$$GH_i(s) \cong \frac{K(1 + sT_c)}{(1 + sT_1)(1 + sT_2)(1 + sT_r)} \tag{12.23}$$

式中

$$K = \frac{K_1 K_c K_r H_c T_m}{T_c} \tag{12.24}$$

分母中的时间常数有如下的关系：

$$T_r < T_2 < T_1 \tag{12.25}$$

通过如下的选择，式（12.23）可以降到 2 阶，使得简单控制器的合成变得容易。

$$T_c = T_2 \tag{12.26}$$

那么环增益函数为

$$GH_i(s) \cong \frac{K}{(1 + sT_1)(1 + sT_r)} \tag{12.27}$$

电枢电流和它的指令之间的传递函数的特性方程或者分母为

$$(1 + sT_1)(1 + sT_r) + K \tag{12.28}$$

这个方程的标准形式为

$$T_1 T_r \left\{ s^2 + s \left\{ \frac{T_1 + T_r}{T_1 T_r} \right\} + \frac{K + 1}{T_1 T_r} \right\} \tag{12.29}$$

从上式可以得到固有频率和阻尼系数为

$$\omega_n^2 = \frac{K + 1}{T_1 T_r} \tag{12.30}$$

$$\zeta = \frac{\left(\dfrac{T_1 + T_r}{T_1 T_r}\right)}{2\sqrt{\dfrac{K + 1}{T_1 T_r}}} \tag{12.31}$$

式中，ω_n 和 ζ 分别为固有频率和阻尼系数。为了获得好的动态性能，习惯取阻尼系数为 0.707。令式（12.31）等于 0.707：

$$K + 1 = \frac{\left(\dfrac{T_1 + T_r}{T_1 T_r}\right)}{\left(\dfrac{2}{T_1 T_r}\right)} \tag{12.32}$$

注意到

$$K \gg 1 \tag{12.33}$$

$$T_1 \gg T_r \tag{12.34}$$

K 近似为

$$K \cong \frac{T_1^2}{2 T_1 T_r} \cong \frac{T_1}{2 T_r} \tag{12.35}$$

令式（12.24）等于式（12.35），电流控制器的增益为

$$K_c = \frac{1}{2} \cdot \frac{T_1 T_c}{T_c} \cdot \left(\frac{1}{K_1 K_r H_c T_m}\right) \tag{12.36}$$

12.6.2　电流内环的一阶近似

为了设计速度环，将用一个近似的一阶模型来代替电流环的二阶模型。这有益于降低总体速度环增益函数的阶数。通过在变换器模块中给电机的 T_1 增加时间延迟将电流环进行近似，又因为同时消去了电流控制器一个零点和电机的一个极点，得到的电流环如图 12.5 所示。电流的传递函数为

$$\frac{I_{as}(s)}{I_{as}^*(s)} = \frac{\dfrac{K_c K_r T_1 T_m}{T_c} \cdot \dfrac{1}{(1 + sT_3)}}{1 + \dfrac{K_1 K_c K_r H_c T_m}{T_c} \cdot \dfrac{1}{(1 + sT_3)}} \tag{12.37}$$

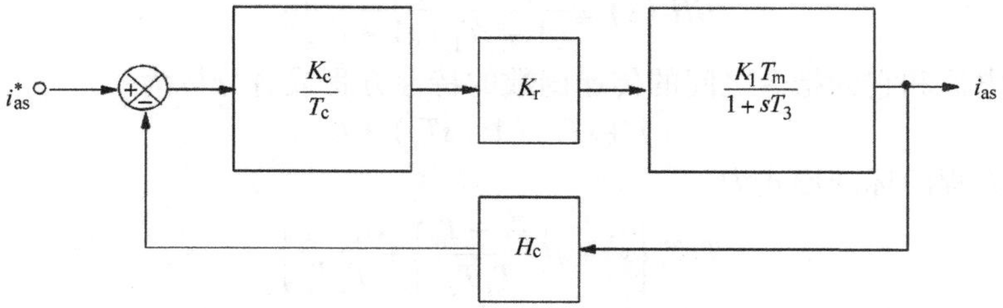

图 12.5　简化的电流控制环

式中，$T_3 = T_1 + T_r$。传递函数可以简化为

$$\frac{I_{as}(s)}{I_{as}^*(s)} = \frac{K_i}{(1 + sT_i)} \tag{12.38}$$

式中

$$T_i = \frac{T_3}{1 + K_{fi}} \tag{12.39}$$

$$K_i = \frac{K_{fi}}{H_c} \cdot \frac{1}{1 + K_{fi}} \tag{12.40}$$

$$K_{fi} = \frac{K_c K_r K_1 T_m H_c}{T_c} \tag{12.41}$$

得到的电流环的模型是一个一阶系统,适合用于速度环的设计。电流环的增益和延迟也可通过对电机驱动系统进行试验测得。这样可以使得转速控制器的设计更加准确。

12.6.3 转速控制器

转速控制器的设计可以基于任意一个线性系统的方法。这里考虑了其中的一种方法,即使用全对称优化法来优化性能。接下来的内容从参考文献 [1] 得来,这种方法在欧洲很著名,但是在其他地方并不是非常流行。这种方法的优点将会在本节快结束的时候讲述。

将电流控制环进行一阶近似后的速度环如图 12.6 所示,环增益函数为

$$GH_s(s) = \left\{ \frac{K_s K_i K_b H_\omega}{B_t T_s} \right\} \cdot \frac{(1 + sT_s)}{s(1 + sT_i)(1 + sT_m)(1 + sT_\omega)} \tag{12.42}$$

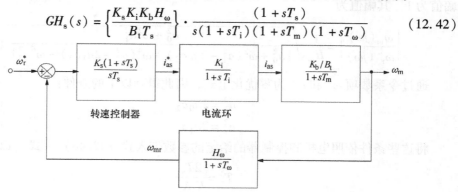

图 12.6 直流电机驱动器中的速度外环示意

这是一个四阶系统。为了分析设计转速控制器,需要用近似的方法对系统进行降阶。在截止频率附近,如下的近似是合理的:

$$(1 + sT_m) \cong sT_m \tag{12.43}$$

接下来的近似是建立速度反馈滤波器和电流环的等效时间延迟。它们的和要比积分时间常数 T_s 小很多,因此等效的时间延迟 T_4 可以被认为是时间延迟 T_i 和 T_ω 的和。这一步与电流环传递函数简化中介绍的等效时间延迟非常类似。因此速度环近似的增益函数为

$$GH_s(s) \cong K_2 \frac{K_s}{T_s} \frac{1 + sT_s}{s^2(1 + sT_4)} \tag{12.44}$$

式中

$$T_4 = T_i + T_\omega \tag{12.45}$$

$$K_2 = \frac{K_i K_b H_\omega}{B_t T_m} \tag{12.46}$$

速度闭环传递函数为

$$\frac{\omega_m(s)}{\omega_r^*(s)} = \frac{1}{H_\omega}\left[\frac{\dfrac{K_2 K_s}{T_s}(1 + sT_s)}{s^3 T_4 + s^2 + sK_2 K_s + \dfrac{K_2 K_s}{T_s}}\right] = \frac{1}{H_\omega}\frac{a_0 + a_1 s}{a_0 + a_1 s + a_2 s^2 + a_3 s^3} \tag{12.47}$$

式中

$$a_0 = K_2 K_s / T_s \tag{12.48}$$

$$a_1 = K_2 K_s \tag{12.49}$$

$$a_2 = 1 \tag{12.50}$$

$$a_3 = T_4 \tag{12.51}$$

通过观察其频率响应，优化传递函数，使其有更宽的带宽并且在宽的频率范围幅值为 1。其幅值为

$$\left|\frac{\omega_m(j\omega)}{\omega_r^*(j\omega)}\right| = \frac{1}{H_\omega}\sqrt{\frac{a_0^2 + \omega^2 a_1^2}{\{a_0^2 + \omega^2(a_1^2 - 2a_0 a_2) + \omega^4(a_2^2 - 2a_1 a_3) + \omega^6 a_3^2\}}} \tag{12.52}$$

通过令系数项 ω^2 和 ω^4 为零优化上式，因此得到以下的条件：

$$a_1^2 = 2a_0 a_2 \tag{12.53}$$

$$a_2^2 = 2a_1 a_3 \tag{12.54}$$

将这些条件依照电机和控制器的给定的参数带入式（12.48）~式（12.51）：

$$T_s^2 = \frac{2T_s}{K_s K_2} \tag{12.55}$$

有

$$T_s K_s = \frac{2}{K_2} \tag{12.56}$$

类似地

$$\frac{T_s^2}{K_s^2 K_2^2} = \frac{2T_s^2 T_4}{K_s K_2} \tag{12.57}$$

将上式化简得到转速控制器的增益为

$$K_s = \frac{1}{2K_2 T_4} \tag{12.58}$$

将式（12.58）代入式（12.56），得到转速控制器的时间常数为

$$T_s = 4T_4 \tag{12.59}$$

将 K_s 和 T_s 带入式（12.47）得到速度的闭环传递函数

$$\frac{\omega_m(s)}{\omega_r^*(s)} = \frac{1}{H_\omega}\left[\frac{1+4T_4 s}{1+4T_4 s+8T_4^2 s^2+8T_4^3 s^3}\right] \tag{12.60}$$

容易证明对于开环增益函数，截止频率为 $1/2T_4$ 时，其拐点为 $1/4$ T_4 和 $1/T_4$。在截止频率附近振幅响应的斜率为 -20dB/decade，这对于好的动态性能而言，是最令人满意的特性。因为它在截止频率点的对称性，这个传递函数被认为是最优对称函数。而且这个传递函数有如下的特点：

1）系统近似的时间常数为 $4T_4$。

2）阶跃响应由下式给出：

$$\omega_r(t) = \frac{1}{H_\omega}(1-\text{e}^{-t/2T_4}-2\text{e}^{-t/4T_4}\cos(\sqrt{3}t/4T_4)) \tag{12.61}$$

上升时间为 $3.1T_4$，最大超调量为 43.4%，校正时间为 $16.5T_4$。

3）因为超调量较大，通过对此原因的补偿可以使其降低，也就是令速度指令路径中的一个极点补偿零点，如图 12.7 所示。因此速度的传递函数变为

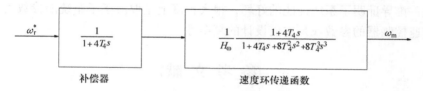

图 12.7　通过补偿器减小超调量

$$\frac{\omega_m(s)}{\omega_r^*(s)} = \frac{1}{H_\omega}\left[\frac{1}{1+4T_4 s+8T_4^2 s^2+8T_4^3 s^3}\right] \tag{12.62}$$

其阶跃响应为

$$\omega_r(t) = \frac{1}{H_\omega}\left(1-\text{e}^{-t/2T_4}-\frac{2}{\sqrt{3}}\text{e}^{-t/4T4}\sin(\sqrt{3}t/4T_4)\right) \tag{12.63}$$

上升时间为 $7.6T_4$，最大超调量为 8.1%，调整时间为 $13.3T_4$。尽管上升时间增加了，但是超调量相比以前下降了近20%，调整时间下降了19%。

4）闭环传递函数的极点为

$$s = -\frac{1}{2T_4};\ -\frac{1}{4T_4}\pm\text{j}\frac{\sqrt{3}}{4T_4} \tag{12.64}$$

因为极点的实部为负，并且在原点处没有重复的极点，所以系统是渐进稳定的。因此在对称优化设计中，系统的稳定性是有保障的，一般而言，在设计过程中不需要再去检查系统的稳定性。

5）相比于其他实际系统中使用的优化方法，如线性和模数优化等，对称优化消除了因为非常迅速地扰动带来的影响。这提供了一种合成转速控制器的可能方法。这里将着重强调基于电机物理常数、逆变器和传感器增益和延迟时间的近似值

的正确选择。

速度环传递函数用 T_4 表示是有意义的，它清晰地将动态性能与速度反馈和电流环时间常数对应。从式中可以看出，拥有较小的速度滤波时间常数的一个快速的电流环能加快速度响应。利用式（12.39）和式（12.40）可以将电机、逆变器、变换器的增益以及延迟时间用 T_4 来表示。

$$T_4 = T_i + T_\omega = \frac{T_3}{1 + k_{fi}} + T_\omega = \frac{T_1 + T_r}{1 + K_{fi}} + T_\omega \qquad (12.65)$$

当 $K_{fi} \gg 1$，将 K_{fi} 带入式（12.41），可将 T_4 用增益和延迟时间近似表示为

$$T_4 \approx \frac{(T_1 + T_r) T_2}{T_m} \cdot \frac{1}{K_1 K_c K_r H_c} + T_\omega \qquad (12.66)$$

这清楚地表示了子系统参数对整个系统动态性能的影响。对上式清晰的理解将有助于正确地选择子系统，从而获得速度控制电机驱动系统所需要的动态性能。而且，这一推导证明了系统性能的好坏，很大程度上是取决于子系统的参数而不是电流和转速控制器的参数或是它们设计的复杂性。

参 考 文 献

电流控制器

1. R. Krishnan, *Electric Motor Drives*, Prentice Hall, Englewood Cliffs, NJ, 2001.
2. C. Attaianese, A. Del Pizzo, A. Perfetto, et al., Predictive VSI current controllers in PM brushless and induction motor drives, *International Conference on Electrical Machines*, pp. 195–198, 1994.
3. K. A. Corzine, S. D. Sudhoff, and H. J. Hegner, Analysis of a current-regulated brushless DC drive, *IEEE Transactions on Energy Conversion*, 10(3), 438–445, 1995.
4. J. Faiz, M. R. Azizian, and M. Aboulghasemian-Azami, Simulation and analysis of brushless DC motor drives using hysteresis, ramp comparison and predictive current control techniques, *Simulation Practice and Theory*, 3(6), 347–363, 1996.
5. J. Chen and P.-C. Tang, Sliding mode current control scheme for PWM brushless dc motor drives, *IEEE Transactions on Power Electronics*, 14(3), 541–551, 1999.
6. J. W. Dixon and I. A. Leal, Current control strategy for brushless dc motors based on a common dc signal, *IEEE Transactions on Power Electronics*, 17(2), 232–240, 2002.
7. M. F. Rahman, K. S. Low, and K. W. Lim, Approaches to the control of torque and current in a brushless DC drive, *Sixth International Conference on Electrical Machines and Drives (Conf. Publ. No. 376)*, pp. 594–599, 1993.
8. A. Moussi, A. Terki, and G. Asher, Hysteresis current control of a permanent magnet brushless DC motor PV pumping system, *International Solar Energy Conference*, pp. 523–528, 2005.

转速控制器

9. P. Crnosija, Z. Ban, and R. Krishnan, Application of model reference adaptive control with signal adaptation to PM brushless DC motor drives, *Proceedings, IEEE International Symposium on Industrial Electronics (Cat. No. 02TH8608C)*, pp. 689–694, 2002.

10. P. Crnosija, Z. Ban, and R. Krishnan, Overshoot controlled servo system synthesis using bode plot and its application to PM brushless DC motor drive, *Proceedings, International Workshop on Advanced Motion Control. Proceedings (Cat. No. 02TH8623)*, pp. 188–193, 2002.

11. P. Crnosija, T. Bjazic, and R. Krishnan, Optimization of PM brushless DC motor drive, *Conference Record, IEEE International Conference on Industrial Technology (IEEE Cat. No. 03TH8685)*, pp. 566–569, 2003.

12. P. Crnosija, R. Krishnan, and T. Bjazic, Transient performance based design optimization of PM brushless DC motor drive speed controller, *Proceedings, IEEE International Symposium on Industrial Electronics (IEEE Cat. No. 05TH8778)*, pp. 881–886, 2005.

13. P. Crnosija, T. Bjazic, R. Krishnan, et al., Robustness of PM brushless DC motor drive adaptive controller with reference model and signal adaptation algorithm, *IEEE International Symposium on Industrial Electronics*, pp. 16–21, 2006.

14. P. Crnosija, R. Krishnan, and T. Bjazic, Optimization of PM brushless DC motor drive speed controller using modification of Ziegler-Nichols methods based on Bode plots, *IEEE International Power Electronics and Motion Control Conference (IEEE Cat. No. 06EX1282)*, pp 343–348, 2006.

第 13 章 永磁无刷直流电机驱动的无传感器控制

驱动系统需要位置和电流传感器来进行控制。从成本和包装紧凑性的观点看来，在许多应用场合，特别是在低成本但是大批量的应用中，去掉这两种传感器是值得的。在这两种传感器中，电流传感器可以比较容易地容纳在系统的电子部分，然而位置传感器需要相当大的工时和电机的空间用于安装。这使得在永磁无刷直流电机驱动系统的控制中，无位置传感器的运行更加重要。

本章讲述了不使用外部传感器的电流检测方法，如霍尔效应电流传感器。借鉴参考文献 [1]，讲述了绕组电流换相无传感器的方法的实例。附加的资料说明了关于这些方法的演变和近年来的发展[19]，包括基于人工智能的技术[4]。参考文献 [1-25] 在章节末给出，供读者进一步阅读。

13.1 电流检测

三相电机的电流控制中至少需要两相的电流。相电流可以从直流母线电流检测到，因此在电机的电流控制中一个传感器已经足够。如果需要电流隔离，电流传感器的价格相对较高。如果不需要隔离，那么电流可以通过检测精密电阻两端的电压降得到，这样成本较低。后一种解决办法在低成本的电机驱动中使用非常广泛。传感器电阻应与控制处理器共用，因此传感电流信号可以依赖其得到，从而使得额外的硬件数最少。在这类低成本的系统中，控制处理器通常将共用器件连接到供给逆变器的直流母线的负端，在这种情况下，为了回馈给逆变器中首要的控制器件的门极/基极，特别是系统工作电压高于12V的汽车电压时，注意从控制处理器得到的门极信号必须隔离。使用测量得到的电阻传感器两端的电压去估计电流，以及这种方法在整个驱动系统控制电流中的使用时，必须采用这样类似的防护。另一种方法是使用含有内置电流传感器的 MOSFET 器件去检测电流。作为另一种选择，当 MOSFET 器件导通时，其相当于一个电阻，本身起到传感电阻的作用。因为温度效应，所以使用漏电压降去估计电流充满了不准确性，并且对于精密的电流控制，利用这个电压降的反馈不是一个可行的方法。霍尔效应电流传感器在电流传感隔离方面非常理想。当前，永磁无刷直流电机控制中若没有电流反馈，是几乎不可能达到高性能的。

如果不需要精确的转矩和速度控制，那么电流反馈控制和电流传感器都可以去掉。于是一个简单的基于占空比的开环 PWM 电压控制器已经足够。尽管如此，对电机相应的相的电流进行控制仍然需要转子位置信息。许多不使用外部安装的传感器去检测转子位置的方法已经应用[1-26]。那么，除非存在外部的速度反馈控制，仅使用占空比控制而不考虑电流控制的方法有着不能跟随负载转矩变化响应的缺点。考虑到负载转矩的变化会使得转子转速下降，从而使得感应电动势下降，导致在固定占空比的情况下，定子相电流增加。当只控制转矩时，这在电机控制中是可以接受的。这可以跟电压的占空比成比例。因为与电机相比，逆变器器件的热时间常数较小，所以以一种形式或其他形式进行有反馈或无反馈的电流控制都是很重要的。实现这个的一种方法是将逆变器器件集电极和发射极的电压检测合并，并且当电流超过设定的限制时，使用它们将其关断。关断信号并不需要来自控制处理器，也可以来自于硬件，就像许多门电路所做的一样，将信号集成在自身基本的驱动电路内。在电机驱动需要转速控制的地方，电压的占空比不得根据速度调整部分进行设定。这可以利用一个外部的速度反馈控制来实现。那么为了速度反馈闭环控制，速度传感或者速度检测的问题再次变得重要。如果检测的速度能被使用在这个方案中，控制系统就是一个真正的无传感器控制系统。与电流限幅控制相结合，系统会具有鲁棒性。

13.2　位置估计

将霍尔传感器安放在轴或转子延伸段永磁体组成的磁轮对面就可以检测到转子位置。这只是提供了足够的换相信号，对三相电机而言，也就是每个电周期 6 个。这些较少的离散脉冲数不适合于高性能的应用场合。光学编码器和旋转变压器可以提供高分辨率的转子位置信号，但是它们比较昂贵。而且需要大量的安装准备工作。因为成本和制造的负担，所以大批量的应用中需要去掉它们。许多方法都可以估计换相信号，下面进行简略的讲述：

1）使用电机模型进行估计：利用外加的电流和电压以及电阻、自感和互感这些电机参数可以从电机模型中得到感应电动势。这种方法的优点是可以提取出来孤立的信号，这是因为电流和电压这些输入变量本身就是孤立的信号。直流母线电压的变化可以从直流母线滤波器的参数和直流母线电流估计得到。参数的敏感性，特别是定子电阻，会在感应电动势的估计中产生误差，导致给逆变器的换相信号不准确。

2）从传感线圈得到感应电动势：在电机中安装传感线圈的成本较低，用于获得感应反电动势信号。这种方法的优点是信号相当完整，对参数不敏感，并且电流隔离。缺点在制造过程和来自于电机的附加导线。例如，因为密封的需要，所以后者就不适用于冰箱压缩机电动机的驱动。

3）利用未通电的相得到反电动势：得到位置信息最常用的一种方法是，当相绕组未通电时，监测电机该相的感应电动势。注意电机在任意给定的时刻只有两相导通，即一相 33.33% 的时间是不通电的。在这段时间，感应电动势出现在电机的绕组，可以被检测到。相感应电动势产生过零点的信息，并且当反电动势达到恒定的区域，预示了该相应该通电的时间。感应电动势的极性决定了注入到电机中的电流合适的极性。为了不用等待感应电动势的恒定区域去给电机的一相通电，从感应电动势的过零点得到一个特殊的值，与离过零瞬间 30°相对应。积分器的输出对应着离正向过零点 30°，可称为阈值以用于一相通电中。按照下面讨论的，这个阈值不依赖于转速。

假设一个梯形波的感应电动势，当转子电气角速度为 ω_b 时其峰值为 E_p，任意转速下感应电动势上升部分的斜率可以用该转速下的电压峰值比上与电气角度 30°对应的时间间隔给定。那么感应电动势在上升时的瞬时值为

$$e_{as}(t) = \frac{\left(\dfrac{E_p}{\omega_b}\right)\omega_s t}{(\pi/6\omega_s)} \tag{13.1}$$

将上式从 $0 \sim \pi/6\omega_s$ 进行积分，得到传感器的输出电压 V_{vs} 为

$$V_{vs} = \int_0^{\pi/6\omega_s} e_{as}(t)\,\mathrm{d}t = \frac{\pi}{12}\frac{E_p}{\omega_b} \tag{13.2}$$

尽管传感器输出电压不同，但可以相应证明这种算法也可以适用于感应电动势为正弦波的电机。注意传感器输出电压是个常数，不依赖于电机的参数，其幅值在任何转速下都相等。唯一可能对传感器输出电压带来不利影响的是由于转子永磁体的温度特性，其使得转子磁通减少，导致感应电动势的峰值下降。这可能会带来这样的误差：通电可能不会恰好像需要的那样，在离过零点电气角度为 30°时。如果不使用其他校正的措施，电机可能得不到最佳的利用。

4）感应电动势的 3 次谐波：一种替代的方法是检测电机绕组内感应电动势的 3 次谐波，并且利用它们去生成控制信号。一个三相星接四线制的系统允许采集感应电动势的 3 次谐波，并且可以利用 4 个电阻器进行廉价的测量。

5）基于人工智能控制的方法：智能控制器例如神经网络[5]，或者模糊控制器可以从电机的变量例如电流和磁链中提取出转子位置或者换相位置。它们只是从潜在有转子位置信息或者换相情况的变量中提取反馈信息的技术。这些技术是自适应的，使得在一段时间内控制器通过自学习持续寻优。随着当前处理器的速度越来越快，使得在实际应用中给控制器编程变得更加实用。这些控制器最大的缺点是神经网络控制器在运行前必须需要自学习。它可以提供离线自学习的功能。

所有的这些依赖于感应电动势的方法都有这样的缺点：在停止的时候，获取不到位置信息，因为速度为零时没有感应电动势。甚至在速度非常低的时候，感应电动势也可能不会被容易地检测到。因此，为了成功地将电机起动到一定的速度，并且在这个速度下用感应电动势的方法可以可靠地生成位置信息，必须包含一种在速度为零以及附近生成控制信号的方法。因此，电机静止时需要一个起动过程。这个过程可以由两步构成，下面进行具体分析：

步骤 1：给一相或两相通电，转子可能会对齐到一个已经定好的转子位置。这

样，初始位置已知，因此可以生成正确的启动控制信号。当转子开始运动在较低的转速，感应电动势非常低，直到转子达到一定的速度之前，它都不能被用来产生换相脉冲。这就需要第二步去完成启动过程。

步骤 2：一旦转子开始运动，定子相绕组会通以频率缓慢变化的电流以保持定子电流不变。频率的变化率保持较低，以便保持同步性，并且如果负载已知，也可以适当地被控制。如果不知晓，定子的频率将反复试验着改变，直到达到能满足感应电动势的幅值足够用来控制的最低转速。这构成了起动过程的第二步。这种方法的问题是不够精确，在起动过程可以感觉到一些抖动和振动，这可能在许多应用场合不太有意义。在许多情况下，第一步可以跳过，只用第二步来起动电机。

单片机解决方案：在市场上有许多用于控制永磁无刷直流电机的单片机解决方案可供使用，基于之前讲述的有传感器和无传感器运行的方法，包括起动的策略。它们在 12 ~ 48V 低压的范围非常受欢迎，这涵盖了一个较宽的应用范围。当考虑电机驱动用于高电压范围时，必须小心谨慎，因为开关噪声对控制电路的干扰变得显著起来，并且在这种环境下要求控制方法具有鲁棒性。在高压范围内，常规的控制器产品主要用数字信号或者其他形式的微处理器控制。

用于永磁同步电机，利用凸极性，使用信号注入来寻找电感的方法在第 8 章中已经讲述，这是另外一种寻找转子位置的技巧，需要在永磁无刷直流电机的应用中讲述。它对表贴式和交直轴电感无明显差异的永磁无刷直流电机没有太多的帮助。注意用于寻找电感的信号注入方法在注入的频率也需要在基波矢量上叠加旋转矢量。在永磁无刷直流电机中基波矢量不是由一组平滑的正弦电压或电流构成的，这限制了这种方法的广泛应用。

参 考 文 献

1. R. Krishnan, *Electric Motor Drives*, Prentice Hall, Englewood Cliffs, NJ, 2001.
2. R. Krishnan and R. Ghosh, Starting algorithm and performance of a PM DC brushless motor drive system with no position sensor, *Conference Record, IEEE Power Electronics Specialists Conference (Cat. No. 89CH2721-9)*, pp. 815–812, 1987.
3. S. Ogasawara and H. Akagi, An approach to position sensorless drive for brushless DC motors, *IEEE Transactions on Industry Applications*, 27(5), 928–933, 1991.
4. L. Cardoletti, A. Cassat, and M. Jufer, Sensorless position and speed control of a brushless DC motor from start-up to nominal speed, *EPE Journal*, 2(1), 25–26, 1992.
5. F. Huang and D. Tien, Neural network approach to position sensorless control of brushless DC motors, *Conference Record, IEEE Industrial Electronics Conference*, vol. 2, pp. 1167–1170, 1996.
6. N. Matsui, Sensorless PM brushless DC motor drives, *IEEE Transactions on Industrial Electronics*, 43(2), 300–308, 1996.
7. N. Kasa and H. Watanabe, Sensorless position control system by salient-pole brushless DC motor, *Conference Record, IEEE Industrial Electronics Conference*, vol. 2, pp. 931–936, 1997.
8. M. Tomita, T. Senjyu, S. Doki, et al., New sensorless control for brushless DC motors using disturbance observers and adaptive velocity estimations, *IEEE Transactions on Industrial Electronics*, 45(2), 274–282, 1998.

9. N. Ertugrul and P. P. Acarnley, Indirect rotor position sensing in real time for brushless permanent magnet motor drives, *IEEE Transactions on Power Electronics*, 13(4), 608–616, 1998.

10. J. Doo-Hee and H. In-Joong, Low-cost sensorless control of brushless DC motors using a frequency-independent phase shifter, *IEEE Transactions on Power Electronics*, 15(4), 744–752, 2000.

11. G. H. Jang, J. H. Park, and J. H. Chang, Position detection and start-up algorithm of a rotor in a sensorless BLDC motor utilising inductance variation, *IEE Proceedings: Electric Power Applications*, 149(20), 137–142, 2002.

12. J. Shao, D. Nolan, M. Teissier et al., A novel microcontroller-based sensorless brushless DC (BLDC) motor drive for automotive fuel pumps, *IEEE Transactions on Industry Applications*, 39(6), 1734–1740, 2003.

13. K.-Y. Cheng and Y.-Y. Tzou, Design of a sensorless commutation IC for BLDC motors, *IEEE Transactions on Power Electronics*, 18(6), 1365–1375, 2003.

14. G.-J. Su and J. W. McKeever, Low-cost sensorless control of brushless DC motors with improved speed range, *IEEE Transactions on Power Electronics*, 19(2), 296–302, 2004.

15. T.-H. Kim and M. Ehsani, Sensorless control of the BLDC motors from near-zero to high speeds, *IEEE Transactions on Power Electronics*, 19(6), 1635–1645, 2004.

16. J. X. Shen, Z. Q. Zhu, and D. Howe, Sensorless flux-weakening control of permanent-magnet brushless machines using third harmonic back EMF, *IEEE Transactions on Industry Applications*, 40(6), 1629–1636, 2004.

17. Z. Genfu, W. Zhigan, and Y. Jianping, Improved sensorless brushless DC motor drive, *Conference Record, IEEE Annual Power Electronics Specialists Conference*, pp. 1353–1357, 2005.

18. M. Naidu, T. W. Nehl, S. Gopalakrishnan, et al., Keeping cool while saving space and money: A semi-integrated, sensorless PM brushless drive for a 42-V automotive HVAC compressor, *IEEE Industry Applications Magazine*, 11(4), 20–28, 2005.

19. P. P. Acarnley and J. F. Watson, Review of position-sensorless operation of brushless permanent-magnet machines, *IEEE Transactions on Industrial Electronics*, 53(2), 352–362, 2006.

20. W.-J. Lee and S.-K. Sul, A new starting method of BLDC motors without position sensor, *IEEE Transactions on Industry Applications*, 42(6), 1532–1538, 2006.

21. J. Shao, An improved microcontroller-based sensorless brushless DC (BLDC) motor drive for automotive applications, *IEEE Transactions on Industry Applications*, 42(5), 1216–1221, 2006.

22. C.-H. Chen and M.-Y. Cheng, A new cost effective sensorless commutation method for brushless dc motors without phase shift circuit and neutral voltage, *IEEE Transactions on Power Electronics*, 22(2), 644–653, 2007.

23. C. Cheng-Hu and C. Ming-Yang, A new cost effective sensorless commutation method for brushless DC motors without phase shift circuit and neutral voltage, *IEEE Transactions on Power Electronics*, 22(2), 644–653, 2007.

24. L. Cheng-Tsung, H. Chung-Wen, and L. Chih-Wen, Position sensorless control for four-switch three-phase brushless DC motor drives, *IEEE Transactions on Power Electronics*, 23(1), pp. 438–444, 2008.

25. K.-W. Lee, D.-K. Kim, B.-T. Kim et al., A novel starting method of the surface permanent-magnet BLDC motors without position sensor for reciprocating compressor, *IEEE Transactions on Industry Applications*, 44(1), 85–92, 2008.

第14章 特殊问题

伴随着永磁无刷直流电机驱动的成功应用，许多重要的研究和开发领域已经兴起。第二代电机驱动所面对的问题对于所有的交流电机驱动都是一致的。因此，下列问题并不是永磁无刷直流电机驱动中独有的：

1）降低换相转矩脉动；

2）参数敏感性影响的最小化；

3）为了提高电机驱动运行可靠性的故障及诊断的研究；

4）振动和噪声以及它们的最小化。

对这些问题的简单介绍将在本章中给出，强烈推荐感兴趣的读者在著作中寻找参考文献。

14.1 转矩平滑

因为电机中固有的时间延迟，所以产生理想的矩形波电流是不可能的。因此电流或多或少地会变为梯形波，如第10章所述，这会导致较大的换相转矩脉动，差不多是额定转矩的10%～15%。而且因为槽谐波，感应电动势也不是精确的梯形波。它们会轮流产生谐波转矩，导致较差的转矩特性。而且，绕组类型是基于制造中的成本而选择的，感应电动势受此影响会较大地偏离理想波形。所有这些缺点的累积作用会导致驱动器在一个电气运行周期转矩不均匀。这使得驱动器非常不适合用于高性能的应用场合。为了克服这些缺点，基于电流整形的弥补磁通分布不利影响的方法较为成功。

为了克服磁通密度分布的不均匀，首先要测量和计算这种分布，而后电流相应地连续不断地进行调节去产生一个恒定的转矩。为了消除换相转矩脉动，按照一定的方式调整即将开通和关断的相的电流，让这两相产生的转矩保持恒定。所有的这些算法都需要一套能快速响应的电流环控制电流，使其与参考值在幅值和相位上都没有偏差。类似的技术已经广泛使用在非线性系统中，例如变速控制的开关磁阻电机。许多减小永磁无刷直流电机驱动中换相转矩脉动的方法在参考文献［1－11］中有讲述。

14.2 永磁无刷直流电机驱动的参数敏感性

电机的参数影响着驱动系统的性能。温度会显著地改变电机的参数。电机的参数中对温度敏感的有定子电阻和转子永磁体。内部电流环的使用克服了定子电阻变化的影响。速度控制环的使用阻碍了转子磁链的变化。由于这种方法，转矩可能会失去与其参考值之间的线性关系。为了保持驱动系统中转矩的线性，不得不依靠类似于在第 7 章中讨论的电磁功率反馈控制的方法。电感的变化是饱和程度和激励电流的函数。因此，如果激励电流被测量并且可控，抑制饱和效应会比较简单。

14.3   故障和诊断

在如航空航天、医药和国防等重要的场合使用永磁无刷电机驱动，需要高可靠性来保证它们在正常和非正常条件下的运行，例如电机、逆变器和控制器出现故障时。最近的研究开始解决关于故障与诊断的问题[13-18]。研究工作主要是当电机驱动器的任何子系统发生故障时对它们进行识别和诊断，以决定是否可以立即使用改善的方法去克服或减小它们。如果不可行，最终的选择将是非常平稳地停机，使系统受到的损害最低。这只是研究工作的一个方面。给出一段历史运行记录，估计未来一段时间内系统的准备状态，这种需求是研究工作另一个重要的方面。适当的解决方案是在故障要发生之前，制定定期维护计划表，包括电机驱动的更换计划表。在一些应用中，电机驱动器运行时降低功率是可以接受的。在这种情形时，决定有一定故障的电机是否能够传递这样的功率，并且多长时间会完全失效是很重要的。故障可能是以下任意一种或者它们的组合：电机绕组匝间、相间、相对地或相引线端子间短路，绕组开路，永磁体退磁，逆变器可控开关器件短路或者开路，传感器故障。每一种故障都有具体的方法来解决。

14.4   振动和噪声

即使在非常低成本的应用场合，例如在汽车的引擎盖下面的汽车配件电机驱动器，对它们的噪声也有严格的要求。要设法降低它们听得见的噪声远远低于交通噪声。为了降低噪声，定子的振动也必须降低。这依次与力学模型和其频率有关。如果外力的频率恰好非常接近模态频率，那么噪声就会加大。在电机中与振动最有关的外力是径向力，它们来自于切向和法向的磁通密度。气隙的不均匀，轴承和转子的偏心，开槽以及电机的加工误差都会带来法向力，如果这些不能平衡，也会带来振动。总而言之，这些都会带来可听见的噪声。在许多应用场合它们的特性和降低它们的措施非常重要。相关的文献在第 1 章中已经给出。

参 考 文 献

转矩脉动及其平滑

1. H. R. Bolton and R. A. Ashen, Influence of motor design and feed-current waveform on torque ripple in brushless DC drives, *IEE Proceedings B (Electric Power Applications)*, 131(3), 82–90, 1984.
2. H. Le-Huy, R. Perret, and R. Feuillet, Minimization of torque ripple in brushless DC motor drives, *IEEE Transactions on Industry Applications*, IA-22(4), 748–755, 1986.
3. J. Y. Hung and Z. Ding, Design of currents to reduce torque ripple in brushless permanent magnet motors, *IEE Proceedings B (Electric Power Applications)*, 140(4), 260–266, 1993.
4. S. M. Hwang and D. K. Lieu, Reduction of torque ripple in brushless DC motors, *IEEE Transactions on Magnetics*, 31(6 pt 2), 3737–3739, 1995.
5. S. J. Park, H. W. Park, M. H. Lee et al., New approach for minimum-torque-ripple maximum-efficiency control of BLDC motor, *IEEE Transactions on Industrial Electronics*, 47(1), 109–114, 2000.
6. S. Joong-Ho and C. Ick, Commutation torque ripple reduction in brushless DC motor drives using a single DC current sensor, *IEEE Transactions on Power Electronics*, 19(2), 312–319, 2004.
7. L. Yong, Z. Q. Zhu, and D. Howe, Direct torque control of brushless DC drives with reduced torque ripple, *IEEE Transactions on Industry Applications*, 41(2), 599–608, 2005.
8. N. Ki-Yong, L. Woo-Taik, L. Choon-Man et al., Reducing torque ripple of brushless DC motor by varying input voltage, *IEEE Transactions on Magnetics*, 42(4), 1307–1310, 2006.
9. K. Dae-Kyong, L. Kwang-Woon, and K. Byung-Il, Commutation torque ripple reduction in a position sensorless brushless DC motor drive, *IEEE Transactions on Power Electronics*, 21(6), 1762–1768, 2006.
10. Y. Liu, Z. Q. Zhu, and D. Howe, Commutation-torque-ripple minimization in direct-torque-controlled PM brushless DC drives, *IEEE Transactions on Industry Applications*, 43(4), 1012–1021, 2007.
11. H. Lu, L. Zhang, and W. Qu, A new torque control method for torque ripple minimization of BLDC motors with un-ideal back EMF, *IEEE Transactions on Power Electronics*, 23(2), 950–958, 2008.

参数敏感性

12. A. K. Wallace and R. Spee, The effects of motor parameters on the performance of brushless DC drives, *Conference Record, IEEE Power Electronics Specialists Conference (Cat. No. 87CH2459-6)*, pp. 591–597, 1987.

故障和诊断

13. R. Spee and A. K. Wallace, Remedial strategies for brushless DC drive failures, *Conference Record of the 1988 Industry Applications Remedial strategies Society Annual Meeting (IEEE Cat. No. 88CH2565-0)*, pp. 493–499, 1988.
14. A. K. Wallace and R. Spee, Simulation of brushless DC drive failures, *PESC Record—IEEE Power Electronics Specialists Conference*, pp. 199–206, 1988.
15. O. Moseler and R. Isermann, Application of model-based fault detection to a brushless DC motor, *IEEE Transactions on Industrial Electronics*, 47(5), 1015–1020, 2000.
16. M. A. Awadallah and M. M. Morcos, Diagnosis of stator short circuits in brushless DC motors by monitoring phase voltages, *IEEE Transactions on Energy Conversion*, 20(1), 246–247, 2005.

17. M. Dai, A. Keyhani, and T. Sebastian, Fault analysis of a PM brushless DC motor using finite element method, *IEEE Transactions on Energy Conversion*, 20(1), 1–6, 2005.
18. S. Rajagopalan, J. M. Aller, J. A. Restrepo et al., Detection of rotor faults in brushless DC motors operating under nonstationary conditions, *IEEE Transactions on Industry Applications*, 42(6), 1464–1477, 2006.

机械工业出版社相关图书

序号	书号	书名	定价
1	21597	电力电容器	40
2	23224	基于 MATLAB 的线性控制系统分析与设计（原书第 5 版含 1CD）	88
3	24040	配电可靠性与电能质量	35
4	24402	电力系统中的电磁兼容	40
5	24446	超高压交流输电工程（原书第 3 版）	78
6	24995	高压输配电设备实用手册	88
7	25829	风力机控制系统原理、建模及增益调度设计	30
8	27626	电气测量原理与应用	78
9	28098	移动设备的电源管理	68
10	28194	电网保护	88
11	28287	分布式发电——感应和永磁发电机	59
12	28562	高效可再生分布式发电系统	149
13	29102	模糊控制器设计理论与应用	98
14	31134	现代电动汽车、混合动力电动汽车和燃料电池车——基本原理、理论和设计（原书第 2 版）	98
15	32495	车辆、航海、航空、航天运载工具电力系统	88
16	34889	柔性交流输电系统在电网中的建模与仿真	98
17	34944	可再生能源的转换、传输和存储	78
18	35016	风电并网：联网与系统运行	68
19	35258	机电系统中的传感器与驱动器——设计与应用	88
20	35554	输配电工程（原书第 3 版）	169
21	37261	磁悬浮轴承——理论、设计及旋转机械应用	99
22	37511	超高压交流地下电力系统的性能和规划	49.8
23	37676	智能运输系统：智能化绿色结构设计（原书第 2 版）	58
24	38350	光伏系统工程	98
25	39016	太阳能物理	78
26	39067	用于制造固体氧化物燃料电池的钙钛矿型氧化物	69.8
27	39544	智能电网可再生能源系统设计	118
28	39725	风力发电工程指南	78
29	40509	光伏工业系统——环境方针	49.8
30	41309	风力发电系统——技术与趋势	118
31	41445	储能技术	49.9
32	41446	燃料电池微电网应用	68
33	41950	风能系统——实现安全可靠运行的优化设计与建设	128
34	41984	电动汽车技术、政策与市场	59.8
35	42003	传热学：电力电子器件热管理	98
36	42052	可持续电力系统的建模与控制：面向更为智能和绿色的电网	88
37	42184	环境能源发电：太阳能、风能和海洋能	88
38	42316	风电系统电能质量和稳定性对策	58
39	42356	太阳电池、LED 和二极管的原理：PN 结的作用	68
40	42396	风力发电机组技术与应用	68
41	42412	大规模储能技术	58
42	42436	电力系统高级预测技术和发电优化调度	98
43	42978	现代电力电子学与交流传动	69.9
44	43261	风力机技术	68
45	43312	小型风力机：分析、设计与应用	68

（续）

序号	书号	书名	定价
46	43313	电机传动系统控制	89
47	43439	磁性测量手册	128
48	43872	储氢材料：储存性能的表征	68
49	44017	自动化技术及信息与电信技术	158
50	44134	风能转换技术进展	58
51	44230	功率理论与电能质量治理	58
52	44232	太阳能利用技术及工程应用	88
53	44326	智能电网中的传导电磁干扰	49
54	44523	智能电网——设计与分析基础	58
55	44593	船舶电力系统	79
56	44612	海上风电成本建模：安装与拆除	68
57	44712	混合动力电动汽车原理及应用前景	98
58	44728	超高压远距离输电	80
59	44878	超级电容器的应用	69
60	45305	MATLAB 数值分析方法在电气工程中的应用	59.9
61	45481	高压直流输电——功率变换在电力系统中的应用	98
62	45603	覆冰与污秽绝缘子	138
63	45649	光伏发电系统的优化——建模、仿真和控制	59.8
64	46067	太阳能光伏并网发电系统	58
65	46224	高性能交流传动系统——模型分析与控制	49
66	46357	自主移动机器人行为建模与控制	59.9
67	46658	风力发电并网及其动态影响	38
68	46937	微电网和主动配电网	59
69	46964	双馈感应电机在风力发电中的建模与控制	118
70	47145	电能效率：技术与应用	98
71	47180	可再生能源系统高级变流技术及应用	158
72	47333	电池系统工程	59
73	47360	超级电容器：材料、系统及应用	118
74	47443	太阳能发电系统控制技术	88
75	47517	开关功率变换器——开关电源的原理、仿真和设计（原书第3版）	98
76	47585	风力发电技术与工程应用	88
77	47612	电机建模、状态监测与故障诊断	59.8
78	47636	氢能源和车辆系统	79
79	47657	太阳能照明	48
80	47719	应用于电力电子技术的变压器和电感——理论、设计与应用	88
81	47739	设备设计与系统集成的电磁兼容	99
82	47772	纳米技术与能源	68
83	48118	智能电网——融合可再生、分布式及高效能源	98
84	48182	电动汽车融入现代电网	78
85	48258	先进的结构损伤检测理论与应用	99
86	48496	混合动力汽车系统建模与控制	88